Bertram Huppert, Wolfgang Willems

Lineare Algebra

Bertram Huppert, Wolfgang Willems

Lineare Algebra

Teubner

Bibliografische Information der Deutschen Bibliothek
Die Deutsche Bibliothek verzeichnet diese Publikation in der Deutschen Nationalbibliografie; detaillierte bibliografische Daten sind im Internet über <http://dnb.ddb.de> abrufbar.

Prof. Dr. rer. nat. Bertram Huppert
Geboren 1927 in Worms. 1946-1951 Studium der Mathematik und Physik an der Universität Mainz. 1952-1963 Assistent und Dozent an der Universität Tübingen, dort 1952 Promotion und 1957 Habilitation. 1965-1995 Professor für Mathematik an der Universität Mainz. 1958/59 British Council Scholar University Manchester, Gastprofessuren 1963/64 in Urbana (Ill., USA) und 1968/69 in Chicago.

Prof. Dr. rer. nat. Wolfgang Willems
Geboren 1948 in Daun. 1968-1973 Studium der Mathematik und Physik an der Universität Mainz. 1974-1995 Assistent und Hochschuldozent an der Universität Mainz, dort 1976 Promotion und 1985 Habilitation. 1986/87 und 1989-1991 Gastprofessor an der Universität Essen und IEM Essen. 1995-2000 Vertretungsprofessor an den Universitäten Magdeburg und Mainz. Seit 2000 Professor für Reine Mathematik an der Universität Magdeburg. Forschungsaufenthalte u. a. University of Chicago, ETH Zürich, University of Florida.

1. Auflage Februar 2006

Lektorat: Ulrich Sandten / Kerstin Hoffmann

Der B.G. Teubner Verlag ist ein Unternehmen von Springer Science+Business Media.
www.teubner.de

Umschlaggestaltung: Ulrike Weigel, www.CorporateDesignGroup.de
Druck und buchbinderische Verarbeitung: Strauss Offsetdruck, Mörlenbach
Gedruckt auf säurefreiem und chlorfrei gebleichtem Papier.
Printed in Germany

ISBN 3-8351-0089-0

Réduites aux théories générales, les mathématiques deviendraient une belle form sans contenue, elles mourraient rapidement.

Lebesgue

Vorwort

Der Stoff der Linearen Algebra besteht aus einem strengen axiomatisch-algebraischen Begriffsgebäude. Der Anfänger hat meist nicht nur Schwierigkeiten mit der allgemeinen Abstraktheit, sondern er sieht vor allem auch selten, wozu er all dies lernen soll. Dem entgegenzuwirken, haben wir uns in dem vorliegenden Buch bemüht, die abstrakte Theorie schrittweise soweit wie möglich mit einer Fülle von interessanten Anwendungsbeispielen aus verschiedenen Bereichen zu beleben. Dies dient nicht nur dem besseren Verstehen der Theorie sondern auch der Motivation, sich mit dem Stoff auseinanderzusetzen.

Im kurzen Kapitel 1 beschränken wir uns auf einfache Aussagen über Mengen und Abbildungen. Wir behandeln jedoch bereits in 1.3 Abzählprobleme. Dies entspricht einem gestiegenen Interesse an kombinatorischen Fragen, nicht zuletzt durch die Informatik ausgelöst.

Kapitel 2 beginnt mit der Einführung der algebraischen Strukturen Gruppe, Ring und Körper. Wir behandeln zunächst nur die einfachsten Aussagen über Gruppen, benutzen diese aber bereits hier, um Sätze der elementaren Zahlentheorie zu beweisen. Diese finden in 2.3 Anwendung auf das RSA-Verfahren der Kryptographie (das ist die Lehre der Sicherung von Daten gegenüber unerlaubten Zugriffen). In 2.4 führen wir den Körper $\mathbb{C}$ der komplexen Zahlen ein. Anschließend beweisen wir in 2.5 einfache Eigenschaften über endliche Körper, die in 3.7 bei der Codierungstheorie (das ist die Lehre der Sicherung von Daten gegen zufällige Störungen) Verwendung finden. Nach der Behandlung zentraler Konzepte der linearen Algebra in 2.7, nämlich Basen und Dimension von Vektorräumen, wenden wir diese Begriffe in 2.8 an, um lineare Rekursionsgleichungen zu lösen. Einige der Ergebnisse finden in 3.4 bei Beispielen von stochastischen Matrizen Verwendung.

Kapitel 3 enthält die zentralen Aussagen über lineare Abbildungen und Matrizen, einschließlich der Behandlung von linearen Gleichungssystemen in 3.9. Bereits in 3.4 gehen wir auf eine interessante Anwendung ein, die Behandlung von stochastischen Prozessen mit Hilfe stochastischer Matrizen. Für Prozesse mit absorbierenden Zuständen gelangen wir schon hier zu recht allgemeinen und abschließenden Resultaten, welche bei Vererbungsproblemen, Glücksspielen und Irrfahrten Anwendung finden. Unter Ausnutzung der Ergebnisse über endliche Körper entwickeln wir in 3.7 die Grundzüge der Codierungstheorie.

Im Kapitel 4 ergänzen wir zunächst die Gruppentheorie um die Begriffe Homomorphismus und Normalteiler. Dies liefert den natürlichen Hintergrund für das Signum von Permutationen und die Determinante von linearen Abbildungen bzw. Matrizen. In 4.4 finden Fragen über die Erzeugung der linearen Gruppe ihren natürlichen Platz. Wir beschließen Kapitel 4 mit einem Abschnitt über die Graßmann-Algebra, welcher die Kraft universeller Definitionen zeigt und den Zugang zu weiteren Sätzen über Determinanten liefert.

Im zentralen Kapitel 5 entwickeln wir zuerst Grundbegriffe der Ringtheorie, wobei wir systematisch vom Idealbegriff Gebrauch machen. Wir behandeln in 5.3 die feinere Arithmetik von kommutativen Ringen, wobei wir den elementaren Begriff des kleinsten gemeinsamen Vielfachen als Ausgangspunkt nehmen. Dies führt zur Arithmetik des Polynomrings, ausgedrückt durch die Begriffe kleinstes gemeinsames Vielfaches, größter gemeinsamer Teiler und Primfaktorzerlegung. Damit haben wir das entscheidende Hilfsmittel zur Hand, um subtilere Aussagen über lineare Abbildungen zu beweisen, die von Eigenwerten, Diagonalisierbarkeit und Jordanscher Normalform handeln.

Im Kapitel 6 führen wir auf Vektorräumen über $\mathbb{R}$ und $\mathbb{C}$ Normen ein, was zu Normen für lineare Abbildungen und Matrizen führt. Dies erlaubt die Untersuchung der Konvergenz von Matrizen. In 6.3 behandeln wir die grundlegenden Sätze von Perron und Frobenius über nichtnegative Matrizen. Diese erlauben wichtige Anwendungen auf stochastische Matrizen und Suchverfahren im Internet (Google). In 6.4 führen wir die Exponentialfunktion von Folgen von Matrizen ein, mit deren Hilfe wir Systeme von linearen Differentialgleichungen mit konstanten Koeffizienten lösen. Die Natur der in den Lösungen auftretenden Funktionen (Exponentialfunktion, Polynome) wird dabei durch die Jordansche Normalform geklärt. Schließlich führen wir in 6.5 die Theorie der stochastischen Matrizen unter Verwendung der Eigenwerte zu einem Abschluß und behandeln als Anwendung Mischprozesse (Kartenmischen, Polya's Urnenmodell).

Das Kapitel 7 beginnt mit Skalarprodukten auf Vektorräumen über beliebigen Körpern. In 7.4 studieren wir damit den Dualen eines Codes, beweisen den grundlegenden Dualitätssatz von MacWilliams und untersuchen optimale Codes. Anschließend behandeln wir in 7.5 den Minkowskiraum und seine Isometrien, die Lorentztransformationen. Dies gestattet in 7.6 einen schnellen Zugang zur Kinematik der speziellen Relativitätstheorie von Einstein. Lorentzkontraktion, Einstein's Zeitdilatation und Einstein's Additionsgesetz für Geschwindigkeiten finden hier ihre einfache Erklärung.

Gegenstand von Kapitel 8 ist die klassische Theorie der Vektorräume über $\mathbb{R}$ oder $\mathbb{C}$ mit positiv definitem Skalarprodukt. Hier kommen Ergebnisse aus den Kapiteln 6 und 7 zusammen. Das Spektralverhalten von normalen, hermiteschen und unitären Abbildungen steht im Vordergrund. Ein kurzer Abstecher in Vektorräume von unendlicher Dimension liefert die Heisenberg'sche Unschärferelation der Quantentheorie. In 8.5 verbinden wir die Spektraltheorie der hermiteschen Matrizen mit den Ergebnissen über lineare Differentialgleichungen aus 6.4, um mechanische Schwingungen zu behandeln. Hier wird die technische Bedeutung der Eigenwerte sichtbar.

Im abschließenden Kapitel 9 sind wir mit positiv definitem Skalarprodukt auf $\mathbb{R}$-Vektorräumen bei der klassischen euklidischen Geometrie angekommen. Nach den orthogonalen Abbildungen betrachten wir in 9.2 die Liealgebra zur orthogonalen Gruppe. In der Dimension drei führt dies auf natürliche Weise zum vektoriellen Produkt. In 9.3 führen wir den Schiefkörper der Quaternionen ein und untersuchen mit seiner Hilfe die orthogonalen Gruppen in den Dimensionen drei und vier. Der letzte Abschnitt 9.4 handelt von den endlichen Drehgruppen in drei Dimensionen, die mit den platonischen Körpern eng verbunden sind.

Wir waren bestrebt, so früh wie möglich Anwendungen der algebraischen Theorie zu geben. Diese möglichst vielseitigen Anwendungen dienen einerseits der Einübung von Rechentechniken, aber auch zur Erweiterung des Blickfelds. Beim ersten Studium können einige dieser Abschnitte übergangen werden, aber wir glauben, daß sie für die Motivierung des Lesers eine große Rolle spielen. Einige dieser Abschnitte könnten auch in Proseminaren verwendet werden.

Unter der Überschrift Ausblick geben wir gelegentlich Informationen an, die der Leser an dieser Stelle zwar verstehen kann, deren Beweis mit den vorliegenden Hilfsmitteln jedoch nicht möglich ist. Mitunter handelt es sich dabei um berühmte Sätze oder Vermutungen, z.B. über transzendente Zahlen, endliche Gruppen oder projektive Ebenen.

Beim ersten Auftreten des Namens eines bedeutenden Mathematikers geben wir in einer Fußnote kurze Informationen über Lebenszeit, Wirkungsstätten und Beiträge zur Forschung an.

Die Aufgaben behandeln mitunter Aussagen, welche den Text ergänzen. Im Anhang geben wir zu einigen die Lösung an.

Wir danken Frau Dipl.-Math. Christiane Behns für viele Hilfen bei der Erstellung der Latex-Version des Manuskriptes und Herrn Dipl.-Wirtsch.-Math. Ralph August für sein sorgfältiges Korrekturlesen.

Limburgerhof, *Bertram Huppert*
Magdeburg, im Februar 2006 *Wolfgang Willems*

Inhaltsverzeichnis

1 Mengen und Abbildungen

In diesem kurzen Kapitel führen wir in die Sprache der Mengenlehre ein und behandeln einige Grundbegriffe über Abbildungen und Mengen. Der abschließende Abschnitt ist dem Abzählen gewidmet. Hier stehen Methoden (Inklusions-Exklusions-Prinzip, doppeltes Abzählen) im Vordergrund, die sich als sehr nützlich erweisen werden und die der Anfänger frühzeitig erlernen sollte.

1.1 Mengen

Georg Cantor[1] gab folgende Erklärung für den Begriff *Menge*:

Unter einer Menge verstehen wir jede Zusammenfassung von bestimmten wohlunterschiedenen Objekten unserer Anschauung oder unseres Denkens zu einem Ganzen.

Dies ist keine mathematisch exakte Definition, da ja der zu definierende Begriff *Menge* durch die nicht definierte Umschreibung *Zusammenfassung .... zu einem Ganzen* erklärt wird. In der Tat ist Cantors Vorgehen zu einer sauberen Begründung der Mengenlehre nicht ausreichend, wie schon früh erkannt wurde. Es bedarf vielmehr einer viel genaueren Festlegung, was man unter einer Menge verstehen soll und welche Operationen mit Mengen zulässig sind. Unvorsichtiges Umgehen mit dem Mengenbegriff führt zu Widersprüchen. Eine sachgemäße Grundlegung der Mengenlehre erfordert Betrachtungen, die in einem Lehrbuch für Anfänger fehl am Platze sind. Stattdessen müssen wir uns mit einem naiven Standpunkt zufriedengeben. In der Tat betreiben wir auch nicht wirklich Mengenlehre, sondern führen nur eine sehr zweckmäßige Sprache ein.

Wir stellen uns im folgenden auf den naiven Standpunkt von Cantor, daß eine Menge definiert ist, wenn feststeht, welche Objekte ihr angehören. Diese bezeichnen wir als Elemente der Menge. Mengen werden oft (aber nicht immer) mit großen lateinischen Buchstaben bezeichnet. Ist a ein Element der Menge M, so schreiben wir $a \in M$ und sagen *a gehört zu M, a liegt in M* oder auch *a ist aus M*. Ist a kein Element von M, so schreiben wir $a \notin M$.

[1] Georg Cantor (1845-1918) Halle. Begründer der Mengenlehre als mathematische Disziplin; Arbeiten über trigonometrische Reihen.

In den folgenden Beispielen legen wir weitere Bezeichnungen fest.

Beispiele 1.1.1 a) Mit $\mathbb{N} = \{1, 2, 3, ...\}$ bezeichnen wir die *natürlichen Zahlen.* Die 0 ist somit keine natürliche Zahl. Wollen wir die 0 auch zulassen, so schreiben wir $\mathbb{N}_0 = \{0, 1, 2, 3, ...\}$. Ferner sei $\mathbb{Z} = \{0, 1, -1, 2, -2, \ldots\}$ die Menge der *ganz-rationalen Zahlen.* Schließlich sei $\mathbb{Q}$ die Menge der *rationalen* und $\mathbb{R}$ die Menge der *reellen Zahlen.* (Wir benötigen für lange Zeit keine speziellen Kenntnisse über die reellen Zahlen; diese vermittelt die Vorlesung *Analysis.*)
b) Sei F die Menge der sogenannten *Fermatschen*[2] *Primzahlen,* also

$$F = \{p \mid p \text{ ist eine Primzahl der Gestalt } p = 2^k + 1, \text{ wobei } k \in \mathbb{N}_0\}.$$

Man sieht leicht, daß dann $k = 2^n$ für ein $n \in \mathbb{N}_0$ sein muß (siehe Aufgabe 1.1.1). Für $n = 0, 1, 2, 3, 4$ erhält man die ersten fünf Fermatschen Primzahlen

$$3, 5, 17, 257, 65537.$$

Aber nicht jede Zahl der Gestalt $2^{2^n} + 1$ ist eine Primzahl. Für $n = 5$ fand Euler[3] 1732 die Zerlegung

$$2^{2^5} + 1 = 641 \cdot 6700417 \qquad \text{(siehe 2.2.5)}$$

Man weiß heute, daß $2^{2^n} + 1$ für $5 \leq n \leq 30$ niemals eine Primzahl ist. Auch aufwendigste Bemühungen unter Einsatz von Computern haben keine weitere Fermatsche Primzahl zutage gefördert. Man darf daher

$$F = \{3, 5, 17, 257, 65537\}$$

vermuten. Unbekannt ist bis heute sogar, ob F nur endlich viele Zahlen enthält.

Für jedes einzelne n läßt sich grundsätzlich entscheiden, ob $2^{2^n} + 1$ eine Primzahl ist. Die praktische Entscheidung scheitert jedoch sehr schnell an der Größe der Zahl und der Leistungsfähigkeit der Computer. Trotzdem stellen wir uns auf den Standpunkt, daß die oben angegebene Definition von F eine Menge festlegt.

---

[2]Pierre Fermat (1601-1665) Toulouse. Jurist und bedeutender Mathematiker; wichtige Beiträge zur Zahlentheorie.

[3]Leonardt Euler (1707-1783) Basel, Berlin, St. Petersburg. Der vielseitigste Mathematiker des 18ten Jahrhunderts; Beiträge zur Analysis, Algebra, Zahlentheorie, Mechanik, Astronomie.

Die Fermatschen Primzahlen sind von geometrischem Interesse wegen des folgenden Satzes von Gauß[4] (1801):

Das reguläre n-Eck ist genau dann mit Zirkel und Lineal alleine konstruierbar, wenn n die Gestalt

$$n = 2^m p_1 \dots p_k$$

hat, wobei $m \in \mathbb{N}_0$ *beliebig und die* p_i *paarweise verschiedene Fermatsche Primzahlen sind.*

Stimmt die obenstehende Vermutung, so ist $k \leq 5$. Das regelmäßige 5-Eck konnten schon die Griechen konstruieren. Neu war hingegen die Konstruktion des 17-Ecks, aber auch die Unmöglichkeit der Konstruktion eines 7- oder 9-Ecks. (Insbesondere kann man also den Winkel $\frac{2\pi}{3}$ mit Zirkel und Lineal nicht dritteln.)

c) Ähnlich wie in b) betrachten wir nun die Menge

$$M = \{p \mid p \text{ ist eine Primzahl der Gestalt } p = 2^n - 1 \text{ mit } n \in \mathbb{N}\}$$

der sogenannten *Mersenneschen*[5] *Primzahlen.* Eine Zahl $2^n - 1$ ist höchstens dann eine Primzahl, wenn n eine Primzahl ist (Aufgabe 1.1.1). Für $n = 2, 3, 5, 7, 13$ ist $2^n - 1$ eine Primzahl, für $n = 11$ jedoch nicht. Bisher sind 42 Mersennesche Primzahlen bekannt. Unentschieden ist bis heute, ob es unendlich viele gibt, aber einige Indizien sprechen dafür. Die zur Zeit größte bekannte Mersennesche Primzahl ist

$$2^{25964951} - 1.$$

Sie hat 7816230 Dezimalstellen und wurde im Februar 2005 gefunden.

Definition 1.1.2 Sei M eine Menge.

a) Wir nennen eine Menge N eine *Untermenge*, auch *Teilmenge* von M, falls jedes Element von N in M liegt. Dann schreiben wir $N \subseteq M$. Ist $N \subseteq M$ und gibt es wenigstens ein $m \in M$ mit $m \notin N$, so schreiben wir $N \subset M$.

[4] Karl Friedrich Gauß (1777-1855) Göttingen. Die überragende Gestalt zu Beginn der modernen Mathematik. Grundlegende Beiträge zur Algebra, Zahlentheorie, Differentialgeometrie, nichteuklidischen Geometrie stehen neben praktischen Arbeiten zur Astronomie, Geodäsie und Elektrizitätslehre (mit Wilhelm Weber 1831 erster Telegraph).

[5] Marin Mersenne (1588-1648), als Minorit meist in Pariser Klöstern; Arbeiten zur Mathematik und Physik.

b) Aus Gründen, deren Zweckmäßigkeit in d) klar wird, führen wir die *leere Menge* $\emptyset$ ein, die keine Elemente enthält. Wir setzen im Einklang mit a) fest, daß die leere Menge $\emptyset$ Untermenge einer jeden Menge ist.

c) Gilt $N_j \subseteq M$ für $j = 1, 2$, so definieren wir die *Vereinigung* $N_1 \cup N_2$ von N_1 und N_2 durch

$$N_1 \cup N_2 = \{m \mid m \in N_1 \text{ oder } m \in N_2\}.$$

Ist allgemeiner $N_j \subseteq M$ mit j aus einer Indexmenge J (nicht notwendig endlich), so setzen wir

$$\bigcup_{j \in J} N_j = \{m \mid m \in N_j \text{ für mindestens ein } j \in J\},$$

falls $J \neq \emptyset$ und $\bigcup_{j \in J} N_j = \emptyset$, falls $J = \emptyset$. ist.

d) Für N_j mit $j \in J$ definieren wir analog zu c) den *Durchschnitt* der N_j durch

$$\bigcap_{j \in J} N_j = \{m \mid m \in N_j \text{ für alle } j \in J\}.$$

Im Fall, daß $J = \emptyset$ ist, setzen wir $\bigcap_{j \in J} N_j = M$. (Man beachte, daß $N_1 \cap N_2$ erst nach Einführung der leeren Menge immer definiert ist.)

e) Mit $\mathcal{P}(M)$ bezeichnen wir die Menge aller Untermengen von M. Diese enthält insbesondere $\emptyset$ und M selbst. Die Menge $\mathcal{P}(M)$ heißt die *Potenzmenge* von M.

Für das Rechnen mit Untermengen gelten einfache Regeln, deren trivialen Beweis wir dem Leser überlassen.

Lemma 1.1.3 *Seien A, B, C, N_j $(j \in J)$ Untermengen einer Menge M. Dann gilt:*

a) $A \cup B = B \cup A$ *und* $A \cap B = B \cap A$.

b) $A \cup (B \cup C) = (A \cup B) \cup C$ *und* $A \cap (B \cap C) = (A \cap B) \cap C$

(Assoziativgesetze).

c) $A \cap (\bigcup_{j \in J} N_j) = \bigcup_{j \in J} (A \cap N_j)$ *und* $A \cup (\bigcap_{j \in J} N_j) = \bigcap_{j \in J} (A \cup N_j)$

(Distributivgesetze).

d) *Ist $A \subseteq C$, so folgt aus c) die sogenannte Dedekind*[6]*-Identität*

$(A \cup B) \cap C = A \cup (B \cap C)$.

Definition 1.1.4 Sei M eine Menge.

a) Seien N_j $(j \in J)$ Untermengen von M. Wir sagen, daß die N_j eine *Partition* von M bilden, falls

$$M = \bigcup_{j \in J} N_j \text{ und } N_j \cap N_k = \emptyset$$

für alle $j, k \in J$ mit $j \neq k$ gilt. Jedes Element von M liegt also in genau einem der N_j für $j \in J$.

b) Ist $N \subseteq M$, so bezeichnen wir als *Komplement* von N in M die Menge

$$\overline{N} = \{m \mid m \in M, m \notin N\}.$$

Offenbar ist $\overline{N}$ charakterisiert durch die Bedingungen

$$N \cup \overline{N} = M \text{ und } N \cap \overline{N} = \emptyset,$$

d.h. N und $\overline{N}$ bilden eine Partition von M. Beim Komplement von N müssen wir also stets sagen, in welcher Obermenge M es zu bilden ist.

c) Gilt $N_j \subseteq M$ für $j = 1, 2$, so setzen wir

$$N_1 \setminus N_2 = \{n_1 \mid n_1 \in N_1,\ n_1 \notin N_2\}.$$

Definition 1.1.5 Seien $M_1, \ldots, M_k$ irgendwelche Mengen. Wir betrachten die geordneten k-Tupel $(m_1, \ldots, m_k)$ mit $m_j \in M_j$. Dabei sei

$$(m_1, \ldots, m_k) = (m'_1, \ldots, m'_k)$$

genau dann, wenn $m_j = m'_j$ für alle $j = 1, \ldots, k$ gilt. Die Menge

$$M_1 \times \ldots \times M_k = \{(m_1, \ldots, m_k) \mid m_j \in M_j \text{ für } j = 1, \ldots, k\}$$

heißt das *cartesische Produkt*, auch *Produkt* von $M_1, \ldots, M_k$. Man beachte, daß für $M_1 \neq M_2$ die Mengen $M_1 \times M_2$ und $M_2 \times M_1$ verschieden sind.

---

[6]Richard Dedekind (1831-1916) Braunschweig. Algebraische Zahlentheorie, Theorie der reellen Zahlen.

Definition 1.1.6 Sei M eine Menge.

a) Eine *Relation* auf M ist eine Untermenge R von $M \times M$. Für $m, m' \in M$ mit $(m, m') \in R$ schreiben wir auch mRm'.

b) Eine Relation R auf M heißt eine *Äquivalenzrelation*, wenn gilt:

(1) Für jedes $m \in M$ gilt mRm. (*Reflexivität*)

(2) Gilt mRm', so auch $m'Rm$. (*Symmetrie*)

(3) Gilt mRm' und $m'Rm''$, so auch mRm''. (*Transitivität*)

In diesem Fall schreiben wir für mRm' auch $m \sim m'$ und nennen $\sim$ eine Äquivalenzrelation.

Satz 1.1.7 *Sei M eine Menge.*

a) Sei $\sim$ eine Äquivalenzrelation auf M. Für $m \in M$ setzen wir

$$[m] = \{m' \mid m' \in M, m' \sim m\}$$

und nennen $[m]$ die Äquivalenzklasse von m (bezüglich $\sim$). Mit dieser Bezeichnung gilt dann

$$M = \bigcup_{m \in M} [m].$$

Ferner ist

$$[m] \cap [m'] = \begin{cases} \emptyset & \text{für } m \not\sim m' \\ [m] = [m'] & \text{für } m \sim m'. \end{cases}$$

Sind $[m_j]$ mit $j \in J$ die verschiedenen Äquivalenzklassen, so ist

$$M = \bigcup_{j \in J} [m_j]$$

eine Partition von M.

b) Sei $M = \bigcup_{j \in J} M_j$ eine Partition von M mit $M_j \neq \emptyset$ für alle $j \in J$. Setzen wir $m \sim m'$, falls m und m' in derselben Menge M_j liegen, so definiert $\sim$ eine Äquivalenzrelation auf M.

Beweis. a) Wegen $m \sim m$ gilt $m \in [m]$, also $M = \bigcup_{m \in M} [m]$. Sei $m_0 \in [m] \cap [m']$, also $m_0 \sim m$ und $m_0 \sim m'$. Ferner sei $m_1 \in [m]$. Dann gelten $m_1 \sim m, m \sim m_0$ (wegen der Symmetrie) und $m_0 \sim m'$. Die Transitivität liefert $m_1 \sim m'$, also $[m] \subseteq [m']$. Aus Symmetriegründen gilt dann auch $[m'] \subseteq [m]$, also $[m] = [m']$.
b) Dies ist trivial. □

Beispiele 1.1.8 a) Die Parallelität von Geraden in der Ebene definiert offenbar eine Äquivalenzrelation auf der Menge aller Geraden.
b) Sei m eine natürliche Zahl. Wir definieren eine Relation $\equiv$ auf $\mathbb{Z}$ wie folgt:
Es sei $n_1 \equiv n_2 \pmod{m}$, falls m ein Teiler von $n_1 - n_2$ ist. Man prüft leicht nach, daß dies eine Äquivalenzrelation ist. Die Transitivität folgt so:
Ist $n_1 - n_2 = km$ und $n_2 - n_3 = lm$ mit $k, l \in \mathbb{Z}$, so folgt $n_1 - n_3 = (k+l)m$, also $n_1 \equiv n_3 \pmod{m}$.

Die Äquivalenzklassen sind die sogenannten *Restklassen*

$$\{n \mid n \in \mathbb{Z},\, n \equiv r \pmod{m}\} = [r] = \{r + mk \mid k \in \mathbb{Z}\} =: r + m\mathbb{Z}$$

mit $0 \le r < m$.

Aufgabe 1.1.1 Zeigen Sie:

a) Ist $2^n - 1$ eine Primzahl ($n \in \mathbb{N}$), so ist n selbst eine Primzahl.
Hinweis: Hat n eine echte Zerlegung, so ermittle man mit Hilfe der Summenformel für endliche geometrische Reihen eine echte Zerlegung für $2^n - 1$.

b) Ist $2^n + 1$ eine Primzahl ($n \in \mathbb{N}$), so ist n eine Potenz von 2.
Hinweis: Hat n ungerade Primteiler, so gebe man eine echte Zerlegung von $2^n + 1$ an.

Aufgabe 1.1.2 Sei M eine Menge und seien $N_j \subseteq M$ für $j \in J$. Beweisen Sie die sogenannten *de Morgansche*[7] *Regeln*

$$\overline{\bigcup_{j\in J} N_j} = \bigcap_{j\in J} \overline{N_j} \text{ und } \overline{\bigcap_{j\in J} N_j} = \bigcup_{j\in J} \overline{N_j}.$$

Für die Gültigkeit dieser Regel ist die Festsetzung $\bigcap_{j\in J} N_j = M$ für $J = \emptyset$ nötig.

[7] Augustus de Morgan (1806-1871) Cambridge und London; Algebra, Analysis und Wahrscheinlichkeitsrechnung.

1.2 Abbildungen

Definition 1.2.1 Seien M und N nichtleere Mengen.

a) f heißt eine *Abbildung* von M in N, falls durch f jedem Element $m \in M$ genau ein Element $n \in N$ zugeordnet wird. Wir schreiben dann $n = fm$ oder auch $n = f(m)$.
(Dies ist nicht exakt, da wir *zugeordnet* nicht definiert haben. Exakt wäre: Eine Abbildung von M in N ist eine Untermenge F von $M \times N$ mit der Eigenschaft, daß für jedes $m \in M$ genau ein $n \in N$ existiert, so daß $(m, n) \in F$ ist. Dann können wir f definieren durch $n = fm$.)
Zwei Abbildungen f und g von M in N heißen *gleich*, falls $fm = gm$ für alle $m \in M$ ist.
Mit $\mathrm{Ab}(M, N)$ bezeichnen wir die Menge aller Abbildungen von M in N. Für $f \in \mathrm{Ab}(M, N)$ schreiben wir manchmal auch $f : M \to N$.

b) Die *identische Abbildung* id_M von M ist definiert durch $id_M\, m = m$ für alle $m \in M$.

c) Seien M_j für $j = 1, 2, 3$ Mengen. Sei $f \in \mathrm{Ab}(M_1, M_2)$ und weiterhin $g \in \mathrm{Ab}(M_2, M_3)$. Dann wird eine Abbildung $gf \in \mathrm{Ab}(M_1, M_3)$ definiert durch

$$(gf)m_1 = g(fm_1) \text{ für alle } m_1 \in M_1.$$

$$\begin{array}{ccccc} & f & & g & \\ M_1 & \to & M_2 & \to & M_3 \\ m_1 & \mapsto & fm_1 & \mapsto & g(fm_1) \end{array}$$

Die Abbildung gf heißt auch das *Kompositum* von f und g.

Satz 1.2.2

a) Ist $f \in \mathrm{Ab}(M_1, M_2), g \in \mathrm{Ab}(M_2, M_3)$ *und* $h \in \mathrm{Ab}(M_3, M_4)$, *so gilt*

$$h(gf) = (hg)f \qquad \text{(Assoziativgesetz).}$$

b) Für $f \in \mathrm{Ab}(M, N)$ *ist* $f = id_N\, f = f\, id_M$.

Beweis. a) Ist $m_1 \in M_1$, so gilt

$$(h(gf))m_1 = h((gf)m_1) = h(g(fm_1))$$

und

$$((hg)f)m_1 = (hg)(fm_1) = h(g(fm_1)).$$

b) Dies ist offensichtlich richtig. □

Definition 1.2.3 Seinen M und N nichtleere Mengen und sei $f \in \mathrm{Ab}(M, N)$.

a) Ist $U \subseteq M$, so setzen wir

$$fU = \{fu \mid u \in U\}$$

und nennen fU das *Bild* von U unter f. Insbesondere ist $f\emptyset = \emptyset$.

b) Ist $V \subseteq N$, so sei

$$f^{-}V = \{m \mid m \in M,\ fm \in V\}.$$

Wir nennen $f^{-}V$ das *Urbild* von V unter f. Weiterhin schreiben wir für $f^{-}\{n\}$ kurz $f^{-}n$.
(Man beachte, daß f^{-} keine Abbildung von N in M ist, denn $f^{-}n$ kann sowohl leer sein als auch mehr als ein Element enthalten; jedoch ist f^{-} eine Abbildung von $\mathcal{P}(N)$ in $\mathcal{P}(M)$.)

c) Die Abbildung f heißt *surjektiv*, falls $fM = N$ ist; d.h. zu jedem $n \in N$ existiert ein $m \in M$ mit $fm = n$.

d) Die Abbildung f heißt *injektiv*, falls aus $fm_1 = fm_2$ mit $m_1, m_2 \in M$ stets $m_1 = m_2$ folgt. Dies besagt gerade, daß für jedes $n \in N$ die Menge $f^{-}n$ höchstens ein Element enthält.

d) Ist f injektiv und surjektiv, so heißt f *bijektiv*.

Satz 1.2.4 *Seien M und N nichtleere Mengen und sei $f \in \mathrm{Ab}(M, N)$.*

a) Genau dann ist f injektiv, wenn es eine Abbildung $g \in \mathrm{Ab}(N, M)$ gibt mit $gf = id_M$.

b) Genau dann ist f surjektiv, wenn es eine Abbildung $h \in \mathrm{Ab}(N, M)$ gibt mit $fh = id_N$.

c) Genau dann ist f bijektiv, wenn es eine Abbildung $g \in \mathrm{Ab}(N, M)$ gibt mit $gf = id_M$ und $fg = id_N$. Dadurch ist g eindeutig festgelegt und g ist ebenfalls bijektiv.

Beweis. a) Sei zunächst $gf = id_M$. Ist $fm_1 = fm_2$ mit $m_j \in M$, so folgt

$$m_1 = id_M\, m_1 = (gf)m_1 = g(fm_1) = g(fm_2) = (gf)m_2 = id_M\, m_2 = m_2.$$

Also ist f injektiv.

Sei umgekehrt f injektiv. Dann definieren wir $g \in \mathrm{Ab}(N, M)$ durch

$$gn = \begin{cases} m & \text{falls } n = fm \in fM \\ m_0 & \text{falls } n \notin fM, \end{cases}$$

wobei m_0 irgendein Element aus M ist.
(Die erste Vorschrift legt m eindeutig fest, da f injektiv ist.)
Für $m \in M$ gilt dann

$$(gf)m = g(fm) = m = id_M\, m.$$

Somit ist $gf = id_M$.
(Ist $fM \subset N$, so gibt es wegen der freien Wahl von m_0 mehrere solche Abbildungen g, sofern M nicht gerade aus einem Element besteht.)
b) Sei zuerst $fh = id_N$. Für alle $n \in N$ gilt dann

$$n = id_N\, n = (fh)n = f(hn) \in fM.$$

Also ist f surjektiv.

Sei umgekehrt f surjektiv. Für jedes $n \in N$ existiert dann ein $m_n \in M$ mit $fm_n = n$. Wir definieren $h \in \mathrm{Ab}(N, M)$ durch $hn = m_n$. Es folgt nun

$$fh(n) = fm_n = n = id_N\, n$$

für alle $n \in N$, also $fh = id_N$.
(Ist f nicht injektiv, so gibt es verschiedene Wahlen für m_n, welches zu verschiedenen Abbildungen h führt. Weiterhin sollten wir hier auf folgendes aufmerksam machen: Um h definieren zu können, müssen wir Elemente $m_n \in f^{-}n \in \mathcal{P}(M)$ auswählen. Dies wird durch den sogenannten *Auswahlsatz* der Mengenlehre gesichert (siehe 5.6.6).)
c) Sei zunächst $g \in \mathrm{Ab}(N, M)$ mit

$$gf = id_M \text{ und } fg = id_N\,.$$

Wegen Teil a) und b) des Satzes ist f injektiv und surjektiv, also bijektiv.

Sei umgekehrt f bijektiv. Mittels a) und b) erhalten wir Abbildungen $g, h \in \mathrm{Ab}(N, M)$, so daß

$$gf = id_M \text{ und } fh = id_N\,.$$

Mit 1.2.2 folgt nun

$$g = g\, id_N = g(fh) = (gf)h = id_M\, h = h.$$

Ist $g_1 f = g_2 f = id_M$ mit $g_i \in \mathrm{Ab}(N, M)$, so erhalten wir

$$g_1 = g_1\, id_N = g_1(fh) = (g_1 f)h = (g_2 f)h = g_2(fh) = g_2\, id_N = g_2.$$

Also gibt es nur ein $g \in \mathrm{Ab}(N, M)$ mit $gf = id_M$ und $fg = id_N$. Offenbar ist auch g bijektiv. □

Definition 1.2.5 Sei $f \in \text{Ab}(M, N)$ und f bijektiv. Die nach 1.2.4 c) durch $gf = id_M$ und $fg = id_N$ eindeutig festgelegte Abbildung $g \in \text{Ab}(N, M)$ nennen wir die *Inverse* von f und bezeichnen sie mit $g = f^{-1}$. In diesem Fall heißt f auch *invertierbar*. Wegen 1.2.4 c) gilt $(f^{-1})^{-1} = f$.

Satz 1.2.6 *Sei $f \in \text{Ab}(M_1, M_2)$ und $g \in \text{Ab}(M_2, M_3)$. Sind f und g bijektiv, so ist auch gf bijektiv, und es gilt $(gf)^{-1} = f^{-1}g^{-1}$.*

Beweis. Wegen der Assoziativität des Kompositums (siehe 1.2.2) erhalten wir

$$\begin{aligned}(gf)(f^{-1}g^{-1}) &= g(f(f^{-1}g^{-1})) = g((ff^{-1})g^{-1}) = g(id_{M_2}\, g^{-1}) = \\ &= gg^{-1} = id_{M_3}\end{aligned}$$

und ähnlich $(f^{-1}g^{-1})(gf) = id_{M_1}$. Nach 1.2.4 c) ist daher gf bijektiv, und es gilt $(gf)^{-1} = f^{-1}g^{-1}$. □

Ausblick 1.2.7 Schon Cantor definierte, daß zwei Mengen M und N *gleichmächtig* heißen, wenn es eine Bijektion von M auf N gibt. Wir schreiben dann $|M| = |N|$. Eine Menge M heißt *endlich*, falls $M = \emptyset$ oder es eine Bijektion von M auf die Menge $\{1, \ldots, n\}$ für ein geeignetes $n \in \mathbb{N}$ gibt. In diesem Fall läßt sich nun zeigen, daß n durch M eindeutig festgelegt ist. Somit ist $|M| = n$ wohldefiniert. Ferner setzen wir $|\emptyset| = 0$. Ist $N \subseteq M$ und $|M| = |N| = n$, so ist also $M = N$. Für *unendliche*, d.h. nicht-endliche Mengen ist die Situation komplizierter. Es gilt zum Beispiel $\mathbb{N} \subset \mathbb{Z} \subset \mathbb{Q}$, aber $|\mathbb{N}| = |\mathbb{Z}| = |\mathbb{Q}|$, wie man leicht bestätigt. Mengen M mit $|M| = |\mathbb{N}|$ heißen *abzählbar*. Es läßt sich zeigen, daß die Menge $\mathbb{R}$ nicht abzählbar ist.

Sofort taucht die folgende Frage auf:

Sei M eine nicht-endliche Untermenge von $\mathbb{R}$. Gilt dann notwendig $|M| = |\mathbb{N}|$ oder $|M| = |\mathbb{R}|$?

Dies ist die berühmte *Kontinuumshypothese*, die Hilbert[8] als erstes Problem in seiner Liste von zentralen Fragen der Mathematik aufnahm (1900). Die Antwort wurde erst 1963 von P. Cohen gegeben; sie ist überraschend. Mit den üblichen Axiomen der Mengenlehre (welche wir nie hingeschrieben haben) läßt sich die Kontinuumshypothese weder herleiten noch widerlegen. (Es ist ähnlich wie in den Grundlagen der Geometrie; man kann das *euklidische*[9] *Parallelenaxiom* aus den anderen Axiomen nicht herleiten, welches dazu führt, daß es *euklidische* und *nicht-euklidische Geometrien* gibt.)

[8]David Hilbert (1862-1943) Göttingen; wohl der bedeutendste und vielseitigste Mathematiker seiner Generation; Zahlentheorie, Integralgleichungen, Variationsrechnung, Grundlagen der Geometrie, mathematische Logik, mathematische Physik.

[9]Euklid ($\sim$ 325 $\sim$ 265 v.Chr.) Alexandria; Begründer der mathematischen Schule von Alexandria, Verfasser der 'Elemente'.

Aufgabe 1.2.1 Für die folgenden Abbildungen f entscheide man, ob sie injektiv beziehungsweise surjektiv sind:

a) Die Abbildung $f \in \mathrm{Ab}(\mathbb{R}, \mathbb{R})$ sei gegeben durch

$$fx = x^2 + ax + b \quad (a, b \in \mathbb{R}).$$

b) Für $M = \{r \mid r \in \mathbb{R},\, r \geq 0\}$ sei $f \in \mathrm{Ab}(M, M)$ definiert durch

$$fx = x^2 + ax + b \quad (a \geq 0,\, b \geq 0).$$

Aufgabe 1.2.2 Sei M eine (nicht notwendig endliche) Menge. Zeigen Sie, daß es keine Bijektion von M auf ihre Potenzmenge $\mathcal{P}(M)$ gibt.
Hinweis: Angenommen, f sei eine Bijektion von M auf $\mathcal{P}(M)$. Man betrachte dann die Menge $X = \{m \mid m \in M, m \notin fm\}$.

Aufgabe 1.2.3 Folgern Sie aus Aufgabe 1.2.2, daß die Menge

$$F = \{\, (a_1, a_2, \ldots) \mid a_i \in \{0, 1\}\,\}$$

aller $0, 1$ Folgen nicht abzählbar ist.
Hinweis: Man konstruiere eine Bijektion von F auf $\mathcal{P}(\mathbb{N})$.

1.3 Binomialkoeffizienten; elementare Abzählungen

Definition 1.3.1 Für eine endliche Menge M mit $|M| = m \geq 0$ bezeichnen wir mit $\binom{m}{k}$ die Anzahl der Untermengen von M mit genau k Elementen. Da wir die leere Menge $\emptyset$ und die Gesamtmenge M stets als Untermengen von M zählen, ist

$$\binom{m}{0} = \binom{m}{m} = 1 \text{ für } m = 0, 1, 2, \ldots$$

Die natürlichen Zahlen $\binom{m}{k}$ heißen *Binomialkoeffizienten.*

Die Berechnung von $\binom{m}{k}$ liefert der folgende Satz.

Satz 1.3.2

a) Für $k \geq 1$ gilt

$$\binom{m+1}{k} = \binom{m}{k} + \binom{m}{k-1}.$$

b) Setzen wir $0! = 1$ und $k! = 1 \cdot 2 \cdots k$ für $k \in \mathbb{N}$, so gilt

$$\binom{m}{k} = \frac{m \cdot (m-1) \cdots (m-k+1)}{1 \cdots k} = \frac{m!}{k!(m-k)!}$$

*für $m \geq k \geq 1$. Den Ausdruck $k!$ nennt man k-*Fakultät.

c) Stets ist $\binom{m}{k} = \binom{m}{m-k}$.

Beweis. a) Sei $M = \{a_1, \ldots, a_{m+1}\}$ eine Menge mit $|M| = m + 1$ und $M' = M \setminus \{a_{m+1}\}$. Weiterhin sei $K \subseteq M$ mit $|K| = k$. Dann ist

$$K = K \cap M = K \cap (M' \cup \{a_{m+1}\}) = (K \cap M') \cup (K \cap \{a_{m+1}\}).$$

Nun gibt es zwei Möglichkeiten:

Fall 1: Sei $a_{m+1} \notin K$, also $K = K \cap M' \subseteq M'$. Die Anzahl der Untermengen K von M' mit $|K| = k$ ist $\binom{m}{k}$.

Fall 2: Sei $a_{m+1} \in K$. Dann ist $|K \cap M'| = k - 1$. Nun ist

$$K = (K \cap M') \cup \{a_{m+1}\}$$

eindeutig bstimmt durch die Vorgabe von $K \cap M'$, und es gibt hierfür $\binom{m}{k-1}$ Möglichkeiten. Somit ist

$$\binom{m+1}{k} = \binom{m}{k} + \binom{m}{k-1}.$$

b) Offenbar ist $\binom{m}{1} = m$. Die Formel in b) erhalten wir für $k > 1$ durch Induktion nach m aus

$$\begin{aligned}
\binom{m+1}{k} &= \binom{m}{k} + \binom{m}{k-1} && \text{(nach a))} \\
&= \frac{m(m-1)\cdots(m-k+1)}{1\cdot 2\cdots k} + \frac{m(m-1)\cdots(m-k+2)}{1\cdot 2\cdots(k-1)} \\
&= \frac{m(m-1)\cdots(m-k+2)}{1\cdot 2\cdots k} \cdot (m-k+1+k) \\
&= \frac{(m+1)m\cdots(m+1-k+1)}{1\cdot 2\cdots k}.
\end{aligned}$$

c) Dies folgt rechnerisch aus b). Eleganter ist das folgende Argument: Sei M eine Menge mit m Elementen. Dann liefert die Abbildung $K \mapsto M \setminus K$ eine Bijektion von der Menge der k-elementigen Teilmengen K von M auf die Menge der $(m-k)$-elementigen Teilmengen von M. □

Als Anwendung von 1.3.2 erhalten wir den *binomischen Lehrsatz.*

Satz 1.3.3 *Seien $a, b \in \mathbb{R}$ und $m \in \mathbb{N}$. Dann gilt*

$$(a+b)^m = \sum_{j=0}^{m} \binom{m}{j} a^j b^{m-j}.$$

Beweis. Für $m = 1$ ist dies offensichtlich richtig. Für $m > 1$ erhalten wir die Behauptung durch Induktion nach m aus

$$\begin{aligned}
(a+b)^{m+1} &= (a+b)^m(a+b) \\
&= \left(\sum_{j=0}^{m} \binom{m}{j} a^j b^{m-j}\right)(a+b) && \text{(Induktionsannahme)} \\
&= \sum_{j=0}^{m} \binom{m}{j} a^{j+1} b^{m-j} + \sum_{j=0}^{m} \binom{m}{j} a^j b^{m-j+1} \\
&= \sum_{j=1}^{m+1} \binom{m}{j-1} a^j b^{m+1-j} + \sum_{j=0}^{m} \binom{m}{j} a^j b^{m+1-j} \\
&= a^{m+1} + \sum_{j=1}^{m} \left(\binom{m}{j-1} + \binom{m}{j}\right) a^j b^{m+1-j} + b^{m+1} \\
&= \sum_{j=0}^{m+1} \binom{m+1}{j} a^j b^{m+1-j}. && \text{(wegen 1.3.2 a))}
\end{aligned}$$

□

Offenbar ist der Beweis von 1.3.3 auch gültig, sofern für die Addition und Multiplikation von a und b dieselben Rechenregeln wie in $\mathbb{R}$ gelten.

Satz 1.3.4 *Ist M eine endliche Menge mit $|M| = m \geq 1$, so gilt:*

a) M besitzt genau 2^m Untermengen (einschließlich $\emptyset$ und M), also $|\mathcal{P}(M)| = 2^m$.

b) M hat genau 2^{m-1} Untermengen mit gerader beziehungsweise ungerader Elementeanzahl, d.h.

$$\begin{aligned} 2^{m-1} &= \tbinom{m}{0} + \tbinom{m}{2} + \tbinom{m}{4} + \dots \\ &= \tbinom{m}{1} + \tbinom{m}{3} + \tbinom{m}{5} + \dots \end{aligned}$$

Beweis. a) Mit 1.3.3 folgt

$$|\mathcal{P}(M)| = \sum_{j=0}^{m} \binom{m}{j} = (1+1)^m = 2^m.$$

b) Neben

$$\sum_{j=0}^{m} \binom{m}{j} = 2^m$$

gilt nach 1.3.3 auch

$$\sum_{j=0}^{m} \binom{m}{j} (-1)^j = (1-1)^m = 0.$$

Addition und Subtraktion der beiden Gleichungen liefert

$$2\left(\binom{m}{0} + \binom{m}{2} + \binom{m}{4} + \dots\right) = 2^m$$

und

$$2\left(\binom{m}{1} + \binom{m}{3} + \binom{m}{5} + \dots\right) = 2^m.$$

□

Hier stellt sich die Frage: *Was ist die Anzahl der Untermengen von M mit durch 3 teilbarer Elementeanzahl, also*

$$\binom{m}{0} + \binom{m}{3} + \binom{m}{6} + \dots ?$$

Es kann nicht $\frac{2^m}{3}$ sein, da dies keine ganze Zahl ist. In 2.4.9 c) werden wir mit Hilfe der komplexen Zahlen darauf eine Antwort geben.

Satz 1.3.5 *Seien M_j $(j = 1, \dots, k)$ endliche Mengen. Ferner seien M und N Mengen mit $|M| = m$ und $|N| = n$. Dann gilt:*

a) $|M_1 \times \ldots \times M_k| = |M_1||M_2| \ldots |M_k|$.

b) $|\operatorname{Ab}(M, N)| = n^m$.

c) Es gibt genau $n(n-1) \cdots (n-m+1)$ injektive Abbildungen von M in N. (Diese Zahl ist 0, falls $m > n$ ist.)

Beweis. a) ist klar.
b) Sei $M = \{a_1, \dots, a_m\}$. Wir definieren eine Abbildung α von $\operatorname{Ab}(M, N)$ in $\underbrace{N \times \ldots \times N}_{m-\text{mal}}$ durch

$$\alpha f = (fa_1, \dots, fa_m) \quad \text{für } f \in \operatorname{Ab}(M, N).$$

Offenbar ist α bijektiv. Mit Teil a) erhalten wir

$$|\operatorname{Ab}(M, N)| = |\underbrace{N \times \ldots \times N}_{m-\text{mal}}| = |N|^m = n^m.$$

c) Sei wieder $M = \{a_1, \dots, a_m\}$ und $f \in \operatorname{Ab}(M, N)$. Ist f injektiv, so erhalten wir folgende Möglichkeiten:

$$\begin{array}{lll} a_1 & \to fa_1 \in N & n \text{ Möglichkeiten} \\ a_2 & \to fa_2 \in N, \notin \{fa_1\} & n-1 \text{ Möglichkeiten} \\ \vdots & & \\ a_m & \to fa_m \in N, \notin \{fa_1, \dots, fa_{m-1}\} & n-(m-1) \text{ Möglichkeiten.} \end{array}$$

Insgesamt sind dies also $n(n-1) \ldots (n-m+1)$ Möglichkeiten für f. □

Die Antwort auf die Frage nach der Anzahl der surjektiven Abbildungen von M auf N gestaltet sich schwieriger. Wir müssen dazu die Elemente in der Vereinigung von endlich vielen endlichen Mengen abzählen. Dies können wir mit Hilfe des sogenannten *Inklusions-Exklusions-Prinzips*, welches wir für zwei Mengen anschaulich im folgenden klarmachen.

Hier gilt offensichtlich $|M_1 \cup M_2| = |M_1| + |M_2| - |M_1 \cap M_2|$.

Wie man leicht sieht, gilt ebenfalls

$$\begin{aligned}|M_1 \cup M_2 \cup M_3| = {} & |M_1| + |M_2| + |M_3| - |M_1 \cap M_2| - |M_1 \cap M_3| - |M_2 \cap M_3| \\ & + |M_1 \cap M_2 \cap M_3|.\end{aligned}$$

Allgemein erhalten wir

Satz 1.3.6 *Seien $M_1, \ldots, M_n$ endliche Untermengen einer nicht notwendig endlichen Menge M. Dann gilt*

$$\begin{aligned}|M_1 \cup \ldots \cup M_n| &= \textstyle\sum_{j=1}^{n} |M_j| \\ &\quad - \textstyle\sum_{j_1<j_2} |M_{j_1} \cap M_{j_2}| \\ &\quad + \textstyle\sum_{j_1<j_2<j_3} |M_{j_1} \cap M_{j_2} \cap M_{j_3}| \\ &\quad\ \vdots \\ &\quad +(-1)^{n-1}|M_1 \cap \ldots \cap M_n| \\ &= \textstyle\sum_{k=1}^{n}(-1)^{k-1} \sum_{1\le j_1<\ldots<j_k\le n} |M_{j_1} \cap \ldots \cap M_{j_k}|.\end{aligned}$$

(In der inneren Summe der letzten Zeile wird dabei über alle k-Tupel $(j_1, \ldots, j_k)$ mit $1 \le j_1 < \ldots < j_k \le n$ summiert.)

Beweis. Wir beweisen die Behauptung durch Induktion nach n. Für $n = 1$ ist nichts zu zeigen. Für $n = 2$ haben wir uns die Formel bereits am obigen Bild klargemacht. Sei also $n \ge 3$ und die Behauptung gelte bereits für $n-1$. Unter Beachtung von

$$\begin{aligned}&|(M_1 \cup \ldots \cup M_{n-1}) \cup M_n| = \\ &\quad = |M_1 \cup \ldots \cup M_{n-1}| + |M_n| - |(M_1 \cup \ldots \cup M_{n-1}) \cap M_n| \qquad (\text{Fall } n = 2) \\ &\quad = |M_1 \cup \ldots \cup M_{n-1}| + |M_n| - |(M_1 \cap M_n) \cup \ldots \cup (M_{n-1} \cap M_n)|\end{aligned}$$

erhalten wir mit Hilfe der Induktionsannahme

$$\begin{aligned}&|M_1 \cup \ldots \cup M_n| = \\ &\quad = \textstyle\sum_{k=1}^{n-1}(-1)^{k-1} \sum_{1\le j_1<\ldots<j_k\le n-1} |M_{j_1} \cap \ldots \cap M_{j_k}| + |M_n| \\ &\qquad - \textstyle\sum_{k=1}^{n-1}(-1)^{k-1} \sum_{1\le j_1<\ldots<j_k\le n-1} |(M_{j_1} \cap M_n) \cap \ldots \cap (M_{j_k} \cap M_n)| \\ &\quad = \textstyle\sum_{k=1}^{n-1}(-1)^{k-1} \sum_{1\le j_1<\ldots<j_k\le n-1} |M_{j_1} \cap \ldots \cap M_{j_k}| + |M_n| \\ &\qquad + \textstyle\sum_{k=1}^{n-1}(-1)^{k} \sum_{1\le j_1<\ldots<j_k\le n-1} |M_{j_1} \cap \ldots \cap M_{j_k} \cap M_n|.\end{aligned}$$

Die erste Summe erfaßt die Durchschnitte $M_{j_1} \cap \ldots \cap M_{j_k}$ mit $j_k < n$, die zweite alle Durchschnitte $M_{j_1} \cap \ldots \cap M_{j_k} \cap M_n$ an denen M_n (außer M_n selbst) beteiligt ist. Somit folgt

$$|M_1 \cup \ldots \cup M_n| = \sum_{k=1}^{n} (-1)^{k-1} \sum_{1 \leq j_1 < \ldots < j_k \leq n} |M_{j_1} \cap \ldots \cap M_{j_k}|.$$

□

Im Fall $M_i \cap M_j = \emptyset$ für $i \neq j$ erhalten wir mit 1.3.6 die offensichtliche Aussage

$$|M_1 \cup \ldots \cup M_n| = \sum_{1}^{n} |M_j|.$$

Satz 1.3.7 *Seien M und N endliche Mengen mit $|M| = m$ und $|N| = n$. Die Anzahl der surjektiven Abbildungen von M auf N ist dann*

$$\mathrm{s}(n,m) = \sum_{k=0}^{n-1} (-1)^k \binom{n}{k} (n-k)^m.$$

Die Zahlen $\mathrm{s}(n,m)$ werden Stirling[10]*-Zahlen genannt.*

Beweis. Sei $N = \{b_1, \ldots, b_n\}$. Wir setzen $F = \mathrm{Ab}(M,N)$ und

$$F_j = \{f \mid f \in F,\ fM \subseteq N \setminus \{b_j\}\}$$

für $j = 1, \ldots, n$. Dann ist $F_1 \cup \ldots \cup F_n$ die Menge aller nicht-surjektiven Abbildungen von M in N. Mit 1.3.5 b) und 1.3.6 folgt

$$\begin{aligned} \mathrm{s}(m,n) &= |F| - |F_1 \cup \ldots \cup F_n| \\ &= n^m - \textstyle\sum_{k=1}^{n} (-1)^{k-1} \sum_{1 \leq j_1 < \ldots < j_k \leq n} |F_{j_1} \cap \ldots \cap F_{j_k}|. \end{aligned}$$

Für $j_1 < \ldots < j_k$ ist

$$\begin{aligned} F_{j_1} \cap \ldots \cap F_{j_k} &= \{f \mid f \in F,\ fM \subseteq N \setminus \{b_{j_1}, \ldots, b_{j_k}\}\} \\ &= \mathrm{Ab}(M, N \setminus \{b_{j_1}, \ldots, b_{j_k}\}). \end{aligned}$$

Mit 1.3.5 b) erhalten wir daher

$$|F_{j_1} \cap \ldots \cap F_{j_k}| = (n-k)^m.$$

[10] James Stirling (1692-1770) Schottland und Venedig. Differenzenrechnung, unendliche Reihen und Produkte, Gamma-Funktion und hypergeometrische Reihe, Gravitation und Gestalt der Erde.

Da es in N genau $\binom{n}{k}$ Untermengen $\{b_{j_1}, \ldots, b_{j_k}\}$ aus k Elementen gibt, folgt

$$\mathrm{s}(m,n) = n^m + \sum_{k=1}^{n} (-1)^k \binom{n}{k} (n-k)^m = \sum_{k=0}^{n-1} (-1)^k \binom{n}{k} (n-k)^m.$$

□

Es gilt $\mathrm{s}(m,2) = 2^m - 1$. Ferner ist $n! = \mathrm{s}(n,n) = \sum_{k=0}^{n-1} (-1)^k \binom{n}{k} (n-k)^n$ und $\mathrm{s}(m,n) = 0$ für $m < n$, welches man den Formeln nicht direkt ansieht.

Zum Ende dieses Paragraphen vermerken wir noch eine einfache, aber überaus nützliche Tatsache.

Satz 1.3.8 *Seien M und N endliche Mengen mit $|M| = |N|$. Dann sind für $f \in \mathrm{Ab}(M,N)$ die folgenden Aussagen gleichwertig.*

a) f ist injektiv.

b) f ist bijektiv.

c) f ist surjektiv.

Beweis. a) $\Rightarrow$ b) Da f injektiv ist, gilt $|fM| = |M| = |N|$. Wegen $fM \subseteq N$ folgt $fM = N$. Somit ist f surjektiv, also bijektiv.
b) $\Rightarrow$ c) Dies ist trivial.
c) $\Rightarrow$ a) Offensichtlich ist $M = \cup_{n \in N} f^- n$ eine Partition der Menge M (also $f^- n_1 \cap f^- n_2 = \emptyset$ für $n_1 \neq n_2$). Da f surjektiv ist, hat jedes $n \in N$ mindestens ein Urbild in M, also $|f^- n| \geq 1$ für alle $n \in N$. Es folgt

$$|M| = \sum_{n \in N} |f^- n| \geq \sum_{n \in N} 1 = |N| = |M|.$$

Dies impliziert $|f^- n| = 1$ für alle $n \in N$ und f ist injektiv. □

Aufgabe 1.3.1 Zeigen sie:

$$\binom{n}{k} < \binom{n}{l} \text{ für } 0 \leq k < l \leq \frac{n}{2}$$

und

$$\binom{n}{k} > \binom{n}{l} \text{ für } \frac{n}{2} \leq k < l \leq n.$$

Zur Verwendung bei den folgenden Aufgaben formulieren wir das *Prinzip der doppelten Abzählung.*

Seien M und N Mengen und F eine endliche Untermenge von $M \times N$. Wir bilden für $m \in M$ die Menge

$$F_m = \{(m,n) \mid n \in N \text{ und } (m,n) \in F\}$$

und für $n \in N$ die Menge

$$G_n = \{(m,n) \mid m \in M \text{ und } (m,n) \in F\}.$$

Dann gilt offenbar

$$|F| = \sum_{m \in M} |F_m| = \sum_{n \in N} |G_n|.$$

Aufgabe 1.3.2 Für $1 \leq k \leq m$ beweise man

$$m\binom{m-1}{k-1} = k\binom{m}{k}$$

a) rechnerisch,

b) durch doppelte Abzählung der Untermenge

$$\{(a,K) \mid a \in K \subseteq M,\ |K| = k\}$$

von $M \times \mathcal{P}(M)$, wobei M eine Menge mit m Elementen ist.

Aufgabe 1.3.3 Für $m \geq 1$ beweise man

$$\sum_{j=0}^{m} j\binom{m}{j} = m2^{m-1},$$

a) durch Rechnung,

b) durch Abzählen von $\{(a,K) \mid a \in K \subseteq M\}$ mit $|M| = m$.

2 Vektorräume

Der Vektorraum ist einer der zentralen Begriffe der Linearen Algebra. Da wir viele Anwendungen, insbesondere aus der Diskreten Mathematik, im Auge haben, betrachten wir nicht nur reelle Vektorräume, sondern solche über beliebigen Körpern. Dies erfordert, daß wir näher auf algebraische Grundstrukturen eingehen. Wir beginnen mit dem Gruppenbegriff. In erster Linie führen wir dabei eine Sprache ein, die später prägnante Formulierungen erlaubt. Es folgt der Ring- und Körperbegriff. Als Anwendung des Rings der ganz rationalen Zahlen modulo n besprechen wir das RSA-Verfahren aus der Kryptographie, das eine Datenübertragung gegen unerlaubten Zugriff seitens Dritter sichert. Den reellen Zahlkörper setzen wir im folgenden stets als bekannt voraus. Seine feineren Eigenschaften, die in der Analysis behandelt werden, spielen zunächst keine Rolle. Eingehend behandeln wir jedoch den komplexen Zahlkörper und beweisen einfachste Eigenschaften von endlichen Körpern. Neben Anwendungen in der Zahlentheorie spielen endliche Körper in der Codierungstheorie eine wichtige Rolle. Schließlich finden auch die Rechenoperationen in Computern in Körpern mit zwei Elementen statt. Wir entwickeln dann die Grundzüge der Theorie der Vektorräume zunächst ohne Dimensionsbeschränkung, konzentrieren uns jedoch sehr schnell auf die endlich dimensionalen Vektorräume, die der zentrale Gegenstand der Linearen Algebra sind. Als erste Anwendung behandeln wir Rekursionsgleichungen, auf die wir an späteren Stellen zurückgreifen werden, etwa bei den stochastischen Matrizen. Das Kapitel schließt mit dem Faktorraum, einer recht abstrakten Konstruktion, deren Nutzen sich im Laufe der Zeit erweisen wird.

2.1 Gruppen

Um häufig auftretende Sachverhalte prägnant beschreiben zu können, führen wir den Gruppenbegriff ein.

Definition 2.1.1 Sei G eine nichtleere Menge.

a) Wir nennen G eine *Gruppe*, falls folgende Forderungen erfüllt sind:

(1) Jedem geordneten Paar $(a, b) \in G \times G$ ist eindeutig ein Element $c \in G$ zugeordnet. Wir schreiben dann $c = a \circ b$.

(2) Für alle $a, b, c \in G$ gilt das *Assoziativgesetz* $(a \circ b) \circ c = a \circ (b \circ c)$.

(3) Es gibt ein $e \in G$ mit $e \circ a = a$ für alle $a \in G$.

(4) Zu jedem $a \in G$ gibt es ein $b \in G$ mit $b \circ a = e$.

b) Gilt neben (1) - (4) auch noch das *Kommutativgesetz*

(5) $a \circ b = b \circ a$ für alle $a, b \in G$, so heißt G eine *abelsche*[1], auch *kommutative Gruppe*.

c) Werden nur die Axiome (1) und (2) gefordert, so nennen wir G eine *Halbgruppe*. G heißt eine *endliche Halbgruppe* bzw. *endliche Gruppe*, falls $|G| < \infty$ ist.

Beispiele 2.1.2 a) Die Menge $\mathbb{Z}$ der ganzen rationalen Zahlen ist bezüglich der Operation $+$ eine abelsche Gruppe.
b) Sei M eine nichtleere Menge. Dann bildet die Menge aller bijektiven Abbildungen von M auf sich eine Gruppe (siehe 1.2.6). Diese ist nur dann abelsch, wenn M höchstens zwei Elemente enthält.
c) Sei $0 < n \in \mathbb{Z}$. Für $a \in \mathbb{Z}$ setzen wir wie in 1.1.8

$$[a] = a + n\mathbb{Z} = \{a + nc \mid c \in \mathbb{Z}\}.$$

Ferner definieren wir

$$[a] \oplus [b] = [a + b].$$

Dann ist $\oplus$ offenbar wohldefiniert. Da die Gruppenaxiome für $+$ in $\mathbb{Z}$ gelten, gelten sie auch für $\oplus$ in der Menge

$$\mathbb{Z}_n = \mathbb{Z}/n\mathbb{Z} = \{[a] = a + n\mathbb{Z} \mid a \in \mathbb{Z}\}.$$

Somit ist $\mathbb{Z}_n$ eine abelsche Gruppe mit $|\,\mathbb{Z}_n\,| = n$. Im folgenden werden wir statt $\oplus$ auch $+$ schreiben.
d) Sei M eine nichtleere Menge. Dann bildet die Menge $\mathcal{P}(M)$ der Untermengen von M eine Halbgruppe bezüglich jeder der Operationen $\cup$ und $\cap$, denn für $M_j \in \mathcal{P}(M)$ $(j = 1, 2, 3)$ gelten

$$(M_1 \cup M_2) \cup M_3 = M_1 \cup (M_2 \cup M_3)$$

und

$$(M_1 \cap M_2) \cap M_3 = M_1 \cap (M_2 \cap M_3).$$

[1] Niels Henrik Abel (1802-1829) Christiana (Norwegen), Berlin, Paris. Auflösung algebraischer Gleichungen, elliptische Funktionen, unendliche Reihen.

In Zukunft schreiben wir in Gruppen kurz ab statt $a \circ b$. Wir ziehen nun aus den Gruppenaxiomen einfache Folgerungen.

Satz 2.1.3 *Sei G eine Gruppe.*

a) Gilt $ea = a$ für alle $a \in G$, so gilt auch $ae = a$ für alle $a \in G$.

b) Sei $e \in G$ mit $ea = a$ für alle $a \in G$. Sind $a, b \in G$ mit $ba = e$, so gilt auch $ab = e$.

c) Es gibt genau ein $e \in G$ mit $ea = a$ für alle $a \in G$. Wir nennen e das neutrale Element *von G.*

d) Zu jedem $a \in G$ gibt es genau ein $b \in G$ mit $ba = e$. Wir nennen dann b das Inverse *von a und schreiben $b = a^{-1}$.*

e) Für alle $a, b \in G$ gelten $aa^{-1} = a^{-1}a = e, (a^{-1})^{-1} = a$ und $(ab)^{-1} = b^{-1}a^{-1}$.

Beweis. a) und b) Wegen Axiom (4) in 2.1.1 gibt es zu jedem $a \in G$ Elemente $b, c \in G$ mit $ba = e$ und $cb = e$. Damit folgt

$$\begin{aligned} ce = c(ba) &= (cb)a \quad \text{(Axiom (2))} \\ &= ea = a \ \text{(Axiom (3))}. \end{aligned}$$

Somit ist

$$\begin{aligned} a = ce &= c(ee) \qquad \text{(Axiom (3))} \\ &= (ce)e = ae, \end{aligned}$$

welches a) beweist. Ferner folgt $a = ce = c$, also $e = cb = ab$.
c) Sei $e' \in G$ mit $a = e'a$ für alle $a \in G$. Speziell für $a = e$ erhalten wir mit der Aussage in a) dann $e = e'e = e'$.
d) Seien $b, b' \in G$ mit $ba = b'a = e$. Nach b) gilt $ab = e$. Also folgt

$$b = be = b(ab) = (ba)b = (b'a)b = b'(ab) = b'e = b'.$$

e) Aus $a^{-1}a = e$ erhalten wir wegen b) auch $aa^{-1} = e$. Nach d) bedeutet dies $(a^{-1})^{-1} = a$. Ferner gilt

$$(b^{-1}a^{-1})(ab) = b^{-1}(a^{-1}(ab)) = b^{-1}((a^{-1}a)b) = b^{-1}(eb) = b^{-1}b = e.$$

Wegen d) heißt dies $b^{-1}a^{-1} = (ab)^{-1}$.

□

Der letzte Beweisschritt legt die Frage nach einem allgemeinen Assoziativgesetz nahe. Dazu ist der Begriff *sinnvolle Beklammerung* festzulegen.

Satz 2.1.4 *Sei G eine Halbgruppe und seien $a_1, \ldots, a_r \in G\,(r \geq 1)$. Wir definieren für $k \leq r$ die Menge $\mathcal{P}_k(a_1, \ldots, a_k)$ der sinnvoll beklammerten Produkte von $a_1, \ldots, a_k$ rekursiv durch*

$$\begin{aligned}
&\mathcal{P}_1(a_1) = \{a_1\}\\
&\mathcal{P}_2(a_1, a_2) = \{a_1 a_2\}\\
&\mathcal{P}_3(a_1, a_2, a_3) = \{(a_1 a_2)a_3 = a_1(a_2 a_3)\},
\end{aligned}$$

und allgemein durch

$$\begin{aligned}
\mathcal{P}_k(a_1, \ldots, a_k) = \{xy \mid\ & x \in \mathcal{P}_m(a_1, \ldots, a_m),\ y \in \mathcal{P}_n(a_{m+1}, \ldots, a_{m+n})\\
& \textit{mit } m + n = k, m \geq 1, n \geq 1\}.
\end{aligned}$$

Für alle $k \leq r$ gilt dann

$$\mathcal{P}_k(a_1, \ldots, a_k) = \{a_1(a_2(\ldots(a_{k-1}a_k)\ldots)\}.$$

Beweis. Für $k \leq 3$ gilt offenbar die Behauptung. Wir beweisen sie für $k \geq 4$ durch Induktion nach k. Sei also $k = m+n \geq 4$ mit $m > 0$ und $n > 0$. Nach Induktionsannahme gilt

$$\mathcal{P}_n(a_{m+1}, \ldots, a_{m+n}) = \{a_{m+1}(a_{m+2}(\ldots(a_{m+n-1}a_{m+n})\ldots)\}.$$

Ist $m = 1$, so folgt

$$xy = a_1(a_2(\ldots(a_{k-1}a_k)\ldots).$$

Ist $m > 1$, so gilt nach Induktionsannahme

$$\mathcal{P}_m(a_1, \ldots, a_m) = \{a_1(a_2(\ldots(a_{m-1}a_m)\ldots)\},$$

also $x = a_1 z$ mit $z = a_2(\ldots(a_{m-1}a_m)\ldots)$. Es folgt

$$xy = (a_1 z)y = a_1(zy)$$

mit $zy \in \mathcal{P}_{k-1}(a_2, \ldots, a_k)$. Gemäß der Induktionsannahme ist

$$\mathcal{P}_{k-1}(a_2, \ldots, a_k) = \{a_2(\ldots(a_{k-1}a_k)\ldots)\}$$

und daher $xy = a_1(a_2(\ldots(a_{k-1}a_k)\ldots)$. □

Das allgemeine Assoziativgesetz gilt also auch für die Operationen $\cup$ und $\cap$. In Zukunft werden wir bei Überlegungen in Gruppen die Klammern meist weglassen oder sie allenfalls aus Gründen der Übersicht setzen.

Die Anzahl der verschiedenen Klammersetzungen bei einem Produkt von $n+1$ Elementen mit $n \geq 2$ ist eine höchst interessante Zahl, nämlich die n-te *Catalanzahl*[2]

$$C_n = \frac{1}{n+1}\binom{2n}{n}.$$

Für $n = 3$ haben wir

$$a_1(a_2(a_3a_4)), (a_1a_2)(a_3a_4), ((a_1a_2)a_3)a_4, a_1((a_2a_3)a_4), (a_1(a_2a_3))a_4,$$

also $C_3 = 5$. Die Catalanzahlen treten in mehr als 70 bekannten Abzählproblemen auf. Siehe dazu [13].

Satz 2.1.5 (Kürzungsregel) *Sei G eine Gruppe und seien $a, b, c \in G$. Gilt $ab = ac$ oder $ba = ca$, so ist $b = c$.*

Beweis. Wir haben

$$b = eb = (a^{-1}a)b = a^{-1}(ab) = a^{-1}(ac) = (a^{-1}a)c = ec = c.$$

Ähnlich folgt die zweite Behauptung. □

Satz 2.1.6 *Sei G eine endliche Halbgruppe, in welcher beide Kürzungsregeln gelten. Dann ist G eine Gruppe.*

Beweis. Die Kürzungsregeln besagen, daß für $a, b \in G$ die Abbildungen $f_a, g_b \in \mathrm{Ab}(G, G)$ mit

$$f_a x = ax \text{ und } g_b x = xb \ (x \in G)$$

injektiv sind. Da G endlich ist, sind f_a und g_b nach 1.3.8 auch surjektiv. Zu festem $b \in G$ gibt es daher ein $e_b \in G$ mit

$$b = g_b e_b = e_b b.$$

Da f_b surjektiv ist, gibt es zu jedem $a \in G$ ein $c_a \in G$ mit

$$a = f_b c_a = bc_a.$$

Damit folgt für alle $a \in G$

$$e_b a = e_b(bc_a) = (e_b b)c_a = bc_a = a.$$

Dies ist Axiom (3) aus 2.1.1. Da g_a surjektiv ist, gibt es schließlich ein $d \in G$ mit

$$e_b = g_a d = da.$$

Das ist Axiom (4). □

[2] Eugène Charles Catalan (1814-1894) Lüttich. Kettenbrüche, Zahlentheorie.

In Gruppen gelten die allgemeinen Potenzgesetze.

Satz 2.1.7 *Sei G eine Gruppe und $g \in G$. Wir definieren die Potenzen g^k $(k \in \mathbb{Z})$ gemäß* 2.1.4 *durch $g^0 = e$ und für $k > 0$ die Potenz g^k durch $\mathcal{P}_k(g, \ldots, g) = \{g^k\}$ und g^{-k} durch $\mathcal{P}_k(g^{-1}, \ldots, g^{-1}) = \{(g^{-1})^k = g^{-k}\}$. Dann gelten*

$$g^{i+j} = g^i g^j \text{ und } (g^i)^j = g^{ij}$$

für alle $i, j \in \mathbb{Z}$. Insbesondere ist $(g^i)^{-1} = (g^{-1})^i = g^{-i}$ für alle $i \in \mathbb{Z}$.

Beweis. Für $i, j \in \mathbb{N}$ liefert 2.1.4 unmittelbar

$$\begin{aligned} &g^i g^j \in \mathcal{P}_{i+j}(g, \ldots, g) = \{g^{i+j}\}, \\ &(g^i)^j \in \mathcal{P}_j(g^i, \ldots, g^i) \subseteq \mathcal{P}_{ij}(g, \ldots, g) = \{g^{ij}\} \\ &\text{und} \\ &g^{-i} g^{-j} \in \mathcal{P}_{i+j}(g^{-1}, \ldots, g^{-1}) = \{g^{-i-j}\}. \end{aligned}$$

Die restlichen Aussagen des Satzes bestätigt man nun leicht. □

Definition 2.1.8 Sei G eine Gruppe und U eine nichtleere Teilmenge von G mit den folgenden beiden Eigenschaften:

(1) Für $u_1, u_2 \in U$ gelte stets $u_1 u_2 \in U$.

(2) Für $u \in U$ ist auch $u^{-1} \in U$.

Ist $u \in U$, so folgt $e = u^{-1}u \in U$. Also ist U selbst eine Gruppe mit dem neutralen Element e. (Ist $|U| < \infty$ und gilt (1), so ist U eine Halbgruppe mit Kürzungsregel, also nach 2.1.6 bereits eine Gruppe.) Wir nennen U eine *Untergruppe* von G und schreiben $U \leq G$ oder auch $U < G$, falls $U \subset G$ gesichert ist.

Satz 2.1.9 *Sei G eine Gruppe und $U \leq G$.*

a) Durch $g_1 \sim g_2$, falls $g_2^{-1} g_1 \in U$, wird eine Äquivalenzrelation $\sim$ auf G definiert.

b) Die Äquivalenzklassen von $\sim$ sind die sogenannten Nebenklassen $gU = \{gu \mid u \in U\}$ *von U. Also erhalten wir mit* 1.1.7 *eine disjunkte Zerlegung*

$$G = \bigcup_{j \in J} g_j U.$$

Ist J endlich, so nennen wir $|J|$ den Index von U in G und schreiben $|J| = |G : U|$.

Beweis. a) Wegen $g^{-1}g = e \in U$ gilt $g \sim g$. Ist $g_1 \sim g_2$, also $g_2^{-1}g_1 \in U$, so folgt $g_1^{-1}g_2 = (g_2^{-1}g_1)^{-1} \in U$, also $g_2 \sim g_1$. Ist $g_1 \sim g_2$ und $g_2 \sim g_3$, so gilt $g_2^{-1}g_1 \in U$ und $g_3^{-1}g_2 \in U$. Dann ist auch $g_3^{-1}g_1 = g_3^{-1}g_2 \cdot g_2^{-1}g_1 \in U$, also $g_1 \sim g_3$. Somit ist $\sim$ eine Äquivalenzrelation.
b) Die Äquivalenzklasse von $g \in G$ ist

$$\{h \mid h \sim g\} = \{h \mid g^{-1}h \in U\} = \{h \mid h \in gU\} = gU.$$

□

Satz 2.1.10 (Lagrange[3]) *Sei G eine endliche Gruppe und $U \leq G$. Dann gilt*

$$|G| = |U||G : U|.$$

Insbesondere ist $|U|$ ein Teiler von $|G|$.

Beweis. Nach 2.1.9 gilt $G = \cup_{j \in J} g_j U$ mit paarweise disjunkten $g_j U$. Da die Abbildung $u \mapsto g_j u$ eine Bijektion von U auf $g_j U$ ist, folgt $|g_j U| = |U|$ und somit $|G| = |J||U| = |G : U||U|$. □

Die volle Umkehrung des Satzes von Lagrange gilt nicht. Es gibt zum Beispiel eine Gruppe G mit $|G| = 12$, die keine Untergruppe U mit $|U| = 6$ enthält. Jedoch gilt folgender für die Theorie der endlichen Gruppen grundlegende Satz von *Sylow*[4]:

Sei G eine endliche Gruppe und p eine Primzahl. Ist p^n ein Teiler von $|G|$, so gibt es ein $U \leq G$ mit $|U| = p^n$.

Ein nützlicher Spezialfall dieser Aussage läßt sich ganz einfach beweisen.

Lemma 2.1.11 *Sei G eine endliche Gruppe gerader Ordnung $|G| = 2m$. Dann gibt es ein $g \in G$ mit $g^2 = e \neq g$. (Solche Elemente nennt man auch* Involutionen.*)*

Beweis. Wir zerlegen G in paarweise disjunkte Untermengen der Gestalt $\{g, g^{-1}\}$. Für k solcher Mengen sei $g = g^{-1}$, für n Paare sei $g \neq g^{-1}$. Dann ist

$$2m = |G| = k + 2n.$$

[3] Joseph Louis Lagrange (1736-1813) Turin, Berlin, Paris. Grundlegende Arbeiten zur Variationsrechnung, Zahlentheorie und Differentialrechnung. Begründer der analytischen Mechanik.

[4] Peter Ludwig Mejdell Sylow (1837-1918) Christiana (Norwegen). Wirkte als Lehrer bis 1898, danach Professor an der Universität von Christiana. Elliptische Funktionen und Gruppentheorie.

Wegen $e = e^{-1}$ ist sicher $k > 0$, also $k \geq 2$. Daher gibt es ein $g \in G$ mit $e \neq g = g^{-1}$, also $g^2 = e \neq g$. □

Wir setzen im folgenden elementare Aussagen über Teilbarkeit bei natürlichen Zahlen als bekannt voraus. Insbesondere benutzen wir die eindeutige Primfaktorzerlegung. Zu jeder natürlichen Zahl m gibt es nämlich eine Zerlegung

$$m = \prod_i p_i^{a_i},$$

wobei die p_i paarweise verschiedene Primzahlen sind und die $a_i \in \mathbb{N}_0$, aber nur endlich viele ungleich 0. Dabei sind die $p_i^{a_i} > 1$ durch m eindeutig bestimmt. Ist $n = \prod_i p_i^{b_i}$ eine weitere natürliche Zahl, so ist n genau dann ein Teiler von m, wenn $b_i \leq a_i$ für alle i gilt. Wir schreiben $n \mid m$. Ist n kein Teiler von m, so drücken wir dies durch $n \nmid m$ aus. Der größte gemeinsame Teiler von m und n ist daher $d = \prod_i p_i^{c_i}$ mit $c_i = \min\{a_i, b_i\}$. Wir schreiben dann $d = \mathrm{ggT}(m, n)$. Ist $\mathrm{ggT}(n, m) = 1$, so nennen wir m und n *teilerfremd*.

Aus der eindeutigen Primfaktorzerlegung folgt sofort folgende Aussage:

Teilt eine Primzahl p ein Produkt ab von natürlichen Zahlen a und b, so teilt p mindestens eine der Zahlen a, b.

Wir behandeln diesen Problemkreis für eine größere Klasse von Ringen, die $\mathbb{Z}$ enthält, im Abschnitt 5.3 systematisch.

Definition 2.1.12 Für natürliche Zahlen n ist die *Eulersche Funktion* $\varphi(n)$ definiert durch

$$\varphi(n) = |\{k \mid k \in \mathbb{Z}, 1 \leq k \leq n, \mathrm{ggT}(k, n) = 1\}|.$$

Also gilt $\varphi(1) = 1$ und $\varphi(p) = p - 1$ für Primzahlen p. Ferner ist offenbar $\varphi(n) \geq 1$ für alle $n \in \mathbb{N}$.

Definition 2.1.13 Sei G eine Gruppe.

a) Ist M eine nichtleere Teilmenge von G, so setzen wir

$$M^{-1} = \{m^{-1} \mid m \in M\}$$

und

$$\langle M \rangle = \{g_1 \ldots g_k \mid g_j \in M \cup M^{-1},\ k = 1, 2, \ldots\}.$$

Offenbar ist dann $\langle M \rangle$ eine Untergruppe von G. Wir nennen $\langle M \rangle$ das *Erzeugnis* von M oder sagen auch, daß M die Gruppe $H = \langle M \rangle$ *erzeugt*.

b) Für $g \in G$ ist insbesondere $\langle g \rangle = \{g^j \mid j \in \mathbb{Z}\}$ eine Untergruppe von G. Wir nennen $\langle g \rangle$ eine *zyklische* Gruppe. Ist $|\langle g \rangle| < \infty$, so nennen wir $|\langle g \rangle|$ die Ordnung von g und schreiben $|\langle g \rangle| = \operatorname{Ord} g$.

Satz 2.1.14 *Sei $G = \langle g \rangle$ eine endliche zyklische Gruppe mit $|G| = n$.*

a) Dann ist $G = \{e = g^0, g, \ldots, g^{n-1}\}$ und $g^n = e$.

b) Ist $d = \operatorname{ggT}(n,k)$ für $k \in \mathbb{N}$, so hat g^k die Ordnung $\frac{n}{d}$. Insbesondere gilt $G = \langle g^k \rangle$ genau dann, wenn $\operatorname{ggT}(n,k) = 1$ ist. Es gibt also genau $\varphi(n)$ Elemente g^k mit $G = \langle g^k \rangle$.

c) Zu jedem Teiler d von n gibt es genau eine Untergruppe U von G mit $|U| = d$, nämlich die zyklische Untergruppe $U = \langle g^{\frac{n}{d}} \rangle$.

Beweis. a) Wegen $|G| = n$ gibt es Zahlen k, l mit $0 \leq k < l \leq n$, so daß $g^k = g^l$ ist. Dann ist $e = g^{l-k}$ mit $0 < l - k \leq n$. Wir setzen nun $l - k = m$. Ist $j = sm + r$ mit $0 \leq r < m$, so folgt

$$g^j = (g^m)^s g^r = g^r.$$

Dies zeigt $m = n$, also $g^n = e$ und $G = \{e = g^0, g, \ldots, g^{n-1}\}$.
b) Mit $d = \operatorname{ggT}(n,k)$ folgt

$$(g^k)^{\frac{n}{d}} = (g^n)^{\frac{k}{d}} = e,$$

also $\operatorname{Ord} g^k \leq \frac{n}{d}$. Ist $(g^k)^j = e$, so gilt $n \mid kj$, also $\frac{n}{d} \mid j$. Insgesamt zeigt dies $\operatorname{Ord} g^k = \frac{n}{d}$.
c) Offenbar ist $U = \langle g^{\frac{n}{d}} \rangle$ zyklisch von der Ordnung d. Sei $V \leq G$ mit $|V| = d$ und $g^k \in V$. Wegen $\langle g^k \rangle \leq V$ folgt mit 2.1.10 und $s = \operatorname{ggT}(n,k)$, daß $|\langle g^k \rangle| = \frac{n}{s}$ ein Teiler von d ist. Aus $\frac{n}{s} t = d$ mit $t \in \mathbb{N}$ erhalten wir $s = \frac{n}{d} t$. Also ist $\frac{n}{d}$ ein Teiler von s und somit von k.
Dies zeigt $g^k \in \langle g^{\frac{n}{d}} \rangle$. Somit gilt $V = \langle g^{\frac{n}{d}} \rangle$. □

Satz 2.1.14 enthält folgende zahlentheoretische Aussagen.

Lemma 2.1.15 *Sei $n \in \mathbb{N}$. Dann gilt:*

a) $n = \sum_{d,\, d \mid n} \varphi(d)$.

b) Ist $k \in \mathbb{N}$ und $\operatorname{ggT}(k,n) = 1$, so existiert ein $m \in \mathbb{N}$, so daß

$$mk \equiv 1 \pmod{n}.$$

Beweis. Sei $G = \langle g \rangle$ eine zyklische Gruppe mit $|G| = n$. Eine solche Gruppe existiert; man nehme etwa $\mathbb{Z}/n\mathbb{Z} = \langle 1 + n\mathbb{Z} \rangle$ (siehe 2.1.2).
a) Sei d ein Teiler von n. Die Elemente $h \in G$ mit $\operatorname{Ord} h = d$ sind dann gerade die Erzeuger von $\langle g^{\frac{n}{d}} \rangle$, und nach 2.1.14 b) gibt es $\varphi(d)$ solcher Elemente. Dies zeigt

$$n = \sum_{d,\, d|n} \varphi(d).$$

b) Wegen 2.1.14 b) gilt $\langle g^k \rangle = \langle g \rangle$. Somit gibt es nach 2.1.14 a) ein $m \in \mathbb{N}$, so daß $(g^k)^m = g^{km} = g$ ist. Es folgt $g^{km-1} = e$, also $n = \operatorname{Ord} g \mid km - 1$ □

Satz 2.1.16 *Sei G eine endliche Gruppe. Für jedes $g \in G$ ist dann $\operatorname{Ord} g$ ein Teiler von $|G|$. Insbesondere gilt $g^{|G|} = e$.*

Beweis. Wegen 2.1.14 gilt $g^{\operatorname{Ord} g} = e$. Aus 2.1.10 folgt, daß $|\langle g \rangle| = \operatorname{Ord} g$ ein Teiler von $|G|$ ist. Daher gilt $g^{|G|} = e$. □

Satz 2.1.17 *Sei G eine (nicht notwendig abelsche) Gruppe mit $|G| = n$. Für jeden Teiler d von n gebe es höchstens eine Untergruppe U von G mit $|U| = d$. Dann ist G zyklisch.*

Beweis. Die Voraussetzung überträgt sich offenbar auf Untergruppen von G. Gemäß einer Induktion nach $|G|$ dürfen wir daher annehmen, daß jede echte Untergruppe $U < G$ zyklisch ist. Sei $\psi(d)$ die Anzahl der Elemente der Ordnung d in G. Dann gilt $\psi(d) = 0$, falls es in G keine Untergruppe der Ordnung d gibt, und $\psi(d) = \varphi(d)$, falls es genau ein $U \leq G$ gibt mit $|U| = d < |G|$. Mit 2.1.15 a) folgt

$$n = \sum_{d,\, d|n} \psi(d) \leq \sum_{d<n,\, d|n} \varphi(d) + \psi(n) = n - \varphi(n) + \psi(n).$$

Dies zeigt $0 < \varphi(n) \leq \psi(n)$. Somit gibt es ein $g \in G$ mit $\operatorname{Ord} g = n$, also $G = \langle g \rangle$. □

Satz 2.1.18 *Seien $G_1 = \langle a \rangle$ und $G_2 = \langle b \rangle$ zyklische Gruppen der Ordnungen n_j $(j = 1, 2)$. Offenbar ist*

$$G_1 \times G_2 = \{(a^i, b^j) \mid 0 \leq i < n_1,\ 0 \leq j < n_2\}$$

bezüglich komponentenweiser Multiplikation eine Gruppe der Ordnung $n_1 n_2$. Seien weiterhin n_1 und n_2 teilerfremd.

a) Genau dann gilt $\operatorname{Ord}(a^i, b^j) = n_1 n_2$, wenn $\operatorname{ggT}(n_1, i) = \operatorname{ggT}(n_2, j) = 1$ ist. Insbesondere ist $G_1 \times G_2 = \langle (a, b) \rangle$ zyklisch.

b) *Es gilt* $\varphi(n_1 n_2) = \varphi(n_1)\varphi(n_2)$ *(beachte* n_1, n_2 *teilerfremd).*

c) *Ist* $\mathrm{ggT}(n_1, i) = \mathrm{ggT}(n_2, j) = 1$, *so gibt es zu jedem Paar* $s, t \in \mathbb{Z}$ *ein* $r \in \mathbb{Z}$ *mit*

$$ir \equiv s \bmod n_1 \quad \textit{und} \quad jr \equiv t \bmod n_2.$$

(Für $i = j = 1$ ist dies ein Spezialfall des sogenannten *Chinesischen Restsatzes*, auf den wir in 5.2.10 zurückkommen.)

Beweis. a) Es gilt $e = (a^i, b^j)^k = (a^{ik}, b^{jk})$ genau dann, wenn k teilbar ist durch $\mathrm{Ord}\, a^i$ und $\mathrm{Ord}\, b^j$. Wegen $\mathrm{ggT}(n_1, n_2) = 1$ erzwingt dies $\mathrm{Ord}\, a^i\, \mathrm{Ord}\, b^j \mid k$. Da andererseits $(a^i, b^j)^m = e$ für $m = \mathrm{Ord}\, a^i\, \mathrm{Ord}\, b^j$ gilt, folgt $\mathrm{Ord}(a^i, b^j) = \mathrm{Ord}\, a^i\, \mathrm{Ord}\, b^j$.
b) Die Anzahl der (a^i, b^j) mit $G_1 \times G_2 = \langle (a^i, b^j) \rangle$ ist einerseits nach Satz 2.1.14 b) gleich $\varphi(n_1 n_2)$, nach a) aber auch gleich $\varphi(n_1)\varphi(n_2)$.
c) Wegen a) gilt $G_1 \times G_2 = \langle (a^i, b^j) \rangle$. Daher gibt es ein $r \in \mathbb{Z}$ mit

$$(a^s, b^t) = (a^i, b^j)^r = (a^{ir}, b^{jr}).$$

Dies heißt $ir \equiv s \bmod n_1$ und $jr \equiv t \bmod n_2$. □

Aufgabe 2.1.1

a) Man beweise, daß die Menge aller $f_{a,b} \in \mathrm{Ab}(\mathbb{R}, \mathbb{R})$ von der Gestalt

$$f_{a,b}x = ax + b \quad (a, b, x, \in \mathbb{R};\ a \neq 0)$$

eine nichtabelsche Gruppe G bildet.

b) Man finde alle $f \in G$ mit $\mathrm{Ord}\, f < \infty$.

Aufgabe 2.1.2

a) Sei G eine Gruppe, M eine nichtleere Menge und α eine bijektive Abbildung von M auf G. Für $m_1, m_2 \in M$ setzen wir

$$m_1 \circ m_2 = \alpha^{-1}((\alpha m_1)(\alpha m_2)).$$

Dann bildet M bezüglich $\circ$ eine Gruppe.

b) Sei $M = \{r \mid r \in R,\ -c < r < c\}$ mit $0 < c \in \mathbb{R}$. Durch α mit $\alpha = \frac{c+r}{c-r}$ wird dann eine Bijektion von M auf $G = \{r \mid r \in \mathbb{R},\ 0 < r < \infty\}$ definiert. Bezüglich der Multiplikation ist G eine Gruppe. Gemäß a) wird dann M eine Gruppe durch die Festsetzung

$$r_1 \circ r_2 = \frac{r_1 + r_2}{1 + \frac{r_1 r_2}{c^2}}$$

für $r_1, r_2 \in M$. (Ist c die Lichtgeschwindigkeit, so ist dies das *Einsteinsche*[5] *Additionsgesetz* für gleichgerichtete Geschwindigkeiten.)

Aufgabe 2.1.3 Sei G eine Gruppe.

a) Gilt $g^2 = e$ für alle $g \in G$, so ist G abelsch.

b) Ist $|G|$ eine Primzahl, so ist G zyklisch.

c) Ist $|G| \leq 5$, so ist G abelsch.

Aufgabe 2.1.4

a) Sei G eine Gruppe und $U \leq G$. Ist $G = \cup_{j\in J} g_j U$ eine disjunkte Zerlegung, so ist auch $G = \cup_{j\in J} U g_j^{-1}$ disjunkt.

b) Sei $V \leq U \leq G$ und seien $G = \cup_{r\in R} rU$ und $U = \cup_{s\in S} sV$ disjunkte Zerlegungen. Dann ist auch $G = \cup_{r\in R,\, s\in S} rsV$ disjunkt.

c) Gilt $|G : U| < \infty$ und $|U : V| < \infty$, so ist $|G : V| = |G : U||U : V|$.

Aufgabe 2.1.5 Sei G eine Gruppe und seien U_1, U_2 Untergruppen von G. Wir setzen

$$U_1U_2 = \{u_1u_2 \mid u_j \in U_j\}.$$

a) Genau dann ist U_1U_2 eine Untergruppe von G, wenn $U_1U_2 = U_2U_1$ ist.

b) Sind U_1 und U_2 endlich, so gilt

$$|U_1U_2| = \frac{|U_1||U_2|}{|U_1 \cap U_2|}.$$

(Man zähle die $gU_2 \subseteq U_1U_2$.)

c) Sind $|G : U_i|$ $(i = 1, 2)$ endlich, so gilt $|G : U_1 \cap U_2| \leq |G : U_1||G : U_2|$.

d) Sei G endlich. Genau dann gilt

$$|G : U_1 \cap U_2| = |G : U_1||G : U_2|,$$

wenn $G = U_1U_2$ ist.

e) Ist G endlich und sind $|G : U_1|$ und $|G : U_2|$ teilerfremd, so gilt $G = U_1U_2$.

[5] Albert Einstein (1879-1955) Patentamt Bern, danach Prof. in Zürich, Prag, Berlin, Princeton. Physiker. Brownsche Molekularbewegung, Photoelektrischer Effekt (Nobelpreis 1921), Spezielle Relativitätstheorie, Allgemeine Relativitätstheorie, Feldtheorie.

2.2 Ringe und Körper

Wir führen nun algebraische Strukturen mit zwei Verknüpfungen ein.

Definition 2.2.1

a) Eine Menge R heißt ein *Ring*, falls gilt:

   (1) R ist bezüglich einer Operation $+$ eine abelsche Gruppe R^+. Das neutrale Element von R^+ bezeichnen wir mit 0, das zu $a \in R^+$ inverse Element mit $-a$.

   (2) R ist bezüglich einer weiteren Operation, die wir als Multiplikation schreiben, eine Halbgruppe. Insbesondere gilt also das Assoziativgesetz $(ab)c = a(bc)$ für alle $a, b, c \in R$. Ferner verlangen wir:

   (2a) Es gibt ein Element $1 \in R$ mit $1a = a1 = a$ für alle $a \in R$.

   (2b) Für alle $a, b, c \in R$ gelten die *Distributivgesetze*

$$(a + b)c = ac + bc \text{ und } a(b + c) = ab + ac.$$

   Gilt zusätzlich $ab = ba$ für alle $a, b \in R$, so nennen wir R einen *kommutativen Ring*.

b) Sei R ein Ring und

$$R^* = \{a \in R \mid \text{ es existiert ein } b \in R \text{ mit } ab = ba = 1\}.$$

   Die Elemente von R^* nennen wir die *Einheiten* von R. Offenbar ist R^* eine Gruppe bezüglich der Multiplikation. Zu jedem $a \in R^*$ gibt es somit genau ein $b = a^{-1} \in R^*$ mit $ab = ba = 1$.

c) Ein Ring R heißt ein *Schiefkörper*, falls $R^* = R \setminus \{0\}$.

d) Ein kommutativer Schiefkörper heißt ein *Körper*.

Lemma 2.2.2 *Sei R ein Ring.*

a) Für alle $a \in R$ ist $a0 = 0a = 0$.

b) Für alle $a, b \in R$ gilt $(-a)b = -(ab) = a(-b)$.

c) Ist R ein Schiefkörper, so folgt aus $ab = 0$ mit $a, b \in R$ stets $a = 0$ oder $b = 0$.

Beweis. a) Es gilt

$$a0 + a0 = a(0 + 0) = a0 = a0 + 0.$$

Mit der Kürzungsregel 2.1.5 in R^+ folgt $a0 = 0$. Ähnlich zeigt man $0a = 0$.
b) Wegen a) gilt

$$ab + (-a)b = (a + (-a))b = 0b = 0.$$

Also ist $(-a)b = -(ab)$. Ähnlich folgt $a(-b) = -(ab)$.
c) Angenommen $ab = 0$ mit $a \neq 0$. Dann erhalten wir

$$0 = a^{-1}0 = a^{-1}(ab) = (a^{-1}a)b = 1b = b.$$

□

Beispiele 2.2.3 a) Die Menge $\mathbb{Z}$ ist ein Ring bezüglich der Addition und der Multiplikation; die Mengen $\mathbb{Q}$ der rationalen Zahlen und $\mathbb{R}$ der reellen Zahlen sind Körper. Den Körper $\mathbb{C}$ der komplexen Zahlen werden wir im Paragraphen 2.4 einführen.
b) Sei $K = \{\overline{0}, \overline{1}\}$. Dann wird K ein Körper durch die Festsetzungen

$$\overline{0} + \overline{0} = \overline{0} = \overline{1} + \overline{1},\ \overline{0} + \overline{1} = \overline{1} + \overline{0} = \overline{1},\ \overline{0}\,\overline{0} = \overline{1}\,\overline{0} = \overline{0}\,\overline{1} = \overline{0},\ \overline{1}\,\overline{1} = \overline{1},$$

wie man leicht nachprüft. (Dies ist ein Spezialfall von 2.2.4 c).)
c) Beispiele von Ringen mit nichtkommutativer Multiplikation werden wir in Kapitel 3 bei der Behandlung von Matrizen und linearen Abbildungen sehen. Ein nichtkommutativer Schiefkörper, die *Quaternionen*, wird uns erst später begegnen (siehe Aufgabe 3.3.9 b)). Erwähnung verdient der folgende Satz von Wedderburn[6]:

Ist R ein endlicher Schiefkörper, so ist die Multiplikation in R kommutativ, also R ein Körper.

Es gibt mehrere Beweise dieses Satzes; ein schöner und elementarer stammt von E. Witt[7] (siehe [2], S. 27-31).

Wir führen nun den Ring $\mathbb{Z}_n$ der ganzen rationalen Zahlen modulo n ein. Dieser spielt eine wichtige Rolle in der Mathematik, insbesondere in der Zahlentheorie. Wir benötigen ihn zur Konstruktion von endlichen Körpern und beim RSA-Verfahren der Kryptographie, welches wir im nächsten Paragraphen vorstellen.

[6]Joseph Wedderburn (1882-1948) Princeton. Analysis und Algebra.
[7]Ernst Witt (1911-1991) Hamburg. Quadratische Formen, Witt-Vektoren, Mathieu-Gruppen.

Satz 2.2.4 *Sei* $1 < n \in \mathbb{Z}$ *und seien*

$$[r] = r + n\mathbb{Z} = \{r + nk \mid k \in \mathbb{Z}\}$$

die Restklassen modulo n (siehe 1.1.8). *Die Menge* $\mathbb{Z}_n$ *dieser Restklassen bildet nach* 2.1.2 *eine Gruppe vermöge der Festsetzung*

$$[r_1] + [r_2] = (r_1 + n\mathbb{Z}) + (r_2 + n\mathbb{Z}) = r_1 + r_2 + n\mathbb{Z} = [r_1 + r_2].$$

Wir definieren nun eine Multiplikation auf $\mathbb{Z}_n$ *durch*

$$[r_1][r_2] = (r_1 + n\mathbb{Z})(r_2 + n\mathbb{Z}) = r_1 r_2 + n\mathbb{Z} = [r_1 r_2].$$

Man kontrolliert leicht, daß diese Operation wohldefiniert ist.

a) *Durch die obige Addition und Multiplikation wird* $\mathbb{Z}_n$ *ein kommutativer Ring mit dem Nullelement* $[0] = n\mathbb{Z}$ *und dem Einselement* $[1] = 1 + n\mathbb{Z}$.

b) *Es gilt* $\mathbb{Z}_n^* = \{[r] \mid 1 \leq r \leq n$ *und* $\operatorname{ggT}(r,n) = 1\}$. *Insbesondere ist* $\mathbb{Z}_n^*$ *eine Gruppe mit* $|\,\mathbb{Z}_n^*\,| = \varphi(n)$.

c) *Genau dann ist* $\mathbb{Z}_n$ *ein Körper, wenn* $n = p$ *eine Primzahl ist.*

Beweis. a) Die Ringaxiome in $\mathbb{Z}$ haben zur Folge, daß diese auch in $\mathbb{Z}_n$ gelten.
b) Sei zunächst $[a] \in \mathbb{Z}_n^*$, also $[1] = [a][b] = [ab]$ für ein $b \in \mathbb{Z}$. Dies besagt, daß $ab = 1 + kn$ für ein $k \in \mathbb{Z}$ ist, also $\operatorname{ggT}(a,n) = 1$.

Sei umgekehrt $\operatorname{ggT}(a,n) = 1$. Wegen 2.1.15 existiert ein $b \in \mathbb{N}$ mit $ab \equiv 1 \pmod{n}$. Es folgt $[a][b] = [b][a] = [1]$ und $[a]$ liegt in $\mathbb{Z}_n^*$.
c) Genau dann ist $\mathbb{Z}_n$ ein Körper, wenn $\mathbb{Z}_n^* = \mathbb{Z}_n \backslash \{0\} = \{[r] \mid 1 \leq r < n\}$ ist. Wegen b) ist dies genau dann der Fall, wenn $n = p$ eine Primzahl ist. □

Das folgende Beispiel zeigt, daß das Rechnen mit Restklassen nützlich ist.

Beispiel 2.2.5 Wir zeigen, daß 641 ein Teiler von $2^{2^5} + 1$ ist. Also ist $2^{2^5} + 1$ keine Fermatsche Primzahl (siehe 1.1.1 b)):

Man bestätigt durch direkte Rechnung $641 = 5 \cdot 2^7 + 1 = 5^4 + 2^4$. In $\mathbb{Z}_{641}$ heißt dies

$$[0] = [5][2]^7 + [1] = [5]^4 + [2]^4.$$

Damit folgt

$$-[2]^{32} = -[2]^4[2]^{28} = [5]^4[2]^{28} = ([5][2]^7)^4 = (-[1])^4 = [1].$$

Dies heißt $641 \mid 2^{2^5} + 1$.

Aus 2.2.4 ziehen wir nun bemerkenswerte zahlentheoretische Folgerungen.

Satz 2.2.6 (Euler) *Sei $n \in \mathbb{N}$ und $a \in \mathbb{Z}$ eine zu n teilerfremde Zahl. Dann gilt*

$$a^{\varphi(n)} \equiv 1 \,(\operatorname{mod} n).$$

Beweis. Wegen 2.2.4 gilt $[a] \in \mathbb{Z}_n^*$ und $|\,\mathbb{Z}_n^*\,| = \varphi(n)$. Mit 2.1.16 erhalten wir $[a]^{\varphi(n)} = [1]$. Dies besagt gerade $a^{\varphi(n)} \equiv 1 \,(\operatorname{mod} n)$. □

Der kleine Fermatsche Satz ist ein Spezialfall des Eulerschen Satzes.

Satz 2.2.7 (Fermat) *Sei p eine Primzahl und $a \in \mathbb{Z}$ mit $p \nmid a$. Dann ist*

$$a^{p-1} \equiv 1 \,(\operatorname{mod} p).$$

Beweis. Für Primzahlen p gilt $\varphi(p) = p - 1$. □

In vielen späteren Betrachtungen spielt die Charakteristik eines Körpers eine wichtige Rolle. Sie ist wie folgt definiert.

Definition 2.2.8 Sei K ein Körper. Gilt $\underbrace{1 + \ldots + 1}_{m-\text{mal}} \neq 0$ für alle $m \in \mathbb{N}$, so sagen wir, daß K die *Charakteristik* 0 hat. Gibt es ein $m \in \mathbb{N}$ mit

$$\underbrace{1 + \ldots + 1}_{m-\text{mal}} = 0,$$

so nennen wir die kleinste Zahl mit dieser Eigenschaft die *Charakteristik von* K und bezeichnen sie mit $\operatorname{Char} K$.

Satz 2.2.9

a) Die Charakteristik eines Körpers ist 0 oder eine Primzahl.

b) Ist K ein Körper der Charakteristik p, so ist

$$K_0 = \{0, 1, \ldots, p - 1\}$$

ein Unterkörper von K, d.h. eine Teilmenge von K, die bezüglich der in K gegebenen Addition und Multiplikation selbst ein Körper ist. Wir nennen dann K_0 den Primkörper *von K.*

Beweis. a) Angenommen, $\operatorname{Char} K = n_1 n_2$ mit $n_j \in \mathbb{N}$ und $1 < n_j$. Dann gilt

$$\underbrace{1 + \ldots + 1}_{n_j\text{-mal}} \neq 0$$

für $j = 1, 2$, wegen des Distributivgesetzes jedoch

$$0 = \underbrace{1 + \ldots + 1}_{n_1 n_2\text{-mal}} = (\underbrace{1 + \ldots + 1}_{n_1\text{-mal}})(\underbrace{1 + \ldots + 1}_{n_2\text{-mal}}).$$

Dies ist ein Widerspruch zu 2.2.2 c). Also ist $\operatorname{Char} K$ gleich 0 oder eine Primzahl.
b) Sei $\operatorname{Char} K = p$ eine Primzahl. Dann ist $K_0 = \{0, 1, \ldots, p-1\}$ eine Untergruppe von K^+. Wegen des Distributivgesetzes ist K_0 sogar ein Ring. In $K_0 \setminus \{0\}$ gilt die Kürzungsregel, da sie in $K \setminus \{0\}$ gilt. Wegen $|K_0| < \infty$ ist $K_0 \setminus \{0\}$ nach 2.1.6 bezüglich der Multiplikation eine Gruppe. Also ist K_0 ein Körper. □

Beispiele 2.2.10 Die Körper $\mathbb{Q}$ und $\mathbb{R}$ sind offenbar von Charakteristik 0. Die Körper $\mathbb{Z}_p$, p eine Primzahl, haben die Charakteristik p wegen

$$\underbrace{[1] + \ldots + [1]}_{p\text{-mal}} = [0].$$

In einem Körper der Charakteristik p reduziert sich der binomische Lehrsatz 1.3.3 für p-te Potenzen zu einer einfachen Formel.

Satz 2.2.11 *Sei K ein Körper der Charakteristik p. Dann gilt:*

a) $pa = \underbrace{a + \ldots + a}_{p\text{-mal}} = 0$ *für alle* $a \in K$.

b) $(a+b)^p = a^p + b^p$ *für alle* $a, b \in K$.

Beweis. a) Es gilt $pa = \underbrace{a + \ldots + a}_{p\text{-mal}} = (\underbrace{1 + \ldots + 1}_{p\text{-mal}})a = 0a = 0$.
b) Der binomische Lehrsatz liefert $(a+b)^p = \sum_{j=0}^{p} \binom{p}{j} a^j b^{p-j}$. Da p ein Teiler von $\binom{p}{j} = \frac{p!}{j!(n-j)!}$ für $j = 1, \ldots, p-1$ ist, folgt die Behauptung mit a). □

Definition 2.2.12 Seien K und L Körper. Eine Abbildung α von K in L heißt ein *Isomorphismus* von K in L, falls α injektiv ist und

$$\alpha(a+b) = \alpha a + \alpha b, \; \alpha(ab) = (\alpha a)(\alpha b)$$

für alle $a, b \in K$ gelten. Ist $K = L$ und α eine bijektive Abbildung mit den obigen Eigenschaften, so heißt α ein *Automorphismus* von K.

Aufgabe 2.2.1 Ist α ein Automorhpismus von $\mathbb{R}$, so gilt $\alpha r = r$ für alle $r \in \mathbb{R}$.
(Man zeige, daß für $0 < a \in \mathbb{R}$ auch $0 < \alpha a$ gilt.)

Aufgabe 2.2.2 Sei $n = 561 = 3 \cdot 11 \cdot 17$. Ist $a \in \mathbb{Z}$ und teilerfremd zu n, so gilt

$$(*) \qquad a^{n-1} \equiv 1 \bmod n.$$

Insbesondere gilt also die Umkehrung des kleinen Fermatschen Satzes (siehe 2.2.7) nicht. Zusammengesetzte natürliche Zahlen n, für welche $(*)$ stets gilt, heißen *Carmichael*[8]*-Zahlen*. (Ein tiefliegendes Resultat besagt, daß es unendlich viele solcher Zahlen gibt.)

---

[8]Robert Daniel Carmichael (1879-1967) Urbana-Champaign. Schrieb Lehrbücher über Relativitätstheorie, Zahlentheorie, Gruppentheorie, diophantische Analysis, Calculus.

2.3 Das RSA-Verfahren in der Kryptographie

Die Kryptographie beschäftigt sich mit Verfahren, Nachrichten bei der Übertragung gegen unerlaubten Zugriff zu sichern. Man denke etwa an Pay-TV, an Homebanking oder eine digitale Unterschrift unter ein Dokument. Infolge zunehmender Ausweitung der Computernetze wird die Sicherung von Daten immer aktueller. Wir stellen hier das *RSA*-Verfahren vor, welches auf Rivest, Shamir und Adleman aus dem Jahr 1978 zurückgeht. Es gehört zu den sogenannten *Public-Key*-Verfahren, in denen jede Person einen ihr eigenen Schlüssel – wie etwa eine Telefonnummer – bekannt gibt, mittels dessen an die Person Nachrichten verschlüsselt, man sagt auch *chiffriert*, gesendet werden können. Der Schlüssel soll dabei so gebaut sein, daß nur die Person, die den Schlüssel ausgegeben hat, entschlüsseln (*dechiffrieren*) kann.

Das *RSA*-Verfahren 2.3.1 Bob wählt zwei große Primzahlen $p \neq q$. Er berechnet $n = pq$ und wählt eine zu $\varphi(n) = \varphi(p)\varphi(q) = (p-1)(q-1)$ (siehe 2.1.18 b)) teilerfremde Zahl $1 < e < \varphi(n)$. Er bestimmt weiterhin ein $d \in \mathbb{N}$ mit

$$ed \equiv 1 \pmod{\varphi(n)}.$$

Dies geht wegen 2.1.15. Bob macht den Schlüssel (n, e) öffentlich bekannt, hält aber d geheim. Alice kann nun an Bob eine Nachricht, die aus einem oder mehreren Elementen aus $\mathbb{Z}_n$ besteht, mittels der *Chiffrierfunktion*

$$\mathbf{e} : \mathbb{Z}_n \to \mathbb{Z}_n, \quad [x] \mapsto [x]^e$$

senden. Bob kann diese verschlüsselte Nachricht dann mittels der *Dechiffrierfunktion*

$$\mathbf{d} : \mathbb{Z}_n \to \mathbb{Z}_n, \quad [y] \mapsto [y]^d$$

entschlüsseln. Daß $\mathbf{d}$ wirklich die Umkehrfunktion von $\mathbf{e}$ ist, zeigt der folgende Satz, der auf einer Anwendung des Satzes von Euler beruht.

Satz 2.3.2 *Es gilt* $\mathbf{d} \circ \mathbf{e} = id_{\mathbb{Z}_n}$.

Beweis. Wir haben $[x]^{ed} = [x]$ für alle $[x] \in \mathbb{Z}_n$, also $x^{ed} \equiv x \bmod n$ zu zeigen. Für $[x] = 0$ ist dies klar. Sei also $n \nmid x$. Wir betrachten zunächst den Fall $p \nmid x$ und $q \nmid x$. Wegen $ed \equiv 1 + z\varphi(n)$ mit $z \in \mathbb{N}$ erhalten wir

$$x^{ed} = x^{1+z\varphi(n)} = x(x^{\varphi(n)})^z.$$

Wegen 2.2.6 gilt $x^{\varphi(n)} \equiv 1 \mod n$. Somit folgt

$$x^{ed} = x(x^{\varphi(n)})^z \equiv x \mod n.$$

Sei nun $p \mid x$, aber $q \nmid x$. (Der Fall $q \mid x$, $p \nmid x$ folgt dann aus Symmetriegründen.) Wegen $\varphi(n) = \varphi(p)\varphi(q)$ erhalten wir nun

$$x^{ed} = x^{1+z\varphi(n)} = x(x^{\varphi(n)})^z = x(x^{\varphi(p)\varphi(q)})^z = x(x^{\varphi(q)})^{\varphi(p)z}.$$

Nochmalige Anwendung von 2.2.6 liefert $x^{\varphi(q)} \equiv 1 \mod q$ und es folgt

$$x^{ed} \equiv x \mod q.$$

Wegen $p \mid x$ gilt $p \mid x^{ed} - x$. Insgesamt haben wir somit $n = pq \mid x^{ed} - x$, also $x^{ed} \equiv x \mod n$. □

Zum Entschlüsseln benötigt ein Fremder, der nur den öffentlichen Schlüssel (n, e) kennt, die Zahl d. Diese berechnet sich leicht aus $de \equiv 1 \mod \varphi(n)$. Hierbei muss man allerdings $\varphi(n)$ kennen, welches mit der Kenntnis der Faktorisierung von n in die Primfaktoren p und q äquivalent ist, denn:

- Kennt man $n = pq$, so auch $\varphi(n) = (p-1)(q-1)$.
- Ist umgekehrt $\varphi(n)$ bekannt, so lassen sich die Primfaktoren p und q als die Nullstellen der quadratischen Gleichung

  $$t^2 - (n + 1 - \varphi(n))t + n = t^2 - (p+q)t + pq = (t-p)(t-q)$$

  bestimmen.

Mit etwas mehr Aufwand kann man zeigen, daß sich aus der Kenntnis von d die Primfaktoren p und q von n stets mit hoher Wahrscheinlichkeit berechnen lassen. Die Bestimmung von d ist somit etwa vom gleichen Schwierigkeitsgrad wie die Faktorisierung von n. Die Stärke des RSA-Verfahrens liegt nun darin, daß man i.a. große Zahlen nicht faktorisieren kann. Sind p und q etwa gleichgroße Primzahlen mit ungefähr 130 Stellen und ohne spezielle Eigenschaften (wie etwa $p-1$ ist ein Produkt von lauter kleinen Primzahlen), so können die heute bekannten Faktorisierungsalgorithmen mit der derzeitigen Rechenleistung der Computer die Primfaktoren p und q von $n = pq$ nicht in vertretbarer Zeit bestimmen.

Um e und d in 2.3.1 bestimmen zu können, benötigt man ein effizientes Verfahren, mittels dessen man den ggT zweier Zahlen und das Inverse einer Zahl modulo m berechnen kann. Dies leistet der Euklidische Algorithmus, der fortlaufend Divisionen mit Rest durchführt.

Euklidischer Algorithmus 2.3.3 *Seien $a, b \in \mathbb{N}$ und $b < a$. Entweder ist $b \mid a$ oder $\mathrm{ggT}(a,b)$ ergibt sich als letzter nichtverschwindender Rest r_n des folgenden Schemas von Divisionen mit Rest:*

$$\begin{aligned}
a &= q_1 b + r_1 && \textit{wobei} \quad q_1, r_1 \in \mathbb{N},\ 0 < r_1 < b\\
b &= q_2 r_1 + r_2 && \textit{wobei} \quad q_2, r_2 \in \mathbb{N},\ 0 < r_2 < r_1\\
r_1 &= q_3 r_2 + r_3 && \textit{wobei} \quad q_3, r_3 \in \mathbb{N},\ 0 < r_3 < r_2\\
&\vdots\\
r_{n-2} &= q_n r_{n-1} + r_n && \textit{wobei} \quad q_n, r_n \in \mathbb{N},\ 0 < r_n < r_{n-1}\\
r_{n-1} &= q_{n+1} r_n && \textit{wobei} \quad q_{n+1} \in \mathbb{N}.
\end{aligned}$$

Beweis. Da die r_i strikt fallend sind, gilt $q_i \neq 0$ und der Algorithmus bricht nach endlich vielen Schritten ab. Ist $x \in \mathbb{N}$ ein Teiler von a und b, so auch von r_1, dann auch von r_2 und schließlich von r_n. Ist umgekehrt x ein Teiler von r_n, dann auch von r_{n-1}, also auch von r_{n-2} und schließlich von b und a. Dies zeigt bereits $r_n = \mathrm{ggT}(a,b)$. □

Satz 2.3.4 *Seien $a, b \in \mathbb{N}$. Dann existieren $x, y \in \mathbb{Z}$ mit*

$$\mathrm{ggT}(a,b) = xa + yb.$$

Beweis. Sei $b \leq a$. Ist $b \mid a$, so folgt $\mathrm{ggT}(a,b) = 0a + 1b$. Sei also $b \nmid a$. Wir lesen nun den Euklidischen Algorithmus von hinten und erhalten

$$\begin{aligned}
\mathrm{ggT}(a,b) &= r_n\\
&= r_{n-2} - q_n r_{n-1}\\
&= r_{n-2} - q_n (r_{n-3} - q_{n-1} r_{n-2})\\
&= (1 + q_n q_{n-1}) r_{n-2} - q_n r_{n-3}\\
&\vdots\\
&= xa + yb
\end{aligned}$$

mit geeigneten $x, y \in \mathbb{Z}$. Die so berechneten x, y nennt man häufig auch *Bézout*[9]-Koeffizienten von a und b. □

Im *RSA*-Verfahren wählt man e mit $1 < e < \varphi(n)$ zufällig und berechnet $\mathrm{ggT}(e, \varphi(n))$ mittels des Euklidischen Algorithmus. Auf diese Weise findet man leicht ein e mit $\mathrm{ggT}(e, \varphi(n)) = 1$. Um d zu bestimmen benutzt man die Bézout-Koeffizienten aus 2.3.4. Wegen $xe + y\varphi(n) = 1$ ist offenbar $xe \equiv 1 \bmod \varphi(n)$, und man kann d als die kleinste natürliche Zahl mit $d \equiv x \pmod{\varphi(n)}$ wählen.

[9]Etienne Bézout (1730-1783) Paris. Lehrte Mathematik für Offiziersschüler der Marine und Artillerie. Algebraische Geometrie.

2.4 Der komplexe Zahlkörper

Definition 2.4.1 Auf der Menge

$$\mathbb{R} \times \mathbb{R} = \{(a,b) \mid a,b \in \mathbb{R}\}$$

definieren wir eine Addition und eine Multiplikation durch

$$(a_1,b_1) + (a_2,b_2) = (a_1 + a_2, b_1 + b_2)$$

und

$$(a_1,b_1)(a_2,b_2) = (a_1a_2 - b_1b_2, a_1b_2 + a_2b_1).$$

Die entstehende Struktur nennen wir den *komplexen Zahlkörper* und bezeichnen ihn mit $\mathbb{C}$. Die Elemente aus $\mathbb{C}$ heißen *komplexe Zahlen.*

Satz 2.4.2 *Es gilt:*

a) $\mathbb{C}$ *ist ein Körper.*

b) Die Untermenge $\mathbb{R}' = \{(a,0) \mid a \in \mathbb{R}\}$ *von* $\mathbb{C}$ *ist ein zu* $\mathbb{R}$ *isomorpher Körper. Jedes* $(a,b) \in \mathbb{C}$ *hat die Gestalt*

$$(a,b) = (a,0) + (b,0)(0,1),$$

wobei $(0,1)^2 = -(1,0)$ *ist. Identifizieren wir* $\mathbb{R}'$ *mit* $\mathbb{R}$ *und setzen* $i = (0,1)$*, so gilt*

$$\mathbb{C} = \{a + bi \mid a,b \in \mathbb{R}\}.$$

Dabei ist $i^2 = -1$ *und*

$$(a_1 + b_1i)(a_2 + b_2i) = (a_1a_2 - b_1b_2) + (a_1b_2 + a_2b_1)i.$$

Beweis. a) Die erforderlichen Assoziativ- und Distributivgesetze rechnet man leicht nach. Die Existenz des Inversen von $(a,b) \neq (0,0)$ wird geliefert durch

$$(a,b)\left(\frac{a}{a^2+b^2}, -\frac{b}{a^2+b^2}\right) = (1,0).$$

b) Diese Aussagen sind klar. □

Bemerkung 2.4.3 Wir haben soeben den komplexen Zahlkörper $\mathbb{C}$ konstruiert, indem wir – salopp gesagt – zu $\mathbb{R}$ ein Element i mit $i^2 = -1$ *adjungiert* haben. Ähnliche Körperkonstruktionen kann man auch in anderen Fällen durchführen (siehe 2.5.6). Unsere Konstruktion bewirkt, daß $\mathbb{C}$

eine Lösung von $x^2 = -1$ enthält. Wir erhalten damit sogar die Lösung von vielen Gleichungen. Der zuerst von Gauß bewiesene sogenannte *Fundamentalsatz der Algebra* besagt nämlich:

Seien $a_0, a_1, \ldots, a_{n-1} \in \mathbb{C}$. Dann gibt es ein $c \in \mathbb{C}$ mit

$$c^n + a_{n-1}c^{n-1} + \ldots + a_0 = 0.$$

Definition 2.4.4 Sei $c = a + bi \in \mathbb{C}$ mit $a, b \in \mathbb{R}$.

a) Die durch c eindeutig bestimmten reellen Zahlen a und b nennen wir den *Real-* bzw. *Imaginärteil* von c und schreiben $a = \operatorname{Re} c$ bzw. $b = \operatorname{Im} c$.

b) Wir setzen $|c| = \sqrt{a^2 + b^2}$ (nichtnegative Quadratwurzel) und nennen $|c|$ den *Absolutbetrag*, auch die *Norm* von c. Offenbar ist $|c| \geq 0$ und $|c| = 0$, genau für $c = 0$.

c) $\overline{c} = a - bi$ heißt die zu $c = a + bi$ *konjugiert komplexe Zahl.*

Satz 2.4.5 *Seien $c_1, c_2, c \in \mathbb{C}$. Dann gilt:*

a) $\operatorname{Re}(c_1 + c_2) = \operatorname{Re} c_1 + \operatorname{Re} c_2$, $\operatorname{Re} c = \frac{1}{2}(c + \overline{c})$,
$\operatorname{Im}(c_1 + c_2) = \operatorname{Im} c_1 + \operatorname{Im} c_2$, $\operatorname{Im} c = \frac{1}{2i}(c - \overline{c})$.

b) $\overline{c_1 + c_2} = \overline{c_1} + \overline{c_2}$, $\overline{c_1 c_2} = \overline{c_1}\,\overline{c_2}$, $\overline{\overline{c}} = c$.
Also ist α mit $\alpha c = \overline{c}$ ein Automorphismus von $\mathbb{C}$ mit $\alpha^2 = id_{\mathbb{C}}$.

c) $|c|^2 = |\overline{c}|^2 = c\overline{c} = (\operatorname{Re} c)^2 + (\operatorname{Im} c)^2$.

d) $|c_1 c_2| = |c_1||c_2|$.

e) $|\operatorname{Re} c| \leq |c|$ *und* $|\operatorname{Im} c| \leq |c|$.

f) $|c_1 + c_2| \leq |c_1| + |c_2|$ (Dreiecksungleichung).
Dabei gilt $|c_1 + c_2| = |c_1| + |c_2|$ für $c_1 c_2 \neq 0$ genau dann, wenn $c_2 = rc_1$ mit $0 < r \in \mathbb{R}$ ist.

Beweis. Die Behauptungen a) bis c) ergeben sich durch einfache Rechnung.
d) Wegen b) und c) gilt

$$|c_1 c_2|^2 = (c_1 c_2)\overline{(c_1 c_2)} = c_1 c_2 \overline{c_1}\,\overline{c_2} = c_1 \overline{c_1} c_2 \overline{c_2} = |c_1|^2 |c_2|^2.$$

Also ist $|c_1 c_2| = |c_1||c_2|$.
e) Ist $c = a + bi$ mit $a, b \in \mathbb{R}$, so gilt $|c|^2 = a^2 + b^2 \geq a^2 = |\operatorname{Re} c|^2$. Dies zeigt $|c| \geq |\operatorname{Re} c|$. Ähnlich folgt $|c| \geq |\operatorname{Im} c|$.

f) Es gilt

$$\begin{aligned}|c_1+c_2|^2 &= (c_1+c_2)(\overline{c_1}+\overline{c_2}) && \text{(siehe b), c))}\\ &= c_1\overline{c_1}+c_1\overline{c_2}+c_2\overline{c_1}+c_2\overline{c_2}\\ &= |c_1|^2+2\operatorname{Re}c_1\overline{c_2}+|c_2|^2 && \text{(siehe a))}\\ &\le |c_1|^2+2|c_1||c_2|+|c_2|^2 && \text{(siehe e))}\\ &= (|c_1|+|c_2|)^2.\end{aligned}$$

Also ist

$$|c_1+c_2| \le |c_1|+|c_2|.$$

Gleichheit gilt dabei für $c_1c_2 \neq 0$ genau dann, wenn

$$\operatorname{Re}c_1\overline{c_2} = |c_1\overline{c_2}| = |c_1||c_2|.$$

Wegen $|c_1\overline{c_2}|^2 = (\operatorname{Re}c_1\overline{c_2})^2 + (\operatorname{Im}c_1\overline{c_2})^2$ heißt dies $\operatorname{Im}c_1\overline{c_2} = 0$, also

$$c_1\overline{c_2} = \operatorname{Re}c_1\overline{c_2} = |c_1||c_2|.$$

Da $\overline{c_2} = c_2^{-1}|c_2|^2$ ist, folgt $c_1c_2^{-1} = \frac{|c_1|}{|c_2|} \in \mathbb{R}$ und $c_1c_2^{-1} > 0$. □

Ausblick 2.4.6 Schreibt man die Gleichung aus 2.4.5 d) für die Elemente $c_j = a_j + b_j i$ mit $a_j, b_j \in \mathbb{R}\,(j = 1,2)$ explizit aus, so erhält man

$$(a_1a_2 - b_1b_2)^2 + (a_1b_2 + a_2b_1)^2 = (a_1^2 + b_1^2)(a_2^2 + b_2^2).$$

Durch formale Rechnung bestätigt man, daß diese Gleichung für alle a_j, b_j $(j = 1,2)$ aus einem beliebigen kommutativen Ring gilt. Nach Hurwitz[10] existieren analoge Formeln der Gestalt

$$\left(\sum_{j=1}^{n} a_j^2\right)\left(\sum_{j=1}^{n} b_j^2\right) = \sum_{j=1}^{n} c_j^2$$

mit bezüglich der a_j, b_j bilinearen c_j nur für $n = 2,4,8$. So wie die obige Formel für $n = 2$ mit den komplexen Zahlen zusammenhängt, nämlich der Norm in $\mathbb{C}$, so hat die Formel für $n = 4$ mit dem Schiefkörper der Quaternionen (siehe 9.3.2) und für $n = 8$ mit dem nichtassoziativen Ring der *Cayleyschen*[11] *Oktaven* zu tun.

[10] Adolf Hurwitz (1859-1919) Königsberg, Zürich. Riemannsche Flächen, Funktionentheorie.

[11] Arthur Cayley (1821-1895) Arbeitete viele Jahre als Anwalt, ab 1863 Prof. für Reine Mathematik in Cambridge. Matrizenalgebra, Gruppentheorie, Geometrie.

Die Beschreibung der komlexen Zahlen als Paare von reellen Zahlen legt eine geometrische Deutung in der euklidischen Ebene nahe.

Geometrische Deutung 2.4.7 Jeder komplexen Zahl $c = a+bi$ mit $a, b \in \mathbb{R}$ ordnen wir in der Ebene bezüglich eines kartesischen Koordinatensystems den Punkt (a, b) zu.

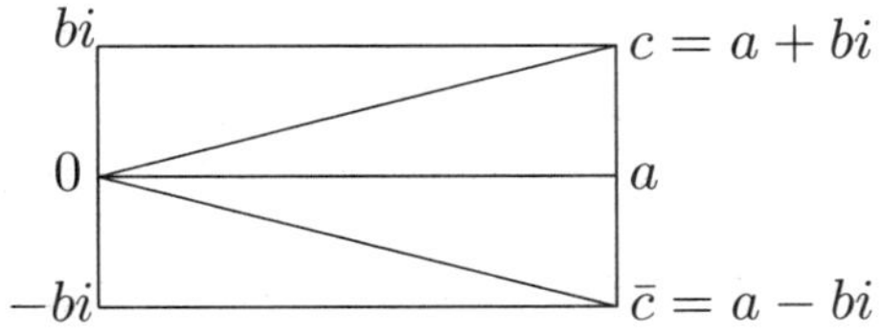

Nach dem Satz von Pythagoras ist $|c| = \sqrt{a^2 + b^2}$ die Länge der Strecke von $(0, 0)$ nach (a, b). Die Addition der komlexen Zahlen läuft offenbar auf die elementare Vektoraddition hinaus. Nun gestattet die Dreiecksungleichung aus 2.4.5 f) die einfache geometrische Interpretation: In jedem Dreieck ist eine Seite höchstens so lang wie die Summe der Längen der beiden anderen Seiten; Gleichheit tritt genau dann ein, wenn das Dreieck zu einer Strecke entartet.

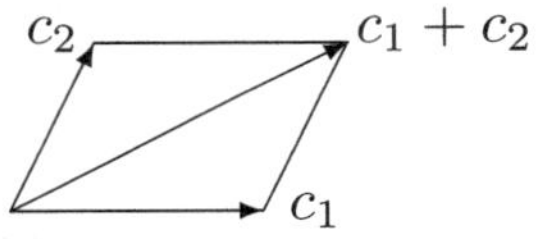

Was bedeutet geometrisch die Multiplikation von komplexen Zahlen? Seien dazu $c_1, c_2 \in \mathbb{C}$. Setzen wir $|c_j| = r_j$, so gilt $c_j = r_j(\cos\alpha_j + i \sin\alpha_j)$ mit dem in der Zeichnung angegebenen Winkel α_j $(0 \leq \alpha_j < 2\pi)$.

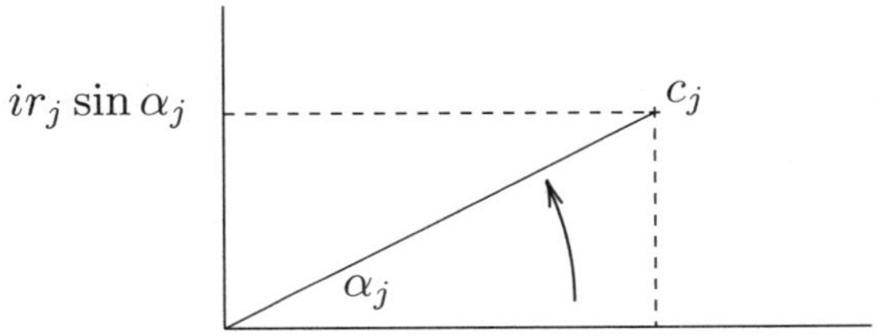

Ist $c_j \neq 0$, so ist α_j eindeuting bestimmt und wir setzen $\alpha_j = \operatorname{arc} c_j$. Für $c_j = 0$ ist jedoch $\operatorname{arc} c_j$ nicht definiert. Mit den Additionstheoremen für Cosinus und Sinus folgt

$$\begin{aligned} c_1 c_2 &= r_1 r_2 (\cos\alpha_1 + i \sin\alpha_1)(\cos\alpha_2 + i \sin\alpha_2) \\ &= r_1 r_2 \{(\cos\alpha_1 \cos\alpha_2 - \sin\alpha_1 \sin\alpha_2) + i(\cos\alpha_1 \sin\alpha_2 + \sin\alpha_1 \cos\alpha_2)\} \\ &= r_1 r_2 \{\cos(\alpha_1 + \alpha_2) + i \sin(\alpha_1 + \alpha_2)\}. \end{aligned}$$

Somit ist $|c_1c_2| = r_1r_2 = |c_1||c_2|$ (dies steht bereits in 2.4.5 d)) und

$$\operatorname{arc} c_1c_2 = \alpha_1 + \alpha_2 = \operatorname{arc} c_1 + \operatorname{arc} c_2,$$

wobei $\alpha_1 + \alpha_2$ für $\alpha_1 + \alpha_2 \geq 2\pi$ durch $\alpha_1 + \alpha_2 - 2\pi$ zu ersetzen ist. Bei der Multiplikation von komplexen Zahlen werden also Winkel modulo 2π addiert und Längen multipliziert.

Satz 2.4.8 *Für $n \in \mathbb{N}$ setzen wir $\mathbb{C}_n = \{a \mid a \in \mathbb{C},\ a^n = 1\}$. Die Elemente in $\mathbb{C}_n$ heißen komplexe n-te* Einheitswurzeln.

a) $\mathbb{C}_n$ ist bezüglich der Multiplikation eine zyklische Gruppe der Ordnung n.

b) Ist $\varepsilon = \cos\frac{2\pi}{n} + i\sin\frac{2\pi}{n}$, so gilt $\varepsilon^n = 1$ und $\mathbb{C}_n = \{1, \varepsilon, \ldots, \varepsilon^{n-1}\} = \langle\varepsilon\rangle$.

c) Für $0 < k < n$ ist $\sum_{j=0}^{n-1} \varepsilon^{jk} = 0$. Insbesondere gilt $\sum_{j=0}^{n-1} \cos\frac{2\pi}{n}j = \sum_{j=0}^{n-1} \sin\frac{2\pi}{n}j = 0$.

Beweis. a) und b) Ist $a = r(\cos\alpha + i\sin\alpha) \in \mathbb{C}_n$ mit $|a| = r$ und $0 \leq \alpha < 2\pi$, so folgt mit 2.4.7, daß

$$1 = a^n = r^n(\cos n\alpha + i\sin n\alpha).$$

Dies liefert $r = 1, \cos n\alpha = 1$ und $\sin n\alpha = 0$. Wegen $0 \leq \alpha < 2\pi$ erhalten wir $\alpha = \frac{2\pi}{n}k$ mit $0 \leq k < n$. Setzen wir $\varepsilon = \cos\frac{2\pi}{n} + i\sin\frac{2\pi}{n}$, so folgt $a = \varepsilon^k$. Also ist $\mathbb{C}_n = \{1, \varepsilon, \ldots, \varepsilon^{n-1}\} = \langle\varepsilon\rangle$.
c) Für $0 < k < n$ ist $\varepsilon^k \neq 1$ und daher $\sum_{j=0}^{n-1} \varepsilon^{jk} = \frac{\varepsilon^{nk}-1}{\varepsilon^k - 1} = 0$. Die Zerlegung in Real- und Imaginärteil liefert für $k = 1$ die restliche Aussage.

□

Für einen beliebigen Körper K sei wieder K_n die Gruppe der n-ten Einheitswurzeln. Wir werden später zeigen, daß K_n stets eine zyklische Gruppe ist, deren Ordnung n teilt. Diese kann jedoch trivial sein, also nur aus dem Einselement bestehen. Zum Beispiel hat ein Körper der Charakteristik p keine nichttrivialen p-ten Einheitswurzeln, denn aus $0 = a^p - 1 = (a-1)^p$ mit $a \in K$ folgt $a = 1$ (siehe 2.2.11).

Die komplexen Zahlen sind mitunter ein Hilfsmittel, um rein reelle Aussagen elegant zu beweisen.

Beispiele 2.4.9 a) Wir betrachten die Figur

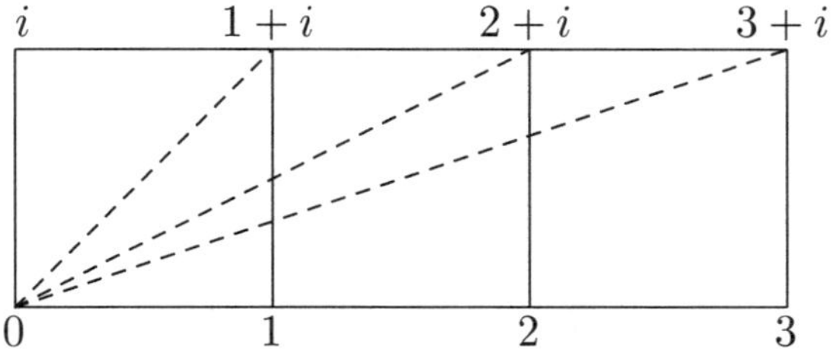

aus drei Quadraten mit den eingezeichneten Diagonalen und den Winkeln $\alpha_j = \operatorname{arc}(j+i)$ für $j = 1, 2, 3$. Dann ist

$$\alpha_1 + \alpha_2 + \alpha_3 = \operatorname{arc}(1+i)(2+i)(3+i) = \operatorname{arc} 10i = \frac{\pi}{2}.$$

b) Mit 2.4.7 folgt für alle φ die Relation

$$\cos m\varphi + i \sin m\varphi = (\cos\varphi + i\sin\varphi)^m = \sum_{j=0}^{m} \binom{m}{j} i^j (\cos\varphi)^{m-j} (\sin\varphi)^j.$$

Wegen $i^{2j} = (-1)^j$ und $i^{2j+1} = (-1)^j i$ folgen die *Moivreschen*[12] *Formeln*

$$\cos m\varphi = \sum_{0 \le 2k \le m} \binom{m}{2k} (-1)^k (\sin\varphi)^{2k} (\cos\varphi)^{m-2k}$$

und

$$\sin m\varphi = \sum_{0 \le 2k+1 \le m} \binom{m}{2k+1} (-1)^k (\sin\varphi)^{2k+1} (\cos\varphi)^{m-2k-1}.$$

c) Wie nach 1.3.4 angekündigt, berechnen wir nun

$$\sum_{3|j} \binom{n}{j} = \binom{n}{0} + \binom{n}{3} + \binom{n}{6} + \dots .$$

Dazu setzen wir $\varepsilon = \cos\frac{2\pi}{3} + i\sin\frac{2\pi}{3}$. Wegen 2.4.8 gilt dann $\varepsilon^3 = 1$ und

$$1 + \varepsilon^j + \varepsilon^{2j} = \begin{cases} 0 \text{ falls } 3 \nmid j \\ 3 \text{ falls } 3 \mid j. \end{cases}$$

[12] Abraham de Moivre (1667-1754) Privatlehrer in England. Wahrscheinlichkeitstheorie.

Wir erhalten dann

$$\sum_{j=0}^{n} \binom{n}{j} = (1+1)^n = 2^n$$

$$\sum_{j=0}^{n} \binom{n}{j}\varepsilon^j = (1+\varepsilon)^n = (-\varepsilon^2)^n$$

$$\sum_{j=0}^{n} \binom{n}{j}\varepsilon^{2j} = (1+\varepsilon^2)^n = (-\varepsilon)^n.$$

Die Addition dieser Formeln liefert

$$2^n + (-\varepsilon)^n + (-\varepsilon^2)^n = \sum_{j=0}^{n} \binom{n}{j}(1+\varepsilon^j+\varepsilon^{2j}) = 3\sum_{3|j}\binom{n}{j}.$$

Dabei ist

$$\begin{aligned} 2^n + (-\varepsilon)^n + (-\varepsilon^2)^n &= 2^n + (-1)^n(\varepsilon^n + \varepsilon^{2n}) \\ &= \begin{cases} 2^n + (-1)^n \cdot 2 & \text{falls } 3 \mid n \\ 2^n + (-1)^{n+1} & \text{falls } 3 \nmid n. \end{cases} \end{aligned}$$

Insgesamt zeigt dies

$$3\sum_{3|j}\binom{n}{j} = \begin{cases} 2^n + 2 & \text{falls } n \equiv 0 \pmod 6 \\ 2^n - 2 & \text{falls } n \equiv 3 \pmod 6 \\ 2^n + 1 & \text{falls } n \equiv 1, 5 \pmod 6 \\ 2^n - 1 & \text{falls } n \equiv 2, 4 \pmod 6). \end{cases}$$

In jedem Fall gilt also

$$|\sum_{3|j}\binom{n}{j} - \frac{2^n}{3}| \le \frac{2}{3}.$$

Aufgabe 2.4.1

a) Man beweise

$$4\sum_{4|j}\binom{n}{j} = 2^n + (1+i)^n + (1-i)^n = 2^n + (\sqrt{2})^n \cdot 2 \cdot \cos\frac{n\pi}{4}.$$

b) Durch Auswertung von $\cos\frac{n\pi}{4}$ zeige man

$$4\sum_{4|j}\binom{n}{j} = \begin{cases} 2^n + 2^{\frac{n}{2}+1} & \text{falls } n \equiv 0 \pmod 8) \\ 2^n + 2^{\frac{n+1}{2}} & \text{falls } n \equiv 1, 7 \pmod 8) \\ 2^n & \text{falls } n \equiv 2, 6 \pmod 8) \\ 2^n - 2^{\frac{n+1}{2}} & \text{falls } n \equiv 3, 5 \pmod 8) \\ 2^n - 2^{\frac{n}{2}+1} & \text{falls } n \equiv 4 \pmod 8). \end{cases}$$

Aufgabe 2.4.2 Man berechne $\sum_{j\equiv 1 \pmod 3} \binom{n}{j}$ und $\sum_{j\equiv 2 \pmod 3} \binom{n}{j}$.

2.5 Endliche Körper

Lange waren endliche Körper nur ein Hilfsmittel der Algebra und Zahlentheorie. Neuerdings haben sie eine wichtige Anwendung in der Codierungstheorie gefunden. Da wir auf Fragen dieser Theorie in 3.7 eingehen werden, ist eine Einführung in endliche Körper hier angebracht.

Aus 2.2.4 kennen wir bereits die endlichen Körper $\mathbb{Z}_p$ der Charakteristik p (p eine Primzahl). Wir werden in diesem Paragraphen weitere endliche Körper konstruieren.

Lemma 2.5.1 *Sei K ein endlicher Körper mit $|K| = q$.*

a) Ist $\operatorname{Char} K = p$ *eine Primzahl, so gilt* $p \mid q$.

b) Ist $2 \mid q$, *so gilt* $\operatorname{Char} K = 2$.

Beweis. a) Ist $\operatorname{Char} K = p$, so ist $K_0 = \{0, 1, \ldots, p-1\}$ eine Untergruppe von K^+. Nach dem Satz von Lagrange (siehe 2.1.10) ist daher $|K_0| = p$ ein Teiler von $|K| = q$.
b) Die Anwendung von 2.1.11 auf K^+ liefert ein Element $0 \neq a \in K$ mit

$$0 = a + a = a(1 + 1).$$

Wegen $a \neq 0$ folgt $1 + 1 = 0$, also $\operatorname{Char} K = 2$. □

Satz 2.5.2 *Sei K ein endlicher Körper mit $|K| = q$. Für $0 \neq a \in K$ gilt stets $a^{q-1} = 1$. Also ist $a^q = a$ für alle $a \in K$.*

Beweis. Die Aussage folgt unmittelbar aus 2.1.16. □

Satz 2.5.3 *Sei K ein endlicher Körper der Charakteristik p. Dann ist die Abbildung α mit $\alpha k = k^p$ ein Automorphismus von K. Man nennt α den* Frobenius[13]-Automorphismus *von K.*

Beweis. Seien $a, b \in K$ mit $a^p = b^p$. Wegen $\operatorname{Char} K = p$ und 2.2.11 ist dann

$$0 = a^p - b^p = (a - b)^p,$$

also $a = b$. Somit ist α mit $\alpha k = k^p$ eine injektive Abbildung von K in K. Da K endlich ist, ist α sogar bijektiv. Nochmalige Anwendung von 2.2.11 liefert

$$\alpha(k_1 + k_2) = (k_1 + k_2)^p = k_1^p + k_2^p = \alpha k_1 + \alpha k_2.$$

[13]Ferdinand Georg Frobenius (1849-1917) Zürich, Berlin. Gruppentheorie, Begründer der Charakter- und Darstellungstheorie, Matrizentheorie.

Da ferner trivialerweise $\alpha(k_1 k_2) = (k_1 k_2)^p = (\alpha k_1)(\alpha k_2)$ gilt, ist α ein Automorphismus von K. □

Satz 2.5.4 *Sei K ein endlicher Körper mit $|K| = q$.*

a) Ist $\operatorname{Char} K = 2$, *so gilt* $|\{k^2 + k \mid k \in K\}| = \frac{q}{2}$.

b) Ist $\operatorname{Char} K \neq 2$, *so gilt* $|\{k^2 \mid k \in K\}| = \frac{q+1}{2}$.

c) Seien $a, b, c \in K$ mit $ab \neq 0$. Dann gibt es $x, y \in K$ mit $c = ax^2 + by^2$.

Beweis. a) Wir betrachten die Abbildung β von K in K mit $\beta k = k^2 + k$. Ist $a^2 + a = b^2 + b$, so folgt

$$0 = a^2 - b^2 + a - b = (a - b)^2 + (a - b) = (a - b)(a - b + 1).$$

Daher ist $b = a$ oder $b = a + 1$. Dies zeigt

$$|\{k^2 + k \mid k \in K\}| = \frac{q}{2}.$$

b) Wegen $\operatorname{Char} K \neq 2$ ist $1 \neq -1$, also $a \neq -a$ für $0 \neq a \in K$. Ist $0 = a^2 - b^2 = (a - b)(a + b)$, so ist $b = a$ oder $b = -a$. Damit folgt

$$|\{k^2 \mid k \in K\}| = 1 + \frac{q-1}{2} = \frac{q+1}{2}.$$

c) Setzen wir $\mathcal{M}_1 = \{c - ax^2 \mid x \in K\}$ und $\mathcal{M}_2 = \{by^2 \mid y \in K\}$, so erhalten wir mit 2.5.3

$$|\mathcal{M}_1| = |\mathcal{M}_2| = \begin{cases} \frac{q+1}{2} & \text{falls } \operatorname{Char} K \neq 2 \\ q & \text{falls } \operatorname{Char} K = 2. \end{cases}$$

Wegen

$$q = |K| \geq |\mathcal{M}_1 \cup \mathcal{M}_2| = |\mathcal{M}_1| + |\mathcal{M}_2| - |\mathcal{M}_1 \cap \mathcal{M}_2| \geq q + 1 - |\mathcal{M}_1 \cap \mathcal{M}_2|$$

folgt $\mathcal{M}_1 \cap \mathcal{M}_2 \neq \emptyset$. Also gibt es $x, y \in K$ mit $c - ax^2 = by^2 \in \mathcal{M}_1 \cap \mathcal{M}_2$. □

Lemma 2.5.5 *Sei K ein endlicher Körper mit $|K| = q$ und $2 \nmid q$. Offenbar ist -1 das einzige Element der Ordnung 2 in K^*. Genau dann ist $-1 \in K^{*2}$, wenn $q \equiv 1 \pmod 4$ ist.*

Beweis. Wegen 2.5.4 b) gilt $|K^{*2}| = \frac{q-1}{2}$. Ist $q \equiv 3 \pmod 4$, so ist $|K^{*2}|$ ungerade, also $-1 \notin K^{*2}$. Ist hingegen $q \equiv 1 \pmod 4$, so ist $|K^{*2}|$ gerade. Mit 2.1.11 erhalten wir $-1 \in K^{*2}$. □

Die Konstruktion, die in 2.4.2 zu den komplexen Zahlen führte, läßt sich auch in anderen Fällen benutzen.

Satz 2.5.6 *Sei K ein Körper.*

a) Seien $a, b \in K$ und sei f die Abbildung von K in K mit

$$f(c) = c^2 + ac + b \quad \textit{für} \quad c \in K.$$

Angenommen, $f(c) \neq 0$ für alle $c \in K$. Auf $L = K \times K$ definieren wir eine Addition und eine Multiplikation durch

$$(x_1, y_1) + (x_2, y_2) = (x_1 + x_2, y_1 + y_2)$$

und

$$(x_1, y_1)(x_2, y_2) = (x_1x_2 - by_1y_2, x_1y_2 + x_2y_1 - ay_1y_2).$$

Dann ist L ein Körper und $K' = \{(x, 0) \mid x \in K\}$ ein zu K isomorpher Unterkörper von L. Ist $c = (0, 1)$, so gilt $c^2 + (a, 0)c + (b, 0) = (0, 0)$.

b) Ist $|K| = q$, so gibt es einen Körper L mit $|L| = q^2$. Insbesondere gibt es zu jeder Primzahl p und jedem $n \in \mathbb{N}$ einen Körper K mit $|K| = p^{2^n}$.

Beweis. a) Das einfache Nachrechnen der Assoziativ- und Distributivgesetze überlassen wir dem Leser. Ist $(0, 0) \neq (x_1, y_1) \in L$, so gilt

$$(x_1, y_1)(x_1 + ay_1, -y_1) = (s, 0)$$

mit $s = x_1^2 + ax_1y_1 + by_1^2$. Ist $y_1 = 0$, so ist $s = x_1^2 \neq 0$. Ist $y_1 \neq 0$, so gilt

$$s = y_1^2 \left(\left(\frac{x_1}{y_1} \right)^2 + \frac{x_1}{y_1} a + b \right) = y_1^2 f\left(\frac{x_1}{y_1}\right) \neq 0.$$

Somit existiert $(s, 0)^{-1} = (s^{-1}, 0)$, und es gilt

$$(x_1, y_1)(x_1 + ay_1, -y_1)(s^{-1}, 0) = (1, 0).$$

Daher ist L ein Körper.
b) Man wende a) an für $\operatorname{Char} K \neq 2$ mit $f(x) = x^2 - b$ und $b \notin \{k^2 \mid k \in K\}$ (siehe 2.5.4 b)) beziehungsweise für $\operatorname{Char} K = 2$ mit $f(x) = x^2 + x + b$ und $b \notin \{k^2 + k \mid k \in K\}$. (siehe 2.5.4 a)). Für die letzte Aussage starte man mit dem Körper $\mathbb{Z}_p$ und wende a) wiederholt an. □

Bemerkung 2.5.7 Die bisherigen Ergebnisse über endliche Körper enthalten nicht annähernd die volle Wahrheit, denn es gilt:

a) Ist K ein endlicher Körper der Charakteristik p, so ist $|K|$ eine Potenz von p. (Wir beweisen dies in 2.7.15.)

b) Zu jeder Potenz p^n einer Primzahl p gibt es bis auf Isomorphie genau einen Körper K mit $|K| = p^n$.

c) Die multiplikative Gruppe eines endlichen Körpers ist stets zyklisch. (Dies wird in 5.1.12 gezeigt.)

Aufgabe 2.5.1 Sei K ein endlicher Körper mit $|K| = q$.

a) Stets gilt $\sum_{a \in K} a = 0$.

b) Sei $m \in \mathbb{N}$. Gibt es ein $b \in K^*$ mit $b^m \neq 1$, so gilt $\sum_{a \in K} a^m = 0$. Gilt hingegen $a^m = 1$ für alle $a \in K^*$, so ist

$$\sum_{a \in K} a^m = q - 1 = -1.$$

(Verwendet man die bislang noch nicht bewiesene Aussage, daß K^* zyklisch ist, so erhält man

$$\sum_{a \in K} a^m = \begin{cases} 0 & \text{falls } q-1 \nmid m \\ -1 & \text{falls } q-1 \mid m. \end{cases})$$

Aufgabe 2.5.2 Sei K ein endlicher Körper.

a) Es gilt $\prod_{a \in K^*} a = -1$.

b) (Wilson[14]) Für jede Primzahl p ist

$$(p-1)! \equiv -1 \pmod{p}.$$

c) Ist p eine ungerade Primzahl, so gilt

$$\left(\left(\frac{p-1}{2}\right)!\right)^2 \equiv (-1)^{\frac{p+1}{2}} \pmod{p}.$$

Hinweis: Man benutze $\frac{p+j}{2} \equiv -\frac{p-j}{2} \pmod{p}$ für $j = 1, 2, \ldots, p-2$.

Aufgabe 2.5.3 Ist $K = \{0, 1, a, b\}$ ein Körper mit $|K| = 4$, so gelten $b = a^2 = a + 1$ und $a = b^2 = b + 1$.

---

[14] John Wilson (1741-1793). Nur wenige Jahre am Peterhouse College in Cambridge tätig; danach hauptberuflich Jurist. Algebra.

2.6 Vektorräume und Unterräume

Definition 2.6.1 Sei K ein Körper. Eine Menge V heißt ein K-*Vektorraum*, falls gilt:

(1) V ist bezüglich einer Operation $+$ eine abelsche Gruppe. Das neutrale Element bezeichnen wir mit 0.

(2) Für jedes $k \in K$ und jedes $v \in V$ ist $kv \in V$ definiert. Dabei soll gelten:

(2a) Ist 1 das Einselement von K, so ist $1v = v$ für alle $v \in V$.

(2b) $(k_1 + k_2)v = k_1v + k_2v$ und $(k_1k_2)v = k_1(k_2v)$ für alle $k_1, k_2 \in K$ und alle $v \in V$.

(2c) $k(v_1 + v_2) = kv_1 + kv_2$ für alle $k \in K$ und alle $v_1, v_2 \in V$.

Die Elemente in V nennen wir *Vektoren*; $0 \in V$ heißt der *Nullvektor*.

Ist K ein (nicht notwendig kommutativer) Ring und gelten die Regeln aus 2.6.1, so nennt man V einen K-*Linksmodul*. Auf derartige Strukturen werden wir hier noch nicht eingehen.

Beispiele 2.6.2 Sei K ein Körper.
a) Die abelsche Gruppe $V = \{0\}$ wird ein K-Vektorraum durch die Festsetzung $k0 = 0$ für alle $k \in K$.
b) Ist K ein Unterkörper des Körpers L, so ist L ein K-Vektorraum vermöge der auf L definierten Operationen. Insbesondere ist $\mathbb{R}$ ein $\mathbb{Q}$-Vektorraum und $\mathbb{C}$ ein $\mathbb{R}$-Vektorraum.
c) Sei M eine nichtleere Menge und $\mathrm{Ab}(M, K)$ die Menge aller Abbildungen von M in K. Für $f_1, f_2 \in \mathrm{Ab}(M, K)$ und $k \in K$ definieren wir

$$\begin{aligned}(f_1 + f_2)(m) &= f_1(m) + f_2(m),\\ (kf_1)(m) &= kf_1(m) \qquad (m \in M).\end{aligned}$$

Dadurch wird $\mathrm{Ab}(M, K)$ ein K-Vektorraum.
d) Wir erhalten Spezialfälle von c), wenn wir $M = \{1, 2, \ldots, n\}$ oder aber $M = \{1, 2, \ldots\}$ wählen. Für $f \in \mathrm{Ab}(M, K)$ schreiben wir dann auch

$$f = (f(1), f(2), \ldots) = (f(j)).$$

So erhalten wir die K-Vektorräume

$$K^n = \underbrace{K \times \ldots \times K}_{n-\text{mal}} = \{(k_1, \ldots, k_n) \mid k_j \in K\}$$

und den Folgenraum

$$F = \{(k_1, k_2, \dots) \mid k_j \in K\}.$$

Dabei gilt

$$(k_j) + (k'_j) = (k_j + k'_j) \text{ und } k(k_j) = (kk_j).$$

e) Ein für die Analysis wichtiger $\mathbb{R}$-Vektorraum ist

$$\mathrm{C}(0,1) = \{f \mid f \text{ ist stetige Abbildung von } [0,1] \text{ in } \mathbb{R}\}.$$

Lemma 2.6.3 *Sei V ein K-Vektorraum. Für $v \in V$ und $k \in K$ gelten die folgenden Aussagen:*

a) $0v = 0$ *und* $k0 = 0$. (Das Nullelement von K ist dabei vom Nullelement, dem Nullvektor, aus V zu unterscheiden, obwohl wir für beide dasselbe Zeichen verwenden.)

b) $(-k)v = k(-v) = -kv$.

c) Aus $kv = 0$ *folgt* $k = 0$ *oder* $v = 0$.

Beweis. a) Wegen $0v + 0v = (0+0)v = 0v = 0v + 0$ folgt mit der Kürzungsregel 2.1.5 sofort $0v = 0$. Ähnlich erhält man $k0 = 0$.
b) Aus

$$kv + (-k)v = (k + (-k))v = 0v = 0$$

und

$$kv + k(-v) = k(v + (-v)) = k0 = 0$$

folgt $(-k)v = -kv = k(-v)$.
c) Sei $kv = 0$ und $k \neq 0$. Dann existiert $k^{-1} \in K$, und wir erhalten

$$0 = k^{-1}(kv) = (k^{-1}k)v = 1v = v.$$

□

Definition 2.6.4 Sei V ein K-Vektorraum. Eine Teilmenge $U \neq \emptyset$ von V heißt ein *Unterraum* von V, falls gilt:

(1) U ist eine Untergruppe von V bezüglich $+$.
Für $u_1, u_2 \in U$ gelten also $u_1 + u_2 \in U$ und $-u_1 \in U$.

(2) Für $u \in U$ und $k \in K$ gilt $ku \in U$.

Offenbar ist dann U ein K-Vektorraum. Wir schreiben $U \leq V$ und $U < V$, falls $U \subset V$. Stets ist $\{0\}$ ein Unterraum von V, den wir mit 0 bezeichnen und den *Nullraum* nennen.

Wir behandeln nun einige für die Praxis interessante Unterräume des K^n.

Beispiele 2.6.5 a) Sei K ein Körper und

$$U = \left\{ (k_1, \ldots, k_n, k_{n+1}) \in K^{n+1} \;\middle|\; \sum_{i=1}^{n+1} k_i = 0 \right\} \subseteq K^{n+1}.$$

U ist offenbar ein Unterraum von K^{n+1}. Wir wählen nun $K = \mathbb{Z}_2 = \{0, 1\}$ und möchten digitale Nachrichten der Länge n, d.h. $a = (k_1, \ldots, k_n) \in K^n$ über einen Kanal senden. Zur Übermittlung von a senden wir

$$a' = (k_1, \ldots, k_n, k_{n+1}),$$

wobei k_{n+1} so gewählt ist, daß $\sum_{i=1}^{n+1} k_i = 0$ gilt. Das gesendete Wort a' ist also ein Element in U. Passiert bei der Übertragung ein Fehler, d.h. wird an einer Stelle in a' ein Bit geändert, so erhält der Empfänger das Wort

$$a'' = (k_1, \ldots, k_{i-1}, \tilde{k}_i, k_{i+1}, \ldots, k_{n+1}) \quad \text{mit } \tilde{k}_i \neq k_i \text{ für ein } i.$$

Da die Summe der Einträge in a'' gleich 1 ist, stellt der Empfänger fest, daß bei der Übertragung Fehler aufgetreten sind. Der Unterraum U heißt *Paritätscheck-Code*. Er kann einen Übertragungsfehler erkennen.
b) Sei nun K der Körper $K = \mathbb{Z}_{11} = \{0, 1, \ldots, 10\}$, wobei wir $[i]$ mit i für $i = 0, \ldots, 10$ identifizieren. Wir setzen nun

$$U = \left\{ (k_1, \ldots, k_{10}) \in K^{10} \;\middle|\; \sum_{i=1}^{10} ik_i = 0 \right\} \subseteq K^{10}.$$

Man bestätigt leicht, daß U ein Unteraum des K^{10} ist. Er ist der Coderaum der **I**nternational **S**tandard **B**ook **N**umbers (**ISBN**). Dabei wird die 10 mit X bezeichnet. Das Buch *Codierungstheorie* von W. Willems, deGruyter, hat die ISBN

3	–	11	–	015874	–	4
↑		↑		↑		↑
Sprachregion 3 = deutsch 0 = englisch		Verlag		individuelle Buchnummer		Kontrollziffer

A first course in coding theory von R. Hill hat die ISBN 0-387-96617-X.
(i) U kann einen Fehler erkennen:
Sei $a = (k_1, \ldots, k_{10}) \in U$ und $a' = (k_1, \ldots, k_{i-1}, k_i', k_{i+1}, \ldots, k_{10}) \in U$. Da $U \leq K^{10}$ folgt $a - a' = (0, \ldots, 0, k_i - k_i', 0, \ldots, 0) \in U$. Folglich ist

$i(k_i - k_i') = 0$. Wegen $i \neq 0$ in $\mathbb{Z}_{11}$ folgt mit 2.2.2 c), daß $k_i = k_i'$.
(ii) U kann die Vertauschung zweier beliebiger Ziffern feststellen:
Angenommen, $a = (k_1, \ldots, k_i, \ldots, k_j, \ldots, k_{10}) \in U$ und
$a' = (k_1, \ldots, k_j, \ldots, k_i, \ldots, k_{10}) \in U$. Wir erhalten wiederum $a - a' \in U$, also $i(k_i - k_j) + j(k_j - k_i) = 0$. Somit gilt $(i-j)(k_i - k_j) = 0$. Da $i - j \neq 0$ in $\mathbb{Z}_{11}$ ist, folgt $k_i = k_j$.

Die folgenden Aussagen sind unmittelbar klar.

Satz 2.6.6 *Sei V ein K-Vektorraum.*

a) Sind U_j $(j \in J)$ Unterräume von V, so ist auch $\bigcap_{j \in J} U_j$ ein Unterraum von V.

b) Für Teilmengen $M_1, \ldots, M_k$ von V setzen wir

$$M_1 + \ldots + M_k = \{m_1 + \ldots + m_k \mid m_j \in M_j\}.$$

Gilt $U_j \leq V$ $(j = 1, \ldots, k)$, so ist auch $U_1 + \ldots + U_k$ ein Unterraum von V.

Satz 2.6.7 (Dedekind-Identität; vgl. 1.1.3.) *Sei V ein K-Vektorraum und $U_j \leq V$ $(j = 1, 2, 3)$. Gilt $U_1 \subseteq U_3$, so ist $(U_1 + U_2) \cap U_3 = U_1 + (U_2 \cap U_3)$.*

Beweis. Sei $u_3 = u_1 + u_2 \in (U_1 + U_2) \cap U_3$ mit $u_j \in U_j$ $(j = 1, 2, 3)$. Wegen $U_1 \subseteq U_3$ gilt $u_2 = u_3 - u_1 \in U_2 \cap U_3$. Also ist

$$u_3 = u_1 + u_2 \in U_1 + (U_2 \cap U_3).$$

Dies zeigt $(U_1 + U_2) \cap U_3 \subseteq U_1 + (U_2 \cap U_3)$.

Sei umgekehrt $u_1 + v \in U_1 + (U_2 \cap U_3)$ mit $u_1 \in U_1$ und $v \in U_2 \cap U_3$. Dann gilt $u_1 + v \in U_1 + U_2$ und wegen $U_1 \subseteq U_3$ auch $u_1 + v \in U_3$. Dies zeigt

$$U_1 + (U_2 \cap U_3) \subseteq (U_1 + U_2) \cap U_3,$$

insgesamt also $U_1 + (U_2 \cap U_3) = (U_1 + U_2) \cap U_3$. □

Für Teilmengen M_j $(j = 1, 2, 3)$ einer Menge M gilt nach 1.1.3 c)

$$(M_1 \cup M_2) \cap M_3 = (M_1 \cap M_3) \cup (M_2 \cap M_3).$$

Für Unterräume U_j $(j = 1, 2, 3)$ eines K-Vektorraums V gilt zwar offenbar

$$(U_1 + U_2) \cap U_3 \supseteq (U_1 \cap U_3) + (U_2 \cap U_3),$$

aber das Gleichheitszeichen gilt i.a. nicht: Sei dazu $V = K^2$ und

$$U_1 = \{(k, 0) \mid k \in K\},\ U_2 = \{(0, k) \mid k \in K\},\ U_3 = \{(k, k) \mid k \in K\}.$$

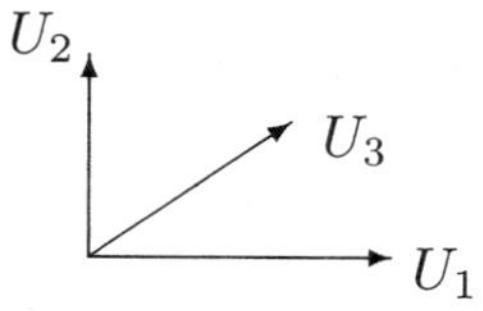

Dann gelten $U_j < V$ und $U_1 \cap U_2 = U_1 \cap U_3 = U_2 \cap U_3 = 0$. Ferner ist $U_1 + U_2 = U_1 + U_3 = U_2 + U_3 = V$. Dabei folgt $U_1 + U_3 = V$ aus

$$(k_1, k_2) = (k_1 - k_2, 0) + (k_2, k_2) \in U_1 + U_3$$

für alle $k_j \in K$.

Der Unterschied zwischen dem Kalkül für Teilmengen und Unterräumen ist beträchtlich. Den gemeinsamen Oberbegriff liefert die *Verbandstheorie*, auf die wir nicht eingehen.

Satz 2.6.8 *Sei V ein K-Vektorraum.*

a) Sei $U_j < V$ $(j = 1, \ldots, m)$. Ist $|K| \geq m$, so gilt $U_1 \cup \ldots \cup U_m \subset V$.

b) Sei $U_j < V$ $(j = 1, 2)$. Genau dann ist $U_1 \cup U_2$ ein Unterraum von V, wenn $U_1 \subseteq U_2$ oder $U_2 \subseteq U_1$.

Beweis. a) Angenommen, es wäre doch $V = U_1 \cup \ldots \cup U_m$. Indem wir nötigenfalls einige der U_j weglassen, also m eventuell verkleinern, können wir annehmen, daß $m \geq 2$ und

$$V = U_1 \cup \ldots \cup U_m$$

gilt, aber

$$U_2 \cup \ldots \cup U_m \subset V \quad \text{und} \quad U_1 \cup U_3 \cup \ldots \cup U_m \subset V.$$

Somit gibt es $v_j \in V$ $(j = 1, 2)$ mit

$$v_1 \notin U_2 \cup \ldots \cup U_m, \text{ also } v_1 \in U_1$$

und

$$v_2 \notin U_1 \cup U_3 \cup \ldots \cup U_m, \text{ also } v_2 \in U_2.$$

Wir betrachten nun die Vektoren $kv_1 + v_2$ mit $k \in K$. Wäre $kv_1 + v_2 \in U_1$ für irgendein $k \in K$, so wäre $v_2 \in U_1$, was nicht zutrifft. Also liegt jeder

Vektor $kv_1 + v_2$ in einem der Unterräume $U_2, \ldots, U_m$. Wegen $|K| > m - 1$ gibt es ein U_j $(2 \leq j \leq m)$, in welchem zwei der $kv_1 + v_2$ liegen, etwa

$$k_1 v_1 + v_2 \in U_j \quad \text{und} \quad k_2 v_1 + v_2 \in U_j$$

mit $k_1 \neq k_2$ (sogenanntes *Schubfachprinzip*). Es folgt

$$(k_1 - k_2)v_1 = (k_1 v_1 + v_2) - (k_2 v_1 + v_2) \in U_j,$$

also $v_1 \in U_j$ für ein j mit $2 \leq j \leq m$. Dies widerspricht jedoch der Feststellung $v_1 \notin U_2 \cup \ldots \cup U_m$.

b) Angenommen, $U_1 \cup U_2 = W$ sei ein Unteraum von V. Wegen a) folgt dann $W = U_1 \supseteq U_2$ oder $W = U_2 \supseteq U_1$. □

Aufgabe 2.6.1 Sei $F = \{(x_j) \mid x_j \in \mathbb{R}\}$ der Folgenraum aus 2.6.2 d) Welche der folgenden Teilmengen U sind Unterräume von F?

a) Zu jedem $(x_j) \in U$ gibt es ein M mit $|x_j| \leq M$ für alle j.

b) $U = \{(x_j) \mid \lim_{j \to \infty} x_j \text{ existiert }\}$.

c) $U = \{(x_j) \mid x_j \neq 0 \text{ nur für endlich viele } j\}$.

d) $U = \{(x_j) \mid x_{j+1} = x_j + a \text{ für } j = 1, 2, \ldots\}$ wobei $a \in \mathbb{R}$.

e) $U = \{(x_j) \mid x_{j+2} = x_j + x_{j+1} \text{ für } j = 1, 2, \ldots\}$.

Aufgabe 2.6.2 Sei K ein endlicher Körper mit $|K| = q$ und $V = K^n$ mit $n \geq 2$. Für $a \in K$ sei

$$U_a = \{(k_1, \ldots, k_{n-1}, ak_{n-1}) \mid k_j \in K\}$$

und

$$U_\infty = \{(k_1, \ldots, k_{n-2}, 0, k_n) \mid k_j \in K\}.$$

Man zeige, daß $U_a < V$, $U_\infty < V$ und $V = \cup_{a \in K} U_a \cup U_\infty$. (Insbesondere ist die Aussage in 2.6.8 a) bestmöglich.)

2.7 Lineare Abhängigkeit, Basen, Dimension

Definition 2.7.1 Sei V ein K-Vektorraum.

a) Für $M \subseteq V$ setzen wir

$$\langle M \rangle = \{\sum_{j=1}^{n} k_j m_j \mid k_j \in K,\, m_j \in M,\, n = 1, 2, \ldots\}.$$

Offenbar ist $\langle M \rangle$ der kleinste Unterraum von V, der M enthält. Wir nennen $\langle M \rangle$ das *Erzeugnis* von M. Wir setzen $\langle \emptyset \rangle = \{0\}$.

b) Ist $M \subseteq V$ und $\langle M \rangle = V$, so heißt M ein *Erzeugendensystem* von V.

c) Existiert eine endliche Menge $M \subseteq V$ mit $\langle M \rangle = V$, so heißt V *endlich erzeugbar.*

Definition 2.7.2 Sei V ein K-Vektorraum.

a) Ein *System* in V ist eine (nicht notwendig injektive) Abbildung f von I in V. Ist $f(i) = v_i$, so schreiben wir $S = [v_i \mid i \in I]$. Statt $[v_i \mid i \in \{1, \ldots, n\}]$ schreiben wir auch $[v_1, \ldots, v_n]$.
(Also sind die Systeme $[v_1, v_2]$ und $[v_2, v_1]$ für $v_1 \neq v_2$ zu unterscheiden. Ebenfalls ist $[v, v]$ von der Menge $\{v\}$ zu unterscheiden.)

b) Sei $S = [v_i \mid i \in I]$ ein System in V. Wir nennen S *linear unabhängig*, falls

$$v_k \notin \langle v_i \mid k \neq i \in I \rangle$$

für alle $k \in I$ gilt. Ist S nicht linear unabhängig, so nennen wir S *linear abhängig.*

c) Eine Menge $\{v_i \mid i \in I\} \subseteq V$ heißt *linear unabhängig*, falls

$$v_k \notin \langle v_i \mid k \neq i \in I \rangle$$

für alle $k \in I$ gilt, ansonsten *linear abhängig.* (Ist $0 \neq v \in V$, so ist $\{v\}$ linear unabhängig, das System $[v, v]$ jedoch nicht.)

Bemerkungen 2.7.3 Sei $S = [v_i \mid i \in I]$ ein System im K-Vektorraum V.
a) Ist $v_j = 0$ für ein $j \in I$, so ist S linear abhängig, denn wir haben $v_j = 0 \in \langle v_i \mid j \neq i \in I \rangle$.
b) Gilt $v_j = v_k$ mit $j, k \in I$ und $j \neq k$, so ist S linear abhängig wegen $v_j = v_k \in \langle v_i \mid j \neq i \in I \rangle$.
c) Ist S linear unabhängig und $J \subset I$, so ist auch das System $[v_j \mid j \in J]$ linear unabhängig.

Lemma 2.7.4 *Sei V ein K-Vektorraum und $S = [v_i \mid i \in I]$ ein System in V. Dann sind gleichwertig:*

a) S ist linear abhängig.

b) Es gibt ein $i \in I$ und eine endliche Teilmenge J von I mit $i \notin J$, so daß $v_i = \sum_{j \in J} k_j v_j$ mit geeigneten $k_j \in K$ gilt.

c) Es gibt eine endliche Teilmenge J' von I und $k_j \in K$ für $j \in J'$ mit $\sum_{j \in J'} k_j v_j = 0$, wobei nicht alle k_j gleich 0 sind.

Beweis. a) $\Rightarrow$ b) Nach Voraussetzung gibt es ein $i \in I$ mit

$$v_i \in \langle v_j \mid i \neq j \in I \rangle.$$

Dies bedeutet $v_i = \sum_{j \in J} k_j v_j$ mit geeigneten $k_j \in K$ und einer endlichen Teilmenge J von I mit $i \notin J$.
b) $\Rightarrow$ c) Wir schreiben die Relation in b) in der Gestalt

$$1 \cdot v_i + \sum_{j \in J} (-k_j) v_j = 0$$

und setzen $J' = J \cup \{i\}$.
c) $\Rightarrow$ a) Sei $\sum_{j \in J'} k_j v_j = 0$ mit $k_i \neq 0$ und $i \in J'$. Dann gilt

$$v_i = - \sum_{i \neq j \in J'} k_i^{-1} k_j v_j \in \langle v_j \mid i \neq j \in J' \rangle \subseteq \langle v_j \mid i \neq j \in I \rangle.$$

Also ist S linear abhängig. □

Die Negation von 2.7.4 liefert unmittelbar

Lemma 2.7.5 *Sei V ein K-Vektorraum und $S = [v_i \mid i \in I]$ ein System in V. Dann sind gleichwertig:*

a) S ist linear unabhängig.

b) Ist $\sum_{j \in J} k_j v_j = 0$ mit $k_j \in K$ und einer endlichen Teilmenge J von I, so gilt $k_j = 0$ für alle $j \in J$.

Beispiele 2.7.6 a) Sei $V = K^n$ und weiterhin $e_j = (0, \ldots, 0, 1, 0, \ldots, 0)$ für $j = 1, \ldots, n$, wobei die 1 an der j-ten Stelle steht.
Wegen $(k_1, \ldots, k_n) = \sum_{j=1}^{n} k_j e_j$ gilt dann $V = \langle e_1, \ldots, e_n \rangle$. Ist nun $\sum_{j=1}^{n} k_j e_j = 0$, so folgt $k_1 = \ldots = k_n = 0$. Also ist $[e_1, \ldots, e_n]$ nach 2.7.5 linear unabhängig.

b) Sei C($\mathbb{R}$) der $\mathbb{R}$-Vektorraum aller stetigen Abbildungen von $\mathbb{R}$ in sich. Sei $S = [e^{r\mathrm{x}} \mid r \in \mathbb{R}]$. Dann ist S linear unabhängig:

Anderenfalls gäbe es nach 2.7.4 eine Relation der Gestalt

$$(1) \qquad \sum_{j=1}^{n} k_j e^{r_j x} = 0 \text{ für alle } x \in \mathbb{R}$$

mit $k_j \in \mathbb{R}$, nicht alle $k_j = 0$, und paarweise verschiedenen $r_j \in \mathbb{R}$. Unter allen solchen Relationen wählen wir eine mit möglichst kleinem n. Dann sind alle $k_j \neq 0$. Wegen $e^{r_j x} \neq 0$ für alle $x \in \mathbb{R}$ ist $n > 1$. Die Ableitung nach x liefert für alle $x \in \mathbb{R}$ dann

$$(2) \qquad 0 = \frac{\mathrm{d}}{\mathrm{dx}}\Big(\sum_{j=1}^{n} k_j e^{r_j x}\Big) = \sum_{j=1}^{n} k_j r_j e^{r_j x}.$$

Eine Kombination von (1) und (2) ergibt

$$\begin{aligned} 0 &= r_n \textstyle\sum_{j=1}^{n} k_j e^{r_j x} - \sum_{j=1}^{n} k_j r_j e^{r_j x} \\ &= \textstyle\sum_{j=1}^{n-1} k_j (r_n - r_j) e^{r_j x}. \end{aligned}$$

Wegen der Minimalität von n folgt

$$k_j(r_n - r_j) = 0 \qquad \text{für } j = 1, \dots, n-1,$$

also $k_1 = \dots = k_{n-1} = 0$. Das widerspricht der Feststellung $n > 1$. Also ist S linear unabhängig.

c) Sei $V = K^n$. Für $a \in K$ bilden wir den Vektor

$$v_n(a) = (1, a, \dots, a^{n-1}).$$

Sind $a_1, \dots, a_n \in K$ paarweise verschieden, so ist $[v_n(a_1), \dots, v_n(a_n)]$ linear unabhängig:

Wir beweisen dies durch eine Induktion nach n. Im Fall $n = 1$ haben wir $v_1(a_1) = (1) \neq 0$. Somit ist die Aussage richtig. Sei nun $n > 1$ und

$$\sum_{j=1}^{n} k_j v_n(a_j) = 0 \qquad \text{mit } k_j \in K.$$

Das heißt

$$\sum_{j=1}^{n} k_j a_j^i = 0 \qquad \text{für } i = 0, 1, \dots, n-1.$$

Für $1 \leq i \leq n-1$ erhalten wir

$$\begin{aligned} 0 &= \sum\nolimits_{j=1}^{n} k_j a_j^i - (\sum\nolimits_{j=1}^{n} k_j a_j^{i-1}) a_n \\ &= \sum\nolimits_{j=1}^{n} k_j (a_j - a_n) a_j^{i-1} \\ &= \sum\nolimits_{j=1}^{n-1} k_j (a_j - a_n) a_j^{i-1}. \end{aligned}$$

Dies heißt

$$0 = \sum_{j=1}^{n-1} k_j (a_j - a_n) v_{n-1}(a_j).$$

Gemäß der Induktionsvoraussetzung folgt

$$k_j (a_j - a_n) = 0 \quad \text{für } j = 1, \ldots, n-1,$$

also $k_1 = \ldots = k_{n-1} = 0$. Dann ist auch $k_n = 0$.

Dieses Beispiel wird mehrfach eine Rolle spielen, insbesondere bei der Konstruktion der Reed-Solomon-Codes (siehe 3.7.13).

d) Wir betrachten $\mathbb{R}$ als Vektorraum über $\mathbb{Q}$. Sind $p_1, \ldots, p_n$ paarweise verschiedene Primzahlen, so ist $[\log p_1, \ldots, \log p_n]$ linear unabhängig:

Sei dazu

$$\sum_{j=1}^{n} a_j \log p_j = 0 \quad \text{mit } a_j \in \mathbb{Q}.$$

Indem wir mit einem gemeinsamen Nenner der a_j multiplizieren, können wir $a_j \in \mathbb{Z}$ annehmen. Die bekannten Regeln für den Logarithmus liefern $0 = \log \prod_{j=1}^{n} p_j^{a_j}$, also $\prod_{j=1}^{n} p_j^{a_j} = 1$. Dies zeigt

$$\prod_{a_j > 0} p_j^{a_j} = \prod_{a_j < 0} p_j^{-a_j}.$$

Die eindeutige Primfaktorzerlegung in $\mathbb{Z}$ liefert dann $a_j = 0$ für $j = 1, \ldots, n$. Somit ist $[\log p_1, \ldots, \log p_n]$ linear unabhängig über $\mathbb{Q}$. (Man kann auch zeigen, daß $[\sqrt{p_1}, \ldots, \sqrt{p_n}]$ über $\mathbb{Q}$ linear unabhängig ist; aber das erfordert mehr Aufwand.)

Ausblick 2.7.7 Wir betrachten $\mathbb{C}$ als $\mathbb{Q}$-Vektorraum. Sei $a \in \mathbb{C}$. Ist nun $[1, a, a^2, \ldots]$ linear abhängig, so gibt es $q_j \in \mathbb{Q}$ $(j = 1, \ldots, n-1)$ mit

$$(*) \qquad a^n + \sum_{j=1}^{n-1} q_j a^j = 0.$$

Dann nennen wir a eine *algebraische Zahl.* Ist hingegen $[1, a, a^2, \ldots]$ linear unabhängig, so gibt es keine Gleichung der Gestalt (*). In diesem Fall heißt a *transzendent.* Die Menge aller algebraischen Zahlen bildet einen Unterkörper von $\mathbb{C}$, der nach Cantor abzählbar ist. Da $\mathbb{R}$ nicht abzählbar ist, beweist dies die Existenz von transzendenten Zahlen, ohne daß eine einzige explizit angegeben wäre. Im Jahr 1851 gab Liouville[15] erstmals explizit transzendente Zahlen an. Die Eulersche Zahl e (Hermite[16], 1873) und π (Lindemann[17], 1882) sind transzendent. Recht kurze Beweise dafür findet man in [7]. Aus der Transzendenz von π folgt übrigens, daß die *Quadratur des Kreises*, nämlich die Konstruktion eines zum Einheitskreis flächengleichen Quadrates mit Zirkel und Lineal allein nicht möglich ist.

Die Theorie der transzendenten Zahlen ist reich an tiefen Resultaten und ungelösten Problemen. So ist bekannt, daß a^b transzendent ist, falls a und b algebraisch sind, $0 \neq a \neq 1$ und $b \notin \mathbb{Q}$ (Gelfond[18], Schneider[19] 1934). Unbekannt ist, ob sich e schreiben läßt als $e = \sum_{j=0}^{n} q_j \pi^j$ mit $q_j \in \mathbb{Q}$. Auch weiß man nicht, ob $2^e, 2^\pi, \pi^e$ transzendent, algebraisch oder gar rational sind.

Wir kommen nun zum zweiten zentralen Begriff dieses Paragraphen.

Definition 2.7.8 Sei V ein K-Vektorraum. Ein System $B = [v_i \mid i \in I]$ heißt eine *Basis* von V, falls B linear unabhängig ist und ganz V erzeugt, also $V = \langle v_i \mid i \in I \rangle$ gilt. Dies bedeutet folgendes:

(1) Für jedes $v \in V$ gibt es eine endliche Teilmenge J von I, so daß

$$v = \sum_{j \in J} k_j v_j \quad (k_j \in K).$$

(2) (*Prinzip des Koeffizientenvergleichs*) Ist

$$\sum_{i \in I} k_i v_i = \sum_{i \in I} k_i' v_i$$

---

[15] Joseph Liouville (1809-1882) Paris. Arbeiten von der Mathematischen Physik über die Astronomie bis zur Reinen Mathematik; insbesondere Differentialgleichungen, algebraische Funktionen, Zahlentheorie, Konforme Abbildungen.

[16] Charles Hermite (1822-1901) Paris. Zahlentheorie, elliptische Funktionenen, Algebra, Differentialgleichungen.

[17] Carl Louis Ferdinand von Lindemann (1852-1939) Königsberg, München. Geometrie und Analysis.

[18] Alexander Ossipowitsch Gelfond (1906-1968) Moskau. Zahlentheorie, Funktionentheorie.

[19] Theodor Schneider (1911-1988) Göttingen, Erlangen, Freiburg. Transzendente Zahlen und diophantische Approximation

mit $k_i, k_i' \in K$ und nur endlich viele $k_i, k_i' \neq 0$, so gilt $k_i = k_i'$ für alle $i \in I$.

Nun folgt leicht die Existenz von Basen in endlich erzeugten Vektorräumen.

Hauptsatz 2.7.9 *Sei $V = \langle w_1, \ldots, w_m \rangle$ ein endlich erzeugter K-Vektorraum.*

a) Sei $[w_1, \ldots, w_k]$ linear unabhängig, wobei $0 \leq k \leq m$ ist. Dann existiert eine Basis $[v_1, \ldots, v_n]$ von V mit

$$\{w_1, \ldots, w_k\} \subseteq \{v_1, \ldots, v_n\} \subseteq \{w_1, \ldots, w_m\}.$$

(Man kann also das linear unabhängige System $[w_1, \ldots, w_k]$ durch Hinzunahme geeigneter Vektoren aus $\{w_1, \ldots, w_m\}$ zu einer Basis von V ergänzen.)

b) Sei $U \leq V$. Dann gibt es ein $W \leq V$ mit $V = U + W$ und $U \cap W = \emptyset$. Wir nennen W ein Komplement *von U in V.*

Beweis. a) Sei bei geeigneter Numerierung

$$\{w_1, \ldots, w_k\} \subseteq \{w_1, \ldots, w_n\} \subseteq \{w_1, \ldots, w_m\}$$

mit $k \leq n \leq m$ und maximal linear unabhängigem System $[w_1, \ldots, w_n]$. Ist $j > n$, so ist $[w_1, \ldots, w_n, w_j]$ linear abhängig. Daher gibt es eine Relation

$$\sum_{i=1}^{n} k_i w_i + k_j w_j = 0$$

mit $k_i \in K\,(i = 1, \ldots, n, j)$ und nicht alle $k_i = 0$. Da $[w_1, \ldots, w_n]$ linear unabhängig ist, gilt $k_j \neq 0$. Dies zeigt

$$w_j = -\sum_{i=1}^{n} k_j^{-1} k_i w_i \in \langle w_1, \ldots, w_n \rangle.$$

Es folgt $V = \langle w_1, \ldots, w_m \rangle = \langle w_1, \ldots, w_n \rangle$. Somit ist $[w_1, \ldots, w_n]$ eine Basis von V.

b) Sei $[w_1, \ldots, w_k]$ eine Basis von U und nach a) sei $[w_1, \ldots, w_n]$ eine Basis von V. Setzen wir $W = \langle w_{k+1}, \ldots, w_n \rangle$, so gilt $V = U + W$ und $U \cap W = \emptyset$.□

Ist N eine Teilmenge der Menge M, so ist das Komplement $\overline{N}$ von N in M eindeutig festgelegt als $\overline{N} = \{m \mid m \in M,\ m \notin N\}$. Zu einem Unterraum $0 < U < V$ eines endlich erzeugbaren K-Vektorraums V gibt es jedoch stets mehrere Komplemente. Ist $[v_1, \ldots, v_k]$ eine Basis von U und $[v_1, \ldots, v_n]$ eine Basis von V, so ist für jedes $a \in K$ der Unterraum

$$W_a = \langle v_{k+1}, \ldots, v_{n-1}, v_n + av_1 \rangle$$

ein Komplement von U in V:

Offenbar gilt $U + W_a = V$. Ist

$$\sum_{j=k+1}^{n-1} k_j v_j + k_n(v_n + av_1) = \sum_{i=1}^{k} k_i v_i \in U \cap W_a,$$

so ist $k_1 = \ldots = k_n = 0$, also $U \cap W_a = 0$.

Man sieht leicht, daß verschiedene $a \in K$ auch verschiedene Komplemente W_a von U liefern. Ist K unendlich, so gibt es daher sogar unendlich viele Komplemente von U in V.

Lemma 2.7.10 *Sei V ein K-Vektorraum und $[v_1, \ldots, v_n]$ eine Basis von V. Ist $v = \sum_{i=1}^{n} a_i v_i \in V$ mit $a_i \in K$ und $a_1 \neq 0$, so ist auch $[v, v_2, \ldots, v_n]$ eine Basis von V.*

Beweis. Wegen

$$v_1 = a_1^{-1}(v - \sum_{i=2}^{n} a_i v_i) \in \langle v, v_2, \ldots v_n \rangle$$

gilt $\langle v, v_2, \ldots v_n \rangle = \langle v_1, v_2, \ldots v_n \rangle = V$. Es bleibt zu zeigen, daß $[v, v_2, \ldots, v_n]$ linear unabhängig ist. Sei dazu $kv + \sum_{i=2}^{n} k_i v_i = 0$ mit $k, k_i \in K$. Dies heißt

$$ka_1 v_1 + \sum_{i=2}^{n} (k_i + ka_i) v_i = 0.$$

Wegen der linearen Unabhängigkeit von $[v_1, \ldots, v_n]$ folgt

$$ka_1 = k_i + ka_i = 0 \quad (i = 2, \ldots, n).$$

Da $a_1 \neq 0$ ist, zeigt dies $k = k_2 = \ldots = k_n = 0$. □

Satz 2.7.11 (Steinitzscher[20] Austauschsatz) *Sei $[v_1, \ldots, v_n]$ eine Basis des K-Vektorraums V und $[w_1, \ldots, w_m]$ ein linear unabhängiges System in V. Dann gilt $m \leq n$, und $[w_1, \ldots, w_m, v_{m+1}, \ldots, v_n]$ ist bei geeigneter Numerierung der v_i eine Basis von V.*

[20] Ernst Steinitz (1871-1928) Breslau, Kiel. Körpertheorie, konvexe Polyeder.

Beweis. Wir beweisen dies durch Induktion nach m. Sei zunächst $m = 1$. Wegen $w_1 \neq 0$ gilt $w_1 = \sum_{i=1}^{n} k_i v_i$, etwa mit $k_1 \neq 0$. Nach 2.7.10 ist daher $[w_1, v_2, \dots, v_n]$ eine Basis von V.

Sei nun $1 < m \leq n$. Da $[w_1, \dots, w_{m-1}]$ linear unabhängig ist, gibt es nach der Induktionsannahme (bei geeigneter Numerierung der v_i) eine Basis von V der Gestalt $[w_1, \dots, w_{m-1}, v_m, \dots, v_n]$. Sei

$$w_m = \sum_{j=1}^{m-1} k_j w_j + \sum_{i=m}^{n} d_i v_i \quad (k_j, d_i \in K).$$

Da $[w_1, \dots, w_m]$ linear unabhängig ist, gilt (bei geeigneter Numerierung der $v_m, \dots, v_n$) nun $d_m \neq 0$. Nach 2.7.10 können wir dann v_m durch w_m ersetzen und erhalten eine Basis der Gestalt $[w_1, \dots, w_m, v_{m+1}, \dots, v_n]$. Soweit für $m \leq n$. Wäre $m > n$, so liefert die bisherige Überlegung, daß $[w_1, \dots, w_n]$ eine Basis von V ist. Dann folgt jedoch $w_{n+1} \in \langle w_1, \dots, w_n \rangle$, entgegen der linearen Unabhängigkeit von $[w_1, \dots, w_{n+1}]$. □

Hauptsatz 2.7.12 *Sei V ein endlich erzeugbarer K-Vektorraum. Dann hat V eine Basis $[v_1, \dots, v_n]$, und jede Basis von V enthält genau n Vektoren.*

Beweis. Nach 2.7.9 existiert eine Basis $[v_1, \dots, v_n]$ von V. Sei $[w_i \mid i \in I]$ eine weitere Basis von V. Hätte I wenigstens $n + 1$ Elemente, so gäbe es ein linear unabhängiges System $[w_1, \dots, w_{n+1}]$ in V, entgegen 2.7.11. Also gilt $|I| \leq n$. Indem man nun die Rolle der beiden Basen vertauscht, erhält man auch $n \leq |I|$. Also gilt $n = |I|$. □

Definition 2.7.13 Sei V ein endlich erzeugbarer K-Vektorraum.
Ist $V = \{0\}$, so setzen wir $\dim_K V = 0$. Ist $V \neq \{0\}$, so sei $\dim_K V$ die Anzahl der Elemente in einer (also jeder) Basis von V. Wir nennen $\dim_K V$ die *Dimension* von V.
Statt *V ist endlich erzeugbar* schreiben wir im folgenden auch $\dim_K V < \infty$. Ist V nicht endlich erzeugbar, so drücken wir dies durch $\dim_K V = \infty$ aus. Liegt K fest, so benutzen wir häufig $\dim V$ statt $\dim_K V$.

Die Beispiele in 2.7.6 liefern $\dim_K K^n = n$ und $\dim_{\mathbb{Q}} \mathbb{R} = \infty$.

Bemerkung 2.7.14 Mit Hilfe des *Zornschen*[21] *Lemmas* (siehe 5.6.4) kann man die Existenz von Basen in nicht notwendig endlich erzeugbaren K-Vektorräumen beweisen. Der Beweis der Existenz einer Basis ist freilich

[21] Max Zorn (1906-1993) Halle, Yale, Bloomington. Mengenlehre, Gruppentheorie, Algebra; aber auch reelle und komplexe Analysis.

nicht konstruktiv. Sind $B_j = [v_i \mid v_i \in I_j]$ $(j = 1, 2)$ Basen eines Vektorraums V, so kann man mit etwas Mengenlehre zeigen, daß es eine bijektive Abbildung von I_1 auf I_2 gibt.

Wir können nun die Aussage in 2.5.7 a) beweisen.

Satz 2.7.15 *Sei K ein endlicher Körper der Charakteristik p. Dann ist $|K|$ eine Potenz von p.*

Beweis. Nach 2.2.9 ist $K_0 = \{0, 1 \ldots, p-1\}$ ein Unterkörper von K. Ist $\dim_{K_0} K = n$ und $[v_1, \ldots, v_n]$ eine Basis von K über K_0, so hat jedes $v \in V$ eine eindeutige Darstellung $v = \sum_{i=1}^n k_i v_i$ mit $k_i \in K_0$. Somit ist $|K| = |K_0|^n = p^n$. □

Satz 2.7.16 *Sei V ein K-Vektorraum mit $\dim V < \infty$ und $U \leq V$.*

a) Stets ist $\dim U \leq \dim V$.

b) Genau dann gilt $\dim U = \dim V$, wenn $U = V$ ist.

Beweis. Nach 2.7.9 gibt es eine Basis $[v_1, \ldots, v_n]$ des Vektorraums V derart, daß $[v_1, \ldots, v_m]$ eine Basis von U ist. Dies zeigt $\dim U = m \leq n = \dim V$. Ist $n = m$, so folgt $V = \langle v_1, \ldots, v_n \rangle = U$. □

Als äußerst nützlich wird sich das folgende Resultat erweisen.

Satz 2.7.17 *Sei V ein K-Vektorraum und $U_j \leq V$ mit $\dim U_j < \infty$ für $j = 1, 2$. Dann gilt*

$$\dim(U_1 + U_2) = \dim U_1 + \dim U_2 - \dim(U_1 \cap U_2).$$

Beweis. Sei $\dim U_j = n_j$ $(j = 1, 2)$ und $\dim(U_1 \cap U_2) = d$. Ferner sei $[u_1, \ldots, u_d]$ eine Basis von $U_1 \cap U_2$. Nach 2.7.9 gibt es dann Basen $[u_1, \ldots, u_{n_1}]$ von U_1 und $[u_1, \ldots, u_d, u'_{d+1}, \ldots, u'_{n_2}]$ von U_2. Somit ist

$$U_1 + U_2 = \langle u_1, \ldots, u_{n_1}, u'_{d+1}, \ldots, u'_{n_2} \rangle.$$

Wir zeigen nun, daß $[u_1, \ldots, u_{n_1}, u'_{d+1}, \ldots, u'_{n_2}]$ linear unabhängig ist. Sei dazu

$$\sum_{j=1}^{n_1} a_j u_j + \sum_{j=d+1}^{n_2} b_j u'_j = 0$$

mit $a_j, b_j \in K$. Dies liefert

$$\sum_{j=1}^{n_1} a_j u_j = - \sum_{j=d+1}^{n_2} b_j u'_j \in U_1 \cap U_2.$$

Da $[u_1, \ldots, u_d]$ eine Basis von $U_1 \cap U_2$ und $[u_1, \ldots, u_d, u'_{d+1}, \ldots, u'_{n_2}]$ eine von U_2 ist, folgt $b_{d+1} = \ldots = b_{n_2} = 0$. Also bleibt $\sum_{j=1}^{n_1} a_j u_j = 0$, welches $a_1 = \ldots = a_{n_1} = 0$ erzwingt. Daher ist $[u_1, \ldots, u_{n_1}, u'_{d+1}, \ldots, u'_{n_2}]$ eine Basis von $U_1 + U_2$. Dies zeigt

$$\dim(U_1 + U_2) = n_1 + n_2 - d = \dim U_1 + \dim U_2 - \dim(U_1 \cap U_2).$$

□

Die Formel in 2.7.17 entspricht der Formel

$$|M_1 \cup M_2| = |M_1| + |M_2| - |M_1 \cap M_2|$$

aus 1.3.6 für Mengen. Die allgemeinere Formel für $|M_1 \cup \ldots \cup M_k|$ hat jedoch kein Gegenstück für $\dim(U_1 + \ldots + U_k)$. Dies liegt daran, daß für Mengen

$$(M_1 \cup M_2) \cap M_3 = (M_1 \cap M_3) \cup (M_2 \cap M_3)$$

gilt, für Unterräume i.a. jedoch nur

$$(U_1 + U_2) \cap U_3 \geq (U_1 \cap U_3) + (U_2 \cap U_3)$$

(siehe die Bemerkung nach 2.6.7 und Aufgabe 2.7.6).

Beispiel 2.7.18 Projektive Ebenen
Sei K ein beliebiger Körper und V ein K-Vektorraum mit $\dim V = 3$. Wir definieren eine *Inzidenzstruktur* $\mathcal{P}(K)$ wie folgt:

(1) *Punkte* von $\mathcal{P}(K)$ seien die 1-dimensionalen Unterräume von V.

(2) *Geraden* von $\mathcal{P}(K)$ seien die 2-dimensionalen Unterräume von V.

(3) Wir sagen, daß der Punkt $\langle v \rangle$ mit $0 \neq v \in V$ auf der Geraden G liegt, falls $v \in G$ ist.

Ist $\langle v_1 \rangle \neq \langle v_2 \rangle$, so sind v_1 und v_2 linear unabhängig. Somit ist $G = \langle v_1, v_2 \rangle$ die *einzige* Gerade auf der die Punkte $\langle v_1 \rangle$ und $\langle v_2 \rangle$ liegen. Es gibt also eine *eindeutige Verbindungsgerade* zwischen zwei verschiedenen Punkten.

Sind $G_1 \neq G_2$ Geraden in $\mathcal{P}(K)$, so folgt mit 2.7.17

$$\begin{aligned} 3 = \dim V &\geq \dim(G_1 + G_2) \\ &= \dim G_1 + \dim G_2 - \dim G_1 \cap G_2 \\ &= 4 - \dim G_1 \cap G_2. \end{aligned}$$

Daher ist $\dim G_1 \cap G_2 \geq 1$ und wegen $G_1 \neq G_2$ erhalten wir $\dim G_1 \cap G_2 = 1$. Somit ist $G_1 \cap G_2$ der *eindeutige Schnittpunkt* der Geraden $G_1 \neq G_2$.

Ist $v_1 = (1,0,0), v_2 = (0,1,0), v_3 = (0,0,1)$, so gilt $v_1 \notin \langle v_2, v_3 \rangle$. Also liegen die Punkte $\langle v_j \rangle$ $(j = 1,2,3)$ nicht auf einer Geraden.

$\mathcal{P}(K)$ heißt die *projektive Ebene* über K. (In ihr gibt es also keine parallelen Geraden.)

Ist $|K| = q$, so hat $\mathcal{P}(K)$ genau $\frac{q^3-1}{q-1} = q^2+q+1$ Punkte und q^2+q+1 Geraden (siehe Aufgabe 2.7.9). Für $q = 2$ enthält die projektive Ebene $\mathcal{P}(K)$ somit 7 Punkte und 7 Geraden. Sie läßt sich veranschaulichen durch

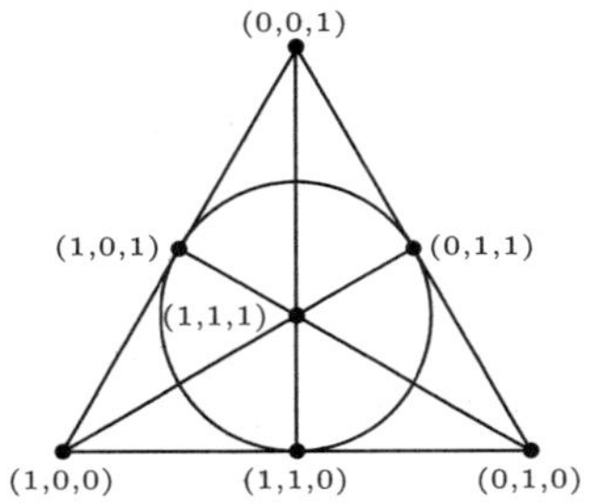

Aufgabe 2.7.1 Sind p und q verschiedene Primzahlen, so sind $1, \sqrt{p}, \sqrt{q}$ linear unabhängig über $\mathbb{Q}$.

Aufgabe 2.7.2 Sei $V = K^n$ mit $n \geq 3$. Ferner sei für $i = 1, \ldots, n$ weiterhin $v_i = (1, \ldots, 1, 0, 1, \ldots, 1)$, wobei die 0 an der Stelle i steht. Man bestimme $\dim\langle v_1, \ldots, v_n \rangle$.
(Vorsicht, die Antwort hängt von $\operatorname{Char} K$ ab.)

Aufgabe 2.7.3 Sei V der $\mathbb{R}$-Vektorraum aller auf $(-\infty, \infty)$ stetigen und reellwertigen Funktionen.
Man beweise, daß das System $[\cos jx, \sin jx \mid j = 1, 2, \ldots]$ über $\mathbb{R}$ linear unabhängig ist.

Aufgabe 2.7.4 Sei $V = K^n$ mit $n \geq 3$. Dann sind

$$U_1 = \{(k_j) \mid k_j \in K, \sum_{j=1}^{n} k_j = 0\} \quad \text{und} \quad U_2 = \{(k_j) \mid k_j = k \in K\}$$

offenbar Unteräume von V.
Man bestimme $\dim U_1$, $\dim(U_1 \cap U_2)$ und $\dim(U_1 + U_2)$.
(Vorsicht, die Antwort hängt wieder von $\operatorname{Char} K$ ab.)

Aufgabe 2.7.5 Sei V ein K-Vektorraum mit $\dim V = n$.

a) Sei $W \leq V$ und $U < V$ mit $\dim U = n - 1$. Dann ist

$$\dim W \cap U \geq \dim W - 1.$$

b) Seien $U_j < V$ $(j = 1, \ldots, k)$ mit $\dim U_j = n - 1$. Dann gilt

$$\dim (U_1 \cap \ldots \cap U_k) \geq n - k.$$

c) Ist $W < V$ mit $\dim W = k$, so existieren $n - k$ Unterräume U_j in V mit $\dim U_j = n - 1$, so daß $U_1 \cap \ldots \cap U_{n-k} = W$.

Aufgabe 2.7.6 Sei $\dim V < \infty$ und $U_j \leq V$.

a) Es gilt

$$\begin{aligned}\dim (U_1 + U_2 + U_3) \leq\ & \dim U_1 + \dim U_2 + \dim U_3 \\ & - \dim (U_1 \cap U_2) - \dim (U_1 \cap U_3) - \dim (U_2 \cap U_3) \\ & + \dim (U_1 + U_2 + U_3).\end{aligned}$$

Genau dann gilt Gleichheit, wenn

$$(U_1 + U_2) \cap U_3 = (U_1 \cap U_3) + (U_2 \cap U_3)$$

gilt. Gilt dies, so ist auch

$$(U_1 + U_3) \cap U_2 = (U_1 \cap U_2) + (U_2 \cap U_3)$$

und

$$(U_2 + U_3) \cap U_1 = (U_1 \cap U_2) + (U_1 \cap U_3).$$

b) In $V = K^3$ gebe man Unterräume U_j $(j = 1, 2, 3, 4)$ an mit $\dim U_j = 2$, $V = \sum_{j=1}^{4} U_j$, $\dim (U_i \cap U_j) = 1$ für $i \neq j$ und $U_i \cap U_j \cap U_k = 0$ für paarweise verschiedene i, j, k. Dann ist

$$\dim (U_1 + U_2 + U_3 + U_4) > \sum_{j=1}^{4} \dim U_j - \sum_{j<k} \dim (U_j \cap U_k).$$

Aufgabe 2.7.7 Sei V ein K-Vektorraum. Sei weiterhin $\dim V = n$ und $U_j < V\,(j = 1,\ldots,m)$ mit $\dim U_j = k < n$. Ist $|K| \geq m$, so gibt es ein gemeinsames Komplement zu allen U_j, also ein $W \leq V$ mit $U_j + W = V$ und $U_j \cap W = 0$ für $j = 1,\ldots,m$.
Hinweis: Sei $w \in V$ mit $w \notin \cup_{j=1}^m U_j$. Gemäß einer Induktion nach $n - k$ haben die $U_j + \langle w\rangle$ ein gemeinsames Komplement W'. Dann ist $W' + \langle w\rangle$ ein gemeinsames Komplement der U_j.

Aufgabe 2.7.8 Sei L ein Unterkörper von K und $[k_1\ldots,k_m]$ eine Basis von K als L-Vektorraum. Sei V ein K-Vektorraum und $[v_1,\ldots,v_n]$ eine K-Basis von V. Dann ist $[k_iv_j \mid i = 1,\ldots,m,\; j = 1,\ldots,n]$ eine L-Basis von V. Insbesondere gilt $\dim_L V = \dim_L K \dim_K V$.

Aufgabe 2.7.9 Sei $|K| = q$ und sei V ein n-dimensionaler K-Vektorraum.

a) Ist $\mathrm{N}(n,m)$ die Anzahl der $U \leq V$ mit $\dim U = m$, so ist

$$\mathrm{N}(n,m) = \frac{(q^n-1)(q^n-q)\ldots(q^n-q^{m-1})}{(q^m-1)(q^m-q)\ldots(q^m-q^{m-1})}.$$

b) Es gilt $\mathrm{N}(n,m) = \mathrm{N}(n,n-m)$.

c) Ist $U < V$ und $\dim U = m$, so hat U genau $q^{m(n-m)}$ Komplemente in V.

.

Aufgabe 2.7.10 Sei F der $\mathbb{R}$-Vektorraum der ganzen rationalen Funktionen auf $\mathbb{R}$. Sei ferner

$$f_j(x) = \sum_{k=0}^{n_j} a_{jk}x^k \quad (j = 0,1,\ldots)$$

mit $a_{jk} \in \mathbb{R}$ und $a_{j,n_j} \neq 0$. Dabei sei $0 \leq n_0 < n_1 < n_2 < \ldots$.
Man zeige:

a) $[f_j \mid j = 0,1,\ldots]$ ist linear unabhängig.

b) Genau dann ist $[f_j \mid j = 0,1,\ldots]$ eine Basis von F, wenn $n_j = j$ für $j = 0,1,\ldots$ gilt.

2.8 Rekursionsgleichungen

Zahlreiche Fragen führen auf folgendes Problem.

Problem 2.8.1 Sei K ein Körper und

$$F = \{(x_j) = (x_0, x_1, \ldots) \mid x_j \in K\}$$

der K-Vektorrraum aller Folgen aus K. Vorgegeben seien nun Elemente $a_0, a_1, \ldots, a_{n-1} \in K$. Gesucht sind dann alle Lösungen $(x_j) \in F$ der *Rekursionsgleichung*

$$\text{(R)} \qquad x_{k+n} = a_0 x_k + a_1 x_{k+1} + \ldots + a_{n-1} x_{k+n-1}$$

für alle $k \geq 0$.

Mit den bisher bereitgestellten Hilfsmitteln können wir folgendes für die Anwendungen nützliche Resultat beweisen.

Satz 2.8.2

a) Die Lösungen von (R) *bilden einen Unterraum L von F der Dimension n. Zu gegebenen Anfangswerten $(x_0, \ldots, x_{n-1})$ gibt es genau eine Lösung in L.*

b) Sei f die ganz-rationale Funktion

$$f = x^n - a_0 - a_1 x - \ldots - a_{n-1} x^{n-1}.$$

Ist $b \in K$ mit $f(b) = 0$, so ist (x_j) mit $x_j = b^j \ (j = 0, 1, \ldots)$ eine Lösung von (R).

c) Sind $b_i \in K \ (i = 1, \ldots, m)$ paarweise verschieden mit $f(b_i) = 0$, so sind die Folgen $v_i = (b_i^j \mid j = 0, 1, \ldots)$ linear unabhängige Elemente von L. Hat insbesondere f sogar n verschiedene Nullstellen $b_1, \ldots, b_n$, so bilden die $(b_i^j) \ (i = 1, \ldots, n)$ eine Basis von L. Dann hat jedes $(x_j) \in L$ also die Gestalt

$$x_j = \sum_{i=1}^{n} c_i b_i^j \quad (j = 0, 1, \ldots)$$

mit geeigneten $c_i \in K$.

d) *Wir definieren formal für einen beliebigen Körper K die Ableitung f' von f aus b) durch*

$$f'(x) = nx^{n-1} - a_1 - 2a_2x - \ldots - (n-1)a_{n-1}x^{n-2}.$$

Ist $b \in K$ mit $f(b) = f'(b) = 0$, so ist auch (x_j) mit $x_j = jb^{j-1}$ eine Lösung von (R).
(Für $K = \mathbb{R}$ bedeutet $f(b) = f'(b) = 0$ bekanntlich, daß b eine mehrfache Nullstelle von f ist.)

e) *Sei $n = 2$, also $f = x^2 - a_1x - a_0$. Ist $f(b) = f'(b) = 0$, also $2b = a_1$, so bilden $v_1 = (1, b, b^2, \ldots)$ und $v_2 = (0, 1, 2b, 3b^2, \ldots)$ eine Basis von L.*

Beweis. a) Geben wir den Anfangsabschnitt $(x_0, \ldots, x_{n-1})$ vor, so liefert (R) genau eine Folge (x_j) in L mit diesem Anfangsabschnitt. Insbesondere gibt es $v_i \in L\,(i = 0, 1, \ldots, n-1)$ mit

$$v_i = (0, \ldots, 1, 0, \ldots, 0, *, *, \ldots),$$

wobei die 1 an der Stelle i steht und die letzte 0 an der Stelle $n-1$. Diese v_i sind offenbar linear unabhängig. Ist $(x_j) \in L$, so gilt

$$(x_j) - \sum_{i=0}^{n-1} x_i v_i = (0, \ldots, 0, *, \ldots) \in L$$

mit der letzten 0 an der Stelle $n-1$. Vermöge (R) folgt nun

$$(x_j) = \sum_{i=0}^{n-1} x_i v_i.$$

Somit ist $[v_0, \ldots, v_{n-1}]$ eine Basis von L, also $\dim_K L = n$.
b) Ist $x_j = b^j$ mit $0 = f(b) = b^n - a_0 - a_1b - \ldots - a_{n-1}b^{n-1}$, so gilt für $k \geq 0$

$$\begin{aligned} a_0x_k + a_1x_{k+1} + \ldots + a_{n-1}x_{k+n-1} &= b^k(a_0 + a_1b + \ldots + a_{n-1}b^{n-1}) \\ &= b^{k+n} = x_{k+n}. \end{aligned}$$

Also ist $(b^j) \in L$.
c) Nach 2.7.6 c) sind die Vektoren $(1, b_i, \ldots, b_i^{m-1})$ für paarweise verschiedene $b_i\,(i = 1, \ldots, m)$ linear unabhängig. Erst recht sind dann die Folgen $(1, b_i, b_i^2, \ldots)$ linear unabhängig.

d) Sei nun

$$0 = f(b) = b^n - a_0 - a_1 b - \ldots - a_{n-1} b^{n-1}$$

und

$$0 = f'(b) = nb^{n-1} - a_1 - 2a_2 b - \ldots - (n-1)a_{n-1} b^{n-2}.$$

Für $x_j = jb^{j-1}$ folgt dann

$$\begin{aligned}
&a_0 x_k + a_1 x_{k+1} + \ldots + a_{n-1} x_{k+n-1} = \\
&= kb^{k-1}(a_0 + a_1 b + \ldots + a_{n-1} b^{n-1}) + b^k(a_1 + 2a_2 b + \ldots + (n-1)a_{n-1} b^{n-2}) \\
&= kb^{k-1} b^n + b^k n b^{n-1} \\
&= (k+n) b^{k+n-1} = x_{k+n}.
\end{aligned}$$

Also gilt $(jb^{j-1}) \in L$.
e) Dies folgt sofort aus d). □

Wir betrachten mehrere Beispiele, die zum Teil später Verwendung finden werden.

Beispiele 2.8.3 a) Das älteste Beispiel einer Rekursionsgleichung für den reellen Zahlkörper $K = \mathbb{R}$ ist wahrscheinlich

$$\text{(R)} \qquad x_{j+2} = x_j + x_{j+1}.$$

Diese Gleichung wurde von Leonardo Fibonacci[22] um 1200 bei der Untersuchung zur Fortpflanzung von Kaninchenpaaren entdeckt. Da $f(x) = x^2 - x - 1$ in $\mathbb{R}$ die beiden verschiedenen Nullstellen $\frac{1+\sqrt{5}}{2}$ und $\frac{1-\sqrt{5}}{2}$ hat, erhalten wir mit 2.8.2 c) die allgemeine Lösung

$$x_j = c_1 \left(\frac{1+\sqrt{5}}{2} \right)^j + c_2 \left(\frac{1-\sqrt{5}}{2} \right)^j.$$

Wählt man speziell als Anfangswerte $x_0 = x_1 = 1$, so erhält man direkt aus (R) die Folge (F_j) der sogenannten *Fibonacci-Zahlen*

$$1, 1, 2, 3, 5, 8, 13, 21, \ldots.$$

Aus $1 = c_1 + c_2$ und $1 = c_1 \frac{1+\sqrt{5}}{2} + c_2 \frac{1-\sqrt{5}}{2}$ ermittelt man leicht

$$c_1 = \frac{1+\sqrt{5}}{2\sqrt{5}} \quad \text{und} \quad c_2 = -\frac{1-\sqrt{5}}{2\sqrt{5}}.$$

[22]Leonardo Pisano, genannt Fibonacci (filius Bonacci) (1170-1250) Pisa. Kaufmann und Mathematiker. Schrieb 1202 das berühmte Buch *Liber Abaci* über Algebra und Arithmetik; führte die indisch-arabischen Ziffern in Europa ein.

Allgemein ist also

$$F_j = \frac{1}{\sqrt{5}} \left\{ \left(\frac{1+\sqrt{5}}{2} \right)^{j+1} - \left(\frac{1-\sqrt{5}}{2} \right)^{j+1} \right\}.$$

Daß diese Zahlen in $\mathbb{Z}$ liegen, sieht man dieser Formel nicht sofort an. Sie zeigt andererseits deutlich, daß F_j etwa so schnell wächst wie $\left(\frac{1+\sqrt{5}}{2}\right)^{j+1}$. Dieses Wachstum tritt bei der Laufzeitabschätzung des Euklidischen Algorithmus auf (siehe Aufgabe 2.8.5).

b) Über $\mathbb{R}$ betrachten wir die Rekursionsgleichung

$$\text{(R)} \qquad x_{j+2} = \frac{1}{2}(x_j + x_{j+1}).$$

Da nun $f = x^2 - \frac{x}{2} - \frac{1}{2}$ die Nullstellen 1 und $-\frac{1}{2}$ hat, folgt mit 2.8.2 c)

$$x_j = c + d\left(-\frac{1}{2}\right)^j.$$

Dabei ist $x_0 = c + d$ und $x_1 = c - \frac{d}{2}$. Dies liefert $c = \frac{1}{3}(x_0 + 2x_1)$. Daher ist

$$\lim_{j \to \infty} x_j = \frac{1}{3}(x_0 + 2x_1).$$

Eine etwas tiefere Einsicht führt zu einem bemerkenswerten Ergebnis von A.A. Markoff[23]. Ist

$$x_{j+n} = \frac{1}{n}(x_j + x_{j+1} + \ldots + x_{j+n-1}),$$

so gilt

$$\lim_{j \to \infty} x_j = \frac{2}{n(n+1)}(x_0 + 2x_1 + 3x_2 + \ldots + nx_{n-1}).$$

(Siehe [8], Seite 290, und Aufgabe 2.8.2.)

c) Bei der Behandlung von Gambler's Ruin in 3.4.13 benötigen wir die Lösung der Rekursionsgleichung

$$\text{(R)} \qquad px_{j+2} = x_{j+1} - qx_j$$

in $\mathbb{R}$ mit $0 < p < 1$ und $q = 1 - p$. Dann hat

$$f(x) = px^2 - x + q$$

[23] Andrei Andreyevitch Markoff (1856-1922) Sankt Petersburg. Wahrscheinlichkeitstheorie.

die Nullstellen 1 und $\frac{q}{p}$ in $\mathbb{R}$. Ist $p \neq \frac{1}{2}$, also $p \neq q$, so erhalten wir wieder mit 2.8.2 c)

$$x_j = c + d\left(\frac{q}{p}\right)^j$$

mit geeigneten $c, d \in \mathbb{R}$.

Bemerkungen 2.8.4 a) Oft wird die ganz-rationale Funktion f aus Satz 2.8.2 b) keine Nullstelle in K haben. Man kann jedoch immer einen Körper $L \supseteq K$ finden, der sämtliche Nullstellen von f enthält. Für $K = \mathbb{R}$ reicht nach dem Fundamentalsatz der Algebra bereits $L = \mathbb{C}$.
b) Sei $|K| = q < \infty$ und

$$\text{(R)} \qquad x_{j+n} = \sum_{i=0}^{n-1} a_i x_{j+i}.$$

Da nur q^n verschiedene Abschnitte $(x_j, x_{j+1}, \ldots, x_{j+n-1})$ existieren, gibt es ein k mit $0 \leq k < m \leq q^n$, so daß

$$(*) \qquad (x_k, x_{k+1}, \ldots, x_{k+n-1}) = (x_m, x_{m+1}, \ldots, x_{m+n-1}).$$

Vermöge der Rekursionsgleichung (R) folgt

$$x_{k+j} = x_{m+j}$$

für alle $j \geq 0$. Somit ist (x_j) *periodisch*, abgesehen von einem eventuellen Anfangsstück. Man nennt die kleinste Zahl $m-k \leq q^n$, für die (*) erfüllt ist, die *Periode* der Folge (x_j). Ist wie in 2.8.2 b) nun $x_j = b^j$ mit $0 \neq b \in L$, so gilt $b^{|L|-1} = 1$ wegen 2.5.2. Man ist oft daran interessiert, die Periode groß zu machen. Die Tatsache, daß L^* zyklisch ist, erlaubt die Periode $|L| - 1$.

In 2.3.1 haben wir das RSA-Verfahren zur Verschlüsselung von Daten kennengelernt. Wir stellen nun ein Verfahren vor, welches weniger aufwendig ist, bei dem jedoch im Gegensatz zu Public-Key-Verfahren die Schlüssel ausgetauscht werden müssen.

Beispiel 2.8.5 (Stromchiffren) Sei $K = \{0, 1\}$ und

$$F = \{x = (x_j) \mid x_j \in K,\ j = 0, 1, \ldots\}$$

der Vektorraum aller Folgen über dem Körper K. Eine Nachricht ist ein Element $x = (x_j) \in F$, wobei nur endlich viele $x_j \neq 0$ sind.

Alice wählt, um eine Nachricht x an Bob zu senden, ein $y \in F$ und verschickt $x + y$. Kennt Bob y, so kann er die Nachricht x aus $(x + y) + y = x$ gewinnen.

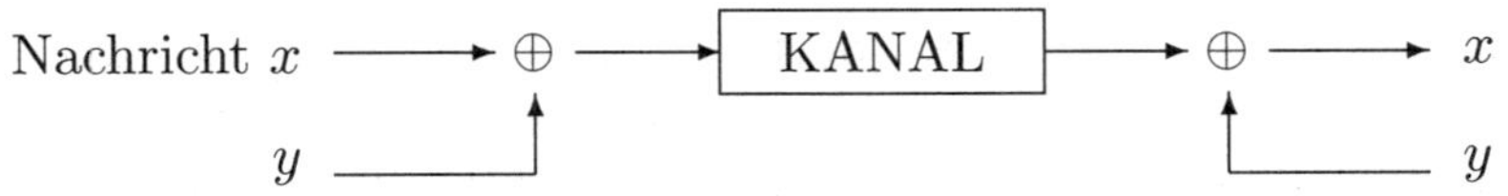

Aber wie kommt Bob nun an die Verschlüsselungsfolge y?

In der Praxis wird y als Lösung einer Rekursionsgleichung

$$\text{(R)} \quad y_{j+n} = \sum_{i=0}^{n-1} a_i y_{j+i}$$

gewählt. In diesem Fall müssen nur die Koeffizienten $a_0, \ldots, a_{n-1}$ und die Anfangswerte $y_0, \ldots, y_{n-1}$ über einen sicheren Kanal ausgetauscht werden, welches man etwa mit dem RSA-Verfahren erreichen kann. Die Sicherheit des Verfahrens hängt dann entscheidend von der gewählten Folge y ab. Sie sollte bis zum Ende der Nachricht möglichst keine Struktur haben. Insbesondere sollte also die Periode von y größer als die Länge der Nachricht sein. Hier besteht also ein handfestes Interesse an einem Verfahren zur Bestimmung der Periode.

Um y zu erzeugen greift man in der Praxis auf sogenannte *Schieberegister* zurück. Diese lassen sich effizient in Hardware realisieren und arbeiten extrem schnell.

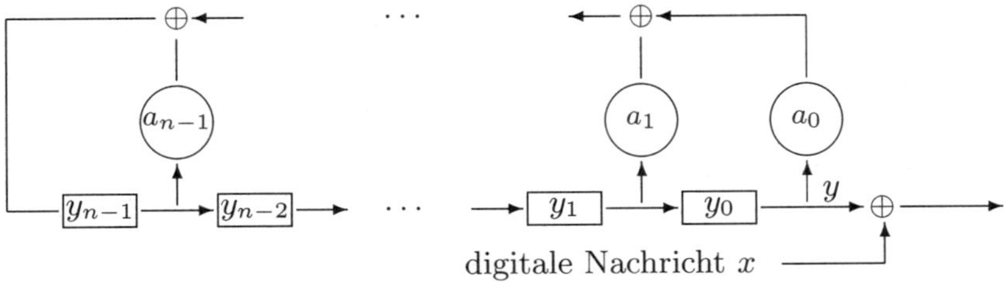

□ Flip-Flop: Gibt bei jedem Takt den Inhalt in Pfeilrichtung weiter.

$\oplus$ modulo 2 Addierer.

(a_i) Schalter: $a_i = 1$ Verbindung geschlossen; $a_i = 0$ Verbindung unterbrochen.

Man sieht leicht, daß an der Stelle y auch wirklich die Folge $y = (y_j)$ erzeugt wird.

In der hier vorgestellten Form ist das Verfahren nicht besonders sicher, da man zeigen kann, daß aus der Kenntnis von $2n$ aufeinanderfolgenden y_i sich die ganze Folge y berechnen läßt (vorausgesetzt $a_0 \neq 0$). Es ist jedoch ein Baustein für komplexere Verfahren, die eine höhere Sicherheit aufweisen.

Beispiel 2.8.6 Über dem Körper $K = \{0, 1\}$ betrachten wir die Rekursionsgleichung

$$(\mathrm{R}) \quad x_{j+3} = x_j + x_{j+1} + x_{j+2}.$$

Für alle c aus einem Körper der Charakteristik 2 gilt

$$c^3 - c^2 - c - 1 = (c-1)^3.$$

Nach 2.8.2 gestattet (R) die offenbar linear unabhängigen Lösungen

$$v_1 = (1, 1, 1, \ldots) \quad \text{und} \quad v_2 = (j) = (0, 1, 0, 1, \ldots).$$

Eine weitere, von v_1 und v_2 linear unabhängige Lösung von (R) ist

$$v_3 = (0, 0, 1, 1, 0, 0, 1, 1, \ldots).$$

Die allgemeine Lösung von (R) hat daher die Gestalt

$$(x_j) = c_1 v_1 + c_2 v_2 + c_3 v_3 \quad \text{mit } c_j \in K.$$

Jede Lösung von (R) hat somit eine Periode, die ein Teiler von 4 ist.

Aufgabe 2.8.1 Für $0 < p < 1$ behandle man über $\mathbb{R}$ die Rekursionsgleichung

$$(\mathrm{R}) \quad x_{j+2} = p x_j + (1-p) x_{j+1}.$$

Was ist $\lim_{j\to\infty} x_j$?

Aufgabe 2.8.2 Über $\mathbb{R}$ betrachte man

$$(\mathrm{R}) \quad x_{j+3} = \frac{1}{3}(x_j + x_{j+1} + x_{j+2}).$$

Man zeige:

a) $f = x^3 - \frac{1}{3}(1 + x + x^2)$ hat die Nullstelle 1 und zwei weitere verschiedene Nullstellen $b_1, b_2 \in \mathbb{C}$ mit $|b_j|^2 = \frac{1}{3}$.

b) $\lim_{j\to\infty} x_j$ existiert.

c) Es gilt $\lim_{j\to\infty} x_j = \frac{1}{6}(x_0 + 2x_1 + 3x_2)$.

Aufgabe 2.8.3 Über $K = \{0, 1\}$ betrachte man

$$\text{(R)} \quad x_{j+2} = x_j + x_{j+1}.$$

Man benutze die Tatsache, daß $f = x^2 - x - 1$ im Körper L mit $|L| = 4$ die Nullstellen a und $a + 1$ hat (siehe Aufgabe 2.5.3). Man beweise $x_{j+3} = x_j$ für jede Lösung (x_j) von (R).

Aufgabe 2.8.4 Über $K = \{0, 1\}$ behandle man

$$\text{(R)} \quad x_{j+5} = x_j + x_{j+1} + x_{j+2} + x_{j+3} + x_{j+4}.$$

a) Für alle c aus einem Körper der Charakteristik 2 gilt

$$\sum_{j=0}^{5} c^j = (c+1)(c^2 + c + 1)^2.$$

Somit hat $f = \sum_{j=0}^{5} x^j$ die Nullstelle 1 und im Körper L mit $|L| = 4$ zwei weitere Nullstellen a und $a^2 = a + 1$.

b) Mit 2.8.2 erhält man als Lösungen von (R)

$$\begin{aligned} v_1 &= (1, 1, \ldots), \\ v_2 &= (a^j), \\ v_3 &= (a^{2j}), \\ v_4 &= (ja^{j-1}), \\ v_5 &= (ja^{2j-2}). \end{aligned}$$

Man zeige, daß die v_j linear unabhängig sind.

c) Jede Lösung (x_j) von (R) hat eine Periode, die ein Teiler von 6 ist.

Aufgabe 2.8.5 Seien $a, b \in \mathbb{N}$ und $b < a$. Der Euklidische Algorithmus benötigt zur Berechnung von $\mathrm{ggT}(a, b)$ höchstens

$$\frac{\log(\sqrt{5}b + 1)}{\log(\frac{1+\sqrt{5}}{2})} - 1$$

Divisionen mit Rest.
Hinweis: Sei F_n die n-te Fibonacci-Zahl. Benötigt der Algorithmus genau $n+1$ Divisionen, so gilt $F_{n+1} \leq b$. Man schließe daraus $(\frac{1+\sqrt{5}}{2})^{n+2} < \sqrt{5}b+1$.

2.9 Der Faktorraum

Satz 2.9.1 *Sei V ein K-Vektorraum und U ein Unterraum von V. Wir betrachten Teilmengen von V der Gestalt*

$$v + U = \{v + u \mid u \in U\}.$$

Die Menge all dieser Teilmengen bezeichnen wir mit V/U. Durch die Festsetzung

$$(v_1 + U) + (v_2 + U) = \{w_1 + w_2 \mid w_j \in v_j + U\} = v_1 + v_2 + U$$

und

$$k(v + U) = kv + U$$

für $v, v_1, v_2 \in V$ und $k \in K$ wird V/U ein K-Vektorraum. Dabei ist U das Nullelement von V/U. Wir nennen V/U den Faktorraum *von V nach U.*

Beweis. Offenbar gilt $v_1 + U = v_2 + U$ genau für $v_1 - v_2 \in U$. Die obenstehende Addition ist wohldefiniert wegen

$$\begin{aligned} \{w_1 + w_2 \mid w_j \in v_j + U\} &= \{v_1 + v_2 + u_1 + u_2 \mid u_i \in U\} \\ &= \{v_1 + v_2 + u \mid u \in U\} = v_1 + v_2 + U. \end{aligned}$$

Die Multiplikation mit Elementen aus K ist ebenfalls wohldefiniert, denn aus $v_1 + U = v_2 + U$ folgt $v_1 - v_2 \in U$, also auch $k(v_1 - v_2) \in U$ und somit $kv_1 + U = kv_2 + U$. Die Gültigkeit der Vektorraum-Axiome folgt unmittelbar aus deren Gültigkeit in V; etwa

$$k((v_1 + U) + (v_2 + U)) = k(v_1 + v_2) + U = k(v_1 + U) + k(v_2 + U).$$

□

Satz 2.9.2 *Sei V ein K-Vektorraum und seien U, W Unterräume von V mit $U \leq W \leq V$.*

a) Ist $[w_i + U \mid i \in I]$ eine Basis von W/U und $[v_j + W \mid j \in J]$ eine Basis von V/W, so ist $[w_i + U, v_j + U \mid i \in I, j \in J]$ eine Basis von V/U.

b) Ist $\dim V/U < \infty$, *so gilt* $\dim V/U = \dim V/W + \dim W/U$.

c) Ist $\dim V < \infty$, *so gilt* $\dim V/W = \dim V - \dim W$.

Beweis. a) Ist $v \in V$, so gilt $v + W = \sum_{j\in J} a_j(v_j + W)$ mit $a_j \in K$. Dies heißt $v - \sum_{j\in J} a_j v_j \in W$. Daher gibt es $b_i \in K$ mit

$$(v - \sum_{j\in J} a_j v_j) + U = \sum_{i\in I} b_i(w_i + U).$$

Dies heißt

$$v - \sum_{j\in J} a_j v_j - \sum_{i\in I} b_i w_i \in U,$$

also

$$v + U = \sum_{j\in J} a_j(v_j + U) + \sum_{i\in I} b_i(w_i + U).$$

Es folgt

$$V/U = \langle v_j + U, w_i + U \mid j \in J,\, i \in I\rangle.$$

Angenommen, in V/U gelte $\sum_{j\in J} c_j(v_j + U) + \sum_{i\in I} d_i(w_i + U) = 0$ mit $c_j, d_i \in K$. Dann ist $\sum_{j\in J} c_j v_j + \sum_{i\in I} d_i w_i \in U$. Wegen $U \leq W$ und $w_i \in W$ folgt $\sum_{j\in J} c_j v_j \in W$, also

$$\sum_{j\in J} c_j(v_j + W) = 0 \text{ in } V/W.$$

Dies erzwingt $c_j = 0$. Dann bleibt $\sum_{i\in I} d_i w_i \in U$, also

$$\sum_{i\in I} d_i(w_i + U) = 0 \text{ in } W/U.$$

Wir erhalten $d_i = 0$. Somit ist $[w_i + U, v_j + U \mid i \in I,\, j \in J]$ linear unabhängig in V/U.
b) Dies folgt unmittelbar aus a).
c) Dies ist der Spezialfall $U = 0$ von b). □

Der Faktorraum erscheint zunächst als sehr formale Konstruktion. Wir werden im Lauf der Zeit sehen, daß er ein höchst nützlicher Begriff ist. Als erste Kostprobe beweisen wir

Satz 2.9.3 *Seien $U_i \leq V$ $(i = 1, \ldots, m)$ mit* $\dim V/U_i < \infty$. *Dann gilt*

$$\dim V/ \cap_{i=1}^{m} U_i \leq \sum_{i=1}^{m} \dim V/U_i < \infty.$$

Beweis. Wir zeigen zuerst

$$\dim U_1/(U_1 \cap U_2) \leq \dim V/U_2.$$

Seien dazu $u_j \in U_1$ $(j = 1, \ldots, n)$ mit in $U_1/(U_1 \cap U_2)$ linear unabhängigen $u_j + U_1 \cap U_2$. Gilt nun

$$\sum_{j=1}^{n} k_j(u_j + U_2) = 0 \quad \text{in} \quad V/U_2,$$

so folgt $\sum_{j=1}^{n} k_j u_j \in U_1 \cap U_2$, also $k_1 = \ldots = k_n = 0$. Somit erhalten wir $n \leq \dim V/U_2$, also auch

$$\dim U_1/(U_1 \cap U_2) \leq \dim V/U_2.$$

Wegen 2.9.2 b) folgt

$$\begin{aligned} \dim V/(U_1 \cap U_2) &= \dim V/U_1 + \dim U_1/(U_1 \cap U_2) \\ &\leq \dim V/U_1 + \dim V/U_2. \end{aligned}$$

Der allgemeine Fall mit $m > 2$ folgt nun leicht durch Induktion nach m gemäß

$$\begin{aligned} \dim V/\cap_{j=1}^{m} U_j &\leq \dim V/\cap_{j=1}^{m-1} U_j + \dim V/U_m \\ &\leq \textstyle\sum_{j=1}^{m-1} \dim V/U_j + \dim V/U_m \\ &= \textstyle\sum_{j=1}^{m} \dim V/U_j. \end{aligned}$$

□

Auf die Frage, wann in der Ungleichung in 2.9.3 Gleichheit eintritt, kommen wir in Aufgabe 3.6.4 zurück.

Definition 2.9.4 Ein Unterraum U eines K-Vektorraums V heißt eine *Hyperebene*, falls $\dim V/U = 1$ ist.

Satz 2.9.5 (vgl. Aufgabe 2.7.5 c)). *Sei* $U \leq V$ *und* $\dim V/U = k < \infty$. *Dann gibt es Hyperebenen* $W_j < V$ $(j = 1, \ldots, k)$ *mit* $U = \cap_{j=1}^{k} W_j$.

Beweis. Sei $[v_1 + U, \ldots, v_k + U]$ eine Basis von V/U. Setzen wir nun $W_j = \langle U, v_1, \ldots, v_{j-1}, v_{j+1}, \ldots, v_k \rangle$, so gilt $\dim V/W_j = 1$. Offenbar ist auch $\cap_{j=1}^{k} W_j = U$. □

Aufgabe 2.9.1 Sei V ein K-Vektorraum und $U \leq V$. Man zeige: Es gibt eine Bijektion von $\{W \mid U \leq W \leq V\}$ auf $\{S \mid S \leq V/U\}$.

3 Lineare Abbildungen und Matrizen

Nützliche Abbildungen auf Mengen mit algebraischen Strukturen sind solche, die die gegebenen Strukturen respektieren. Für die Vektorräume sind dies die linearen Abbildungen bzw. deren Übersetzung in die Sprache der Matrizen. Nach einer eingehenden Behandlung der Theorie gehen wir auf stochastische Matrizen als erste Anwendung ein. Diese spielen eine wichtige Rolle bei der Behandlung von sogenannten stochastischen Prozessen, etwa bei Mischprozessen, Glücksspielen und Modellen zur Genetik. Nach kurzen Abschnitten über Spur, Projektionen und die zugehörigen Vektorraumzerlegungen folgt eine Einführung in die Codierungstheorie, die sich mit der Korrektur von zufälligen Fehlern bei der Datenübertragung beschäftigt. Neben den bis hierher entwickelten Grundtatsachen der Linearen Algebra spielen elementare Abzählungen eine wichtige Rolle. Das Kapitel schließt mit der Behandlung von elementaren Umformungen von Matrizen. Dies liefert Algorithmen zur Rangbestimmung und zum Lösen von linearen Gleichungssystemen, die uns immer wieder in den Anwendungen begegnen werden.

3.1 Lineare Abbildungen

Definition 3.1.1 Seien V und W Vektorräume über demselben Körper K.

a) Eine Abbildung A von V in W heißt *linear*, falls für alle $v_1, v_2, v \in V$ und alle $k \in K$ gilt

$$A(v_1 + v_2) = Av_1 + Av_2 \quad \text{und} \quad A(kv) = k(Av).$$

Daraus folgt sofort $A0 = 0$ und $A(-v) = -Av$. Lineare Abbildungen nennen wir auch *Homomorphismen*. Die Menge aller linearen Abbildungen von V in W bezeichnen wir mit $\mathrm{Hom}_K(V, W)$, oder auch $\mathrm{Hom}(V, W)$. Weiterhin setzen wir $\mathrm{End}_K(V) = \mathrm{Hom}_K(V, V)$ und nennen die Elemente von $\mathrm{End}_K(V)$ *Endomorphismen* von V.

b) Ist $A \in \mathrm{Hom}_K(V, W)$, so setzen wir $\mathrm{Bild}\, A = \{Av \mid v \in V\}$ und $\mathrm{Kern}\, A = \{v \mid v \in V,\ Av = 0\}$.

c) Sei $A \in \mathrm{Hom}_K(V, W)$. Ist A surjektiv bzw. injektiv (im Sinne von 1.2.3), so nennen wir A einen *Epimorphismus* bzw. *Monomorphismus*.

Ist A bijektiv, so heißt A ein *Isomorphismus*. Gibt es einen Isomorphismus von V auf W, so schreiben wir $V \cong W$.

Lemma 3.1.2 *Seien V und W K-Vektorräume und $A \in \mathrm{Hom}_K(V, W)$.*

a) Bild A *ist ein Unterraum von W und* Kern A *ein Unterraum von V.*

b) Genau dann ist A ein Monomorphismus, wenn Kern $A = 0$ *ist.*

Beweis. a) Wegen den Relationen $Av_1 + Av_2 = A(v_1 + v_2) \in$ Bild A und $k(Av) = A(kv) \in$ Bild A gilt Bild $A \leq W$. Ähnlich folgt Kern $A \leq V$.
b) Ist A ein Monomorphismus, so folgt aus $Av = 0 = A0$ sofort $v = 0$, also Kern $A = 0$. Ist umgekehrt Kern $A = 0$ und $Av_1 = Av_2$, so erhalten wir $A(v_1 - v_2) = 0$, also $v_1 - v_2 \in$ Kern $A = 0$. Dann ist A ein Monomorphismus.□

Beispiel 3.1.3 Sei $V = K^m$ und $W = K^n$. Wir schreiben die Elemente von V und W als Spaltenvektoren (x_j) mit $x_j \in K$. Vorgegeben seien nun $a_{ij} \in K\ (i = 1, \ldots, n;\ j = 1, \ldots, m)$. Für $(x_j) \in K^m$ setzen wir

$$A(x_j) = (y_i)$$

mit

$$y_i = \sum_{j=1}^{m} a_{ij} x_j \quad (i = 1, \ldots, n).$$

Wie man leicht sieht, ist dann $A \in \mathrm{Hom}_K(V, W)$. Die Bestimmung von Kern A verlangt die Lösung des linearen Gleichungssystems

$$\sum_{j=1}^{m} a_{ij} x_j = 0 \quad (i = 1, \ldots, n).$$

Bild A besteht aus den Vektoren (b_i), für welche das Gleichungssystem

$$\sum_{j=1}^{m} a_{ij} x_j = b_i \quad (i = 1, \ldots, n)$$

lösbar ist. Wie man diese Gleichungssysteme praktisch löst, werden wir in 3.9 sehen.

Lemma 3.1.4 *Sei V ein K-Vektorraum und U ein Unterraum von V. Dann wird durch $Av = v + U$ für $v \in V$ ein Epimorphismus von V auf den Faktorraum V/U mit* Kern $A = U$ *definiert.*

Beweis. Offenbar ist A linear und surjektiv. Aus $0 = Av = v + U$ folgt $v \in U$. Also gilt $\operatorname{Kern} A = U$. □

Lemma 3.1.5 *Seien V und W K-Vektorräume. Sei $[v_i \mid i \in I]$ eine Basis von V und $[w_j \mid j \in J]$ eine Basis von W.*

a) Vorgegeben seien beliebige Vektoren $w'_i \in W$ für $i \in I$. Dann gibt es genau ein $A \in \operatorname{Hom}_K(V, W)$ mit $Av_i = w'_i$ für alle $i \in I$.
(Auf einer Basis von V kann man also eine lineare Abbildung beliebig vorgeben; dadurch ist sie auch eindeutig festgelegt.)

b) Vorgegeben seien $a_{ji} \in K$ für $i \in I, j \in J$. Für jedes $i \in I$ seien nur endlich viele a_{ji} ungleich 0. Dann gibt es genau ein $A \in \operatorname{Hom}_K(V, W)$ mit

$$Av_i = \sum_{j \in J} a_{ji} w_j \quad (i \in I).$$

Beweis. a) Durch

$$A \sum_{i \in I} k_i v_i = \sum_{i \in I} k_i w'_i$$

wird offenbar eine K-lineare Abbildung A aus $\operatorname{Hom}_K(V, W)$ definiert. Ferner ist A die einzige Abbildung aus $\operatorname{Hom}_K(V, W)$ mit $Av_i = w'_i$ $(i \in I)$.
b) Dies folgt aus a) mit $w'_i = \sum_{j \in J} a_{ji} w_j$. □

Satz 3.1.6 *Seien V und W K-Vektorräume mit $\dim V = n < \infty$. Dann sind gleichwertig:*

a) $\dim W = n$.

b) Es gibt einen Isomorphismus A von V auf W. Insbesondere gilt also $V \cong K^n$ für jeden K-Vektorraum V mit $\dim V = n$.

Beweis. a) ⇒ b) Sei $\dim V = \dim W = n$. Sei $[v_1, \ldots, v_n]$ eine Basis von V und $[w_1, \ldots, w_n]$ eine von W. Nach 3.1.5 gibt es ein $A \in \operatorname{Hom}_K(V, W)$ mit $Av_i = w_i$ $(i = 1, \ldots, n)$. Wegen

$$\sum_{i=1}^{n} k_i w_i = \sum_{i=1}^{n} k_i A v_i = A \sum_{i=1}^{n} k_i v_i$$

für alle $k_i \in K$ ist A ein Epimorphismus. Ist $v = \sum_{i=1}^{n} k_i v_i \in \operatorname{Kern} A$, wobei $k_i \in K$, so gilt

$$0 = Av = \sum_{i=1}^{n} k_i (Av_i) = \sum_{i=1}^{n} k_i w_i.$$

Da die w_i linear unabhängig sind, folgt $k_1 = \ldots = k_n = 0$. Also ist A nach 3.1.2 b) ein Monomorphismus. Insgesamt folgt, daß A ein Isomorphismus ist.
b) $\Rightarrow$ a) Sei $[v_1, \ldots, v_n]$ eine Basis von V und A ein Isomorphismus von V auf W. Wir zeigen, daß dann $[Av_1, \ldots, Av_n]$ eine Basis von W ist, woraus $\dim W = n = \dim V$ folgt. Sei $w \in W$. Da A surjektiv ist, gibt es $k_i \in K$ mit

$$w = A\sum_{i=1}^{n} k_i v_i = \sum_{i=1}^{n} k_i(Av_i).$$

Dies zeigt $W = \langle Av_1, \ldots, Av_n \rangle$. Ist $0 = \sum_{i=1}^{n} k_i(Av_i) = A\sum_{i=1}^{n} k_i v_i$, so folgt $\sum_{i=1}^{n} k_i v_i \in \operatorname{Kern} A$. Also ist $k_1 = \ldots = k_n = 0$ und somit $[Av_1, \ldots, Av_n]$ eine Basis von W.

□

Homomorphiesatz 3.1.7 *Seien V und W K-Vektorräume und sei ferner $A \in \operatorname{Hom}_K(V, W)$.*

a) *Es existiert ein Epimorphismus B von V auf $V/\operatorname{Kern} A$ und ein Monomorphismus C von $V/\operatorname{Kern} A$ in W, so daß $A = CB$ und $\operatorname{Bild} C = \operatorname{Bild} A$.*

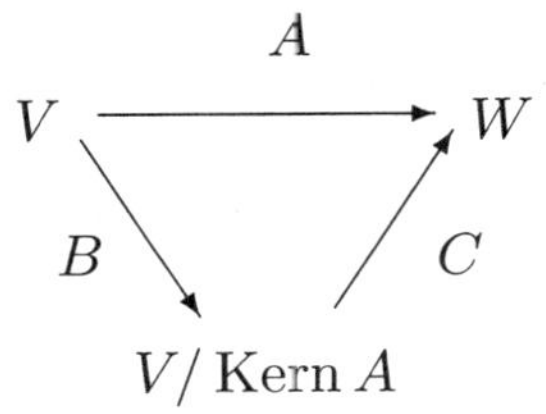

Insbesondere ist $\operatorname{Bild} A \cong V/\operatorname{Kern} A$.

b) *Ist* $\dim V < \infty$, *so gilt* $\dim \operatorname{Kern} A + \dim \operatorname{Bild} A = \dim V$.

Beweis. a) Wir definieren B gemäß 3.1.4 durch $Bv = v + \operatorname{Kern} A$. Dann ist B ein Epimorphismus von V auf $V/\operatorname{Kern} A$. Ferner definieren wir C durch

$$C(v + \operatorname{Kern} A) = Av.$$

Wir zeigen zunächst, daß C wohldefiniert ist.
Sei dazu $v_1 + \operatorname{Kern} A = v_2 + \operatorname{Kern} A$. Hieraus erhalten wir $v_1 - v_2 \in \operatorname{Kern} A$, also $0 = A(v_1 - v_2) = Av_1 - Av_2$. Somit ist C wohldefiniert. Man sieht leicht, daß C linear ist. So gilt etwa

$$C(k(v + \operatorname{Kern} A)) = C(kv + \operatorname{Kern} A) = A(kv) = k(Av) = k(C(v + \operatorname{Kern} A)).$$

Für alle $v \in V$ ist ferner

$$CBv = C(v + \operatorname{Kern} A) = Av,$$

also $CB = A$. Ist $v + \operatorname{Kern} A \in \operatorname{Kern} C$, so folgt

$$0 = C(v + \operatorname{Kern} A) = Av,$$

also $v + \operatorname{Kern} A = 0$. Somit ist C nach 3.1.2 b) ein Monomorphismus. Nach Definition ist $\operatorname{Bild} C = \operatorname{Bild} A$. Also ist C ein Isomorphismus von $V/\operatorname{Kern} A$ auf $\operatorname{Bild} A$.
b) Ist $\dim V < \infty$, so folgt mit a)

$$\begin{aligned} \dim \operatorname{Bild} A &= \dim V/\operatorname{Kern} A \\ &= \dim V - \dim \operatorname{Kern} A \qquad \text{(siehe 2.9.2 c))} \end{aligned}$$

□

Oft ist die folgende Tatsache von Nutzen, die direkt aus 3.1.7 folgt.

Satz 3.1.8 *Seien V und W K-Vektorräume mit $\dim V = \dim W = n$. Ist $A \in \operatorname{Hom}_K(V, W)$, so sind gleichwertig:*

a) A ist ein Isomorphismus.

b) A ist ein Monomorphismus.

c) A ist ein Epimorphismus.

Definition 3.1.9 Sei V ein K-Vektorraum und $U \leq V$. Sei $A \in \operatorname{End}_K(V)$ mit $Au \in U$ für alle $u \in U$.

a) Wir definieren die *Einschränkung* A_U von A auf U durch $A_U u = Au$ für $u \in U$. Offenbar ist $A_U \in \operatorname{End}_K(U)$.

b) Ferner definieren wir $A_{V/U}$ durch

$$A_{V/U}(v + U) = Av + U.$$

Wir haben zu zeigen, daß $A_{V/U}$ wohldefiniert ist.
Ist $v_1 + U = v_2 + U$ (mit $v_j \in V$), so folgt $v_1 - v_2 \in U$, nach Voraussetzung also

$$Av_1 - Av_2 = A(v_1 - v_2) \in AU \leq U.$$

Dies zeigt $Av_1 + U = Av_2 + U$. Die Linearität von A liefert unmittelbar die Linearität von $A_{V/U}$, also $A_{V/U} \in \operatorname{End}_K(V/U)$.

Beispiele 3.1.10 a) Sei V ein K-Vektorraum und $A \in \mathrm{End}_K(V)$ mit der Bedingung $Av \in \langle v \rangle$ für alle $v \in V$. Somit gilt $Av = a(v)v$ mit $a(v) \in K$. Für alle $v_1, v_2 \in V$ gilt dabei

$$a(v_1 + v_2)(v_1 + v_2) = A(v_1 + v_2) = Av_1 + Av_2 = a(v_1)v_1 + a(v_2)v_2.$$

Sind v_1 und v_2 linear unabhängig, so folgt $a(v_1) = a(v_1 + v_2) = a(v_2)$. Also gilt $Av = av$ mit $a \in K$ für alle $v \in V$.
b) Sei V ein K-Vektorraum und U eine Hyperebene in V, also $\dim V/U = 1$. Sei $A \in \mathrm{End}_K(V)$ mit $Au = u$ für alle $u \in U$. Ferner sei $V/U = \langle w + U \rangle$. Dann gibt es ein $a \in K$ mit

$$Aw + U = A_{V/U}(w + U) = a(w + U) = aw + U.$$

Somit gilt $Aw - aw = u_0 \in U$.
Fall 1: Sei $a \neq 1$. Wir versuchen ein $u' \in U$ zu finden mit

$$A(w + u') = a(w + u').$$

Dies verlangt

$$aw + au' = Aw + Au' = aw + u_0 + u',$$

also $u_0 = (a-1)u'$. Wegen $a \neq 1$ ist dies lösbar mit $u' = (a-1)^{-1}u_0$. Ist $\dim V = n < \infty$, so gibt es also eine Basis $[v_1, \ldots, v_n]$ von V mit $Av_j = v_j$ für $j = 1, \ldots, n-1$ und $Av_n = av_n$. Wir nennen dann A eine *Streckung*.
Fall 2: Sei $a = 1$, also $Aw = w + u_0$ mit $u_0 \in U$. Ist $u_0 = 0$, so gilt $Av = v$ für alle $v \in V$. Sei $u_0 \neq 0$. Ist $\dim V = n < \infty$, so wählen wir eine Basis $[v_1, \ldots, v_{n-1}]$ von U mit $u_0 = v_1$. Setzen wir $v_n = w$, so ist $[v_1, \ldots, v_n]$ eine Basis von V mit $Av_j = v_j$ für $j = 1, \ldots, n-1$ und $Av_n = v_1 + v_n$. Dann heißt A eine *Transvektion*.

Der folgende Satz zeigt, daß die Hyperebenen in V genau die Kerne von nichttrivialen *Funktionalen*, d.h. Elementen ungleich 0 in $\mathrm{Hom}_K(V, K)$ sind.

Satz 3.1.11 *Sei V ein K-Vektorraum.*

a) Ist $0 \neq f \in \mathrm{Hom}_K(V, K)$, *so gilt* $\dim V/\operatorname{Kern} f = 1$.

b) Ist $\dim V/U = 1$, *so gibt es ein* $0 \neq f \in \mathrm{Hom}_K(V, K)$ *mit* $U = \operatorname{Kern} f$.

c) Ist $\dim V/U = k$, *so gibt es* $f_i \in \mathrm{Hom}_K(V, K)$ *mit* $\cap_{i=1}^k \operatorname{Kern} f_i = U$.

Beweis. a) Nach 3.1.7 gilt $1 = \dim \operatorname{Bild} f = \dim V/\operatorname{Kern} f$.
b) Sei $V/U = \langle w + U \rangle$. Offenbar gilt $V = U + \langle w \rangle$ und $U \cap \langle w \rangle = 0$. Durch

$$f(u + aw) = a \quad (\text{für } u \in U,\, a \in K)$$

wird dann ein $f \in \mathrm{Hom}_K(V, K)$ definiert mit $\operatorname{Kern} f = U$.

c) Nach Satz 2.9.5 gibt es $W_i < V$ für $i = 1, \ldots, k$, so daß $\dim V/W_i = 1$ und $U = \cap_{i=1}^k W_i$ ist. Wählen wir gemäß b) nun $f_i \in \mathrm{Hom}_K(V, K)$ mit $W_i = \mathrm{Kern}\, f_i$, so folgt $\cap_{i=1}^k \mathrm{Kern}\, f_i = U$. □

Aufgabe 3.1.1 Sei V der $\mathbb{R}$-Vektorraum aller ganzrationalen Funktionen auf $\mathbb{R}$.

a) Ist $f = \sum_{j=0}^n a_j x^j$, so wird durch

$$Df = f' = \sum_{j=0}^{n} j a_j x^{j-1}$$

ein $D \in \mathrm{Ab}(V, V)$ definiert. Man zeige, daß D ein Epimorphismus, aber kein Monomorphismus ist.

b) Durch

$$If = \sum_{j=0}^{n} \frac{a_j}{j+1} x^{j+1}$$

wird ein $I \in \mathrm{Ab}(V, V)$ definiert. Man zeige, daß I ein Monomorphismus, aber kein Epimorphismus ist.

Aufgabe 3.1.2 Sei V ein K-Vektorraum und $U < V$. Sei $A \in \mathrm{End}_K(V)$ mit $Au \in U$ für alle $u \in U$. Gemäß 3.1.9 sind A_U und $A_{V/U}$ definiert. Man zeige:

a) Sind A_U und $A_{V/U}$ Monomorphismen, so ist auch A ein Monomorphismus.

b) Sind A_U und $A_{V/U}$ Epimorphismen, so ist auch A ein Epimorphismus.

c) Sind A_U und $A_{V/U}$ Isomorphismen, so ist auch A ein Isomorphismus.

d) Ist $\dim V < \infty$ und ist A ein Isomorphismus, so sind auch A_U und $A_{V/U}$ Isomorphismen.

Aufgabe 3.1.3 Sei $F = \{(a_0, a_1, \ldots) \mid a_j \in K\}$ der K-Vektorraum aller Folgen über K.

a) Sei $S \in \mathrm{End}_K(F)$ mit

$$S(a_0, a_1, \ldots) = (0, a_0, a_1, \ldots).$$

Ist $U = \{(0, a_1, \ldots,) \mid a_j \in K\}$, so gilt $SU \leq U$. Man zeige, daß S ein Monomorphismus, aber $S_{F/U}$ kein Monomorphismus ist.

b) Sei $T \in \mathrm{End}_K(F)$ mit

$$T(a_0, a_1, \ldots) = (a_1, a_2, \ldots).$$

Ist $W = \{(a_0, 0, 0, \ldots) \mid a_0 \in K\}$, so gilt $TW \leq W$. Man zeige, daß T ein Epimorphismus, aber $T_{F/W}$ kein Epimorphismus ist.

Aufgabe 3.1.4 Sei V ein K-Vektorraum mit $\dim V = n$ und $0 < U < V$. Sei $A \in \mathrm{End}_K(V)$ mit $A_U = 0$ und $A_{V/U} = 0$. Ist $\dim \mathrm{Bild}\, A = k$, so gilt $k \leq n - k$.

3.2 Das Rechnen mit linearen Abbildungen

Wir verknüpfen nun lineare Abbildungen in natürlicher Weise. Dadurch wird $\mathrm{Hom}_K(V,W)$ ein K-Vektorraum und $\mathrm{End}_K(V)$ sogar eine K-Algebra, insbesondere also ein Ring.

Satz 3.2.1 *Seien V und W K-Vektorräume.*

a) Für $A, B \in \mathrm{Hom}_K(V,W)$ und $k \in K$ definieren wir $A+B$ und kA durch

$$\begin{aligned}(A+B)v &= Av + Bv\\ (kA)v &= k(Av)\end{aligned}$$

für $v \in V$. Dadurch wird $\mathrm{Hom}_K(V,W)$ ein K-Vektorraum.

b) Sei $[v_1, \ldots, v_n]$ eine Basis von V und $[w_1, \ldots, w_m]$ eine Basis von W. Wir definieren gemäß 3.1.5 lineare Abbildungen $E_{ij} \in \mathrm{Hom}_K(V,W)$ für $i = 1, \ldots, m; j = 1, \ldots, n$ durch

$$E_{ij}v_k = \begin{cases} 0 & \text{für } j \neq k \\ w_i & \text{für } j = k. \end{cases}$$

Dann ist $[E_{11}, \ldots, E_{mn}]$ eine Basis von $\mathrm{Hom}_K(V,W)$. Insbesondere folgt $\dim \mathrm{Hom}_K(V,W) = \dim V \dim W$.

Beweis. a) Man bestätigt leicht, daß $A+B$ und kA linear sind. Ebenso trivial ist die Kontrolle, daß $\mathrm{Hom}_K(V,W)$ ein K-Vektorraum ist. Das Nullelement von $\mathrm{Hom}_K(V,W)$ ist die Nullabbildung 0 mit $0v = 0$ für alle $v \in V$.
b) Sei $A \in \mathrm{Hom}_K(V,W)$. Dann gilt

$$Av_k = \sum_{i=1}^{m} a_{ik} w_i \quad (k = 1, \ldots, n)$$

für geeignete $a_{ik} \in K$. Wir bilden nun

$$B = \sum_{i=1}^{m} \sum_{j=1}^{n} a_{ij} E_{ij} \in \mathrm{Hom}_K(V,W).$$

Dann ist

$$Bv_k = \sum_{i=1}^{m} \sum_{j=1}^{n} a_{ij} E_{ij} v_k = \sum_{i=1}^{m} a_{ik} w_i = Av_k.$$

Also ist $A = B = \sum_{i=1}^m \sum_{j=1}^n a_{ij} E_{ij}$. Daher erzeugen die E_{ij} den Vektorraum $\mathrm{Hom}_K(V, W)$. Sei

$$\sum_{i=1}^m \sum_{j=1}^n b_{ij} E_{ij} = 0$$

mit $b_{ij} \in K$. Für alle $k = 1, \ldots, n$ gilt dann

$$0 = \sum_{i=1}^m \sum_{j=1}^n b_{ij} E_{ij} v_k = \sum_{i=1}^m b_{ik} w_i.$$

Da die w_i linear unabhängig sind, folgt $b_{ik} = 0$ für alle i, k. Somit ist $[E_{11}, \ldots, E_{mn}]$ eine Basis von $\mathrm{Hom}_K(V, W)$. □

Unter natürlichen Voraussetzungen können wir lineare Abbildungen multiplizieren.

Satz 3.2.2 *Seien V_j $(j = 1, 2, 3, 4)$ K-Vektorräume.*

a) Ist $A \in \mathrm{Hom}_K(V_2, V_3)$ und $B \in \mathrm{Hom}_K(V_1, V_2)$, so wird durch

$$(AB)v = A(Bv) \text{ für } v \in V$$

eine lineare Abbildung $AB \in \mathrm{Hom}_K(V_1, V_3)$ definiert.

b) Sei $A \in \mathrm{Hom}_K(V_2, V_3)$ und seien $B_1, B_2 \in \mathrm{Hom}_K(V_1, V_2)$. Dann gilt

$$A(B_1 + B_2) = AB_1 + AB_2.$$

c) Seien $A_1, A_2 \in \mathrm{Hom}_K(V_2, V_3)$ und sei $B \in \mathrm{Hom}_K(V_1, V_2)$. Dann ist

$$(A_1 + A_2)B = A_1 B + A_2 B.$$

d) Ist $A \in \mathrm{Hom}_K(V_3, V_4)$, $B \in \mathrm{Hom}_K(V_2, V_3)$ und $C \in \mathrm{Hom}_K(V_1, V_2)$, so gilt

$$A(BC) = (AB)C.$$

Beweis. Alle Behauptungen bestätigt man leicht. Die Aussage in d) ist ein Spezielfall von 1.2.2. □

Um die für $\mathrm{End}_K(V)$ sich ergebenden Eigenschaften kurz ausdrücken zu können, führen wir einen weiteren Begriff ein.

Definition 3.2.3 Ein K-Vektorraum $\mathcal{A}$ heißt eine K-*Algebra*, falls gilt:

(1) Auf $\mathcal{A}$ ist eine Multiplikation definiert, und $\mathcal{A}$ wird dadurch zu einem Ring (im Sinne von 2.2.1). Also gelten in $\mathcal{A}$ das Assoziativgesetz und die beiden Distributivgesetze.

(2) Für alle $a_1, a_2 \in \mathcal{A}$ und alle $k \in K$ gilt

$$k(a_1a_2) = (ka_1)a_2 = a_1(ka_2).$$

Satz 3.2.4 *Sei V ein K-Vektorraum.*

a) Dann ist $\mathrm{End}_K(V)$ eine K-Algebra. Das Einselement von $\mathrm{End}_K(V)$ ist die Abbildung $E = E_V$ mit $Ev = v$ für alle $v \in V$.

b) Sei $[v_1, \ldots, v_n]$ eine Basis von V. Wie in 3.2.1 definieren wir ferner $E_{ij} \in \mathrm{End}_K(V)$ durch

$$E_{ij}v_k = \delta_{jk}v_i,$$

wobei δ_{jk} das sogenannte Kroneckersymbol[1] *ist mit*

$$\delta_{jk} = \begin{cases} 0 \text{ für } j \neq k \\ 1 \text{ für } j = k. \end{cases}$$

Dann ist $[E_{11}, \ldots, E_{nn}]$ eine Basis von $\mathrm{End}_K(V)$. Ferner gilt

$$E_{ij}E_{kl} = \delta_{jk}E_{il} \quad \text{und} \quad \sum_{i=1}^{n} E_{ii} = E.$$

Beweis. a) Dies folgt sofort aus 3.2.2.
b) Wenden wir 3.2.1 mit $V = W$ und $v_i = w_i$ an, so sehen wir, daß $[E_{11}, \ldots, E_{nn}]$ eine Basis von $\mathrm{End}_K(V)$ ist. Für alle v_m $(m = 1, \ldots, n)$ gilt dabei

$$\begin{aligned}(E_{ij}E_{kl})v_m &= E_{ij}(E_{kl}v_m) = \delta_{lm}E_{ij}v_k \\ &= \delta_{lm}\delta_{jk}v_i = \delta_{jk}E_{il}v_m.\end{aligned}$$

Dies zeigt $E_{ij}E_{kl} = \delta_{jk}E_{il}$. Wegen $\sum_{i=1}^n E_{ii}v_m = E_{mm}v_m = v_m = Ev_m$ für alle m folgt $\sum_{i=1}^n E_{ii} = E$. □

[1] Leopold Kronecker (1823-1891) Privatmann in Berlin, ab 1883 Prof. an der Universität. Algebra, Zahlentheorie, Funktionentheorie, Zahl- und Funktionenkörper, elliptische Funktionen, Gruppentheorie.

Bemerkungen 3.2.5 a) Ist $\dim V = n > 1$, so ist $\mathrm{End}_K(V)$ wegen

$$E_{12}E_{22} = E_{12} \neq 0 = E_{22}E_{12}$$

nicht kommutativ. Ferner ist $E_{12}^2 = 0 \neq E_{12}$.
b) Wegen $\dim \mathrm{End}_K(V) = n^2$ sind für $A \in \mathrm{End}_K(V)$ die Potenzen $E, A, A^2, \ldots, A^{n^2}$ sicher linear abhängig. Also gibt es eine Relation der Gestalt $\sum_{j=0}^{n^2} c_j A^j = 0$ mit $c_j \in K$, wobei nicht alle c_j gleich 0 sind. Später werden wir sehen, daß sogar eine Relation der Gestalt

$$A^n + \sum_{i=0}^{n-1} c_j A^j = 0$$

gilt. Für die feinere Theorie der linearen Abbildungen, auf die wir in Kapitel 5 eingehen, wird diese Tatsache von Bedeutung sein. (Siehe auch Aufgabe 3.2.2.)

Satz 3.2.6 *Seien V_j K-Vektorräume für $j = 1, 2, 3$.*

a) Sei $A \in \mathrm{Hom}_K(V_1, V_2)$ ein Isomorphismus. Dann existiert genau ein $B \in \mathrm{Hom}_K(V_2, V_1)$ mit $BA = E_{V_1}$ und $AB = E_{V_2}$. Wir nennen dann B die Inverse von A und schreiben $B = A^{-1}$.

b) Sind $A \in \mathrm{Hom}_K(V_1, V_2)$ und $B \in \mathrm{Hom}_K(V_2, V_3)$ Isomorphismen, so ist BA ein Isomorphismus von V_1 auf V_3, und es gilt $(BA)^{-1} = A^{-1}B^{-1}$.

Beweis. a) Da A bijektiv ist, gibt es nach 1.2.4 eine zu A inverse Abbildung B mit $BA = E_{V_1}$ und $AB = E_{V_2}$. Wir haben lediglich zu zeigen, daß B linear ist. Für $v_2, v_2' \in V_2$ gilt

$$\begin{aligned} A(B(v_2 + v_2')) &= (AB)(v_2 + v_2') = E_{V_2}(v_2 + v_2') = A(Bv_2) + A(Bv_2') \\ &= A(Bv_2 + Bv_2'). \end{aligned}$$

Da A injektiv ist, folgt $B(v_2 + v_2') = Bv_2 + Bv_2'$. Ähnlich sieht man auch $B(kv_2) = k(Bv_2)$.
b) Dies folgt aus 1.2.6. □

Definition 3.2.7 a) Sei $A \in \mathrm{End}_K(V)$. Ist A ein Isomorphismus, so nennen wir A *regulär* (auch *invertierbar*) oder *Automorphismus* ; anderenfalls heißt A *singulär*.
b) Die regulären Abbildungen aus $\mathrm{End}_K(V)$ bilden wegen 3.2.6 eine Gruppe mit dem neutralen Element E_V. Wir bezeichnen diese mit $\mathrm{GL}(V)$.

Satz 3.2.8 *Seien V und W K-Vektorräume von endlicher Dimension und $A \in \mathrm{Hom}_K(V, W)$. Dann sind gleichwertig:*

a) A ist ein Isomorphismus.

b) Ist $[v_1, \ldots, v_n]$ eine Basis von V, so ist $[Av_1, \ldots, Av_n]$ eine Basis von W.

Beweis. Der Beweis a) $\Rightarrow$ b) steht bereits im Beweisschritt b) $\Rightarrow$a) von 3.1.6. Die andere Richtung ist trivial. □

Bemerkung 3.2.9 Sei K ein endlicher Körper mit $|K| = q$. Sei V ein K-Vektorraum mit $\dim V = n$. Nach 3.2.8 ist die Anzahl der Elemente von $\mathrm{GL}(V)$ gleich der Anzahl der Basen von V. Jede Basis $[v_1, \ldots, v_n]$ von V entsteht durch Wahl der v_i wie folgt:

$$\begin{array}{ll} 0 \neq v_1 \in V, & q^n - 1 \text{ Möglichkeiten} \\ v_2 \in V \setminus \langle v_1 \rangle, & q^n - q \text{ Möglichkeiten} \\ \vdots & \\ v_n \in V \setminus \langle v_1, \ldots, v_{n-1} \rangle, & q^n - q^{n-1} \text{ Möglichkeiten} \end{array}$$

Dies zeigt

$$|\,\mathrm{GL}(V)| = (q^n - 1)(q^n - q) \ldots (q^n - q^{n-1}).$$

Lemma 3.2.10 *Sei $\mathcal{A}$ eine K-Algebra mit Einselement* 1 *und* $\dim \mathcal{A} < \infty$. *Ferner sei $a \in \mathcal{A}$ mit $ab \neq 0$ für alle $0 \neq b \in \mathcal{A}$. Dann ist a eine Einheit in $\mathcal{A}$, d.h. es existiert $a^{-1} \in \mathcal{A}$ mit $aa^{-1} = a^{-1}a = 1$* (siehe 2.2.1).

Beweis. Durch die Festsetzung $\alpha x = ax$ für $x \in \mathcal{A}$ wird ein $\alpha \in \mathrm{End}_K(\mathcal{A})$ definiert. Unsere Voraussetzung besagt, daß $\mathrm{Kern}\, \alpha = 0$ ist. Da $\dim \mathcal{A}$ endlich ist, ist α nach 3.1.8 surjektiv. Also gibt es ein $a^{-1} \in \mathcal{A}$ mit

$$1 = \alpha a^{-1} = aa^{-1}.$$

Weiter betrachten wir $\beta \in \mathrm{End}_K(\mathcal{A})$ mit $\beta x = a^{-1}x$. Ist $\beta x = 0$, so folgt

$$0 = \alpha(\beta x) = a(a^{-1}x) = 1x = x.$$

Somit ist β injektiv, also auch surjektiv. Daher existiert ein $c \in \mathcal{A}$ mit $1 = \beta c = a^{-1}c$. Es folgt

$$a = a1 = a(a^{-1}c) = (aa^{-1})c = 1c = c.$$

Also gilt auch $1 = a^{-1}a$. □

Satz 3.2.11 *Sei V ein K-Vektorraum mit* $\dim V < \infty$. *Für* $A \in \mathrm{End}_K(V)$ *sind dann gleichwertig:*

a) Ist $C \in \mathrm{End}_K(V)$ *und* $AC = 0$, *so gilt* $C = 0$.

b) Es existiert $A^{-1} \in \mathrm{End}_K(V)$ *mit* $A^{-1}A = AA^{-1} = E$.

c) Es gibt ein $B \in \mathrm{End}_K(V)$ *mit* $BA = E$.

d) Es gibt ein $B \in \mathrm{End}_K(V)$ *mit* $AB = E$.

e) Ist $C \in \mathrm{End}_K(V)$ *und* $CA = 0$, *so gilt* $C = 0$.

Beweis. a) $\Rightarrow$ b) Wegen $\dim \mathrm{End}_K(V) < \infty$ folgt die Behauptung aus 3.2.10.
b) $\Rightarrow$ c) Dies ist trivial.
c) $\Rightarrow$ a) Aus $AC = 0$ erhalten wir $0 = B(AC) = (BA)C = EC = C$.
Ähnlich beweist man e) $\Rightarrow$ b) $\Rightarrow$ d) $\Rightarrow$ e). □

Satz 3.2.11 hängt entscheidend davon ab, daß $\dim V$ endlich ist.

Beispiel 3.2.12 Sei V der $\mathbb{R}$-Vektorraum aller ganz-rationalen Funktionen auf $\mathbb{R}$ und $D, I \in \mathrm{End}_K(V)$ mit

$$Df(x) = f'(x) \quad \text{und} \quad If(x) = \int_0^x f(t)dt.$$

Dann gilt

$$DIf(x) = \frac{d}{dx}\int_0^x f(t)dt = f(x),$$

aber

$$IDf(x) = \int_0^x f'(t)dt = f(x) - f(0).$$

Definition 3.2.13 Seien $\mathcal{A}$ und $\mathcal{B}$ K-Algebren. Eine K-lineare Abbildung α von $\mathcal{A}$ in $\mathcal{B}$ heißt ein *Algebrenhomomorphismus*, falls

$$\alpha(a_1a_2) = (\alpha a_1)(\alpha a_2)$$

für alle $a_1, a_2 \in \mathcal{A}$ gilt. Ist α zudem bijektiv, so nennen wir α einen *Algebrenisomorphismus* und die Algebren $\mathcal{A}$ und $\mathcal{B}$ *isomorph*. Ein Algebrenisomorphismus von $\mathcal{A}$ auf $\mathcal{A}$ heißt auch ein *Automorphismus* von $\mathcal{A}$.

Satz 3.2.14 (E.Noether[2], T. Skolem[3]) *Sei V ein K-Vektorraum. Ferner sei* $\dim V < \infty$ *und* $\mathcal{A} = \mathrm{End}_K(V)$. *Ist α ein Automorphismus von $\mathcal{A}$, so gibt es ein invertierbares $C \in \mathcal{A}$ mit $\alpha A = C^{-1}AC$ für alle $A \in \mathcal{A}$.*

Beweis. Sei $[v_1, \ldots, v_n]$ eine Basis von V und seien die E_{ij} aus $\mathcal{A}$ definiert wie in 3.2.4 mit $E_{ij}v_k = \delta_{jk}v_i$. Sei α ein Automorphismus von $\mathcal{A}$ und $\alpha E_{ij} = F_{ij}$. Wegen $F_{11} \neq 0$ gibt es ein $v \in V$ mit $F_{11}v \neq 0$. Wir setzen nun $w_i = F_{i1}v$ für $i = 1, \ldots, n$ und zeigen, daß $[w_1, \ldots, w_n]$ eine Basis von V ist.

Sei $\sum_{i=1}^{n} c_i w_i = 0$ mit $c_i \in K$. Dann ist

$$0 = F_{1j} \sum_{i=1}^{n} c_i F_{i1} v = \sum_{i=1}^{n} c_i F_{1j} F_{i1} v.$$

Allgemein gilt

$$F_{ij}F_{kl} = (\alpha E_{ij})(\alpha E_{kl}) = \alpha(E_{ij}E_{kl}) = \delta_{jk}\alpha E_{il} = \delta_{jk}F_{il}.$$

Also folgt

$$0 = \sum_{i=1}^{n} c_i \delta_{ij} F_{11} v = c_j F_{11} v.$$

Somit ist $c_1 = \ldots = c_n = 0$, und daher ist $[w_1, \ldots, w_n]$ eine Basis von V.

Wir definieren nun $C \in \mathcal{A}$ durch $Cw_i = v_i$ für $i = 1, \ldots, n$. Nach 3.2.8 ist C invertierbar, also $w_i = C^{-1}v_i$. Für alle i, j, k gilt dann

$$C^{-1}E_{ij}Cw_k = C^{-1}E_{ij}v_k = \delta_{jk}C^{-1}v_i = \delta_{jk}w_i.$$

Andererseits ist

$$F_{ij}w_k = F_{ij}F_{k1}v = \delta_{jk}F_{i1}v = \delta_{jk}w_i.$$

Dies zeigt $C^{-1}E_{ij}C = F_{ij} = \alpha E_{ij}$. Da α K-linear und $[E_{11}, \ldots, E_{nn}]$ eine Basis von $\mathcal{A}$ ist, folgt $C^{-1}AC = \alpha A$ für alle $A \in \mathcal{A}$. □

Definition 3.2.15 Seien V und W K-Vektorräume und $A \in \mathrm{Hom}_K(V, W)$. Ist $\dim \mathrm{Bild}\, A < \infty$, so setzen wir $\mathrm{r}(A) = \dim \mathrm{Bild}\, A$ und nennen $\mathrm{r}(A)$ den *Rang* von A.

---

[2]Emmy Noether (1882-1935) Göttingen. 1933 Emigration in die USA. Invariantentheorie, Idealtheorie, nichtkommutative Algebra; Beiträge zur theoretischen Physik. Die bis heute wohl bedeutendste Mathematikerin.

[3]Thoralf Skolem (1887-1963) Oslo. Hauptsächlich mathematische Logik, aber auch diophantische Gleichungen und Algebra.

Lemma 3.2.16 *Seien V und W K-Vektorräume und $A \in \mathrm{Hom}_K(V, W)$.*

a) Ist $\dim V < \infty$, *so gilt* $\mathrm{r}(A) = \dim V - \dim \mathrm{Kern}\, A \leq \dim V$.

b) Ist $\dim W < \infty$, *so ist* $\mathrm{r}(A) \leq \dim W$.

Beweis. Nach 3.1.7 b) gilt $\mathrm{r}(A) = \dim \mathrm{Bild}\, A = \dim V - \dim \mathrm{Kern}\, A$.
b) Wegen $\mathrm{Bild}\, A \leq W$ ist die Behauptung trivial. □

Wir klären nun, wie sich der Rang bei der Addition und der Multiplikation von linearen Abbildungen verhält.

Satz 3.2.17 *Seien V_j $(j = 1, 2, 3, 4)$ K-Vektorräume.*

a) Seien $A, B \in \mathrm{Hom}_K(V_1, V_2)$ *mit endlichen* $\mathrm{r}(A)$ *und* $\mathrm{r}(B)$. *Dann gilt*

$$|\,\mathrm{r}(A) - \mathrm{r}(B)| \leq \mathrm{r}(A + B) \leq \mathrm{r}(A) + \mathrm{r}(B).$$

b) Sei $A \in \mathrm{Hom}_K(V_2, V_3)$ *und* $B \in \mathrm{Hom}_K(V_1, V_2)$. *Ist* $\mathrm{r}(A)$ *oder* $\mathrm{r}(B)$ *endlich, so gilt*

$$\mathrm{r}(AB) \leq \min\{\mathrm{r}(A), \mathrm{r}(B)\}.$$

Ist $\dim V_2 < \infty$, *so sind* $\mathrm{r}(A)$ *und* $\mathrm{r}(B)$ *endlich, und es gilt*

$$\mathrm{r}(A) + \mathrm{r}(B) - \dim V_2 \leq \mathrm{r}(AB).$$

(Im Fall $\mathrm{r}(A) + \mathrm{r}(B) \leq \dim V_2$ *liefert dies nur die triviale Aussage* $0 \leq \mathrm{r}(AB)$.)

c) Seien $A \in \mathrm{Hom}_K(V_2, V_3)$, $B \in \mathrm{Hom}_K(V_1, V_2)$ *und* $C \in \mathrm{Hom}_K(V_3, V_4)$. *Sei ferner* $\mathrm{r}(A)$ *endlich. Ist B ein Epimorphismus und C ein Monomorphismus, so gilt*

$$\mathrm{r}(A) = \mathrm{r}(AB) = \mathrm{r}(CA).$$

Beweis. a) Aus

$$\mathrm{Bild}(A + B) = \{(A + B)v \mid v \in V_1\} \leq \mathrm{Bild}\, A + \mathrm{Bild}\, B$$

folgt

$$\begin{aligned} \mathrm{r}(A + B) &= \dim \mathrm{Bild}(A + B) \\ &\leq \dim(\mathrm{Bild}\, A + \mathrm{Bild}\, B) \\ &\leq \dim \mathrm{Bild}\, A + \dim \mathrm{Bild}\, B \qquad \text{(siehe 2.7.17)} \\ &= \mathrm{r}(A) + \mathrm{r}(B). \end{aligned}$$

Wegen $B(-v) = -B(v)$ gilt $\operatorname{Bild} B = \operatorname{Bild}(-B)$, also $\mathrm{r}(B) = \mathrm{r}(-B)$. Dies liefert

$$\mathrm{r}(A) = \mathrm{r}(A + B + (-B)) \leq \mathrm{r}(A + B) + \mathrm{r}(B).$$

Also gilt $\mathrm{r}(A) - \mathrm{r}(B) \leq \mathrm{r}(A+B)$. Ähnlich folgt auch $\mathrm{r}(B) - \mathrm{r}(A) \leq \mathrm{r}(A+B)$.
b) Wegen $\operatorname{Bild} AB \leq \operatorname{Bild} A$ gilt $\mathrm{r}(AB) \leq \mathrm{r}(A)$, sofern $\mathrm{r}(A)$ endlich ist. Ferner ist $\operatorname{Bild} AB$ das Bild von $\operatorname{Bild} B$ unter A. Somit gilt nach 3.1.7

$$\operatorname{Bild} AB \cong \operatorname{Bild} B/(\operatorname{Bild} B \cap \operatorname{Kern} A).$$

Dies zeigt $\mathrm{r}(AB) \leq \mathrm{r}(B)$, falls $\mathrm{r}(B)$ endlich ist. Ist $\dim V_2 < \infty$, so erhalten wir ferner

$$\begin{aligned} \mathrm{r}(AB) &= \dim \operatorname{Bild} B - \dim(\operatorname{Bild} B \cap \operatorname{Kern} A) \\ &\geq \mathrm{r}(B) - \dim \operatorname{Kern} A \\ &= \mathrm{r}(B) - (\dim V_2 - \dim \operatorname{Bild} A) \\ &= \mathrm{r}(B) + \mathrm{r}(A) - \dim V_2. \end{aligned}$$

c) Da C einen Isomorphismus von $\operatorname{Bild} A$ auf $\operatorname{Bild} CA$ liefert, erhalten wir $\mathrm{r}(A) = r(CA)$. Wegen der Surjektivität von B ist ferner

$$\operatorname{Bild} AB = \{ABv_1 \mid v_1 \in V_1\} = \{Av_2 \mid v_2 \in V_2\} = \operatorname{Bild} A,$$

also $\mathrm{r}(AB) = \mathrm{r}(A)$. □

Aufgabe 3.2.1 Sei V ein $\mathbb{R}$-Vektorraum und $I \in \operatorname{End}_{\mathbb{R}}(V)$ mit $I^2 = -E$.

a) Durch die Festsetzung $(a + ib)v = av + b(Iv)$ für $a, b \in \mathbb{R}$ wird V ein $\mathbb{C}$-Vektorraum.

b) Ist $\dim_{\mathbb{R}} V$ endlich, so ist $\dim_{\mathbb{R}} V$ gerade.

Aufgabe 3.2.2 Sei V ein K-Vektorraum mit $\dim V = 2$ und $A \in \operatorname{End}_K(V)$. Man zeige, daß E, A, A^2 linear abhängig sind.

Aufgabe 3.2.3 Sei $\dim V < \infty$ und $A \in \operatorname{End}_K(V)$. Sei $\sum_{j=0}^{m} c_j A^j = 0$ mit $c_j \in K$ und nicht alle c_j gleich 0. Ferner sei diese Relation mit möglichst kleinem m gewählt.

a) Ist $c_0 = 0$, so ist A singulär.

b) Ist $c_0 \neq 0$, so ist A regulär.

Aufgabe 3.2.4 Sei V ein K-Vektorraum mit $\dim V = n$ und $U < V$ mit $\dim U = m$. Die Unterräume H_j $(j = 1, 2)$ von $\operatorname{End}_K(V)$ seien definiert durch $H_1 = \{A \mid A \in \operatorname{End}_K(V), AV \leq U\}$ und
$H_2 = \{A \mid A \in \operatorname{End}_K(V), AU = 0\}$.
Man bestimme $\dim H_1$, $\dim H_2$, $\dim(H_1 \cap H_2)$ und $\dim(H_1 + H_2)$.

3.3 Matrizen

Unsere bisherigen Überlegungen sind für explizite Rechnungen mit linearen Abbildungen noch wenig geeignet. Erst der Matrizenkalkül liefert praktische Rechenverfahren. Mit Rücksicht auf spätere Überlegungen, insbesondere in 5.4, führen wir Matrizen über Ringen ein.

Definition 3.3.1 Sei K ein Ring.

a) Eine *Matrix* vom Typ (m, n) über K ist ein rechteckiges Schema

$$(a_{ij}) = \begin{pmatrix} a_{11} & a_{12} & \dots & a_{1n} \\ a_{21} & a_{22} & \dots & a_{2n} \\ \vdots & \vdots & & \vdots \\ a_{m1} & a_{m2} & \dots & a_{mn} \end{pmatrix}$$

mit $a_{ij} \in K$, bestehend aus m Zeilen

$$z_j = (a_{j1}, a_{j2}, \dots, a_{jn}) \quad (j = 1, \dots, m)$$

und n Spalten

$$s_k = \begin{pmatrix} a_{1k} \\ a_{2k} \\ \vdots \\ a_{mk} \end{pmatrix} \quad (k = 1, \dots, n).$$

Die Menge aller Matrizen vom Typ (m, n) über K bezeichnen wir mit $(K)_{m,n}$. Weiter setzen wir $(K)_n = (K)_{n,n}$.

b) Ist K ein Körper, so wird $(K)_{m,n}$ ein K-Vektorraum durch

$$(a_{ij}) + (b_{ij}) = (a_{ij} + b_{ij}) \quad \text{und} \quad k(a_{ij}) = (ka_{ij}).$$

Offenbar gilt $(K)_{m,n} \cong K^{mn}$, also $\dim (K)_{m,n} = mn$.

Wir bringen nun lineare Abbildungen und Matrizen in Verbindung.

Definition 3.3.2 Seien V und W K-Vektorräume mit den Basen $B_1 = [v_1, \dots, v_n]$ und $B_2 = [w_1, \dots, w_m]$. Ist $A \in \mathrm{Hom}_K(V, W)$, so wird durch

$$Av_j = \sum_{i=1}^{m} a_{ij} w_i \quad (j = 1, \dots, n)$$

mit eindeutig bestimmten $a_{ij} \in K$ eine Matrix (a_{ij}) definiert. Wir schreiben dann $(a_{ij}) = {}_{B_2}A_{B_1}$ und nennen (a_{ij}) die Matrix zu A bezüglich der Basen B_1, B_2. Ist $V = W$ und $B_1 = B_2 = B$, so schreiben wir statt ${}_BA_B$ einfach A_B. (Man beachte, daß ${}_{B_2}A_{B_1}$ von der Anordnung der Vektoren in den Basen B_1 und B_2 abhängt.)

Satz 3.3.3 *Seien U, V und W K-Vektorräume mit den Basen $B_1 = [u_1, \ldots, u_k]$, $B_2 = [v_1, \ldots, v_n]$ und $B_3 = [w_1, \ldots, w_m]$.*

a) Die Abbildung $A \mapsto {}_{B_2}A_{B_1}$ aus 3.3.2 ist ein Isomorphismus des K-Vektorraums $\mathrm{Hom}_K(U, V)$ auf $(K)_{n,k}$.

b) Seien $A \in \mathrm{Hom}_K(V, W)$ und $B \in \mathrm{Hom}_K(U, V)$ mit ${}_{B_3}A_{B_2} = (a_{ij})$ und ${}_{B_2}B_{B_1} = (b_{rs})$. Dann gilt ${}_{B_3}(AB)_{B_1} = (c_{is})$ mit

$$c_{is} = \sum_{j=1}^{n} a_{ij} b_{js}.$$

Beweis. a) Für $A_1, A_2 \in \mathrm{Hom}_K(U, V)$ mit

$$A_1 u_j = \sum_{i=1}^{n} a_{ij} v_i \quad \text{und} \quad A_2 u_j = \sum_{i=1}^{n} a'_{ij} v_i \quad (j = 1, \ldots, k)$$

gilt

$$(A_1 + A_2) u_j = \sum_{i=1}^{n} (a_{ij} + a'_{ij}) v_i,$$

also

$${}_{B_2}(A_1 + A_2)_{B_1} = (a_{ij} + a'_{ij}) = (a_{ij}) + (a'_{ij}) = {}_{B_2}(A_1)_{B_1} + {}_{B_2}(A_2)_{B_1}.$$

Ähnlich folgt ${}_{B_2}(kA_1)_{B_1} = k\,{}_{B_2}(A_1)_{B_1}$ für $k \in K$. Also ist die Abbildung α mit $\alpha A = {}_{B_2}(A)_{B_1}$ eine K-lineare Abbildung mit $\mathrm{Kern}\,\alpha = 0$. Nach 3.1.5 b) gibt es zu vorgegebenem $(a_{ij}) \in (K)_{n,k}$ genau ein $A \in \mathrm{Hom}_K(U, V)$ mit ${}_{B_2}(A)_{B_1} = (a_{ij})$. Somit ist α bijektiv.
b) Aus $Av_j = \sum_{i=1}^{m} a_{ij} w_i$ und $Bu_s = \sum_{j=1}^{n} b_{js} v_j$ folgt

$$ABu_s = \sum_{j=1}^{n} b_{js}(Av_j) = \sum_{j=1}^{n} \sum_{i=1}^{m} b_{js} a_{ij} w_i = \sum_{i=1}^{m} \Big(\sum_{j=1}^{n} a_{ij} b_{js}\Big) w_i.$$

Dies zeigt ${}_{B_3}(AB)_{B_1} = (c_{is})$ mit $c_{is} = \sum_{j=1}^{n} a_{ij} b_{js}$. □

3.3.3 legt folgende Definition der Matrizenmultiplikation nahe.

Definition 3.3.4 Sei K ein Ring und $(a_{ij}) \in (K)_{m,n}$ und $(b_{jl}) \in (K)_{n,k}$. Dann definieren wir

$$(a_{ij})(b_{jl}) = (c_{il}) \in (K)_{m,k},$$

wobei $c_{il} = \sum_{j=1}^{n} a_{ij} b_{jl}$ ist. Mit dieser Definition gilt in 3.3.3 b)

$${}_{B_3}(AB)_{B_1} = {}_{B_3}A_{B_2\,B_2}B_{B_1}.$$

Die formalen Rechenregeln für Matrizen, die auch für nichtkommutative Ringe K gelten, fassen wir nun zusammen.

Satz 3.3.5 *Sei K ein nicht notwendig kommutativer Ring.*

a) Für $(a_{ij}), (a'_{ij}) \in (K)_{m,n}$ und $(b_{jl}), (b'_{jl}) \in (K)_{n,k}$ gelten die Distributivgesetze

$$((a_{ij}) + (a'_{ij}))(b_{jl}) = (a_{ij})(b_{jl}) + (a'_{ij})(b_{jl})$$

und

$$(a_{ij})((b_{jl}) + (b'_{jl})) = (a_{ij})(b_{jl}) + (a_{ij})(b'_{jl})).$$

b) Für $(a_{ij}) \in (K)_{m,n}$ $(b_{jl}) \in (K)_{n,k}$ und $(c_{lr}) \in (K)_{k,s}$ gilt das Assoziativgesetz

$$(a_{ij})((b_{jl})(c_{lr})) = ((a_{ij})(b_{jl}))(c_{lr}).$$

c) $(K)_n$ ist eine K-Algebra mit dem Einselement

$$E = \begin{pmatrix} 1 & 0 & 0 & \dots & 0 \\ 0 & 1 & 0 & \dots & 0 \\ \vdots & \vdots & \vdots & \ddots & \vdots \\ 0 & 0 & 0 & \dots & 1 \end{pmatrix}.$$

Wir nennen E die Einheitsmatrix *(vom Typ (n, n)).*

Beweis. Lediglich b) bedarf einer kurzen Begründung. Es gilt

$$\begin{aligned} ((a_{ij})(b_{jl}))(c_{lr}) &= (\textstyle\sum_{j=1}^{n} a_{ij} b_{jl})(c_{lr}) \\ &= (\textstyle\sum_{l=1}^{k} (\sum_{j=1}^{n} a_{ij} b_{jl}) c_{lr}) \\ &= (\textstyle\sum_{j=1}^{n} a_{ij} (\sum_{l=1}^{k} b_{jl} c_{lr})) \\ &= (a_{ij})((b_{jl})(c_{lr})). \end{aligned}$$

□

Aus 3.3.3 und 3.3.4 folgt sofort

Satz 3.3.6 *Sei V ein K-Vektorraum mit* $\dim V = n$.

a) Ist B eine Basis von V, so ist $A \mapsto A_B$ ein Algebrenisomorphismus von $\mathrm{End}_K(V)$ *auf* $(K)_n$.

b) Sei $B = [v_1, \ldots, v_n]$ eine Basis von V. Der Basis $[E_{11}, \ldots, E_{nn}]$ von $\mathrm{End}_K(V)$ *aus* 3.2.4 *mit $E_{ij}v_k = \delta_{jk}v_i$ entsprechen dabei Matrizen, die wir wieder mit E_{ij} bezeichnen, von der Gestalt*

$$E_{ij} = \begin{pmatrix} 0 & \ldots & 0 & \ldots & 0 \\ \vdots & & \vdots & & \vdots \\ 0 & \ldots & 1 & \ldots & 0 \\ \vdots & & \vdots & & \vdots \\ 0 & \ldots & 0 & \ldots & 0 \end{pmatrix} \begin{matrix} \\ \\ \leftarrow \textit{Zeile } i \\ \\ \\ \end{matrix}$$

$$\uparrow$$
$$\textit{Spalte } j$$

Dabei gilt $E_{ij}E_{kl} = \delta_{jk}E_{il}$. Ferner ist $(a_{ij}) = \sum_{i,j=1}^{n} a_{ij}E_{ij}$.

Es ist klar, daß sich Aussagen über $\mathrm{End}_K(V)$ nun auf $(K)_n$ übertragen lassen, wie etwa 3.2.11 und 3.2.14.

Definition 3.3.7 Sei $A \in (K)_n$. Existiert ein $B \in (K)_n$ mit $AB = E$ oder $BA = E$, so ist $AB = BA = E$, und B ist eindeutig durch A bestimmt. Wir nennen B die *Inverse* von A und schreiben $B = A^{-1}$. Hat A eine Inverse, so nennen wir A *invertierbar* (auch *regulär*), anderenfalls *singulär*.

Beispiel 3.3.8 Sei K ein Körper und

$$A = \begin{pmatrix} a_{11} & a_{12} \\ a_{21} & a_{22} \end{pmatrix} \in (K)_2.$$

Wir setzen $d = a_{11}a_{22} - a_{12}a_{21}$. Ist $d \neq 0$, so gilt

$$\begin{pmatrix} \frac{a_{22}}{d} & -\frac{a_{12}}{d} \\ -\frac{a_{21}}{d} & \frac{a_{11}}{d} \end{pmatrix} A = E.$$

Somit ist A invertierbar. Sei hingegen $d = 0$. Ist $a_{12} \neq 0$ oder $a_{22} \neq 0$, so folgt

$$\begin{pmatrix} a_{22} & -a_{12} \\ 0 & 0 \end{pmatrix} A = 0.$$

Ist $a_{12} = a_{22} = 0$, so gilt

$$A \begin{pmatrix} 0 & 0 \\ 1 & 0 \end{pmatrix} = 0.$$

Nach 3.2.11 (in $(K)_n$ übersetzt) ist A dann sicher nicht invertierbar. Also ist A genau für $a_{11}a_{22} - a_{12}a_{21} \neq 0$ invertierbar.

Erst die Determinantentheorie im Paragraphen 4.3 wird uns ein ähnliches Kriterium für die Invertierbarkeit von Matrizen in $(K)_n$ liefern.

Satz 3.3.9 *Sei V ein K-Vektorraum mit* $\dim V < \infty$ *und* $A \in \operatorname{End}_K(V)$. *Dann sind gleichwertig.*

a) A ist ein Automorphismus.

b) Für jede Basis B von V ist die Matrix A_B invertierbar, und es gilt $(A^{-1})_B = A_B^{-1}$.

c) Für wenigstens eine Basis B von V ist A_B invertierbar.

Beweis. a) $\Rightarrow$ b) Sei A^{-1} die Inverse zu A, also $AA^{-1} = A^{-1}A = E_V$. Mit 3.3.3 b) folgt $E = (E_V)_B = A_B(A^{-1})_B$. Also ist $(A^{-1})_B$ die Inverse von A_B, d.h. $(A^{-1})_B = A_B^{-1}$.
b) $\Rightarrow$ c) Dies ist trivial.
c) $\Rightarrow$ a) Sei nun A_B invertierbar für die Basis B. Nach 3.3.6 gibt es dann ein $C \in \operatorname{End}_K(V)$ mit $C_B = A_B^{-1}$. Damit folgt $(AC)_B = A_B C_B = E$. Daher ist $AC = E_V$, also A nach 3.2.11 ein Automorphismus. □

Lemma 3.3.10 *Sei $B = [v_1, \ldots, v_n]$ eine Basis des K-Vektorraums V. Seien $a_{ij} \in K$ $(i, j = 1, \ldots, n)$ und*

$$w_j = \sum_{i=1}^{n} a_{ij} v_i \quad (j = 1, \ldots, n).$$

Genau dann ist $[w_1, \ldots, w_n]$ eine Basis von V, wenn (a_{ij}) invertierbar ist. Ist (a_{ij}) invertierbar und $(a_{ij})^{-1} = (b_{ij})$, so gilt

$$v_j = \sum_{k=1}^{n} b_{kj} w_k \quad (j = 1, \ldots, n).$$

Beweis. Wir definieren $A \in \operatorname{End}_K(V)$ durch $Av_j = w_j$ für $j = 1, \ldots, n$. Dann ist $A_B = (a_{ij})$. Wegen 3.2.8 ist $[w_1, \ldots, w_n]$ genau dann eine Basis von V, wenn A ein Automorphismus ist. Dies ist wegen 3.3.9 genau dann der Fall, wenn $A_B = (a_{ij})$ invertierbar ist. Die restliche Aussage folgt aus

$$\begin{aligned} v_j &= \sum_{i=1}^n \delta_{ij} v_i = \sum_{i=1}^n (\sum_{k=1}^n a_{ik} b_{kj}) v_i \\ &= \sum_{k=1}^n b_{kj} \sum_{i=1}^n a_{ik} v_i = \sum_{k=1}^n b_{kj} w_k. \end{aligned}$$

□

Wie ändert sich bei einem Baiswechsel die einer linearen Abbildung zugeordnete Matrix?

Satz 3.3.11

a) Seien V und W K-Vektorräume. Ferner seien $B_1 = [v_1, \dots, v_n]$ und $B_1' = [v_1', \dots, v_n']$ Basen von V, sowie $B_2 = [w_1, \dots, w_m]$ und $B_2' = [w_1', \dots, w_m']$ Basen von W. Dabei sei

$$v_j' = \sum_{i=1}^n b_{ij} v_i \quad (j = 1, \dots, n)$$

und

$$w_l' = \sum_{k=1}^m c_{kl} w_k \quad (l = 1, \dots, m).$$

Nach 3.3.10 sind (b_{ij}) und (c_{kl}) invertierbar. Für jedes $A \in \mathrm{Hom}_K(V, W)$ gilt dann

$${}_{B_2'}A_{B_1'} = (c_{kl})^{-1} {}_{B_2}A_{B_1} (b_{ij}).$$

b) Im Spezialfall $V = W$, $B_1 = B_2 = B$ und $B_1' = B_2' = B'$ erhalten wir

$$A_{B'} = (b_{ij})^{-1} A_B (b_{ij}).$$

Beweis. a) Sei E_V die identische Abbildung auf V und sei E_W die identische Abbildung auf W. Wegen

$$E_V v_j' = v_j' = \sum_{i=1}^n b_{ij} v_i$$

und

$$E_W w_l' = w_l' = \sum_{k=1}^m c_{kl} w_k$$

gelten ${}_{B_1}(E_V)_{B_1'} = (b_{ij})$ und ${}_{B_2'}(E_W)_{B_2} = (c_{kl})^{-1}$. Mit 3.3.3 folgt

$${}_{B_2'}A_{B_1'} = {}_{B_2'}(E_W A E_V)_{B_1'} = {}_{B_2'}(E_W)_{B_2}\, {}_{B_2}A_{B_1}\, {}_{B_1}(E_V)_{B_1'} = (c_{kl})^{-1} {}_{B_2}A_{B_1} (b_{ij}).$$

b) Dies ist ein Spezialfall von a). □

Definition 3.3.12 Sei K ein Körper und

$$A = \begin{pmatrix} a_{11} & a_{12} & \dots & a_{1n} \\ a_{21} & a_{22} & \dots & a_{2n} \\ \vdots & \vdots & & \vdots \\ a_{m1} & a_{m2} & \dots & a_{mn} \end{pmatrix} \in (K)_{m,n}.$$

Wir betrachten nun die Zeilenvektoren

$$z_j = (a_{j1}, a_{j2}, \dots, a_{jn}) \quad (j = 1, \dots, m)$$

und die Spaltenvektoren

$$s_k = \begin{pmatrix} a_{1k} \\ a_{2k} \\ \vdots \\ a_{mk} \end{pmatrix} \qquad (k = 1, \dots, n).$$

von A als Vektoren in K^n bzw. K^m und setzen

$$\mathrm{r}_z(A) = \dim \langle z_1, \dots, z_m \rangle$$

und

$$\mathrm{r}_s(A) = \dim \langle s_1, \dots, s_n \rangle.$$

Wir nennen $\mathrm{r}_z(A)$ den *Zeilenrang* von A und $\mathrm{r}_s(A)$ den *Spaltenrang* von A. Offenbar gelten $r_z(A) \leq \min \{m, n\}$ und $\mathrm{r}_s(A) \leq \min \{m, n\}$.

Lemma 3.3.13

a) Seien V und W K-Vektorräume. Sei $B_1 = [v_1, \dots, v_n]$ eine Basis von V und $B_2 = [w_1, \dots, w_m]$ eine Basis von W. Sei $A \in \mathrm{Hom}_K(V, W)$ mit

$$Av_j = \sum_{i=1}^{m} a_{ij} w_i \quad (j = 1, \dots, n).$$

Dann gilt $\mathrm{r}(A) = \mathrm{r}_s((a_{ij}))$.

b) Sei $A \in (K)_{m,n}$. Seien ferner $B \in (K)_n$ und $C \in (K)_m$, beide invertierbar. Dann gilt $\mathrm{r}_s(CAB) = \mathrm{r}_s(A)$.

c) Sei $A \in (K)_{m,n}$ und $B \in (K)_{n,r}$. Dann ist $\mathrm{r}_s(AB) \leq \min \{\mathrm{r}_s(A), \mathrm{r}_s(B)\}$.

Beweis. a) Die Abbildung B mit

$$B(\sum_{i=1}^{m} k_i w_i) = \begin{pmatrix} k_1 \\ \vdots \\ k_m \end{pmatrix} \quad (\text{für } k_j \in K)$$

ist ein Isomorphismus von W auf K^m. Nach 3.2.17 c) gilt daher

$$\mathrm{r}(A) = \mathrm{r}(BA) = \dim \mathrm{Bild}\, BA.$$

Dabei ist $\mathrm{Bild}\, BA$ das Erzeugnis der Vektoren

$$BAv_j = B(\sum_{i=1}^{m} a_{ij} w_i) = \begin{pmatrix} a_{1j} \\ \vdots \\ a_{mj} \end{pmatrix} = s_j \quad (j = 1, \ldots, n).$$

Also folgt

$$\mathrm{r}(A) = \dim \langle s_1, \ldots, s_n \rangle = \mathrm{r}_s((a_{ij})).$$

b) Dies ist die Übersetzung von 3.2.17 c) in die Matrizensprache.
c) Dies entspricht 3.2.17 b). □

Satz 3.3.14

a) Seien V und W K-Vektorräume von endlicher Dimension. Ferner sei $A \in \mathrm{Hom}_K(V, W)$. Dann existieren Basen B_1, B_2 von V bzw. W derart, daß

$$_{B_2}A_{B_1} = \begin{pmatrix} E_r & 0 \\ 0 & 0 \end{pmatrix},$$

wobei E_r die Einheitsmatrix vom Typ (r, r) ist mit $r = \mathrm{r}(A)$.

b) Sei $A \in (K)_{m,n}$. Dann existieren invertierbare Matrizen $B \in (K)_m$ und $C \in (K)_n$ mit

$$BAC = \begin{pmatrix} E_r & 0 \\ 0 & 0 \end{pmatrix}.$$

Dabei ist $r = \mathrm{r}_s(A)$.

Beweis. a) Wir wählen eine Basis $B_1 = [v_1, \ldots, v_n]$ von V derart, daß $[v_{r+1}, \ldots, v_n]$ eine Basis von $\mathrm{Kern}\, A$ ist (r geeignet). Nach 3.1.7 gilt

$$\dim \mathrm{Bild}\, A = \dim V/\mathrm{Kern}\, A = n - \dim \mathrm{Kern}\, A = r.$$

Also ist $[Av_1, \ldots, Av_r]$ eine Basis von Bild A. Nun wählen wir eine Basis $B_2 = [w_1, \ldots, w_m]$ von W so, daß $w_j = Av_j$ für $j = 1, \ldots, r$. Dann gilt

$$\begin{aligned} Av_j &= w_j \text{ für } j = 1, \ldots, r \\ Av_j &= 0 \quad \text{für } j = r+1, \ldots, n. \end{aligned}$$

Dies zeigt

$${}_{B_2}A_{B_1} = \begin{pmatrix} E_r & 0 \\ 0 & 0 \end{pmatrix}$$

mit $r = \dim \text{Bild}\, A = \text{r}(A)$.
b) Da sich bei Basiswechsel die Matrizen gemäß 3.3.11 ändern, ist b) die Übersetzung von a) in die Matrizensprache. □

Definition 3.3.15 Für

$$A = \begin{pmatrix} a_{11} & a_{12} & \ldots & a_{1n} \\ a_{21} & a_{22} & \ldots & a_{2n} \\ \vdots & \vdots & & \vdots \\ a_{m1} & a_{m2} & \ldots & a_{mn} \end{pmatrix} \in (K)_{m,n}$$

setzen wir

$$A^t = \begin{pmatrix} a_{11} & a_{21} & \ldots & a_{m1} \\ a_{12} & a_{22} & \ldots & a_{m2} \\ \vdots & \vdots & & \vdots \\ a_{1n} & a_{2n} & \ldots & a_{mn} \end{pmatrix} \in (K)_{n,m}.$$

Wir nennen A^t die *Transponierte* von A. Offenbar ist die Abbildung $A \mapsto A^t$ eine K-lineare Bijektion von $(K)_{m,n}$ auf $(K)_{n,m}$.

Lemma 3.3.16 *Für $A \in (K)_{m,n}$ und $B \in (K)_{n,r}$ gilt $(AB)^t = B^t A^t$.*

Beweis. Ist $A = (a_{ij})$ und $B = (b_{ij})$, so hat $(AB)^t$ die (i,k)-Komponente $\sum_{j=1}^n a_{kj} b_{ji}$ und $B^t A^t$ hat die (i,k)-Komponente $\sum_{j=1}^n b_{ji} a_{kj}$. □

Hauptsatz 3.3.17 *Für $A \in (K)_{m,n}$ gilt*

$$\text{r}_s(A) = \text{r}_z(A) \leq \min\{m, n\}.$$

(Spaltenrang gleich Zeilenrang.) *Wir schreiben daher für Matrizen im folgenden* $\text{r}(A)$ *statt* $\text{r}_s(A) = \text{r}_z(A)$ *und nennen dies den* Rang *von A.*

Beweis. Wegen 3.3.14 b) gibt es invertierbare Matrizen $B \in (K)_m$ und $C \in (K)_n$ mit

$$BAC = \begin{pmatrix} E_r & 0 \\ 0 & 0 \end{pmatrix},$$

wobei $r = \mathrm{r}_s(A)$. Vermöge 3.3.16 folgt durch Transponieren

$$(*) \qquad C^t A^t B^t = \begin{pmatrix} E_r & 0 \\ 0 & 0 \end{pmatrix}.$$

Wegen

$$E = (BB^{-1})^t = (B^{-1})^t B^t$$

ist B^t invertierbar, ebenso C^t. Mit $(*)$ und 3.3.14 b) erhalten wir

$$r = \mathrm{r}_s(C^t A^t B^t) = \mathrm{r}_s(A^t) = \mathrm{r}_z(A).$$

□

Definition 3.3.18 Sei $A = (a_{ij}) \in (K)_n$.

a) Ist $a_{ij} = 0$ für alle $i \neq j$, so heißt

$$A = \begin{pmatrix} a_{11} & 0 & \dots & 0 \\ 0 & a_{22} & \dots & 0 \\ \vdots & \vdots & \ddots & \vdots \\ 0 & 0 & \dots & a_{nn} \end{pmatrix}$$

eine *Diagonalmatrix.*

b) Ist $a_{ij} = 0$ für $i < j$ (oder $j < i$), so heißt A eine *Dreiecksmatrix.*

c) In den Anwendungen stochstischer Matrizen und bei Schwingungen treten häufig Matrizen der Gestalt

$$\begin{pmatrix} a_{11} & a_{12} & 0 & & & \\ a_{21} & a_{22} & a_{23} & 0 & & \\ 0 & a_{32} & a_{33} & a_{34} & & \\ & & & \ddots & & \\ & & & 0 & a_{n,n-1} & a_{nn} \end{pmatrix}$$

mit $a_{ij} = 0$ für $|i - j| \geq 2$ auf. Man nennt sie *Jacobi*[4]*-Matrizen.*

[4]Carl Gustav Jacobi (1804-1851) Königsberg, Berlin. Zahlentheorie, elliptische Funktionen, partielle Differentialgleichungen, Determinanten, analytische Mechanik.

d) Ist π eine bijektive Abbildung von $\{1, \ldots, n\}$ auf sich und gelten $a_{i,\pi i} = 1,\ a_{ij} = 0$ für $j \neq \pi i$, so heißt A eine *Permutationsmatrix.*

e) A heißt *symmetrisch*, falls $a_{ij} = a_{ji}$ für alle i, j gilt, also $A = A^t$ ist.

Bemerkung 3.3.19 Die Matrizen A und B seien aufgeteilt in Teilmatrizen gemäß

$$A = \begin{pmatrix} A_{11} & \ldots & A_{1n} \\ \vdots & & \vdots \\ A_{m1} & \ldots & A_{mn} \end{pmatrix} \quad \text{und} \quad B = \begin{pmatrix} B_{11} & \ldots & B_{1l} \\ \vdots & & \vdots \\ B_{n1} & \ldots & B_{nl} \end{pmatrix}$$

mit A_{ij} vom Typ (r_i, s_j) und B_{jk} vom Typ (s_j, t_k). Dann gilt

$$AB = \begin{pmatrix} C_{11} & \ldots & C_{1l} \\ \vdots & & \vdots \\ C_{m1} & \ldots & C_{ml} \end{pmatrix}$$

mit den Teilmatrizen

$$C_{ik} = \sum_{j=1}^{n} A_{ij} B_{jk}$$

vom Typ (r_i, t_k), wie man durch Hinschreiben bestätigt.

Die in 3.3.19 beschriebene *Kästchenmultiplikation* ist oft nützlich.

Beispiele 3.3.20 a) Sei D die Diagonalmatrix

$$D = \begin{pmatrix} d_1 E_{r_1} & & & \\ & d_2 E_{r_2} & & \\ & & \ddots & \\ & & & d_k E_{r_k} \end{pmatrix}$$

mit Einheitsmatrizen E_{r_j} vom Typ (r_j, r_j) und paarweise verschiedenen $d_j \in K$. Setzen wir $n = \sum_{j=1}^{k} r_j$, so gilt $A \in (K)_n$.

Offenbar ist

$$\mathrm{C}(D) = \{A \mid A \in (K)_n,\ AD = DA\}$$

eine K-Algebra.

Ist

$$A = \begin{pmatrix} A_{11} & \dots & A_{1k} \\ \vdots & & \vdots \\ A_{k1} & \dots & A_{kk} \end{pmatrix}$$

mit A_{ij} vom Typ (r_i, r_j), so folgt aus $AD = DA$ nun $A_{ij}d_j = d_i A_{ij}$. Für $i \neq j$ ist daher $A_{ij} = 0$. Alle Matrizen der Gestalt

$$\begin{pmatrix} A_{11} & & 0 \\ & \ddots & \\ 0 & & A_{kk} \end{pmatrix}$$

mit A_{ii} vom Typ (r_i, r_i) liegen offenbar in $\mathrm{C}(D)$. Daher ist $\dim \mathrm{C}(D) = \sum_{j=1}^{k} r_j^2$.

b) Ist D eine Diagonalmatrix mit paarweise verschiedenen Diagonalelementen (also $r_1 = r_2 = \ldots = r_k = 1$), so ist $\mathrm{C}(D)$ die Menge aller Diagonalmatrizen.

c) Im Paragraphen 3.4 begegnen wir Matrizen der Gestalt

$$A = \begin{pmatrix} E & 0 \\ B & C \end{pmatrix}$$

mit einer Einheitsmatrix E vom Typ (m, m). Die Kästchenmultiplikation liefert dann

$$A^k = \begin{pmatrix} E & 0 \\ (E + C + \ldots + C^{k-1})B & C^k \end{pmatrix}.$$

Satz 3.3.21 *Sei K ein Körper. Für $A \in (K)_n$ sind dann gleichwertig:*

a) A^{-1} *existiert.*

b) $\mathrm{r}(A) = n$.

Beweis. Sei $B = (b_{ij}) \in (K)_n$ und $A = \begin{pmatrix} z_1 \\ \vdots \\ z_n \end{pmatrix}$ mit $z_j = (a_{j1}, \ldots, a_{jn})$.

Dann gilt

$$BA = \begin{pmatrix} \sum_{j=1}^{n} b_{1j} z_j \\ \vdots \\ \sum_{j=1}^{n} b_{nj} z_j \end{pmatrix}.$$

a) ⇒ b) Ist $B = A^{-1}$, so folgt aus $BA = E$, daß

$$\sum_{j=1}^{n} b_{ij} z_j = e_i = (0, \ldots, 0, 1, 0, \ldots, 0)$$

mit der 1 an der Stelle i. Dies zeigt $K^n = \langle e_1, \ldots, e_n \rangle = \langle z_1, \ldots, z_n \rangle$, also $\mathrm{r}(A) = n$.
b) ⇒ a) Ist $\mathrm{r}(A) = n$, also $K^n = \langle z_1, \ldots, z_n \rangle$, so gibt es $b_{ij} \in K$ mit

$$e_i = \sum_{j=1}^{n} b_{ij} z_j \quad (i = 1, \ldots, n).$$

Dies heißt $BA = E$. □

Aufgabe 3.3.1 Man bestimme alle Matrizen aus $(K)_n$, die vertauschbar sind mit

a) allen Matrizen aus $(K)_n$,

b) allen Dreiecksmatrizen

$$\begin{pmatrix} a_{11} & 0 & 0 & \ldots & 0 \\ a_{21} & a_{22} & 0 & \ldots & 0 \\ \vdots & \vdots & \vdots & & \vdots \\ a_{n1} & a_{n2} & a_{n3} & \ldots & a_{nn} \end{pmatrix} \quad (a_{ij} \in K),$$

c) allen Dreiecksmatrizen

$$\begin{pmatrix} 1 & 0 & 0 & \ldots & 0 \\ a_{21} & 1 & 0 & \ldots & 0 \\ \vdots & \vdots & \vdots & & \vdots \\ a_{n1} & a_{n2} & a_{n3} & \ldots & 1 \end{pmatrix} \quad (a_{ij} \in K).$$

Aufgabe 3.3.2 Für $A \in (K)_n$ bilden wir die K-Algebra

$$K[A] = \{\sum_{j=0}^{k} c_j A^j \mid c_j \in K,\ k = 0, 1, \ldots\}.$$

Setzen wir wie in 3.3.20

$$\mathrm{C}(A) = \{B \mid B \in (K)_n,\ AB = BA\},$$

so gilt offenbar $K[A] \subseteq \mathrm{C}(A)$.

a) Gibt es ein $v_0 \in K^n$ mit $V = K[A]v_0 = \{Bv_0 \mid B \in K[A]\}$, so gilt $\mathrm{C}(A) = K[A]$.

b) Man bestimme $\mathrm{C}(A)$ für den *n-Zykel*

$$A = \begin{pmatrix} 0 & 1 & 0 & \dots & 0 \\ 0 & 0 & 1 & \dots & 0 \\ \vdots & & & & \vdots \\ 0 & 0 & 0 & \dots & 1 \\ 1 & 0 & 0 & \dots & 0 \end{pmatrix}.$$

c) Man bestimme $\mathrm{C}(A)$ für

$$A = \begin{pmatrix} 1 & 0 & 0 & \dots & 0 & 0 \\ 1 & 1 & 0 & \dots & 0 & 0 \\ 0 & 1 & 1 & \dots & 0 & 0 \\ \vdots & & & & \vdots & \vdots \\ 0 & 0 & 0 & \dots & 1 & 1 \end{pmatrix}.$$

Aufgabe 3.3.3 Sei

$$F = \begin{pmatrix} 1 & 1 & \dots & 1 \\ 1 & 1 & \dots & 1 \\ \vdots & \vdots & & \vdots \\ 1 & 1 & \dots & 1 \end{pmatrix} \in (K)_n.$$

a) $\mathrm{C}(F)$ ist die Menge aller Matrizen $(a_{ij}) \in (K)_n$, deren Zeilen- und Spaltensummen gleich sind, also

$$\sum_{k=1}^{n} a_{ik} = \sum_{k=1}^{n} a_{kj} \quad \text{für alle} \quad i, j.$$

b) Es gilt $\dim \mathrm{C}(F) = (n-1)^2 + 1$.

c) Sei $\mathrm{Char}\, K \nmid n$. Setzen wir

$$e = \begin{pmatrix} 1 \\ \vdots \\ 1 \end{pmatrix}$$

und

$$U = \left\{ \begin{pmatrix} y_1 \\ y_2 \\ \vdots \\ y_n \end{pmatrix} \mid y_j \in K, \sum_{j=1}^{n} y_j = 0 \right\},$$

so ist $\mathrm{C}(F)$ die Menge aller Matrizen $A \in (K)_n$ mit $Ae \in \langle e \rangle$ und $AU \leq U$.

Aufgabe 3.3.4 Sei $\mathcal{S}_n$ die Menge aller Permutationsmatrizen aus $(K)_n$.

a) $\mathcal{S}_n$ bildet eine Gruppe, die zur Gruppe aller Bijektionen von $\{1, \dots, n\}$ auf sich isomorph ist.

b) Gilt $AS = SA$ für alle $S \in \mathcal{S}_n$, so hat A die Gestalt $A = aE + bF$ mit $a, b \in K$, wobei E die Einheitsmatrix ist und $F = (f_{ij})$ mit $f_{ij} = 1$ für alle $i, j = 1, \dots, n$.

Aufgabe 3.3.5 Sei $P_n = \{\sum_{j=0}^{n} a_j x^j \mid a_j \in \mathbb{R}\}$ der $\mathbb{R}$-Vektorraum aller ganz-rationalen Funktionen auf $\mathbb{R}$ vom Grad höchstens n. Wir definieren $T \in \mathrm{End}_{\mathbb{R}}(P_n)$ durch

$$(Tf)(x) = f(x+1) \quad \text{für } f \in P_n.$$

a) Zur Basis $B = [1, x, \dots, x^n]$ von P_n bestimme man die T zugeordnete Matrix T_B.

b) Es gibt eine Basis $[f_0, f_1, \dots, f_n]$ von P_n mit

$$Tf_0 = f_0, \; Tf_j = f_{j-1} + f_j \quad \text{für } 1 \leq j \leq n.$$

c) Wir definieren $D \in \mathrm{End}_{\mathbb{R}}(P_n)$ durch $(Df) = f'(x)$. Man zeige $DT = TD$ und finde $a_j \in \mathbb{R}$ mit

$$T = a_0 E + a_1 D + \ldots + a_n D^n.$$

(Taylorsche[5] Formel)

d) Man beweise $(T - E)^{n+1} = 0$ und $D = \sum_{j=1}^{n} \frac{1}{j!}(T - E)^j$.

[5] Brook Taylor (1865-1731) Privatgelehrter London. Differentialgleichungen, schwingende Saite, Reihen, Darstellende Geometrie, physikalische Untersuchungen, philosophische und religiöse Schriften.

e) Man bestimme zur Basis B aus a) die Matrix T_B^{-1} und beweise

$$\sum_{k=0}^{j}(-1)^{j-k}\binom{j}{k}\binom{k}{l} = \delta_{jl}.$$

Aufgabe 3.3.6 Eine K-lineare, bijektive Abbildung α von einer K-Algebra $\mathcal{A}$ auf sich heißt ein *Antiautomorphismus*, falls

$$\alpha(ab) = \alpha(b)\alpha(a)$$

für alle $a, b \in \mathcal{A}$ gilt.

a) Ist α ein Antiautomorphismus von $(K)_n$, so gibt es ein invertierbares $C \in (K)_n$ mit $\alpha A = C^{-1}A^tC$. Wir setzen $\alpha = \alpha_C$.
(Man beachte, daß gemäß 3.2.14 die Automorphismen von $(K)_n$ bekannt sind.)

b) Ist $\alpha_C^2 = 1_{(K)_n}$ die Identität auf $(K)_n$, so gilt $C^t = \pm C$. Setzen wir

$$F = \{A \mid A \in (K)_n,\ \alpha_C A = A\},$$

so gilt

$$\dim F = \begin{cases} \frac{n(n+1)}{2} & \text{für } C^t = C \\ \frac{n(n-1)}{2} & \text{für } C^t = -C \ (\operatorname{Char} K \neq 2). \end{cases}$$

Aufgabe 3.3.7 Sei $\alpha = \frac{2\pi}{n}$ und

$$D(\alpha) = \begin{pmatrix} \cos\alpha & \sin\alpha \\ -\sin\alpha & \cos\alpha \end{pmatrix} \quad \text{und } S = \begin{pmatrix} 1 & 0 \\ 0 & -1 \end{pmatrix}.$$

a) Man beweise $D(\alpha)^n = S^2 = E$ und $S^{-1}D(\alpha)S = D(\alpha)^{-1}$.

b) Die Menge

$$\mathcal{D} = \{D(\alpha)^j,\ D(\alpha)^j S \mid j = 0, \ldots, n-1\}$$

ist eine Gruppe mit $|\mathcal{D}| = 2n$. Sie wird *Diedergruppe* genannt.

c) Man bestimme alle $A \in \mathcal{D}$ mit $A^2 = E$.

Aufgabe 3.3.8 Sei $\alpha = \frac{2\pi}{2^n}$ mit $n \geq 2$. Ferner sei $\varepsilon = \cos\alpha + i\sin\alpha$ und

$$A = \begin{pmatrix} \varepsilon & 0 \\ 0 & \varepsilon^{-1} \end{pmatrix}, \quad B = \begin{pmatrix} 0 & 1 \\ -1 & 0 \end{pmatrix}$$

a) Man zeige

$$A^{2^n} = B^4 = E,\ A^{2^{n-1}} = B^2 = -E,\ B^{-1}AB = A^{-1}.$$

b)

$$\mathcal{Q} = \{A^j,\ A^jB \mid j = 0, 1, \ldots, 2^n - 1\}$$

ist eine Gruppe der Ordnung 2^{n+1}. Sie heißt *verallgemeinerte Quaternionengruppe*

c) Man bestimme alle $C \in \mathcal{Q}$ mit $C^2 = E$.

Aufgabe 3.3.9

a) Man zeige, daß die Menge

$$\left\{\begin{pmatrix} a & b \\ -b & a \end{pmatrix} \mid a, b \in \mathbb{R}\right\}$$

bezüglich der Matrizenaddition und Matrizenmultiplikation einen zu $\mathbb{C}$ isomorphen Körper bildet.

b) Man zeige, daß die Menge

$$\mathbb{H} = \left\{\begin{pmatrix} a & -b \\ \overline{b} & \overline{a} \end{pmatrix} \mid a, b \in \mathbb{C}\right\}$$

bezüglich der Matrizenaddition und Matrizenmultiplikation einen Schiefkörper bildet, den sogenannten *Schiefkörper der Quaterionen.*

Aufgabe 3.3.10 Sei K ein endlicher Körper mit $|K| = p^f$ und p eine Primzahl. Sei $\mathrm{GL}(n, K)$ die Gruppe der invertierbaren Matrizen aus $(K)_n$ und $\mathcal{P}$ die Untergruppe aller unteren Dreiecksmatrizen (a_{ij}) mit $a_{ij} = 0$ für $i < j$ und $a_{ii} = 1$.
Dann ist $|\mathcal{P}|$ eine Potenz von p und der Index $|\,\mathrm{GL}(n, K) : \mathcal{P}|$ ist teilerfremd zu p. ($\mathcal{P}$ ist eine sogenannte *Sylow-p-Untergruppe* von $\mathrm{GL}(n, K)$.)

3.4 Stochastische Matrizen I

Problemstellung 3.4.1 a) Vorgegeben sei ein System S, welches sich in genau einem von $n \geq 2$ Zuständen befinden kann. Wir bezeichnen die Zustände kurz mit $1, 2, \ldots, n$. Das System werde einem *Elementarprozeß* $\mathcal{A}$ ausgesetzt, dessen Wirkung nicht genau angegeben werden kann. Es sei jedoch bekannt, daß die Wahrscheinlichkeit für den Übergang $i \to j$ beim Elementarprozeß $\mathcal{A}$ gerade $a_{ij} \geq 0$ ist. Ausdrücklich sei betont, daß diese Wahrscheinlichkeit nur vom Zustand i, jedoch nicht von der Vorgeschichte des Systems abhängt. Man nennt einen solchen Prozeß einen *stochastischen Prozeß* oder auch *Markoff-Prozeß*. Solche Prozesse treten häufig auf, etwa bei Vererbungsfragen (siehe 3.4.9, 3.4.16), bei Glücksspielen (siehe 3.4.13 und Aufgabe 3.4.5), bei Mischvorgängen und Warteschlangen.
b) Wir beschreiben den stochastischen Prozeß $\mathcal{A}$ durch die Angabe der *Übergangsmatrix* $A = (a_{ij})$ vom Typ (n, n). Dabei ist $\sum_{j=1}^{n} a_{ij}$ die Wahrscheinlichkeit für den Übergang vom Zustand i in irgendeinen der n Zustände. Also gilt

$$\sum_{j=1}^{n} a_{ij} = 1 \quad \text{für} \quad i = 1, \ldots, n.$$

Somit sind alle Zeilensummen von A gleich 1.
c) Seien $\mathcal{A}$ und $\mathcal{B}$ stochstische Prozesse im System S mit den Übergangsmatrizen $A = (a_{ij})$ und $B = (b_{ij})$. Was ist die Wahrscheinlichkeit für den Übergang

$$i \xrightarrow{\mathcal{A}} \bullet \xrightarrow{\mathcal{B}} j$$

beim zusammengesetzten Prozeß? Die Wahrscheinlichkeit für den Übergang

$$i \xrightarrow{\mathcal{A}} k \xrightarrow{\mathcal{B}} j$$

bei festem k ist $a_{ik}b_{kj}$. Die Wahrscheinlichkeit für den Übergang $i \to j$ über irgendeinen Zwischenzustand k ist daher

$$c_{ij} = \sum_{k=1}^{n} a_{ik}b_{kj}.$$

Die Übergangsmatrix vom zusammengesetzten Prozeß ist somit $(c_{ij}) = AB$. Wir werden also ganz natürlich zur Matrixmultiplikation geführt. Bei dieser Überlegung haben wir naheliegende Regeln über die Addition und Multiplikation von Wahrscheinlichkeiten verwendet.

d) Oft interessiert man sich für das Verhalten des Systems S bei oftmaliger Anwendung des Elementarprozesses. Zur k-maligen Anwendung gehört nach c) die Übergangsmatrix $A^k = (a_{ij}^{(k)})$ mit

$$a_{ij}^{(k)} = \sum_{m_1,\ldots,m_{k-1}=1}^{n} a_{i,m_1} a_{m_1,m_2} \ldots a_{m_{k-1},j}.$$

Für große k werden diese Formeln schnell unhandlich, zumal da die a_{ij} oft Brüche sind.

Es liegt daher nahe zu fragen, ob man für große k in guter Näherung A^k durch $\lim_{k\to\infty} A^k$ ersetzen kann, wobei natürlich

$$\lim_{k\to\infty} A^k = (\lim_{k\to\infty} a_{ij}^{(k)})$$

gesetzt ist. Wir bilden also den Grenzwert einer Folge von Matrizen komponentenweise. Dabei ist

$$\lim_{k\to\infty} a_{ij}^{(k)} = \lim_{k\to\infty} \sum_{m_1,\ldots,m_{k-1}=1}^{n} a_{i,m_1} a_{m_1,m_2} \ldots a_{m_{k-1},j}$$

ungefähr die Wahrscheinlichkeit dafür, nach sehr vielen Elementarprozessen vom Zustand i in den Zustand j zu gelangen. Die Berechnung von $\lim_{k\to\infty} a_{ij}^{(k)}$ scheint zunächst eine hoffnungslose Aufgabe zu sein. Wir werden jedoch im Laufe der Zeit sehen, daß man dieses anscheinend analytische Problem auf Fragen der Linearen Algebra zurückführen kann. Für spezielle stochstische Matrizen wird dies bereits in 3.4.8 geschehen.

Die obenstehende Beschreibung benutzt Worte der Umgangssprache. Das vorliegende mathematische Problem fassen wir wie folgt zusammen.

Definition 3.4.2 Sei $A = (a_{ij}) \in (\mathbb{R})_n$. Wir nennen A eine *stochastische Matrix*, falls gilt:

(1) $a_{ij} \geq 0$ für alle $i, j = 1, \ldots, n$.

(2) $\sum_{j=1}^{n} a_{ij} = 1$ für $i = 1, \ldots, n$.

Die Bedingung (2) können wir auch in der Gestalt $Ae = e$ mit

$$e = \begin{pmatrix} 1 \\ 1 \\ \vdots \\ 1 \end{pmatrix}$$

schreiben. Aus (1) und (2) folgt natürlich $0 \leq a_{ij} \leq 1$.

Den einfachen Beweis des folgenden Lemmas überlassen wir dem Leser.

Lemma 3.4.3 *Seien* $A_k, B_k \in (\mathbb{C})_n$. *Existieren* $A = \lim_{k\to\infty} A_k$ *und* $B = \lim_{k\to\infty} B_k$, *so ist*

$$A + B = \lim_{k\to\infty} (A_k + B_k)$$

und

$$AB = \lim_{k\to\infty} A_k B_k.$$

Satz 3.4.4

a) Sind A *und* B *stochastische Matrizen vom Typ* (n,n), *so ist auch* AB *stochastisch.*

b) Sei A *stochastisch, und es existiere* $P = \lim_{k\to\infty} A^k$. *Dann ist auch* P *stochastisch, und es gilt*

$$P = AP = PA = P^2.$$

Sind insbesondere z_i *die Zeilen und* s_i *die Spalten von* P, *so gelten also*

$$z_i = z_i A \quad \text{und} \quad s_i = As_i.$$

Beweis. a) Ist $A = (a_{ij})$ und $B = (b_{ij})$, so hat die Matrix AB die Einträge $\sum_{k=1}^n a_{ik}b_{kj} \geq 0$. Aus $Ae = e = Be$ folgt $(AB)e = A(Be) = Ae = e$. Also ist AB stochastisch.
b) Nach Voraussetzung existieren $p_{ij} = \lim_{k\to\infty} a_{ij}^{(k)}$. Da $A^k = (a_{ij}^{(k)})$ nach Teil a) stochastisch ist, gelten $a_{ij}^{(k)} \geq 0$, also auch $p_{ij} \geq 0$, und

$$\sum_{j=1}^n p_{ij} = \sum_{j=1}^n \lim_{k\to\infty} a_{ij}^{(k)} = \lim_{k\to\infty} \sum_{j=1}^n a_{ij}^{(k)} = 1.$$

Somit ist $P = \lim_{k\to\infty} A^k$ stochastisch. Mit 3.4.3 folgt

$$\begin{aligned} P &= \lim_{k\to\infty} A^k = \lim_{k\to\infty} A\,A^k = A \lim_{k\to\infty} A^k = AP \\ &= \lim_{k\to\infty} A^k\, A = PA \\ &= \lim_{k\to\infty} A^{2k} = (\lim_{k\to\infty} A^k)(\lim_{k\to\infty} A^k) = P^2. \end{aligned}$$

□

Beispiel 3.4.5 Sei $A = \begin{pmatrix} 1-p & p \\ q & 1-q \end{pmatrix}$ stochastisch mit $0 \leq p \leq 1$ und $0 \leq q \leq 1$. Dies ist offenbar die allgemeine stochastische Matrix vom Typ $(2,2)$.

Ist $p = q = 0$, also $A = E$, so gilt $A^k = E$ für alle k.

Ist $p = q = 1$, also $A = \begin{pmatrix} 0 & 1 \\ 1 & 0 \end{pmatrix}$, so gilt

$$A^{2k} = E \quad \text{und} \quad A^{2k+1} = A$$

für alle k. Natürlich existiert dann $\lim_{k\to\infty} A^k$ nicht.

Sei weiterhin $0 < p + q < 2$. Wir schreiben

$$A = E + B \quad \text{mit} \quad B = \begin{pmatrix} -p & p \\ q & -q \end{pmatrix}.$$

Dann ist

$$B^2 = -(p+q)B$$

und daher allgemein für $j \geq 2$

$$B^j = (-1)^{j-1}(p+q)^{j-1}B.$$

Wegen $EB = BE$ können wir den binomischen Satz anwenden und erhalten

$$\begin{aligned} A^k &= (E+B)^k = \textstyle\sum_{j=0}^k \binom{k}{j} B^j \\ &= E + \textstyle\sum_{j=1}^k \binom{k}{j}(-1)^{j-1}(p+q)^{j-1}B \\ &= E + \tfrac{1}{p+q}B - \tfrac{1}{p+q}\left(\textstyle\sum_{j=0}^k \binom{k}{j}(-1)^j(p+q)^j\right)B \\ &= \begin{pmatrix} \frac{q}{p+q} & \frac{p}{p+q} \\ \frac{q}{p+q} & \frac{p}{p+q} \end{pmatrix} - \tfrac{(1-p-q)^k}{p+q}B. \end{aligned}$$

Wegen $0 < p+q < 2$ ist $-1 < 1-p-q < 1$. Daher gilt $\lim_{k\to\infty}(1-p-q)^k = 0$ und somit

$$\lim_{k\to\infty} A^k = \begin{pmatrix} \frac{q}{p+q} & \frac{p}{p+q} \\ \frac{q}{p+q} & \frac{p}{p+q} \end{pmatrix}.$$

Hier sehen wir auch deutlich, wie schnell die Konvergenz erfolgt. Ist $1-p-q$ nahe bei 1 oder -1, so ist die Konvergenz freilich langsam.

Für stochastische Matrizen vom Typ (n,n) mit $n \geq 3$ gibt es leider keine solche allgemeine Aussage.

Lemma 3.4.6 *Für* $A = (a_{ij}) \in (\mathbb{C})_n$ *setzen wir*

$$\| A \| = \max_i \sum_{j=1}^{n} |a_{ij}|.$$

Dann gelten:

a) Ist A *stochastisch, so ist* $\| A \| = 1$.

b) Für alle $A, B \in (\mathbb{C})_n$ *gelten*

$$\| A + B \| \leq \| A \| + \| B \| \quad (\textit{Dreiecksungleichung})$$

und

$$\| AB \| \leq \| A \| \| B \| .$$

c) Seien A *und* A_k $(k = 1, 2, \ldots)$ *aus* $(\mathbb{C})_n$. *Genau dann gilt* $\lim_{k\to\infty} A_k = A$, *wenn* $\lim_{k\to\infty} \| A - A_k \| = 0$ *ist.*

d) Ist $\| A^m \| < 1$ *für ein* m, *so folgt* $\lim_{k\to\infty} A^k = 0$.

Beweis. a) Die Aussage ist trivial.
b) Sei $A = (a_{ij})$ und $B = (b_{ij})$. Aus

$$|a_{ij} + b_{ij}| \leq |a_{ij}| + |b_{ij}|$$

folgt unmittelbar $\| A + B \| \leq \| A \| + \| B \|$. Ist $AB = (c_{ij})$, so gilt

$$\begin{aligned} \textstyle\sum_{j=1}^{n} |c_{ij}| &= \textstyle\sum_{j=1}^{n} |\sum_{k=1}^{n} a_{ik} b_{kj}| \\ &\leq \textstyle\sum_{j=1}^{n} \sum_{k=1}^{n} |a_{ik}| \, |b_{kj}| \quad \text{(Dreiecksungleichung)} \\ &= \textstyle\sum_{k=1}^{n} |a_{ik}| \sum_{j=1}^{n} |b_{kj}| \\ &\leq \textstyle\sum_{k=1}^{n} |a_{ik}| \, \| B \| \leq \| A \| \| B \| . \end{aligned}$$

Somit ist auch $\| AB \| = \max_i \sum_{j=1}^{n} |c_{ij}| \leq \| A \| \| B \|$.
c) Ist $A = (a_{ij})$ und $A_k = (a_{ij}^{(k)})$, so erhalten wir

$$\begin{aligned} |a_{ij} - a_{ij}^{(k)}| &\leq \textstyle\sum_{l=1}^{n} |a_{il} - a_{il}^{(k)}| \\ &\leq \| A - A_k \| \leq n \max_{i,j} |a_{ij} - a_{ij}^{(k)}|. \end{aligned}$$

Also ist $A = \lim_{k\to\infty} A_k$ gleichwertig mit $\lim_{k\to\infty} \| A - A_k \| = 0$.

d) Sei $\| A^m \| = q < 1$ und $k = ms + r \in \mathbb{N}$ mit $0 \leq r < m$. Wegen b) gilt

$$\| A^k \| \leq | A^m \|^s \| A^r \| \leq q^s M$$

mit $M = \max_{r<m} \| A^r \|$. Dies zeigt $\lim_{k\to\infty} \| A^k \| = 0$, also gilt $\lim_{k\to\infty} A^k = 0$. □

Lemma 3.4.6 nimmt Überlegungen vorweg, die wir in 6.2 systematisch aufgreifen werden.

Lemma 3.4.7 *Sei $C \in (\mathbb{C})_n$ und $\lim_{k\to\infty} C^k = 0$. Dann gilt*

$$E + C + C^2 + \ldots = \lim_{k\to\infty} \sum_{j=0}^{k} C^j = (E - C)^{-1}.$$

(Dies ist die geometrische Reihe für Matrizen.)

Beweis. Sei $X \in (\mathbb{C})_n$ mit $X(E - C) = 0$. Dann ist

$$X = XC = XC^2 = \ldots = \lim_{k\to\infty} XC^k = X \lim_{k\to\infty} C^k = 0.$$

Nach 3.2.11 existiert daher $(E - C)^{-1}$. Dabei ist

$$(E + C + \ldots + C^{k-1})(E - C) = E - C^k.$$

Dies liefert

$$\lim_{k\to\infty} (E + C + \ldots + C^{k-1}) = \lim_{k\to\infty} (E - C^k)(E - C)^{-1} = (E - C)^{-1}.$$

□

Mit Hilfe von 3.4.7 können wir nun eine interessante Klasse von stochastischen Matrizen behandeln.

Satz 3.4.8 *Sei A eine stochastische Matrix vom Typ (n, n) von der Gestalt*

$$A = \begin{pmatrix} E & 0 \\ B & C \end{pmatrix}.$$

Dabei sei E die Einheitsmatrix vom Typ (m, m) mit $1 \leq m < n$. Die Zustände $1, 2, \ldots, m$ können also nicht verlassen werden. Sie sind sog. absorbierende Zustände. *Gilt $\lim_{k\to\infty} C^k = 0$, so existiert*

$$\lim_{k\to\infty} A^k = \begin{pmatrix} E & 0 \\ (E - C)^{-1}B & 0 \end{pmatrix}.$$

Nach langer Zeit werden also nur die absorbierenden Zustände $1, \ldots, m$ mit positiver Wahrscheinlichkeit erreicht.

Beweis. Mit der Kästchenmultiplikation (siehe 3.3.20 c)) erhalten wir

$$A^k = \begin{pmatrix} E & 0 \\ (E + C + \ldots + C^{k-1})B & C^k \end{pmatrix}.$$

Wegen $\lim_{k\to\infty} C^k = 0$ folgt mit 3.4.7, daß

$$\lim_{k\to\infty} A^k = \begin{pmatrix} E & 0 \\ (E - C)^{-1}B & 0 \end{pmatrix}.$$

□

Beispiel 3.4.9 (*Genetik*)
a) Wir behandeln die Vererbung der Farbenblindheit. Es gibt zwei Typen von Genen, nämlich
a farbensehend, b farbenblind.
Jede Frau hat zwei Gene, der Mann jedoch nur eins. (Frauen vom Gentyp ab sind selbst farbensehend, können aber das Gen b vererben. Nur die Frauen vom Gentyp bb sind farbenblind. Farbenblindheit ist daher bei Frauen viel seltener als bei Männern.) Die möglichen Zustände numerieren wir wie folgt:

$$\begin{array}{ll} 1: \ aa \times a & 4: \ aa \times b \\ 2: \ bb \times b & 5: \ ab \times b \\ 3: \ bb \times a & 6: \ ab \times a \end{array}$$

(Die beiden Gene der Frau zuerst, dann das Gen des Mannes.) Im Erbprozeß erhält ein weibliches Kind das Gen des Vaters und eines der Gene der Mutter, jedes mit Wahrscheinlichkeit $\frac{1}{2}$. Ein männliches Kind erhält eines der Gene der Mutter, jedes ebenfalls mit Wahrscheinlichkeit $\frac{1}{2}$. Das Paar der nächsten Generation werde aus einer Tochter und einem Sohn gebildet (totale Inzucht). Dabei gilt offenbar

$$\begin{array}{l} aa \times a \rightarrow aa \times a \\ bb \times b \ \rightarrow bb \times b \\ bb \times a \ \rightarrow ab \times b \\ aa \times b \ \rightarrow ab \times a. \end{array}$$

Hat das Ausgangspaar den Typ $ab \times b$, so erhalten wir in der nächsten Generation die Verteilung

$$\frac{1}{2}ab + \frac{1}{2}bb$$

für weibliche Nachkommen und

$$\frac{1}{2}a + \frac{1}{2}b$$

für männliche Nachkommen. Das ergibt für die Verteilung der Paare der nächsten Generation

$$ab \times b \rightarrow \frac{1}{4}bb \times b + \frac{1}{4}bb \times a + \frac{1}{4}ab \times b + \frac{1}{4}ab \times a.$$

Analog erhalten wir

$$ab \times a \rightarrow \frac{1}{4}aa \times a + \frac{1}{4}aa \times b + \frac{1}{4}ab \times b + \frac{1}{4}ab \times a.$$

Die Übergangsmatrix ist daher

$$A = \begin{pmatrix} 1 & 0 & 0 & 0 & 0 & 0 \\ 0 & 1 & 0 & 0 & 0 & 0 \\ 0 & 0 & 0 & 0 & 1 & 0 \\ 0 & 0 & 0 & 0 & 0 & 1 \\ 0 & \frac{1}{4} & \frac{1}{4} & 0 & \frac{1}{4} & \frac{1}{4} \\ \frac{1}{4} & 0 & 0 & \frac{1}{4} & \frac{1}{4} & \frac{1}{4} \end{pmatrix} = \begin{pmatrix} E & 0 \\ B & C \end{pmatrix}$$

mit C vom Typ $(4,4)$. Zwar ist hier $\| C \| = 1$, aber man sieht schnell, daß $\| C^2 \| = \frac{3}{4} < 1$ gilt. Mit 3.4.8 folgt daher

$$\lim_{k\to\infty} A^k = \begin{pmatrix} E & 0 \\ D & 0 \end{pmatrix},$$

wobei D aus $B = (E - C)D$ zu berechnen ist. Da die Zeilensummen von D alle gleich 1 sind, heißt dies

$$\begin{pmatrix} 0 & 0 \\ 0 & 0 \\ 0 & \frac{1}{4} \\ \frac{1}{4} & 0 \end{pmatrix} = \begin{pmatrix} 1 & 0 & -1 & 0 \\ 0 & 1 & 0 & -1 \\ -\frac{1}{4} & 0 & \frac{3}{4} & -\frac{1}{4} \\ 0 & -\frac{1}{4} & -\frac{1}{4} & \frac{3}{4} \end{pmatrix} \begin{pmatrix} d_3 & 1 - d_3 \\ d_4 & 1 - d_4 \\ d_5 & 1 - d_5 \\ d_6 & 1 - d_6 \end{pmatrix}.$$

Dies liefert

$$\begin{aligned} d_3 &= d_5,\ d_4 = d_6, \\ 0 &= -\tfrac{1}{4}d_3 + \tfrac{3}{4}d_5 - \tfrac{1}{4}d_6, \\ \tfrac{1}{4} &= -\tfrac{1}{4}d_4 - \tfrac{1}{4}d_5 + \tfrac{3}{4}d_6. \end{aligned}$$

Man erhält leicht

$$d_3 = d_5 = \frac{1}{3} \quad \text{und} \quad d_4 = d_6 = \frac{2}{3}.$$

Also ist

$$\lim_{k\to\infty} A^k = \begin{pmatrix} 1 & 0 & 0 & 0 & 0 & 0 \\ 0 & 1 & 0 & 0 & 0 & 0 \\ \frac{1}{3} & \frac{2}{3} & 0 & 0 & 0 & 0 \\ \frac{2}{3} & \frac{1}{3} & 0 & 0 & 0 & 0 \\ \frac{1}{3} & \frac{2}{3} & 0 & 0 & 0 & 0 \\ \frac{2}{3} & \frac{1}{3} & 0 & 0 & 0 & 0 \end{pmatrix}.$$

Nach langer Zeit bleiben nur die Typen $aa \times a$ und $bb \times b$ übrig. Beginnt man etwa mit einem Paar vom Typ $bb \times a$ oder $ab \times b$, so erhält man schließlich mit Wahrscheinlichkeit $\frac{1}{3}$ den Typ $aa \times a$ und mit Wahrscheinlichkeit $\frac{2}{3}$ den Typ $bb \times b$.

b) Durch Einführung eines Selektionsvorgangs ändern wir den in a) beschriebenen Prozeß ab. Es soll nun stets ein männlicher Partner vom Typ a zur Bildung des nächsten Paares gewählt werden, sofern überhaupt solche vom Typ a zur Verfügung stehen. Nun ändern sich die Übergänge wie folgt:

$$ab \times b \longrightarrow \tfrac{1}{2}ab \times a + \tfrac{1}{2}bb \times a,$$
$$ab \times a \longrightarrow \tfrac{1}{2}aa \times a + \tfrac{1}{2}ab \times a.$$

Dies liefert die veränderte Übergangsmatrix

$$A = \begin{pmatrix} 1 & 0 & 0 & 0 & 0 & 0 \\ 0 & 1 & 0 & 0 & 0 & 0 \\ 0 & 0 & 0 & 0 & 1 & 0 \\ 0 & 0 & 0 & 0 & 0 & 1 \\ 0 & 0 & \frac{1}{2} & 0 & 0 & \frac{1}{2} \\ \frac{1}{2} & 0 & 0 & 0 & 0 & \frac{1}{2} \end{pmatrix} = \begin{pmatrix} E & 0 \\ B & C \end{pmatrix}.$$

Hier ist $\| C \| = \| C^2 \| = 1$, erst $\| C^4 \| = \frac{5}{8} < 1$. Die Lösung des Gleichungssystems $B = (E - C)D$ führt nun zu

$$\lim_{k\to\infty} A^k = \begin{pmatrix} 1 & 0 & 0 & 0 & 0 & 0 \\ 0 & 1 & 0 & 0 & 0 & 0 \\ 1 & 0 & 0 & 0 & 0 & 0 \\ 1 & 0 & 0 & 0 & 0 & 0 \\ 1 & 0 & 0 & 0 & 0 & 0 \\ 1 & 0 & 0 & 0 & 0 & 0 \end{pmatrix}.$$

Die Selektion bewirkt also, daß die Gene vom Typ b schließlich ganz verschwinden, falls man nicht mit einem Paar vom Typ $bb \times b$ beginnt. Dieses einfache Beispiel zeigt deutlich, wie eine Selektion den Ausgang eines solchen Prozesses verändern kann.

Das hier verwendete Verfahren ist noch unbefriedigend, da man eine Potenz C^m mit $\| C^m \| < 1$ zu finden hat. In manchen Beispielen trifft dies erst für große m zu. Um ein effektiveres Verfahren zu gewinnen, führen wir die folgenden Bezeichnungen ein.

Definition 3.4.10 Sei $A = (a_{ij})$ eine stochastische Matrix vom Typ (n, n). Wir bilden einen sogenannten *gerichteten Graphen* $\Gamma(A)$ auf folgende Weise:

Die Punkte von $\Gamma(A)$ entsprechen den Zuständen $1, \ldots, n$. Die Punkte i und j mit $i \neq j$ seien verbunden durch eine gerichtete Strecke von i nach j, falls $a_{ij} > 0$ ist. Gilt $a_{ii} > 0$, so zeichnen wir eine Schleife von i nach i.

Im Fall der Matrix A aus 3.4.9 a) hat $\Gamma(A)$ also die Gestalt

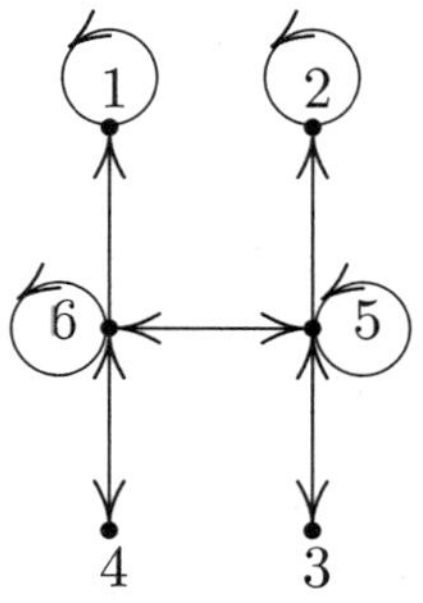

Man sagt nun, daß j von i aus im Graphen $\Gamma(A)$ erreichbar ist, wenn es einen gerichteten Weg in $\Gamma(A)$ von i nach j gibt. Genau dann ist

$$i \to k_1 \to k_2 \to \ldots \to k_m \to j$$

ein gerichteter Weg in $\Gamma(A)$ von i nach j, falls $a_{i,k_1} a_{k_1,k_2} \ldots a_{k_m,j} > 0$ ist.

Damit erreichen wir einen von Matrixrechnungen weitgehend freien Satz.

Hauptsatz 3.4.11 *Sei* $A = \begin{pmatrix} E & 0 \\ B & C \end{pmatrix}$ *eine stochastische Matrix vom Typ* (n, n), *wobei* E *die Einheitsmatrix vom Typ* (m, m) *ist mit* $1 \leq m < n$. *Von jedem der Zustände* $m + 1, \ldots, n$ *aus sei in* $\Gamma(A)$ *mindestens einer der absorbierenden Zustände* $1, \ldots, m$ *erreichbar. Dann gilt*

$$\lim_{k \to \infty} A^k = \begin{pmatrix} E & 0 \\ (E - C)^{-1} B & 0 \end{pmatrix}.$$

Beweis. Wir zeigen $\lim_{k\to\infty} C^k = 0$. Die Behauptung folgt dann direkt mit 3.4.8. Dazu setzen wir $A^k = (a_{ij}^{(k)})$. Nach Voraussetzung gibt es zu jedem $i \in \{m+1, \ldots, n\}$ ein t_i mit

$$\sum_{j=1}^{m} a_{ij}^{(t_i)} > 0.$$

Sei $t = \max_{i=m+1,\ldots,n} t_i$. Wegen $a_{jj} = 1$ für $j \in \{1, \ldots, m\}$ gilt

$$a_{ij}^{(t_i)} = a_{ij}^{(t_i)} \underbrace{a_{jj} \ldots a_{jj}}_{(t-t_i)-\text{mal}} = a_{ij}^{(t_i)} a_{jj}^{(t-t_i)} \leq \sum_{k=1}^{n} a_{ik}^{(t_i)} a_{kj}^{(t-t_i)} = a_{ij}^{(t)}.$$

Also gilt erst recht

$$\sum_{j=1}^{m} a_{ij}^{(t)} > 0 \quad \text{für } i = m+1, \ldots, n.$$

Wir erhalten daher

$$A^t = \begin{pmatrix} & E & & 0 \\ & \vdots & & \\ a_{i1}^{(t)} & \ldots & a_{im}^{(t)} & C^t \\ & \vdots & & \end{pmatrix}.$$

Die Zeilensumme der i entsprechenden Zeile in C^t ist daher

$$1 - \sum_{j=1}^{m} a_{ij}^{(t)} < 1 \quad (i = m+1, \ldots, n).$$

Dies zeigt $\| C^t \| < 1$. Nach 3.4.6 d) ist somit $\lim_{k\to\infty} C^k = 0$, und wir können 3.4.8 anwenden. □

Beispiel 3.4.12 (*Random walk*) Vorgelegt sei ein Labyrinth aus $n \geq 4$ Kammern, die wie in der Zeichnung angegeben durch Einwegtüren verbunden sind.

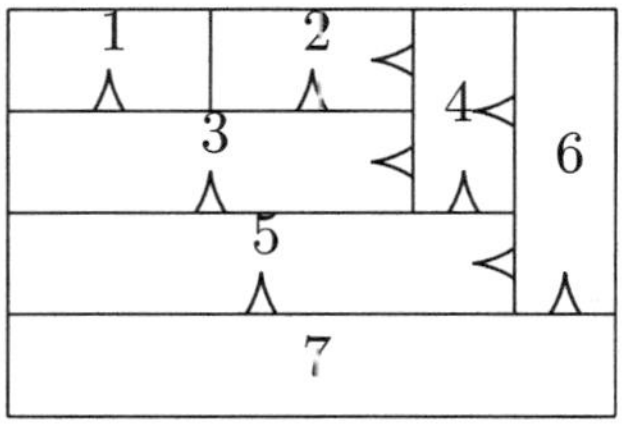

$(n = 7)$

Im Labyrinth befinde sich eine Maus. Die Kammern 1 und 2 bilden absorbierende Zustände (Mausefallen). Befindet sich die Maus in Kammer $j \geq 3$, so bleibe sie mit Wahrscheinlichkeit $\frac{1}{3}$ in dieser Kammer. Jeweils mit Wahrscheinlichkeit $\frac{1}{3}$ gehe sie im Elementarprozeß in die Kammern $j-1$ und $j-2$. Die Übergangsmatrix A ist dann

$$A = \begin{pmatrix} 1 & 0 & 0 & 0 & 0 & & & & \\ 0 & 1 & 0 & 0 & 0 & & & & \\ \frac{1}{3} & \frac{1}{3} & \frac{1}{3} & 0 & 0 & & & & \\ 0 & \frac{1}{3} & \frac{1}{3} & \frac{1}{3} & 0 & & & & \\ & & & & & \ddots & & & \\ & & & & & \frac{1}{3} & \frac{1}{3} & \frac{1}{3} & 0 \\ & & & & & 0 & \frac{1}{3} & \frac{1}{3} & \frac{1}{3} \end{pmatrix}.$$

Mit Satz 3.4.11 erhalten wir

$$P = \lim_{k\to\infty} A^k = \begin{pmatrix} 1 & 0 & 0 \dots 0 \\ 0 & 1 & 0 \dots 0 \\ a_3 & 1-a_3 & 0 \dots 0 \\ \vdots & \vdots & \vdots \quad \vdots \\ a_n & 1-a_n & 0 \dots 0 \end{pmatrix}.$$

Die Gleichung $P = AP$ (siehe 3.4.4) liefert mit $a_1 = 1$ und $a_2 = 0$ die Gleichungen $a_3 = \frac{1}{3} + \frac{a_3}{3}$, also $a_3 = \frac{1}{2}$, und

$$a_j = \frac{1}{3}(a_{j-2} + a_{j-1} + a_j) \quad \text{für } j \geq 4,$$

also $a_j = \frac{1}{2}(a_{j-2} + a_{j-1})$. Mit 2.8.3 b) folgt

$$a_j = c + d\left(-\frac{1}{2}\right)^j.$$

Dabei ist

$$1 = a_1 = c - \frac{d}{2}, \quad 0 = a_2 = c + \frac{d}{4},$$

also schließlich

$$a_j = \frac{1}{3} - \frac{4}{3}\left(-\frac{1}{2}\right)^j.$$

Für große j ist daher $a_j \sim \frac{1}{3}$ und $1 - a_j \sim \frac{2}{3}$. (Kammer 2 ist leichter erreichbar als Kammer 1.)

Wir wenden uns nun einem berühmten Beispiel aus dem Gebiet der Glücksspiele zu.

Beispiel 3.4.13 (*Gambler's ruin*) Zwei Spieler spielen um einen festgelegten Geldvorrat von n Euro. Im Elementarprozeß werde um jeweils einen Euro gespielt, welcher den Besitzer wechselt. Dabei gewinne Spieler 1 mit Wahrscheinlichkeit $p > 0$, Spieler 2 gewinne mit Wahrscheinlichkeit $q = 1 - p > 0$. Die $n + 1$ Zustände des Systems seien durch den Geldvorrat $0, 1, \ldots, n$ von Spieler 1 definiert. Das Spiel ende, wenn einer der Spieler kein Geld mehr hat.
a) Die Übergangsmatrix ist

$$A = \begin{pmatrix} 1 & 0 & 0 & 0 & \ldots & 0 & 0 & 0 \\ q & 0 & p & 0 & \ldots & 0 & 0 & 0 \\ 0 & q & 0 & p & \ldots & 0 & 0 & 0 \\ \vdots & \vdots & \vdots & \vdots & & \vdots & \vdots & \vdots \\ 0 & 0 & 0 & 0 & \ldots & 0 & 0 & 1 \end{pmatrix}.$$

Wegen $p > 0$ und $q > 0$ sind die Voraussetzungen von 3.4.11 mit den absorbierenden Zuständen 0 und n erfüllt. Somit gilt

$$P = \lim_{k\to\infty} A^k = \begin{pmatrix} 1 & 0 \ldots 0 & 0 \\ a_1 & 0 \ldots 0 & 1 - a_1 \\ a_2 & 0 \ldots 0 & 1 - a_2 \\ \vdots & \vdots \quad \vdots & \vdots \\ a_{n-1} & 0 \ldots 0 & 1 - a_{n-1} \\ 0 & 0 \ldots 0 & 1 \end{pmatrix}.$$

Wir setzen $a_0 = 1$ und $a_n = 0$. Wegen $AP = P$ erhalten wir die Gleichungen

$$\begin{aligned} qa_0 + pa_2 &= a_1 \\ qa_1 + pa_3 &= a_2 \\ &\vdots \\ qa_{n-2} + pa_n &= a_{n-1} \end{aligned}$$

Ist $p \neq q$, so gilt nach 2.8.3 c)

$$a_j = c + dr^j$$

mit $r = \frac{q}{p}$ und geeigneten c, d. Aus

$$\begin{aligned} 1 &= a_0 = c + d \\ 0 &= a_n = c + dr^n \end{aligned}$$

erhalten wir

$$c = \frac{r^n}{r^n - 1} \quad \text{und} \quad d = \frac{-1}{r^n - 1}.$$

Somit ist

$$a_j = \frac{r^n - r^j}{r^n - 1} \quad (0 \leq j \leq n).$$

(Die Behandlung des obenstehenden Gleichungssystems für $p = q$ greifen wir in 3.4.15 auf.)
b) Wir interpretieren das Ergebnis aus a):
Spieler 1 spiele gegen die Spielbank (= Spieler 2). Wir nehmen an, daß $r = \frac{q}{p} > 1$ ist, daß also die Gewinnaussichten der Bank etwas größer sind als die von Spieler 1. Die Bank beginne mit k Euro, der Spieler 1 mit $n - k$ Euro ($n > k$). Die Wahrscheinlichkeit für den schließlichen Ruin von Spieler 1 ist dann

$$a_{n-k} = \frac{r^n - r^{n-k}}{r^n - 1} = \frac{r^n}{r^n - 1} \frac{r^k - 1}{r^k} > \frac{r^k - 1}{r^k}.$$

Wegen $r > 1$ gilt

$$\lim_{k \to \infty} \frac{r^k - 1}{r^k} = 1.$$

Bei vorgegebenem $r > 1$ kann also die Bank ihr Kapital k so bestimmen, daß für jedes Anfangskapital $n - k$ von Spieler 1 die Gewinnwahrscheinlichkeit a_{n-k} der Bank deutlich über $\frac{1}{2}$ liegt. Auch ein noch so hohes Anfangskapital von Spieler 1 ist dagegen keine Waffe. Hier sehen wir, warum Spielbanken Profit machen.

Wir betracheten noch kurz eine interessante Klasse von stochastischen Matrizen.

Definition 3.4.14 Sei $A = (a_{ij})$ $(i, j = 0, \ldots, n)$ eine stochastische Matrix vom Typ $(n + 1, n + 1)$. Wir nennen A ein *Martingal*, falls

$$(*) \quad i = \sum_{j=0}^{n} j a_{ij} \quad \text{für} \quad i = 0, 1, \ldots, n.$$

Dies bedeutet eine gewisse Symmetrie des Prozesses. Ist insbesondere A eine Jakobi-Matrix (siehe 3.3.18), so erhalten wir

$$\begin{aligned} i &= (i-1)a_{i,i-1} + ia_{ii} + (i+1)a_{i,i+1} \\ &= i(a_{i,i-1} + a_{ii} + a_{i,i+1}). \end{aligned}$$

Das liefert $a_{i,i-1} = a_{i,i+1}$. Die Martingaleigenschaft hängt offenbar von der Numerierung der Zustände ab. Die Relation $(*)$ besagt $Aw = w$ für

$$w = \begin{pmatrix} 0 \\ 1 \\ \vdots \\ n \end{pmatrix}.$$

Satz 3.4.15 *Sei $A = (a_{ij})$ ein Martingal $(i, j = 0, \ldots, n)$. Dann gilt:*

a) 0 und n sind absorbierende Zustände.

b) Ist wenigstens einer der absorbierenden Zustände 0 und n von jedem Zustand $1, \ldots, n-1$ aus erreichbar, so gilt

$$\lim_{k\to\infty} A^k = \begin{pmatrix} 1 & 0 \ldots 0 & 0 \\ \frac{n-1}{n} & 0 \ldots 0 & \frac{1}{n} \\ \frac{n-2}{n} & 0 \ldots 0 & \frac{2}{n} \\ \vdots & \vdots \quad \vdots & \vdots \\ \frac{1}{n} & 0 \ldots 0 & \frac{n-1}{n} \\ 0 & 0 \ldots 0 & 1 \end{pmatrix}.$$

Beweis. a) Aus $0 = \sum_{j=0}^n j a_{0j}$ folgt $a_{0j} = 0$ für $j \geq 1$, also $a_{00} = 1$. Wegen $n = \sum_{j=0}^n j a_{nj} = n \sum_{j=0}^n a_{nj}$ ist $a_{nj} = 0$ für $j < n$, somit $a_{nn} = 1$. Also sind die Zustände 0 und n absorbierend.
b) Aus 3.4.11 folgt nun

$$P = \lim_{k\to\infty} A^k = \begin{pmatrix} 1 & 0 \ldots 0 & 0 \\ a_1 & 0 \ldots 0 & 1-a_1 \\ a_2 & 0 \ldots 0 & 1-a_2 \\ \vdots & \vdots \quad \vdots & \vdots \\ a_{n-1} & 0 \ldots 0 & 1-a_{n-1} \\ 0 & 0 \ldots 0 & 1 \end{pmatrix}.$$

Setzen wir

$$w = \begin{pmatrix} 0 \\ 1 \\ \vdots \\ n \end{pmatrix},$$

so gilt $Aw = w$. Also ist auch $Pw = w$. Dies liefert $n(1 - a_j) = j$, also $a_j = \frac{n-j}{n}$. □

Im Sonderfall $p = q = \frac{1}{2}$ von 3.4.13 liegt nach der Bemerkung in 3.4.14 ein Martingal vor.

Beispiel 3.4.16 (*Genetik, Modell von Moran*) Ein Merkmal sei durch zwei Gentypen a und b bestimmt. In der Population seien insgesamt n Gene dieser Typen vorhanden, etwa m Personen mit je zwei Genen. Der Zustand i $(0 \leq i \leq n)$ liege vor, wenn genau i der Gene vom Typ a sind, also genau $n - i$ Gene vom Typ b.

Im Elementarprozeß werde eines der Gene ausgewählt, und zwar jedes mit der Wahrscheinlichkeit $\frac{1}{n}$. Das ausgewählte Gen spaltet ein Gen des gleichen Typs ab. Sodann stirbt eines der ursprünglichen n Gene, eventuell dasjenige, welches soeben die Abspaltung vollzogen hat. Für jedes Gen sei die Sterbewahrscheinlichkeit $\frac{1}{n}$. Die Übergangsmatrix dieses Prozesses ist dann eine Jakobi-Matrix $A = (a_{ij})$ mit

$$\begin{aligned} a_{j,j+1} &= \tfrac{j}{n}\tfrac{n-j}{n} \quad \text{(ein Gen } a \text{ teilt sich, ein Gen } b \text{ stirbt)} \\ a_{j,j-1} &= \tfrac{n-j}{n}\tfrac{j}{n} \quad \text{(ein Gen } b \text{ teilt sich, ein Gen } a \text{ stirbt)} \\ a_{jj} &= 1 - a_{j,j-1} - a_{j,j+1} = \tfrac{j^2+(n-j)^2}{n^2}. \end{aligned}$$

Wegen $a_{j,j-1} = a_{j,j+1}$ ist A ein Martingal. Mit 3.4.15 folgt

$$\lim_{k\to\infty} A^k = \begin{pmatrix} 1 & 0 \ldots 0 & 0 \\ \frac{n-1}{n} & 0 \ldots 0 & \frac{1}{n} \\ \frac{n-2}{n} & 0 \ldots 0 & \frac{2}{n} \\ \vdots & \vdots \quad \vdots & \vdots \\ \frac{1}{n} & 0 \ldots 0 & \frac{n-1}{n} \\ 0 & 0 \ldots 0 & 1 \end{pmatrix}.$$

Nach langer Zeit erhält man also eine reinrassige Population, in der nur ein Gentyp vorkommt.

Ähnliche Prozesse sind mehrfach studiert worden. Der Nachweis der Martingaleigenschaft verlangt dann die Kontrolle von Relationen für Binomialkoeffizienten, aber der Grenzwert $\lim_{k\to\infty} A^k$ ist derselbe wie oben. Biologisch interessant ist die Frage nach der Konvergenzgeschwindigkeit (siehe dazu [8], S. 455 und Beispiel 6.3.7).

In 6.5 werden wir erneut auf stochastische Matrizen eingehen. Ausgerüstet mit der Theorie der Eigenwerte können wir dann auch allgemeinere stochastische Matrizen behandeln.

Aufgabe 3.4.1 Sei

$$A = \begin{pmatrix} a & b & b & \dots & b \\ b & a & b & \dots & b \\ \vdots & \vdots & \vdots & & \vdots \\ b & b & b & \dots & a \end{pmatrix}$$

eine stochastische Matrix vom Typ (n, n) mit $n \geq 2$, also $a \geq 0$, $b \geq 0$ und $a + (n-1)b = 1$.

a) Ähnlich wie in 3.4.5 berechne man A^k unter Verwendung von

$$A = (a-b)E + bF.$$

b) Wann existiert $\lim_{k\to\infty} A^k$?

c) Man berechne $\lim_{k\to\infty} A^k$, falls er existiert.

Aufgabe 3.4.2

a) Sei A eine invertierbare Matrix vom Typ (n, n). Jede Zeilensumme von A sei gleich 1. Dann ist auch jede Zeilensumme von A^{-1} gleich 1.

b) Sei A eine stochastische Matrix. Ist A^{-1} eine stochastische Matrix, so ist A eine Permutationsmatrix. (Invertierbare stochastische Prozesse sind also deterministisch.)

Aufgabe 3.4.3 Wir verwenden hier die in 3.5 definierte Spur.

a) Ist A stochastisch vom Typ $(2, 2)$, so gilt $\operatorname{Sp} A^2 \geq 1$.

b) Ist B stochastisch vom Typ $(2, 2)$ mit $\operatorname{Sp} B \geq 1$, so gibt es ein stochastisches A vom Typ $(2, 2)$ mit $B^2 = A$.
(Mit Hilfe der Exponentialfunktion von Matrizen kann man sogar zeigen, daß es für jedes $m \in \mathbb{N}$ eine stochastische Matrix B_m mit $B_m^m = A$ gibt.)

Aufgabe 3.4.4 Seien A und B stochastische Matrizen vom Typ (n,n) mit $AB = BA$. Es mögen $P_A = \lim_{k\to\infty} A^k$ und $P_B = \lim_{k\to\infty} B^k$ existieren. Für $0 < t < 1$ gilt dann

$$\lim_{k\to\infty} (tA + (1-t)B)^k = P_A P_B.$$

Hinweis: Man entwickle $(tA + (1-t)B)^k$ nach dem binomischen Satz und zerlege die Summe geeignet in zwei Teile.

Aufgabe 3.4.5 Zwei Spieler spielen mit einem Würfel und mit 6 Kärtchen, welche die Ziffern $1, \ldots, 6$ tragen. Der Zustand i mit $0 \le i \le 6$ liege vor, wenn Spieler 1 genau i Kärtchen hat. Die Zustände 0 und 6 seien absorbierend (Bankrott eines Spielers). Im Elementarprozeß wird gewürfelt. Der Würfel zeige jede der Ziffern $1, \ldots, 6$ mit der Wahrscheinlichkeit $\frac{1}{6}$. Zeigt der Würfel die Ziffer j, so wechsle das Kärtchen mit der Ziffer j den Besitzer, sofern nicht einer der Zustände 0 oder 6 vorliegt. Man stelle die Übergangsmatrix A auf und berechne $\lim_{k\to\infty} A^k$.

Aufgabe 3.4.6

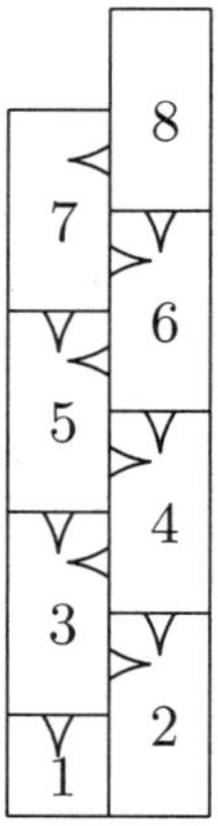

In dem in der Zeichnung für $n = 8$ angedeuteten Turm von der Höhe n falle eine Kugel, die schließlich in Kammer 1 oder 2 landet. Ist die Kugel in Kammer j $(3 \le j \le n)$, so falle sie im Elementarprozeß mit Wahrscheinlichkeit $p > 0$ in die Kammer $j-2$ und mit Wahrscheinlichkeit $q = 1 - p > 0$ in die Kammer $j - 1$.

a) Man stelle die Übergangsmatrix A auf und begründe

$$\lim_{k\to\infty} A^k = \begin{pmatrix} 1 & 0 & 0 \ldots 0 \\ 0 & 1 & 0 \ldots 0 \\ a_3 & 1-a_3 & 0 \ldots 0 \\ \vdots & \vdots & \vdots \quad \vdots \\ a_n & 1-a_n & 0 \ldots 0 \end{pmatrix}.$$

b) Man zeige $a_j = \frac{p+(-p)^{j-1}}{1+p}$.

Hinweis: Verwende Aufgabe 2.8.1.

Aufgabe 3.4.7 Sei A eine stochastische Matrix von der Gestalt

$$\begin{pmatrix} 1 & 0 & 0 & 0 & & & \\ p_1 & q_1 & r_1 & 0 & & & \\ 0 & p_2 & q_2 & r_2 & & & \\ & & & \ddots & & & \\ & & & & p_{n-1} & q_{n-1} & r_{n-1} \\ & & & & 0 & 0 & 1 \end{pmatrix}.$$

Für $r_1 r_2 \dots r_{n-1} > 0$ beweise man

$$\lim_{k\to\infty} A^k = \begin{pmatrix} 1 & & 0 \\ s_1 & & 1-s_1 \\ \vdots & 0 & \vdots \\ s_{n-1} & & 1-s_{n-1} \\ 0 & & 1 \end{pmatrix}$$

mit

$$s_i = \left(\sum_{k=i}^{n-1} \frac{p_k p_{k-1} \dots p_2}{r_k r_{k-1} \dots r_2} \right) u_1,$$

wobei u_1 aus $u_1(1 - q_1 + p_1 \sum_{k=2}^{n-1} \frac{p_k p_{k-1} \dots p_2}{r_k r_{k-1} \dots r_2}) = p_1$ zu bestimmen ist.

Hinweis: Man mache den Ansatz $s_i = \sum_{k=i}^{n-1} u_k$ und ermittle ein Gleichungssystem für die u_i.

Aufgabe 3.4.8 In den folgenden Labyrinthen befinde sich eine Maus. Die Türen $\prec$ seien Einwegtüren, die Türen $=$ seien in beiden Richtungen passierbar. Der Zustand i liege vor, wenn die Maus in Kammer i ist. Sitzt die Maus in Kammer i, so verläßt sie diese im Elementarprozeß, sofern $a_{ii} \neq 1$ ist, und wählt jede der möglichen Türen mit der gleichen Wahrscheinlichkeit. Man stelle die Übergangsmatrix A auf und berechne $\lim_{k\to\infty} A^k$.

a)

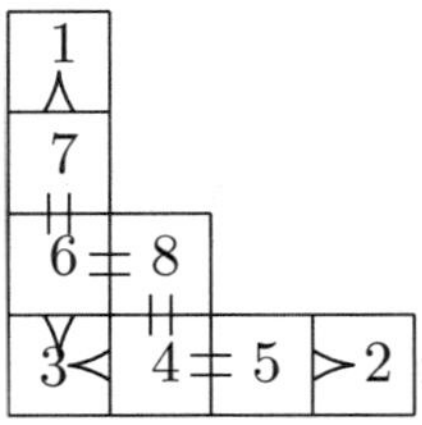

b)

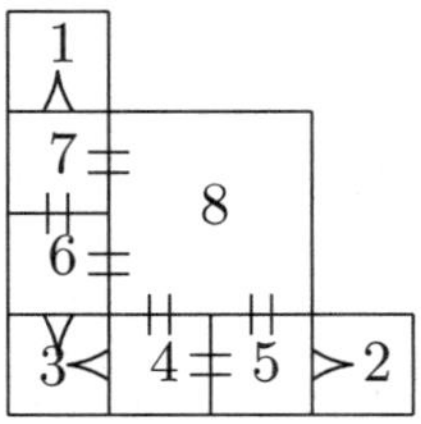

c)

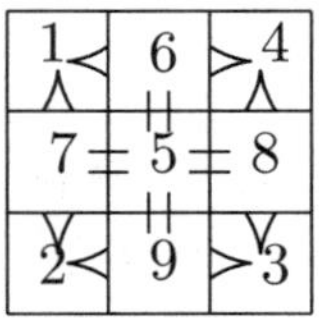

Hinweis: Man nutze jeweils die Symmetrien des Systems aus.

3.5 Die Spur

Definition 3.5.1 Ist $A = (a_{ij}) \in (K)_n$, so definieren wir die *Spur* von A durch

$$\operatorname{Sp} A = \sum_{i=1}^{n} a_{ii}.$$

Satz 3.5.2

a) Die Spur ist eine K-lineare Abbildung von $(K)_n$ in K mit $\operatorname{Sp} A = \operatorname{Sp} A^t$.

b) Für $A, B \in (K)_n$ gilt $\operatorname{Sp} AB = \operatorname{Sp} BA$.
Ist insbesondere B invertierbar, so ist $\operatorname{Sp} B^{-1}AB = \operatorname{Sp} A$.

Beweis. a) Die Behauptung ist trivial.
b) Für $A = (a_{ij})$ und $B = (b_{ij})$ ist

$$\operatorname{Sp} AB = \sum_{i=1}^{n}\sum_{j=1}^{n} a_{ij}b_{ji} = \sum_{j=1}^{n}\sum_{i=1}^{n} b_{ji}a_{ij} = \operatorname{Sp} BA.$$

Daraus folgt

$$\operatorname{Sp} B^{-1}AB = \operatorname{Sp} ABB^{-1} = \operatorname{Sp} A.$$

□

Definition 3.5.3 Sei $\dim V < \infty$ und $A \in \operatorname{End}_K(V)$. Ist B irgendeine Basis von V, so setzen wir $\operatorname{Sp} A = \operatorname{Sp} A_B$. Wegen 3.5.2 b) ist $\operatorname{Sp} A_B$ unabhängig von der Basis B. Somit ist $\operatorname{Sp} A$ wohldefiniert.

Satz 3.5.4 *Sei f eine K-lineare Abbildung von $(K)_n$ in K mit $f(AB) = f(BA)$ für alle $A, B \in (K)_n$. Dann existiert ein $c \in K$, so daß*

$$f(A) = c \operatorname{Sp} A \quad \textit{für alle } A \in (K)_n.$$

Beweis. Wir verwenden die Basis $[E_{ij} \mid i, j = 1, \ldots, n]$ von $(K)_n$ aus 3.3.6. Für $i \neq j$ gilt dann

$$f(E_{ij}) = f(E_{ij}E_{jj}) = f(E_{jj}E_{ij}) = f(0) = 0.$$

Ferner ist

$$f(E_{ii}) - f(E_{11}) = f(E_{i1}E_{1i} - E_{1i}E_{i1}) = 0.$$

Für $(a_{ij}) = \sum_{i,j=1}^{n} a_{ij} E_{ij}$ folgt somit

$$f((a_{ij})) = \sum_{i,j=1}^{n} a_{ij} f(E_{ij}) = f(E_{11}) \sum_{i=1}^{n} a_{ii} = f(a_{11}) \operatorname{Sp} A.$$

□

Da die Spur einer Matrix einfach zu berechnen ist, sind Beweise, welche die Spur verwenden, oft besonders elegant. Wir geben eine Kostprobe.

Beispiel 3.5.5 a) In der Quantenmechanik spielt die sogenannte *Heisenberg*[6]*-Gleichung*

$$(H) \qquad AB - BA = E$$

für $A, B \in \operatorname{End}_K(V)$ eine fundamentale Rolle. Sie ist eng mit der Unschärfe-Relation verbunden (siehe 8.3.11). Wir zeigen:
Ist $\dim V = n < \infty$ und $\operatorname{Char} K = 0$ oder $\operatorname{Char} K$ kein Teiler von n, so hat (H) keine Lösung.
Aus $AB - BA = E$ folgt nämlich $0 = \operatorname{Sp}(AB - BA) = \operatorname{Sp} E = n$, also ist $\operatorname{Char} K$ ein Teiler von n.
b) Ist $\dim V$ hingegen unendlich, so kann es Lösungen von (H) geben. Sei etwa V der $\mathbb{R}$-Vektorraum der ganz-rationalen Funktionen auf $\mathbb{R}$ und seien $A, B \in \operatorname{End}_K(V)$ mit

$$(Af)(x) = f'(x) \quad \text{und} \quad (Bf)(x) = xf(x)$$

für $f \in V$. Dann ist

$$(AB - BA)f = (xf)' - xf' = f,$$

also $AB - BA = E$. (Dies ist die Vertauschungsrelation für den Impulsoperator A und den Ortsoperator B.)

Aus 3.5.2 b) folgt $\operatorname{Sp}(BC - CB) = 0$ für alle $B, C \in (K)_n$. Nicht ganz trivial ist die Tatsache, daß für $\operatorname{Char} K = 0$ auch die Umkehrung gilt.

Satz 3.5.6 *Sei* $\operatorname{Char} K = 0$ *und* $A \in (K)_n$ *mit* $\operatorname{Sp} A = 0$. *Dann gibt es* $B, C \in (K)_n$ *mit* $A = BC - CB$ *und* $\operatorname{Sp} B = \operatorname{Sp} C = 0$.

[6]Werner Heisenberg (1901-1976) Leipzig, Berlin, Göttingen, München. Theoretischer Physiker; Quantenmechanik, Quantenfeldtheorie.

Beweis. a) Wir zeigen zuerst, daß es ein $T \in (K)_n$ gibt mit

$$T^{-1}AT = (c_{ij}) \quad \text{und} \quad c_{11} = \ldots = c_{nn} = 0.$$

Sei $A \neq 0$. Wegen $\operatorname{Char} K = 0$ hat A nicht die Gestalt aE mit $a \in K$. Nach 3.1.10 a) gibt es daher ein $v \in K^n$ derart, daß v und Av linear unabhängig sind. Indem wir v, Av als Anfang einer Basis wählen, erhalten wir durch Basiswechsel ein $S \in (K)_n$ mit

$$S^{-1}AS = \begin{pmatrix} 0 & b_{12} \ldots b_{1n} \\ b_{21} & \\ \vdots & B_0 \\ b_{n1} & \end{pmatrix}$$

mit $\operatorname{Sp} B_0 = 0$. Gemäß einer Induktion nach n gibt es ein $R \in (K)_{n-1}$ mit

$$\begin{pmatrix} 1 & 0 \\ 0 & R \end{pmatrix}^{-1} S^{-1}AS \begin{pmatrix} 1 & 0 \\ 0 & R \end{pmatrix} = \begin{pmatrix} 0 & * \\ * & R^{-1}B_0R \end{pmatrix} = (c_{ij})$$

und $c_{11} = \ldots = c_{nn} = 0$.
b) Wegen $\operatorname{Char} K = 0$ und $n > 1$ hat die Diagonalmatrix

$$D = \begin{pmatrix} 1 & & & & \\ & 2 & & & \\ & & \ddots & & \\ & & & n-1 & \\ & & & & -\frac{n(n-1)}{2} \end{pmatrix} = \begin{pmatrix} d_{11} & & & & \\ & d_{22} & & & \\ & & \ddots & & \\ & & & d_{n-1\,n-1} & \\ & & & & d_{nn} \end{pmatrix}$$

die Spur 0 mit paarweise verschiedenen d_{jj}.

Wir betrachten $\alpha \in \operatorname{End}_K((K)_n)$ mit $\alpha X = XD - DX$. Ist $X = (x_{ij})$, so gilt $\alpha X = (y_{ij})$ mit $y_{ij} = (d_{jj} - d_{ii})x_{ij}$. Dies zeigt

$$\operatorname{Bild} \alpha \leq \{(c_{ij}) \mid c_{11} = \ldots = c_{nn} = 0\}.$$

Da D lauter verschiedene Diagonalelemente hat, ist $\operatorname{Kern} \alpha$ nach 3.3.20 b) die Menge aller Diagonalmatrizen. Damit folgt

$$\dim \operatorname{Bild} \alpha = n^2 - \dim \operatorname{Kern} \alpha = n^2 - n.$$

Dies zeigt

$$\operatorname{Bild} \alpha = \{(c_{ij}) \mid c_{11} = \ldots = c_{nn} = 0\}.$$

c) Ist $\operatorname{Sp} A = 0$, so gibt es nach a) und b) Matrizen $T, Y \in (K)_n$ mit

$$T^{-1}AT = YD - DY.$$

Indem wir Y durch $Y + Z$ mit einer geeigneten Diagonalmatrix Z ersetzen, können wir $\operatorname{Sp} Y = 0$ annehmen. Dann ist

$$A = TYT^{-1} \cdot TDT^{-1} - TDT^{-1} \cdot TYT^{-1}$$

mit $\operatorname{Sp} TYT^{-1} = \operatorname{Sp} TDT^{-1} = 0$. □

Aufgabe 3.5.1 Sei $\dim V < \infty$ und $A \in \operatorname{End}_K(V)$. Ferner sei $U \leq V$ mit $AU \leq U$. Dann gilt

$$\operatorname{Sp} A = \operatorname{Sp} A_U + \operatorname{Sp} A_{V/U}.$$

Aufgabe 3.5.2 Für $\operatorname{Char} K = p$ finde man Matrizen $A, B \in (K)_p$ mit $AB - BA = E$.

Aufgabe 3.5.3 Sei $\dim V < \infty$ und $A \in \operatorname{End}_K(V)$.

a) Gibt es ein m mit $A^m = 0$, so gilt $\operatorname{Sp} A^j = 0$ für alle $j = 1, 2, \ldots$.

b) Sei $\operatorname{Char} K = 0$ und $\operatorname{Sp} A^j = 0$ für $j = 1, 2, \ldots$. Dann gibt es ein $m \in \mathbb{N}$ mit $A^m = 0$.

Hilfe: Man wähle eine möglichst kurze Relation der Gestalt

$$a_0 E + a_1 A + \ldots + a_k A^k = 0$$

mit $a_k \neq 0$, folgere $\operatorname{Kern} A \neq 0$ und wende Induktion nach $\dim V$ an.

3.6 Projektionen und direkte Zerlegungen

Definition 3.6.1 Sei V ein K-Vektorraum.

a) Ein $P \in \mathrm{End}_K(V)$ heißt eine *Projektion*, falls $P^2 = P$ gilt.

b) Seien $V_i \leq V$ $(i = 1, \dots, m)$. Läßt sich jedes $v \in V$ auf genau eine Weise schreiben als

$$v = v_1 + \ldots + v_m \quad \text{mit} \quad v_j \in V_j,$$

so schreiben wir

$$V = V_1 \oplus \ldots \oplus V_m$$

und nennen V die *direkte Summe* der V_j. Insbesondere haben wir $V = V_1 + \ldots + V_m$.

Beispiele 3.6.2 a) Ist $[v_1, \dots, v_n]$ eine Basis von V, so gilt offenbar

$$V = \langle v_1 \rangle \oplus \ldots \oplus \langle v_n \rangle.$$

b) Sei $U \leq V$ und sei W ein Komplement von U in V im Sinne von 2.7.9, also $V = U + W$ und $U \cap W = 0$. Dann hat jedes $v \in V$ die Gestalt

$$v = u + w \quad \text{mit} \quad u \in U, \ w \in W.$$

Ist auch

$$v = u_1 + w_1 \quad \text{mit} \quad u_1 \in U, \ w_1 \in W,$$

so folgt

$$u - u_1 = w_1 - w \in U \cap W = 0.$$

Also gilt $V = U \oplus W$.
c) Seien W_j K-Vektorräume für $j = 1, \dots, m$. Dann wird

$$V = \{(w_1, \dots, w_m) \mid w_j \in W_j\}$$

ein K-Vektorraum durch komponentenweise Durchführung der Operationen. Setzen wir

$$V_j = \{(0, \dots, 0, w_j, 0, \dots, 0\} \mid w_j \in W_j\},$$

so gilt $W_j \cong V_j \leq V$ und offenbar $V = V_1 \oplus \ldots \oplus V_m$.

Satz 3.6.3 *Sei V ein K-Vektorraum und $V_j \le V$ $(j = 1, \ldots, m)$.*

a) Genau dann gilt $V = \oplus_{j=1}^m V_j$, falls $V = \sum_{j=1}^m V_j$ und $(V_1 + \ldots + V_j) \cap V_{j+1} = 0$ für $1 \le j < m$ ist.

b) Ist $\dim V < \infty$ und $V = \oplus_{j=1}^m V_j$, so ist $\dim V = \sum_{j=1}^m \dim V_j$.

Beweis. a) Sei zuerst $V = \oplus_{j=1}^m V_j$, also $V = V_1 + \ldots + V_m$. Ist

$$\sum_{i=1}^{j} v_i = v_{j+1} \in (\sum_{i=1}^{j} V_i) \cap V_{j+1},$$

so liefert die in 3.6.1 geforderte Eindeutigkeit $v_1 = \ldots = v_{j+1} = 0$.

Seien umgekehrt $(\sum_{i=1}^j V_i) \cap V_{j+1} = 0$ für alle $1 \le j < m$. Sei ferner $\sum_{j=1}^k v_j = 0$ mit $v_j \in V_j$ und $v_k \ne 0$ mit $1 \le k \le m$. Dann ist

$$\sum_{j=1}^{k-1} v_j = -v_k \in (\sum_{j=1}^{k-1} V_j) \cap V_k = 0,$$

ein Widerspruch. Aus $\sum_{j=1}^m v_j = 0$ mit $v_j \in V_j$ folgt also $v_j = 0$ für alle j. Dies liefert die in 3.6.1 geforderte Eindeutigkeit. Somit ist $V = \oplus_{j=1}^m V_j$.
b) Sei $V = \oplus_{j=1}^m V_j$. Nach a) gilt

$$\begin{aligned}\dim V &= \dim \sum_{j=1}^{m-1} V_j + \dim V_m - \dim (\sum_{j=1}^{m-1} V_j) \cap V_m \\ &= \dim \sum_{j=1}^{m-1} V_j + \dim V_m.\end{aligned}$$

Durch triviale Induktion folgt dann $\dim V = \sum_{j=1}^m \dim V_j$. □

Satz 3.6.4 *Sei V ein K-Vektorraum und $P = P^2 \in \mathrm{End}_K(V)$.*

a) Dann gilt $V = \mathrm{Kern}\, P \oplus \mathrm{Bild}\, P$. Für $v \in \mathrm{Bild}\, P$ ist dabei $Pv = v$.

b) Sei $\dim V < \infty$. Sei B_1 eine Basis von $\mathrm{Kern}\, P$ und B_2 eine Basis von $\mathrm{Bild}\, P$. Dann ist offenbar $B = B_1 \cup B_2$ eine Basis von V, und P ist die Diagonalmatrix

$$P_B = \begin{pmatrix} 0 & & & & & \\ & \ddots & & & & \\ & & 0 & & & \\ & & & 1 & & \\ & & & & \ddots & \\ & & & & & 1 \end{pmatrix}$$

mit $\mathrm{r}(P)$ *Einsen in der Diagonalen zugeordnet. Ist* $\mathrm{Char}\, K = 0$*, so folgt* $\mathrm{Sp}\, P = \mathrm{r}(P)$.

c) $E - P$ *ist die Projektion mit*

$$\mathrm{Bild}(E-P) = \mathrm{Kern}\, P \quad \textit{und} \quad \mathrm{Kern}(E-P) = \mathrm{Bild}\, P.$$

Beweis. a) Für $v \in V$ gilt $v = (v - Pv) + Pv$. Wegen

$$P(v - Pv) = Pv - P^2v = 0$$

ist $v - Pv \in \mathrm{Kern}\, P$. Dies zeigt $V = \mathrm{Kern}\, P + \mathrm{Bild}\, P$. Ist

$$w = Pv \in \mathrm{Kern}\, P \cap \mathrm{Bild}\, P,$$

so folgt

$$0 = Pw = P^2v = Pv = w.$$

Also gilt $V = \mathrm{Kern}\, P \oplus \mathrm{Bild}\, P$. Für $v = Pw \in \mathrm{Bild}\, P$ gilt ferner

$$Pv = P^2w = Pw = v.$$

b) Dies ist die Übersetzung von a) in die Matrizensprache.
c) Wegen

$$(E-P)^2 = E - 2P + P^2 = E - P$$

ist auch $E - P$ eine Projektion. Man bestätigt leicht

$$\mathrm{Bild}(E-P) = \mathrm{Kern}\, P \quad \text{und} \quad \mathrm{Kern}(E-P) = \mathrm{Bild}\, P.$$

□

Den allgemeinen Zusammenhang zwischen Projektionen und direkten Zerlegungen liefert der folgende Satz.

Satz 3.6.5

a) Sei $V = \oplus_{j=1}^m V_j$ *ein* K*-Vektorraum. Wir definieren* $P_i \in \mathrm{End}_K(V)$ *durch*

$$P_i\Big(\sum_{j=1}^m v_j\Big) = v_i \quad \textit{für} \quad v_j \in V_j.$$

Dann gelten

$$P_i^2 = P_i,\ P_iP_j = 0 \quad \textit{für} \quad j \neq i \quad \textit{und} \quad P_1 + \ldots + P_m = E.$$

Dabei ist $V_j = \mathrm{Bild}\, P_j$.

b) Seien umgekehrt $P_i^2 = P_i \in \operatorname{End}_K(V)$ $(i = 1, \dots, m)$ mit $P_i P_j = 0$ für $j \neq i$ und $P_1 + \ldots + P_m = E$. Dann gilt $V = \oplus_{i=1}^m \operatorname{Bild} P_i$.

Beweis. a) Offensichtlich sind die P_i wohldefiniert und erfüllen die angegebenen Relationen.
b) Für alle $v \in V$ gilt $v = Ev = \sum_{i=1}^m P_i v \in \sum_{i=1}^m \operatorname{Bild} P_i$. Also ist $V = \sum_{i=1}^m \operatorname{Bild} P_i$. Aus

$$v = \sum_{i=1}^m P_i w_i \quad \text{mit} \quad w_i \in V$$

folgt

$$P_j v = \sum_{i=1}^m P_j P_i w_i = P_j w_j.$$

Daher gilt $V = \oplus_{i=1}^m \operatorname{Bild} P_i$. □

Definition 3.6.6 Sei V ein K-Vektorraum und sei $\mathcal{A}$ eine Teilmenge von $\operatorname{End}_K(V)$. Wir sagen, daß ein Unterraum U von V *$\mathcal{A}$-invariant* ist, falls $AU \leq U$ für alle $A \in \mathcal{A}$ gilt.

Der Nutzen unserer Begriffsbildung für die feinere Untersuchung von linearen Abbildungen beruht weitgehend auf folgendem Lemma.

Lemma 3.6.7 *Sei V ein K-Vektorraum und $P = P^2 \in \operatorname{End}_K(V)$. Sei $\mathcal{A}$ eine Teilmenge von $\operatorname{End}_K(V)$ mit $AP = PA$ für alle $A \in \mathcal{A}$. Dann gilt $V = \operatorname{Kern} P \oplus \operatorname{Bild} P$, wobei $\operatorname{Kern} P$ und $\operatorname{Bild} P$ $\mathcal{A}$-invariant sind.*

Beweis. Ist $v \in \operatorname{Kern} P$ und $A \in \mathcal{A}$, so gilt $PAv = APv = 0$. Somit ist $Av \in \operatorname{Kern} P$. Ist $v = Pw \in \operatorname{Bild} P$, so folgt $Av = APw = PAw \in \operatorname{Bild} P$. □

Beispiel 3.6.8 Sei V ein K-Vektorraum und $\operatorname{Char} K \neq 2$. Weiterhin sei $A \in \operatorname{End}_K(V)$ mit $A^2 = E$. Wir setzen

$$P = \frac{1}{2}(E + A),$$

also $E - P = \frac{1}{2}(E - A)$. Dann ist $P^2 = \frac{1}{4}(E + 2A + A^2) = \frac{1}{2}(E + A) = P$ und

$$AP = \frac{1}{2}(A + A^2) = P = PA.$$

Ferner ist auch $(E - P)^2 = E - P$ und $A(E - P) = \frac{1}{2}(A - A^2) = -(E - P)$. Somit gilt

$$V = \operatorname{Bild} P \oplus \operatorname{Bild}(E - P).$$

Für $v = Pw \in \operatorname{Bild} P$ folgt $Av = APw = Pw = v$. Für $v = (E - P)w$ ist hingegen $Av = A(E-P)w = -(E-P)w = -v$.

Eine Verallgemeinerung dieser Aussage befindet sich in Aufgabe 3.6.5

Satz 3.6.9 (Maschke[7]) *Sei V ein K-Vektorraum mit $\dim V < \infty$ und $\mathcal{G}$ eine endliche Teilmenge von $\operatorname{End}_K(V)$, die bezüglich der Multiplikation eine Gruppe ist. Sei $\operatorname{Char} K = 0$ oder $\operatorname{Char} K = p$ und $p \nmid |\mathcal{G}|$. Sei schließlich U ein $\mathcal{G}$-invarianter Unterraum von V. Dann gibt es einen $\mathcal{G}$-invarianten Unterraum $W \leq V$ mit $V = U \oplus W$.*

(Die Behauptung des Satzes wird in der Matrizensprache deutlich:

Sei $\mathcal{G}$ eine endliche Gruppe von invertierbaren Matrizen aus $(K)_n$ und $\operatorname{Char} K \nmid |\mathcal{G}|$. Es gebe ein $m \in \mathbb{N}$ mit $1 \leq m < n$ derart, daß jedes $G \in \mathcal{G}$ die Gestalt

$$G = \begin{pmatrix} A_{11}(G) & A_{12}(G) \\ 0 & A_{22}(G) \end{pmatrix}$$

hat mit $A_{11}(G)$ vom Typ (m, m). Dann gibt es ein invertierbares $B \in (K)_n$ derart, daß

$$B^{-1}GB = \begin{pmatrix} A_{11}(G) & 0 \\ 0 & A_{22}(G) \end{pmatrix}$$

für alle $G \in \mathcal{G}$ gilt.)

Beweis. Sei $V = U \oplus U'$ und sei $P = P^2$ die Projektion mit $\operatorname{Bild} P = U$ und $\operatorname{Kern} P = U'$. Wegen $\operatorname{Char} K \nmid |\mathcal{G}| < \infty$ können wir

$$Q = \frac{1}{|\mathcal{G}|} \sum_{G \in \mathcal{G}} G^{-1}PG$$

bilden. Wir zeigen:
(1) Für $u \in U$ gilt $Qu = u$:
Wegen $Gu \in GU \leq U$ gilt $G^{-1}PGu = G^{-1}Gu = u$. Daher folgt $Qu = u$.
(2) Für alle $v \in V$ gilt $Qv \in U$:
Dies folgt aus $G^{-1}PGv \in G^{-1}U \leq U$. Aus (1) und (2) erhalten wir bereits $Q^2 = Q$ und $\operatorname{Bild} Q = U$.
(3) Für alle $H \in \mathcal{G}$ gilt $HQ = QH$:
Wir haben

$$HQ = \frac{1}{|\mathcal{G}|} \sum_{G \in \mathcal{G}} (HG^{-1})P(GH^{-1})H = \frac{1}{|\mathcal{G}|} \sum_{Y \in \mathcal{G}} Y^{-1}PYH = QH.$$

[7] Heinrich Maschke (1853-1908) Berlin, Chicago. Gruppentheorie, Differentialgeometrie.

(Dazu beachte man, daß die Abbildung $G \mapsto GH^{-1}$ auf $\mathcal{G}$ bijektiv ist.)
Mit 3.6.7 folgt

$$V = \operatorname{Bild} Q \oplus \operatorname{Kern} Q = U \oplus \operatorname{Kern} Q$$

und $G \operatorname{Kern} Q \leq \operatorname{Kern} Q$ für alle $G \in \mathcal{G}$. □

Aufgabe 3.6.1 Sei $\dim V < \infty$ und $V_i \leq V$ $(i = 1, \ldots, m)$. Dann sind gleichwertig:

a) $V = \oplus_{i=1}^m V_i$.

b) $V = \sum_{i=1}^m V_i$ und $\dim V = \sum_{i=1}^m dim V_i$.

Aufgabe 3.6.2 Seien P und Q Projektionen aus $\operatorname{End}_K(V)$.

a) Ist $P + Q$ eine Projektion und $\operatorname{Char} K \neq 2$, so gilt $PQ = QP = 0$.

b) Ist $PQ = QP$, so ist PQ die Projektion mit
$\operatorname{Kern} PQ = \operatorname{Kern} P + \operatorname{Kern} Q$ und $\operatorname{Bild} PQ = \operatorname{Bild} P \cap \operatorname{Bild} Q$.

c) Ist $PQ = QP$, so ist $R = P + Q - PQ$ die Projektion mit
$\operatorname{Kern} R = \operatorname{Kern} P \cap \operatorname{Kern} Q$ und $\operatorname{Bild} R = \operatorname{Bild} P + \operatorname{Bild} Q$.

Aufgabe 3.6.3 Sei $\operatorname{Char} K = 0$ und V ein K-Vektorraum mit $\dim V < \infty$. Sei $\mathcal{G}$ eine endliche Teilmenge von $\operatorname{End}_K(V)$, die bezüglich der Multiplikation eine Gruppe bildet.

a) Dann ist

$$V_0 = \{v \mid v \in V,\ Gv = v \ \text{ für alle } G \in \mathcal{G}\}$$

ein Unterraum von V, und

$$P = \frac{1}{|\mathcal{G}|} \sum_{G \in \mathcal{G}} G$$

ist eine Projektion mit $\operatorname{Bild} P = V_0$ und $PG = GP$ für alle $G \in \mathcal{G}$.

b) Es gilt

$$\dim V_0 = \frac{1}{|\mathcal{G}|} \sum_{G \in \mathcal{G}} \operatorname{Sp} G.$$

Aufgabe 3.6.4 Sei V ein K-Vektorraum und seien $V_i \leq V$ $(i = 1, \ldots, m)$ mit $\dim V/V_i < \infty$.

a) Wir bilden gemäß 3.6.2 c) die direkte Summe $W = \oplus_{i=1}^m V/V_i$. Dann wird durch
$$Av = (v + V_1, \dots, v + V_m)$$
ein $A \in \mathrm{Hom}_K(V, W)$ mit $\mathrm{Kern}\, A = \cap_{i=1}^m V_i$ definiert.

b) Es gilt (siehe 2.9.3)
$$\dim V/\cap_{i=1}^m V_i \leq \sum_{i=1}^m \dim V/V_i.$$

c) In b) gilt genau dann Gleichheit, wenn $V = V_i + \cap_{j\neq i} V_j$ für alle $i = 1, \dots, m$ ist.

Aufgabe 3.6.5 Sei V ein $\mathbb{C}$-Vektorraum und $A \in \mathrm{End}_{\mathbb{C}}(V)$ mit $A^m = E$. Sei ferner $\varepsilon = \cos\frac{2\pi}{m} + i\sin\frac{2\pi}{m}$. Wir setzen
$$P_j = \frac{1}{m}\sum_{k=0}^{m-1} \varepsilon^{-jk} A^k$$
für $j = 0, \dots, m-1$.

a) Man beweise $AP_j = \varepsilon^j P_j$ für alle j.

b) Man folgere $P_i P_j = \delta_{ij} P_i$ und $E = \sum_{j=0}^{m-1} P_j$.

c) Es gilt $V = \oplus_{j=0}^{m-1} \mathrm{Bild}\, P_j$. Für $v_j \in \mathrm{Bild}\, P_j$ ist $Av_j = \varepsilon^j v_j$.

(Eine ähnliche Konstruktion kommt in der Gleichungstheorie als *Lagrange'sche Resolvente* vor.)

3.7 Codierungstheorie I

In 2.6.5 haben wir bereits gesehen, wie man Fehler bei der Übertragung von Daten erkennen kann. Wir wollen uns in diesem Paragraphen etwas näher mit diesem Problemkreis beschäftigen, um nicht nur Fehler zu erkennen sondern auch mit möglichst wenig Aufwand korrigieren zu können.

Problemstellung 3.7.1 Über einen Kanal (Telefonleitung, Atmosphäre, magnetisches Band, CD) sollen digitale Daten von einem Sender zu einem Empfänger übertragen werden. Dabei verursache der Kanal zufällige Störungen in den Daten, bedingt etwa durch atmosphärisches Rauschen, Interferenzen, Änderung der Magnetisierung, Kratzer auf der CD usw.

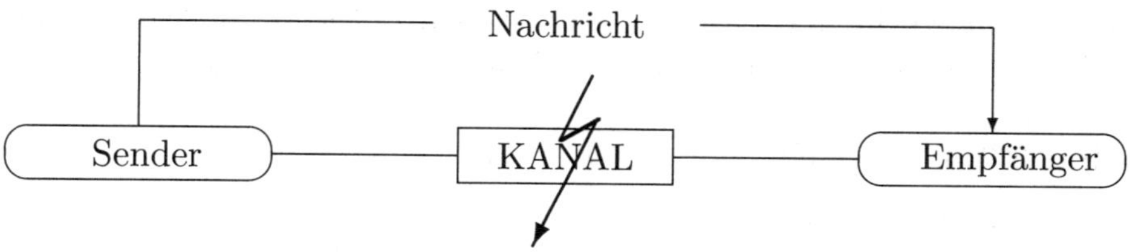

Aufgabe der Codierungstheorie ist es, Daten gegen derartige Fehler zu sichern. Ein naives Verfahren, welches man anwenden könnte, ist die n-fache Wiederholung der gesendeten Nachricht.

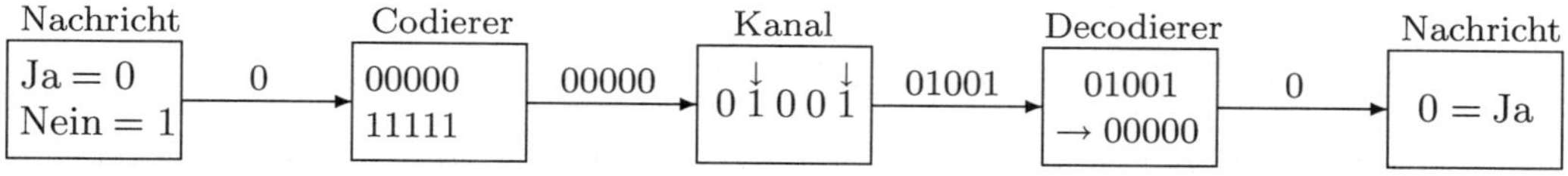

In diesem Beispiel wiederholt der Codierer die Nachricht 0 fünfmal. Der Kanal stört das gesendete Wort 00000 zu 01001. Der Decodierer entschlüsselt nun das empfangene Wort 01001 zu dem *Codewort*, welches zu 01001 am nächsten liegt, also 00000.

Durch die fünffache Wiederholung kann man, wie man unmittelbar sieht, bis zu zwei Fehler korrigieren. Ein derartiger *Wiederholungscode* ist in der Regel zu aufwendig, d.h. für die Praxis zu teuer. Will man e Fehler mit diesem Verfahren korrigieren, so muß $n \geq 2e + 1$ sein. Ein Bit Information erfordert bei diesem Verfahren $n - 1$ *redundante* Bits. Hier drängt sich die Frage auf: Wie kann man die Korrektur von e Fehlern effizienter bewerkstelligen?

Beispiel 3.7.2 Die Nachricht bestehe nun aus Paaren von Bits, denen durch die folgende Festsetzung 5-Tupel als Codeworte zugeordnet werden.

Nachricht	Codewort
0 0	0 0 0 0 0
0 1	0 1 1 0 1
1 0	1 0 1 1 0
1 1	1 1 0 1 1

Die Korrektur eines Fehlers ist hier möglich, denn jedes vom Empfänger erhaltene Wort mit höchstens einem Fehler ist näher zum tatsächlich gesendeten Codewort als zu allen anderen.

Ein Wiederholungscode hingegen benötigt dafür 6-Tupel, also ein Bit mehr Redundanz. Man beachte, daß die obigen Codeworte einen Unterraum im $(\mathbb{Z}_2)^5$, also einen Vektorraum bilden. Nur mit solchen sogenannten linearen Codes werden wir uns in diesem Abschnitt beschäftigen.

Definition 3.7.3 Sei K ein endlicher Körper.

a) Ein *(linearer) Code* C der Länge n über K ist ein Unterraum des K^n. Die Elemente von C heißen *Codeworte*. Ist $\dim C = k$, so nennen wir C einen *$[n,k]$-Code*. Im Fall $|K| = 2$ heißt C *binär*, im Fall $|K| = 3$ *ternär*. Die *Redundanz* von C ist definiert als $n - k$.

b) Auf K^n definieren wir den *Hamming*[8]*-Abstand* d wie folgt:

$$\mathrm{d}(u,v) := |\{i \mid u_i \neq v_i\}|,$$

wobei $u = (u_1, \ldots, u_n) \in K^n$ und $v = (v_1, \ldots, v_n) \in K^n$.

c) Sei $C \leq K^n$. Die *Minimaldistanz* $\mathrm{d}^* = \mathrm{d}^*(C)$ *von* C ist definiert durch

$$\mathrm{d}^*(C) := \min\{\mathrm{d}(c,c') \mid c, c' \in C,\ c \neq c'\}.$$

Ist $\dim C = k$, so nennen wir C auch einen *$[n,k,\mathrm{d}^*]$-Code*.

Der Hamming-Abstand liefert offenbar die mathematische Präsizierung des in den obigen Beispielen gebrauchten Begriffs 'näher'.

Satz 3.7.4 *Der Hamming-Abstand definiert auf K^n eine Metrik, d.h. es gilt für alle $u, v, w \in K^n$*

---

[8] Richard Hamming (1915 - 1998). Mathematiker und Pionier der Computerwissenschaften; arbeitete bei Bell Telephone Laboratories und als Prof. an der Naval Postgradute School in Monterey.

(1) $\mathrm{d}(u,v) \geq 0$ *und* $\mathrm{d}(u,v) = 0$ *genau für* $u = v$.

(2) $\mathrm{d}(u,v) = \mathrm{d}(v,u)$.

(3) $\mathrm{d}(u,v) \leq \mathrm{d}(u,w) + \mathrm{d}(w,v)$ (Dreiecksungleichung).

Ferner ist der Hamming-Abstand translationsinvariant, d.h. es gilt

(4) $\mathrm{d}(u+w, v+w) = \mathrm{d}(u,v)$.

Beweis. Die Aussagen (1) und (2) sind offensichtlich. Nach Definition der Hamming-Distanz ist $\mathrm{d}(u,v)$ die kleinste Anzahl von Koordinatenänderungen, die man braucht, um u in v zu überführen. Diese Zahl ist natürlich kleiner oder gleich der kleinsten Anzahl von Koordinatenänderungen, die man benötigt, um zunächst u in w und dann w in v zu überführen. Also gilt (3). Ferner ist $u_i \neq v_i$, genau falls $u_i + w_i \neq v_i + w_i$ ist. Also gilt

$$\mathrm{d}(u,v) = |\{\, i \mid u_i \neq v_i \}| = |\{\, i \mid u_i + w_i \neq v_i + w_i \}| = \mathrm{d}(u+w, v+w)$$

für alle $u, v, w \in K^n$. □

Die Translationsinvarianz von d liefert

$$\begin{aligned} \mathrm{d}^*(C) &= \min\{\mathrm{d}(c,c') \mid c,c' \in C,\ c \neq c'\} \\ &= \min\{d(c-c',0) \mid c,c' \in C,\ c \neq c'\} \\ &= \min\{d(c,0) \mid 0 \neq c \in C\}. \end{aligned}$$

Setzen wir $\mathrm{wt}(c) = \mathrm{d}(c,0)$, so gilt also $\mathrm{d}^*(C) = \min\{\mathrm{wt}(c) \mid 0 \neq c \in C\}$. Wir nennen $\mathrm{wt}(c)$ das *Gewicht von c*.

Der Hamming-Abstand spielt nicht nur in der Codierungstheorie eine zentrale Rolle. Er wird auch zunehmend bei der Beschreibung von genetischen Prozessen verwendet (siehe [4]).

Bemerkungen 3.7.5 Sei $C \leq K^n$ und $|K| = q$.

a) Wird $c \in C$ gesendet und $v \in K^n$ empfangen, so ist $\mathrm{d}(v,c)$ die Anzahl der bei der Übertragung aufgetretenen Fehler.

b) Sei $e \in \mathbb{N}$ die größte ganze Zahl mit $2e+1 \leq \mathrm{d}^*(C)$. Sind bei der Übertragung von $c \in C$ höchstens e Fehler passiert, so kann aus dem empfangenen Wort v das gesendete Codewort $c \in C$ eindeutig bestimmt werden durch

$$\mathrm{d}(v,c) = \min\{\mathrm{d}(v,c') \mid c' \in C\}.$$

Dies sieht man wie folgt: Sei $\mathcal{B}_e(v) = \{v' \in K^n \mid \mathrm{d}(v,v') \leq e\}$ die Kugel um $v \in K^n$ mit Radius e. Sind c, c' zwei verschiedene Codeworte, so liefert die Voraussetzung $2e+1 \leq \mathrm{d}^*(C)$, daß $\mathcal{B}_e(c) \cap \mathcal{B}_e(c') = \emptyset$ ist.

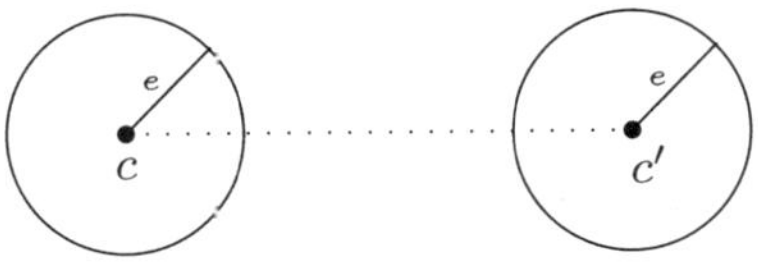

$$d(c,c') \geq d^*(C) \geq 2e+1$$

Die Kugel $\mathcal{B}_e(c)$ enthält alle $v \in K^n$, welche durch Verfälschung an höchstens e Positionen aus c entstehen.
c) Für $e \leq n$ gilt

$$|\,\mathcal{B}_e(x)| = |\,\mathcal{B}_e(0)| = \sum_{j=0}^{e} \binom{n}{j}(q-1)^j \text{ für alle } x \in K^n :$$

Offenbar ist $\alpha : \mathcal{B}_e(0) \to \mathcal{B}_e(x)$ mit $\alpha y = x + y$ eine Bijektion. Der Wert für $|\,\mathcal{B}_e(0)|$ berechnet sich wie folgt: Es gilt $|\{a \mid a \in K^n,\ \mathrm{wt}(a) = j\}| = \binom{n}{j}(q-1)^j$, denn für die j Positionen, an denen $a \neq 0$ ist, haben wir $\binom{n}{j}$ verschiedene Möglichkeiten, und an jeder Position dürfen wir jedes beliebige Element $\neq 0$ aus K einsetzen.
d) Sei wieder $2e+1 \leq \mathrm{d}^* = \mathrm{d}(C)$ mit maximalem e. In b) haben wir gezeigt, daß dann $\mathcal{B}_e(c) \cap \mathcal{B}_e(c') = \emptyset$ für alle $c \neq c' \in C$ gilt. Mit c) erhalten wir nun die sogenannte *Hamming-Schranke*

$$q^n = |K^n| \geq |\cup_{c\in C} B_e(c)| = |C||\,\mathcal{B}_e(0)| = |C| \sum_{j=0}^{e} \binom{n}{j}(q-1)^j.$$

Nun erhebt sich die Frage:

Gibt es einen $[n,k,\mathrm{d}^*]$-Code C, so daß die Kugeln ganz K^n disjunkt überdecken?

Derartige Codes heißen *perfekt*. Sie erfordern wegen $|C| = q^k$ und c) die *Kugelpackungsgleichung*

$$q^n = q^k \sum_{j=0}^{e} \binom{n}{j}(q-1)^j.$$

Ist $C \neq 0$, so muß $\mathrm{d}^* = 2e+1$ gelten. (Aufgabe 3.7.1 a)). Neben den trivialen perfekten Codes, nämlich $C = K^n$ und dem binären Wiederholungscode $C = \{(0,\ldots,0),(1,\ldots,1)\} \leq \mathbb{Z}_2^n$ mit n ungerade (Aufgabe 3.7.1 b)) gibt es nur sehr wenige perfekte Codes, wie 1973 Tietäväinen und unabhängig davon Zinov'ev und Leont'ev im gleichen Jahr gezeigt haben:

Sei C ein nichttrivialer perfekter $[n, k, \mathrm{d}^*]$-Code. Dann tritt einer der folgenden Fälle ein:

(1) $[\frac{q^k-1}{q-1}, n-k, 3]$, $2 \leq k \in \mathbb{N}$ *und* $q = |K|$ *beliebig,*

(2) $[23, 12, 7]$ *und* $q = 2$,

(3) $[11, 6, 5]$ *und* $q = 3$.

Man bestätigt sofort, daß die Parameter in (1) - (3) die Kugelpackungsgleichung erfüllen. Die zugehörigen Codes werden wir noch kennenlernen.

Bemerkung 3.7.6 Zwar gilt die Kugelpackungsgleichung

$$2^{90} = 2^{78} \sum_{j=0}^{2} \binom{90}{j},$$

aber es gibt keinen (perfekten) $[90, 78, 5]$-Code über K mit $|K| = 2$.
Dies sieht man so:
Angenommen, C sei ein solcher Code. Dann betrachten wir

$$\mathcal{M} = \{a = (a_i) \mid a \in K^{90},\ a_1 = a_2 = 1,\ \mathrm{wt}(a) = 3\}$$

und

$$\mathcal{N} = \{c = (c_i) \mid c \in C,\ c_1 = c_2 = 1,\ \mathrm{wt}(c) = 5\}$$

und berechnen

$$t = |\{(a, c) \mid a \in \mathcal{M},\ c \in \mathcal{N},\ \sum_{i=1}^{90} a_i c_i = 1\}|.$$

Die Bedingung $\sum_{i=1}^{90} a_i c_i = 1$ verlangt, daß für das einzige $a_i = 1$ mit $i \geq 3$ auch $c_i = 1$ gilt.
(1) Zu jedem $c \in \mathcal{N}$ gibt es offenbar genau drei $a \in \mathcal{M}$ mit $\sum_{i=1}^{90} a_i c_i = 1$. Also gilt $t = 3|\mathcal{N}|$.
(2) Da die Kugeln vom Radius 2 um die Codeworte ganz K^{90} überdecken, gibt es zu $a \in \mathcal{M}$ ein $c \in C$ mit $\mathrm{wt}(c - a) \leq 2$. Wegen $c \neq 0$ ist $\mathrm{wt}(c) \geq 5$. Ist $c = (0, 0, \ldots), (1, 0, \ldots), (0, 1, \ldots)$, so erhalten wir $\mathrm{wt}(c - a) \geq 6$ bzw. ≥ 4, ein Widerspruch. Es folgt $c = (1, 1, \ldots)$ und $\mathrm{wt}(c) = 5$, also $c \in \mathcal{N}$. Haben $c_1, c_2 \in \mathcal{N}$ diese Eigenschaft, so folgt $c_1 - c_2 = (0, 0, \ldots) \in C$ und $\mathrm{wt}(c_1 - c_2) \leq 4$, also $c_1 = c_2$. Zu jedem $a \in \mathcal{M}$ existiert also genau ein $c \in \mathcal{N}$ mit $\sum_{i=1}^{90} a_i c_i = 1$. Wir erhalten somit $t = |\mathcal{M}| = 88$. Aber $88 = 3|\mathcal{N}|$ ist unmöglich.

Beim Entwurf von $C \leq K^n$ möchte man die Minimaldistanz $\mathrm{d}^*(C)$ möglichst groß machen, um viele Fehler korrigieren zu können. Andererseits soll aus Kostengründen die Redundanz $n-k$ ($k = \dim C$) möglichst klein sein. Beide Forderungen sind nur beschränkt erfüllbar, denn es gilt:

Satz 3.7.7 (Singleton-Schranke) *Sei C ein $[n,k]$-Code über dem Körper K. Dann gilt*

$$\mathrm{d}^*(C) \leq n-k+1.$$

Beweis. Sei $\mathrm{d}^* = \mathrm{d}^*(C)$. Wir betrachten die lineare Abbildung

$$A : K^n \to K^{n-\mathrm{d}^*+1}, \quad (x_1,\ldots,x_n) \mapsto (x_1,\ldots,x_{n-\mathrm{d}^*+1}).$$

Sei $c \in C$ mit $Ac = 0$. Folglich gilt $c_i = 0$ für $i = 1,\ldots,n-\mathrm{d}^*+1$ und somit $\mathrm{wt}(c) \leq n-(n-\mathrm{d}^*+1) = \mathrm{d}^*-1$. Die Definition von d^* erzwingt $c = 0$. Also ist die Einschränkung A_C von A auf C ein Monomorphismus. Es folgt $C \cong AC \leq K^{n-\mathrm{d}^*+1}$. Somit ist

$$k = \dim C \leq \dim K^{n-\mathrm{d}^*+1} = n-\mathrm{d}^*+1.$$

□

Beispiel 3.7.8 Sei $|K| = 2$ und C der binäre Code

$$C := \{(c_1,\ldots,c_7) \in K^7 \mid c_5 = c_1+c_2+c_3,\ c_6 = c_2+c_3+c_4,\ c_7 = c_1+c_2+c_4\}$$

in K^7. Offenbar gilt $\dim C = 4$. Setzen wir

$$H = \begin{pmatrix} 1&1&1&0&1&0&0 \\ 0&1&1&1&0&1&0 \\ 1&1&0&1&0&0&1 \end{pmatrix} \in (K)_{3,7}$$

so gilt

$$C = \{c = (c_1,\ldots,c_7) \in K^7 \mid Hc^{\mathrm{t}} = 0\} = \mathrm{Kern}\, H.$$

Die Matrix H heißt *Kontrollmatrix* für C. Es gilt

$$\mathrm{r}(H) = \dim K^7 - \dim \mathrm{Kern}\, H = 7 - \dim C = 3.$$

Was ist $\mathrm{d}^* = \mathrm{d}^*(C)$?
Sei h_i die i-te Spalte von H. Für $c = (c_1,\ldots,c_7) \in C$ gilt dann

$$\begin{pmatrix} 0\\0\\0 \end{pmatrix} = H \begin{pmatrix} c_1\\ \vdots \\ c_7 \end{pmatrix} = c_1 \begin{pmatrix} 1\\0\\1 \end{pmatrix} + \ldots + c_7 \begin{pmatrix} 0\\0\\1 \end{pmatrix} = \sum_{i=1}^{7} c_i h_i.$$

Da die Spalten von H paarweise verschieden sind, hat $0 \neq c \in C$ mindestens drei Einträge $c_i \neq 0$. Also gilt $\mathrm{d}^* \geq 3$. Ferner ist $(1,0,0,0,1,0,1) \in C$, also $\mathrm{d}^* = 3$.
C ist somit ein binärer $[7,4,3]$-Code, ein sogenannter *Hamming-Code* (vgl. 3.7.11). Er kann einen Fehler korrigieren.

Bemerkung 3.7.9 a) Jeder $[n,k]$-Code C hat eine *Kontrollmatrix*; d.h. es existiert ein $H \in (K)_{n-k,n}$, so daß

$$C = \{c = (c_1, \ldots, c_n) \in K^n \mid Hc^{\mathrm{t}} = 0\} = \operatorname{Kern} H.$$

Wir schreiben dazu $K^n = C \oplus C'$, wobei C' ein Komplement von C in K^n ist, und betrachten die lineare Abbildung $A : K^n \to C'$ mit $A(c+c') = c'$, wobei $c \in C$ und $c' \in C'$ ist. Sei B eine Basis des K^n und B' eine Basis von C'. Dann gilt $H = {}_{B'}A_B \in (K)_{n-k,n}$ und $\mathrm{r}(H) = \dim \operatorname{Bild} A = \dim C' = n-k$. Insbesondere ist H von maximalem Rang $n-k$. Ferner gilt $C = \operatorname{Kern} H$.
b) Statt der Angabe einer Kontrollmatrix kann man einen $[n,k]$-Code auch durch eine *Erzeugermatrix* beschreiben. Dies ist eine Matrix $G \in (K)_{k,n}$, deren Zeilen eine Basis für C bilden.

Die Minimaldistanz läßt sich mittels einer Kontrollmatrix wie folgt bestimmen.

Satz 3.7.10 *Sei C ein linearer $[n,k]$-Code über K mit Kontrollmatrix H. Sei ferner $k \geq 1$, d.h. C besteht nicht nur aus dem Nullvektor $(0,\ldots,0)$. Dann gilt*

$$\begin{aligned} \mathrm{d}^*(C) &= \min\{s \in \mathbb{N} \mid \textit{ es gibt } s \textit{ linear abhängige Spalten von } H\ \} \\ &= \max\{s \in \mathbb{N} \mid \textit{ je } s-1 \textit{ Spalten von } H \textit{ sind linear unabhängig}\}. \end{aligned}$$

Beweis. Seien $h_1, \ldots, h_n$ die Spalten von $H \in (K)_{n-k,n}$. Seien $h_{i_1}, \ldots, h_{i_s}$ linear abhängig, wobei $s \geq 1$ minimal gewählt sei. Man beachte: Die Spalten $h_1, \ldots, h_n$ sind wegen $k \geq 1$ linear abhängig, denn $\mathrm{r}(H) \leq \min\{n-k, n\} = n-k < n$. Somit gibt es eine Relation

$$\sum_{j=1}^{n} c_j h_j = 0 \quad \text{mit } c_j \in K,\ c_{i_j} \neq 0 \text{ für alle } j = 1, \ldots, s \text{ und } c_t = 0 \text{ für } t \neq i_j.$$

Setzen wir $c = (c_1, \ldots, c_n) \in K^n$, so folgt

$$H \begin{pmatrix} c_1 \\ \vdots \\ c_n \end{pmatrix} = \sum_{j=1}^{n} c_j h_j = 0,$$

also $0 \neq c \in C$. Da das Gewicht $\mathrm{wt}(c) = s$ ist, folgt $\mathrm{d}^*(C) \leq s$. Angenommen, es gäbe ein $0 \neq c \in C$ mit $\mathrm{wt}(c) < s$. Dann ist $Hc^{\mathrm{t}} = 0$, und H hat $\mathrm{wt}(c) < s$ linear abhängige Spalten, entgegen der Wahl von s. □

Wir konstruieren nun eine Serie von perfekten Codes.

Beispiel 3.7.11 (Hamming; 1950) Sei K ein endlicher Körper mit $|K| = q$. Ferner sei $k \in \mathbb{N}$ mit $k \geq 2$. Seien $V_1, \ldots, V_n$ die sämtlichen 1-dimensionalen Unterräume des K^k. Es gilt dann

$$n = \frac{q^k - 1}{q - 1} = q^{k-1} + \ldots + q + 1 \geq q + 1 \geq 3.$$

Sei genauer $V_i = Kv_i$ mit $v_i \in K^k$ für $i = 1, \ldots, n$. Im Fall $|K| = 2$ sind die v_i gerade die von Null verschiedenen Vektoren des K^k. Wir setzen

$$H := (v_1, v_2, \ldots, v_n) = \begin{pmatrix} v_{11} & v_{12} & \cdots & v_{1n} \\ \vdots & \vdots & & \vdots \\ v_{k1} & v_{k2} & \cdots & v_{kn} \end{pmatrix} \in (K)_{k,n}$$

und definieren den Code C durch

$$C := \{c = (c_1, \ldots, c_n) \mid Hc^{\mathrm{t}} = 0\}.$$

Offenbar ist $\mathrm{r}(H) = k$, also $\dim C = \dim \mathrm{Kern}\, H = n - \mathrm{r}(H) = n - k$. Da je zwei Spalten von H linear unabhängig sind, liefert 3.7.10 unmittelbar $\mathrm{d}^*(C) \geq 3$. Ferner enthält H als Spalte auch einen Vektor aus $K(v_1 + v_2)$. Somit gibt es 3 linear abhängige Spalten von H. Also ist $\mathrm{d}^*(C) = 3$, und C ist ein $\left[\frac{q^k-1}{q-1}, n-k, 3\right]$-Code, welcher *Hamming-Code* genannt wird. Mit ihm kann man einen Fehler korrigieren. Die Hamming-Codes sind perfekt, denn mit $e = \frac{\mathrm{d}^* - 1}{2} = 1$ erhalten wir die Kugelpackungsgleichung

$$q^{n-k} \sum_{j=0}^{1} \binom{n}{j} (q-1)^j = q^{n-k}(1 + n(q-1)) = q^{n-k} q^k = q^n.$$

Sie haben die Parameter aus (1) in 3.7.5 d).

Hamming-Codes erlauben wegen der Perfektheit schöne Anwendungen. Wir geben im folgenden ein Beispiel.

Anwendung 3.7.12 Gegeben sei ein Team von $n \geq 3$ Spielern. Jeder der Spieler hat einen grünen oder roten Hut auf seinem Kopf und kann die Farben der Hüte seiner Mitspieler sehen, aber nicht die seines eigenen. Die Spieler sollen nun gleichzeitig und ohne Kommunikation untereinander die Farben ihrer eigenen Hüte erraten oder einfach passen. Dem Team sei jedoch erlaubt, vor dem Spiel eine Antwortstrategie zu entwerfen. Es gewinne, falls wenigstens einer richtig und keiner falsch rät.
Was ist die bestmögliche Strategie? Falls genau einer rät und alle anderen passen, so ist die Gewinnwahrscheinlichkeit offenbar gleich $\frac{1}{2}$. Für $n = 3$ können wir die Gewinnwahrscheinlichkeit leicht auf $\frac{3}{4}$ verbessern, indem wir die folgende Strategie wählen:
Sieht ein Spieler zwei Hüte gleicher Farbe, so wählt er für seinen eigenen Hut die andere Farbe; sieht er zwei verschiedene, so paßt er.
Das Team verliert offenbar genau dann, wenn alle Hüte die gleiche Farbe haben. Die Gewinnwahrscheinlichkeit P ist also

$$\mathrm{P} = 1 - \frac{2}{8} = \frac{3}{4}.$$

Können wir diese Wahrscheinlichkeit noch verbessern, und wie sieht die Antwort für allgemeines n aus ?
Wir fassen das Problem nun mathematisch. Dazu identifizieren wir die Farben grün und rot mit den Elementen des Körpers $K = \{0, 1\}$. Sei

$$\mathcal{F} = \{f = (f_1, \ldots, f_n) \mid f_i : K^{n-1} \to \{0, 1, \text{passe}\},\ i = 1, \ldots, n\}$$

Wir können f_i als die Antwortfunktion für den Spieler i auffassen und $\mathcal{F}$ als die Menge der Strategien. Sieht der Spieler i die Farbkombination $u = (u_1, \ldots, u_{n-1}) \in K^{n-1}$, so wählt er $f_i(u)$ für seinen Hut. Sei $K^n(f) \subseteq K^n$ die Menge der Farbkombinationen, bei der das Team bei der Strategie $f \in \mathcal{F}$ gewinnt. Ferner nennen wir $C \subseteq K^n$ eine 1-*Überdeckung* von K^n, falls

$$K^n = \cup_{c \in C} B_1(c),$$

wobei die Vereinigung nicht notwendig disjunkt sein muß. Mit diesen Bezeichnungen gilt nun:

(i) Für $f \in \mathcal{F}$ ist $C(f) = K^n \setminus K^n(f)$ eine 1-Überdeckung des K^n.

(ii) Ist C eine 1-Überdeckung des K^n, so existiert ein $f \in \mathcal{F}$, so daß $C = K^n \setminus K^n(f)$ ist.

Die Aussage in (i) sehen wir wie folgt: Sei $v = (v_1, \ldots, v_n) \in K^n$ und $v \notin C(f)$. Also gilt $v \in K^n(f)$. Da somit wenigstens ein Spieler richtig rät, existiert ein $i \in \{1, \ldots, n\}$, so daß

$$f_i((v_1, \ldots, v_{i-1}, v_{i+1}, \ldots, v_n)) = v_i$$

ist. Wir setzen nun $c = (c_1, \ldots, c_n)$ mit $c_j = v_j$ für $j \neq i$ und $c_i = v_i + 1$. Da der Spieler i falsch rät, ist $c \notin K^n(f)$, also $c \in C(f)$ und $\mathrm{d}(c, v) = 1$. Damit ist (i) gezeigt.
Sei nun C eine 1-Überdeckung des K^n. Wir wählen $f = (f_1, \ldots, f_n)$ wie folgt: Sei $u = (u_1, \ldots, u_{i-1}, u_{i+1}, \ldots, u_n) \in K^{n-1}$. Gibt es genau ein $x \in K$ mit $(u_1, \ldots, u_{i-1}, x, u_{i+1}, \ldots, u_n) \notin C$, so setzen wir $f_i(u) = x$, anderenfalls $f_i(u) =$ passe. Wir zeigen nun, daß $K^n(f) = K^n \setminus C$ ist.
Sei dazu $v = (v_1, \ldots, v_n) \in K^n \setminus C$. Da C eine 1-Überdeckung des K^n ist, existiert ein i mit $(v_1, \ldots, v_{i-1}, v_i + 1, v_{i+1}, \ldots, v_n) \in C$. Wegen $(v_1, \ldots, v_i, \ldots, v_n) \notin C$ und $(v_1, \ldots, v_{i-1}, v_i + 1, v_{i+1}, \ldots, v_n) \in C$ gilt nach Definition der f_i, daß $f_i(v_1, \ldots, v_{i-1}, v_{i+1}, \ldots, v_n) = v_i$ ist. Also rät der Spieler i seine Hutfarbe richtig. Wegen

$$(v_1, \ldots, v_{j-1}, v_j, v_{j+1}, \ldots, v_n) = v \notin C$$

gilt $f_j(v_1, \ldots, v_{j-1}, v_{j+1}, \ldots, v_n) = v_j$ oder passe. Somit ist $v \in K^n(f)$, also $K^n \setminus C \subseteq K^n(f)$,
Sei umgekehrt $v \in K^n(f)$. Dann gibt es ein i mit

$$f_i(v_1, \ldots, v_{i-1}, v_{i+1}, \ldots, v_n) = v_i.$$

Angenommen, $(v_1, \ldots, v_n) \in C$. Wäre $(v_1, \ldots, v_{i-1}, v_i + 1, v_{i+1}, \ldots, v_n) \notin C$, so wäre

$$f_i(v_1, \ldots, v_{i-1}, v_{i+1}, \ldots, v_n) = v_i + 1,$$

was nicht stimmt. Also gilt $(v_1, \ldots, v_{i-1}, w, v_{i+1}, \ldots, v_n) \in C$ für $w = 0, 1$. Dies liefert jedoch $f_i(v_1, \ldots, v_{i-1}, v_{i+1}, \ldots, v_n) =$ passe, ein Widerspruch. Somit gilt $K^n(f) \subseteq K^n \setminus C$. Damit ist auch (ii) gezeigt.

Die Aussagen in (i) und (ii) besagen gerade, daß es eine Korrespondenz zwischen der Menge der Strategien und der Menge der 1-Überdeckungen des K^n gibt. Bei der Startegie $f \in \mathcal{F}$ verliert das Team mit der Wahrscheinlichkeit $\frac{|C(f)|}{|K^n|} = \frac{|C(f)|}{2^n}$. Die Gewinnwahrscheinlichkeit

$$\mathrm{P} = 1 - \frac{|C(f)|}{2^n}$$

wird also am größten, wenn $C(f)$ eine 1-Überdeckung des K^n mit $|C(f)|$ minimal ist. Dies tritt sicher dann ein, wenn $C(f)$ eine disjunkte 1-Überdeckung ist. Ist $n = 2^k - 1$, so können wir für $C = C(f)$ einen binären $[n, n-k, 3]$ Hamming-Code wählen. Es gilt dann

$$\mathrm{P} = 1 - \frac{2^{n-k}}{2^n} = 1 - \frac{1}{2^k} = 1 - \frac{1}{n+1}.$$

Im Spezielfall $n = 3$ erhalten wir $\mathrm{P} = 1 - \frac{1}{4} = \frac{3}{4}$. Die oben gewählte Strategie für 3 Personen ist also optimal. Ist $n \neq 2^k - 1$, so wählen wir k maximal mit $n' = 2^k - 1 < n$ und setzen $C = C' \times K^{n-n'}$, wobei C' ein $[n', n'-k, 3]$ Hamming-Code ist. Man sieht leicht, daß C eine 1-Überdeckung des K^n ist, die zu einer Gewinnwahrscheinlichkeit größer $1 - \frac{2}{n+1}$ führt. (Mit nichtlinearen 1-Überdeckungen läßt sich asymptotisch $\mathrm{P} \approx 1 - \frac{1}{n+1}$ erreichen.)

Im folgenden Beispiel geben wir Codes an, die die Singleton-Schranke erreichen, und in der Praxis eine große Rolle spielen.

Beispiel 3.7.13 (Reed, Solomon; 1960) Sei K wieder ein endlicher Körper mit $|K| = q$. Ferner seien $2 \leq d \leq n \leq q-1$. Die folgende Konstruktion funktioniert also nicht für $|K| = q = 2$. Seien $a_1, \ldots, a_n$ paarweise verschiedene Elemente aus K^* und

$$H = \begin{pmatrix} a_1 & a_2 & \cdots & a_n \\ a_1^2 & a_2^2 & \cdots & a_n^2 \\ \vdots & \vdots & & \vdots \\ a_1^{d-1} & a_2^{d-1} & \cdots & a_n^{d-1} \end{pmatrix} \in (K)_{d-1,n}.$$

Wir zeigen zunächst, daß je $d-1$ Spalten von H linear unabhängig sind. Setzen wir

$$T = \begin{pmatrix} a_{i_1} & \cdots & a_{i_{d-1}} \\ \vdots & & \vdots \\ a_{i_1}^{d-1} & \cdots & a_{i_{d-1}}^{d-1} \end{pmatrix} \in (K)_{d-1,d-1},$$

so gilt

$$T = \begin{pmatrix} a_{i_1}^0 & \cdots & a_{i_{d-1}}^0 \\ a_{i_1} & \cdots & a_{i_{d-1}} \\ \vdots & \ddots & \vdots \\ a_{i_1}^{d-2} & \cdots & a_{i_{d-1}}^{d-2} \end{pmatrix} \begin{pmatrix} a_{i_1} & & \\ & \ddots & 0 \\ 0 & & \\ & & a_{i_{d-1}} \end{pmatrix} = SD.$$

Daher ist

$$\begin{aligned} \mathrm{r}(T) = \mathrm{r}(SD) &= \mathrm{r}(S) && \text{(da } D \text{ regulär)} \\ &= \mathrm{r}(S^{\mathrm{t}}) \\ &= d-1 && \text{(wegen 2.7.6 c))} \end{aligned}$$

Somit sind die Spalten von T linear unabhängig. Sei

$$C = \{c \mid Hc^{\mathrm{t}} = 0\} \leq K^n.$$

Für die Dimension von C erhalten wir

$$\dim C = \dim \operatorname{Kern} H = n - \mathrm{r}(H) = n - (d-1) = n - d + 1.$$

Da je $d-1$ Spalten von H linear unabhängig sind, folgt aus 3.7.10 die Abschätzung $\mathrm{d}^*(C) \geq d$. Da je d Spalten linear abhängig sind, gilt sogar $\mathrm{d}^*(C) = d$. Somit ist C ein $[n, n-d+1, d]$-Code. Er wird *Reed-Solomon-Code* genannt. Mit ihm kann man $(d-1)/2$ Fehler korrigieren. Ein Reed-Solomon-Code erreicht die Singleton-Schranke wegen

$$\mathrm{d}^*(C) = d = n - (n-d+1) + 1.$$

Reed-Solomon-Codes befinden sich auf den CDs. Sie eignen sich besonders, wenn gehäuft Fehler auftreten (verursacht durch Partikel, Kratzer, Fingerabdrücke etc.)

Bei der Konstruktion der Hamming-Codes können wir für die 1-dimensionalen Unterräume verschiedene Vertreter wählen als auch diese dann in verschiedener Reihenfolge in der Kontrollmatrix anordnen. Beim Reed-Solomon-Code können wir ebenfalls die a_i in verschiedene Spalten eintragen. Dies liefert im wesentlichen nichts Neues, welches auf dem Begriff der Äquivalenz von Codes beruht, dem wir uns nun zuwenden.

Definition 3.7.14 Sei d der Hamming-Abstand auf K^n.

a) Ein Isomorphismus A von K^n auf sich heißt eine *Isometrie*, falls

$$\mathrm{d}(Ax, Ay) = \mathrm{d}(x, y)$$

für alle $x, y \in K^n$ gilt. Die Menge aller Isometrien bildet offenbar eine Gruppe.

b) Sei $\mathrm{M}(K^n)$ die Menge aller Abbildungen A von K^n in sich mit

$$A(x_1, \ldots, x_n) = (a_1 x_{\pi 1}, \ldots, a_n x_{\pi n}) \qquad ((x_1, \ldots, x_n) \in K^n),$$

wobei $a_i \in K^*$ und π eine Bijektion von $\{1, \ldots, n\}$ auf sich ist. Derartige Abbildungen heißen *monomial.*

Satz 3.7.15 *Die volle Isometriegruppe von* K^n *ist* $\mathrm{M}(K^n)$. *Insbesondere ist* $\mathrm{M}(K^n)$ *eine Gruppe, die* Monomiale Gruppe *genannt wird. Ist* $|K| = q$, *so gilt* $|\mathrm{M}(K^n)| = (q-1)^n n!$.

Beweis. Sei $e_1, \ldots, e_n$ die Standardbasis von K^n, also

$$e_i = (0, \ldots, 0, 1, 0, \ldots, 0)$$

mit der 1 an der i-ten Stelle. Für eine Isometrie A von K^n gilt dann

$$1 = \mathrm{wt}(e_i) = \mathrm{wt}(Ae_i)$$

für $i = 1, \ldots, n$. Also ist $Ae_i = a_i e_{i'}$ mit $a_i \in K^*$ und $i' \in \{1, \ldots, n\}$. Da A ein Isomorphismus von K^n ist, muß die Zuordnung $i \longrightarrow i'$ eine Bijektion π von $\{1, \ldots, n\}$ auf sich definieren. Somit gilt $A(x_1, \ldots, x_n) = (a_1 x_{\pi 1}, \ldots, a_n x_{\pi n})$ für $(x_1 \ldots, x_n) \in K^n$. Offenbar ist auch jede monomiale Abbildung eine Isometrie von K^n.
Sei nun $|K| = q$. Es gibt $(q-1)^n$ Möglichkeiten für $(a_1, \ldots, a_n) \in (K^*)^n$. Ferner gibt es wegen 1.3.8 und 1.3.5 c) genau $n!$ Bijektionen von $\{1, \ldots, n\}$ auf sich. Somit ist $|\,\mathrm{M}(K^n)| = (q-1)^n n!$. □

Definition 3.7.16 Wir nennen zwei Codes C_1 und C_2 in K^n *äquivalent*, falls es eine monomiale Abbildung $A \in \mathrm{M}(K^n)$ gibt mit $AC_1 = C_2$.

Vertauschen wir also die Spalten einer Erzeuger- bzw. Kontrollmatrix von C oder multiplizieren wir diese mit Skalaren ungleich 0, so erhalten wir einen zu C äquivalenten Code. Die verschiedenen Wahlen in der Definition der Hamming- bzw. Reed-Solomon-Codes führen also zu äquivalenten Codes. Äquivalente Codes haben die gleiche Anzahl von Codeworten zu einem festen Gewicht; insbesondere sind die Minimaldistanzen gleich.

Satz 3.7.17 (Plotkin-Konstruktion) *Seien C_i $[n, k_i, \mathrm{d}_i^*]$-Codes über K für $i = 1, 2$. Dann ist*

$$C = \{(c_1, c_1 + c_2) \mid c_i \in C_i\}$$

ein $[2n, k_1 + k_2, \min\{2\,\mathrm{d}_1^*, \mathrm{d}_2^*\}]$-Code über K.

Beweis. Offenbar gilt $C \leq K^{2n}$. Wir betrachten nun die lineare Abbildung

$$A : C_1 \oplus C_2 \to C \quad \text{mit} \quad (c_1, c_2) \mapsto (c_1, c_1 + c_2).$$

Offenbar ist A ein Epimorphismus. A ist aber auch ein Monomorphismus, denn $\mathrm{Kern}\, A = \{(0, 0)\}$. Also gilt $\dim C = \dim(C_1 \oplus C_2) = k_1 + k_2$.

Was ist $d^*(C)$? Für $a = (a_1, \ldots, a_n) \in K^n$ definieren wir den *Träger von a* durch $\mathrm{Tr}(a) := \{i \mid a_i \neq 0\}$. Dann ist offenbar $|\mathrm{Tr}(a)| = \mathrm{wt}(a)$. Ist $0 \neq c = (c_1, c_1 + c_2) \in C$, so gilt

$$\begin{aligned}
\mathrm{wt}(c) &= \mathrm{wt}(c_1) + \mathrm{wt}(c_1 + c_2) \\
&\geq \mathrm{wt}(c_1) + \mathrm{wt}(c_1) + \mathrm{wt}(c_2) - 2|\mathrm{Tr}(c_1) \cap \mathrm{Tr}(c_2)| \\
&\geq \mathrm{wt}(c_2) \qquad\qquad (\text{wegen } \mathrm{wt}(c_1) \geq |\mathrm{Tr}(c_1) \cap \mathrm{Tr}(c_2)|) \\
&\geq \mathrm{d}_2^*,
\end{aligned}$$

falls $c_2 \neq 0$. Ist hingegen $c_2 = 0$, so haben wir

$$\mathrm{wt}(c) = \mathrm{wt}((c_1, c_1)) = 2\,\mathrm{wt}(c_1) \geq 2d_1^*,$$

da $c \neq 0$ ist. Also gilt $\mathrm{wt}(c) \geq \min\{2\,\mathrm{d}_1^*, \mathrm{d}_2^*\}$. Wegen $\mathrm{wt}((c_1, c_1)) = 2\,\mathrm{d}_1^*$ und $\mathrm{wt}((0, c_2)) = \mathrm{d}_2^*$ für ein geeignetes $c_1 \in C_1$ bzw. $c_2 \in C_2$, folgt $\mathrm{d}^*(C) = \min\{2\,\mathrm{d}_1^*, \mathrm{d}_2^*\}$. □

Beispiel 3.7.18 (Reed, Muller; 1954) Sei $|K| = 2$. Für jedes $m \in \mathbb{N}$ konstruieren wir rekursiv einen binären Code $\mathrm{RM}(m)$ mit den Parametern $[2^m, m+1, 2^{m-1}]$ durch folgende Festsetzungen: Für $m = 1$ setzen wir $\mathrm{RM}(1) = K^2$ und für $m = 2$

$$RM(2) = \{(c_1, c_2, c_3, c_4) \mid c_i \in K,\ c_1 + c_2 + c_3 + c_4 = 0\}.$$

Sei $\mathrm{RM}(m)$ mit den Parametern $[2^m, m+1, 2^{m-1}]$ bereits konstruiert. Wir setzen nun $C_1 = \mathrm{RM}(m)$ und wählen als C_2 den binären $[2^m, 1, 2^m]$-Wiederholungscode, d.h. $C_2 = \{(0, \ldots, 0), (1, \ldots, 1)\} \leq K^{2^m}$. Die Plotkin-Konstruktion 3.7.17 liefert einen Code $C = \mathrm{RM}(m+1)$ mit den Parametern $[2^{m+1}, m+2, \min\{2 \cdot 2^{m-1}, 2^m\} = 2^m]$. Der Code $RM(m)$ heißt *Reed-Muller-Code erster Ordnung.*

Bemerkungen 3.7.19 Der Reed-Muller-Code RM(5) mit den Parametern $[32, 6, 16]$ wurde bei den Mariner Expeditionen in den siebziger Jahren benutzt, um Fotos vom Mars zur Erde zu funken. Wegen $2 \cdot 7 + 1 \leq 16 = d^*$ konnten 7 Fehler korrigiert werden. Die $2^6 = 64$ Codeworte entsprachen dabei der Helligkeit eines Punktes im Bild.

Zum Abschluß konstruieren wir noch den ternären perfekten Golay-Code. Zur Bestimmung der Minimaldistanz benötigen wir folgende Festsetzung, die eine Verallgemeinerung des Skalarproduktes im euklidischen Raum ist und auf die wir im Paragraphen 7.1 noch ausführlich eingehen werden.

Für $x = (x_1, \ldots, x_n)$, $y = (y_1, \ldots, y_n) \in K^n$ setzen wir dazu $(x, y) = \sum_{i=1}^n x_i y_i$.

Lemma 3.7.20 *Sei $K = \{0, 1, -1\} = \mathbb{Z}_3$ der Körper mit 3 Elementen. Ist $(x, x) = 0$ für $x \in K^n$, so gilt $3 \mid \mathrm{wt}(x)$.*

Beweis. Sei $x = (x_1, \ldots, x_n) \in K^n$ mit $0 = \sum_{i=1}^n x_i^2$. Wegen $x_i^2 = 1$ für $x_i \neq 0$ erhalten wir $0 = \sum_{|\mathrm{Tr}(x)|} 1$, also

$$3 \mid |\mathrm{Tr}(x)| = \mathrm{wt}(x).$$

□

Beispiel 3.7.21 (Golay[9]; 1949) Sei $K = \{0, 1, -1\}$ der Körper mit 3 Elementen. Der von den Zeilen der $(6, 11)$-Matrix

$$G_{11} = \begin{pmatrix} 1 & & & & & & 1 & 1 & 1 & 1 & 1 \\ & 1 & & & & & 0 & 1 & -1 & -1 & 1 \\ & & 1 & & & & 1 & 0 & 1 & -1 & -1 \\ & & & 1 & & & -1 & 1 & 0 & 1 & -1 \\ & & & & 1 & & -1 & -1 & 1 & 0 & 1 \\ & & & & & 1 & 1 & -1 & -1 & 1 & 0 \end{pmatrix}$$

erzeugte Code über K heißt *ternärer Golay-Code* Gol(11). Der von der $(12, 6)$- Matrix

$$G_{12} = \left(\begin{array}{c|c} & 0 \\ & -1 \\ G_{11} & -1 \\ & -1 \\ & -1 \\ & -1 \end{array} \right)$$

erzeugte Code über K heißt *ternärer erweiterter Golay-Code* Gol(12). Offenbar entsteht Gol(12) aus Gol(11) durch Anfügen einer Kontrollstelle, d.h.

$$\mathrm{Gol}(12) = \{(c_1, \ldots, c_{12}) \mid c_i \in K,\ (c_1, \ldots, c_{11}) \in \mathrm{Gol}(11),\ \sum_{i=1}^{12} c_i = 0\}.$$

Da die 6 Zeilen von G_{11} und G_{12} linear unabhängig sind, folgt

$$\dim \mathrm{Gol}(11) = \dim \mathrm{Gol}(12) = 6.$$

a) Gol(12) ist ein ternärer $[12, 6, 6]$-Code:
Es bleibt einzig die Minimaldistanz zu bestimmen. Seien z_i $(i = 1, \ldots, 6)$ die Zeilen von G_{12}. Man sieht durch direkte Rechnung, daß $(z_i, z_j) = 0$ für alle i, j gilt. Ist $c = \sum_{j=1}^{6} k_j z_j$, so erhalten wir

$$(c, c) = \sum_{i,j=1}^{6} k_j k_i (z_j, z_i) = 0.$$

Lemma 3.7.20 liefert nun $\quad (*) \quad \mathrm{wt}(c) \in \{0, 3, 6, 9, 12\}$.
Wegen $\mathrm{wt}(z_1) = 6$ bleibt zu zeigen, daß das Gewicht 3 nicht vorkommt.

[9] M. J .E. Golay (1902-1989). Elektroingenieur und Physiker; arbeitete 25 Jahre bei U.S. Army Signal Corps Laboratories in Fort Monmouth, New Jersey. Informationstheorie.

(i) Eine Linearkombination von zwei verschiedenen Zeilen, also $\pm z_i \pm z_j$, hat ein Gewicht w mit $4 \leq w \leq 8$, denn von den ersten 6 Stellen sind genau 2 besetzt und an den folgenden 6 ebenfalls wenigstens 2, da die 0 an verschiedenen Stellen steht. Wegen (*) ist das Gewicht dann also 6.
(ii) Wir betrachten nun Linearkombinationen $c = \pm z_i \pm z_j \pm z_k$ mit paarweise verschiedenen i, j, k. Wegen (i) hat der Vektor $\pm z_i \pm z_j$ an den letzten 6 Stellen genau zwei Einträge gleich 0. Somit gilt $\mathrm{wt}(c) \geq 3 + 1$, denn wenigstens eine der beiden Nullen in $\pm z_i \pm z_j$ wird durch $\pm z_k$ abgeändert, da z_k in den letzten 6 Stellen nur eine 0 hat, und c hat genau drei Einträge ungleich 0 an den ersten 6 Stellen. Mit (*) folgt wieder $\mathrm{wt}(c) \geq 6$.
(iii) Für eine Linearkombination von wenigstens 4 Zeilen ist die Behauptung trivial, da bereits auf den ersten 6 Stellen mindestens 4 Elemente ungleich 0 stehen.
b) Gol(11) ist ein ternärer $[11, 6, 5]$-Code. Insbesondere ist Gol(11) perfekt: Die zweite Zeile in G_{11} hat das Gewicht 5. Somit ist Gol(11) ein $[11, 6, 5]$-Code. Die Perfektheit folgt, da die Kugeln vom Radius 2 um die Codeworte den ganzen Raum K^{11} wegen

$$3^6(1 + 11 \cdot 2 + \binom{11}{2} \cdot 2^2) = 3^{11}$$

disjunkt überdecken. Der Golay-Code Gol(11) hat die Parameter wie in 3.7.5 b) (3) angegeben. Auch für den letzten verbeibenden Fall 3.7.5 b) (2) hat Golay einen Code konstruiert. Wir werden ihn im Teil II kennenlernen.

Toto-Elferwette 3.7.22 Wir identifizieren *Unentschieden, Heimsieg, Auswärtssieg* mit $\mathbb{Z}_3 = K = \{0, 1, 2\}$. Tippen wir den ternären Golay-Code Gol(11), so unterscheidet sich jeder beliebige Spielausgang $v \in K^{11}$ von einem geeigneten $c \in \mathrm{Gol}(11)$ wegen 3.7.21 b) an höchstens zwei Stellen. Mit einem Einsatz von 3^6 Tips haben wir also mindestens 9 Richtige.
Weniger kostspielig ist die folgende Variante, die jedoch Fußballverstand voraussetzt. Man wählt zunächst eine todsichere Bank von drei Spielen und tippt dann zwei ternäre $[4, 2, 3]$ Hamming-Codes. Hier sind nur noch 3^4 Tips erforderlich.

Aufgabe 3.7.1

a) Sei C ein perfekter Code mit $|C| > 1$. Dann ist die Minimaldistanz $\mathrm{d}^*(C) = 2e + 1$ ungerade.

b) Für $|K| = 2$ ist der binäre Wiederholungscode ungerader Länge perfekt.

Aufgabe 3.7.2 Man zeige: In einem binären linearen Code haben alle Codeworte gerades Gewicht oder je zur Hälfte gerades und ungerades Gewicht.

Aufgabe 3.7.3 Sei C ein $[n, k, d]$-Code mit der Erzeugermatrix G. Dann sind gleichwertig:

a) Es gilt $d = n - k + 1$, d.h. C erreicht die Singleton-Schranke.

b) Je k Spalten von G sind linear unabhängig.

Aufgabe 3.7.4 Sei H die Kontrollmatrix eines $[\frac{q^k-1}{q-1}, n-k, 3]$ Hamming-Codes. Sei C der Code der H als Erzeugermatrix hat. Dann ist C ein $[\frac{q^k-1}{q-1}, k, q^{k-1}]$-Code, und alle Codeworte $\neq 0$ haben das Gewicht q^{k-1}. Man nennt C einen *Simplex-Code.*

Hinweis: Seien $z_1, \ldots, z_k$ die Zeilen von H. Man betrachte nun

$$0 \neq c = (c_1, \ldots, c_n) = \sum_{i=1}^{k} a_i z_i = (\sum_{i=1}^{k} a_i z_{i1}, \ldots, \sum_{i=1}^{k} a_i z_{in}) \in C$$

und überlege, wieviele Spalten von H in

$$U = \{(b_1, \ldots, b_k) \mid \sum_{i=1}^{k} a_i b_i = 0\}$$

liegen.

Aufgabe 3.7.5 Sei $C \leq K^n$ ein Hamming-Code.

a) Man zeige: Ist $v + C \in K^n/C$, so existiert genau ein $u \in K^n$ mit $\mathrm{wt}(u) = 1$ und $v + C = u + C$.

b) Wie kann man mittels einer Kontrollmatrix von C einen Fehler korrigieren?

Aufgabe 3.7.6 Sei $|K| = 2$.

a) Ist $C \leq K^n$ und $(1, \ldots, 1) \in C$, so ist die Anzahl der Codeworte vom Gewicht i gleich der Anzahl der Codeworte vom Gewicht $n - i$ für $i = 1, \ldots, n$.

b) Man bestimme die Anzahl der Codeworte vom Gewicht i für den binären $[7, 4, 3]$-Hamming-Code und alle $i = 1, \ldots, 7$.

c) Sei C der binäre $[7,4,3]$-Hamming-Code und

$$\hat{C} = \{(c_1,\ldots,c_8) \mid c_i \in K,\ (c_1,\ldots,c_7) \in C,\ \sum_{j=1}^{8} c_i = 0\}.$$

Man bestimme nun für $\hat{C}$ die Anzahl der Codeworte vom Gewicht i für $i = 1,\ldots,8$.

Aufgabe 3.7.7 Sei C ein $[n,k]$-Code mit einer Erzeugermatrix, die keine Nullspalte enthält. Man zeige:

$$\sum_{c\in C} \mathrm{wt}(c) = nq^{k-1}(q-1).$$

Hinweis: Sei f_i die Koordinatenfunktion $f_i : K^n \to K$ mit $f_i(x_1,\ldots,x_n) = x_i$ für $i = 1,\ldots,n$. Man berechne

$$\sum_{c\in C} \mathrm{wt}(c) = \sum_{c\in C} |\{(c,f_i) \mid i = 1,\ldots,n;\ f_i(c) \neq 0\}|$$

durch doppelte Abzählung.

3.8 Elementare Umformungen

Definition 3.8.1 Die Matrizen aus $(K)_n$ von der Gestalt

$$T_{ij}(a) = (a_{ij}) = \begin{pmatrix} 1 & & & \\ & 1 & & \\ & & a & \\ & 0 & \ddots & \\ & & & 1 \end{pmatrix} \qquad (i \neq j)$$

mit $a_{ii} = 1$, $0 \neq a_{ij} = a \in K$ und $a_{kl} = 0$ sonst nennen wir *Elementarmatrizen.* Nach 3.1.10 entsprechen sie Transvektionen auf K^n. Offenbar gelten

$$T_{ij}(a)T_{ij}(b) = T_{ij}(a+b) \quad \text{für } a+b \neq 0$$

und

$$T_{ij}(a)T_{ij}(-a) = E.$$

Somit sind die Elementarmatrizen regulär.

Lemma 3.8.2 *Sei $A \in (K)_{m,n}$. Seien $z_1, \ldots, z_m$ die Zeilen von A und $s_1, \ldots, s_n$ die Spalten von A. Durch einfache Rechnung folgt*

$$T_{ij}(a)A = \begin{pmatrix} z_1 \\ \vdots \\ z_i + az_j \\ \vdots \\ z_m \end{pmatrix}$$

für $T_{ij}(a) \in (K)_m$ und

$$AT_{ij}(b) = (s_1, \ldots, s_i + bs_j, \ldots, s_n)$$

für $T_{ij}(b) \in (K)_n$.

Definition 3.8.3 Sei $A \in (K)_{m,n}$. Unter einer *elementaren Umformung* verstehen wir eine der folgenden Operationen:

(1) Ersetzung der Zeile z_i von A durch $z_i + az_j$ mit $j \neq i$ und $a \in K$ und Beibehaltung der Zeilen z_k für $k \neq i$.

(2) Ersetzung der Spalte s_i von A durch $s_i + as_j$ für $j \neq i$ und $a \in K$ und Beibehaltung der Spalten s_k für $k \neq i$.

Nach 3.8.2 läuft jede elementare Umformung auf die Multiplikation von A mit Elementarmatrizen von links oder rechts hinaus.

Wir geben nun einen Algorithmus an, um eine Matrix aus $(K)_{m,n}$ abzubauen. Insbesondere liefert dies ein Verfahren, um den Rang einer Matrix zu bestimmen.

Hauptsatz 3.8.4 *Sei $A = (a_{ij}) \in (K)_{m,n}$. Ist $A \neq 0$, so gibt es Elementarmatrizen $T_i \in (K)_m$ und $S_j \in (K)_n$ derart, daß*

$$T_1 \dots T_k A S_1 \dots S_l = \begin{pmatrix} a & 0 & \dots & 0 & 0 & \dots & 0 \\ 0 & 1 & \dots & 0 & 0 & \dots & 0 \\ \vdots & \vdots & & & & & \vdots \\ 0 & 0 & \dots & 1 & 0 & \dots & 0 \\ 0 & 0 & \dots & 0 & 0 & \dots & 0 \\ \vdots & \vdots & & & & & \vdots \\ 0 & 0 & \dots & 0 & 0 & \dots & 0 \end{pmatrix}$$

mit $0 \neq a \in K$. Ist dabei der Ausschnitt

$$\begin{pmatrix} a & 0 & \dots & 0 \\ 0 & 1 & \dots & 0 \\ \vdots & \vdots & & \vdots \\ 0 & 0 & \dots & 1 \end{pmatrix}$$

vom Typ (r, r), so gilt $\mathrm{r}(A) = r$.

Beweis. Schritt 1: Ist $a_{11} \neq 0$, so gehe zu Schritt 4.
Schritt 2: Sei $a_{11} = 0$, aber z_1 nicht die Nullzeile. Ist $a_{1j} \neq 0$ mit $j \neq 1$, so führe die elementare Umformung

$$A \mapsto (s_1 + s_j, s_2, \dots, s_n) = \begin{pmatrix} a_{1j} & * \\ * & * \end{pmatrix}$$

aus und gehe dann zu Schritt 4.
Schritt 3: Sei $z_1 = 0$, aber $z_j \neq 0$ mit $j > 1$. Mache dann

$$A \mapsto \begin{pmatrix} z_1 + z_j \\ z_2 \\ \vdots \\ z_m \end{pmatrix}$$

und gehe zu Schritt 2, falls $a_{j1} = 0$, bzw. zu Schritt 4, falls $a_{j1} \neq 0$ ist.
Schritt 4: Sei $a_{11} \neq 0$. Führe die elementare Umformung

$$A \mapsto \begin{pmatrix} z_1 \\ z_2 - \frac{a_{21}}{a_{11}} z_1 \\ \vdots \\ z_m - \frac{a_{m1}}{a_{11}} z_1 \end{pmatrix} = \begin{pmatrix} a_{11} & a_{12} & \dots & a_{1n} \\ 0 & & & \\ \vdots & & * & \\ 0 & & & \end{pmatrix}$$

durch. Abziehen geeigneter Vielfacher von

$$\begin{pmatrix} a_{11} \\ 0 \\ \vdots \\ 0 \end{pmatrix}$$

von den späteren Spalten liefert

$$A \mapsto \begin{pmatrix} a_{11} & 0 \dots 0 \\ 0 & \\ \vdots & A_1 \\ 0 & \end{pmatrix}.$$

Schritt 5: Ist $A_1 \neq 0$, so fahre analog mit A_1 fort. (Jede elementare Umformung von A_1 entspricht einer solchen von A.)
Schritt 6: Schließlich erhält man

$$A \mapsto \begin{pmatrix} a_1 & 0 & \dots & 0 & 0 & \dots & 0 \\ 0 & a_2 & \dots & 0 & 0 & \dots & 0 \\ \vdots & \vdots & & & & & \vdots \\ 0 & 0 & \dots & a_r & 0 & \dots & 0 \\ 0 & 0 & \dots & 0 & 0 & \dots & 0 \\ \vdots & \vdots & & & & & \vdots \\ 0 & 0 & \dots & 0 & 0 & \dots & 0 \end{pmatrix}$$

mit $a_1 \dots a_r \neq 0$. Für $a, b \in K$ mit $ab \neq 0$ gilt

$$\begin{pmatrix} 1 & b-1 \\ 0 & 1 \end{pmatrix} \begin{pmatrix} 1 & 0 \\ 1 & 1 \end{pmatrix} \begin{pmatrix} a & 0 \\ 0 & b \end{pmatrix} \begin{pmatrix} 1 & \frac{1-b}{a} \\ 0 & 1 \end{pmatrix} \begin{pmatrix} 1 & 0 \\ -a & 1 \end{pmatrix} = \begin{pmatrix} ab & 0 \\ 0 & 1 \end{pmatrix}.$$

Durch entsprechende elementare Umformungen erhält man schließlich

$$A \mapsto \begin{pmatrix} a_1 \dots a_r & 0 \dots 0 & 0 \dots 0 \\ 0 & 1 \dots 0 & 0 \dots 0 \\ \vdots & \vdots & \vdots \\ 0 & 0 \dots 1 & 0 \dots 0 \\ 0 & 0 \dots 0 & 0 \dots 0 \\ \vdots & \vdots & \vdots \\ 0 & 0 \dots 0 & 0 \dots 0 \end{pmatrix}.$$

Nach 3.2.17 c) ändert sich bei elementaren Umformungen der Rang nicht. Daher ist

$$\mathrm{r}(A) = \mathrm{r}(\begin{pmatrix} a_1 \dots a_r & 0 \dots 0 & 0 \dots 0 \\ 0 & 1 \dots 0 & 0 \dots 0 \\ \vdots & \vdots & \vdots \\ 0 & 0 \dots 1 & 0 \dots 0 \\ 0 & 0 \dots 0 & 0 \dots 0 \\ \vdots & \vdots & \vdots \\ 0 & 0 \dots 0 & 0 \dots 0 \end{pmatrix}) = r.$$

□

Wir haben in diesem Prozeß vielfach dividiert. Einige Schritte lassen sich auch über geeigneten kommutativen Ringen, etwa $\mathbb{Z}$, durchführen.

Für kleine Matrizen liefert 3.8.4 ein konstruktives Verfahren, um den Rang zu bestimmen. Für Matrizen speziellen Typs wird man den Algorithmus etwas flexibel verwenden. Wir behandeln nun eine Matrix, die mehrfach bei kombinatorischen Fragen auftritt.

Beispiel 3.8.5 Seien $a, b \in K$ und sei

$$A = \begin{pmatrix} a & b & b & \dots & b \\ b & a & b & \dots & b \\ b & b & a & \dots & b \\ \vdots & \vdots & \vdots & & \vdots \\ b & b & b & \dots & a \end{pmatrix}$$

vom Typ (n, n). Wir bestimmen $\mathrm{r}(A)$ mittels elementarer Umformungen.

Ist $a = b = 0$, so ist $\mathrm{r}(A) = 0$. Ist $a = b \neq 0$, so ist $\mathrm{r}(A) = 1$. Sei weiterhin $a \neq b$. Wir erhalten

$$A \mapsto \begin{pmatrix} a & b & b & \dots & b \\ b-a & a-b & 0 & \dots & 0 \\ b-a & 0 & a-b & \dots & 0 \\ \vdots & \vdots & \vdots & & \vdots \\ b-a & 0 & 0 & \dots & a-b \end{pmatrix}$$

(vermöge $z_j \mapsto z_j - z_1$ für $j = 2, \dots, n$)

$$\mapsto \begin{pmatrix} a+(n-1)b & b & b & \dots & b \\ 0 & a-b & 0 & \dots & 0 \\ 0 & 0 & a-b & \dots & 0 \\ \vdots & \vdots & \vdots & & \vdots \\ 0 & 0 & 0 & \dots & a-b \end{pmatrix}$$

(vermöge $s_1 \mapsto s_1 + s_2 + \dots + s_n$)

$$\mapsto \begin{pmatrix} a+(n-1)b & 0 & 0 & \dots & 0 \\ 0 & a-b & 0 & \dots & 0 \\ 0 & 0 & a-b & \dots & 0 \\ \vdots & \vdots & \vdots & & \vdots \\ 0 & 0 & 0 & \dots & a-b \end{pmatrix}$$

(vermöge $z_1 \mapsto z_1 - \frac{b}{a-b}(z_2 + \dots + z_n)$).

Dies zeigt

$$\mathrm{r}(A) = \begin{cases} n & \text{für } (a+(n-1)b)(a-b) \neq 0 \\ n-1 & \text{für } a+(n-1)b = 0 \neq a-b. \end{cases}$$

Wir geben eine kombinatorische Anwendung, die wir dem Mainzer genius loci zuliebe als Weinprobe fomulieren:

Zu bewerten seien n Weine, die von b Prüfern gekostet werden. Um die Gleichbehandlung der Weine zu sichern, fordern wir:

(1) Jeder Wein wird von genau $r > 0$ Prüfern gekostet.

(2) Jedes Paar von Weinen wird von $s > 0$ Prüfern verglichen.

Ist $s = r$, so prüft jeder Prüfer alle Weine. Für große n ist das wenig praktikabel. Also verlangen wir $s < r$. Mit Satz 3.8.6 folgt dann $n \leq b$.

Satz 3.8.6 (R. Fisher[10]) *Vorgegeben sei eine Menge* $M = \{p_1, \ldots, p_n\}$ *mit* $n > 1$ *Elementen, die wir* Punkte *nennen. Ferner seien* b *Teilmengen* $B_1, \ldots, B_b$ *von* M *gegeben, die wir* Blöcke *nennen. Weiterhin verlangen wir:*

(1) Jeder Punkt p_i *liegt in genau* $r > 0$ *Blöcken* B_k.

(2) Jedes Punktepaar p_i, p_j *mit* $i \neq j$ *liegt in genau* $s > 0$ *Blöcken.*

Ist $s < r$, *so gilt* $n \leq b$.

Beweis. Wir führen die sogenannte Inzidenzmatrix

$$I = (a_{ij}) \qquad (i = 1, \ldots, n;\ j = 1, \ldots, b)$$

aus $(\mathbb{R})_{n,b}$ ein mit

$$a_{ij} = \begin{cases} 1 & \text{falls } p_i \in B_j \\ 0 & \text{falls } p_i \notin B_j \end{cases}$$

und betrachten die (n,n)-Matrix $II^t = (b_{ij})$ mit $b_{ij} = \sum_{k=1}^{b} a_{ik}a_{jk}$. Dabei ist

$$b_{ii} = \sum_{k=1}^{b} a_{ik}^2 = \sum_{\substack{k \\ p_i \in B_k}} 1 = r,$$

und für $i \neq j$

$$b_{ij} = \sum_{k=1}^{b} a_{ik}a_{jk} = \sum_{\substack{k \\ p_i, p_j \in B_k}} 1 = s.$$

Somit erhalten wir

$$II^t = \begin{pmatrix} r & s & s & \ldots & s \\ s & r & s & \ldots & s \\ \vdots & \vdots & \vdots & & \vdots \\ s & s & s & \ldots & r \end{pmatrix}.$$

Wegen $r - s > 0$ und $r + (n-1)s > 0$ folgt mit 3.8.5 und 3.2.17 b) dann

$$n = \mathrm{r}(II^t) \leq \min\{\mathrm{r}(I), \mathrm{r}(I^t)\} \leq \min\{n, b\} \leq b.$$

□

[10]Sir Ronald Aylmer Fisher (1890-1962) Cambridge, London, Adelaide (Australien). Prof. für Eugenik in London, für Genetik in Cambridge. Grundlegende Beiträge zur biometrischen Genetik und Evolutionstheorie.

Ausblick 3.8.7 Satz 3.8.6 führt uns in die Nähe eines der schwierigsten Probleme der kombinatorischen Geometrie.

Eine *endliche projektive Ebene* ist eine endliche Menge $\mathcal{P}$ von *Punkten* und eine Menge $\mathcal{G}$ von Teilmengen von $\mathcal{P}$, genannt *Geraden*, mit folgenden Eigenschaften:

(1) Zu zwei Punkten $p_1, p_2 \in \mathcal{P}$ mit $p_1 \neq p_2$ gibt es genau eine Gerade $G \in \mathcal{G}$ mit $p_1, p_2 \in G$ (*eindeutige Verbindungsgerade*).

(2) Zu Geraden $G_1, G_2 \in \mathcal{G}$ mit $G_1 \neq G_2$ gibt es genau einen Punkt $p \in \mathcal{P}$ mit $G_1 \cap G_2 = \{p\}$ (*eindeutiger Schnittpunkt*).

(2) Es gibt drei Punkte aus $\mathcal{P}$, die nicht auf einer Geraden liegen.

Einfache kombinatorische Überlegungen zeigen, daß alle Geraden gleichviele Punkte enthalten, etwa $m+1$, und daß $|\mathcal{P}| = |\mathcal{G}| = m^2+m+1$ gilt. Ist p^a eine Primzahlpotenz, so erhält man unter Benutzung eines endlichen Körpers K mit $|K| = p^a$ vermöge der Konstruktion in 2.7.18 eine projektive Ebene mit $m = p^a$. Es ist kein Beispiel einer endlichen projektiven Ebene bekannt, bei welcher m keine Primzahlpotenz ist. Die beste Aussage dazu ist der folgende Satz von R.H. Bruck und H.J. Ryser:

Sei $m \equiv 1 \pmod 4$ *oder* $m \equiv 2 \pmod 4$. *Gibt es eine Primzahl* $p \equiv 3 \pmod 4$ *und ein* $b \in \mathbb{N}$ *mit* $p^{2b-1} \mid m$, *aber* $p^{2b} \nmid m$, *so gibt es keine projektive Ebene mit* $|\mathcal{P}| = m^2 + m + 1$. (Siehe [11], S. 294; auch der Beweis dieses Satzes verwendet die Inzidenzmatrix.)

Dies schließt die Möglichkeiten $m = 6, 14$ und 21 aus. Mit erheblichem Aufwand an Rechenzeit wurde 1991 bewiesen, daß auch $m = 10$ ausgeschlossen ist. Unbekannt ist immer noch, ob es eine endliche projektive Ebene mit $m = 12$ gibt. Nach Untersuchungen von Z. Janko hätte eine solche Ebene nur wenige Automorphismen (Kollineationen).

Aufgabe 3.8.1 Sei $A \in (K)_n$. Mittels 3.8.4 zeige man, daß A genau dann invertierbar ist, wenn A den Rang n hat. (Dies wurde auf andere Weise bereits in 3.3.21 gezeigt.)

Aufgabe 3.8.2 Für die Matrix

$$A = \begin{pmatrix} 0 & a & a \\ b & 0 & a \\ b & b & 0 \end{pmatrix}$$

mit $a, b \in K$ beweise man durch elementare Umformungen

$$\mathrm{r}(A) = \begin{cases} 0 & \text{falls } a = b = 0 \\ 3 & \text{falls } ab(a+b) \neq 0 \\ 2 & \text{sonst.} \end{cases}$$

Aufgabe 3.8.3 Für die Matrix

$$A = \begin{pmatrix} 0 & a & a & a \\ b & 0 & a & a \\ b & b & 0 & a \\ b & b & b & 0 \end{pmatrix}$$

mit $a, b \in K$ zeige man

$$\mathrm{r}(A) = \begin{cases} 0 & \text{falls } a = b = 0 \\ 4 & \text{falls } ab(a^2 + ab + b^2) \neq 0 \\ 3 & \text{sonst.} \end{cases}$$

Aufgabe 3.8.4 Für die Matrix

$$A = \begin{pmatrix} a & a & a & \dots & a & a \\ b & a & a & \dots & a & a \\ b & b & a & \dots & a & a \\ \vdots & \vdots & \vdots & & \vdots & \vdots \\ b & b & b & \dots & b & a \end{pmatrix} \in (K)_n$$

beweise man

$$\mathrm{r}(A) = \begin{cases} 0 & \text{falls } a = b = 0 \\ 1 & \text{falls } a = b \neq 0 \\ n-1 & \text{falls } a = 0 \neq b \\ n & \text{falls } a(a-b) \neq 0. \end{cases}$$

3.9 Lineare Gleichungen

Problemstellung 3.9.1 Vorgegeben sei eine Matrix $A = (a_{ij}) \in (K)_{m,n}$ und ein Spaltenvektor $b = (b_j) \in K^m$, wobei K ein Körper sei. Man finde alle $x = (x_i) \in K^n$ mit $Ax = b$, oder ausgeschrieben, daß also das *lineare Gleichungssystem*

$$(L) \qquad \sum_{k=1}^{n} a_{jk} x_k = b_j \quad (j = 1, \ldots, m)$$

gilt. Ist $b = 0$, so nennen wir das System *homogen*, anderenfalls *inhomogen*.

Solche Systeme, oft mit großen m und n, treten in der Praxis häufig auf. Auch Probleme der Analysis (Differentialgleichungen, Integralgleichungen) führen nach Diskretisierung zu Systemen von linearen Gleichungen. In 3.9.4 geben wir einen Algorithmus an, welcher grundsätzlich immer zur Lösung von (L) führt, und leicht programmierbar ist.

Lemma 3.9.2

a) Die Lösungen x des homogenen Systems $Ax = 0$ bilden einen Unterraum des K^n von der Dimension $n - \mathrm{r}(A)$.

b) Ist x_0 eine Lösung von $Ax = b$, so ist $\{ x_o + y \mid Ay = 0\}$ die Menge aller Lösungen von $Ax = b$.

Beweis. a) Betrachten wir A als lineare Abbildung vom K^n in K^m, so ist $\operatorname{Kern} A = \{ x \mid x \in K^n,\ Ax = 0\}$. Daher gilt

$$\dim \operatorname{Kern} A = \dim K^n - \dim \operatorname{Bild} A = n - \mathrm{r}(A).$$

b) Die Aussage ist trivial. □

Satz 3.9.3 *Vorgegeben sei das Gleichungssystem*

$$(L) \qquad \sum_{k=1}^{n} a_{jk} x_k = b_j \quad (j = 1, \ldots, m).$$

Neben $A = (a_{jk})$ führen wir die erweiterte Koeffizientenmatrix

$$B = \begin{pmatrix} a_{11} & \ldots & a_{1n} & b_1 \\ \vdots & & \vdots & \vdots \\ a_{m1} & \ldots & a_{mn} & b_m \end{pmatrix}$$

ein. Genau dann ist (L) lösbar, wenn $\mathrm{r}(A) = \mathrm{r}(B)$ gilt.

Beweis. Sei $b = \begin{pmatrix} b_1 \\ \vdots \\ b_m \end{pmatrix}$ und seien $s_k = \begin{pmatrix} a_{1k} \\ \vdots \\ a_{mk} \end{pmatrix}$ $(k = 1, \ldots, n)$ die Spalten von A. Das Gleichungssystem (L) bedeutet dann $\sum_{k=1}^n x_k s_k = b$. Offenbar ist (L) genau dann lösbar, wenn $b \in \langle s_1, \ldots, s_n \rangle$ ist, wenn also

$$\mathrm{r}(A) = \dim\langle s_1, \ldots, s_n \rangle = \dim\langle s_1, \ldots, s_n, b \rangle = \mathrm{r}(B)$$

gilt. □

Die Bestimmung von $\mathrm{r}(A)$ und $\mathrm{r}(B)$ kann mit elementaren Umformungen leicht durchgeführt werden. Eine Variante davon liefert einen Algorithmus zur Lösung von (L).

Lösungsalgorithmus 3.9.4 Als Umformungen von (L) lassen wir zu:
(1) Vertauschung der Zeilen von B (entspricht einer Umnumerierung der Gleichungen).
(2) Vertauschung der Spalten von A (entspricht einer Umnumerierung der $x_1, \ldots, x_n$).
(3) Übergänge der Zeilen z_i $(i = 1, \ldots, m)$ von B von der Gestalt

$$z_i \to z_i + a z_j \text{ mit } i \neq j \text{ und } a \in K.$$

Dabei bleibt offenbar die Lösungsmenge von (L) erhalten, abgesehen von der eventuell vorgenommenen Umnumerierung der x_i.

Das Verfahren läuft nun wie folgt:
Wir dürfen annehmen, daß jedes x_k im Gleichungssystem vorkommt, d.h. daß A keine Nullspalte hat.
Schritt 1: Anwendung von (1) erlaubt $a_{11} \neq 0$.
Schritt 2: Vermöge

$$z_i \to z_i - \frac{a_{i1}}{a_{11}} z_1 \text{ für } i \geq 2$$

erhalten wir ein Gleichungssystem der Gestalt

$$\begin{aligned} a_{11}x_1 + \textstyle\sum_{k=2}^n a_{1k}x_k &= b_1 \\ \textstyle\sum_{k=2}^n a'_{jk}x_k &= b'_j \quad (j = 2, \ldots, m). \end{aligned}$$

Schritt 3: Mit dem reduzierten System

$$\sum_{k=2}^n a'_{jk}x_k = b'_j \quad (j = 2, \ldots, m)$$

verfahre man analog. (Wir sind fertig, falls $(a'_{jk}) = 0$ ist; anderenfalls sind zur Sicherung von $a'_{22} \neq 0$ eventuell die $x_2, \ldots, x_n$ umzunumerieren.) Schließlich erhalten wir ein Gleichungssystem (L') der Gestalt

$$
(L') \qquad
\begin{array}{rcl}
b_{11}y_1 + b_{12}y_2 + \ldots + b_{1k}y_k + \ldots + b_{1n}y_n &=& b'_1 \\
b_{22}y_2 + \ldots + b_{2k}y_k + \ldots + b_{2n}y_n &=& b'_2 \\
&\vdots& \\
b_{kk}y_k + \ldots + b_{kn}y_n &=& b'_k \\
0 &=& b'_{k+1} \\
&\vdots& \\
0 &=& b'_m
\end{array}
$$

mit $b_{jj} \neq 0$ für $j = 1, \ldots, k$. Ist (L') lösbar, so muß $b'_{k+1} = \ldots = b'_m = 0$ gelten. In diesem Fall können wir $y_{k+1}, \ldots, y_n$ beliebig wählen. Das System (L') liefert dann wegen $b_{jj} \neq 0\,(j = 1, \ldots, k)$ nacheinander eindeutig bestimmte $y_k, y_{k-1}, \ldots, y_1$. Eine eindeutige Lösung von (L') liegt nur dann vor, wenn $k = n$ ist.

Hauptsatz 3.9.5 *Wir betrachten wieder das Gleichungssystem*

$$
(L) \qquad \sum_{k=1}^{n} a_{jk}x_k = b_j \quad (j = 1, \ldots, m)
$$

und setzen $A = (a_{ij})$.

a) Ist $\mathrm{r}(A) = n$, so hat (L) höchstens eine Lösung. (Dann ist sicher $n \leq m$.)

b) Sei $n = m$. Genau dann hat (L) eine eindeutige Lösung, wenn das zugehörige homogene Gleichungssystem

$$
(H) \qquad \sum_{k=1}^{n} a_{jk}y_k = 0 \quad (j = 1, \ldots, n)
$$

nur die sogenannte triviale Lösung $y_1 = \ldots = y_n = 0$ hat. Das homogene System (H) hat genau dann eine nichttriviale Lösung, wenn A singulär ist.

c) Ist $n > m$, so hat (H) stets eine nichttriviale Lösung.

Beweis. a) Nach 3.9.2 a) hat $Ay = 0$ nur die triviale Lösung $y = 0$. Somit hat (L) nach 3.9.2 b) höchstens eine Lösung.

b) Mit 3.9.2 a) folgt, daß (H) genau dann nur die triviale Lösung hat, wenn $\mathrm{r}(A) = n$, also A invertierbar ist. In diesem Fall hat (L) offenbar die eindeutige Lösung $x = A^{-1}b$. Ist umgekehrt (L) eindeutig lösbar, so hat (H) nach 3.9.2 b) nur die triviale Lösung.
c) Aus $\mathrm{r}(A) \leq m$ folgt mit 3.9.2 a)

$$\dim\{y \mid Ay = 0\} = n - \mathrm{r}(A) \geq n - m > 0.$$

□

Beispiel 3.9.6 Wir betrachten ein mechanisches System aus $n \geq 1$ Massenpunkten der Massen $m_j > 0$ $(j = 1, \ldots, n)$. Ist y_j die Koordinate der Masse m_j, so mögen folgende Kräfte auf m_j wirken:

(1) Eine Kraft k_j (etwa die Schwerkraft $-m_j g$).
(2) Die Masse m_j ist mit dem Punkt a_j durch einen elastischen Faden (oder eine Feder) verbunden, der auf m_j eine Kraft $-c_{jj}(y_j - a_j)$ mit $c_{jj} \geq 0$ ausübt (sog. Hookesche[11] Kraft).
(3) m_j ist mit m_k $(j \neq k)$ durch einen elastischen Faden verbunden, der auf m_j eine Kraft $-c_{jk}(y_j - y_k)$ mit $c_{jk} \geq 0$ ausübt. Nach dem Newtonschen[12] Prinzip *actio gleich reactio* der Mechanik gilt dabei

$$c_{jk}(y_j - y_k) = -c_{kj}(y_k - y_j),$$

also $c_{kj} = c_{jk}$.

Das System befindet sich im Gleichgewicht, wenn die Summe der auf jedes m_j wirkenden Kräfte gleich 0 ist, wenn also

$$(L) \qquad 0 = k_j - c_{jj}(y_j - a_j) - \sum_{k=1}^{n} c_{jk}(y_j - y_k) \quad (j = 1, \ldots, n)$$

gilt. Dies ist ein inhomogenes lineares Gleichungssystem für $y_1, \ldots, y_n$. Nach 3.9.5 b) hat (L) genau dann eine eindeutige Lösung, wenn das homogene System

$$(H) \qquad 0 = -c_{jj}z_j - \sum_{k=1}^{n} c_{jk}(z_j - z_k) \quad (j = 1, \ldots, n)$$

[11] Robert Hooke (1635-1702) London. Naturphilosoph, Erfinder, Architekt, Physiker.
[12] Isaac Newton (1643-1727) Cambridge, London. Physiker, Mathematiker und Naturforscher. Grundlegende Beiträge zur Dynamik, Optik, Himmelsmechanik, Mathematik und Chemie. Infinitesimalrechnung, unendliche Reihen und Algebra.

nur die triviale Lösung hat. Multiplizieren wir die j-te Gleichung in (H) mit z_j und summieren über all $j = 1, \ldots, n$, so erhalten wir

$$\begin{aligned} 0 &= -\sum_{j=1}^n c_{jj} z_j^2 - \sum_{k,j=1}^n c_{jk}(z_j - z_k) z_j \\ &= -\sum_{j=1}^n c_{jj} z_j^2 - \sum_{k<j} c_{jk}[(z_j - z_k) z_j + (z_k - z_j) z_k] \\ &= -\sum_{j=1}^n c_{jj} z_j^2 - \sum_{k<j} c_{jk}(z_j - z_k)^2. \end{aligned}$$

Wegen $c_{jj} \geq 0$ und $c_{kj} \geq 0$ folgt

(i) $z_j = 0$, falls $c_{jj} > 0$, und

(ii) $z_j = z_k$, falls $c_{kj} > 0$ ist.

Nun zerlegen wir das System in naheliegender Weise in Komponenten:
Die Massen m_j und m_k liegen in der gleichen Komponente, falls es eine Folge

$$j = j_1 \neq j_2 \neq \ldots \neq j_m = k$$

gibt mit $c_{j_i, j_{i+1}} > 0$ für $i = 1, \ldots, m-1$. Eine Komponente $\mathcal{K}$ heißt *gebunden*, falls $c_{jj} > 0$ für wenigstens ein m_j aus $\mathcal{K}$ gilt, anderenfalls heißt $\mathcal{K}$ *frei*.

Wegen (ii) ist z_j konstant auf jeder Komponente,und wegen der Bedingung (i) sogar $z_j = 0$ auf jeder gebundenen Komponente. Ist jede Komponente gebunden, so hat (H) nur die triviale Lösung. Dann liefert (L) die eindeutig bestimmte Gleichgewichtslage des Systems.

Summation der Gleichungen in (L), die zu einer freien Komponente $\mathcal{K}$ gehören, liefert wegen $c_{jk} = c_{kj}$ nun

$$0 = \sum_{m_j \in \mathcal{K}} k_j - \sum_{m_j,\, m_k \in \mathcal{K}} c_{jk}(y_j - y_k) = \sum_{m_j \in \mathcal{K}} k_j .$$

Dies ist für $k_j = -m_j g$ ein Widerspruch. Eine freie Komponente hat daher keine Gleichgewichtslage. Unter dem Einfluß der Schwerkraft fällt sie nach unten.

Beispiele 3.9.7 a) Wir betrachten nun das folgende mechanische System unter dem Einfluß der Schwerkraft.

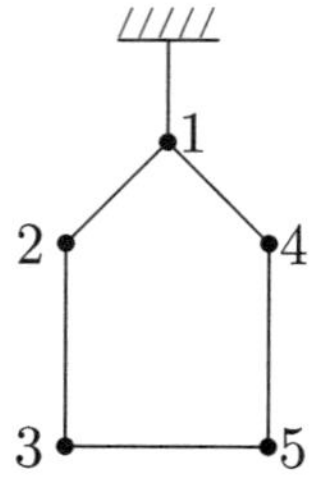

Dabei seien alle Massen von der Größe $m > 0$, alle angegebenen Bindungen gleichstark, also

$$c_{11} = c_{12} = c_{14} = c_{23} = c_{35} = c_{45} = c > 0,$$

und $c_{jk} = 0$ sonst. Die Gleichgewichtslage (y_j) ist zu ermitteln aus dem Gleichungssystem

$$\begin{aligned}
0 &= -mg - cy_1 - c(y_1 - y_2) - c(y_1 - y_4)\\
0 &= -mg - c(y_2 - y_1) - c(y_2 - y_3)\\
0 &= -mg - c(y_3 - y_2) - c(y_3 - y_5)\\
0 &= -mg - c(y_4 - y_1) - c(y_4 - y_5)\\
0 &= -mg - c(y_5 - y_3) - c(y_5 - y_4).
\end{aligned}$$

Aus Symmetriegründen können wir $y_2 = y_4$ und $y_3 = y_5$ annehmen. (Erhalten wir eine Lösung unter dieser Bedingung, so ist sie die eindeutig bestimmte Lösung!) Somit bleibt das Gleichungssystem

$$\begin{aligned}
0 &= -mg - cy_1 - 2c(y_1 - y_2)\\
0 &= -mg - c(y_2 - y_1) - c(y_2 - y_3)\\
0 &= -mg - c(y_3 - y_2)
\end{aligned}$$

zu lösen. Mit $s = \frac{mg}{c}$ haben wir die Matrix

$$\begin{pmatrix} -1 & 2 & -1 & -s \\ 0 & -1 & 1 & -s \\ 3 & -2 & 0 & -s \end{pmatrix}$$

zu betrachten. Die Operation $z_3 \to z_3 + 3z_1$ liefert

$$\begin{pmatrix} -1 & 2 & -1 & -s \\ 0 & -1 & 1 & -s \\ 0 & 4 & -3 & -4s \end{pmatrix}.$$

Vermöge $z_3 \to z_3 + 4z_2$ erhalten wir

$$\begin{pmatrix} -1 & 2 & -1 & -s \\ 0 & -1 & 1 & -s \\ 0 & 0 & 1 & -8s \end{pmatrix}.$$

Also ist

$$\begin{aligned}
y_3 &= -8s,\\
-y_2 + y_3 &= -s, \text{ somit } y_2 = -7s,\\
-y_1 + 2y_2 - y_3 &= -s, \text{ somit } y_1 = -5s.
\end{aligned}$$

Die Lösung lautet also

$$y_1 = -5\frac{mg}{c}, \; y_2 = y_4 = -7\frac{mg}{c}, \; y_3 = y_5 = -8\frac{mg}{c}.$$

b) Wir betrachten das nebenstehende Labyrinth.

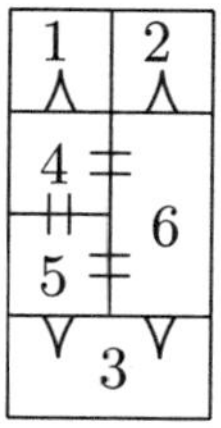

Dabei seien 1, 2 und 3 absorbierende Zustände. Im Elementarprozeß verlasse die Maus die Zelle und wähle jede verfügbare Tür mit derselben Wahrscheinlichkeit.

Die Übergangsmatrix ist also

$$\begin{pmatrix} 1 & 0 & 0 & 0 & 0 & 0 \\ 0 & 1 & 0 & 0 & 0 & 0 \\ 0 & 0 & 1 & 0 & 0 & 0 \\ \frac{1}{3} & 0 & 0 & 0 & \frac{1}{3} & \frac{1}{3} \\ 0 & 0 & \frac{1}{3} & \frac{1}{3} & 0 & \frac{1}{3} \\ 0 & \frac{1}{4} & \frac{1}{4} & \frac{1}{4} & \frac{1}{4} & 0 \end{pmatrix} = \begin{pmatrix} E & 0 \\ B & C \end{pmatrix}.$$

Wegen $\| C \| = \frac{2}{3}$ folgt mit 3.4.8, daß

$$\lim_{k\to\infty} A^k = \begin{pmatrix} E & 0 \\ D & 0 \end{pmatrix}$$

mit $(E - C)D = B$ ist. Wir wenden nun elementare Umformungen auf die Matrix

$$H = \left(\begin{array}{ccc|ccc} 1 & -\frac{1}{3} & -\frac{1}{3} & \frac{1}{3} & 0 & 0 \\ -\frac{1}{3} & 1 & -\frac{1}{3} & 0 & 0 & \frac{1}{3} \\ -\frac{1}{4} & -\frac{1}{4} & 1 & 0 & \frac{1}{4} & \frac{1}{4} \end{array}\right)$$

an. Vermöge $z_2 \to z_2 + \frac{1}{3}z_1$ und $z_3 \to z_3 + \frac{1}{4}z_1$ erhalten wir

$$H \mapsto \left(\begin{array}{ccc|ccc} 1 & -\frac{1}{3} & -\frac{1}{3} & \frac{1}{3} & 0 & 0 \\ 0 & \frac{8}{9} & -\frac{4}{9} & \frac{1}{9} & 0 & \frac{1}{3} \\ 0 & -\frac{4}{12} & \frac{11}{12} & \frac{1}{12} & \frac{1}{4} & \frac{1}{4} \end{array}\right).$$

und schließlich vermöge $z_3 \to z_3 + \frac{3}{8} z_2$

$$\mapsto \left(\begin{array}{ccc|ccc} 1 & -\frac{1}{3} & -\frac{1}{3} & \frac{1}{3} & 0 & 0 \\ 0 & \frac{8}{9} & -\frac{4}{9} & \frac{1}{9} & 0 & \frac{1}{3} \\ 0 & 0 & \frac{9}{12} & \frac{1}{8} & \frac{1}{4} & \frac{3}{8} \end{array}\right).$$

Dies liefert
$\frac{9}{12} d_{61} = \frac{1}{8}$, also $d_{61} = \frac{4}{24}$,
$\frac{8}{5} d_{51} - \frac{4}{9} d_{61} = \frac{1}{9}$, also $d_{51} = \frac{5}{24}$,
$d_{41} - \frac{1}{3} d_{51} - \frac{1}{3} d_{61} = \frac{1}{3}$, also $d_{41} = \frac{11}{24}$.
Ebenso erhält man $d_{42} = \frac{4}{24} = d_{52}$, $d_{62} = \frac{8}{24}$, $d_{43} = \frac{9}{24}$, $d_{53} = \frac{15}{24}$, $d_{63} = \frac{12}{24}$.
Also ist

$$\lim_{k \to \infty} A^k = \begin{pmatrix} & E & & 0 \\ \frac{11}{24} & \frac{4}{24} & \frac{9}{24} & \\ \frac{5}{24} & \frac{4}{24} & \frac{15}{24} & 0 \\ \frac{4}{24} & \frac{8}{24} & \frac{12}{24} & \end{pmatrix}.$$

Das hier vorgetragene Verfahren ist besonders sinnvoll, wenn man Gleichungen

$$\sum_{k=1}^{n} a_{ik} x_k = b_i \quad (i = 1, \ldots, n)$$

mit einer festen Matrix (a_{ik}) und variablen Spalten (b_i) zu lösen hat, also insbesondere bei der Berechnung von Inversen.

Aufgabe 3.9.1 Man ermittle die Gleichgewichtslage des folgenden Systems

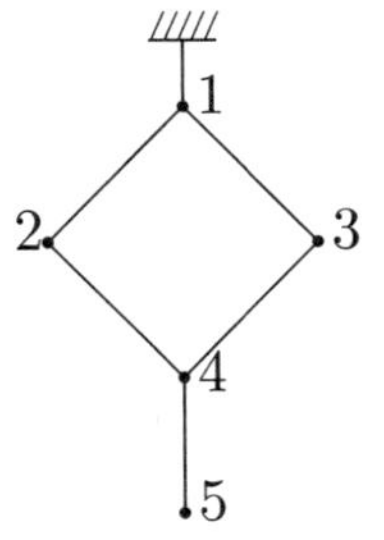

unter dem Einfluß der Schwerkraft mit den Massen $m_j = m > 0$ $(j = 1, \ldots, 5)$ und
$c_{11} = c_{12} = c_{13} = c_{24} = c_{34} = c_{45} = c > 0$, $c_{jk} = 0$ sonst.

Aufgabe 3.9.2 Analog behandle man das System

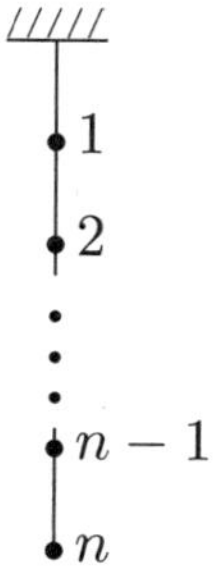

mit den Massen $m_i = m > 0$ $(j = 1, \ldots, n)$ und $c_{11} = c_{12} = c_{23} = \ldots = c_{n-1,n} = c > 0$.
(In der Gleichgewichtslage ist

$$y_j - y_{j-1} = \frac{mg}{c}(n - j + 1),$$

so als ob $n - j + 1$ Massen m an einer elastischen Bindung der Stärke c hängen.)

Aufgabe 3.9.3 Analog zum Beispiel 3.9.7 b) behandle man das folgende Labyrinth mit $a_{ii} = 0$ für $i = 1, \ldots, 6$.

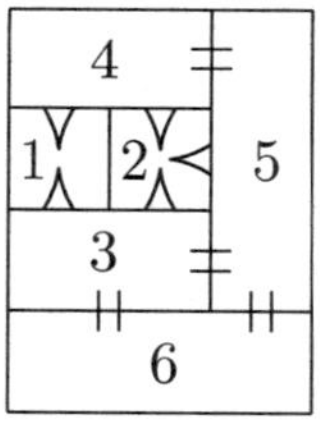

Aufgabe 3.9.4 Analog zum Beispiel 3.9.7 b) behandele man das Labyrinth

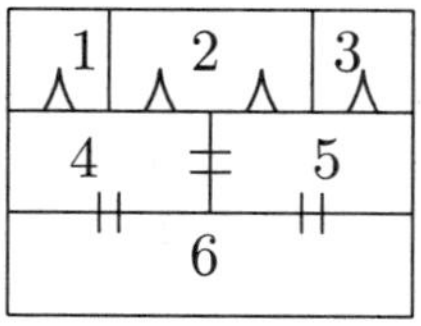

4 Determinanten

In diesem Kapitel behandeln wir die Theorie der Determinanten, die in der Linearen Algebra aufgrund vielfacher Anwendungen ein kraftvolles Werkzeug darstellen. Die Determinante ordnet einer Matrix A vom Typ (n, n) über einem Körper, allgemeiner über einem kommutativen Ring R, ein Element aus R zu. Sie gibt z. B. Auskunft über die Invertierbarkeit von A, kann zur expliziten Beschreibung von A^{-1} benutzt werden, ist aber auch ein Maß für die Volumenverzerrung bei Anwendung von A auf ein Parallelepiped. All dies wird nach anfänglich bereitgestellen Hilfsmitteln aus der Gruppentheorie, insbesondere der symmetrischen Gruppe, im Abschnitt 4.3 behandelt. Die beiden anschließenden Abschnitte sind weitergehender Natur. Wir beschreiben darin Homomorphismen von $\mathrm{GL}(V)$ in K^* mit Hilfe der Determinate und beweisen mittels der Graßmann-Algebra feinere Determinantensätze.

4.1 Gruppenhomomorphismen, Normalteiler, Faktorgruppen

Lineare Abbildungen erhalten die Vektorraumstruktur. Wir beschäftigen uns nun mit den Abbildungen, die die Gruppenstruktur erhalten und übernehmen dabei die Begriffe, die wir bereits bei den linearen Abbildungen eingeführt haben.

Definition 4.1.1 Seien G und H Gruppen, deren Verknüpfung wir als Multiplikation schreiben.

a) Eine Abbildung α von G in H heißt ein *Homomorphismus*, genauer *Gruppenhomomorphismus*, falls

$$\alpha(g_1 g_2) = \alpha(g_1)\alpha(g_2) \quad \text{für alle } g_1, g_2 \in G \quad \text{gilt.}$$

b) Ein Homomorphismus α heißt ein *Epimorphismus, Monomorphismus* bzw. *Isomorphismus*, falls α surjektiv, injektiv bzw. bijektiv ist. Sind G und H isomorph, so schreiben wir kurz $G \cong H$. Die Isomorphismen von G auf sich selbst nennen wir auch *Automorphismen* von G.

c) Ist α ein Homomorphismus von G in H, so setzen wir

$$\operatorname{Bild}\alpha = \{\, \alpha g \mid g \in G\}$$

und

$$\operatorname{Kern}\alpha = \{\, g \mid g \in G,\ \alpha g = 1_H\},$$

wobei 1_H das neutrale Element von H ist.

Definition 4.1.2 Sei G eine Gruppe und U eine Untergruppe von G. Dann heißt U ein *Normalteiler* (auch *normale Untergruppe*) von G, falls

$$g^{-1}ug \in U \text{ für alle } u \in U,\ g \in G.$$

Wir schreiben dann $U \trianglelefteq G$ bzw. $U \triangleleft G$ im Fall $U < G$. (Offenbar sind $\{1\}$ und G selbst Normalteiler von G. Ist G kommutativ, so sind alle Untergruppen von G Normalteiler.)

Lemma 4.1.3 *Seien G und H Gruppen und α ein Homomorphismus von G in H. Dann gilt:*

a) $\operatorname{Bild}\alpha$ *ist eine Untergruppe von H.*

b) $\operatorname{Kern}\alpha$ *ist ein Normalteiler von G.*

Beweis. a) Für $g_1, g_2 \in G$ gilt $(\alpha g_1)(\alpha g_2) = \alpha(g_1 g_2) \in \operatorname{Bild}\alpha$. Ist 1_G das neutrale Element von G, so ist $\alpha g = \alpha(g 1_G) = (\alpha g)(\alpha 1_G)$. Wegen der Kürzungsregel 2.1.5 folgt $\alpha 1_G = 1_H$. Für $g \in G$ erhalten wir nun

$$1_H = \alpha 1_G = \alpha(gg^{-1}) = (\alpha g)(\alpha g^{-1}),$$

also $(\alpha g)^{-1} = \alpha g^{-1} \in \operatorname{Bild}\alpha$. Dies zeigt $\operatorname{Bild}\alpha \leq H$.
b) Für $g_1, g_2 \in \operatorname{Kern}\alpha$ gilt $\alpha(g_1 g_2) = (\alpha g_1)(\alpha g_2) = 1_H$, somit $g_1 g_2 \in \operatorname{Kern}\alpha$. Ferner ist $\alpha g_1^{-1} = (\alpha g_1)^{-1} = 1_H$. Dies zeigt $\operatorname{Kern}\alpha \leq G$. Für $g \in G$ und $u \in \operatorname{Kern}\alpha$ gilt ferner

$$\alpha(g^{-1}ug) = (\alpha g)^{-1}(\alpha u)(\alpha g) = (\alpha g)^{-1} 1_H (\alpha g) = 1_H,$$

also $g^{-1}ug \in \operatorname{Kern}\alpha$. Dies beweist $\operatorname{Kern}\alpha \trianglelefteq G$.

□

Analog zur Bildung des Faktorraums in Abschnitt 2.9 führen wir Faktorgruppen ein. Faktorräume sind ein sehr nützliches Hilfsmittel. Man kann jedoch oft ohne sie auskommen, da jeder Unterraum ein Komplement hat. Dies ist bei Gruppen nicht der Fall, denn nicht jede Untergruppe hat ein Komplement. Man wird hier in vielen Beweisen notgedrungen zur Faktorgruppe geführt. Die Wohldefiniertheit der Verknüpfung erfordert, daß die Untergruppen normal sein müssen.

Satz 4.1.4 *Sei $N \trianglelefteq G$. Wir bilden die Menge $G/N = \{\, gN \mid g \in G\}$.*

a) Auf G/N definieren wir eine Verknüpfung durch

$$g_1N \cdot g_2N = g_1g_2N \text{ für } g_1, g_2 \in G.$$

Dadurch wird G/N eine Gruppe mit dem neutralen Element N.

b) Die Abbildung τ mit $\tau g = gN$ ist ein Epimorphismus von G auf G/N mit $\operatorname{Kern} \tau = N$.

Beweis. a) Wir haben zuerst zu zeigen, daß die Verknüpfung wohldefiniert ist. Sei also $g_i' = g_iy_i$ mit $y_i \in N$ $(i = 1, 2)$. Dann ist

$$g_1'g_2' = g_1y_1g_2y_2 = g_1g_2(g_2^{-1}y_1g_2)y_2.$$

Wegen $N \trianglelefteq G$ und $y_i \in N$ folgt $z = g_2^{-1}y_1g_2y_2 \in N$. Wir erhalten somit

$$g_1'g_2'N = \{\, g_1g_2zy \mid y \in N\} = g_1g_2N.$$

Die Gültigkeit der Gruppenaxiome in G/N bestätigt man leicht, wie etwa $(gN)(g^{-1}N) = gg^{-1}N = N$, also $(gN)^{-1} = g^{-1}N$.
b) Wegen

$$\tau(g_1g_2) = g_1g_2N = g_1Ng_2N = (\tau g_1)(\tau g_2)$$

ist τ ein Epimorphismus von G auf G/N. Genau dann ist $\tau g = gN = N$, wenn $g \in N$ ist. Somit gilt $\operatorname{Kern} \tau = N$. □

Homomorphiesatz 4.1.5 *Seien G und H Gruppen und sei α ein Homomorphismus von G in H. Dann gibt es einen Epimorphismus τ von G auf $G/$*Kern α *und einen Monomorphismus β von $G/$*Kern α *in H mit $\alpha = \beta\tau$ und* Bild β = Bild α.

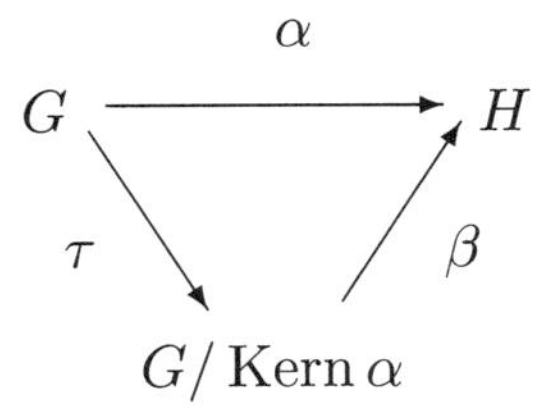

*Insbesondere sind $G/$*Kern α *und* Bild α *isomorph.*

Beweis. Nach 4.1.3 b) gilt $\operatorname{Kern} \alpha \trianglelefteq G$. Gemäß 4.1.4 b) bilden wir den Epimorphismus τ von G auf $G/\operatorname{Kern} \alpha$ mit $\tau g = g \operatorname{Kern} \alpha$. Ferner definieren wir die Abbildung β von $G/\operatorname{Kern} \alpha$ in H durch $\beta(g \operatorname{Kern} \alpha) = \alpha g$. Wir haben

zu zeigen, daß β wohldefiniert ist:
Ist $g_1 \operatorname{Kern} \alpha = g_2 \operatorname{Kern} \alpha$, so gilt $g_2^{-1} g_1 \in \operatorname{Kern} \alpha$, also

$$1_H = \alpha(g_2^{-1} g_1) = (\alpha g_2)^{-1} (\alpha g_1).$$

Somit ist

$$\beta(g_1 \operatorname{Kern} \alpha) = \alpha g_1 = \alpha g_2 = \beta(g_2 \operatorname{Kern} \alpha).$$

Wegen

$$\begin{aligned} \beta(g_1 \operatorname{Kern} \alpha \cdot g_2 \operatorname{Kern} \alpha) &= \beta(g_1 g_2 \operatorname{Kern} \alpha) = \alpha(g_1 g_2) = (\alpha g_1)(\alpha g_2) \\ &= \beta(g_1 \operatorname{Kern} \alpha) \beta(g_2 \operatorname{Kern} \alpha) \end{aligned}$$

ist β ein Homomorphismus von $G / \operatorname{Kern} \alpha$ in H mit $\operatorname{Bild} \beta = \operatorname{Bild} \alpha$. Ist $\beta(g_1 \operatorname{Kern} \alpha) = \beta(g_2 \operatorname{Kern} \alpha)$, so ist $\alpha g_1 = \alpha g_2$, also $g_2^{-1} g_1 \in \operatorname{Kern} \alpha$. Somit ist β injektiv. Schließlich gilt $\beta \tau g = \beta(g \operatorname{Kern} \alpha) = \alpha g$, also $\beta \tau = \alpha$.

□

Beispiele 4.1.6 a) Sei $\mathbb{Z}$ die abelsche Gruppe mit der Addition als Verknüpfung. Für $m \in \mathbb{N}$ ist

$$m\mathbb{Z} = \{ mk \mid k \in \mathbb{Z} \}$$

eine Untergruppe von $\mathbb{Z}$, also ein Normalteiler. Dann ist

$$\mathbb{Z} / \mathrm{m}\mathbb{Z} = \{ k + m\mathbb{Z} \mid k \in \mathbb{Z} \}$$

eine Gruppe mit $|\mathbb{Z}/m\mathbb{Z}| = m$ (siehe 2.1.2 c)).
b) Sei $\mathbb{C}^* = \mathbb{C} \setminus \{0\}$ die multiplikative Gruppe des Körpers $\mathbb{C}$. Wegen $|c_1 c_2| = |c_1| \, |c_2|$ für $c_j \in \mathbb{C}^*$ ist α mit $\alpha c = |c|$ ein Epimorphismus von $\mathbb{C}^*$ auf $\mathbb{R}_{>0} = \{ r \mid 0 < r \in \mathbb{R} \}$. Nach 4.1.5 gilt $\mathbb{C}^* / \operatorname{Kern} \alpha \cong \mathbb{R}_{>0}$ mit

$$\operatorname{Kern} \alpha = \{ c \mid c \in \mathbb{C}^*, \, |c| = 1 \} \quad \text{(sogenannte 1-\textit{Sphäre})}.$$

c) Sei K ein Körper und $A = \begin{pmatrix} a_{11} & a_{12} \\ a_{21} & a_{22} \end{pmatrix} \in (K)_2$. Wir setzen

$$\det A = a_{11} a_{22} - a_{12} a_{21}.$$

Im Beispiel 3.3.8 haben wir gezeigt, daß A genau dann invertierbar ist, wenn $\det A \neq 0$. Durch direkte Rechnung folgt leicht, daß

$$\det AB = \det A \det B$$

für alle $A, B \in (K)_2$. Ferner gilt $\det \begin{pmatrix} a & 0 \\ 0 & 1 \end{pmatrix} = a$. Somit liefert det einen Epimorphismus von der Gruppe der invertierbaren Matrizen vom Typ $(2,2)$ auf K^* mit dem Kern $\{A \mid \det A = 1\}$. Man nennt $\det A$ die *Determinante* von A. Wir werden uns mit der Determinante von Matrizen vom Typ (n,n) eingehend in 4.3 beschäftigen.

Aufgabe 4.1.1 Sei G eine Gruppe.

a) Ist $N_i \trianglelefteq G$ $(i = 1,2)$, so gelten $N_1 \cap N_2 \trianglelefteq G$ und $N_1 N_2 \trianglelefteq G$.

b) Seien $N_i \trianglelefteq G$ $(i = 1,2)$ und $N_1 \cap N_2 = \{1\}$. Ist $g_i \in N_i$, so gilt $g_1 g_2 = g_2 g_1$.

c) Ist $N \trianglelefteq G$ und $U \leq G$, so gilt $NU = UN \leq G$.

Aufgabe 4.1.2 Sei $U \leq G$ mit $|G : U| = 2$. Dann gilt $gU = Ug$ für alle $g \in G$ und $U \triangleleft G$.

Aufgabe 4.1.3 Sei $\mathcal{Q}$ die Quaternionengruppe der Ordnung 8 aus Aufgabe 3.3.8. Man zeige:

a) $\mathcal{Q}$ hat genau drei Untergruppen der Ordnung 4 und nur eine Untergruppe der Ordnung 2. All diese Untergruppen sind zyklisch (G jedoch selbst nicht).

b) Jede Untergruppe von $\mathcal{Q}$ ist ein Normalteiler.

Aufgabe 4.1.4 Sei $\mathcal{D}$ die Diedergruppe der Ordnung 8 aus Aufgabe 3.3.7. Man zeige:

a) $\mathcal{D}$ hat genau 3 Untergruppen der Ordnung 4 und genau 5 Untergruppen der Ordnung 2.

b) Welche Untergruppen von $\mathcal{D}$ sind Normalteiler?

c) Man finde Untergruppen U_j $(j = 1,2)$ von $\mathcal{D}$ mit $U_1 \triangleleft U_2 \triangleleft \mathcal{D}$, aber U_1 kein Normalteiler von $\mathcal{D}$.

4.2 Permutationen und Signum

Definition 4.2.1 Sei S_n die Menge aller bijektiven Abbildungen von $\{1,\ldots,n\}$ auf sich. Dann wird S_n eine Gruppe vermöge

$$(\pi_1\pi_2)i = \pi_1(\pi_2 i) \quad \text{für } \pi_j \in \mathrm{S}_n \text{ und } 1 \leq i \leq n.$$

S_n heißt die *symmetrische Gruppe* auf n Ziffern. Offenbar gilt $|\,\mathrm{S}_n\,| = n!$ Die Elemente aus S_n nennen wir auch *Permutationen* und bezeichnen diese meist mit kleinen griechischen Buchstaben, wobei ι das neutrale Element bezeichnet. Permutationen aus S_n geben wir oft in der Gestalt

$$\pi = \begin{pmatrix} 1 & 2 & \ldots & n \\ \pi 1 & \pi 2 & \ldots & \pi n \end{pmatrix}$$

an. Bei feststehendem n lassen wir oft die Ziffern j mit $\pi j = j$ weg, schreiben also z. Bsp. für $n = 5$

$$\begin{pmatrix} 1 & 2 & 3 \\ 2 & 3 & 1 \end{pmatrix}$$

statt

$$\begin{pmatrix} 1 & 2 & 3 & 4 & 5 \\ 2 & 3 & 1 & 4 & 5 \end{pmatrix}.$$

Definition 4.2.2

a) Seien $a_1, \ldots, a_k$ paarweise verschiedene Ziffern aus $\{1,\ldots,n\}$. Dann nennen wir

$$\xi = \begin{pmatrix} a_1 & a_2 & \ldots & a_{k-1} & a_k \\ a_2 & a_3 & \ldots & a_k & a_1 \end{pmatrix}$$

einen *k-Zykel* und schreiben

$$\xi = (a_1, a_2, \ldots, a_{k-1}, a_k).$$

(Man beachte, daß also auch $\xi = (a_2, a_3, \ldots, a_k, a_1)$ gilt.)

b) Die 2-Zyklen

$$(i,j) = \begin{pmatrix} i & j \\ j & i \end{pmatrix} \quad \text{mit } i \neq j$$

nennen wir *Transpositionen.*

Satz 4.2.3

a) Jedes $\pi \in \mathrm{S}_n$ hat eine sogenannte Zyklenzerlegung *der Gestalt*

$$\pi = (a_1, \pi a_1, \ldots, \pi^{z_1 - 1} a_1)(a_2, \pi a_2, \ldots, \pi^{z_2 - 1} a_2) \ldots (a_k, \pi a_k, \ldots, \pi^{z_k - 1} a_k)$$

mit $n = \sum_{j=1}^{k} z_j$ und

$$\{1, \ldots, n\} = \cup_{j=1}^{k} \{ a_j, \pi a_j \ldots, \pi^{z_j - 1} a_j \} \quad (\textit{disjunkt}).$$

b) Es gilt $(a_1, a_2, \ldots, a_k) = (a_1, a_k)(a_1, a_{k-1}) \ldots (a_1, a_2)$. Insbesondere ist jede Permutation aus S_n ist ein Produkt von Transpositionen.

Beweis. a) Wir beginnen (etwa) mit $a_1 = 1$ und betrachten die Ziffern $\pi^{j-1} a_1$ $(j = 1, 2, \ldots)$. Da diese nicht alle verschieden sind, gibt es ein $z_1 \geq 1$, so daß $a_1, \pi a_1, \ldots, \pi^{z_1 - 1} a_1$ paarweise verschieden sind, jedoch

$$\pi^{z_1} a_1 \in \{a_1, \pi a_1, \ldots, \pi^{z_1 - 1} a_1\}.$$

Also gibt es ein k mit $0 \leq k < z_1$ und $\pi^{z_1} a_1 = \pi^k a_1$. Anwendung von π^{-k} liefert $\pi^{z_1 - k} a_1 = a_1$. Wegen der Wahl von z_1 folgt $k = 0$ und $\pi^{z_1} a_1 = a_1$. Ist $z_1 < n$, so wählen wir ein $a_2 \in \{1, \ldots, n\}$ mit $a_2 \neq \pi^j a_1$ für $j = 0, \ldots, z_1 - 1$. Dann ist

$$\{\pi^j a_1 \mid j = 0, 1, \ldots\} \cap \{\pi^j a_2 \mid j = 0, 1, \ldots\} = \emptyset,$$

und wir erhalten einen weiteren Zykel $(a_2, \pi a_2, \ldots, \pi^{z_2 - 1} a_2)$. Nach endlich vielen Schritten folgt die Behauptung.
b) Man bestätigt leicht, daß

$$(a_1, a_2, \ldots, a_k) = (a_1, a_k)(a_1, a_{k-1}) \ldots (a_1, a_2).$$

(Ein Produkt von Permutationen ist von rechts zu lesen!) Wegen a) ist daher jede Permutation ein Produkt von Transpositionen. □

Hauptsatz 4.2.4

a) Für $n > 1$ gibt es einen Epimorphismus sgn, *genannt das* Signum, *von S_n auf $\{1, -1\}$. Dabei gilt $\operatorname{sgn} \tau = -1$ für alle Transpositionen τ aus S_n.*

b) Sei K ein Körper und f ein Homomorphismus von S_n in K^*. Dann gilt entweder $f\pi = 1$ für alle $\pi \in \mathrm{S}_n$ oder $\operatorname{Char} K \neq 2$ und $f\pi = \operatorname{sgn} \pi$.

Beweis. a) Sei $T = \{i, j\}$ mit $i < j$ eine Teilmenge von $\{1, \ldots, n\}$. Für $\pi \in S_n$ setzen wir

$$Z_\pi(T) = \begin{cases} 1 & \text{falls } \pi i < \pi j \\ -1 & \text{falls } \pi i > \pi j \end{cases}$$

und definieren

$$\operatorname{sgn} \pi = \prod_T Z_\pi(T) \in \{1, -1\},$$

wobei das Produkt über alle $T \subseteq \{1, \ldots, n\}$ mit $|T| = 2$ zu bilden ist. Für $\rho \in \mathrm{S}_n$ und $T = \{i, j\}$ setzen wir $\rho T = \{\rho i, \rho j\}$ und geben eine Tabelle für die relative Lage von $\rho i, \rho j$ und $\pi(\rho i), \pi(\rho j)$ an:
Sei $T = \{i, j\}$ mit $i < j$.

Fall	$Z_\rho(T)$	$Z_\pi(\rho T)$	$Z_{\pi\rho}(T)$
$\rho i < \rho j$, $\pi(\rho i) < \pi(\rho j)$	1	1	1
$\rho i < \rho j$, $\pi(\rho i) > \pi(\rho j)$	1	−1	−1
$\rho i > \rho j$, $\pi(\rho i) < \pi(\rho j)$	−1	−1	1
$\rho i > \rho j$, $\pi(\rho i) > \pi(\rho j)$	−1	1	−1

In allen Fällen gilt

$$Z_{\pi\rho}(T) = Z_\rho(T) Z_\pi(\rho T).$$

Damit folgt

$$\operatorname{sgn} \pi\rho = \prod_T Z_{\pi\rho}(T) = \prod_T Z_\rho(T) \prod_T \pi(\rho T) = \operatorname{sgn} \rho \operatorname{sgn} \pi,$$

denn mit T durchläuft auch ρT alle 2-elementigen Teilmengen von $\{1, \ldots, n\}$. Es bleibt noch $sgn\,\tau = -1$ für alle Transpositionen τ zu zeigen. Sei zunächst $\tau = (1, 2)$. Dann ist

$$Z_\tau(T) = \begin{cases} -1 & \text{für } T = \{1, 2\}, \\ 1 & \text{sonst.} \end{cases}$$

Somit gilt $\operatorname{sgn} \tau = -1$. Sei nun $\tau' = (i, j)$ eine beliebige Transposition und

$$\pi = \begin{pmatrix} 1 & 2 & \ldots \\ i & j & \ldots \end{pmatrix} \in \mathrm{S}_n$$

irgendeine Permutation mit $\pi 1 = i$ und $\pi 2 = j$. Dann gilt $\tau' = \pi\tau\pi^{-1}$, und somit

$$\operatorname{sgn} \tau' = \operatorname{sgn} \pi \cdot \operatorname{sgn} \tau \cdot \operatorname{sgn} \tau^{-1} = \operatorname{sgn} \tau = -1.$$

b) Sei f ein Homomorphismus von S_n in K^*. Ist τ eine Transposition aus S_n, so gilt $\tau^2 = \iota$, also $1 = f(\tau^2) = (f\tau)^2$. Somit erhalten wir $f\tau \in \{1, -1\}$. Sei nun $\tau = (1,2)$ und τ' irgendeine Transposition aus S_n. Wie in a) gibt es ein $\pi \in \mathrm{S}_n$ mit $\tau' = \pi\tau\pi^{-1}$. Damit folgt

$$f\tau' = (f\pi)(f\tau)(f\pi)^{-1} = f\tau.$$

Also haben alle Transpositionen aus S_n unter f dasselbe Bild 1 oder -1. Nach 4.2.3 b) hat jedes π aus S_n die Gestalt $\pi = \tau_1 \dots \tau_k$ mit Transpositionen τ_j. Mit a) folgt

$$\operatorname{sgn} \pi = \prod_{j=1}^{k} \operatorname{sgn} \tau_j = (-1)^k.$$

Andererseits ist

$$f\pi = \prod_{j=1}^{k} f\tau_j = \begin{cases} (-1)^k & \text{falls } f\tau_j = -1 \\ 1 & \text{falls } f\tau_j = 1. \end{cases}$$

Dies zeigt die Behauptung. (Ist $\operatorname{Char} K = 2$, so ist $-1 = 1$, also $f\pi = 1$ für alle $\pi \in \mathrm{S}_n$.) □

Zur Berechnung des Signums ist folgendes Lemma oft nützlich.

Lemma 4.2.5 *Sei $\pi \in \mathrm{S}_n$ und sei $\pi = \xi_1 \dots \xi_k$ die Zyklenzerlegung von π mit $\xi_j = (a_j, \pi a_j, \dots, \pi^{z_j - 1} a_j)$. Dann ist $\operatorname{sgn} \pi = (-1)^{n-k}$.*

Beweis. Wegen 4.2.3 b) gilt

$$(a_j, \pi a_j, \dots, \pi^{z_j-1} a_j) = (a_j, \pi^{z_j-1} a_j) \dots (a_j, \pi a_j),$$

also $\operatorname{sgn} \xi_j = (-1)^{z_j - 1}$. Da $n = \sum_{j=1}^{n} z_j$ ist, folgt

$$\operatorname{sgn} \pi = \prod_{j=1}^{k} \operatorname{sgn} \xi_j = (-1)^{n-k}.$$

□

Satz 4.2.6 *Für $n \geq 2$ setzen wir* $\mathrm{A}_n = \operatorname{Kern} \operatorname{sgn}$ *und nennen* A_n *die* alternierende Gruppe *auf n Ziffern. Dann gilt $\mathrm{A}_n \lhd \mathrm{S}_n$ und $|\,\mathrm{S}_n : \mathrm{A}_n\,| = 2$. Für jedes $\pi \in \mathrm{S}_n$ mit $\operatorname{sgn} \pi = -1$ ist $\mathrm{S}_n = \mathrm{A}_n \cup \pi\, \mathrm{A}_n = \mathrm{A}_n \cup \mathrm{A}_n\, \pi$.*

Beweis. Da sgn ein Epimorphismus auf $\{1, -1\}$ ist, folgt mit 4.1.5 direkt

$$|\,\mathrm{S}_n : \mathrm{A}_n\,| = |\{1, -1\}| = 2.$$

Für $\pi \notin \mathrm{A}_n$ gilt $\pi\,\mathrm{A}_n = \mathrm{S}_n \setminus \mathrm{A}_n = \mathrm{A}_n\,\pi$. □

Satz 4.2.7 *Sei* S_n *die symmetrische Gruppe und* $U < \mathrm{S}_n$ *mit* $|\,\mathrm{S}_n : U| = 2$. *Dann ist* $U = \mathrm{A}_n$.

Beweis. Durch φ mit

$$\varphi(g) = \begin{cases} 1 & \text{für } g \in U \\ -1 & \text{für } g \notin U \end{cases}$$

wird offenbar ein Homomorphismus von S_n auf $\{1, -1\}$ definiert. Nach 4.2.4 gilt daher $\varphi = \mathrm{sgn}$, also $U = \mathrm{Kern}\,\varphi = \mathrm{A}_n$. □

Ausblick 4.2.8 a) Für $n = 3$ und $n \geq 5$ sind $\{1\}, \mathrm{A}_n$ und S_n die einzigen Normalteiler von S_n, und A_n besitzt nur die Normalteiler $\{1\}$ und A_n. Hingegen haben S_4 und A_4 einen Normalteiler V mit $|V| = 4$, die sogenannte *Kleinsche*[1] *Vierergruppe* (siehe Aufgabe 4.2.1). Dabei ist

$$V = \{\iota, (12)(34), (13)(24), (14)(23)\}.$$

Die Existenz dieses Normalteilers ist der tiefere Grund dafür, daß Lösungen einer Gleichung n-ten Grades

$$x^n + a_{n-1}x^{n-1} + \ldots + a_1x + a_0 = 0 \text{ mit } a_j \in \mathbb{C}$$

für $n \leq 4$ stets mit Hilfe von Wurzeln ausgedrückt werden können, jedoch für $n \geq 5$ in der Regel nicht. Die Formeln für die Auflösung von Gleichungen dritten und vierten Grades mit Hilfe von Wurzelzeichen stammen von italienischen Mathematikern des 16. Jahrhunderts (Cardano[2], del Ferro[3], Ferrari[4], Tartaglia[5]). Erst Abel konnte 1826 beweisen, daß für $n \geq 5$ die Auflösung der Gleichung n-ten Grades mit Wurzeln in der Regel nicht möglich ist. Eine systematische Behandlung dieser und ähnlicher Fragen

---

[1] Felix Christian Klein (1849-1925) Erlangen, München, Leipzig, Göttingen. Geometrie, algebraische Gleichungen, Funktionentheorie.

[2] Girolamo Cardano (1501-1576) Padua, Pavia. Arzt, Philosoph, Techniker, Mathematiker.

[3] Scipione del Ferro (1465-1526) Bologna. Lektor in Arithmetik und Geometrie.

[4] Ludovico Ferrari (1522-1565) Bologna. Mathematiker.

[5] Niccolo Fontana, genannt Tartaglia (der Stotterer) (1499-1557) Venedig. Mathematiker, Physiker, Topograph.

wurde erst möglich durch die Theorie von Galois[6], die das Problem der Lösung der Gleichung n-ten Grades mit dem Studium von Untergruppen und Normalteilern von S_n in Verbindung bringt.
b) Hat eine Gruppe G nur die Normalteiler $\{1\}$ und G, so heißt G *einfach*. Ist $|G|$ eine Primzahl, so ist G nach dem Satz von Lagrange 2.1.10 offenbar einfach. Die Bestimmung aller endlichen einfachen Gruppen, die nicht Primzahlordnung haben, ist erst 1982 nach einer sich über mehr als 20 Jahre erstreckenden Arbeit von zahlreichen Mathematikern zum Abschluß gekommen. Die umfangreiche Liste kann hier nicht beschrieben werden (siehe jedoch 4.4.7). Wir vermerken nur, daß diese Entwicklung mit dem folgenden tiefliegenden Satz begann.
(Feit[7], Thompson[8]) *Ist G eine endliche einfache Gruppe und $|G|$ keine Primzahl, so ist $|G|$ gerade.*

Aufgabe 4.2.1 Sei $K = \{0, 1, a, a+1\}$ der Körper mit vier Elementen (siehe Aufgabe 2.5.3). Man zeige:

a) Die folgenden Abbildungen von K in sich sind bijektiv:

$$\tau_b = \begin{pmatrix} x \\ x+b \end{pmatrix} \quad \text{mit } b \in K,$$

$$\sigma = \begin{pmatrix} x \\ ax \end{pmatrix} \quad \text{und} \quad \alpha = \begin{pmatrix} x \\ x^2 \end{pmatrix}.$$

b) In der Gruppe aller bijektiven Abbildungen von K auf K bilden wir die Untergruppen $T = \{\tau_b \mid b \in K\}$, $U = \langle T, \sigma \rangle$ und $S = \langle U, \alpha \rangle$. Dann gilt $|T| = 4$, $|U| = 12$ und $|S| = 24$. Ferner gilt $T \lhd U$ und $T \lhd S$. (Also ist S die Menge aller bijektiven Abbildungen von K auf sich, somit $S \cong \mathrm{S}_4$.)

c) Man zeige, daß $\operatorname{sgn} \tau_b = \operatorname{sgn} \sigma = 1$ und $\operatorname{sgn} \alpha = -1$ ist.

Aufgabe 4.2.2 Sei $U < G$ und $M = \{gU \mid g \in G\}$ die Menge aller Nebenklassen von U in G (siehe 2.1.9).

a) Dann ist α, definiert durch

$$\alpha g = \begin{pmatrix} xU \\ gxU \end{pmatrix} \quad (xU \in M),$$

[6]Evariste Galois (1811-1832) Paris. Starb mit 21 Jahren in einem Duell. Auflösung algebraischer Gleichungen, Gruppentheorie, endliche Körper, Begründer der Galois-Theorie.
[7]Walter Feit (1930-2004) New Haven. Gruppentheorie.
[8]John Griggs Thompson (1932) Chicago, Cambridge. Gruppentheorie.

ein Homomorphismus von G in die Gruppe aller bijektiven Abbildungen von M auf sich mit

$$\operatorname{Kern}\alpha = \bigcap\nolimits_{g\in G} g^{-1}Ug.$$

b) (Cayley) Es gibt einen Monomorphismus von G in die Gruppe aller bijektiven Abbildungen von G auf sich.

c) Ist $|G| < \infty$, so ist G isomorph zu einer Untergruppe der symmetrischen Gruppe $S_{|G|}$.

Aufgabe 4.2.3 Sei K ein endlicher Körper mit $|K| = q > 2$.

a) Die Menge aller Permutationen der Gestalt

$$\begin{pmatrix} x \\ ax+b \end{pmatrix}$$

auf K mit $a, b \in K$ und $a \neq 0$ ist eine Untergruppe U der symmetrischen Gruppe S_q mit $|U| = q(q-1)$.

b) Die Menge

$$T = \{ \begin{pmatrix} x \\ x+b \end{pmatrix} \mid b \in K\}$$

ist ein abelscher Normalteiler von U mit $T \cong K^+$.

c) Die Menge

$$V = \{ \begin{pmatrix} x \\ ax \end{pmatrix} \mid 0 \neq a \in K\}$$

ist eine Untergruppe von U mit $V \cong K^*$. Dabei gilt $U = TV$ und $T \cap V = \langle 1_K \rangle$. Ferner ist $U/T \cong K^*$.

d) Die Gruppe U ist für $|K| > 2$ nicht abelsch.

e) Es gilt $U \leq A_q$ für $2 \mid q$ und $U \not\leq A_q$ für $2 \nmid q$.

Hinweis: Man verwende, daß $V \cong K^*$ zyklisch ist (siehe 5.1.12).

4.3 Determinanten

Mit Rücksicht auf spätere Überlegungen betrachten wir in diesem Abschnitt den Ring

$$(R)_n = \{\, (a_{ij}) \mid a_{ij} \in R;\ i,j = 1,\dots,n\}$$

der Matrizen vom Typ (n,n) über einem kommutativen Ring R. Wir bezeichnen mit R^n die Menge aller n-Tupel über R, welche wir manchmal als Zeilen, manchmal aber auch als Spalten schreiben.

Definition 4.3.1 Für $A = (a_{ij}) \in (R)_n$ setzen wir

$$\det A = \sum_{\pi \in \mathrm{S}_n} \operatorname{sgn} \pi \; a_{1,\pi 1} a_{2,\pi 2} \dots a_{n,\pi n},$$

wobei über alle Permutationen π aus der symmetrischen Gruppe S_n zu summieren ist. Wir nennen $\det A$ die *Determinante* von A. Im folgenden betrachten wir $\det A$ als Funktion der Zeilen z_i oder Spalten s_j von A und schreiben $\det A = f(z_1,\dots,z_n) = g(s_1,\dots,s_n)$.

Beispiele 4.3.2 a) Für $A = (a_{ij}) \in (R)_2$ ist

$$\det A = a_{11}a_{22} - a_{12}a_{21}.$$

b) Sei $A = (a_{ij}) \in (R)_n$ eine Dreiecksmatrix mit $a_{ij} = 0$ für $j > i$. Dann gilt

$$a_{1,\pi 1} a_{2,\pi 2} \dots a_{n,\pi n} \neq 0$$

höchstens dann, wenn $\pi 1 \le 1, \pi 2 \le 2, \dots, \pi n \le n$, also π die Identität ist. Somit gilt

$$\det A = a_{11}a_{22} \dots a_{nn}.$$

Satz 4.3.3 *Sei*

$$A = (a_{ij}) = \begin{pmatrix} z_1 \\ \vdots \\ z_n \end{pmatrix} = (s_1,\dots,s_n) \in (R)_n.$$

a) Es gilt $\det A = \det A^t$.

b) Für alle $b, c \in R$, alle $z_j, \tilde{z}_j \in R^n$ und alle i gilt

$$f(z_1,\dots,z_{i-1}, bz_i + c\tilde{z}_i, z_{i+1},\dots,z_n) =$$
$$bf(z_1,\dots,z_{i-1},z_i,z_{i+1},\dots,z_n) + cf(z_1,\dots,z_{i-1},\tilde{z}_i,z_{i+1},\dots,z_n).$$

(Ist $R = K$ ein Körper, so ist bei festgehaltenen z_j $(j \neq i)$, die Abbildung $z_i \mapsto f(z_1,\dots,z_{i-1},z_i,z_{i+1},\dots,z_n)$ linear.)

c) Ist $z_i = z_j$ *mit* $j \neq i$, *so gilt*

$$f(z_1, \ldots, z_n) = 0.$$

d) Die zu b) und c) analogen Aussagen gelten für $g(s_1, \ldots, s_n)$.

Beweis. a) Setzen wir $A^t = (b_{ij})$ mit $b_{ij} = a_{ji}$, so gilt

$$\begin{aligned} \det A^t &= \textstyle\sum_{\pi \in \mathrm{S}_n} \operatorname{sgn} \pi \; b_{1,\pi 1} b_{2,\pi 2} \ldots b_{n,\pi n} \\ &= \textstyle\sum_{\pi \in \mathrm{S}_n} \operatorname{sgn} \pi \; a_{\pi 1,1} a_{\pi 2,2} \ldots a_{\pi n,n} \end{aligned}$$

Wegen $(\operatorname{sgn} \pi)^2 = 1$ ist $\operatorname{sgn} \pi = (\operatorname{sgn} \pi)^{-1} = \operatorname{sgn} \pi^{-1}$. Da π auf $\{1, \ldots, n\}$ bijektiv ist, folgt durch Umordnen der Faktoren

$$a_{\pi 1,1} \ldots a_{\pi n,n} = a_{1,\pi^{-1}1} \ldots a_{n,\pi^{-1}n}.$$

(Hier ist entscheidend, daß der Ring R kommutativ ist!) Somit folgt

$$\det A^t = \sum_{\pi \in \mathrm{S}_n} \operatorname{sgn} \pi^{-1} \; a_{1,\pi^{-1}1} \ldots a_{n,\pi^{-1}n} = \det A.$$

b) Für $z_j = (a_{j1}, \ldots, a_{jn})$ und $\tilde{z}_i = (\tilde{a}_{i1}, \ldots, \tilde{a}_{in})$ gilt

$$\begin{aligned} & f(z_1, \ldots, z_{i-1}, bz_i + c\tilde{z}_i, z_{i+1}, \ldots, z_n) = \\ & \quad = \textstyle\sum_{\pi \in \mathrm{S}_n} \operatorname{sgn} \pi \; a_{1,\pi 1} \ldots (ba_{i,\pi i} + c\tilde{a}_{i,\pi i}) \ldots a_{n,\pi n} \\ & \quad = b \textstyle\sum_{\pi \in \mathrm{S}_n} \operatorname{sgn} \pi \; a_{1,\pi 1} \ldots a_{i,\pi i} \ldots a_{n,\pi n} + \\ & \qquad\quad c \textstyle\sum_{\pi \in \mathrm{S}_n} \operatorname{sgn} \pi \; a_{1,\pi 1} \ldots \tilde{a}_{i,\pi i} \ldots a_{n,\pi n} \\ & \quad = bf(z_1, \ldots, z_{i-1}, z_i, z_{i+1}, \ldots, z_n) + cf(z_1, \ldots, z_{i-1}, \tilde{z}_i, z_{i+1} \ldots, z_n). \end{aligned}$$

c) Sei nun $z_i = z_j$ mit $i < j$. Ist τ die Transposition $\tau = (i, j)$, so gilt nach 4.2.6 die disjunkte Zerlegung $\mathrm{S}_n = \mathrm{A}_n \cup \mathrm{A}_n \, \tau$. In der Formel für $\det A$ fassen wir die Summanden mit π und $\pi\tau$ für $\pi \in \mathrm{A}_n$ zusammen. Wegen $z_i = z_j$ ist $a_{i,\pi i} = a_{j,\pi i}$ und $a_{i,\pi j} = a_{j,\pi j}$, also

$$\operatorname{sgn} \pi \; a_{1,\pi 1} \ldots a_{n,\pi n} + \operatorname{sgn} \pi\tau \; a_{1,\pi\tau 1} \ldots a_{n,\pi\tau n}$$

$$= \operatorname{sgn} \pi \; (a_{1,\pi 1} \ldots \underline{a_{i,\pi i}} \ldots \underline{a_{j,\pi j}} \ldots a_{n,\pi n} - a_{1,\pi 1} \ldots \underline{a_{i,\pi j}} \ldots \underline{a_{j,\pi i}} \ldots a_{n,\pi n}) = 0.$$

Somit ist $\det A = 0$.
d) Wegen a) folgt die Behauptung aus b) und c). □

Definition 4.3.4 Eine Abbildung V von $\underbrace{R^n \times \ldots \times R^n}_{n-\text{mal}}$ in R heißt eine *abstrakte Volumenfunktion* auf R^n, falls gilt:

(1) Für alle i, alle $z_j, \tilde{z}_i \in R^n$ und alle $b, c \in R$ gilt

$$\mathrm{V}(z_1, \ldots, bz_i + c\tilde{z}_i, \ldots, z_n) =$$

$$= b\,\mathrm{V}(z_1, \ldots, z_i, \ldots, z_n) + c\,\mathrm{V}(z_1, \ldots, \tilde{z}_i, \ldots, z_n).$$

(2) Ist $z_i = z_j$ mit $i \neq j$, so gilt $\mathrm{V}(z_1, \ldots, z_n) = 0$.

Bemerkung 4.3.5 In der euklidischen Ebene $\mathbb{R}^2$ seien Vektoren (x_1, y_1) und (x_2, y_2) vorgegeben. Sei $x_j = r_j \cos\alpha_j$ und $y_j = r_j \sin\alpha_j$.

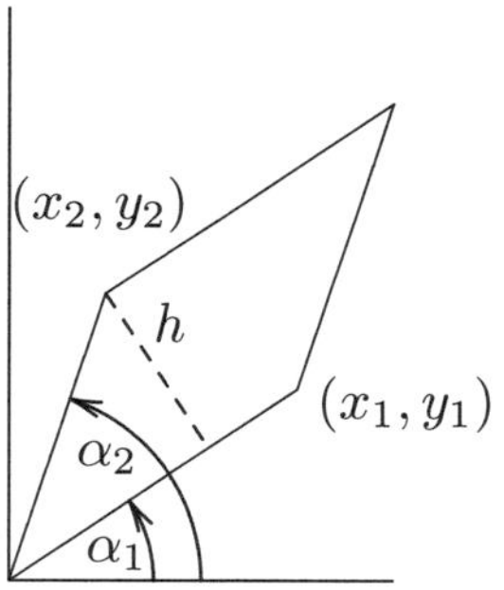

Dann gilt $r_j^2 = x_j^2 + y_j^2$ und

$$\begin{aligned} x_1x_2 + y_1y_2 &= r_1r_2(\cos\alpha_1 \cos\alpha_2 + \sin\alpha_1 \sin\alpha_2) \\ &= r_1r_2\cos(\alpha_2 - \alpha_1) = r_1r_2\cos\gamma, \end{aligned}$$

wobei γ der Winkel zwischen den Vektoren (x_1, y_1) und (x_2, y_2) ist. Die Fläche F des von (x_1, y_1) und (x_2, y_2) aufgespannten Parallelogramms ist bekanntlich bestimmt durch

$$\begin{aligned} F^2 &= r_1^2h^2 = r_1^2r_2^2\sin^2\gamma \\ &= r_1^2r_2^2(1 - \cos^2\gamma) \\ &= (x_1^2 + y_1^2)(x_2^2 + y_2^2) - (x_1x_2 + y_1y_2)^2 \\ &= (x_1y_2 - x_2y_1)^2. \end{aligned}$$

Also ist

$$F = |\det\begin{pmatrix} x_1 & y_1 \\ x_2 & y_2 \end{pmatrix}|.$$

Eine entsprechende Formel gilt auch für das Volumen eines Parallelepipeds im $\mathbb{R}^3$. Dies ist der Grund für die Bezeichnung *abstrakte Volumenfunktion* in 4.3.4.

Satz 4.3.6 *Sei* V *eine abstrakte Volumenfunktion auf* $\mathbb{R}^n$.

a) Für alle $i \neq j$ *und alle* $a \in R$ *gilt*

$$\mathrm{V}(z_1, \ldots, z_i + a z_j, \ldots, z_n) = \mathrm{V}(z_1, \ldots, z_i, \ldots, z_n).$$

b) Für alle $\pi \in \mathrm{S}_n$ *gilt*

$$\mathrm{V}(z_{\pi 1}, \ldots, z_{\pi n}) = \operatorname{sgn} \pi \, \mathrm{V}(z_1, \ldots, z_n).$$

c) Sei $z_i = (a_{i1}, \ldots, a_{in})$ *und* $e_i = (0, \ldots, 0, 1, 0, \ldots, 0)$, *wobei die* 1 *an der* i*-ten Stelle steht. Dann gilt*

$$\mathrm{V}(z_1, \ldots, z_n) = \det(a_{ij}) \, \mathrm{V}(e_1, \ldots, e_n).$$

Beweis. a) Dies folgt sofort aus

$$\mathrm{V}(z_1, \ldots, z_i + a z_j, \ldots, z_n) =$$

$$\mathrm{V}(z_1, \ldots, z_n) + a\,\mathrm{V}(z_1, \ldots, \underset{i}{z_j}, \ldots, \underset{j}{z_j}, \ldots, z_n) = \mathrm{V}(z_1, \ldots, z_n).$$

b) Sei zuerst $\pi = \tau = (i, j)$ eine Transposition mit $i < j$. Vermöge dreimaliger Anwendung von a) erhalten wir

$$\begin{aligned}
\mathrm{V}(z_1, \ldots, z_n) &= \mathrm{V}(z_1, \ldots, \underset{i}{z_i + z_j}, \ldots, \underset{j}{z_j}, \ldots, z_n) \\
&= \mathrm{V}(z_1, \ldots, \underset{i}{z_i + z_j}, \ldots, \underset{j}{z_j - (z_i + z_j)}, \ldots, z_n) \\
&= \mathrm{V}(z_1, \ldots, \underset{i}{z_i + z_j}, \ldots, \underset{j}{-z_i}, \ldots, z_n) \\
&= \mathrm{V}(z_1, \ldots, \underset{i}{(z_i + z_j) - z_i}, \ldots, \underset{j}{-z_i}, \ldots, z_n) \\
&= \mathrm{V}(z_1, \ldots, \underset{i}{z_j}, \ldots, \underset{j}{-z_i}, \ldots, z_n) \\
&= -\mathrm{V}(z_1, \ldots, \underset{i}{z_j}, \ldots, \underset{j}{z_i}, \ldots, z_n) \\
&= \operatorname{sgn} \tau \, \mathrm{V}(z_{\tau 1}, \ldots, z_{\tau n}).
\end{aligned}$$

Sei nun π eine beliebige Permutation aus S_n. Nach 4.2.3 b) gilt $\pi = \tau_1 \ldots \tau_k$ mit geeigneten Transpositionen τ_j. Setzen wir $\rho = \tau_2 \ldots \tau_k$, so folgt mit

Induktion nach k sofort

$$\begin{aligned} \mathrm{V}(z_{\pi 1},\dots,z_{\pi n}) &= \operatorname{sgn}\tau_1\ \mathrm{V}(z_{\rho 1},\dots,z_{\rho n}) \\ &= \operatorname{sgn}\tau_1\ \operatorname{sgn}\rho\ \mathrm{V}(z_1,\dots,z_n) \quad \text{(per Induktion)} \\ &= \operatorname{sgn}\tau_1\rho\ \mathrm{V}(z_1,\dots,z_n) \\ &= \operatorname{sgn}\pi\ \mathrm{V}(z_1,\dots,z_n). \end{aligned}$$

c) Ist $z_i = \sum_{j=1}^n a_{ij}e_j$ für $i = 1,\dots,n$, so gilt

$$(1) \quad \mathrm{V}(z_1,\dots,z_n) = \sum_{j_1,\dots,j_n=1}^{n} a_{1,j_1}\dots a_{n,j_n}\,\mathrm{V}(e_{j_1},\dots,e_{j_n}).$$

Erscheint in einem n-Tupel $(j_1,\dots,j_n)$ eine Zahl mehrfach, so ist nach Definition 4.3.4 das Volumen $\mathrm{V}(e_{j_1},\dots,e_{j_n}) = 0$. Also bleiben in (1) nur diejenigen Summanden mit $\{j_1,\dots,j_n\} = \{1,\dots,n\}$ übrig. Somit erhalten wir $j_i = \pi i$ mit einem geeigneten $\pi \in \mathrm{S}_n$. Wegen b) folgt somit

$$\begin{aligned} \mathrm{V}(z_1,\dots,z_n) &= \textstyle\sum_{\pi\in \mathrm{S}_n} a_{1,\pi 1}\dots a_{n,\pi n}\operatorname{sgn}\pi\,\mathrm{V}(e_1,\dots,e_n) \\ &= \det(a_{ij})\,\mathrm{V}(e_1,\dots,e_n). \end{aligned}$$

□

Wir fassen 4.3.3 und 4.3.6 zusammen zu

Satz 4.3.7 *Die abstrakten Volumenfunktionen auf R^n sind gerade die V der Gestalt*

$$\mathrm{V}(z_1,\dots,z_n) = c\det\begin{pmatrix} z_1 \\ \vdots \\ z_n \end{pmatrix}$$

mit $c \in R$.

Nun folgt leicht der fundamentale Multiplikationssatz für Determinanten.

Satz 4.3.8 *Für $A, B \in (R)_n$ gilt* $\det AB = \det A \det B$.

Beweis. Wir betrachten $\det AB$ bei festem B als Funktion der Zeilen $z_1,\dots,z_n$ von A, setzen also

$$h_B(z_1,\dots,z_n) = \det AB = \det\begin{pmatrix} z_1B \\ \vdots \\ z_nB \end{pmatrix}.$$

Ist $z_i = z_j$ $(i \neq j)$, so stimmen in AB die Zeilen z_iB und z_jB überein. Mit 4.3.3 c) erhalten wir

$$h_B(z_1, \ldots, z_n) = \det AB = 0.$$

Sei nun $A = (a_{ij})$, $B = (b_{ij})$ und $\tilde{z}_i = (\tilde{a}_{i1}, \ldots, \tilde{a}_{in})$. Für $b, c \in R$ gilt nach 4.3.3 b) dann

$$h_B(z_1, \ldots, bz_i + c\tilde{z}_i, \ldots, z_n) =$$

$$= \det \begin{pmatrix} z_1B \\ \vdots \\ (bz_i + c\tilde{z}_i)B \\ \vdots \\ z_nB \end{pmatrix} = b \det \begin{pmatrix} z_1B \\ \vdots \\ z_iB \\ \vdots \\ z_nB \end{pmatrix} + c \det \begin{pmatrix} z_1B \\ \vdots \\ \tilde{z}_iB \\ \vdots \\ z_nB \end{pmatrix}$$

$$= b\, h_B(z_1, \ldots, z_i, \ldots, z_n) + c\, h_B(z_1, \ldots, \tilde{z}_i, \ldots, z_n).$$

Also ist h_B eine abstrakte Volumenfunktion auf R^n. Nach 4.3.7 gilt daher

$$h_B(z_1, \ldots, z_n) = c(B) \det \begin{pmatrix} z_1 \\ \vdots \\ z_n \end{pmatrix} = c(B) \det A$$

mit einem $c(B) \in R$, welches von B abhängt. Speziell für $A = E$ erhalten wir

$$c(B) = c(B) \det E = \det EB = \det B.$$

Also ist $\det AB = \det A \det B$. □

Sei $A = \begin{pmatrix} z_1 \\ \vdots \\ z_n \end{pmatrix}$ und $\mathrm{V}(z_1, \ldots, z_n) = \det \begin{pmatrix} z_1 \\ \vdots \\ z_n \end{pmatrix}$. Dann ist

$$\mathrm{V}(z_1B, \ldots, z_nB) = \det \begin{pmatrix} z_1B \\ \vdots \\ z_nB \end{pmatrix} = \det AB = \det A \det B$$

$$= \mathrm{V}(z_1, \ldots, z_n) \det B.$$

Somit ist $\det B$ der Verzerrungsfaktor der Volumenfunktion bei Anwendung von B.

Für die Berechnung von Determinanten ist oft der folgende Satz hilfreich.

Satz 4.3.9 (Kästchensatz) *Sei*

$$A = \begin{pmatrix} B & 0 \\ D & C \end{pmatrix} \in (R)_{n+m}$$

mit $B \in (R)_m$ *und* $C \in (R)_n$. *Dann gilt* $\det A = \det B \det C$.

Beweis. Mittels der Kästchenmultiplikation (siehe 3.3.19) bestätigt man

$$\begin{pmatrix} B & 0 \\ D & C \end{pmatrix} = \begin{pmatrix} B & 0 \\ D & E \end{pmatrix} \begin{pmatrix} E & 0 \\ 0 & C \end{pmatrix}.$$

Also reicht der Nachweis von

$$\det \begin{pmatrix} B & 0 \\ D & E \end{pmatrix} = \det B$$

und

$$\det \begin{pmatrix} E & 0 \\ 0 & C \end{pmatrix} = \det C.$$

Offenbar ist $\det \begin{pmatrix} E & 0 \\ 0 & C \end{pmatrix}$ in Abhängigkeit der Zeilen von C eine abstrakte Volumenfunktion auf R^n. Mit 4.3.7 erhalten wir

$$\det \begin{pmatrix} E & 0 \\ 0 & C \end{pmatrix} = a \det C$$

mit $a \in R$. Die Spezializierung $C = E$ liefert $a = 1$. Ebenso ist $\det \begin{pmatrix} B & 0 \\ D & E \end{pmatrix}$ in Abhängigkeit der Zeilen von B eine abstrakte Volumenfunktion. Es gilt also

$$\det \begin{pmatrix} B & 0 \\ D & E \end{pmatrix} = s(D) \det B$$

mit $s(D) \in R$. Für $B = E$ ist $\begin{pmatrix} E & 0 \\ D & E \end{pmatrix}$ eine Dreiecksmatrix. Mit 4.3.2 b) folgt

$$1 = \det \begin{pmatrix} E & 0 \\ D & E \end{pmatrix} = s(D).$$

Dies zeigt $\det \begin{pmatrix} B & 0 \\ D & E \end{pmatrix} = \det B$. □

Beispiel 4.3.10 a) Bei der Behandlung von Schwingungen in 8.5 ist die folgende Aussage von Nutzen.
Sei K ein Körper und $A, B, C, D \in (K)_n$ mit $AC = CA$. Ist $\det A \neq 0$, so gilt

$$\det \begin{pmatrix} A & B \\ C & D \end{pmatrix} = \det(AD - CB),$$

denn wegen $AC = CA$ gilt nämlich

$$\begin{pmatrix} E & 0 \\ -C & A \end{pmatrix} \begin{pmatrix} A & B \\ C & D \end{pmatrix} = \begin{pmatrix} A & B \\ 0 & AD - CB \end{pmatrix}.$$

Nach 4.3.9 ist somit $\det A \det \begin{pmatrix} A & B \\ C & D \end{pmatrix} = \det A \det(AD - CB)$. Wegen $\det A \neq 0$ folgt die Behauptung.
b) Man kann zeigen, daß die Aussage in a) auch für $\det A = 0$ gilt. Auf die Bedingung $AC = CA$ kann man jedoch nicht verzichten. Ist z.Bsp. $A = \begin{pmatrix} 1 & 1 \\ 0 & 1 \end{pmatrix}$ und $C = \begin{pmatrix} 0 & 0 \\ -1 & 0 \end{pmatrix}$, so zeigt eine einfache Rechnung, daß

$$\det \begin{pmatrix} A & -C \\ C & A \end{pmatrix} = 2 \neq 1 = \det(A^2 + C^2).$$

Definition 4.3.11 Sei $A = (a_{ij}) \in (R)_n$. Wir setzen

$$A_{ij} = \det \begin{pmatrix} a_{11} & \dots & a_{1j} & \dots & a_{1n} \\ \vdots & & \vdots & & \vdots \\ 0 & \dots & 1 & \dots & 0 \\ \vdots & & \vdots & & \vdots \\ a_{n1} & \dots & a_{nj} & \dots & a_{nn} \end{pmatrix} \leftarrow i.$$

Der i-te Zeilenvektor von A ist also durch $e_j = (0, \dots, 0, 1, 0, \dots, 0)$ mit 1 an der Stelle j ersetzt worden. Auf die Zeilen von A wenden wir nacheinander die Transpositionen $(i, i-1)$, $(i-1, i-2), \dots, (2, 1)$ an, dann auf die Spalten die Transpositionen $(j, j-1)$, $(j-1, j-2), \dots, (2, 1)$.

Mit 4.3.6 b) und 4.3.9 erhalten wir

$$A_{ij} = (-1)^{i+j-2} \det \begin{pmatrix} 1 & 0 & \dots & 0 \dots & 0 \\ a_{1j} & a_{11} & \dots & a_{1j} \dots & a_{1n} \\ \vdots & \vdots & & & \vdots \\ a_{ij} & a_{i1} & \dots & a_{ij} \dots & a_{in} \\ \vdots & \vdots & & & \vdots \\ a_{nj} & a_{n1} & \dots & a_{nj} \dots & a_{nn} \end{pmatrix}$$

$$= (-1)^{i+j} \det \begin{pmatrix} a_{11} & \dots & a_{1j} \dots & a_{1n} \\ \vdots & & & \vdots \\ a_{i1} & \dots & a_{ij} \dots & a_{in} \\ \vdots & & & \vdots \\ a_{n1} & \dots & a_{nj} \dots & a_{nn} \end{pmatrix}.$$

In der Matrix A sind also die i-te Zeile und j-te Spalte zu streichen. Dieselbe Umformung zeigt auch

$$A_{ij} = \det \begin{pmatrix} a_{11} \dots 0 \dots a_{1n} \\ \vdots \quad\quad \vdots \quad\quad \vdots \\ a_{i1} \dots 1 \dots a_{in} \\ \vdots \quad\quad \vdots \quad\quad \vdots \\ a_{n1} \dots 0 \dots a_{nn} \end{pmatrix},$$

wobei die j-te Spalte von A durch den Spaltenvektor e_i ersetzt ist. Die Matrix

$$\widetilde{A} = (A_{ij})^t \in (R)_n$$

heißt die *Adjunkte* von A.

Satz 4.3.12 *Sei* $A = (a_{ij}) \in (R)_n$. *Dann gilt:*

a) $A\widetilde{A} = (\det A)E$, *also* $\sum_{j=1}^n a_{ij} A_{kj} = \delta_{ik} A$.

Speziell für $i = k$ *erhalten wir*

$$\sum_{j=1}^{n} a_{ij} A_{ij} = \det A.$$

(Entwicklung von $\det A$ *nach der* i*-ten Zeile.)*

b) $\widetilde{A}A = (\det A)E$, *also*

$$\sum_{j=1}^{n} A_{ji}a_{jk} = \delta_{ik}A.$$

Für $i = k$ *liefert dies*

$$\sum_{j=1}^{n} A_{ji}a_{ji} = \det A.$$

(Entwicklung von $\det A$ *nach der* i*-ten Spalte.)*

c) Ist R *ein Körper und* $\det A \neq 0$, *so ist*

$$A^{-1} = (\det A)^{-1}\widetilde{A}.$$

Beweis. a) Nach 4.3.3 b) gilt

$$\sum_{j=1}^{n} a_{ij}A_{kj} = \sum_{j=1}^{n} a_{ij} \det \begin{pmatrix} a_{11} & \dots & a_{1j} & \dots & a_{1n} \\ \vdots & & \vdots & & \vdots \\ 0 & \dots & 1 & \dots & 0 \\ \vdots & & \vdots & & \vdots \\ a_{n1} & \dots & a_{nj} & \dots & a_{nn} \end{pmatrix} \leftarrow k$$

$$= \det \begin{pmatrix} a_{11} & \dots & a_{1n} \\ \vdots & & \vdots \\ a_{i1} & \dots & a_{in} \\ \vdots & & \vdots \\ a_{n1} & \dots & a_{nn} \end{pmatrix} \leftarrow k$$

$$= \delta_{ik} \det A.$$

Dies heißt $A\widetilde{A} = (\det A)E$.
b) Die Aussage folgt analog mit der am Ende von 4.3.11 angegebenen Gestalt von A_{ij}.
c) Dies ergibt sich unmittelbar aus a) und b). □

Satz 4.3.13 (Cramersche[9] Regel) *Sei K ein Körper und $A = (a_{ij}) \in (K)_n$ mit* $\det A \neq 0$. *Dann hat das Gleichungssystem $Ax = b$ (mit $x, b \in K^n$) die eindeutige Lösung $x = (x_i)$ mit*

$$x_i = (\det A)^{-1} \det \begin{pmatrix} a_{11} & \dots & b_1 & \dots & a_{1n} \\ \vdots & & \vdots & & \vdots \\ a_{n1} & \dots & b_n & \dots & a_{nn} \end{pmatrix},$$

wobei die i-te Spalte von A durch den Spaltenvektor $b = (b_j)$ ersetzt ist. Liegen alle a_{ij} und b_j in einem Unterkörper K_0 von K, so gilt auch $x_i \in K_0$.

Beweis. Mit 4.3.12 c) erhalten wir $x = A^{-1}b = (\det A)^{-1}\widetilde{A}b$, d.h.,

$$\begin{aligned} x_i &= (\det A)^{-1} \textstyle\sum_{j=1}^n A_{ji} b_j \\ &= (\det A)^{-1} \textstyle\sum_{j=1}^n b_j \det \begin{pmatrix} a_{11} & \dots & \overset{\overset{i}{\downarrow}}{0} & \dots & a_{1n} \\ \vdots & & \vdots & & \vdots \\ a_{j1} & \dots & 1 & \dots & a_{jn} \\ \vdots & & \vdots & & \vdots \\ a_{n1} & \dots & 0 & \dots & a_{nn} \end{pmatrix}, \\ &= (\det A)^{-1} \det \begin{pmatrix} a_{11} & \dots & b_1 & \dots & a_{1n} \\ \vdots & & \vdots & & \vdots \\ a_{n1} & \dots & b_n & \dots & a_{nn} \end{pmatrix}. \end{aligned}$$

□

Für die numerische Lösung von linearen Gleichungssystemen ist die Cramersche Regel wenig geeignet, denn die Berechnung der Determinanten A_{ij} benötigt für großes n zahlreiche Additionen und Multplikationen. Dabei können dramatische Fehlerhäufungen auftreten.

Satz 4.3.14 *Sei K ein Körper und $A \in (K)_n$. Genau dann existiert A^{-1}, wenn* $\det A \neq 0$ *ist. In diesem Fall ist* $A^{-1} = (\det A)^{-1}\widetilde{A}$.

Beweis. Ist $\det A \neq 0$, so ist $A^{-1} = (\det A)^{-1}\widetilde{A}$ nach 4.3.12 c). Existiert umgekehrt A^{-1}, so gilt $1 = \det E = \det AA^{-1} = \det A \det A^{-1}$. Somit ist $\det A \neq 0$. □

[9]Gabriel Cramer (1704-1754) Genf. Algebraische Kurven.

Satz 4.3.15 *Das homogene lineare Gleichungssystem*

$$(L) \qquad \sum_{j=1}^{n} a_{ij}x_j = 0 \quad (i = 1, \ldots, n)$$

hat genau dann nur die triviale Lösung $x_1 = \ldots = x_n = 0$, *wenn* $\det(a_{ij}) \neq 0$ *ist.*

Beweis. Wir betrachten die lineare Abbildung A aus $\mathrm{Hom}(K^n, K^n)$ mit

$$A(x_i) = (\sum_{j=1}^{n} a_{ij}x_j).$$

Dabei hat (L) genau dann nur die triviale Lösung, wenn $\mathrm{Kern}\, A = 0$ gilt. Dann ist A invertierbar, was nach 4.3.14 gleichwertig mit $\det A \neq 0$ ist. □

Bemerkung 4.3.16 Sei $A = \begin{pmatrix} a_{11} & 0 \\ v & B \end{pmatrix}$ mit $v \in K^{n-1}$ und $B \in (K)_{n-1}$. Ist $a_{11} \neq 0$ und existiert B^{-1}, so gilt

$$\begin{pmatrix} a_{11} & 0 \\ v & B \end{pmatrix} \begin{pmatrix} a_{11}^{-1} & 0 \\ w & B^{-1} \end{pmatrix} = E$$

genau für $w = -a_{11}^{-1}B^{-1}v$. Ist insbesondere A eine Dreiecksmatrix, so ist gemäß einer Induktion auch B^{-1} eine Dreiecksmatrix, also auch A^{-1}.

Definition 4.3.17 Sei V ein K-Vektorraum der Dimension n und weiter $A \in \mathrm{End}_K(V)$. Sei B eine Basis von V und A_B die A zugeordnete Matrix. Dann setzen wir $\det A = \det A_B$. Diese Festsetzung ist unabhängig von der Basis B. Ist nämlich B' eine weitere Basis, so gilt $A_{B'} = C^{-1}A_BC$ mit einem invertierbaren $C \in (K)_n$. Mit 4.3.8 folgt

$$\det A_{B'} = (\det C)^{-1} \det A_B \det C = \det A_B.$$

Es gilt also $\mathrm{GL}(V) = \{A \mid A \in \mathrm{End}_K(V), \det A \neq 0\}$. Wir setzen nun $\mathrm{SL}(V) = \mathrm{Kern} \det A$, also $\mathrm{SL}(V) = \{A \mid A \in \mathrm{GL}(V), \det A = 1\}$ und nennen $\mathrm{SL}(V)$ die *spezielle lineare Gruppe* auf V.

Satz 4.3.18 *Sei K ein Körper und $A \in (K)_{m,n}$ mit $r = \mathrm{r}(A)$. Dann gibt es eine* Teilmatrix

$$B = \begin{pmatrix} a_{i_1,j_1} & \cdots & a_{i_1,j_r} \\ \vdots & & \vdots \\ a_{i_r,j_1} & \cdots & a_{i_r,j_r} \end{pmatrix}$$

vom Typ (r,r) *mit* $1 \leq i_1 < \ldots < i_r \leq n$, $1 \leq j_1 < \ldots < j_r \leq n$ *und* $\det B \neq 0$. *Hingegen hat jede Teilmatrix vom Typ* (k,k) *mit* $k > r$ *die Determinante* 0.

Beweis. a) Seien $z_1, \ldots, z_n$ die Zeilen von A. Wegen $\mathrm{r}(A) = r$ gibt es dann $i_1 < \ldots < i_r$ derart, daß $[z_{i_1}, \ldots, z_{i_r}]$ linear unabhängig ist. Setzen wir

$$A_1 = \begin{pmatrix} z_{i_1} \\ \vdots \\ z_{i_r} \end{pmatrix},$$

so ist auch $\mathrm{r}(A_1) = r$. Wegen 3.3.17 hat A_1 auch r linear unabhängige Spalten $s'_{j_1}, \ldots, s'_{j_r}$. Setzen wir weiter

$$A_2 = (s'_{j_1}, \ldots, s'_{j_r}) = \begin{pmatrix} a_{i_1,j_1} & \ldots & a_{i_1,j_r} \\ \vdots & & \vdots \\ a_{i_r,j_1} & \ldots & a_{i_r,j_r} \end{pmatrix},$$

so ist A_2 vom Typ (r,r) und $\mathrm{r}(A_2) = r$. Nach 3.3.21 existiert A_2^{-1}. Also ist $\det A_2 \neq 0$ nach 4.3.14.
b) Sei nun $k > r$ und sei

$$B = \begin{pmatrix} a_{s_1,t_1} & \ldots & a_{s_1,t_k} \\ \vdots & & \vdots \\ a_{s_k,t_1} & \ldots & a_{s_k,t_k} \end{pmatrix}$$

irgendeine Teilmatrix von A vom Typ (k,k). Wegen $\mathrm{r}(A) = r < k$ sind die Zeilen

$$z_{s_j} = (a_{s_j,1}, \ldots, a_{s_j,n}) \quad (j = 1, \ldots, k)$$

von A linear abhängig. Erst recht sind die verkürzten Zeilen

$$\tilde{z}_{s_j} = (a_{s_j,t_1}, \ldots, a_{s_j,t_k}) \quad (j = 1, \ldots, k)$$

linar abhängig. Also gilt $\mathrm{r}(B) < k$. Nach 3.3.21 existiert somit B^{-1} nicht. Also ist $\det B = 0$ nach 4.3.14. □

Bemerkung 4.3.19 Sei K ein Körper und $A \in (A)_n$.
a) Bei elementaren Umformungen im Sinne von 3.8.3 bleibt die Determinante unverändert.

b) Ist gemäß 3.8.4

$$T_1 \dots T_k A S_1 \dots S_l = \begin{pmatrix} a & 0 & \dots & 0 & 0 & \dots & 0 \\ 0 & 1 & \dots & 0 & 0 & \dots & 0 \\ \vdots & \vdots & & & & & \vdots \\ 0 & 0 & \dots & 1 & 0 & \dots & 0 \\ 0 & 0 & \dots & 0 & 0 & \dots & 0 \\ \vdots & \vdots & & & & & \vdots \\ 0 & 0 & \dots & 0 & 0 & \dots & 0 \end{pmatrix}$$

mit $0 \neq a \in K$, so gilt

$$\det A = \begin{cases} 0 & \text{für } \mathrm{r}(A) < n \\ a & \text{für } \mathrm{r}(A) = n. \end{cases}$$

Dies folgt unmittelbar, da die Matrizen T_i, S_j Dreiecksmatrizen mit Diagonaleinträgen 1 sind, also die Determinante 1 haben.

Beispiele 4.3.20 Sei K ein Körper und $n \geq 2$.
a) Ferner sei

$$A = \begin{pmatrix} a & b & b & \dots & b \\ b & a & b & \dots & b \\ \vdots & \vdots & \vdots & & \vdots \\ b & b & b & \dots & a \end{pmatrix} \in (K)_n$$

die Matrix aus 3.8.5. Dort hatten wir A mittels elementarer Umformungen überführt in die Diagonalmatrix

$$\begin{pmatrix} a+(n-1)b & 0 & 0 & \dots & 0 \\ 0 & a-b & 0 & \dots & 0 \\ 0 & 0 & a-b & \dots & 0 \\ \vdots & \vdots & \vdots & & \vdots \\ 0 & 0 & 0 & \dots & a-b \end{pmatrix}.$$

Mit 4.3.2 b) und 4.3.19 erhalten wir

$$\det A = (a+(n-1)b)(a-b)^{n-1}.$$

Insbesondere folgt $\mathrm{r}(A) = n$, falls $(a+(n-1)b)(a-b)^{n-1} \neq 0$ ist.

Um weitere Methoden zu illustrieren, berechnen wir $\det A = f(a,b,n)$ auf eine zweite Weise. Subtraktion der zweiten von der ersten Spalte und anschließende Entwicklung nach der ersten Spalte (gemäß 4.3.12 b)) liefert

$$\det A = \det \begin{pmatrix} a-b & b & b & \dots & b \\ b-a & a & b & \dots & b \\ 0 & b & a & \dots & b \\ \vdots & \vdots & \vdots & & \vdots \\ 0 & b & b & \dots & a \end{pmatrix}$$

$$= (a-b)\det \begin{pmatrix} a & b & b & \dots & b \\ b & a & b & \dots & b \\ \vdots & \vdots & \vdots & & \vdots \\ b & b & b & \dots & a \end{pmatrix} - (b-a)\det \begin{pmatrix} b & b & b & \dots & b \\ b & a & b & \dots & b \\ \vdots & \vdots & \vdots & & \vdots \\ b & b & b & \dots & a \end{pmatrix}$$

$$= (a-b)f(a,b,n-1) + (a-b)\det \begin{pmatrix} b & 0 & \dots & 0 \\ b & a-b & \dots & 0 \\ \vdots & \vdots & & \vdots \\ b & 0 & \dots & a-b \end{pmatrix}$$

(benutze die elementare Umformung $s_j \to s_j - s_1$)

$$= (a-b)f(a,b,n-1) + b(a-b)^{n-1}.$$

Also erhalten wir die Rekursionsformel

$$f(a,b,n) = (a-b)f(a,b,n-1) + b(a-b)^{n-1}.$$

Mit $f(a,b,2) = (a+b)(a-b)$ beginnend beweist man durch Induktion nach n nun leicht

$$f(a,b,n) = (a+(n-1)b)(a-b)^{n-1}.$$

b) Seien $a_1, \dots, a_n \in K$. Wir berechnen die in den Anwendungen häufig verwendete *Vandermondesche*[10] *Deteminante*

$$\det \begin{pmatrix} 1 & a_1 & a_1^2 & \dots & a_1^{n-1} \\ \vdots & \vdots & \vdots & & \vdots \\ 1 & a_n & a_n^2 & \dots & a_n^{n-1} \end{pmatrix} = f_n(a_1, \dots, a_n).$$

[10] Alexandre Theóphile Vandermonde (1735-1796) Paris. Hauptsächlich Musiker. Schrieb 1771/72 vier math. Arbeiten über Gleichungen.

Führen wir nacheinander die folgenden elementaren Umformungen

$$\begin{aligned} s_n &\to s_n - a_1 s_{n-1} \\ s_{n-1} &\to s_{n-1} - a_1 s_{n-2} \\ &\vdots \\ s_2 &\to s_2 - a_1 s_1. \end{aligned}$$

aus, so erhalten wir

$$f_n(a_1,\ldots,a_n) = \det\begin{pmatrix} 1 & 0 & 0 & \ldots & 0 \\ 1 & a_2 - a_1 & (a_2-a_1)a_2 & \ldots & (a_2-a_1)a_2^{n-2} \\ \vdots & \vdots & \vdots & & \vdots \\ 1 & a_n - a_1 & (a_n-a_1)a_n & \ldots & (a_n-a_1)a_n^{n-2} \end{pmatrix}$$

$$= \det\begin{pmatrix} a_2 - a_1 & (a_2-a_1)a_2 & \ldots & (a_2-a_1)a_2^{n-2} \\ \vdots & \vdots & & \vdots \\ a_n - a_1 & (a_n-a_1)a_n & \ldots & (a_n-a_1)a_n^{n-2} \end{pmatrix}$$

(Kästchensatz 4.3.9 oder Entwicklung nach der ersten Zeile gemäß 4.3.12 a))

$$= (a_2 - a_1)\ldots(a_n - a_1) f_{n-1}(a_2,\ldots,a_n).$$

Nun errät man leicht die allgemeine Formel für $f_n(a_1,\ldots,a_n)$, und bestätigt durch Induktion nach n, daß

$$f_n(a_1,\ldots,a_n) = \prod_{j>i}(a_j - a_i).$$

Sind die $a_1,\ldots,a_n$ paarweise verschieden, so folgt $f_n(a_1,\ldots,a_n) \neq 0$. Also sind die Vektoren $(1, a_i, \ldots, a_i^{n-1})$ für $i = 1,\ldots,n$ linear unabhängig. Dies haben wir bereits auf anderem Wege in 2.7.6 c) gesehen.

c) Wir berechnen nun eine zahlentheoretische Determinante. Sei $A = (a_{ij})$ die Matrix vom Typ (n,n), wobei $a_{ij} = \operatorname{ggT}(i,j)$ der größte gemeinsame Teiler von i und j ist. Sei $B = (b_{ij})$ mit

$$b_{ij} = \left\{\begin{matrix} 1 & \text{für } i \mid j \\ 0 & \text{für } i \nmid j \end{matrix}\right)$$

und sei F die Diagonalmatrix

$$F = \begin{pmatrix} \varphi(1) & & & \\ & \varphi(2) & & \\ & & \ddots & \\ & & & \varphi(n) \end{pmatrix},$$

wobei φ die Eulersche Funktion aus 2.1.12 ist. Ist $B^t F B = (c_{kl})$, so gilt wegen 2.1.15 a) die Relation

$$\begin{aligned} c_{kl} &= \textstyle\sum_{i,j=1}^{n} b_{jk} f_{ji} b_{il} = \sum_{j=1}^{n} b_{jk} \varphi(j) b_{jl} \\ &= \textstyle\sum_{\substack{j|k \\ j|l}} \varphi(j) = \sum_{j|\mathrm{ggT}(k,l)} \varphi(j) = \mathrm{ggT}(k,l) = a_{kl}. \end{aligned}$$

Dies zeigt $B^t F B = A$. Da B eine Dreiecksmatrix mit Diagonaleinträgen 1 ist, folgt $\det B = 1$, also

$$\det A = \det F = \varphi(1)\varphi(2)\ldots\varphi(n).$$

In 5.4.10 wird uns die Eigenwerttheorie ein weiteres Verfahren zur Berechnung von Determinanten liefern.

Aufgabe 4.3.1 Sei

$$A = \begin{pmatrix} c & 0 & \ldots & 0 & a_1 \\ 0 & c & \ldots & 0 & a_2 \\ \vdots & \vdots & & \vdots & \vdots \\ b_1 & b_2 & \ldots & b_{n-1} & a_n \end{pmatrix}.$$

Durch Entwicklung nach der ersten Zeile beweise man

$$\det A = c^{n-2}(a_n c - \sum_{j=1}^{n-1} a_j b_j).$$

Aufgabe 4.3.2 Sei

$$A = \begin{pmatrix} c_1 & a & a & \ldots & a \\ b & c_2 & a & \ldots & a \\ b & b & c_3 & \ldots & a \\ \vdots & \vdots & \vdots & & \vdots \\ b & b & b & \ldots & c_n \end{pmatrix}.$$

a) Man berechne $\det A$ auf folgende Weise:
Betrachte

$$\det\begin{pmatrix} c_1+r & a+r & a+r & \dots & a+r \\ b+r & c_2+r & a+r & \dots & a+r \\ b+r & b+r & c_3+r & \dots & a+r \\ \vdots & \vdots & \vdots & & \vdots \\ b+r & b+r & b+r & \dots & c_n+r \end{pmatrix}.$$

als Funktion $g(r)$ von r.
Mit den elementaren Umformungen $s_j \to s_j - s_1$ $(j = 2, \dots, n)$ sieht man, daß $g(r) = sr + t$ mit geeigneten s, t gilt. Setzen wir $f(x) = \prod_{j=1}^{n}(c_j - x)$, so folgt

$$g(-a) = \prod_{j=1}^{n}(c_j - a) = f(a)$$

und

$$g(-b) = \prod_{j=1}^{n}(c_j - b) = f(b).$$

Für $a \neq b$ erhält man

$$\det A = g(0) = \frac{bf(a) - af(b)}{b-a}.$$

b) Für $a = b$ betrachte man

$$h(r) = \det\begin{pmatrix} c_1+r & a & \dots & a \\ a+r & c_2 & \dots & a \\ \vdots & \vdots & & \vdots \\ a+r & a & \dots & c_n \end{pmatrix}$$

$$= h(0) + r\det\begin{pmatrix} 1 & 0 & \dots & 0 \\ 1 & c_2-r & \dots & 0 \\ \vdots & \vdots & & \vdots \\ 1 & 0 & \dots & c_n-r \end{pmatrix}$$

$$= h(0) + \textstyle\prod_{j=2}^{n}(c_j - r).$$

Man zeige schließlich (f wie in a))

$$\det A = f(a) - af'(a).$$

Aufgabe 4.3.3 Sei

$$A = \begin{pmatrix} a & 0 & \dots & & & \dots & 0 & b \\ 0 & a & \dots & & & \dots & b & 0 \\ & & \ddots & & & \iddots & & \\ & & & a & b & & & \\ & & & b & a & & & \\ & & \iddots & & & \ddots & & \\ b & 0 & \dots & & & \dots & 0 & a \end{pmatrix}$$

vom Typ $(2m, 2m)$ und

$$B = \begin{pmatrix} a & 0 & \dots & & & & \dots & 0 & b \\ 0 & a & \dots & & & & \dots & b & 0 \\ & & \ddots & & & & \iddots & & \\ & & & a & 0 & b & & & \\ & & & 0 & c & 0 & & & \\ & & & b & 0 & a & & & \\ & & \iddots & & & & \ddots & & \\ b & 0 & \dots & & & & \dots & 0 & a \end{pmatrix}$$

vom Typ $(2m+1, 2m+1)$. Man beweise $\det A = (a^2 - b^2)^m$ und $\det B = c(a^2 - b^2)^m$.

Aufgabe 4.3.4 Für $a_i \in \mathbb{R}$ $(i = 0, 1, 2, 3)$ zeige man

$$\det \begin{pmatrix} a_0 & -a_1 & -a_2 & a_3 \\ a_1 & a_0 & -a_3 & a_2 \\ a_2 & a_3 & a_0 & a_1 \\ -a_3 & a_2 & -a_1 & a_0 \end{pmatrix} = (a_0^2 + a_1^2 + a_2^2 + a_3^2)^2.$$

Aufgabe 4.3.5 Seien $a_i, b_j \in K$ $(i, j = 1, \dots, n)$ und $\prod_{i,j=1}^n (1 - a_i b_j) \neq 0$. Man zeige:

$$\det \left(\frac{1}{1 - a_i b_j} \right)_{i,j=1,\dots,n} = \frac{\Delta(a_1, \dots, a_n) \Delta(b_1, \dots, b_n)}{\prod_{i,j=1}^n (1 - a_i b_j)},$$

wobei $\Delta(a_1, \dots, a_n) = \prod_{i<j} (a_i - a_j)$. ist

Hilfe: Man führe die Operationen $z_j \to z_j - z_1$ und $s_j \to s_j - s_1$ aus, und wende dann eine Induktion nach n an.

4.4 Erzeugung von GL(V) und eine Charakterisierung der Determinante

In diesem Abschnitt beschreiben wir die Elemente aus $\mathrm{GL}(V)$ mittels einfacher Matrizen, nämlich der Streckungen und Transvektionen. Transvektionen haben wir bereits in 3.1.10 und in Form von Matrizen (Elementarmatrizen) in 3.8.1 kennengelernt.

Definition 4.4.1 Sei $[v_1, \ldots, v_n]$ eine Basis des K-Vektorraums V. Für $a, b \in K$ mit $b \neq 0$ sind *Transvektionen* $T_{ij}(a)$ $(j \neq i)$ und *Streckungen* $S_i(b)$ aus $\mathrm{GL}(V)$ definiert durch

$$\begin{aligned} T_{ij}(a)v_i &= v_i + av_j & & \\ T_{ij}(a)v_k &= v_k & \text{für} \quad & k \neq i \\ S_i(b)v_i &= bv_i, \; S_i(b)v_k = v_k & \text{für} \quad & k \neq i \end{aligned}$$

Offenbar ist $\det T_{ij}(a) = 1$ und $\det S_i(b) = b$.

Lemma 4.4.2 *Es gelten*

$$T_{ij}(a)T_{ij}(b) = T_{ij}(a+b).$$

Insbesondere ist $T_{ij}(a)^{-1} = T_{ij}(-a)$. *Ferner gilt für* $a \neq 0 \neq b$

$$S_i(\frac{b}{a})^{-1}T_{ij}(a)S_i(\frac{b}{a}) = T_{ij}(b).$$

Beweis. Die erste Aussage ist offensichtlich. Die zweite folgt wegen

$$\begin{aligned} S_i(\tfrac{b}{a})^{-1}T_{ij}(a)S_i(\tfrac{b}{a})v_i &= S_i(\tfrac{b}{a})^{-1}T_{ij}(a)\tfrac{b}{a}v_i \\ &= S_i(\tfrac{a}{b})\tfrac{b}{a}(v_i + av_j) \\ &= S_i(\tfrac{a}{b})(\tfrac{b}{a}v_i + bv_j) \\ &= v_i + bv_j = T_{ij}(b)v_i \end{aligned}$$

und $S_i(\frac{b}{a})^{-1}T_{ij}(a)S_i(\frac{b}{a})v_k = v_k$ für $k \neq i$. □

Hauptsatz 4.4.3 *Die Bezeichnungen seien wie in* 4.4.1

a) *Ist* $G \in \mathrm{SL}(V)$, *so ist* G *ein Produkt von Transvektionen* $T_{ij}(a_{ij})$ *(in geigneter Ordnung).*

b) *Ist* $G \in \mathrm{GL}(V)$, *so gilt* $G = S_1(a)H$ *mit* $a = \det G$ *und* $H \in \mathrm{SL}(V)$. *Insbesondere ist* G *ein Produkt von* $S_1(a)$ *mit geeigneten Transvektionen.*

Beweis. a) In 3.8.4 haben wir gezeigt, daß es zu $A \in (K)_n$ Elementarmatrizen S_i, T_j gibt, so daß

$$T_1 \dots T_k A S_1 \dots S_l = \begin{pmatrix} a & 0 & \dots & 0 & 0 & \dots & 0 \\ 0 & 1 & \dots & 0 & 0 & \dots & 0 \\ \vdots & \vdots & & & & & \vdots \\ 0 & 0 & \dots & 1 & 0 & \dots & 0 \\ 0 & 0 & \dots & 0 & 0 & \dots & 0 \\ \vdots & \vdots & & & & & \vdots \\ 0 & 0 & \dots & 0 & 0 & \dots & 0 \end{pmatrix}$$

mit $0 \neq a \in K$ gilt. Ist $\det A = 1$, so folgt wegen $\det S_i = \det T_j = 1$ unmittelbar $T_1 \dots T_k A S_1 \dots S_l = E$. Übersetzen wir dies in die Sprache der linearen Abbildungen und beachten, daß zu den $T_{ij}(a)$ aus 4.4.1 bezüglich der dort gewählten Basis gerade Elementarmatrizen gehören, so erhalten wir für $G \in \mathrm{SL}(V)$ die Relation

$$T_1 \dots T_k G S_1 \dots S_l = E,$$

wobei nun die S_i und T_j Transvektionen der Gestalt $T_{ij}(a_{ij})$ sind. Wegen $T_{ij}(a_{ij})^{-1} = T_{ij}(-a_{ij})$ hat G die behauptete Gestalt.
b) Ist $G \in \mathrm{GL}(V)$ mit $\det G = b \neq 0$, so gilt $\det S_1(b)^{-1} G = 1$. Nach a) ist daher $S_1(b)^{-1} G$ ein Produkt von geeigneten Transvektionen $T_{ij}(a_{ij})$. □

Definition 4.4.4 Sei V ein $\mathbb{R}$-Vektorraum. Weiterhin seien $[v_1, \dots, v_n]$ und $[w_1, \dots, w_n]$ Basen von V. Dann gibt es genau ein $A \in \mathrm{GL}(V)$ mit

$$Av_i = w_i \qquad (i = 1, \dots .n).$$

Wir nennen die Basen $[v_1, \dots, v_n]$ und $[w_1, \dots, w_n]$ *gleichorientiert*, falls $\det A > 0$ ist. Offenbar definiert dies auf der Menge der Basen von V eine Äquivalenzrelation mit genau zwei Äquivalenzklassen.

Satz 4.4.5 *Sei V ein $\mathbb{R}$-Vektorraum und seien $B = [v_1, \dots, v_n]$ und ebenfalls $B' = [w_1, \dots, w_n]$ Basen von V. Dann sind gleichwertig.*

a) Es gibt eine stetige Abbildung $t \mapsto A(t)$ vom abgeschlossenen Intervall $[0,1]$ in $\mathrm{GL}(V)$ mit $A(0) = E$ und

$$A(1)v_i = w_i \qquad (i = 1, \dots, n).$$

b) B und B' sind gleichorientiert.

Beweis. a) $\Rightarrow$ b) Offenbar ist $\det A(t)$ stetig auf $[0,1]$. Wegen $\det A(0) = 1$ und $\det A(t) \neq 0$ gilt nach dem Zwischenwertsatz $\det A(t) > 0$, insbesondere $\det A(1) > 0$. Somit sind B und B' gleichorientiert.
b) $\Rightarrow$ a) Sei $Av_i = w_i$ für $i = 1, \ldots, n$ und $\det A = b > 0$. Nach 4.4.3 gilt

$$A = S_1(b)T_1(a_1)\ldots T_m(a_m)$$

mit Transvektionen $T_i(a_i)$. Setzen wir

$$A(t) = S_1(1-t+tb)T_1(ta_1)\ldots T_m(ta_m),$$

so ist $A(t)$ stetig auf $[0,1]$ mit $A(0) = E$ und $A(1) = A$. Wegen

$$1 - t + tb \in [1,b] \text{ bzw. } [b,1]$$

ist $\det S_1(1-t+tb) > 0$. Also gilt $\det A(t) > 0$. Insbesondere ist somit $A(t) \in \mathrm{GL}(V)$. □

Satz 4.4.6 (Hensel[11]) *Sei V ein endlichdimensionaler K-Vektorraum und φ ein Gruppenhomomorphismus von $\mathrm{GL}(V)$ in K^*, also*

$$\varphi(A_1A_2) = \varphi(A_1)\varphi(A_2)$$

für alle $A_1, A_2 \in \mathrm{GL}(V)$. Dann gibt es einen Homomorphismus ψ von K^* in K^* mit $\varphi(A) = \psi(\det A)$ für alle $A \in \mathrm{GL}(V)$.

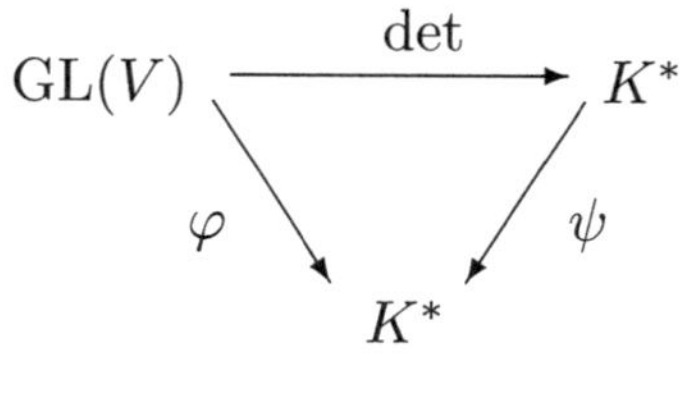

Beweis. Gemäß 4.4.3 sei $A = S_1(a)T_1\ldots T_n$ mit $a = \det A$, wobei die T_i geeignete Transvektionen der Gestalt $T_{ij}(a_{ij})$ sind. Wir zeigen zunächst, daß $\varphi(T_{ij}(a)) = 1$ ist. Für $|K| = 2$ ist nichts zu beweisen. Sei also $|K| > 2$ und $b \in K$ mit $b \neq -a$, 0. Nach 4.4.2 gilt dann

$$T_{ij}(a)T_{ij}(b) = T_{ij}(a+b) = S^{-1}T_{ij}(b)S$$

mit $S = S_i(\frac{a+b}{b})$. Damit folgt

$$\varphi(T_{ij}(a))\varphi(T_{ij}(b)) = \varphi(S)^{-1}\varphi(T_{ij}(b))\varphi(S) = \varphi(T_{ij}(b)).$$

[11]Kurt Hensel (1861-1941) Marburg. p-adische Zahlkörper.

Dies zeigt $\varphi(T_{ij}(a)) = 1$. Folglich ist

$$\varphi(A) = \varphi(S_1(\det A)).$$

Wir definieren nun eine Abbildung ψ von K^* in sich durch $\psi(a) = \varphi(S_1(a))$. Wegen $S_1(ab) = S_1(a)S_1(b)$ für $ab \neq 0$ folgt

$$\psi(ab) = \varphi(S_1(ab)) = \varphi(S_1(a)S_1(b)) = \varphi(S_1(a))\varphi(S_1(b)) = \psi(a)\psi(b).$$

Somit ist ψ ein Homomorphismus von K^* in sich mit $\varphi(A) = \psi(\det A))$. □

Bemerkung 4.4.7 Sei V ein K-Vektorraum mit $\dim V = n < \infty$. Da die Determinante einen Homomorphismus von $GL(V)$ auf K^* mit dem Kern

$$\mathrm{SL}(V) = \{A \mid A \in \mathrm{GL}(V),\ \det A = 1\}$$

liefert, folgt mit dem Homomorphiesatz $\mathrm{SL}(V) \trianglelefteq \mathrm{GL}(V)$ und

$$\mathrm{GL}(V)/\,\mathrm{SL}(V) \cong K^*.$$

Andere Normalteiler von $GL(V)$ sind selten. Ist $\dim V > 2$ oder $\dim V = 2$ und $|K| > 3$, so hat $GL(V)$ nur die folgenden Normalteiler.
(1) Alle N mit $\mathrm{SL}(V) \leq N \leq \mathrm{GL}(V)$.
(2) Alle N mit $N \leq \mathrm{Z}(\mathrm{GL}(V)) = \{aE \mid a \in K^*\}$ (siehe Aufgabe 3.3.1).
Insbesondere ist dann

$$\mathrm{SL}(V)/(\mathrm{SL}(V) \cap \mathrm{Z}(\mathrm{GL}(V))$$

einfach mit

$$\mathrm{SL}(V) \cap \mathrm{Z}(\mathrm{GL}(V)) = \{aE \mid a \in K^*,\ a^n = 1\}.$$

Dies liefert für endliche Körper K unendliche Serien von endlichen einfachen Gruppen.

Beispiele 4.4.8 a) Sei V ein $\mathbb{C}$-Vektorraum mit der $\mathbb{C}$-Basis $[v_1, \ldots, v_n]$. Fassen wir V als Vektorraum über $\mathbb{R}$ auf, so ist $[v_1, \ldots, v_n, w_1, \ldots, w_n]$ mit $w_j = iv_j$ eine $\mathbb{R}$-Basis von V. Sei $A \in \mathrm{GL}(V)$ mit

$$Av_j = \sum_{k=1}^{n} (b_{kj} + ic_{kj})v_k \quad \text{wobei} \quad b_{kj}, c_{kj} \in \mathbb{R} \qquad (j = 1, \ldots, n).$$

Dann bewirkt A eine Abbildung $A_0 \in \mathrm{End}_{\mathbb{R}}(V)$ mit

$$A_0 v_j = \sum_{k=1}^{n} (b_{kj} v_k + c_{kj} w_k),$$

und

$$A_0 w_j = \sum_{k=1}^{n} (-c_{kj} v_k + b_{kj} w_k).$$

Bezüglich der $\mathbb{R}$-Basis $[v_1, \ldots, v_n, w_1, \ldots, w_n]$ gehört also zu A_0 die Matrix $\begin{pmatrix} B & C \\ -C & B \end{pmatrix}$ aus $(\mathbb{R})_{2n}$ mit $B = (b_{kj})$ und $C = (c_{kj})$.

Wir wollen $\det A_0$ berechnen. Offenbar ist A_0 regulär und $A \mapsto A_0$ multiplikativ. Setzen wir $\varphi(A) = \det A_0$, so ist φ ein Homomorphismus von $\mathrm{GL}(V)$ in $\mathbb{R}^*$. Nach 4.4.6 existiert daher ein Homomorphismus ψ von $\mathbb{C}^*$ in $\mathbb{R}^*$ mit $\varphi(A) = \psi(\det A)$ für alle $A \in \mathrm{GL}(V)$. Sei speziell

$$Av_1 = (b + ic)v_1 \text{ mit } b, c \in \mathbb{R},\ b + ic \neq 0$$

und

$$Av_j = v_j \text{ für } j > 1.$$

Dann ist $\det A = b + ic$. Ordnen wir die obige $\mathbb{R}$-Basis von V um zu $[v_1, w_1, \ldots, v_n, w_n]$, so erhalten wir

$$A_0 = \begin{pmatrix} b & c & & & \\ -c & b & & & \\ & & 1 & & \\ & & & \ddots & \\ & & & & 1 \end{pmatrix}.$$

Somit folgt

$$\psi(b + ic) = \psi(\det A) = \det A_0 = b^2 + c^2 = |b + ic|^2 = |\det A|^2.$$

Daher gilt allgemein

$$\begin{aligned} \det A_0 &= \det \begin{pmatrix} B & C \\ -C & B \end{pmatrix} = |\det A|^2 \\ &= \det A \cdot \overline{\det A} = \det(B + iC)\det(B - iC) \\ &= \det(B + iC)(B - iC) \\ &= \det(B^2 + C^2 + i(CB - BC)). \end{aligned}$$

Ist insbesondere $BC = CB$, so folgt

$$\det\begin{pmatrix} B & C \\ -C & B \end{pmatrix} = \det(B^2 + C^2).$$

b) Seien $A = (a_{ij}) \in (K)_n$ und $B = (b_{ij}) \in (K)_m$. Wir bilden das sogenannte *Kronecker-Produkt*

$$A \otimes B = \begin{pmatrix} a_{11}B & \dots & a_{1n}B \\ \vdots & & \vdots \\ a_{n1}B & \dots & a_{nn}B \end{pmatrix}$$

vom Typ (mn, mn). (Das Kronecker-Produkt entspricht dem Tensorprodukt von linearen Abbildungen.)

Ist $\widetilde{A} = (\tilde{a}_{ij}) \in (K)_n$ und $\widetilde{B} \in (K)_m$, so folgt mit der Kästchenmultiplikation

$$(A \otimes B)(\widetilde{A} \otimes \widetilde{B}) = \begin{pmatrix} c_{11}B\widetilde{B} & \dots & c_{1n}B\widetilde{b} \\ \vdots & & \vdots \\ c_{n1}B\widetilde{B} & \dots & c_{nn}B\widetilde{B} \end{pmatrix}$$

mit $c_{ik} = \sum_{j=1}^{n} a_{ij}\tilde{a}_{jk}$, also

$$(A \otimes B)(\widetilde{A} \otimes \widetilde{B}) = (A\widetilde{A}) \otimes (B\widetilde{B}).$$

Insbesondere ist

$$A \otimes B = (A \otimes E_m)(E_n \otimes B).$$

Dabei ist nach dem Kästchensatz 4.3.9, daß

$$\det(E_n \otimes B) = \det\begin{pmatrix} B & & & \\ & B & & \\ & & \ddots & \\ & & & B \end{pmatrix} = (\det B)^n.$$

Was ist hingegen

$$\det(A \otimes E_m) = \det\begin{pmatrix} a_{11}E_m & \dots & a_{1n}E_m \\ \vdots & & \vdots \\ a_{n1}E_m & \dots & a_{nn}E_m \end{pmatrix}?$$

Ist A regulär, so ist wegen

$$(A \otimes E_m)(A^{-1} \otimes E_m) = (AA^{-1} \otimes E_m) = E_{mn}$$

auch $A \otimes E_m$ regulär. Daher liefert φ mit $\varphi(A) = \det(A \otimes E_m)$ einen Homomorphismus von der Gruppe der regulären Matrizen aus $(K)_n$ in K^*. Nach 4.4.6 gilt $\det(A \otimes E_m) = \psi(\det A)$ mit einem Homomorphismus ψ von K^* in sich. Für

$$A = \begin{pmatrix} a & & & \\ & 1 & & \\ & & \ddots & \\ & & & 1 \end{pmatrix}$$

mit $\det A = a$ folgt

$$\begin{aligned} \psi(A) &= \det(A \otimes E_m) = \det \begin{pmatrix} aE_m & & & \\ & E_m & & \\ & & \ddots & \\ & & & E_m \end{pmatrix} \\ &= a^m = (\det A)^m. \end{aligned}$$

Für reguläres A gilt somit

$$\det(A \otimes B) = \det(A \otimes E_m)\det(E_n \otimes B) = (\det A)^m(\det B)^n.$$

Ist $\det A = 0$, so sind die Zeilen von A linear abhängig. Dann sind auch die Zeilen

$$\begin{matrix} (a_{11}, 0, \ldots, 0, a_{12}, 0, \ldots, 0, a_{1n}, 0, \ldots, 0) \\ (a_{21}, 0, \ldots, 0, a_{22}, 0, \ldots, 0, a_{2n}, 0, \ldots, 0) \\ \vdots \\ (a_{n1}, 0, \ldots, 0, a_{n2}, 0, \ldots, 0, a_{nn}, 0, \ldots, 0) \end{matrix}$$

von $A \otimes E_m$ linear abhängig, also $\det(A \otimes E_m) = 0$. Somit gilt allgemein

$$\det(A \otimes B) = (\det A)^m(\det B)^n.$$

Aufgabe 4.4.1 Seien A und B stochastische Matrizen vom Typ (n, n) bzw. (m, m).

a) Dann ist $A \otimes B$ stochastisch vom Typ (mn, mn).

b) Existieren $P_A = \lim_{k\to\infty} A^k$ und $P_B = \lim_{k\to\infty}$, so ist

$$\lim_{k\to\infty} (A \otimes B)^k = P_A \otimes P_B.$$

(Wirkt A auf die Zustände $\{1, \ldots, n\}$ und B auf die Zustände $\{1, \ldots, m\}$, so beschreibt $A \otimes B$ einen stochastischen Prozeß auf der Produktmenge $\{(i, j) \mid 1 \le i \le n,\ 1 \le j \le m\}$.)

4.5 Die Graßmann-Algebra

Die Graßmann-Algebra wird uns weitere nützliche Aussagen über Determinanten liefern.

Definition 4.5.1 Sei V ein Vektorraum über dem Körper K. Eine K-Algebra A mit Einselement 1 heißt eine *Graßmann*[12]*-Algebra* zu V, falls gilt:

(1) Es gibt ein $\varepsilon \in \mathrm{Hom}_K(V, A)$ mit $(\varepsilon v)(\varepsilon v) = 0$ für alle $v \in V$.

(2) Die εv mit $v \in V$ erzeugen zusammen mit der 1 ganz A als K-Algebra.

(3) Sei B eine K-Algebra mit Einselement und $\varphi \in \mathrm{Hom}_K(V, B)$ mit $(\varphi v)(\varphi v) = 0$ für alle $v \in V$. Dann gibt es einen Algebrenhomomorphismus φ^* von A in B mit $\varphi v = \varphi^* \varepsilon v$ für alle $v \in V$.

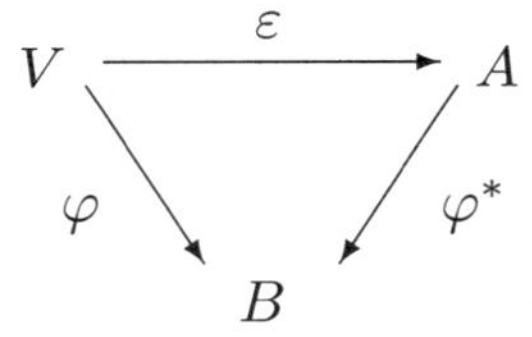

Die obenstehende Definition enthält in (3) eine sogenannte *universelle Eigenschaft*. Solche Definitionen treten in vielen Teilen der Algebra und Topologie auf. Man beachte, daß die Definition nichts über die Existenz oder Eindeutigkeit von A aussagt. Die Eindeutigkeit wird sich ganz formal ergeben. Die Existenz und Struktur von A benötigt eine explizite Konstruktion. Der große Vorteil von universellen Konstruktionen ist, daß sie automatisch die Existenz von natürlichen Abbildungen liefern (siehe 4.5.5). Wir werden davon Gebrauch machen, um einige Sätze über Determinanten zu beweisen.

Lemma 4.5.2 *Sei V ein K-Vektorraum und seien A_1 und A_2 Graßmann-Algebren zu V. Dann gibt es einen Algebrenisomorphismus von A_1 auf A_2.*

Beweis. Wir betrachten die beiden Diagramme

---

[12]Hermann Günther Graßmann (1809-1877) Stettin. Mathematiker, Physiker, Philologe. Lehrer an verschiedenen Schulen. Vektoralgebra, Vektoranalysis, Tensorrechnung, n-dimensionale Geometrie.

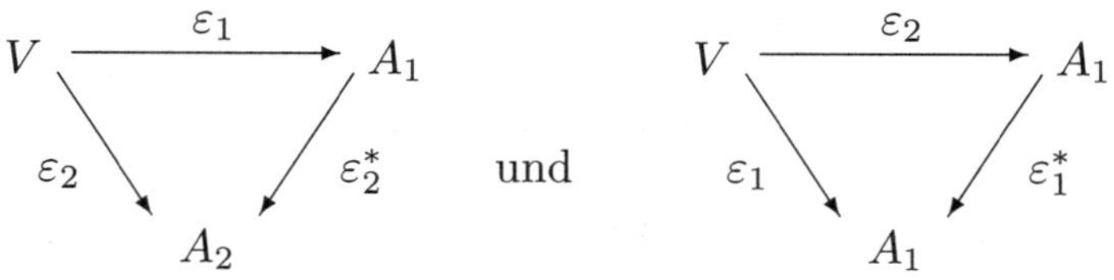

mit

$$\varepsilon_2 v = \varepsilon_2^* \varepsilon_1 v \quad \text{und} \quad \varepsilon_1 v = \varepsilon_1^* \varepsilon_2 v$$

für alle $v \in V$. Somit gilt

$$\varepsilon_1^* \varepsilon_2^* (\varepsilon_1 v) = \varepsilon_1^* \varepsilon_2 v = \varepsilon_1 v$$

und

$$\varepsilon_2^* \varepsilon_1^* (\varepsilon_2 v) = \varepsilon_2^* \varepsilon_1 v = \varepsilon_2 v.$$

Daher gilt $\varepsilon_1^* \varepsilon_2^* = 1$ auf dem Erzeugendensystem $\{\varepsilon_1 v, 1 \mid v \in V\}$ von A_1. Dies zeigt $\varepsilon_1^* \varepsilon_2^* = 1_{A_1}$. Ebenso folgt $\varepsilon_2^* \varepsilon_1^* = 1_{A_2}$. Also ist ε_2^* ein Algebrenisomorphismus von A_1 auf A_2. □

Die Konstruktion der Graßmann-Algebra erfordert etwas mehr Aufwand.

Satz 4.5.3 *Sei V ein K-Vektorraum mit Basis $[v_1, \ldots, v_n]$ und sei A ein K-Vektorraum der Dimension 2^n mit der Basis*

$$\{w_I \mid \emptyset \subseteq I \subseteq \{1, \ldots, n\}\}.$$

Für $i, j \in \{1, \ldots, n\}$ setzen wir

$$(i,j) = \begin{cases} 0 & \textit{für } i = j \\ 1 & \textit{für } i < j \\ -1 & \textit{für } i > j. \end{cases}$$

Für $I, J \subseteq \{1, \ldots, n\}$ sei ferner

$$\varepsilon_{I,J} = \prod_{i \in I,\, \mathrm{J} \in J} (i,j),$$

wobei $\varepsilon_{I,\emptyset} = \varepsilon_{\emptyset,J} = 1$. Auf A definieren wir eine offenbar distributive Multiplikation durch

$$\sum_I a_I w_I \cdot \sum_J b_J w_J = \sum_{I,J} a_I b_J \varepsilon_{I,J} w_{I \cup J}.$$

Dann ist A eine Graßmann-Algebra zu V.

Beweis. a) Wir zeigen zunächst, daß A eine K-Algebra mit dem Einselement $w_\emptyset$ ist. Wegen $\varepsilon_{I,\emptyset} = 1$ gilt

$$w_I w_\emptyset = w_\emptyset w_I = w_I.$$

Wir haben das Assoziativgesetz $(w_I w_J)w_L = w_I(w_J w_L)$ nachzuweisen. Es gelten

$$(w_I w_J)w_L = \varepsilon_{I,J}\,\varepsilon_{I\cup J,L}\,w_{I\cup J\cup L}$$

und

$$w_I(w_J w_L) = \varepsilon_{I,J\cup L}\,\varepsilon_{J,L}\,w_{I\cup J\cup L}.$$

Für $I \cap J \neq \emptyset$ gibt es ein $i \in I \cap J$ mit $(i,i) = 0$. Dann ist $\varepsilon_{I,J} = \varepsilon_{I,J\cup L} = 0$. Für $I \cap J = \emptyset$ ist

$$\varepsilon_{I\cup J,L} = \prod_{i\in I, l\in L} (i,l) \prod_{j\in J, l\in L} (j,l) = \varepsilon_{I,L}\,\varepsilon_{J,L}.$$

Somit gilt in allen Fällen

$$(w_I w_J)w_L = \varepsilon_{I,J}\,\varepsilon_{I,L}\,\varepsilon_{J,L}\,w_{I\cup J\cup L}.$$

Ebenso erhalten wir

$$w_I(w_J w_L) = \varepsilon_{I,J}\,\varepsilon_{I,L}\,\varepsilon_{J,L}\,w_{I\cup J\cup L}.$$

Wir setzen noch $w_{\{i\}} = w_i$ und vermerken

$$w_i w_i = 0 = w_i w_j + w_j w_i$$

für $i \neq j$.
b) Wir definieren nun $\varepsilon \in \operatorname{Hom}_K(V, A)$ durch $\varepsilon v_i = w_i$. Für $v = \sum_{i=1}^n x_i v_i$ gilt dann

$$(\varepsilon v)(\varepsilon v) = \sum_{i,j=1}^n x_i x_j (\varepsilon v_i)(\varepsilon v_j) = \sum_{i,j} x_i x_j w_i w_j = 0.$$

Also ist die Forderung (1) aus Definition 4.5.1 erfüllt. Für $I = \{i_1, \ldots, i_r\}$ mit $1 \leq i_1 < \ldots < i_r \leq n$ gilt

$$w_I = w_{i_1} \ldots w_{i_r}.$$

Also erzeugen 1 und die $w_i = \varepsilon v_i$ ganz A als Algebra.

Sei schließlich B eine K-Algebra und $\varphi \in \mathrm{Hom}_K(V, B)$ mit $(\varphi v)(\varphi v) = 0$ für alle $v \in V$. Dann definieren wir $\varphi^* \in \mathrm{Hom}_K(A, B)$ durch $\varphi * w_\emptyset = 1_B$ und

$$\varphi^* w_I = (\varphi v_{i_1}) \ldots (\varphi v_{i_r})$$

für $I = \{i_1, \ldots, i_r\}$ mit $1 \leq i_1 < \ldots < i_r \leq n$. Wir zeigen nun,daß φ^* ein Algebrenhomomorphismus ist:
Es gilt

$$0 = \varphi(v + w)\varphi(v + w) = (\varphi v)(\varphi w) + (\varphi w)(\varphi v).$$

Ist $I \cap J \neq \emptyset$, so ist $\varepsilon_{I,J} = 0$, also

$$\varphi^*(w_I w_J) = \varepsilon_{I,J}\, \varphi^* w_{I \cup J} = 0.$$

Andererseits gilt für $I = \{i_1, \ldots, i_r\}$ und $J = \{j_1, \ldots, j_s\}$ mit $1 \leq i_1 < \ldots < i_r \leq n$, $1 \leq j_1 < \ldots < j_s \leq n$ und $i_k = j_l$ die Relation

$$(\varphi^* w_I)(\varphi^* w_J) = \pm(\varphi v_{i_k})(\varphi v_{i_l}) \ldots = 0.$$

Sei weiterhin $I \cap J = \emptyset$ und $I \cup J = \{k_1, \ldots, k_{r+s}\}$ mit $1 \leq k_1 < \ldots k_{r+s} \leq n$. Dann ist

$$\varphi^*(w_I w_J) = \varepsilon_{I,J}\, \varphi^* w_{I \cup J} = \varepsilon_{I,J}\, (\varphi v_{k_1}) \ldots (\varphi v_{k_{r+s}})$$

und

$$(\varphi^* w_I)(\varphi^* w_J) = (\varphi v_{i_1}) \ldots (\varphi v_{i_r})(\varphi v_{j_1}) \ldots (\varphi v_{j_s}) = \varepsilon_{I,J}\, (\varphi v_{k_1}) \ldots (\varphi v_{k_{r+s}}).$$

Somit ist φ^* ein Algebrenhomomorphismus von A in B mit

$$\varphi v_i = \varphi^* w_i = \varphi^* \varepsilon v_i.$$

□

Bezeichnungen 4.5.4 Sei V ein K-Vektorraum mit der Basis $[v_1, \ldots, v_n]$. Nach 4.5.2 und 4.5.3 gibt es bis auf Isomorphie genau eine Graßmann-Algebra zu V, die wir mit $\mathrm{G}(V)$ bezeichnen. Da ε mit $\varepsilon v_i = w_i$ $(i = 1, \ldots, n)$ ein Monomorphismus ist, können wir v_i mit w_i identifizieren. Nach 4.5.3 hat dann $\mathrm{G}(V)$ die K-Basis

$$v_I = v_{i_1} \ldots v_{i_r}$$

für $I = \{i_1, \ldots, i_r\}$ mit $1 \leq i_1 < \ldots < i_r \leq n$ zusammen mit der 1. Wir setzen nun

$$\mathrm{G}(V)_j = \{ \sum_{|J|=j} a_J v_J \mid a_J \in K\}.$$

Dann gilt $\dim \mathrm{G}(V)_j = \binom{n}{j}$ und $\mathrm{G}(V) = \oplus_{j=0}^{n} \mathrm{G}(V)_j$ (als K-Vektorraum). Dabei ist $\mathrm{G}(V)_0 = Kv_\emptyset$ und $\mathrm{G}(V)_n = Kv_1 \dots v_n$. Ferner ist $ab \in \mathrm{G}(V)_{i+j}$ für $a \in \mathrm{G}(V)_i$ und $b \in \mathrm{G}(V)_j$. Insbesondere ist $ab = 0$ für $i + j > n$. ($\mathrm{G}(V)$ ist eine sogenannte *graduierte Algebra.*)

Die Kraft der recht abstrakten universellen Definition 4.5.1 zeigt der folgende Satz.

Satz 4.5.5 *Seien U, V, W K-Vektorräume von endlicher Dimension.*

a) Ist $A \in \mathrm{Hom}_K(V, W)$, so gibt es genau einen Algebrenhomomorphismus $\widehat{A}$ von $\mathrm{G}(V)$ in $\mathrm{G}(W)$ mit $\widehat{A}v = Av$ für alle $v \in V$.

b) Dabei gilt $\widehat{A}\,\mathrm{G}(V)_j \subseteq \mathrm{G}(W)_j$ für alle j.

c) Für $B \in \mathrm{Hom}_K(U, V)$ und $A \in \mathrm{Hom}_K(V, W)$ ist $\widehat{AB} = \widehat{A}\widehat{B}$.

d) Sei $[v_1, \dots, v_n]$ eine Basis von V und $A \in \mathrm{End}_K(V)$ mit

$$Av_i = \sum_{j=1}^{n} a_{ij} v_j \quad (i = 1, \dots, n).$$

Für $I = \{i_1, \dots, i_p\}$ und $J = \{j_1, \dots, j_p\}$ mit $1 \leq i_1 < \dots < i_p \leq n$ und $1 \leq j_1 < \dots < j_p \leq n$ setzen wir

$$a_{I,J} = \det \begin{pmatrix} a_{i_1,j_1} & \dots & a_{i_1,j_p} \\ \vdots & & \vdots \\ a_{i_p,j_1} & \dots & a_{i_p,j_p} \end{pmatrix}.$$

Dann gilt

$$\widehat{A}v_I = \sum_{|J|=p} a_{I,J} v_J.$$

Insbesondere ist $\widehat{A}(v_1 \dots v_n) = \det A\, v_1 \dots v_n$.

Beweis. a) Wir betrachten das Diagramm

$$\begin{array}{ccc} V & \longrightarrow & \mathrm{G}(V) \\ A \downarrow & & \downarrow \ \widehat{A} \\ W & \longrightarrow & \mathrm{G}(W). \end{array}$$

Für $v \in V$ gilt in $\mathrm{G}(W)$ dann $(Av)(Av) = 0$. Also gibt es einen Algebrenhomomorphismus $\widehat{A}$ von $\mathrm{G}(V)$ in $\mathrm{G}(W)$ mit $\widehat{A}v = Av$ für alle $v \in V$. Da die

$v \in V$ zusammen mit der 1 ganz $\mathrm{G}(V)$ als Algebra erzeugen, ist $\widehat{A}$ eindeutig bestimmt.
b) Für $|I| = j$ und $v_I = v_{i_1} \dots v_{i_j}$ gilt $\widehat{A}v_I = (Av_{i_1}) \dots (Av_{i_j}) \in \mathrm{G}(W)_j$. Dies zeigt $\widehat{A}\,\mathrm{G}(V)_j \subseteq \mathrm{G}(W)_j$.
c) Für $u_1, \dots, u_j \in U$ gilt

$$\begin{aligned} \widehat{AB}(u_1 \dots u_j) &= (ABu_1) \dots (ABu_j) \\ &= \widehat{A}((Bu_1) \dots (Bu_j)) \\ &= \widehat{A}\widehat{B}u_1 \dots u_j. \end{aligned}$$

d) Wir haben

$$\begin{aligned} \widehat{A}v_I &= (Av_{i_1}) \dots (Av_{i_p}) \\ &= (\textstyle\sum_{j_1=1}^n a_{i_1,j_1} v_{j_1}) \dots (\sum_{j_p=1}^n a_{i_p,j_p} v_{j_p}) \\ &= \textstyle\sum_{j_1,\dots,j_p=1}^n a_{i_1,j_1} \dots a_{i_p,j_p} v_{j_1} \dots v_{j_p}. \end{aligned}$$

Dabei gilt

$$v_{j_1} \dots v_{j_p} = \begin{cases} 0, & \text{falls zwei } j_k \text{ übereinstimmen} \\ (-1)^t v_{k_1} \dots v_{k_p}, & \text{sonst,} \end{cases}$$

wobei $\{j_1, \dots, j_p\} = \{k_1, \dots, k_p\}$ mit $k_1 < \dots < k_p$ gilt und $(-1)^t$ das Signum der Permutation

$$\pi = \begin{pmatrix} k_1 & \dots & k_p \\ j_1 & \dots & j_p \end{pmatrix}$$

ist. Dies liefert

$$\begin{aligned} \widehat{A}v_I &= \textstyle\sum_{k_1<\dots<k_p} (\sum_\pi \operatorname{sgn} \pi \; a_{i_1,\pi k_1} \dots a_{i_p,\pi k_p}) v_{k_1} \dots v_{k_p} \\ &= \textstyle\sum_{|J|=p} a_{I,J} v_J \end{aligned}$$

mit der angegebenen Bedeutung der $a_{I,J}$. □

Aus 4.5.5 folgt unmittelbar der Multiplikationssatz für Determinanten. Für $A, B \in \mathrm{End}_K(V)$ ist nämlich

$$\begin{aligned} \det(AB) v_1 \dots v_n &= \widehat{AB} v_1 \dots v_n \\ &= \widehat{A}(\widehat{B} v_1 \dots v_n) \\ &= \det A \det B v_1 \dots v_n. \end{aligned}$$

Dieser Kalkül liefert auch allgemeinere Aussagen.

Satz 4.5.6 *Seien A und B Matrizen vom Typ (m,n) mit $m \geq n$. Sei $p \leq n$ und seien $I = \{i_1, \dots, i_p\}$ und $J = \{j_1, \dots, j_p\}$ angeordnete Teilmengen von $\{1, \dots, m\}$.*

a) (Verallgemeinerter Produktsatz) *Dann gilt*

$$\det \begin{pmatrix} \sum_{k=1}^n a_{i_1,k} b_{j_1,k} & \dots & \sum_{k=1}^n a_{i_1,k} b_{j_p,k} \\ \vdots & & \vdots \\ \sum_{k=1}^n a_{i_p,k} b_{j_1,k} & \dots & \sum_{k=1}^n a_{i_p,k} b_{j_p,k} \end{pmatrix}$$

$$= \sum_{k_1 < \dots < k_p} \det \begin{pmatrix} a_{i_1,k_1} & \dots & a_{i_1,k_p} \\ \vdots & & \vdots \\ a_{i_p,k_1} & \dots & a_{i_p,k_p} \end{pmatrix} \det \begin{pmatrix} b_{j_1,k_1} & \dots & b_{j_p,k_1} \\ \vdots & & \vdots \\ b_{j_1,k_p} & \dots & b_{j_p,k_p} \end{pmatrix}.$$

b) (Identität von Lagrange) *Es gilt*

$$\det(AA^t) = \sum_{|L|=n} a_L^2,$$

wobei

$$a_L = \det \begin{pmatrix} a_{1,l_1} & \dots & a_{1,l_n} \\ \vdots & & \vdots \\ a_{n,l_1} & \dots & a_{n,l_n} \end{pmatrix}$$

für $L = \{l_1, \dots l_n\}$ ist.

Beweis. a) Setzen wir $C = AB^t$, so folgt mit 4.5.5 c), daß $\widehat{C} = \widehat{A}\widehat{B^t}$ ist. Nach 4.5.5 d) gehört zu der von $\widehat{A}$ auf $G(V)_p$ bewirkten Abbildung die Matrix $(a_{IL})_{|I|=|L|=p}$. Zu $\widehat{B^t}$ auf $G(V)_p$ gehört die Matrix (b_{LJ}^t) mit $b_{LJ}^t = b_{JL}$. Also folgt

$$c_{IJ} = \sum_{|L|=p} a_{IL} b_{JL}.$$

Dies ist die Relation unter a).
b) Für $A = B$ und $I = J = \{1, \dots, n\}$ folgt aus a) direkt

$$\det AA^t = \sum_{|L|=n} a_L^2 = \sum_{l_1 < \dots < l_n} \det \begin{pmatrix} a_{1,l_1} & \dots & a_{1,l_n} \\ \vdots & & \vdots \\ a_{n,l_1} & \dots & a_{n,l_n} \end{pmatrix}^2.$$

□

Satz 4.5.7

a) Seien I und J geordnete Teilmengen von $\{1,\dots,n\}$ mit $|I|=m$ und $|J|=p$, wobei $I\cap J=\emptyset$. Sei ferner $L\subseteq\{1,\dots,n\}$ mit $|L|=m+p$. Ist $A=(a_{ij})\in(K)_n$, so gilt mit den in 4.5.5 d) festgelegten Bezeichnungen

$$a_{I\cup J,L}=\sum_{S\cup T=L,|S|=m,|T|=p}\varepsilon_{I,J}\,\varepsilon_{S,T}\,a_{I,S}\,a_{J,T}.$$

Dabei wird über alle S,T mit $S\cup T=L$ und $|S|=m$, $|T|=p$ summiert.

b) (Laplacescher[13] Entwicklungssatz) *Für I mit $|I|=m$ sei $\overline{I}$ das Komplement von I in $\{1,\dots,n\}$. Ist $A=(a_{ij})\in(K)_n$, so gilt*

$$\det A=\sum_{|S|=m}(-1)^{g(I)+g(S)}\,a_{I,S}\,a_{\bar{I},\bar{S}},$$

wobei über alle $S\subseteq\{1,\dots,n\}$ mit $|S|=m$ summiert wird. Für $I=\{i_1,\dots,i_m\}$ ist dabei $g(I)=\sum_{j=1}^{m}i_j$ gesetzt.

Beweis. a) Wegen $I\cap J=\emptyset$ folgt mit 4.5.3, daß $v_Iv_J=\varepsilon_{I,J}v_{I\cup J}$ ist. Auf diese Gleichung wenden wir den Algebrenhomomorphismus $\widehat{A}$ von $\mathrm{G}(V)$ in $\mathrm{G}(V)$ an. Mit 4.5.5 d) erhalten wir somit

$$\begin{aligned}\varepsilon_{I,J}\widehat{A}v_{I\cup J}&=\varepsilon_{I,J}\textstyle\sum_{|L|=m+p}a_{I\cup J,L}v_L\\&=(\widehat{A}v_I)(\widehat{A}v_J)\\&=(\textstyle\sum_{|S|=m}a_{I,S}v_S)(\sum_{|T|=p}a_{J,T}v_T)\\&=\textstyle\sum_{|S|=m,|T|=p,S\cap T=\emptyset}a_{I,S}\,a_{J,T}\varepsilon_{S,T}\,v_{S\cup T}.\end{aligned}$$

Ein Vergleich des Koeffizienten von L mit $|L|=m+p$ liefert

$$\varepsilon_{I,J}a_{I\cup J,L}=\sum_{|S|=m,|T|=p,S\cup T=L}a_{I,S}\,a_{J,T}\,\varepsilon_{S,T}.$$

Wegen $\varepsilon_{I,J}=\pm1$ ist dies die Behauptung.
b) In a) sei nun $L=\{1,\dots,n\}$ und $J=\overline{I}$ das Komplement von I. Dann ist $m+p=n$. Aus $S\cup T=\{1,\dots,n\}$ mit $|S|=m$ und $|T|=p$ folgt dann

[13] Pierre Simon Laplace (1749-1827) Paris. Physiker und Mathematiker. Partielle Differentialgleichungen, Himmelsmechanik, Wahrscheinlichkeitstheorie.

$S \cap T = \emptyset$. Somit ist $T = \overline{S}$ das Komplement von S. Mit a) erhalten wir nun

$$\det A = \sum_{|S|=m} \varepsilon_{I,\overline{I}}\, \varepsilon_{S,\overline{S}}\, a_{I,S}\, a_{\overline{I},\overline{S}}.$$

Dabei ist

$$\varepsilon_{I,\overline{I}} = \prod_{i \in I, i' \in \overline{I}} (i, i')$$

mit

$$(i, i') = \begin{cases} 1 & \text{für } i < i' \\ -1 & \text{für } i > i'. \end{cases}$$

Sei $I = \{i_1, \ldots, i_m\}$ mit $1 \leq i_1 < \ldots < i_m \leq n$. Dann gilt

$$\overline{I} = \{1, \ldots, i_1 - 1, i_1 + 1, \ldots, i_2 - 1, i_2 + 1, \ldots\}.$$

Dabei ist

$$\begin{aligned} &i_1 > 1, 2, \ldots, i_1 - 1 \\ &i_2 > 1, \ldots, i_1 - 1, i_1 + 1, \ldots, i_2 - 1 \end{aligned}$$

usw.. Das liefert $\varepsilon_{I,\overline{I}} = (-1)^t$ mit

$$\begin{aligned} t &= (i_1 - 1) + (i_2 - 2) + \ldots + (i_m - m) \\ &= \textstyle\sum_{j=1}^m i_j - \frac{m(m+1)}{2} = g(I) - \frac{m(m+1)}{2}. \end{aligned}$$

Für $|I| = |S| = m$ folgt

$$\varepsilon_{I,\overline{I}}\, \varepsilon_{S,\overline{S}} = (-1)^{g(I)+g(S)+m(m+1)} = (-1)^{g(I)+g(S)}$$

mit $g(I) = \sum_{j=1}^m i_j$. □

Aufgabe 4.5.1 Wir setzen

$$\mathrm{Z}(\mathrm{G}(V)) = \{a \mid a \in \mathrm{G}(V),\ ab = ba \text{ für alle } b \in \mathrm{G}(V)\}.$$

Man zeige: $\mathrm{Z}(\mathrm{G}(V)) = \mathrm{G}(V)_0 \oplus \mathrm{G}(V)_2 \oplus \mathrm{G}(V)_4 \oplus \ldots$.

Aufgabe 4.5.2 Sei $M = \oplus_{i \geq 1} \mathrm{G}(V)_i$ und $a \in \mathrm{G}(V)$.

a) Ist $a \in M$, so gilt $a^n = 0$ für $n = \dim V$.

b) Ist $a \notin M$, so existiert $a^{-1} \in \mathrm{G}(V)$.

Aufgabe 4.5.3 Sei V ein K-Vektorraum mit Basis $[v_1, \ldots, v_n]$. Ferner sei $A \in \mathrm{End}_K(V)$.

a) Durch

$$D_A(v_{i_1} \ldots v_{i_p}) = \sum_{j=1}^{p} v_{i_1} \ldots (Av_{i_j}) \ldots v_{i_p}$$

wird eine lineare Abbildung von $\mathrm{G}(V)$ in sich definiert mit

$$D_A(ab) = (D_A a)b + a(D_A b).$$

(D_A ist eine sogenannte *Derivation.*)

b) Es gilt $D_A(v_1 \ldots v_n) = \mathrm{Sp}\, A\ v_1 \ldots v_n$.

Aufgabe 4.5.4 Sei V ein K-Vektorraum mit Basis $[v_1, \ldots, v_n]$. Weiterhin sei $f \in \mathrm{Hom}_K(V, K)$. Durch

$$D(v_{i_1} \ldots v_{i_p}) = \sum_{j=1}^{p} (-1)^{j-1} v_{i_1} \ldots (fv_{i_j}) \ldots v_{i_p}$$

für $1 \leq i_1 < \ldots < i_p \leq n$ wird dann ein $D \in \mathrm{End}_K(\mathrm{G}(V))$ definiert mit $D\,\mathrm{G}(V)_i \subseteq \mathrm{G}(V)_{i-1}$. Man zeige:

a) $D(ab) = D(a)b + (-1)^i aD(b)$ für $a \in \mathrm{G}(V)_i$ und $b \in \mathrm{G}(V)_j$.

(*D* ist eine sogenannte *graduierte Derivation.*)

b) $D^2 = 0$.

5 Normalformen von Matrizen

Wir beginnen dieses Kapitel mit der Einführung von Polynomen. Die arithmetischen Eigenschaften des Polynomrings $K[x]$ sind entscheidend für die späteren Untersuchungen. In 5.2 führen wir den Idealbegriff ein, welcher übersichtliche Beweise gestattet. Für Hauptidealringe, wie etwa $K[x]$ oder auch $\mathbb{Z}$, entwickeln wir in 5.3 eine ausführliche Theorie. Die Begriffe größter gemeinsamer Teiler, kleinstes gemeinsames Vielfaches und Primfaktorzerlegung erhalten hier ihre systematische Fundierung. Abschnit 5.4 über das charakteristische Polynom und Eigenwerte ist der erste Schritt zu einem genauen Studium von linearen Abbildungen. In physikalischen und technischen Anwendungen sind Eigenwerte unerläßlich, werden doch die Frequenzen schwingungsfähiger Systeme in Mechanik und Elektrodynamik als Eigenwerte von Matrizen ermittelt. Wir kommen darauf in 8.5 zurück. Kaum weniger wichtig ist die in 5.5 entwickelte Theorie des Minimalpolynoms, denn sie liefert Kriterien für die Diagonalisierbarkeit von Matrizen. In 5.6 beweisen wir den Hauptsatz über endlich erzeugbare Moduln über Hauptidealringen. Neben dem Hauptsatz über endlich erzeugbare abelsche Gruppen liefert dies in 5.7 die Jordansche Normalform von linearen Abbildungen. Dies bringt die Theorie der linearen Abbildungen zu einem gewissen Abschluß, und liefert die Grundlage für zahlreiche spätere Anwendungen.

5.1 Polynome und ihre Nullstellen

Definition 5.1.1 Ist R ein Ring, so setzen wir

$$R[x] = \{(a_0, a_1, \ldots) \mid a_j \in R, \text{ nur endlich viele } a_j \neq 0\}.$$

Auf $R[x]$ definieren wir Addition und Multiplikation durch

$$(a_i) + (b_i) = (a_i + b_i)$$

und

$$(a_j)(b_j) = (c_j) \quad \text{mit} \quad c_k = \sum_{j=0}^{k} a_j b_{k-j}.$$

Ist $a_j = 0$ für $j > m$ und $b_j = 0$ für $j > n$, so ist $c_k = 0$ für $k > m + n$. Also gilt $(a_j)(b_j) \in R[x]$.

Satz 5.1.2 *Sei R ein Ring mit Einselement 1.*

a) *Dann ist $R[x]$ ein Ring mit Einselement $(1, 0, 0, \ldots)$, sogenannter* Polynomring. *Genau dann ist $R[x]$ kommutativ, wenn R kommutativ ist.*

b) *Die Abbildung $a \mapsto \overline{a} = (a, 0, \ldots)$ ist ein Monomorphismus von R in $R[x]$.*

c) *Ist K ein Körper, so ist $K[x]$ eine kommutative K-Algebra. Setzen wir $x = (0, 1, 0, 0, \ldots)$, so ist $[x^j \mid j = 0, 1, \ldots]$ eine K-Basis von $K[x]$.*

Beweis. a) Die Ringaxiome folgen durch einfache Rechnungen.
b) Dies rechnet man direkt nach.
c) Man bestätigt leicht, daß $x^j = (0, \ldots, 0, 1, 0, \ldots)$ ist mit der 1 an der Stelle j und somit

$$\sum_{j=0}^{n} a_j x^j = (a_0, a_1, \ldots, a_n, 0, \ldots).$$

Da die x^j offenbar K-linear unabhängig sind, bilden sie eine K-Basis von $K[x]$. □

Im folgenden sei K stets ein Körper. Die Elemente aus $K[x]$ lassen sich dann schreiben als $\sum_{j=0}^{n} a_j x^j$. Wir nennen sie *Polynome* in der *Unbestimmten* oder *Variablen x*. Dabei gilt

$$(\sum_{i=0}^{m} a_i x^i)(\sum_{j=0}^{n} b_j x^j) = \sum_{k=0}^{n+m} (\sum_{i+j=k} a_i b_j) x^k.$$

Definition 5.1.3 Ist $f = \sum_{j=0}^{n} a_j x^j \in K[x]$ mit $a_n \neq 0$, so setzen wir $\operatorname{Grad} f = n$. Für $f = 0$ sei der Grad durch $\operatorname{Grad} 0 = -\infty$ definiert. Ist $\operatorname{Grad} f = n \geq 0$ und $a_n = 1$, so heißt f *normiert*.

Lemma 5.1.4 *Seien $f, g \in K[x]$.*

a) *Es gilt*
$$\operatorname{Grad}(f + g) \leq \max\{\operatorname{Grad} f, \operatorname{Grad} g\}.$$
Ist $\operatorname{Grad} f \neq \operatorname{Grad} g$, *so ist*
$$\operatorname{Grad}(f + g) = \max\{\operatorname{Grad} f, \operatorname{Grad} g\}.$$
(Für $n \in \{0, 1, \ldots\}$ ist dabei $\max\{n, -\infty\} = n$ *zu setzen, damit diese Regeln auch für $f = 0$ gelten.)*

b) $\operatorname{Grad} fg = \operatorname{Grad} f + \operatorname{Grad} g$.

(Dabei ist $-\infty = -\infty + n$ zu setzen.)

c) Ist $f \neq 0 \neq g$, so gilt $fg \neq 0$.

Beweis. a) Die Behauptungen sind klar.
b) Ist $f = \sum_{i=0}^{m} a_i x^i$ und $g = \sum_{j=0}^{n} b_j x^j$ mit $a_m \neq 0 \neq b_n$, so ist offenbar $fg = \sum_{k=0}^{n+m} c_k x^k$ mit $c_{m+n} = a_m b_n \neq 0$. Also gilt

$$\operatorname{Grad} fg = m + n = \operatorname{Grad} f + \operatorname{Grad} g.$$

c) Ist $f \neq 0 \neq g$, so folgt mit b), daß $\operatorname{Grad} fg = \operatorname{Grad} f + \operatorname{Grad} g \geq 0$ ist, also $fg \neq 0$. □

Beispiele 5.1.5 a) Wegen des binomischen Satzes gilt

$$\begin{aligned}\textstyle\sum_{k=0}^{m+n} \binom{m+n}{k} x^k &= (1+x)^{m+n} = (1+x)^m (1+x)^n \\ &= \textstyle\sum_{i=0}^{m} \binom{m}{i} x^i \sum_{j=0}^{n} \binom{n}{j} x^j.\end{aligned}$$

Ein Koeffizientenvergleich zeigt

$$\binom{m+n}{k} = \sum_{i+j=k} \binom{m}{i}\binom{n}{j}.$$

Insbesondere folgt für $m = n = k$ daraus

$$\binom{2n}{n} = \sum_{i=0}^{n} \binom{n}{i}\binom{n}{n-i} = \sum_{i=0}^{n} \binom{n}{i}^2.$$

b) Ähnlich folgt aus

$$\begin{aligned}\textstyle\sum_{k=0}^{n} \binom{n}{k}(-1)^k x^{2k} &= (1-x^2)^n = (1-x)^n (1+x)^n \\ &= \textstyle\sum_{i=0}^{n} \binom{n}{i}(-1)^i x^i \sum_{j=0}^{n} \binom{n}{j} x^j\end{aligned}$$

die Relation

$$\sum_{i=0}^{n} (-1)^i \binom{n}{i}\binom{n}{k-i} = \begin{cases} 0, & \text{falls } 2 \nmid k \\ (-1)^m \binom{n}{m}, & \text{falls } k = 2m. \end{cases}$$

Satz 5.1.6 (Division mit Rest) *Seien $f, g \in K[x]$ und $g \neq 0$. Dann gibt es eindeutig bestimmte $h, r \in K[x]$ mit $f = hg + r$ und $\operatorname{Grad} r < \operatorname{Grad} g$.*

Beweis. Ist $\operatorname{Grad} f < \operatorname{Grad} g$, so setzen wir $h = 0$ und $r = f$. Sei weiterhin $f = \sum_{j=0}^{m} a_j x^j$ und $g = \sum_{k=0}^{n} b_k x^k$ mit $a_m b_n \neq 0$ und $m \geq n$. Wir bilden

$$f_1 = f - \frac{a_m}{b_n} x^{m-n} g = c_0 + c_1 x + \ldots c_{m-1} x^{m-1}$$

mit geeigneten c_j. Dabei ist $\operatorname{Grad} f_1 \leq m-1$. Vermöge einer Induktion nach m gilt $f_1 = h_1 g + r$ mit $h_1, r \in K[x]$ und $\operatorname{Grad} r < n$. Also ist

$$f = (\frac{a_m}{b_n} x^{m-n} + h_1) g + r$$

mit $\operatorname{Grad} r < \operatorname{Grad} g$. Ist $f = h_1 g + r_1 = h_2 g + r_2$ mit $\operatorname{Grad} r_j < n$, so folgt

$$r_1 - r_2 = (h_2 - h_1) g.$$

Ist $h_1 \neq h_2$, so folgt der Widerspruch

$$n = \operatorname{Grad} g \leq \operatorname{Grad} g + \operatorname{Grad}(h_2 - h_1) = \operatorname{Grad}(r_1 - r_2) < n.$$

Also gilt $h_1 = h_2$ und dann auch $r_1 = r_2$. □

Auf die weitreichenden Folgen des Satzes 5.1.5 gehen wir in 5.3 ein.

Satz 5.1.7 *Sei $\mathcal{A}$ eine K-Algebra und $c \in \mathcal{A}$. Für $f = \sum_{j=0}^{n} a_j x^j \in K[x]$ setzen wir*

$$f(c) = \sum_{j=0}^{n} a_j c^j.$$

Dann ist die Abbildung α mit $\alpha f = f(c)$ ein Algebrenhomomorphismus von $K[x]$ in $\mathcal{A}$; d.h. α ist K-linear, und es gilt $\alpha(fg) = (\alpha f)(\alpha g)$ für alle f, g im Polynomring $K[x]$.

Beweis. Da $[1, x, x^2, \ldots]$ eine K-Basis von $K[x]$ ist, ist α wohldefiniert und K-linear. Somit genügt für den Beweis die triviale Tatsache

$$\alpha(x^{i+j}) = c^{i+j} = c^i c^j = (\alpha x^i)(\alpha x^j).$$ □

Beispiele 5.1.8 a) Seien K und L Körper mit $K \subseteq L$. Dann ist L eine K-Algebra. Für $f \in K[x]$ und $c \in L$ ist somit $f(c) \in L$ definiert.
b) Sei $\mathcal{A} = (K)_n$ oder $\mathcal{A} = \operatorname{End}(V)$ für einen K-Vektorraum V. Für $A \in \mathcal{A}$ und $f = \sum_{j=0}^{n} a_j x^j \in K[x]$ ist dann

$$f(A) = \sum_{j=0}^{n} a_j A^j = a_0 E + a_1 A + \ldots + a_n A^n$$

definiert.

c) Ist K endlich und $|K| = q$, so gilt $c^q = c$ für alle $c \in K$ nach 2.5.2. Ist $f = x^q - x$, so ist $f \neq 0$, aber $f(c) = 0$ für alle $c \in K$. Das Polynom $f = x^q - x$ ist also von der durch f bewirkten Abbildung von K in sich zu unterscheiden. Ist jedoch

$$A = \begin{pmatrix} 0 & 0 \\ 1 & 0 \end{pmatrix} \in (K)_2,$$

so folgt wegen $A^2 = 0$, daß $f(A) = A^q - A = -A \neq 0$.

Lemma 5.1.9 *Seien K und L Körper mit $K \subseteq L$. Sei $f \in K[x]$ und $c \in L$.*

a) Ist $f(c) = 0$, so gilt $f = (x - c)h$ mit einem geeigneten $h \in L[x]$.

b) Ist $f \neq 0$ und $f(c) = 0$, so gibt es ein eindeutig bestimmtes $m \in \mathbb{N}$ mit $f = (x - c)^m h$, wobei $h \in L[x]$ und $h(c) \neq 0$ ist.

Beweis. a) Wegen 5.1.6 gilt $f = (x - c)g + r$ mit $g, r \in L[x]$ und

$$\operatorname{Grad} r < \operatorname{Grad}(x - c) = 1.$$

Somit ist $r \in L$. Wegen 5.1.7 ist dabei

$$0 = f(c) = (c - c)g(c) + r = r,$$

also $f = (x - c)g$.
b) Ist $f = (x - c)^m h$ mit $0 \neq h \in L[x]$, so folgt

$$\operatorname{Grad} f = m + \operatorname{Grad} h \geq m.$$

Also gibt es ein maximales m mit $f = (x - c)^m h$. Wäre $h(c) = 0$, so hätten wir nach a) auch $h = (x - c)g$, also $f = (x - c)^{m+1} g$, ein Widerspruch. Daher ist $h(c) \neq 0$.

Angenommen,

$$f = (x - c)^{m_1} h_1 = (x - c)^{m_2} h_2$$

mit $h_j(c) \neq 0$ und $m_1 < m_2$. Dann ist

$$0 = (x - c)^{m_1}(h_1 - (x - c)^{m_2 - m_1} h_2).$$

Wegen 5.1.4 c) folgt

$$h_1 = (x - c)^{m_2 - m_1} h_2.$$

Dies liefert

$$h_1(c) = (c - c)^{m_2 - m_1} h_2(c) = 0,$$

entgegen $h_1(c) \neq 0$. Daher gilt $m_1 = m_2$, und wegen 5.1.4 c) dann auch $h_1 = h_2$. □

Definition 5.1.10 Seien K und L Körper mit $K \subseteq L$ und $c \in L$.

a) Ist $f \in K[x]$ und $f(c) = 0$, so heißt c eine *Nullstelle* von f.

b) Ist $f = (x-c)^m g$ mit $g(c) \neq 0$, so nennen wir c eine *m-fache Nullstelle* von f und m die *Vielfachheit* von c als Nullstelle von f.

Satz 5.1.11

a) Seien $K \subseteq L$ Körper und $0 \neq f \in K[x]$. Seien c_j $(j = 1, \ldots, r)$ paarweise verschiedene Nullstellen von f in L und sei m_j die Vielfachheit von c_j. Dann gilt

$$f = \prod_{j=1}^{r} (x - c_j)^{m_j} g$$

mit $g \in L[x]$ und $g(c_j) \neq 0$ für $j = 1, \ldots, r$. Insbesondere folgt

$$r \leq \sum_{j=1}^{r} m_j \leq \operatorname{Grad} f.$$

Also hat f in L höchstens $\operatorname{Grad} f$ *verschiedene Nullstellen. Ist insbesondere $|K| = \infty$, so ist die natürliche Abbildung von $K[x]$ in* $\operatorname{Ab}(K, K)$ *aus* 5.1.8 *a) ein Monomorphismus.*

b) Seien $f, g \in K[x]$, und es gebe unendlich viele $c \in K$ mit $f(c) = g(c)$. Dann ist $f = g$.

Beweis. a) Nach 5.1.10 b) gilt $f = (x - c_1)^{m_1} h$ mit $h \in L[x]$ und $h(c_1) \neq 0$. Wegen $h(c_j) = 0$ für $j = 2, \ldots, r$ folgt durch Induktion nach r, daß

$$h = \prod_{j=2}^{r} (x - c_j)^{s_j} g$$

mit $s_j \geq 1$ und $g(c_j) \neq 0$ für $j = 2, \ldots, r$. Für $2 \leq j \leq r$ ist daher $f = (x - c_j)^{s_j} k_j$ mit

$$k_j = (x - c_1)^{m_1} \prod_{i=2,\, i \neq j}^{r} (x - c_i)^{s_i} g.$$

Wegen $k_j(c_j) = (c_j - c_1)^{m_1} \prod_{i=2,\, i\neq j}^{r} (c_j - c_i)^{s_i} g(c_j) \neq 0$ folgt mit 5.1.9 b) nun $s_j = m_j$. Somit ist

$$\operatorname{Grad} f = \sum_{j=1}^{r} \operatorname{Grad}(x - c_j)^{m_j} + \operatorname{Grad} g \geq \sum_{j=1}^{r} m_j \geq r.$$

b) Dies folgt unmittelbar aus a). □

Nun können wir, wie bereits in 2.5.7 angekündigt, eine fundamentale Eigenschaft endlicher Körper beweisen.

Satz 5.1.12 *Sei K ein Körper.*

a) Ist A eine endliche Untergruppe von K^*, so ist A zyklisch.

b) Ist $|K| = q$, so ist K^* zyklisch von der Ordnung $|K^*| = q - 1$.

Beweis. a) Sei d ein Teiler von $|A|$ und $U \leq A$ mit $|U| = d$. Dann gilt $u^d = 1$ für alle $u \in U$. Da das Polynom $x^d - 1$ nach 5.1.11 in K höchstens d Nullstellen hat, enthält U alle Elemente $a \in A$ mit $a^d = 1$. Somit gibt es keine Untergruppe $V \leq A$ mit $|V| = d$ und $V \neq U$. Nach 2.1.17 ist daher A zyklisch.
b) Dies folgt sofort aus a). □

Definition 5.1.13

a) Sei $f \in K[x]$ und $\operatorname{Grad} f \geq 1$. Wir sagen, daß f in K *total zerfällt*, falls

$$f = a \prod_{j=1}^{n} (x - c_j)$$

mit $a, c_j \in K$ gilt. Man beachte, daß die c_j nicht verschieden sein müssen.

b) Ein Körper K heißt *algebraisch abgeschlossen*, falls jedes Polynom $f \in K[x]$ mit $\operatorname{Grad} f \geq 1$ in K eine Nullstelle hat, somit in K total zerfällt.

Bemerkungen 5.1.14 a) Der sogenannte *Fundamentalsatz der Algebra* besagt, daß jedes Polynom $f \in \mathbb{C}[x]$ mit $\operatorname{Grad} f \geq 1$ eine Nullstelle in $\mathbb{C}$ hat. Also ist $\mathbb{C}$ algebraisch abgeschlossen. Die elegantesten Beweise dafür lernt man in der Funktionentheorie kennen.
b) Der reelle Zahlkörper $\mathbb{R}$ ist nicht algebraisch abgeschlossen, denn $x^2 + 1$ hat keine Nullstelle in $\mathbb{R}$.
c) Sei K ein endlicher Körper mit $|K| = q$. Nach 2.5.2 gilt dann $c^q = c$ für alle $c \in K$. Somit hat $f = x^q - x + 1$ keine Nullstelle in K, d.h. K ist nicht algebraisch abgeschlossen.
d) Ist K ein beliebiger Körper, so gibt es einen algebraisch abgeschlossenen Körper $L \supseteq K$. Der Beweis benötigt das Zornsche Lemma (siehe 5.6.4).

Die Vielfachheit von Nullstellen kann man mit Hilfe der Ableitung bestimmen. Dazu führen wir rein formal, ohne Bezug zu einem Grenzwertbegriff, die Ableitung eines Polynoms ein.

Definition 5.1.15 Für $f = \sum_{j=0}^n a_j x^j \in K[x]$ definieren wir die Ableitung f' von f durch

$$f^{(1)} = f' = \sum_{j=0}^{n} j a_j x^{j-1}.$$

Die höheren Ableitungen von f bilden wir für $k \geq 2$ rekursiv durch die Festsetzung $f^{(k)} = (f^{(k-1)})'$.

Einfache formale Rechnungen zeigen

Lemma 5.1.16 *Für $f, g \in K[x]$ gelten:*

a) $(f+g)' = f' + g'$ *und* $(fg)' = f'g + fg'$.

b) Ist $\operatorname{Grad} f = n$, *so ist*

$$\operatorname{Grad} f' \begin{cases} = n-1 & \textit{falls } \operatorname{Char} K \nmid n \\ < n-1 & \textit{falls } \operatorname{Char} K \mid n. \end{cases}$$

Satz 5.1.17 *Sei* $f \in K[x]$ *mit* $\operatorname{Grad} f \geq 1$ *und* $c \in K$.

a) Genau dann ist c eine mindestens 2-fache Nullstelle von f, falls

$$f(c) = f'(c) = 0.$$

b) Sei $\operatorname{Char} K = 0$ *oder* $\operatorname{Char} K > m$. *Genau dann ist m die Vielfachheit von c als Nullstelle von f, wenn*

$$f(c) = f'(c) = \ldots = f^{(m-1)}(c) = 0 \neq f^{(m)}(c).$$

(Dies ist die aus der Analysis bekannte Situation.)

Beweis. a) Ist $m \geq 1$ die Vielfachheit von c als Nullstelle von f, so gilt

$$f = (x-c)^m g \text{ mit } g(c) \neq 0.$$

Wegen der Produktregel (siehe 5.1.16 a)) ist

$$f' = m(x-c)^{m-1} g + (x-c)^m g',$$

also $f'(c) = m(c-c)^{m-1} g(c)$. Somit ist $f'(c) = 0$ für $m > 1$, aber $f'(c) = g(c) \neq 0$ für $m = 1$.
b) Für $0 \leq k \leq m$ zeigen wir

$$f^{(k)} = (x-c)^{m-k} g_k \quad \text{mit} \quad g_k(c) \neq 0.$$

Für $k = 0$ ist dies offensichtlich richtig. Ist es für ein $k < m$ bewiesen, so folgt

$$\begin{aligned} f^{(k+1)} &= (m-k)(x-c)^{m-k-1}g_k + (x-c)^{m-k}g_k' \\ &= (x-c)^{m-k-1}[(m-k)g_k + (x-c)g_k'] \\ &= (x-c)^{m-k-1}g_{k+1} \end{aligned}$$

mit $g_{k+1}(c) = (m-k)g_k(c) \neq 0$. (Hier wird $\operatorname{Char} K \nmid m-k$ benötigt.) Also folgt

$$f^{(k)}(c) = (c-c)^{m-k}g_k(c) = 0 \text{ für } k < m,$$

aber $f^{(m)}(c) = g_m(c) \neq 0$. □

Beispiele 5.1.18 a) Sei K ein Körper und $f = x^m - a$ mit $0 \neq a \in K$. Sei $\operatorname{Char} K = 0$ oder $\operatorname{Char} K \nmid m$. Ist c aus irgendeinem Erweiterungskörper $L \supseteq K$ mit $c^m = a$, so ist $f'(c) = mc^{m-1} \neq 0$. Also hat $x^m - a$ in keinem Erweiterungskörper von K mehrfache Nullstellen.
b) Ist $\operatorname{Char} K = p$, so gilt

$$(x^p - a)' = px^{p-1} = 0.$$

Ist also c eine Nullstelle von $x^p - a$, so gilt

$$x^p - a = x^p - c^p = (x-c)^p.$$

Somit ist c eine p-fache Nullstelle von $x^p - a$.
c) Ist $\operatorname{Char} K = p$, so gilt übrigens $f^{(p)} = 0$ für alle $f \in K[x]$.

Beispiel 5.1.19 (Modell von Kimura) Ähnlich wie in 3.4.16 betrachten wir folgenden genetischen Prozess.

In einer Population seien n Gene der Typen a oder b vorhanden. Der Zustand $i\,(0 \leq i \leq n)$ liege vor, wennn genau i der n Gene vom Typ a sind. Im Elementarprozeß werde jedes Gen ver-t-facht ($t \geq 2$). Aus der entstehenden Menge von tn Genen werde dann eine Menge von n Genen zufällig ausgewählt. Die Übergangsmatrix $A(t) = (a_{ij}(t))$ dieses Prozesses ist gegeben durch

$$a_{ij}(t) = \frac{\binom{ti}{j}\binom{tn-ti}{n-j}}{\binom{tn}{n}},$$

denn aus den Genen

$$\underbrace{a\ldots a}_{ti}\underbrace{b\ldots b}_{tn-ti}$$

lassen sich genau $\binom{ti}{j}\binom{tn-ti}{n-j}$ Mengen vom Typ $\underbrace{a\dots a}_{j}\underbrace{b\dots b}_{n-j}$ auswählen. Dabei gilt $a_{00}(t) = a_{nn}(t) = 1$. Ferner ist

$$a_{i0}(t) = \frac{\binom{ti}{0}\binom{tn-ti}{n}}{\binom{tn}{n}} > 0 \quad \text{für} \quad 0 \leq i \leq \frac{t-1}{t}n$$

und

$$a_{in}(t) = \frac{\binom{ti}{n}\binom{tn-ti}{0}}{\binom{tn}{n}} > 0 \quad \text{für} \quad \frac{n}{t} \leq i \leq n.$$

Wegen $\frac{n}{t} \leq \frac{t-1}{t}n$ ist von jedem Zustand i mit $0 < i < n$ aus mindestens einer der absorbierenden Zustände 0 oder n erreichbar. Wir zeigen, daß $A(t)$ ein Martingal im Sinne von 3.4.14 ist. Somit ist

$$(*) \quad i = \sum_{j=0}^{n} a_{ij}(t) j = \sum_{j=0}^{n} \frac{\binom{ti}{j}\binom{tn-ti}{n-j}}{\binom{tn}{n}} j$$

nachzuweisen. Dazu betrachten wir für $0 \leq i \leq n$ die Polynomidentität

$$\begin{aligned} ti \textstyle\sum_{r=0}^{tn-1} \binom{tn-1}{r} x^r &= ti(1+x)^{tn-1} \\ &= ((1+x)^{ti})'(1+x)^{tn-ti} \\ &= \textstyle\sum_{j=0}^{ti} j\binom{ti}{j} x^{j-1} \sum_{k=0}^{tn-ti} \binom{tn-ti}{k} x^k. \end{aligned}$$

Ein Vergeich der Koeffizienten von x^{n-1} liefert

$$ti\binom{tn-1}{n-1} = \sum_{j+k=n} j\binom{ti}{j}\binom{tn-ti}{k} = \sum_{j=0}^{n} j\binom{ti}{j}\binom{tn-ti}{n-j}.$$

Man bestätigt leicht, daß

$$ti\binom{tn-1}{n-1} = i\binom{tn}{n}.$$

Also ist $(*)$ erfüllt. Mit 3.4.15 folgt daher

$$\lim_{k\to\infty} A(t)^k = \begin{pmatrix} 1 & 0 \dots 0 & 0 \\ \frac{n-1}{n} & 0 \dots 0 & \frac{1}{n} \\ \vdots & 0 & \vdots \\ \frac{1}{n} & 0 \dots 0 & \frac{n-1}{n} \\ 0 & 0 \dots 0 & 1 \end{pmatrix}.$$

Auch bei diesem Modell erhält man eine Konvergenz in die reinrassigen Zustände 0 und n.

Aufgabe 5.1.1 Durch geeignete Polynomrechnungen beweise man:

a) $\sum_{j=0}^{n} j\binom{n}{j} = n2^{n-1}$.

b) $\sum_{j=0}^{n} j^2\binom{n}{j} = (n+1)n2^{n-2}$.

c) $\sum_{j=0}^{n} j^3\binom{n}{j} = (n+3)n^2 2^{n-3}$.

d) $\sum_{j=0}^{n} j\binom{n}{j}^2 = \frac{n}{2}\binom{2n}{n}$.

Aufgabe 5.1.2 Wörtlich wie in 5.1.1 können wir auf der Menge

$$K[[x]] = \{(a_0, a_1, \ldots) \mid a_j \in K\}$$

der nicht notwendig abbrechenden Folgen über K eine Ringstruktur durch dieselben Verknüpfungen definieren. Statt (a_j) schreiben wir $\sum_{j=0}^{\infty} a_j x^j$. Dann gilt die aus der Analysis bekannte Formel

$$\left(\sum_{i=0}^{\infty} a_i x^i\right)\left(\sum_{j=0}^{\infty} b_j x^j\right) = \sum_{k=0}^{\infty}\left(\sum_{i+j=k} a_i b_j\right)x^k$$

(sogenannte *Cauchy-Multiplikation*). Wir nennen $K[[x]]$ den Ring der *formalen Potenzreihen* über K. Ausdrücklich sei hier vermerkt, daß das Einsetzen von Elementen aus K in eine Potenzreihe keinen Sinn hat (ausgenommen die Fälle $K = \mathbb{R}$ oder $K = \mathbb{C}$, in denen ein Konvergenzbegriff definiert ist). Formalen Potenzreihen lassen sich also in keiner Weise Abbildungen von K in K zuordnen. Man zeige:

a) Sind $f, g \in K[[x]]$ mit $f \neq 0 \neq g$, so gilt auch $fg \neq 0$.

b) Ist $f = \sum_{j=0}^{\infty} a_j x^j \in K[[x]]$ mit $a_0 \neq 0$, so gibt es ein $g \in K[[x]]$ mit $fg = 1$.

c) Ist $g = \sum_{j=0}^{\infty} x^j$, so ist $(1-x)g = 1$.

Aufgabe 5.1.3 Sei K ein Körper mit $\operatorname{Char} K = 0$. Wir definieren Polynome $\binom{x}{j}$ aus $K[x]$ durch $\binom{x}{0} = 1$ und

$$\binom{x}{j} = \frac{x(x-1)\ldots(x-j+1)}{j!}.$$

(Für $n \in \mathbb{N}$ ist also $\binom{n}{j}$ der bekannte Binomialkoeffizient.)

a) Für alle $m, n \in \mathbb{N}$ gilt nach 5.1.5 a)

$$\binom{m+n}{k} = \sum_{j=0}^{k} \binom{m}{j}\binom{n}{k-j}.$$

Daraus folgere man die Polynomidentität

$$\binom{x+y}{k} = \sum_{j=0}^{k} \binom{x}{j}\binom{y}{k-j}.$$

b) Für $\alpha \in \mathbb{R}$ bilden wir die Potenzreihe (*allgemeiner binomischer Satz*)

$$(1+x)^\alpha = \sum_{j=0}^{\infty} \binom{\alpha}{j} x^j.$$

Dann gilt

$$(1+x)^{\alpha+\beta} = (1+x)^\alpha (1+x)^\beta.$$

Insbesondere folgt für $n \in \mathbb{N}$, daß

$$(\sum_{j=0}^{\infty} \binom{\frac{1}{n}}{j} x^j)^n = 1 + x.$$

c) Für $m \in \mathbb{N}$ zeige man

$$(1+x)^{-m} = \sum_{j=0}^{\infty} (-1)^j \binom{m+j-1}{j} x^j.$$

Aufgabe 5.1.4 Für $n \geq 1$ sei s_n die Anzahl der sinnvollen Beklammerungen eines Produktes von n Faktoren. In $\mathbb{Q}[[x]]$ bilden wir $f = \sum_{j=1}^{\infty} s_j x^j$.

a) Man beweise $s_n = \sum_{j=1}^{n-1} s_j s_{n-j}$. Damit folgt $f^2 = f - x$ und dann

$$f = \frac{1}{2} - \frac{1}{2}\sqrt{1-4x}.$$

b) Unter Verwendung der Potenzreihe für $\sqrt{1-x}$ aus Aufgabe 5.1.3 zeige man

$$s_n = \frac{1}{2}\binom{\frac{1}{2}}{n}(-1)^{n+1}4^n = \frac{1 \cdot 3 \cdot 5 \ldots (2n-3)}{n!} 2^{n-1}.$$

c) Man beweise $s_n = \frac{1}{n}\binom{2n-2}{n-1}$. Also ist s_n die $(n-1)$-te Catalanzahl (siehe 2.1.4).

Hinweis: Es gilt $\frac{s_{n+1}}{s_n} = \frac{2(2n-1)}{n+1} = \frac{c_{n+1}}{c_n}$, wobei $c_n = \frac{1}{n+1}\binom{2n}{n}$ ist.

Aufgabe 5.1.5 Man zeige:

$$y^j = \sum_{i=0}^{j}(\sum_{k=0}^{j}(-1)^{k-i}\binom{j}{k}\binom{k}{i})y^i.$$

Daraus folgere man, daß die Dreiecksmatrix $A = (a_{ij})$ mit $a_{ij} = \binom{j}{i}$ die Inverse $A^{-1} = (b_{ij})$ mit $b_{ij} = (-1)^{j-i}\binom{j}{i}$ hat.

5.2 Ringe und Ideale

Definition 5.2.1 Seien R und S Ringe mit Einselement.

a) Eine Abbildung α von R in S heißt ein *Homomorphismus*, genauer *Ringhomomorphismus*, falls

$$\alpha(r_1 + r_2) = \alpha r_1 + \alpha r_2 \text{ und } \alpha(r_1 r_2) = (\alpha r_1)(\alpha r_2)$$

für alle $r_j \in R$ gilt.
(Ist 1_R das Eiselement von R, so ist $\alpha 1_R$ nicht notwendig das Einselement von S.)

b) Ist α ein Homomorphismus von R in S, so setzen wir

$$\operatorname{Kern}\alpha = \{r \mid r \in R,\ \alpha r = 0\}$$

und

$$\operatorname{Bild}\alpha = \{\alpha r \mid r \in R\}.$$

c) Die Ausdrücke *Monomorphismus, Epimorphismus* bzw. *Isomorphismus* werden wie früher erklärt, nämlich als injektiver, surjektiver bzw. bijektiver Homomorphismus.

Satz 5.2.2 *Sei α ein Homomorphismus vom Ring R in den Ring S.*

a) Für $a_1, a_2 \in \operatorname{Kern}\alpha$ gilt $a_1 + a_2 \in \operatorname{Kern}\alpha$.

b) Seien $a \in \operatorname{Kern}\alpha$ und $r_1, r_2 \in R$. Dann gilt $r_1 a r_2 \in \operatorname{Kern}\alpha$.

Beweis. a) ist trivial.
b) folgt aus

$$\alpha(r_1 a r_2) = (\alpha r_1)(\alpha a)(\alpha r_2) = (\alpha r_1)0(\alpha r_2) = 0$$

für $a \in \operatorname{Kern}\alpha$. □

Satz 5.2.2 führt uns nun zum Idealbegriff.

Definition 5.2.3 Sei R ein Ring. Eine Teilmenge $\mathcal{A}$ von R heißt ein *Ideal*, falls $\mathcal{A}$ eine Untergruppe der additiven Gruppe von R ist und außerdem

$$r_1 a r_2 \in \mathcal{A}$$

für alle $a \in \mathcal{A}$ und alle $r_1, r_2 \in R$ gilt. (Ist $\mathcal{A}$ ein Ideal mit $1 \in \mathcal{A}$, so gilt $\mathcal{A} = R$.)

Satz 5.2.4 *Sei R ein Ring und $\mathcal{A}$ ein Ideal in R.*

a) Die Menge
$$R/\mathcal{A} = \{r + \mathcal{A} \mid r \in R\}$$
wird ein Ring durch die Festsetzungen
$$\begin{aligned}(r_1 + \mathcal{A}) + (r_2 + \mathcal{A}) &= r_1 + r_2 + \mathcal{A}\\ (r_1 + \mathcal{A})(r_2 + \mathcal{A}) &= r_1 r_2 + \mathcal{A}.\end{aligned}$$
Das Einselement von $R/\mathcal{A}$ ist $1 + \mathcal{A}$, das Nullelement $\mathcal{A}$.

b) Die Abbildung τ mit $\tau r = r + \mathcal{A}$ für $r \in R$ ist ein Epimorphismus von R auf $R/\mathcal{A}$ mit $\operatorname{Kern} \tau = \mathcal{A}$.

Beweis. a) Wegen $-a = (-1)a$ für alle $a \in \mathcal{A}$ ist $\mathcal{A}$ bzgl. $+$ eine Untergruppe der abelschen Gruppe R^+. Somit ist $R/\mathcal{A}$ nach 4.1.4 eine abelsche Gruppe mit
$$(r_1 + \mathcal{A}) + (r_2 + \mathcal{A}) = r_1 + r_2 + \mathcal{A}.$$
Wir haben zu zeigen, daß die Multiplikation auf $R/\mathcal{A}$ wohldefiniert ist. Sei dazu
$$r_j + \mathcal{A} = r'_j + \mathcal{A} \ (j = 1, 2),$$
also $r_j - r'_j \in \mathcal{A}$. Dann ist
$$r_1 r_2 - r'_1 r'_2 = r_1(r_2 - r'_2) + (r_1 - r'_1) r'_2 \in \mathcal{A},$$
also $r_1 r_2 + \mathcal{A} = r'_1 r'_2 + \mathcal{A}$. Die Ringaxiome für $R/\mathcal{A}$ folgen aus denen für R.
b) Dies ist trivial. □

Ideale spielen in der Ringtheorie die Rolle der Normalteiler in Gruppen. Wie in 4.1.5 folgt nun der

Homomorphiesatz 5.2.5 *Seien R und S Ringe und α ein Homomorphismus von R in S. Dann ist $\operatorname{Kern} \alpha$ nach 5.2.2 ein Ideal in R. Sei τ der Epimorphismus von R auf $R/\operatorname{Kern}\alpha$ mit $\tau r = r + \operatorname{Kern}\alpha$ für $r \in R$. Dann gibt es einen Monomorphismus β von $R/\operatorname{Kern}\alpha$ in S mit $\alpha = \beta\tau$ und $\operatorname{Bild}\alpha = \operatorname{Bild}\beta$. Insbesondere ist $R/\operatorname{Kern}\alpha \cong \operatorname{Bild}\alpha$.*

Beispiele 5.2.6 a) Ist R ein kommutativer Ring, so ist für jedes $a \in R$ die Menge $aR = Ra = \{ar \mid r \in R\}$ ein Ideal in R. Ein solches Ideal nennen wir ein *Hauptideal*.

b) Sei $0 \neq f \in K[x]$ mit $\operatorname{Grad} f = n$, wobei K ein Körper sei. Dann ist $K[x]/fK[x]$ eine K-Algebra mit der K-Basis

$$B = [x^j + fK[x] \mid j = 0, 1, \ldots, n-1].$$

Insbesondere ist $\dim K[x]/fK[x] = \operatorname{Grad} f = n$:

Ist nämlich $g \in K[x]$ und vermöge einer Division mit Rest $g = fh + r$ mit $\operatorname{Grad} r < \operatorname{Grad} f$, so gilt

$$g + fK[x] = r + fK[x].$$

Also wird $K[x]/fK[x]$ von den $x^j + fK[x]$ $(j = 0, 1, \ldots, n-1)$ erzeugt. Ist

$$0 = \sum_{j=0}^{n-1} c_j(x^j + fK[x]) = \sum_{j=0}^{n-1} c_j x^j + fK[x],$$

so ist

$$\sum_{j=0}^{n-1} c_j x^j = fh \text{ mit } h \in K[x].$$

Wegen $\operatorname{Grad} f = n$ folgt $h = 0$, also $c_0 = \ldots = c_{n-1} = 0$. Somit sind die $x^j + fK[x]$ $(j = 0, 1, \ldots, n-1)$ linear unabhängig, bilden also eine Basis von $K[x]/fK[x]$.

c) Sei $\mathcal{A} \neq 0$ ein Ideal im Matrixring $(K)_n$. Wir verwenden die Basis E_{ij} $(i, j = 1, \ldots, n)$ aus 3.2.4 mit

$$E_{ij}E_{kl} = \delta_{jk}E_{il}.$$

Sei $0 \neq a = \sum_{i,j=1}^{n} a_{ij}E_{ij} \in \mathcal{A}$ mit $a_{st} \neq 0$. Dann folgt

$$E_{ks}aE_{tl} = a_{st}E_{ks}E_{st}E_{tl} = a_{st}E_{kl} \in \mathcal{A}.$$

Da $\mathcal{A}$ ein K-Vektorraum ist, folgt $E_{kl} \in \mathcal{A}$ für alle k, l. Somit ist $\mathcal{A} = (K)_n$.

Ausblick 5.2.7 Sei R eine K-Algebra von endlicher K-Dimension.

a) (Satz von Wedderburn) *Sind* 0 *und* R *die einzigen Ideale in* R, *so gilt* $R \cong (D)_n$, *wobei* D *ein Schiefkörper ist.*

b) Die Bestimmung aller Schiefkörper D, welche eine Algebra von endlicher Dimension über K sind, hängt sehr empfindlich von K ab. Ist K algebraisch abgeschlossen (etwa $K = \mathbb{C}$), so gilt $D = K$. Ist $K = \mathbb{R}$, so ist $K \cong \mathbb{R}, \mathbb{C}$ oder $\mathbb{H}$, wobei $\mathbb{H}$ der Schiefkörper der Hamiltonschen Quaternionen ist (siehe 9.3.4). Im Fall eines endlichen Körpers K ist D nach einem weiteren Satz von Wedderburn kommutativ (siehe auch 2.2.3 c)). Ist K ein algebraischer Zahlkörper, so führt die Bestimmung aller D zu tiefen Fragen der algebraischen Zahlentheorie.

Satz 5.2.8 *Seien* $\mathcal{A}_j$ $(j = 1, 2, 3)$ *Ideale in* R.

a) Dann sind auch

$$\begin{aligned}&\mathcal{A}_1 \cap \mathcal{A}_2,\\ &\mathcal{A}_1 + \mathcal{A}_2 = \{a_1 + a_2 \mid a_1 \in \mathcal{A}_1,\ a_2 \in \mathcal{A}_2\} \text{ und}\\ &\mathcal{A}_1\,\mathcal{A}_2 = \{\textstyle\sum_{i=1}^k a_i a_i' \mid a_i \in \mathcal{A}_1,\ a_i' \in \mathcal{A}_2,\ k = 1, 2, \ldots\}\end{aligned}$$

Ideale in R. *Ist* R *kommutativ, so gilt* $\mathcal{A}_1\,\mathcal{A}_2 = \mathcal{A}_2\,\mathcal{A}_1$.

b) Es gelten die Regeln

$$\begin{aligned}&\mathcal{A}_i + \mathcal{A}_i = \mathcal{A}_i,\\ &R\,\mathcal{A}_i = \mathcal{A}_i = \mathcal{A}_i\,R,\\ &\mathcal{A}_1\,\mathcal{A}_2 \subseteq \mathcal{A}_1 \cap \mathcal{A}_2,\\ &(\mathcal{A}_1 + \mathcal{A}_2) + \mathcal{A}_3 = \mathcal{A}_1 + (\mathcal{A}_2 + \mathcal{A}_3),\\ &(\mathcal{A}_1\,\mathcal{A}_2)\,\mathcal{A}_3 = \mathcal{A}_1(\mathcal{A}_2\,\mathcal{A}_3),\\ &\mathcal{A}_1(\mathcal{A}_2 + \mathcal{A}_3) = \mathcal{A}_1\,\mathcal{A}_2 + \mathcal{A}_1\,\mathcal{A}_3,\\ &(\mathcal{A}_1 + \mathcal{A}_2)\,\mathcal{A}_3 = \mathcal{A}_1\,\mathcal{A}_3 + \mathcal{A}_2\,\mathcal{A}_3,\end{aligned}$$

wie man leicht bestätigt.

Definition 5.2.9 Sei $\mathcal{A}$ ein Ideal im Ring R. Sind $r_1, r_2 \in R$, so schreiben wir

$$r_1 \equiv\ r_2 \pmod{\mathcal{A}},$$

falls $r_1 - r_2 \in \mathcal{A}$ ist, also $r_1 + \mathcal{A} = r_2 + \mathcal{A}$ gilt.

Der Chinesische Restsatz, den wir nun beweisen, verdankt seinen Namen der Tatsache, daß Probleme, die mit ihm gelöst werden können, wohl erstmals im Sunzi suanjing (Handbuch der Arithmetik) des Chinesen Sun Zi erwähnt wurden. Er soll im 3. Jahrhundert n. Chr. gelebt haben.

Satz 5.2.10 *Sei* R *ein kommutativer Ring und seien* $\mathcal{A}_j$ $(j = 1, \ldots, n)$ *Ideale in* R *mit* $\mathcal{A}_i + \mathcal{A}_j = R$ *für alle* $i \neq j$.

a) Für alle $s, t \in \mathbb{N}$ *und* $i \neq j$ *gilt* $\mathcal{A}_i^s + \mathcal{A}_j^t = R$.

b) Es gelten $R = \mathcal{A}_1 \ldots A_{n-1} + \mathcal{A}_n$ *und* $\mathcal{A}_1 \cdots \mathcal{A}_n = \mathcal{A}_1 \cap \ldots \cap \mathcal{A}_n$.

c) (Chinesischer Restsatz) *Seien* $r_j \in R$ *für* $j = 1, \ldots, n$ *beliebig vorgegeben. Dann gibt es ein* $r \in R$ *mit*

$$r \equiv\ r_j \pmod{A_j} \text{ für } j = 1, \ldots, n.$$

Beweis. a) Wegen 5.2.8 gilt für $i \neq j$

$$\begin{aligned} R &= (\mathcal{A}_i + \mathcal{A}_j)^{s+t-1} = \sum\nolimits_{k=0}^{s+t-1} \mathcal{A}_i^k\,\mathcal{A}_j^{s+t-1-k} \\ &= \sum\nolimits_{k=0}^{s-1} \mathcal{A}_i^k\,\mathcal{A}_j^{s+t-1-k} + \sum\nolimits_{k=s}^{s+t-1} \mathcal{A}_i^k\,\mathcal{A}_j^{s+t-1-k} \\ &\subseteq \mathcal{A}_j^t + \mathcal{A}_i^s\,. \end{aligned}$$

Also gilt $R = \mathcal{A}_i^s + \mathcal{A}_j^t$.
b) Wegen 5.2.8 b) ist $\mathcal{A}_1 \dots \mathcal{A}_n \subseteq \mathcal{A}_1 \cap \dots \mathcal{A}_n$. Für $n = 2$ folgt die Behauptung aus

$$\begin{aligned} \mathcal{A}_1 \cap \mathcal{A}_2 &= R(\mathcal{A}_1 \cap \mathcal{A}_2) = (\mathcal{A}_1 + \mathcal{A}_2)(\mathcal{A}_1 \cap \mathcal{A}_2) \\ &= \mathcal{A}_1(\mathcal{A}_1 \cap \mathcal{A}_2) + \mathcal{A}_2(\mathcal{A}_1 \cap \mathcal{A}_2) \\ &\subseteq \mathcal{A}_1\,\mathcal{A}_2 + \mathcal{A}_2\,\mathcal{A}_1 = \mathcal{A}_1\,\mathcal{A}_2\,. \end{aligned}$$

Ferner ist

$$R = \prod_{j=1}^{n-1} (\mathcal{A}_j + \mathcal{A}_n) = \mathcal{A}_1 \cdots \mathcal{A}_{n-1} + \mathcal{A}_n\,.$$

Sei bereits $\mathcal{A}_1 \cdots \mathcal{A}_{n-1} = \mathcal{A}_1 \cap \ldots \cap \mathcal{A}_{n-1}$ bewiesen. Aus $R = \mathcal{A}_1 \cdots \mathcal{A}_{n-1} + \mathcal{A}_n$ folgt mit dem oben erledigten Fall $n = 2$ dann

$$(\mathcal{A}_1 \cdots \mathcal{A}_{n-1})\,\mathcal{A}_n = \mathcal{A}_1 \cdots \mathcal{A}_{n-1} \cap \mathcal{A}_n = \mathcal{A}_1 \cap \ldots \cap \mathcal{A}_{n-1} \cap \mathcal{A}_n\,.$$

c) Sei zuerst $n = 2$. Wegen $R = \mathcal{A}_1 + \mathcal{A}_2$ gibt es $a_j \in \mathcal{A}_j$ mit $1 = a_1 + a_2$. Setzen wir $r = r_1 a_2 + r_2 a_1$, so folgt

$$r - r_1 = r_1(a_2 - 1) + r_2 a_1 = -r_1 a_1 + r_2 a_1 \in \mathcal{A}_1$$

und

$$r - r_2 = r_1 a_2 + r_2(a_1 - 1) = r_1 a_2 - r_2 a_2 \in \mathcal{A}_2\,.$$

Den allgemeinen Fall mit $n \geq 3$ erledigen wir durch Induktion nach n. Sei bereits ein $r' \in R$ gefunden mit

$$r' \equiv\ r_j\ (\mathrm{mod}\,\mathcal{A}_j) \text{ für } j = 1, \dots, n-1.$$

Nach b) gilt

$$R = \mathcal{A}_1 \cdots \mathcal{A}_{n-1} + \mathcal{A}_n = \mathcal{A}_1 \cap \ldots \cap \mathcal{A}_{n-1} + \mathcal{A}_n\,.$$

Aufgrund des bereits erledigten Falls $n = 2$ gibt es ein $r \in R$ mit

$$\begin{aligned} r &\equiv r'\ (\mathrm{mod}\ \mathcal{A}_1 \cap \ldots \cap \mathcal{A}_{n-1}) \\ r &\equiv r_n\ (\mathrm{mod}\ \mathcal{A}_n). \end{aligned}$$

Für $j \leq n-1$ ist dann

$$r - r_j = (r - r') + (r' - r_j) \in \mathcal{A}_1 \cap \ldots \cap \mathcal{A}_{n-1} + \mathcal{A}_j \subseteq \mathcal{A}_j \, .$$

Also ist $r - r_j \in \mathcal{A}_j$ für $j = 1, \ldots, n$. □

Beispiele 5.2.11 a) Seien $m_1, \ldots m_n$ paarweise teilerfremde Zahlen aus $\mathbb{Z}$. Wir definieren Ideale $\mathcal{A}_j = m_j \mathbb{Z}$. Wegen 2.3.4 existieren für $i \neq j$ ganze Zahlen $x_i, x_j \in \mathbb{Z}$ mit $x_i m_i + x_j m_j = 1$. Insbesondere gilt also $\mathcal{A}_i + \mathcal{A}_j = \mathbb{Z}$ für $i \neq j$. Aus 5.2.10 c) folgt somit für vorgegebene $r_j \in \mathbb{Z}$ $(j = 1, \ldots, n)$ die Existenz eines $r \in \mathbb{Z}$ mit

$$r \equiv \; r_j \; (\operatorname{mod} m_j \, \mathbb{Z}) \text{ für } j = 1, \ldots, n.$$

(Chinesische Kalendermacher benutzten diese Tatsache im 7. Jahrhundert n. Chr. zur Bestimmung gemeinsamer Perioden astronomischer Phänomene.)
b) Sei K ein Körper, $R = K[x]$ und $\mathcal{A}_j = R(x - a_j)$ mit paarweise verschiedenen $a_j \in K$ $(j = 1, \ldots, n)$. Wegen

$$1 = (a_j - a_k)^{-1}[(x - a_k) - (x - a_j)] \in \mathcal{A}_j + \mathcal{A}_k$$

gilt $K[x] = \mathcal{A}_j + \mathcal{A}_k$ für $j \neq k$. Wegen 5.2.10 c) gibt es zu vorgegebenen $b_j \in K$ $(j = 1, \ldots, n)$ ein $f \in K[x]$ mit

$$f \equiv \; b_i \; (\operatorname{mod} K[x](x - a_i)),$$

also mit

$$f = b_i + (x - a_i) g_i, \text{ wobei } g_i \in K[x].$$

Dies heißt

$$f(a_i) = b_i \text{ für } i = 1, \ldots, n.$$

Wir haben damit eine Interpolationsaufgabe gelöst, freilich keine explizite Formel für f angegeben. Eine solche läßt sich jedoch leicht finden, denn für

$$(*) \qquad f = \sum_{i=1}^{n} b_i \prod_{j=1,\, j \neq i}^{n} \frac{x - a_j}{a_i - a_j} \in K[x]$$

gilt offenbar $f(a_i) = b_i$ für $i = 1, \ldots, n$. Man nennt $(*)$ auch *Lagrangesches Interpolationspolynom* . Aufgabe 5.2.1 zeigt, daß man auch Werte für Ableitungen vorgegeben kann, sofern $\operatorname{Char} K = 0$ ist.

Lemma 5.2.12 *Seien $\mathcal{A}_1, \ldots, \mathcal{A}_n$ Ideale im Ring R und $r_1, \ldots, r_n \in R$.*

a) Gibt es ein $r \in R$ mit $r \equiv r_i \pmod{\mathcal{A}_i}$, so gilt $r_i - r_j \in \mathcal{A}_i + \mathcal{A}_j$.

b) Sei $n = 2$. Gilt $r_1 - r_2 \in \mathcal{A}_1 + \mathcal{A}_2$, so gibt es ein $r \in R$ mit

$$r \equiv r_i \pmod{\mathcal{A}_i} \text{ für } i = 1, 2.$$

Beweis. a) Wegen $r_i - r_j = (r - r_j) - (r - r_i) \in \mathcal{A}_j + \mathcal{A}_i$ ist dies trivial.
b) Sei also $r_1 - r_2 = a_1 - a_2$ mit $a_j \in \mathcal{A}_j$. Setzen wir $r = r_1 - a_1 = r_2 - a_2$, so ist $r \equiv r_i (\operatorname{mod} \mathcal{A}_i)$ für $i = 1, 2$. □

Die notwendige Bedingung $r_i - r_j \in \mathcal{A}_i + \mathcal{A}_j$ in 5.2.12 ist für $n \geq 3$ nicht hinreichend für die Existenz einer Lösung

$$(*) \qquad r \equiv r_i \pmod{\mathcal{A}_i} \; (i = 1, \ldots, n).$$

Die Lösbarkeit von $(*)$ für $r_i - r_j \in \mathcal{A}_i + \mathcal{A}_j$ und $n \geq 3$ definiert vielmehr für Integritätsbereiche die Klasse der sogenannten *Prüferringe*[1] (siehe dazu 5.3.18 c)), zu der $\mathbb{Z}$ und auch $K[x]$ gehören, wie wir in 5.3.16 beweisen werden, aber auch die für die algebraische Zahlentheorie fundamentalen *Dedekindringe* (siehe 5.3.18 a)).

Wir beweisen die Äquivalenz von mehreren Aussagen.

Satz 5.2.13 *Sei R ein kommutativer Ring. Dann sind die folgenden Bedingungen gleichwertig.*

a) Für alle Ideale $\mathcal{A}, \mathcal{B}, \mathcal{B}'$ von R gilt

$$(D_1) \qquad (\mathcal{A} + \mathcal{B}) \cap (\mathcal{A} + \mathcal{B}') = \mathcal{A} + (\mathcal{B} \cap \mathcal{B}').$$

b) Für alle n gilt die folgende Aussage (C_n):
Sind $\mathcal{A}_1, \ldots, \mathcal{A}_n$ Ideale im Ring R und ist $r_i \in R$ $(i = 1, \ldots, n)$ mit $r_i - r_j \in \mathcal{A}_i + \mathcal{A}_j$ für alle i, j, so gibt es ein $r \in R$ mit

$$r \equiv r_i (\operatorname{mod} \mathcal{A}_i) \text{ für } i = 1, \ldots, n.$$

c) Es gilt (C_3).

---

[1] Ernst Paul Heinz Prüfer (1896-1934) Münster. Abelsche Gruppen, algebraische Zahlentheorie, Knotentheorie, projektive Geometrie.

d) Für alle Ideale $\mathcal{A}, \mathcal{B}, \mathcal{B}'$ von R gilt

$$(D_2) \qquad (\mathcal{A} \cap \mathcal{B}) + (\mathcal{A} \cap \mathcal{B}') = \mathcal{A} \cap (\mathcal{B} + \mathcal{B}').$$

(Die Gleichwertigkeit der zueinander dualen Distributivgesetze a) und d) ist bemerkenswert.)

Beweis. a) $\Rightarrow$ b) Nach 5.2.12 b) gilt (C_2), sogar in jedem Ring. Wir beweisen (C_n) durch Induktion nach n. Sei also bereits ein $r' \in R$ gefunden mit

$$r' \equiv r_i (\bmod\, \mathcal{A}_i) \text{ für } i = 1, \ldots, n-1.$$

Wir betrachten die Kongruenzen

$$\begin{aligned} r &\equiv r' \ (\bmod \cap_{i=1}^{n-1} \mathcal{A}_i), \\ r &\equiv r_n \ (\bmod\, \mathcal{A}_n). \end{aligned}$$

Damit diese lösbar sind, müssen wir nach 5.2.12 b) nur

$$r' - r_n \in \cap_{i=1}^{n-1} \mathcal{A}_i + \mathcal{A}_n$$

nachweisen. Wegen $r' - r_i \in \mathcal{A}_i$ und $r_i - r_n \in \mathcal{A}_i + \mathcal{A}_n$ folgt

$$r' - r_n \in \mathcal{A}_i + \mathcal{A}_n \quad \text{für } i = 1, \ldots, n-1.$$

Aus (D_1) folgt durch eine triviale Induktion

$$\cap_{i=1}^{n-1} (\mathcal{A}_i + \mathcal{A}_n) = \cap_{i=1}^{n-1} \mathcal{A}_i + \mathcal{A}_n\,.$$

Somit gilt

$$r' - r_n \in \cap_{i=1}^{n-1} (\mathcal{A}_i + \mathcal{A}_n) = \cap_{i=1}^{n-1} \mathcal{A}_i + \mathcal{A}_n\,.$$

Also existiert ein $r \in R$ mit

$$\begin{aligned} r &\equiv r' \ (\bmod \cap_{i=1}^{n-1} \mathcal{A}_i), \\ r &\equiv r_n \ (\bmod\, \mathcal{A}_n). \end{aligned}$$

Für $i \leq n-1$ ist daher

$$r - r_i = r - r' + r' - r_i \in \mathcal{A}_i\,.$$

Also gilt (C_n) für alle n.
b) $\Rightarrow$ c) Gilt (C_n) für alle n, so gilt speziell auch (C_3).
c) $\Rightarrow$ d) Offenbar gilt

$$(\mathcal{A} \cap \mathcal{B}) + (\mathcal{A} \cap \mathcal{B}') \subseteq \mathcal{A} \cap (\mathcal{B} + \mathcal{B}').$$

Sei

$$a = b + b' \in \mathcal{A} \cap (\mathcal{B} + \mathcal{B}')$$

mit $b \in \mathcal{B}$ und $b' \in \mathcal{B}'$. Wir lösen nun die Kongruenzen

$$\begin{aligned} b_1 &\equiv 0 \pmod{\mathcal{A}}, \\ b_1 &\equiv b \pmod{\mathcal{B}}, \\ b_1 &\equiv a \pmod{\mathcal{B}'}. \end{aligned}$$

Man beachte dazu, daß

$$b - 0 \in \mathcal{A} + \mathcal{B}, \; a - 0 \in \mathcal{A} + \mathcal{B}'$$

und

$$a - b \in \mathcal{B} + \mathcal{B}' \text{ wegen } a \in \mathcal{B} + \mathcal{B}'.$$

Daher sind diese Kongruenzen wegen (C_3) lösbar. Setzen wir $a - b_1 = b_2$, so ist $b_1 \in \mathcal{A} \cap \mathcal{B}$ und $b_2 \in \mathcal{A} \cap \mathcal{B}'$, also

$$a = b_1 + b_2 \in (\mathcal{A} \cap \mathcal{B}) + (\mathcal{A} \cap \mathcal{B}').$$

Somit gilt

$$(\mathcal{A} \cap \mathcal{B}) + (\mathcal{A} \cap \mathcal{B}') = \mathcal{A} \cap (\mathcal{B} + \mathcal{B}').$$

d) $\Rightarrow$ a) Nun gilt

$$(D_2) \qquad (\mathcal{A} \cap \mathcal{B}) + (\mathcal{A} \cap \mathcal{B}') = \mathcal{A} \cap (\mathcal{B} + \mathcal{B}')$$

für alle Ideale $\mathcal{A}, \mathcal{B}, \mathcal{B}'$. Die Ersetzung $\mathcal{A} \mapsto \mathcal{A} + \mathcal{B}, \mathcal{B} \mapsto \mathcal{A}, \mathcal{B}' \mapsto \mathcal{B}'$ führt zu

$$\begin{aligned} (\mathcal{A} + \mathcal{B}) \cap (\mathcal{A} + \mathcal{B}') &= ((\mathcal{A} + \mathcal{B}) \cap \mathcal{A}) + ((\mathcal{A} + \mathcal{B}) \cap \mathcal{B}') \\ &= \mathcal{A} + ((\mathcal{A} + \mathcal{B}) \cap \mathcal{B}') \\ &= \mathcal{A} + (\mathcal{A} \cap \mathcal{B}') + (\mathcal{B} \cap \mathcal{B}') \\ &= \mathcal{A} + (\mathcal{B} \cap \mathcal{B}'). \end{aligned}$$

Also gilt (D_1). □

Beispiel 5.2.14 Sei $R = \mathbb{Z}[x]$. Ferner seien $\mathcal{A} = (x+2)R$, $\mathcal{B} = xR$ und $\mathcal{B}' = 2R$. Dann gilt offenbar

$$x \in (\mathcal{A} + \mathcal{B}) \cap (\mathcal{A} + \mathcal{B}').$$

Wir zeigen nun $x \notin \mathcal{A} + (\mathcal{B} \cap \mathcal{B}')$. Also ist (D_1) aus 5.2.13 nicht erfüllt.

Ist $f \in (x+2)R + (xR \cap 2R)$, so hat f die Gestalt

$$\begin{aligned} f &= (x+2) \textstyle\sum_{j \geq 0} c_j x^j + 2x \sum_{j \geq 0} d_j x^j \\ &= 2c_0 + (c_0 + 2d_0 + 2c_1)x + x^2 h. \end{aligned}$$

Offenbar hat x nicht diese Gestalt. Also gilt in $\mathbb{Z}[x]$ keine der Aussagen aus 5.2.13.

Aufgabe 5.2.1 Sei K ein Körper mit $\operatorname{Char} K = 0$ und seien $a_1, \ldots, a_n$ paarweise verschiedene Elemente aus K. Ferner seien $b_{jk} \in K$ $(j = 1, \ldots, n;$ $k = 0, \ldots, m_j)$ vorgegeben. Dann gibt es ein Polynom $f \in K[x]$ mit

$$f^{(k)}(a_j) = b_{jk} \text{ für } j = 1, \ldots, n; k = 0, \ldots, m_j.$$

Hinweis: Man setze $\mathcal{A}_j = K[x](x - a_j)$ und löse die Kongruenzen

$$f \equiv \sum_{k=0}^{m_j} \frac{b_{jk}}{k!}(x - a_j)^k \pmod{\mathcal{A}_j^{m_j+1}}$$

für $j = 1, \ldots, n$.

Aufgabe 5.2.2 Sei $\mathcal{M}$ eine Menge, K ein Körper und $R = \operatorname{Ab}(\mathcal{M}, K)$ die Menge aller Abbildungen von $\mathcal{M}$ in K. Offenbar wird R ein kommutativer Ring durch die Festsetzungen

$$(f_1 + f_2)(m) = f_1(m) + f_2(m) \text{ und } (f_1 f_2)(m) = f_1(m) f_2(m).$$

a) Ist $\mathcal{N}$ eine Teilmenge von $\mathcal{M}$, so ist

$$\mathcal{A}(\mathcal{N}) = \{f \mid f \in R,\ f(n) = 0 \text{ für } n \in \mathcal{N}\}$$

ein Ideal in R.

b) Es gilt $\mathcal{A}(\mathcal{N}) = e_{\mathcal{N}} R$ mit

$$e_{\mathcal{N}}(m) = \begin{cases} 1 \text{ für } m \notin \mathcal{N} \\ 0 \text{ für } m \in \mathcal{N}. \end{cases}$$

c) Für $\mathcal{N}_1, \mathcal{N}_2 \in \mathcal{M}$ gelten

$$\mathcal{A}(\mathcal{N}_1)\, \mathcal{A}(\mathcal{N}_2) = \mathcal{A}(\mathcal{N}_1) \cap \mathcal{A}(\mathcal{N}_2) = \mathcal{A}(\mathcal{N}_1 \cup \mathcal{N}_2).$$

und

$$\mathcal{A}(\mathcal{N}_1) + \mathcal{A}(\mathcal{N}_2) = \mathcal{A}(\mathcal{N}_1 \cap \mathcal{N}_2).$$

d) Ist $\mathcal{M}$ endlich, so sind die $\mathcal{A}(\mathcal{N})$ die sämtlichen Ideale von R.

e) Ist $f \in R$, so definieren wir den *Träger* $T(f)$ von f durch

$$T(f) = \{m \mid m \in \mathcal{M},\ f(m) \neq 0\}.$$

Dann ist $\mathcal{B} = \{f \mid f \in R,\ |T(f)| < \infty\}$ ein Ideal in R. Ist $\mathcal{M}$ unendlich, so gilt $\mathcal{B} \neq \mathcal{A}(\mathcal{N})$ für alle $\mathcal{N} \subseteq \mathcal{M}$.

5.3 Arithmetik in Integritätsbereichen

In diesem Abschnitt entwickeln wir die Grundzüge einer Arithmetik in Integritätsbereichen. Im Mittelpunkt stehen dabei die elementaren Begriffe *kleinstes gemeinsames Vielfaches, größter gemeinsamer Teiler* und *Primfaktorzerlegung*. Wir werden untersuchen, in welchen Integritätsbereichen diese Begriffe Sinn haben. Insbesondere werden wir die Arithmetik der Hauptidealringe $\mathbb{Z}$ und $K[x]$ entwickeln, welche die Grundlage für feinere Untersuchungen von linearen Abbildungen in den Abschnitten 5.4 bis 5.7 bildet.

Definition 5.3.1 Sei R ein kommutativer Ring mit Einselement.

a) Wir nennen R einen *Integritätsbereich*, falls aus $ab = 0$ mit $a, b \in R$ stets $a = 0$ oder $b = 0$ folgt.

b) Seien $a, b \in R$. Wir schreiben $a \mid b$ (und sagen a *teilt* b), falls $b = ra \in Ra$ für ein $r \in R$ gilt.

c) Ein Element e aus R heißt eine *Einheit* von R, falls $eR = R$ ist, d.h. falls es ein $e' \in R$ gibt mit $ee' = 1$. Offenbar bilden die Einheiten von R bezüglich der Multiplikation eine Gruppe $\mathrm{E}(R)$, die sogenannte *Einheitengruppe*.

d) Sei R ein Integritätsbereich und seien $a, b \in R$ mit $ab \neq 0$. Ist $Ra = Rb$, so schreiben wir $a \sim b$. Offenbar ist $\sim$ eine Äquivalenzrelation. Ist $a \sim b$, so gelten $a = eb$ und $b = e'a$ mit $e, e' \in R$. Aus $a = ee'a$ folgt wegen der Nullteilerfreiheit von R dann $1 = ee'$, also $e \in \mathrm{E}(R)$.

e) Sei R ein Integritätsbereich. Ein Element $p \in R$ heißt *irreduzibel* , falls $0 \neq p \notin \mathrm{E}(R)$, und falls aus $p = ab$ mit $a, b \in R$ stets $a \in \mathrm{E}(R)$ oder $b \in \mathrm{E}(R)$ folgt.

Definition 5.3.2 Sei R ein Integritätsbereich.

a) Ist jedes Ideal von R ein Hauptideal, also von der Gestalt

$$Ra = \{ra \mid r \in R\},$$

so heißt R ein *Hauptidealring*.

b) Wir nennen R einen *euklidischen Ring*, falls es eine Abbildung φ von $R \setminus \{0\}$ in $\mathbb{N}_0$ gibt mit folgenden Eigenschaften:
Zu jedem Paar $a, b \in R$ mit $a \neq 0$ gibt es $q, r \in R$, so daß $b = qa + r$ mit $r = 0$ oder $\varphi(r) < \varphi(a)$ (Division mit Rest).

Satz 5.3.3 *Jeder euklidische Ring ist ein Hauptidealring.*

Beweis. Sei R ein euklidischer Ring und $\mathcal{A} \neq 0$ ein Ideal in R. Sei $0 \neq a \in \mathcal{A}$ mit möglichst kleinem $\varphi(a)$. Ist $b \in \mathcal{A}$, so gilt $b = qa + r$ mit $r = 0$ oder $\varphi(r) < \varphi(a)$. Wegen $r = b - qa \in \mathcal{A}$ folgt $r = 0$, also $b = qa$. Dies zeigt $\mathcal{A} = Ra$. □

Es gibt Hauptidealringe, welche durch kein φ zu einem euklidischen Ring gemacht werden können. Freilich sind solche Beispiele nicht ganz leicht zu beschreiben.

Beispiele 5.3.4 a) Sei $R = \mathbb{Z}$ und $\varphi(a) = |a|$. Zu $a, b \in \mathbb{Z}$ mit $a \neq 0$ gibt es $q, r \in \mathbb{Z}$ mit $b = qa + r$ und $0 \leq r < |a|$. Dann ist $r = 0$ oder

$$\varphi(r) = r < \varphi(a).$$

Somit ist $\mathbb{Z}$ ein euklidischer Ring, also nach 5.3.3 insbesondere ein Hauptidealring. Offenbar ist $\mathrm{E}(\mathbb{Z}) = \{1, -1\}$ die Einheitengruppe von $\mathbb{Z}$. Die irreduziblen Elemente von $\mathbb{Z}$ sind die $\pm p$, wobei p eine Primzahl ist.
b) Sei K ein Körper und $R = K[x]$. Für $0 \neq f \in K[x]$ setzen wir nun $\varphi(f) = \operatorname{Grad} f$. Nach 5.1.6 ist $K[x]$ ein euklidischer Ring. Ist $e \in \mathrm{E}(K[x])$, so gibt es ein $e' \in K[x]$ mit $ee' = 1$. Daraus folgt

$$0 = \operatorname{Grad} ee' = \operatorname{Grad} e + \operatorname{Grad} e'.$$

Somit ist $\operatorname{Grad} e = 0$, also $e = a_0 \in K^*$. Dies zeigt $\mathrm{E}(K[x]) = K^*$. Die Polynome $a_1 x + a_0$ mit $a_1 \neq 0$ sind offenbar irreduzibel. Ist K nicht algebraisch abgeschlossen, so gibt es irreduzible f in $K[x]$ mit $\operatorname{Grad} f > 1$.

Wir wenden uns nun den zentralen Begriffen 'kleinstes gemeinsames Vielfaches' und 'größter gemeinsamer Teiler' zu.

Definition 5.3.5 Sei R ein Integritätsbereich und seien $r_1, \ldots, r_n \in R$.

a) Wir nennen d einen *größten gemeinsamen Teiler* von $r_1, \ldots, r_n$ und schreiben $d = \operatorname{ggT}(r_1, \ldots, r_n)$, falls folgendes erfüllt ist:

   (1) Es gilt $d \mid r_i$ für $i = 1, \ldots, n$.

   (2) Ist $c \mid r_i$ für $i = 1, \ldots, n$, so gilt $c \mid d$.

b) Wir nennen k ein *kleinstes gemeinsames Vielfaches* von $r_1, \ldots, r_n$ und schreiben $k = \operatorname{kgV}(r_1, \ldots, r_n)$, falls folgendes erfüllt ist:

(1) Es gilt $r_i \mid k$ für $i = 1, \ldots, n$.

(2) Ist $r_i \mid h$ für $i = 1, \ldots, n$, so gilt $k \mid h$.

Größter gemeinsamer Teiler und kleinstes gemeinsames Vielfaches existieren in beliebigen Integritätsbereichen i.a. nicht (siehe 5.3.7 b)). Wenn sie existieren, so sind sie offenbar bis auf $\sim$ (siehe 5.3.1) eindeutig bestimmt. Teil c) des folgenden Satzes haben wir bereits in 2.3.4 für $R = \mathbb{Z}$ kennengelernt.

Satz 5.3.6 *Sei R ein Intergritätsbereich und seien $r_1, \ldots, r_n \in R$.*

a) Genau dann existiert ein kleinstes gemeinsames Vielfaches der Elemente $r_1, \ldots, r_n$, wenn $\cap_{i=1}^n Rr_i$ ein Hauptideal ist. Ist $\cap_{i=1}^n Rr_i = Rk$, so ist $k = \mathrm{kgV}(r_1, \ldots, r_n)$.

b) Ist $\sum_{i=1}^n Rr_i = Rd$ ein Hauptideal, so ist $d = \mathrm{ggT}(r_1, \ldots, r_n)$.

c) Ist R ein Hauptidealring, so existieren kleinstes gemeinsames Vielfaches und größter gemeinsamer Teiler für alle $r_1, \ldots, r_n$ aus R. Ist d ein größter gemeinsamer Teiler von $r_1, \ldots, r_n$, so gibt es $s_j \in R$ mit $d = \sum_{j=1}^n s_j r_j$.

Beweis. a) Sei zuerst k ein kleinstes gemeinsames Vielfaches von $r_1, \ldots, r_n$. Dann gilt $r_i \mid k$, also $k \in Rr_i$ und somit $k \in \cap_{i=1}^n Rr_i$.

Sei umgekehrt $c = s_j r_j \in \cap_{i=1}^n Rr_i$. Dann ist $r_j \mid c$ für $j = 1, \ldots, n$, und nach Definition des kleinsten gemeinsamen Vielfachen also auch $k \mid c$. Somit ist $c \in Rk$ und daher $\cap_{i=1}^n Rr_i \subseteq Rk$. Insgesamt zeigt dies $\cap_{i=1}^n Rr_i = Rk$.

Sei nun $\cap_{i=1}^n Rr_i = Rk$ ein Hauptideal. Dann gilt $r_i \mid k$ für $i = 1, \ldots, n$. Ist $r_i \mid h$ für $i = 1, \ldots, n$, so folgt $h \in \cap_{i=1}^n Rr_i = Rk$, also $k \mid h$. Somit ist k ein kleinstes gemeinsames Vielfaches von $r_1, \ldots, r_n$.

b) Sei $\sum_{i=1}^n Rr_i = Rd$ ein Hauptideal. Wegen $r_i = 1r_i \in Rd$ folgt nun $d \mid r_i$ für $i = 1, \ldots, n$. Ist $c \mid r_i$ für $i = 1, \ldots, n$, so gilt $r_i = cs_i$ mit $s_i \in R$. Wegen $Rd = \sum_{i=1}^n Rr_i$ gibt es $t_i \in R$ mit $d = \sum_{i=1}^n t_i r_i$. Damit folgt $d = c \sum_{i=1}^n t_i s_i$, also $c \mid d$. Somit ist d ein größter gemeinsamer Teiler von $r_1, \ldots, r_n$.

c) Diese Aussagen folgen unmittelbar aus a) und b). □

Beispiele 5.3.7 a) Sei $R = \mathbb{Z}[x]$ der Ring der ganzzahligen Polynome. Offenbar ist 1 ein größter gemeinsamer Teiler von 2 und x. Jedoch gibt es keine Polynome $f, g \in R$ mit $1 = 2f + xg$. Nach 5.3.6 c) ist daher $\mathbb{Z}(x]$ kein Hauptidealring. Wegen $2R \cap xR = 2xR$ ist $2x$ ein kleinstes gemeinsames Vielfaches von 2 und x. (Man kann zeigen, daß $\mathbb{Z}[x]$ eine eindeutige Primfaktorzerlegung besitzt.)

Es gibt also Fälle, in denen ein größter gemeinsamer Teiler d von a und b existiert, der sich aber nicht idealtheoretisch durch $Ra + Rb = Rd$ ermitteln läßt.
b) Sei R der Integritätsbereich $R = \{a + b\sqrt{-5} \mid a, b \in \mathbb{Z}\}$. Für $a, b \in \mathbb{Z}$ ist

$$|a + b\sqrt{-5}|^2 = a^2 + 5b^2 \in \mathbb{Z}.$$

Sind $c_1, c_2 \in R$ mit $c_1 \mid c_2$ in R, so folgt $|c_1|^2 \mid |c_2|^2$ in $\mathbb{Z}$.
(1) Die Elemente 2 und $1 + \sqrt{-5}$ haben in R kein kleinstes gemeinsames Vielfaches:

Angenommen, k sei ein kleinstes gemeinsames Vielfaches der Elemente 2 und $1 + \sqrt{-5}$. Aus

$$k \mid 2(1 + \sqrt{-5}) \quad \text{und} \quad k \mid 6 = (1 + \sqrt{-5})(1 - \sqrt{-5})$$

folgt

$$|k|^2 \mid 24 \quad \text{und} \quad |k|^2 \mid 36.$$

Somit gilt $|k|^2 \mid 12$. Wegen $2 \mid k$ und $(1 + \sqrt{-5}) \mid k$ folgt andererseits $4 \mid |k|^2$ und $6 \mid |k|^2$, also $12 \mid |k|^2$. Dies zeigt $|k|^2 = 12$. Aber es gibt kein $k = a + b\sqrt{-5} \in R$ mit

$$12 = |k|^2 = a^2 + 5b^2.$$

Somit haben 2 und $1 + \sqrt{-5}$ in R kein kleinstes gemeinsames Vielfaches.
(2) Ist d ein gemeinsamer Teiler von 2 und $1 + \sqrt{-5}$, so gilt $|d|^2 \mid 4$ und $|d|^2 \mid 6$, also $|d|^2 \mid 2$. Ist $d = c + e\sqrt{-5}$ $(c, e \in \mathbb{Z})$, so folgt $c^2 + 5e^2 \mid 2$. Dies erzwingt $d = \pm 1$. Also ist 1 ein größter gemeinsamer Teiler von 2 und $1 + \sqrt{-5}$.

Daß für die Begriffe kleinstes gemeinsames Vielfaches und größter gemeinsamer Teiler keine volle Symmetrie herrscht, hat sich bereits in 5.3.6 gezeigt. Übrigens gelten folgende Aussagen:

Sei R ein Integritätsbereich und seien $a, b \in R$ mit $ab \neq 0$. Ist k ein kleinstes gemeinsames Vielfaches von a und b, also $Ra \cap Rb = Rk$, so ist $d = \frac{ab}{k}$ ein größter gemeinsamer Teiler von a und b (siehe Aufgabe 5.3.4). Existiert ein größter gemeinsamer Teiler von a und b für alle $a, b \in R$, so existiert auch ein kleinstes gemeinsames Vielfaches von a und b für alle $a, b \in R$ (siehe Aufgabe 5.3.5).

Definition 5.3.8 Sei R ein kommutativer Ring.

a) Ein Ideal $\mathcal{P}$ von R heißt ein *Primideal,* falls $\mathcal{P} \subset R$ und $R/\mathcal{P}$ ein Integritätsbereich ist. Sind $a, b \in R$ mit $ab \in \mathcal{P}$, so gilt

$$(a + \mathcal{P})(b + \mathcal{P}) = ab + \mathcal{P} = \mathcal{P},$$

also $a \in \mathcal{P}$ oder $b \in \mathcal{P}$.
(Genau dann ist also R ein Integritätsbereich, wenn 0 ein Primideal ist.)

b) Ein Element $p \neq 0$ aus R heißt ein *Primelement*, falls Rp ein Primideal ist. Also ist p keine Einheit, und aus $p \mid ab$ folgt $p \mid a$ oder $p \mid b$.

Für beliebige Integritätsbereiche gilt

Lemma 5.3.9 *Ist R ein Integritätsbereich, so ist jedes Primelement von R irreduzibel.*

Beweis. Sei p ein Primelement. Angenommen, $p = ab$ mit Nichteinheiten a und b. Dann ist $ab \in Rp$. Wäre $a \in Rp$, also $a = rp$, so hätten wir

$$a = rp = rab,$$

also $1 = rb$. Dann wäre b eine Einheit, entgegen der Voraussetzung. Also gilt $a \notin Rp$, und ebenso $b \notin Rp$. Dies widerspricht jedoch der Voraussetzung, daß Rp ein Primideal ist. Also ist p doch irreduzibel. □

Definition 5.3.10 Sei R ein Integritätsbereich.

a) Wir nennen R einen kgV-*Ring* , falls zu jedem Paar $a, b \in R$ ein kleinstes gemeinsames Vielfaches k in R existiert. Nach 5.3.6 a) bedeutet dies $Ra \cap Rb = Rk$.

b) R heißt ein Ring mit *eindeutiger Primfaktorzerlegung*, falls folgendes gilt:
Es gibt eine Menge $\{p_i \mid i \in I\}$ von irreduziblen Elementen p_i aus R mit $Rp_i \neq Rp_j$ für $i \neq j$ derart, daß jedes Element $0 \neq a \in R$ eine Zerlegung

$$a = e \prod_{i \in I} p_i^{a_i} \quad (\text{mit } a_i \in \mathbb{N}_0)$$

gestattet. Dabei sei $e \in \mathrm{E}(R)$, und die a_i seien durch a eindeutig bestimmt, wobei zu vorgegebenem a nur endlich viele $a_i \neq 0$ sind.

Für die weiteren Überlegungen ist das folgende Lemma entscheidend.

Lemma 5.3.11 *Ist R ein* kgV*-Ring, so ist jedes irreduzible Element aus R ein Primelement.*

Beweis. Sei p ein irreduzibles Element aus R und $0 \neq ab \in Rp$. Nach Voraussetzung gibt es ein $c \in R$ mit $Ra \cap Rp = Rc$. Wegen $ap \in Ra \cap Rp$ gilt $ap = dc$ mit $d \in R$. Ferner ist $c \in Ra$, also $c = ra$ mit $r \in R$. Dies zeigt $ap = dra$, also $p = dr$. Da p irreduzibel ist, ist d oder r eine Einheit in R.

Ist $r \in \mathrm{E}(R)$, so folgt $a \in Ra = Rc \subseteq Rp$. Ist hingegen $d \in \mathrm{E}(R)$, so erhalten wir $Rp = Rr$. Damit folgt

$$ab \in Ra \cap Rp = Rc = Rra = Rpa.$$

Dies heißt $ab = spa$ mit $s \in R$, also $b = sp \in Rp$. Somit ist Rp ein Primideal. □

Da der Hauptidealring $\mathbb{Z}$ natürlich ein kgV-Ring ist, zeigt Lemma 5.3.11 den Grund dafür, daß man die Primzahlen p in $\mathbb{Z}$ durch begrifflich verschiedene Eigenschaften definieren kann:
(1) Ist $p \mid ab$, so gilt $p \mid a$ oder $p \mid b$.
(2) Ist $p = cd$, so ist $c = \pm 1$ oder $d = \pm 1$.

Definition 5.3.12 Sei R ein Integritätsbereich. Wir sagen, daß in R die *Maximalbedingung für Hauptideale* gilt, falls folgende Aussage zutrifft: Ist

$$Ra_1 \subseteq Ra_2 \subseteq \ldots$$

eine aufsteigende Kette von Hauptidealen, so gibt es ein k mit $Ra_j = Ra_k$ für alle $j \geq k$.

Lemma 5.3.13

a) Ist R ein Hauptidealring, so gilt in R die Maximalbedingung für Hauptideale.

b) Im Integritätsbereich R gelte die Maximalbedingung für Hauptideale. Ist $0 \neq a \in R$, so gilt $a = ep_1 \ldots p_m$ mit $e \in \mathrm{E}(R)$ und irreduziblen p_j $(m \geq 0)$.

Beweis. a) Sei $Ra_1 \subseteq Ra_2 \subseteq \ldots$ eine Kette von Hauptidealen in R. Wir zeigen zunächst, daß $\mathcal{B} = \cup_{j=1}^{\infty} Ra_j$ ein Ideal in R ist. Seien $b_1, b_2 \in \mathcal{B}$, etwa $b_1 \in Ra_j$ und $b_2 \in Ra_k$. Ist $j \leq k$, so folgt

$$b_1 + b_2 \in Ra_j + Ra_k = Ra_k \subseteq \mathcal{B}.$$

Für $r \in R$ gilt ferner $rb_1 \in Ra_j \subseteq \mathcal{B}$. Da $\mathcal{B}$ also ein Ideal ist, gibt es ein $b \in R$ mit $\mathcal{B} = Rb$. Ist $b \in Ra_k$, so folgt

$$\cup_{i=1}^{\infty} Ra_i = Rb \subseteq Ra_k,$$

also $Ra_j = Ra_k$ für alle $j \geq k$.
b) Wir zeigen, daß aus der Maximalbedingung für Hauptideale folgt, daß sich jedes Element $0 \neq a \in R$ schreiben läßt als ein Produkt $a = ep_1 \ldots p_m$ mit $e \in \mathrm{E}(R)$ und irreduziblen p_j. Angenommen, a habe nicht diese Gestalt. Da a dann keine Einheit ist, gilt $a = a_1 b_1$ mit Nichteinheiten a_1, b_1, wobei wenigstens einer der Faktoren a_1, b_1 nicht die behauptete Gestalt hat, etwa a_1. Daher gilt $a_1 = a_2 b_2$, wobei a_2 nicht die behauptete Gestalt hat und b_2 keine Einheit ist. Also gilt

$$Ra \subset Ra_1 \subset Ra_2.$$

Die Wiederholung dieses Augumentes liefert eine echt aufsteigende Kette

$$Ra \subset Ra_2 \subset Ra_3 \subset \ldots,$$

entgegen der Maximalbedingung. Also gilt $a = ep_1 \ldots p_m$ mit $e \in \mathrm{E}(R)$ und irreduziblen p_j. □

Satz 5.3.14 *Sei R ein Integritätsbereich mit eindeutiger Primfaktorzerlegung bzgl. der Menge $\{p_i \mid i \in I\}$ von irreduziblen Elementen p_i. Seien*

$$a = e \prod_{i \in I} p_i^{a_i} \text{ und } b = e' \prod_{i \in I} p_i^{b_i}$$

mit $e, e' \in \mathrm{E}(R)$.

a) *Genau dann gilt $b \mid a$, wenn $b_i \leq a_i$ für alle $i \in I$ gilt.*

b) *Ist $k_i = \max\{a_i, b_i\}$ und $d_i = \min\{a_i, b_i\}$, so ist $k = \prod_{i \in I} p_i^{k_i}$ ein kleinstes gemeinsames Vielfaches, und $d = \prod_{i \in I} p_i^{d_i}$ ein größter gemeinsamer Teiler von a und b. Insbesondere ist R ein* kgV*-Ring.*

c) *Sind $a, b, c \in R$, so gelten die Regeln*

   (1) $ab \sim \mathrm{ggT}(a,b)\,\mathrm{kgV}(a,b)$,

   (2) $\mathrm{kgV}(\mathrm{ggT}(a,b), \mathrm{ggT}(a,c)) \sim \mathrm{ggT}(a, \mathrm{kgV}(b,c))$,

   (3) $\mathrm{ggT}(\mathrm{kgV}(a,b), \mathrm{kgV}(a,c)) \sim \mathrm{kgV}(a, \mathrm{ggT}(b,c))$.

Beweis. a) Ist $a = bc$ mit $c = e'' \prod_{i \in I} p_i^{c_i}$, so liefert die eindeutige Primfaktorzerlegung $a_i = b_i + c_i \geq b_i$. Ist umgekehrt $a_i \geq b_i$, so gilt $a = bc$ mit $c = ee'^{-1} \prod_{i \in I} p_i^{a_i - b_i}$.
b) Diese Aussagen folgen unmittelbar aus a).
c) Wegen b) erhalten wir die obigen Relationen aus

(1) $a_i + b_i = \min\{a_i, b_i\} + \max\{a_i, b_i\}$,

(2) $\max\{\min\{a_i, b_i\}, \min\{a_i, c_i\}\} = \min\{a_i, \max\{b_i, c_i\}\}$,

(3) $\min\{\max\{a_i, b_i\}, \max\{a_i, c_i\}\} = \max\{a_i, \min\{b_i, c_i\}\}$.

□

Hauptsatz 5.3.15 *Ist R ein Integritätsbereich, so sind gleichwertig:*

a) R ist ein kgV*-Ring mit Maximalbedingung für Hauptideale.*

b) R besitzt eine eindeutige Primfaktorzerlegung.

Beweis. a) ⇒ b) Da in R die Maximalbedingung für Hauptideale gilt, hat jedes $0 \neq a \in R$ nach 5.3.13 b) die Gestalt $a = eq_1 \ldots q_m$ mit $e \in E(R)$ und irreduziblen q_j $(m \geq 0)$. Sei $\{Rp_i \mid i \in I\}$ die Menge aller Hauptideale, die von irreduziblen p_i erzeugt werden. (Die Auswahl der p_i benötigt den Auswahlsatz.) Ist $Rq_j = Rp_{j'}$, so gilt $q_j = e_j p_{j'}$ mit $e_j \in \mathrm{E}(R)$. Also ist $a = e' p_{1'} \ldots p_{m'}$ mit $e' = ee_1 \ldots e_m \in \mathrm{E}(R)$. Da R ein Hauptidealring ist, ist jedes Rp_i nach 5.3.11 ein Primideal.

Sei

$$a = ep_1 \ldots p_m = e'q_1 \ldots q_n$$

mit $e, e' \in \mathrm{E}(R)$ und irreduziblen p_j, q_j. Unter den Rp_j sei Rp_1 so gewählt, daß es kein Rp_j gibt mit $Rp_j \subset Rp_1$. Da Rp_1 ein Primideal ist, folgt aus

$$e'q_1 \ldots q_n = ep_1 \ldots p_m \in Rp_1$$

bei geeigneter Numerierung der q_j, daß $q_1 \in Rp_1$. Wegen

$$a = ep_1 \ldots p_m = e'q_1 \ldots q_n \in Rq_1$$

gibt es ein j mit $p_j \in Rq_1$. Aus $Rp_j \subseteq Rq_1 \subseteq Rp_1$ erhalten wir wegen der Wahl von Rp_1 dann $Rp_1 = Rq_1$. Sei $q_1 = e''p_1$ mit $e'' \in \mathrm{E}(R)$. Aus

$$ep_1 \ldots p_m = e'e''p_1 q_2 \ldots q_n$$

folgt nun

$$ep_2 \ldots p_m = e'e''q_2 \ldots q_n.$$

Eine Induktion nach $m+n$ liefert dann $m = n$ und $Rp_j = Rq_j$ $(j = 1, \ldots, n)$ bei geeigneter Numerierung der Rq_j.
b) $\Rightarrow$ a) Sei nun R ein Ring mit eindeutiger Primfaktorzerlegung. Nach 5.3.14 b) ist R ein kgV-Ring. Sei $0 \neq \mathcal{A} = R\prod_{i\in I} p_i^{a_i}$. Ist $\mathcal{A} \subseteq R\prod_{i\in I} p_i^{b_i}$, so gilt $b_i \leq a_i$. Also gibt es nur endlich viele Hauptideale oberhalb von $\mathcal{A}$. Insbesondere gilt in R die Maximalbedingung für Hauptideale. □

Wir spezialisieren unsere Aussagen für Hauptidealringe.

Hauptsatz 5.3.16 *Sei R ein Hauptidealring.*

a) Sei $\{Rp_i \mid i \in I\}$ die Menge der Hauptideale, die von irreduziblen Elementen p_i erzeugt werden. Dann läßt sich jedes $0 \neq a \in R$ auf genau eine Weise schreiben als

$$a = e\prod_{i\in I} p_i^{a_i}$$

mit $e \in \mathrm{E}(R)$ und $a_i \in \mathbb{N}_0$.

b) Die Rp_i sind die einzigen von 0 verschiedenen Primideale von R. Jedes Rp_i ist ein maximales Ideal von R. Insbesondere gilt $R = Rp_i + Rp_j$ für $Rp_i \neq Rp_j$.

c) Für alle Ideale $\mathcal{A}, \mathcal{B}, \mathcal{C}$ von R gelten die Relationen

(1) $\mathcal{A}\mathcal{B} = (\mathcal{A}+\mathcal{B})(\mathcal{A}\cap\mathcal{B})$.

(2) $(\mathcal{A}+\mathcal{B})\cap(\mathcal{A}+\mathcal{C}) = \mathcal{A}+(\mathcal{B}\cap\mathcal{C})$.

(3) $(\mathcal{A}\cap\mathcal{B})+(\mathcal{A}\cap\mathcal{C}) = \mathcal{A}\cap(\mathcal{B}+\mathcal{C})$.

Insbesondere gilt in R der verschärfte chinesische Restsatz (C_n) aus 5.2.13.

Beweis. a) Offenbar ist der Hauptidealring R ein kgV-Ring. Nach 5.3.13 a) gilt in R die Maximalbedingung für Hauptideale. Also besitzt R nach 5.3.15 eine eindeutige Primfaktorzerlegung.
b) Sei $\mathcal{A} = Ra \neq 0$ mit $a = \prod_{i\in I} p_i^{a_i}$. Ist $\sum_i a_i > 1$, so gibt es $b, c \in R$ mit $a = bc$, aber $b, c \notin \mathcal{A}$. Ist $\mathcal{A}$ ein Primideal, so gilt also $\mathcal{A} = Rp_i$ mit einem geeigneten i. Die Rp_i sind nach 5.3.11 Primideale, und offenbar auch maximale Ideale in R.
c) Sei $\mathcal{A} = Ra, \mathcal{B} = Rb$ und $\mathcal{C} = Rc$. Nach 5.3.6 gilt

$$\mathcal{A}+\mathcal{B} = R\,\mathrm{ggT}(a,b) \text{ und } \mathcal{A}\cap\mathcal{B} = R\,\mathrm{kgV}(a,b).$$

Mit 5.3.14 c) folgt

$$\mathcal{A}\mathcal{B} = Rab = R\,\mathrm{ggT}(a,b)R\,\mathrm{kgV}(a,b) = (\mathcal{A}+\mathcal{B})(\mathcal{A}\cap\mathcal{B}).$$

Ferner ist

$$\begin{aligned}(\mathcal{A}+\mathcal{B})\cap(\mathcal{A}+\mathcal{C}) &= R\,\mathrm{kgV}(\mathrm{ggT}(a,b),\mathrm{ggT}(a,c)) \\ &= R\,\mathrm{ggT}(a,\mathrm{kgV}(b,c)) = \mathcal{A}+(\mathcal{B}\cap\mathcal{C}).\end{aligned}$$

Wegen 5.2.13 folgt schließlich

$$(\mathcal{A}\cap\mathcal{B}) + (\mathcal{A}\cap\mathcal{C}) = \mathcal{A}\cap(\mathcal{B}+\mathcal{C}).$$

□

Wir fassen diejenigen Eigenschaften des Polynomrings $K[x]$ zusammen, die in den späteren Abschnitten benötigt werden.

Satz 5.3.17 *Sei K ein Körper.*

a) Der Polynomring $K[x]$ ist ein Hauptidealring. Für $f,g \in K[x]$ existieren $\mathrm{ggT}(f,g)$ *und $kgV(f,g)$, und es gelten*

$$K[x]f + K[x]g = K[x]\,\mathrm{ggT}(f,g) \text{ und } K[x]f \cap K[x]g = K[x]\,\mathrm{kgV}(f,g).$$

b) Sei $\{p_i \mid i \in I\}$ die Menge aller irreduziblen normierten Polynome aus $K[x]$. Ist $0 \neq f \in K[x]$, so gilt

$$f = a\prod_{i\in I} p_i^{a_i}$$

mit $a \in K^*$ und eindeutig bestimmten a_i, wobei nur endliche viele $a_i > 0$ sind. Ist $0 \neq g = b\prod_{i\in I} p_i^{b_i} \in K[x]$, so gelten

$$\mathrm{ggT}(f,g) \sim \prod_{i\in I} p_i^{d_i} \text{ mit } d_i = \min\{a_i,b_i\}$$

und

$$\mathrm{kgV}(f,g) \sim \prod_{i\in I} p_i^{c_i} \text{ mit } c_i = \max\{a_i,b_i\}.$$

c) In $K[x]$ gibt es unendlich viele irreduzible normierte Polynome.

d) Ist K algebraisch abgeschlossen, so hat jedes irreduzible normierte Polynom die Gestalt $x-a$ mit $a \in K$. Insbesondere gilt dies für $K = \mathbb{C}$.

e) Die irreduziblen normierten Polynome in $\mathbb{R}[x]$ *sind die folgenden:*

$$x - a \text{ mit } a \in \mathbb{R},$$
$$x^2 + ax + b \text{ mit } a, b \in \mathbb{R} \text{ und } a^2 < 4b.$$

f) Ist K *endlich, so gibt es irreduzible normierte Polynome in* $K[x]$ *von beliebig großem Grad.*

Beweis. a) Da $K[x]$ nach 5.3.4 b) ein Hauptidealring ist, folgen die Aussagen aus 5.3.6 c).
b) In jedem Primidel $\mathcal{P}_i \neq 0$ von $K[x]$ gibt es genau ein normiertes Polynom p_i mit $\mathcal{P}_i = K[x]p_i$. Nach 5.3.9 ist p_i irreduzibel. Daher folgt b) aus 5.3.16.
c) Ist K unendlich, so liefern bereits die $x - a$ mit $a \in K$ unendlich viele irreduzible normierte Polynome aus $K[x]$. Für beliebige Körper K läßt sich der euklidische Beweis für die Existenz unendlich vieler Primzahlen in $\mathbb{Z}$ wie folgt kopieren:

Seien $p_1 = x, p_2, \ldots, p_m$ irreduzible normierte Polynome aus $K[x]$. Setzen wir $f = 1 + p_1 \ldots p_m$, so gilt

$$\operatorname{Grad} f = \sum_{j=1}^{m} \operatorname{Grad} p_j \geq 1.$$

Also ist f keine Einheit. Daher gibt es ein irreduzibles normiertes Polynom p mit $p \mid f$. Wäre $p = p_j$, so erhielten wir den Widerspruch

$$1 = f - p_1 \ldots p_m \in K[x]p.$$

Somit gilt $p \neq p_j$ für $j = 1, \ldots, m$.
d) Ist K algebraisch abgeschlossen und $f \in K[x]$ mit $\operatorname{Grad} f \geq 1$, so hat f eine Nullstelle a in K. Dann gilt $f = (x-a)g$ mit $g \in K[x]$. Ist f irreduziblel und normiert, so folgt $f = x - a$.
e) Sei $f \in \mathbb{R}[x]$, wobei f irreduzibel und normiert sei. Da $\mathbb{C}$ algebraisch abgeschlossen ist, gibt es ein $c \in \mathbb{C}$ mit $f(c) = 0$. Ist $c \in \mathbb{R}$, so folgt $f = x - c$. Sei $c \neq \overline{c}$. Ist $f = \sum_{j=0}^{n} a_j x^j$ mit $a_j \in \mathbb{R}$, so ist

$$0 = \overline{f(c)} = \sum_{j=0}^{n} a_j \overline{c}^j = f(\overline{c}).$$

Dabei gilt

$$g = (x - c)(x - \overline{c}) = x^2 - (c + \overline{c})x + c\overline{c} \in \mathbb{R}[x].$$

Die Division von f durch g liefert $f = hg + r$ mit $\operatorname{Grad} r < \operatorname{Grad} g = 2$. Wegen $r(c) = r(\overline{c}) = 0$ mit $c \neq \overline{c}$ folgt $r = 0$ vermöge 5.1.11. Also ist

$$f = g = x^2 - (c + \overline{c})x + c\overline{c}.$$

Dabei ist $c - \overline{c} = 2i \operatorname{Im} c \neq 0$ und daher $(c - \overline{c})^2 < 0$. Dies zeigt

$$(c + \overline{c})^2 = (c - \overline{c})^2 + 4c\overline{c} < 4c\overline{c}.$$

f) Da es für $|K| < \infty$ in $K[x]$ nur endlich viele irreduzible normierte Polynome vom Grad n gibt, folgt die Aussage in f) aus c). □

Man kann zeigen: Ist $|K| = q$, so ist die Anzahl der irreduziblen normierten Polynome vom Grad n aus $K[x]$ gleich

$$N(n, q) = \frac{1}{n} \sum_{d|n} \mu(\frac{n}{d}) q^d \geq 1.$$

Dabei ist μ die sogenannte *Möbius*[2]*-Funktion*, die definiert ist durch

$$\mu(n) = \begin{cases} 1, & \text{falls } n = 1 \\ (-1)^k, & \text{falls } n = p_1 \dots p_k \text{ mit paarweise verschiedenen Primzahlen } p_j \\ 0, & \text{sonst.} \end{cases}$$

Wir ordnen die bisherigen Ergebnisse in die allgemeine Ringtheorie ein.

Ausblicke 5.3.18 a) Ein Integritätsbereich R heißt ein *Dedekindring*, falls jedes Ideal $\mathcal{A}$ von R mit $0 \neq \mathcal{A} \neq R$ sich schreiben läßt als $\mathcal{A} = \mathcal{P}_1 \dots \mathcal{P}_m$ mit Primidealen $\mathcal{P}_j$. Dann ist diese Zerlegung eindeutig (anders als bei der Zerlegung von Elementen in Produkte von irreduziblen Elementen). Jedes Primideal $\mathcal{P} \neq 0$ von R ist maximal. Hauptidealringe sind Dedekindringe, und Dedekindringe mit eindeutiger Primfaktorzerlegung oder mit der Existenz von $\operatorname{kgV}(a, b)$ für alle $a, b \in R$ sind Hauptidealringe.
b) Ein wichtiger Anstoß zum Studium der Dedekindringe kam von den Bemühungen, die sogenannte *Fermatsche Vermutung* zu beweisen. Dabei handelt es sich im wesentlichen um folgende Aussage:

Sei $p > 2$ eine Primzahl. Dann gibt es keine $x, y, z \in \mathbb{N}$ mit $x^p + y^p = z^p$.

---

[2]August Ferdinand Möbius (1790-1886) Leipzig. Geometrie, Astronomie.

E. Kummer[3] ging so vor: Sei $\varepsilon = \cos\frac{2\pi}{p} + i\sin\frac{2\pi}{p}$, also $\varepsilon^p = 1 \neq \varepsilon$. Dann gilt

$$(*) \qquad x^p = z^p - y^p = \prod_{j=0}^{p-1}(z - \varepsilon^j y).$$

Dies ist eine Gleichung im Dedekindring

$$R_p = \{\sum_{j=0}^{p-1} a_j \varepsilon^j \mid a_j \in \mathbb{Z}\}.$$

Es liegt nahe, in $(*)$ die Primfaktorzerlegung der beiden Seiten zu vergleichen. Nun besitzt R_p eine eindeutige Primfaktorzerlegung zwar für $p \leq 19$, aber für kein $p \geq 23$ (Montgomery, Uchida, 1971). Für $p = 3$ konnte bereits L. Euler die Fermatsche Vermutung beweisen (siehe [7], S.192-195). Kummer führte *ideale Zahlen* ein, welche den Idealen entsprechen. Durch Vergleich der Zerlegungen der Hauptideale $R_p x^p$ und $R_p(z^p - y^p)$ in Primideale konnte er für viele Primzahlen p die Fermatsche Vermutung beweisen. Verfeinerung des Vorgehens zeigte sogar, daß die Fermatsche Vermutung für alle $p \leq 125000$ gilt. Der endgültige Beweis der Fermatschen Vermutung wurde erst 1993 von A. Wiles gegeben. Er beruht auf einem überraschenden Zusammenhang mit *elliptischen Kurven*. Den interessierten Leser verweisen wir auf das Buch [12].

c) Ein Integritätsbereich R heißt ein *Prüferring*, falls eine (und dann jede) der folgenden Relationen für alle Ideale $\mathcal{A}, \mathcal{B}, \mathcal{C}$ von R gilt:

(1) $\mathcal{A}\mathcal{B} = (\mathcal{A} + \mathcal{B})(\mathcal{A} \cap \mathcal{B})$.

(2) $(\mathcal{A} + \mathcal{B}) \cap (\mathcal{A} + \mathcal{C}) = \mathcal{A} + (\mathcal{B} \cap \mathcal{C})$.

(3) $(\mathcal{A} \cap \mathcal{B}) + (\mathcal{A} \cap \mathcal{C}) = \mathcal{A} \cap (\mathcal{B} + \mathcal{C})$.

(Die Äquivalenz von (2) und (3) steht bereits in 5.2.13.) Dedekindringe sind Prüferringe. Daß Hauptidealringe Prüferringe sind, haben wir in 5.3.16 c) bewiesen. Einen interessanten Prüferring liefert die Funktionentheorie in Gestalt des Rings aller ganzen komplexwertigen Funktionen.

d) Eine wichtige Klasse von Integritätsbereichen sind solche mit eindeutiger Primfaktorzerlegung für Elemente. Dazu gehören die Polynomringe $K[x_1, \ldots, x_n]$ in mehreren Variablen über einem Körper K. Die recht komplizierte Idealtheorie dieser Polynomringe liefert die Grundlage der *algebraischen Geometrie*. Aus der eindeutigen Primfaktorzerlegung gewinnt man

[3] Ernst Eduard Kummer (1810-1893) Breslau, Berlin. Zahlentheorie, Analysis, Geometrie.

nach Satz 5.3.14 größten gemeinsamen Teiler und kleinstes gemeinsames Vielfaches. Insbesondere ist der Durchschnitt von zwei Hauptidealen von $K[x_1, \ldots, x_n]$ stets ein Hauptideal.
e) Im Integritätsbereich R_1 aller ganzen algebraischen Zahlen und im Integritätsbereich R_2 der auf ganz $\mathbb{C}$ regulären Funktionen ist die Summe von zwei Hauptidealen stets ein Hauptideal. (Für R_1 folgt dies aus der Endlichkeit der Klassenzahl algebraischer Zahlkörper, für R_2 aus der Partialbruchzerlegung meromorpher Funktionen.) Also existieren $\mathrm{ggT}(a, b)$ und $kgV(a, b)$ für alle $a, b \in R_j$ $(j = 1, 2)$. In R_1 gibt es jedoch keine irreduziblen Elemente, denn zu $a \in R_1$ gibt es stets ein $b \in \mathbb{R}_1$ mit $b^2 = a$. In R_2 sind die $z - a\,(a \in \mathbb{C})$ die einzigen irreduziblen Elemente. Da $\sin z$ unendlich viele Nullstellen hat, ist $\sin z$ kein Produkt von endlich vielen $z - a$ und einer Einheit von R_2. In R_1 und R_2 ist daher die Maximalbedingung für Hauptideale verletzt, und es existiert keine eindeutige Primfaktorzerlegung.

Aufgabe 5.3.1 Sei $R = \{a + bi \mid a, b \in \mathbb{Z}\}$ der sogenannte *Gaußsche Ring.*

a) Für $0 \neq a + bi \in R$ setzen wir
$$\varphi(a + bi) = |a + bi|^2 = a^2 + b^2.$$
Zu $a + bi$ und $c + di \neq 0$ aus R gibt es dann $q, r \in R$ mit
$$a + bi = q(c + di) + r,$$
wobei $r = 0$ ist oder $\varphi(r) \leq \frac{1}{2}\varphi(c + di)$. Also ist R ein euklidischer Ring.

b) Man bestimme die Einheitengruppe $\mathrm{E}(R)$.

Aufgabe 5.3.2 Sei $K[[x]]$ der Potenzreihenring aus Aufgabe 5.1.2 .

a) 0 und $K[[x]]x$ sind die einzige Primideale in $K[[x]]$.

b) Warum versagt der Beweis in 5.3.17 c)?

Aufgabe 5.3.3 Sei R ein Hauptidealring.

a) Man beweise
$$\mathrm{kgV}(ab, ac) \sim a\,\mathrm{kgV}(b, c)$$
für alle $a, b, c \in R$ und leite daraus $\mathcal{A}\mathcal{B} \cap \mathcal{A}\,\mathcal{C} = \mathcal{A}(\mathcal{B} \cap \mathcal{C})$ für alle Ideale $\mathcal{A}, \mathcal{B}, \mathcal{C}$ von R her.

b) Man beweise
$$\operatorname{ggT}(ab, ac) \sim a \operatorname{ggT}(b, c)$$
für alle $a, b, c \in R$. Welcher idealtheoretischen Relation entspricht dies?

Aufgabe 5.3.4 Sei R ein Integritätsbereich und seien $a, b, c \in R$.

a) Existiert $\operatorname{kgV}(a, b)$, so existiert auch $\operatorname{kgV}(ac, bc)$ für alle $c \in R$, und es gilt
$$\operatorname{kgV}(ac, bc) \sim c \operatorname{kgV}(a, b).$$

b) Existiert $\operatorname{kgV}(ac, bc)$, so existiert auch $\operatorname{kgV}(a, b)$.

c) Sei $0 \neq ab \in R$. Existiert $k = \operatorname{kgV}(a, b)$, so ist $\frac{ab}{k}$ ein größter gemeinsamer Teiler von a und b.

Aufgabe 5.3.5 Sei R ein Integritätsbereich.

a) Existiert $\operatorname{ggT}(a, b)$ für alle $a, b \in R$, so exitiert auch $kgV(a, b)$, und es gilt
$$ab \sim \operatorname{ggT}(a, b) \operatorname{kgV}(a, b).$$

b) Ist $Ra + Rb$ ein Hauptideal für alle $a, b \in R$, so ist auch $Ra \cap Rb$ ein Hauptideal.

5.4 Charakteristisches Polynom und Eigenwerte

Definition 5.4.1 Sei V ein K-Vektorraum und $A \in \mathrm{End}(V)$. Ein $a \in K$ heißt ein *Eigenwert* von A, falls $\mathrm{Kern}(A - aE) \neq 0$ ist, d.h. falls es einen Vektor $0 \neq v \in V$ gibt mit $Av = av$. Die von 0 verschiedenen Vektoren aus $\mathrm{Kern}(A - aE)$ nennen wir *Eigenvektoren* zum Eigenwert a.

Definition 5.4.2 Sei K ein Körper.

a) Zu $A \in (K)_n$ bilden wir in $(K[x])_n$ das Polynom

$$f_A = \det(xE - A)$$

und nennen f_A das *charakteristische Polynom* von A. Ist $B \in (K)_n$ regulär, so gilt

$$\begin{aligned} f_{B^{-1}AB} &= \det(xE - B^{-1}AB) = \det(B^{-1}(xE - A)B) \\ &= \det(xE - A) = f_A. \end{aligned}$$

b) Sei V ein K-Vektorraum von endlicher Dimension n und $A \in \mathrm{End}(V)$. Ist A_0 die Matrix zu A bezüglich irgendeiner Basis von V, so setzen wir

$$f_A = \det(xE - A_0).$$

(Wegen der Bemerkung unter a) ist f_A unabhängig von der Basiswahl.)

Bemerkung 5.4.3 Sei $A = (a_{ij}) \in (K)_n$. Die Terme x^n und x^{n-1} in $f_A = \det(xE - A)$ kommen offenbar nur aus dem Produkt

$$(x - a_{11}) \ldots (x - a_{nn}) = x^n - (\sum_{j=1}^{n} a_{jj})x^{n-1} + \ldots.$$

Ferner ist $f(0) = \det(-A) = (-1)^n \det A$. Also gilt

$$f_A = x^n - \mathrm{Sp}\, Ax^{n-1} + \ldots + (-1)^n \det A.$$

Satz 5.4.4 *Sei V ein K-Vektorraum von endlicher Dimension $n > 0$ und $A \in \mathrm{End}(V)$.*

a) Genau dann ist $a \in K$ ein Eigenwert von A, wenn $f_A(a) = 0$ ist.

b) Ist K algebraisch abgeschlossen, so gibt es Eigenwerte von A.

c) Ist $K = \mathbb{R}$ und n ungerade, so hat A Eigenwerte in $\mathbb{R}$.

d) A besitzt höchstens n verschiedene Eigenwerte.

Beweis. a) Genau dann gilt $\dim \operatorname{Kern}(aE - A) > 0$, wenn $aE - A$ singulär ist, wenn also

$$0 = \det(aE - A) = f_A(a)$$

gilt (siehe 4.3.14).
b) Ist K algebraisch abgeschlossen, so gibt es Nullstellen von f_A in K.
c) Da $\operatorname{Grad} f_A$ ungerade ist, sieht man leicht, daß

$$\lim_{x \to \infty} f_A(x) = \infty \quad \text{und} \quad \lim_{x \to -\infty} f_A(x) = -\infty.$$

Nach dem Zwischenwertsatz gibt es daher ein $a \in \mathbb{R}$ mit $f_A(a) = 0$.
d) Wegen $\operatorname{Grad} f_A = n$ hat f_A nach 5.1.11 höchstens n verschiedene Nullstellen. □

Beispiele 5.4.5 a) Sei V ein 2-dimensionaler $\mathbb{R}$-Vektorraum mit Basis $[v_1, v_2]$. Ferner sei $A \in \operatorname{End}(V)$ mit

$$Av_1 = v_2 \quad \text{und} \quad Av_2 = -v_1.$$

Dann ist $f_A = x^2 + 1$. Also hat A nach 5.4.4 keinen reellen Eigenwert.
b) Sei V der unendlichdimensionale K-Vektorraum $K[x]$ und $A \in \operatorname{End}(V)$ mit $Af = xf$ für $f \in V = K[x]$. Angenommen, $Af = af$ mit $a \in K$ und $f \neq 0$. Dann folgt der Widerspruch

$$1 + \operatorname{Grad} f = \operatorname{Grad} Af = \operatorname{Grad} af \leq \operatorname{Grad} f.$$

Somit hat A keinen Eigenwert.
c) Sei V der $\mathbb{R}$-Vektorraum aller auf $(-\infty, \infty)$ beliebig oft differenzierbaren Funktionen und sei $D \in \operatorname{End}(V)$ der Differentialoperator mit $Df = f'$. Dann gilt für $a \in \mathbb{R}$ die Relation

$$De^{ax} = ae^{ax}.$$

Daher ist jede reelle Zahl a ein Eigenwert von D.
d) Sei $A = (a_{ij})$ eine Dreiecksmatrix aus $(K)_n$. Wegen $f_A = \prod_{i=1}^n (x - a_{ii})$ sind die Diagonalelemente a_{ii} gerade die Eigenwerte von A.

Satz 5.4.6 *Seien A und B Matrizen über K, wobei A vom Typ (n, k) sei und B vom Typ (k, n). Also ist AB vom Typ (n, n) und BA vom Typ (k, k). Dann gilt*

$$x^k f_{AB} = x^n f_{BA}.$$

Ist $c \neq 0$ eine Nullstelle von f_{AB} mit der Vielfachheit m, so ist c auch Nullstelle von f_{BA} mit derselben Vielfachheit. Für $k = n$ gilt insbesondere $f_{AB} = f_{BA}$.

Beweis. Einerseits erhalten wir mit der Kästchenmultiplikation

$$\begin{pmatrix} xE_n & -A \\ 0 & E_k \end{pmatrix} \begin{pmatrix} E_n & A \\ B & xE_k \end{pmatrix} = \begin{pmatrix} xE_n - AB & 0 \\ B & xE_k \end{pmatrix},$$

da $xE_nA = xA = AxE_k$ gilt, andererseits ist

$$\begin{pmatrix} E_n & A \\ B & xE_k \end{pmatrix} \begin{pmatrix} xE_n & -A \\ 0 & E_k \end{pmatrix} = \begin{pmatrix} xE_n & 0 \\ xB & xE_k - BA \end{pmatrix}.$$

Der Kästchensatz für Determinaten (siehe 4.3.9) liefert

$$f_{AB}x^k = \det \begin{pmatrix} xE_n - AB & 0 \\ B & xE_k \end{pmatrix} = \det \begin{pmatrix} xE_n & 0 \\ xB & xE_k - BA \end{pmatrix} = x^n f_{BA}.$$

□

Definition 5.4.7 Sei $\dim V < \infty$ und sei $A \in \operatorname{End}(V)$. Wir definieren die *Vielfachheit eines Eigenwertes* a von A als die Vielfachheit der Nullstelle a von f_A im Sinne von 5.1.10.

Lemma 5.4.8 *Sei* $\dim V < \infty$ *und sei* $A \in \operatorname{End}(V)$.

a) Zerfällt f_A total in $K[x]$ gemäß $f_A = \prod_{j=1}^{n}(x - a_j)$ mit $a_j \in K$, so gilt $\det A = a_1 \dots a_n$ *und* $\operatorname{Sp} A = a_1 + \ldots + a_n$.

b) Ist a ein Eigenwert von A mit der Vielfachheit k, so gilt

$$\dim \operatorname{Kern}(aE - A) \leq k.$$

Beweis. a) Dies folgt mit 5.4.3 sofort durch Koeffizientenvergleich in

$$\prod_{j=1}^{n}(x - a_j) = f_A = x^n - \operatorname{Sp} A x^{n-1} + \ldots + (-1)^n \det A.$$

b) Sei $[v_1, \dots, v_n]$ eine Basis von V derart, daß $[v_1, \dots, v_m]$ eine Basis von $\operatorname{Kern}(aE - A)$ ist. Die Matrix zu A hat bezüglich dieser Basis dann die Gestalt

$$\begin{pmatrix} aE_m & C \\ 0 & D \end{pmatrix} \quad \text{mit geeigneten } C, D.$$

Mit dem Kästchensatz für Determinanten folgt nun

$$f_A = \det \begin{pmatrix} (x-a)E_m & -C \\ 0 & xE_{n-m} - D \end{pmatrix} = (x-a)^m f_D.$$

Somit ist a mindestens m-fache Nullstelle von f_A, also $m \leq k$. □

Beispiel 5.4.9 Sei $\operatorname{Char} K = 0$ und $V = \{f \mid f \in K[x], \operatorname{Grad} f \leq n\}$. Sei ferner $D \in \operatorname{End}(V)$ mit $Df = f'$. Bezüglich der Basis $[1, x, \ldots, x^n]$ von V ist D die Dreiecksmatrix

$$\begin{pmatrix} 0 & 1 & 0 & \ldots & 0 \\ 0 & 0 & 2 & \ldots & 0 \\ 0 & 0 & 0 & \ldots & 0 \\ \vdots & \vdots & \vdots & & \vdots \\ 0 & 0 & 0 & \ldots & n \\ 0 & 0 & 0 & \ldots & 0 \end{pmatrix}$$

zugeordnet. Daher ist $f_D = x^{n+1}$. Also ist 0 der einzige Eigenwert der Abbildung D. Wegen $\operatorname{Char} K = 0$ gilt jedoch $\operatorname{Kern} D = \{a_0 \mid a_0 \in K\}$, also $\dim \operatorname{Kern} D = 1$.

Die Berechnung der Eigenwerte liefert mitunter einen eleganten Zugang zur Bestimmung von $\det A$.

Beispiele 5.4.10 Sei

$$\begin{pmatrix} a & b & \ldots & b \\ b & a & \ldots & b \\ \vdots & \vdots & & \vdots \\ b & b & \ldots & a \end{pmatrix} = (a-b)E + bF \text{ mit } F = \begin{pmatrix} 1 & 1 & \ldots & 1 \\ \vdots & \vdots & & \vdots \\ 1 & 1 & \ldots & 1 \end{pmatrix}$$

vom Typ (n, n). Offenbar gilt $\operatorname{Kern} F = \{(x_j) \mid \sum_{j=1}^n x_j = 0\}$. Wegen $\dim \operatorname{Kern} F = n - 1$ hat F den Eigenwert 0 nach 5.4.8 b) mindestens mit der Vielfachheit $n - 1$. Ist c der noch fehlende Eigenwert von F, so folgt mit 5.4.8 a), daß $c = \operatorname{Sp} F = n$. (Im Fall $\operatorname{Char} K \mid n$, gilt $c = 0$.) Also ist $f_F = x^{n-1}(x - n)$ und $f_{bF} = x^{n-1}(x - bn)$. Es folgt

$$\begin{aligned} f_A(x) &= \det(xE - (a-b)E - bF) \\ &= f_{bF}(x - a + b) \\ &= (x - a + b)^{n-1}(x - (a + (n-1)b)). \end{aligned}$$

Somit hat A die Eigenwerte $a - b$ genau $(n-1)$ – fach und $a + (n-1)b$ einfach. (Ist $nb = 0$, so tritt also nur $a - b$ als Eigenwert auf.)

Damit folgt $\det A = (a-b)^{n-1}(a+(n-1)b)$.
(Dieses Ergebnis hatten wir bereits in 4.3.20 auf eine andere Weise bewiesen.)

Hauptsatz 5.4.11 (Cayley, Hamilton[4]) *Sei V ein K-Vektorraum von endlicher Dimension und $A \in \operatorname{End}(V)$. Ist f_A das charakteristische Polynom von A, so gilt $f_A(A) = 0$.*

Beweis. Wir dürfen annehmen, daß A eine Matrix aus $(K)_n$ ist. In $(K[x])_n$ bilden wir die Matrix $(\widetilde{xE-A})$, deren Einträge Unterdeterminanten von $xE - A$ vom Typ $(n-1, n-1)$ sind (siehe 4.3.11). Nach 4.3.12 gilt dann

$$(xE-A)(\widetilde{xE-A}) = \det(xE-A)E = f_A E.$$

Da die Einträge in $(\widetilde{xE-A})$ Polynome in x sind und höchstens den Grad $n-1$ haben, ist

$$(\widetilde{xE-A}) = C_0 + C_1 x + \ldots + C_{n-1}x^{n-1}$$

mit geeigneten $C_j \in (K)_n$. Sei $f_A = a_0 + a_1 x + \ldots + a_{n-1}x^{n-1} + x^n$. Dann ist

$$(a_0 + a_1 x + \ldots + a_{n-1}x^{n-1} + x^n)E = (xE-A)(C_0 + C_1 x + \ldots + C_{n-1}x^{n-1}).$$

Ein Koeffizientenvergleich liefert

$$\begin{aligned} a_0 E &= -AC_0, \\ a_1 E &= C_0 - AC_1, \\ &\ \vdots \\ a_{n-1}E &= C_{n-2} - AC_{n-1}, \\ E &= C_{n-1}. \end{aligned}$$

Dies zeigt

$$\begin{aligned} f_A(A) &= \textstyle\sum_{j=0}^{n} a_j A^j = \sum_{j=0}^{n} A^j (a_j E) \\ &= -AC_0 + A(C_0 - AC_1) + \ldots + A^{n-1}(C_{n-2} - AC_{n-1}) + A^n C_{n-1} \\ &= 0. \end{aligned}$$

□

[4]William Rowan Hamilton (1805-1865) Dublin. Mathematiker, Physiker, Astronom. Algebra, Vektorrechnung, Optik, Mechanik.

Ist $\dim V = n$, also $\dim(K)_n = n^2$, so ist klar, daß es eine nichttriviale Relation $\sum_{j=0}^{n^2} c_j A^j = 0$ gibt. Die Aussage von Hauptsatz 5.4.11 verschärft dies erheblich.

Um einige Matrixgleichungen lösen zu können, beweisen wir einen Hilfssatz über Polynomkongruenzen.

Lemma 5.4.12 *Seien g und $f = \prod_{j=1}^{s}(x - a_j)^{r_j}$ Polynome in $K[x]$ mit paarweise verschiedenen $a_j \in K$. Für jedes $j = 1, \ldots, s$ habe das Polynom $g - a_j$ wenigstens eine einfache Nullstelle in K. Dann gibt es ein $h \in K[x]$ mit*

$$g(h) \equiv x \pmod{f}.$$

Beweis. (1) Wir behandeln zuerst den Spezialfall $f = x^r$. Nach Voraussetzung gibt es ein $b \in K$ mit $g(b) = 0 \neq g'(b)$. Wir konstruieren rekursiv Polynome $h_j \in K[x]$ $(j = 0, 1, \ldots)$ mit $h_j(0) = b$ und

$$(R_j) \qquad g(h_j) \equiv x \pmod{x^{j+1}}.$$

Dazu beginnen wir mit $h_0 = b$. Dann ist

$$(R_0) \qquad g(h_0) = g(b) = 0 \equiv x \pmod{x}.$$

Sei bereits ein Polynom h_j gefunden mit $h_j(0) = b$ und

$$(R_j) \qquad g(h_j) = x + l_{j+1}x^{j+1}$$

mit $l_{j+1} \in K[x]$. Wir versuchen, mit dem Ansatz

$$h_{j+1} = h_j + c_{j+1}x^{j+1}$$

und geeigneten $c_{j+1} \in K$ zum Ziel zu kommen. Dazu fordern wir

$$(R_{j+1}) \qquad g(h_j + c_{j+1}x^{j+1}) \equiv x \pmod{x^{j+2}}.$$

Offenbar ist

$$g(x + y) \equiv g(x) + g'(x)y \pmod{y^2},$$

wie man aus der binomischen Entwicklung

$$(x + y)^j \equiv x^j + jx^{j-1}y \pmod{y^2}$$

entnimmt. Somit verlangt (R_{j+1}) die Kongruenz

$$g(h_j) + g'(h_j)c_{j+1}x^{j+1} \equiv x \pmod{x^{j+2}}.$$

Dies erzwingt

$$\begin{aligned} x + l_{j+1}x^{j+1} + g'(b+\ldots)c_{j+1}x^{j+1} &\equiv x + (l_{j+1}(0) + g'(b)c_{j+1})x^{j+1} \\ &\equiv x \pmod{x^{j+2}}. \end{aligned}$$

Wir erfüllen diese Bedingungen durch

$$c_{j+1} = -\frac{l_{j+1}(0)}{g'(b)}.$$

(2) Nun lösen wir für beliebiges $a \in K$ die Kongruenz

$$g(h) \equiv x \pmod{(x-a)^r},$$

falls es ein $b \in K$ gibt mit $g(b) - a = 0 \neq g'(b)$. Dazu setzen wir $x - a = y$ und betrachten

$$g(h(y+a)) \equiv y + a \pmod{y^r}.$$

Diese Kongruenz hat die Gestalt

$$(*) \qquad g_1(k(y)) \equiv y \pmod{y^r},$$

wobei $g_1 = g - a$ und $k(y) = h(a+y)$ ist. Wegen $g_1(b) = g(b) - a = 0$ und $g_1'(b) = g'(b) \neq 0$ existiert nach (1) eine Lösung k von $(*)$. Dann ist $h(x) = k(x-a)$ eine Lösung von

$$g(h) \equiv x \pmod{(x-a)^r}.$$

(3) Sei nun allgemein $f = \prod_{j=1}^{s}(x-a_j)^{r_j}$ mit paarweise verschiedenen a_j. Nach (2) existieren Polynome h_j mit

$$g(h_j) \equiv x \pmod{(x-a_j)^{r_j}}.$$

Wegen des Chinesischen Restsatzes 5.2.10 c) gibt es ein $h \in K[x]$ mit

$$h \equiv h_j \pmod{(x-a_j)^{r_j}}$$

für $j = 1, \ldots, s$. Dann folgt

$$g(h) \equiv g(h_j) \equiv x \pmod{(x-a_j)^{r_j}}.$$

Da f ein kleinstes gemeinsames Vielfaches der $(x-a_j)^{r_j}$ ist, folgt schließlich

$$g(h) \equiv x \pmod{f}.$$

□

Satz 5.4.13 *Sei V ein K-Vektorraum mit* $\dim V < \infty$ *und* $A \in \mathrm{End}(V)$. *Sei $f_A = \prod_{j=1}^{s}(x - a_j)^{r_j}$ mit paarweise verschiedenen $a_j \in K$. Weiterhin sei $g \in K[x]$, und $g - a_j$ habe für $j = 1, \ldots, s$ wenigstens eine einfache Nullstelle in K. Dann gibt es ein $h \in K[x]$ mit $g(h(A)) = A$.*

Beweis. Nach 5.4.12 gibt es ein $h \in K[x]$ mit $g(h) \equiv x \pmod{f_A}$. Wegen $f_A(A) = 0$ folgt $g(h(A)) = A$. □

Beispiel 5.4.14 Sei K algebraisch abgeschlossen und $\mathrm{Char}\, K = 0$ oder $\mathrm{Char}\, K \nmid m$. Sei $A \in (K)_n$ mit $\det A \neq 0$. Dann gibt es ein $B \in (K)_n$ mit $B^m = A$:

Zum Beweis setzen wir in 5.4.13 nun $g = x^m$. Ist $f_A = \prod_{j=1}^{s}(x - a_j)^{r_j}$, so gilt

$$(x^m - a_j)' = mx^{m-1}.$$

Ist $b_j^m = a_j$, so ist $mb_j^{m-1} \neq 0$. Daher ist jede Nullstelle von $x^m - a_j$ einfach. Also gibt es nach 5.4.13 ein $h \in K[x]$ mit

$$g(h(A)) = h(A)^m = A.$$

Freilich erhält man in der Regel so nicht alle Lösungen B von $B^m = A$ in der Gestalt $B = h(A)$ mit $h \in K[x]$. Die Voraussetzungen $\det A \neq 0$ und $\mathrm{Char}\, K \nmid m$ sind nicht entbehrlich (siehe Aufgabe 5.4.1).

Der Versuch, die Gleichung $B^2 = A \in (\mathbb{C})_2$ zu lösen, führt zu den Gleichungen

$$\sum_{j=1}^{2} b_{ik} b_{kj} = a_{ij} \quad (i, j = 1, 2).$$

Dies sind vier gekoppelte quadratische Gleichungen für die b_{ij}. Deren Lösbarkeit unter der Nebenbedingung $a_{11}a_{22} - a_{12}a_{21} \neq 0$ ist nicht unmittelbar einzusehen.

Hauptsatz 5.4.15 *Sei V ein K-Vektorraum von endlicher Dimension und $A \in \mathrm{End}(V)$.*

a) Sei $h \in K[x]$ mit $h(A) = 0$ und $h = g_1 \ldots g_m$ mit paarweise teilerfremden g_j. Dann gilt

$$V = \oplus_{j=1}^{m} \operatorname{Kern} g_j(A) \quad \textit{und} \quad \operatorname{Kern} g_j(A) = h_j(A)V,$$

wobei $h_j = g_1 \cdots g_{j-1} g_{j+1} \cdots g_m$.

b) Ist $f_A = \prod_{j=1}^m p_j^{r_j}$ *mit irreduziblen, normierten und paarweise teilerfremden* p_j*, so gilt*

$$V = \oplus_{j=1}^m \operatorname{Kern} p_j(A)^{r_j}.$$

c) Zerfällt f_A *total in* $K[x]$*, etwa* $f_A = \prod_{j=1}^m (x-a_j)^{r_j}$ *mit paarweise verschiedenen* $a_j \in K$*, so ist* A *bzgl. einer geeigneten Basis* B *von* V *eine Dreiecksmatrix*

$$A_B = \begin{pmatrix} A_1 & & 0 \\ & \ddots & \\ 0 & & A_m \end{pmatrix}$$

zugeordnet, wobei

$$A_j = \begin{pmatrix} a_j & & * \\ & \ddots & \\ 0 & & a_j \end{pmatrix}.$$

d) Eigenvektoren von A *zu verschiedenen Eigenwerten sind linear unabhängig.*

Beweis. a) Wegen $h_j = g_1 \dots g_{j-1} g_{j+1} \dots g_m$ ist $h = g_j h_j$. Sei p ein irreduzibler Teiler von h_j. Dann gilt $p \mid g_k$ für ein $k \neq j$. Wegen der Teilerfremdheit der g_j folgt

$$p \nmid g_1 \dots g_{k-1} g_{k+1} \dots g_m = h_k.$$

Somit ist 1 ein größter gemeinsamer Teiler der h_j $(j = 1, \dots, m)$. Nach 5.3.6 c) gibt es daher $k_j \in K[x]$ mit $1 = \sum_{j=1}^m h_j k_j$. Für alle $v \in V$ erhalten wir nun

$$v = Ev = \sum_{j=1}^m h_j(A) k_j(A) v.$$

Dies zeigt

$$(1) \qquad V = \sum_{j=1}^m h_j(A) V.$$

Wegen $g_j(A)(h_j(A)v) = h(A)v = 0$ gilt

$$(2) \qquad h_j(A)V \subseteq \operatorname{Kern} g_j(A).$$

Also ist erst recht

$$V = \sum_{j=1}^m \operatorname{Kern} g_j(A).$$

Sei $0 = v_1 + \ldots + v_m$ mit $v_j \in \operatorname{Kern} g_j(A)$. Da g_j und h_j teilerfremd sind, gibt es nach dem Chinesischen Restsatz 5.2.10 Polynome f_j mit

$$f_j \equiv \begin{cases} 1 \pmod{g_j} \\ 0 \pmod{h_j} \end{cases}$$

Wegen $g_i(A)v_i = 0$ folgt für $j \neq i$ dann

$$h_j(A)v_i = g_1(A) \ldots g_{j-1}(A)g_{j+1}(A) \ldots g_m(A)v_i = 0.$$

Somit ist auch $f_j(A)v_i = 0$ für $i \neq j$ Wegen $g_j \mid f_j - 1$ ist $f_j(A)v_j = v_j$. Wir erhalten somit

$$0 = f_j(A)(v_1 + \ldots + v_m) = f_j(A)v_j = v_j.$$

Dies zeigt

$$(3) \qquad V = \oplus_{j=1}^m \operatorname{Kern} g_j(A).$$

Aus (1), (2) und (3) folgt ferner $\operatorname{Kern} g_j(A) = h_j(A)V$.
b) Dies erhalten wir als Anwendung von a) mit $h = f_A$ und $g_j = p_j^{r_j}$.
c) Wir setzen $p_j = x - a_j$ und $V_{ij} = \operatorname{Kern}(a_jE - A)^i$ für $i \leq r_j$. Nach b) gilt

$$V = \oplus_{j=1}^m V_{r_j,j}.$$

Dabei ist

$$0 = V_{0,j} \leq V_{1,j} \leq \ldots \leq V_{r_j,j}$$

und

$$(a_jE - A)V_{i,j} \leq V_{i-1,j}.$$

Wählen wir eine Basis $B = [w_1, \ldots, w_k]$ von $V_{r_j,j}$ derart, daß $[w_1, \ldots, w_{t_i}]$ eine Basis von $V_{i,j}$ ist, so folgt für $t_{i-1} < k \leq t_i$, daß

$$(A - a_jE)w_k \in (A - a_jE)V_{i,j} \leq V_{i-1,j}.$$

Also ist

$$Aw_k = a_jw_k + \sum_{i=1}^{t_{i-1}} c_{ki}w_i.$$

Dies liefert die Dreiecksgestalt von A auf dem Unterraum $V_{r_j,j}$ mit den Diagonalelementen a_j.
d) Sei $v_1 + \ldots + v_k = 0$ mit $Av_j = a_jv_j$ und paarweise verschiedenen a_j. Dabei sei k minimal gewählt. Es folgt

$$0 = A(v_1 + \ldots + v_k) - a_k(v_1 + \ldots + v_k) = \sum_{j=1}^{k-1}(a_j - a_k)v_j.$$

Wegen der Minimalität von k erzwingt dies $v_1 = \ldots = v_{k-1} = 0$, und dann auch $v_k = 0$. □

In der Matrixschreibweise lautet 5.4.15 offenbar so:

Satz 5.4.16 *Sei $A \in (K)_n$ mit total zerfallendem $f_A = \prod_{j=1}^m (x - a_j)^{r_j}$. Dann gibt es ein reguläres $T \in (K)_n$ derart, daß*

$$T^{-1}AT = \begin{pmatrix} A_1 & & 0 \\ & \ddots & \\ 0 & & A_m \end{pmatrix} \quad \textit{mit} \quad A_j = \begin{pmatrix} a_j & & * \\ & \ddots & \\ 0 & & a_j \end{pmatrix}.$$

(Transformation von A auf Dreiecksgestalt mit getrennten Eigenwerten.)

Beispiele 5.4.17 Sei $A \in (K)_n$. Weiterhin sei f_A total zerfallend, etwa $f_A = \prod_{j=1}^n (x - a_j)$ mit nicht notwendig verschiedenen $a_j \in K$. Sei

$$T^{-1}AT = \begin{pmatrix} a_1 & & * \\ & \ddots & \\ 0 & & a_n \end{pmatrix}.$$

Ist $g \in K[x]$, so folgt wegen

$$T^{-1}A^jT = (T^{-1}AT)^j = \begin{pmatrix} a_1^j & & * \\ & \ddots & \\ 0 & & a_n^j \end{pmatrix}$$

unmittelbar

$$T^{-1}g(A)T = \begin{pmatrix} g(a_1) & & * \\ & \ddots & \\ 0 & & g(a_n) \end{pmatrix}.$$

Also ist $f_{g(A)} = \prod_{j=1}^n (x - g(a_j))$.

Lemma 5.4.18 *Sei V ein Vektorraum von endlicher Dimension und sei $A \in \mathrm{End}(V)$. Sei U ein Unterraum von V mit $0 < U < V$ und $AU \leq U$. Dann gilt $f_A = f_{A_U} f_{A_{V/U}}$.*
Insbesondere zerfällt f_A genau dann total, wenn f_{A_U} und $f_{A_{V/U}}$ total zerfallen. (Für die Definition von A_U und $A_{V/U}$ vergleiche man 3.1.9.)

Beweis. Sei $B = [v_1, \dots, v_n]$ eine Basis von V derart, daß $B' = [v_1, \dots, v_m]$ eine Basis von U ist. Dann ist $B'' = [v_{m+1} + U, \dots, v_n + U]$ eine Basis von V/U. Sei

$$Av_j = \sum_{k=1}^{n} a_{kj} v_k \quad (j = 1, \dots, n).$$

Wegen $AU \leq U$ gilt $a_{kj} = 0$ für $j \leq m < k$. Also ist

$$A_U v_j = \sum_{k=1}^{m} a_{kj} v_k \quad (j = 1, \dots, m)$$

und

$$A_{V/U}(v_j + U) = \sum_{k=m+1}^{n} a_{kj}(v_k + U) \quad (j = m+1, \dots, n).$$

Bezüglich B gehört zu A somit die Matrix

$$A_B = \begin{pmatrix} a_{11} & \dots & a_{1m} & & & \\ \vdots & & \vdots & & * & \\ a_{m1} & \dots & a_{mm} & & & \\ & & & a_{m+1,m+1} & \dots & a_{m+1,n} \\ & 0 & & \vdots & & \vdots \\ & & & a_{n,m+1} & \dots & a_{nn} \end{pmatrix}$$

$$= \begin{pmatrix} (A_U)_{B'} & * \\ 0 & (A_{V/U})_{B''} \end{pmatrix}$$

Mit dem Kästchensatz folgt nun

$$\begin{aligned} f_A &= \det(xE - A_B) \\ &= \det(xE - (A_U)_{B'}) \det(xE - (A_{V/U})_{B''}) \\ &= f_{A_U} f_{A_{V/U}}. \end{aligned}$$

□

Satz 5.4.19 *Sei V ein Vektorraum von endlicher Dimension. Sei $\mathcal{M}$ eine Teilmenge von* $\operatorname{End}(V)$ *mit folgenden Eigenschaften:*

(1) Für jedes $A \in \mathcal{M}$ zerfällt f_A total in $K[x]$.

(2) Für alle $A_1, A_2 \in \mathcal{M}$ gilt $A_1 A_2 = A_2 A_1$.

Dann gibt es eine Basis B von V derart, daß A_B für alle $A \in \mathcal{M}$ eine Dreiecksmatrix ist. (Simultane Dreiecksgestalt vertauschbarer linearer Abbildungen.)

Beweis. Wir beweisen den Satz durch Induktion nach $n = \dim V$. Für $n = 1$ ist nichts zu beweisen. Hat jedes $A \in \mathcal{M}$ die Gestalt $b(A)E$, so sind wir fertig. Sei also $A_1 \in \mathcal{M}$ und $A_1 \neq bE$ für alle $b \in K$. Da f_{A_1} total zerfällt, gibt es einen Eigenwert a_1 von A_1 mit

$$0 < \operatorname{Kern}(A_1 - a_1 E) < V.$$

Wir setzen $U = \operatorname{Kern}(A_1 - a_1 E)$. Für $u \in U$ und beliebiges $A \in \mathcal{M}$ gilt dann

$$(A_1 - a_1 E)Au = A(A_1 - a_1 E)u = 0.$$

Dies zeigt $AU \leq U$ für alle $A \in \mathcal{M}$. Da f_{A_U} und $f_{A_{V/U}}$ nach 5.4.18 total zerfallen, gibt es nach Induktionsannahme eine Basis $[v_1, \ldots, v_m]$ von U mit

$$Av_j = \sum_{k=1}^{j} a_{kj}(A) v_k$$

und eine Basis $[v_{m+1} + U, \ldots, v_n + U]$ von V/U mit

$$A_{V/U}(v_j + U) = \sum_{k=m+1}^{j} a_{kj}(A)(v_k + U),$$

also mit

$$Av_j - \sum_{k=m+1}^{j} a_{kj}(A) v_k \in U \text{ für } j > m.$$

Dann ist $B = [v_1, \ldots, v_n]$ eine Basis von V mit

$$A_B = \begin{pmatrix} a_{11}(A) & * & & & * \\ & \ddots & & & \\ & & a_{mm}(A) & & \\ & & & a_{m+1,m+1}(A) & * \\ & & & & \ddots \\ & & & & a_{nn}(A) \end{pmatrix}$$

für alle $A \in \mathcal{M}$. □

Wir gehen noch kurz auf den wichtigen Fall $K = \mathbb{R}$ ein.

Satz 5.4.20 *Sei $V \neq 0$ ein $\mathbb{R}$-Vektorraum von endlicher Dimension und $A \in \mathrm{End}(V)$. Dann gilt:*

a) Es gibt einen Unterraum U von V mit $AU \leq U$ und $1 \leq \dim U \leq 2$.

b) Es gibt eine Basis B von V derart, daß

$$A_B = \begin{pmatrix} A_1 & & * \\ & \ddots & \\ 0 & & A_m \end{pmatrix}$$

ist, wobei A_j den Typ $(1,1)$ oder $(2,2)$ hat.

Beweis. a) Nach 5.3.17 e) gilt $f_A = \prod_{j=1}^m p_j$ mit Polynomen $p_j \in \mathbb{R}[x]$ und $1 \leq \mathrm{Grad}\, p_j \leq 2$. Mit 5.4.11 folgt

$$0 = f_A(A) = \prod_{j=1}^m p_j(A).$$

Also gibt es ein j mit $0 < \mathrm{Kern}\, p_j(A)$. Ist $p_j = x - a$ mit $a \in \mathbb{R}$ und $0 \neq u \in \mathrm{Kern}\, p_j(A)$, so gilt $Au = au$. Dann setzen wir $U = \langle u \rangle$. Ist hingegen $p_j = x^2 + ax + b \in \mathbb{R}[x]$ und $0 \neq u \in \mathrm{Kern}\, p_j(A)$, so setzen wir $U = \langle u, Au \rangle$. Wegen $A(Au) = -aAu - bu$ gilt $A\langle u, Au \rangle \leq \langle u, Au \rangle$.
b) Dies folgt aus a) durch eine Induktion nach $\dim V$. □

Aufgabe 5.4.1 Sei K ein Körper.

a) Ist $A = \begin{pmatrix} 0 & 0 \\ 1 & 0 \end{pmatrix} \in (K)_2$, so gibt es kein $B \in (K)_2$ mit $B^2 = A$.

b) Sei $\mathrm{Char}\, K = p$ und

$$A = \begin{pmatrix} 1 & & 0 \\ & \ddots & \\ 1 & & 1 \end{pmatrix} \in (K)_p$$

mit Einsen auf der Diagonalen und an der Stelle $(n,1)$. Dann gibt es kein $B \in (K)_p$ mit $B^p = A$.

Aufgabe 5.4.2 Sei K ein algebraisch abgeschlossener Körper der Charakteristik p. Ist $A \in (K)_n$, so gibt es ein $B \in (K)_n$ mit $B^p - B = A$.

Hinweis: Man verwende 5.4.13.

Aufgabe 5.4.3 Sei K ein algebraisch abgeschlossener Körper der Charakteristik p. Ist $A \in (K)_n$, so gilt $\operatorname{Sp} A^p = (\operatorname{Sp} A)^p$.

Aufgabe 5.4.4 Sei $\dim V < \infty$ und $A \in \operatorname{End}(V)$. Sei $m \in \mathbb{N}$ bestimmt durch

$$\operatorname{Kern} A < \operatorname{Kern} A^2 < \ldots < \operatorname{Kern} A^m = \operatorname{Kern} A^{m+1}.$$

a) Dann gilt $\operatorname{Kern} A^j = \operatorname{Kern} A^m$ für alle $j \geq m$.

b) Dabei ist auch

$$\operatorname{Bild} A > \operatorname{Bild} A^2 > \ldots > \operatorname{Bild} A^m = \operatorname{Bild} A^j$$

für alle $j \geq m$.

c) Es gilt $V = \operatorname{Kern} A^m \oplus \operatorname{Bild} A^m$.

Aufgabe 5.4.5 Sei $\dim V < \infty$ und $A \in \operatorname{End}(V)$. Seien a_j $(j = 1, \ldots, m)$ die Eigenwerte von A und sei n_j gemäß Aufgabe 5.4.4 bestimmt durch

$$\operatorname{Kern}(A - a_j E) < \ldots < \operatorname{Kern}(A - a_j E)^{n_j} = \operatorname{Kern}(A - a_j E)^{n_j+1}.$$

Dann ist n_j die Vielfachheit von a_j als Eigenwert von A im Sinne von 5.4.7.

Aufgabe 5.4.6 Sei $A = (a_{ij}) \in (\mathbb{C})_n$ mit $a_{ij} = 0$ oder $a_{ij} = 1$ (sogenannte 01-Matrix). Man zeige:
Sind alle Eigenwerte a_i $(i = 1, \ldots, n)$ von A reell und positiv, so gilt $a_i = 1$ für alle i.

Hinweis: Man benutze die Ungleichung vom arithmetischen und geometrischen Mittel, d.h. $\frac{1}{n} \sum_{j=1}^{n} a_i \geq \sqrt[n]{\prod_{j=1}^{n} a_j}$, wobei die Gleichheit genau dann gilt, wenn alle a_i gleich sind.

5.5 Minimalpolynom und Diagonalisierbarkeit

Die Transformation einer Matrix auf Dreiecksgestalt gemäß 5.4.15 ist oft nützlich. Jedoch ist das Rechnen mit Dreiecksmatrizen immer noch recht unübersichtlich. Offensichtlich wäre es nützlich, wenn man zu einer Matrix $A \in (K)_n$ eine reguläre Matrix T finden könnte, so daß $T^{-1}AT$ eine Diagonalmatrix ist. Dies geht nicht immer, aber doch in vielen Fällen.

Definition 5.5.1

a) Sei $\dim V < \infty$ und $A \in \mathrm{End}(V)$. Wir nennen A *diagonalisierbar*, wenn es eine Basis $B = [v_1, \ldots, v_n]$ von V gibt mit

$$Av_j = a_j v_j \qquad (j = 1, \ldots, n),$$

wobei $a_j \in K$. Dann ist $f_A = \prod_{j=1}^{n}(x - a_j)$. Sind $a_1, \ldots, a_r$ die verschiedenen Eigenwerte von A, so heißt dies

$$V = \sum_{j=1}^{r} \mathrm{Kern}(A - a_j E).$$

Da Eigenvektoren zu paarweise verschiedenen Eigenwerten nach Satz 5.4.15 d) linear unabhängig sind, ist sogar

$$V = \oplus_{j=1}^{r} \mathrm{Kern}(A - a_j E).$$

b) Eine Matrix $A \in (K)_n$ heißt *diagonalisierbar*, falls es eine reguläre Matrix $T \in (K)_n$ gibt, so daß

$$T^{-1}AT = \begin{pmatrix} a_1 & & 0 \\ & \ddots & \\ 0 & & a_n \end{pmatrix}$$

eine Diagonalmatrix ist.

Satz 5.5.2 *Sei* $\dim V = n < \infty$ *und* $A \in \mathrm{End}(V)$. *Offenbar ist*

$$\mathcal{I}(A) = \{h \mid h \in K[x],\ h(A) = 0\}$$

ein Ideal in $K[x]$.

a) *Es gibt ein eindeutig bestimmtes normiertes Polynom* $m_A \neq 0$ *mit* $\mathcal{I}(A) = K[x]m_A$. *Wir nennen* m_A *das* Minimalpolynom *von* A.

b) *Das Minimalpolynom* m_A *teilt das charakteristische Polynom* f_A. *Insbesondere gilt* $\operatorname{Grad} m_A \leq \dim V$.

c) *Ist* a *ein Eigenwert von* A, *so gilt* $m_A(a) = 0$.

Beweis. a) Nach 5.4.11 gilt $f_A(A) = 0$, also $\mathcal{I}(A) \neq 0$. Da $K[x]$ ein Hauptidealring ist, gibt es ein eindeutig besimmtes normiertes Polynom m_A mit $\mathcal{I}(A) = K[x]m_A$.
b) Wegen $f_A(A) = 0$ gilt $f_A \in \mathcal{I}(A)$, und daher $m_A \mid f_A$. Daraus folgt $\operatorname{Grad} m_A \leq \operatorname{Grad} f_A = \dim V$.
c) Ist $Av = av$ mit $a \in K$ und $0 \neq v \in V$, so gilt $0 = m_A(A)v = m_A(a)v$, also $m_A(a) = 0$. □

Hauptsatz 5.5.3 *Sei* V *ein* K*-Vektorraum von endlicher Dimension und* $A \in \operatorname{End}(V)$. *Dann sind gleichwertig:*

a) A *ist diagonalisierbar.*

b) *Es gilt* $m_A = \prod_{j=1}^{k}(x - a_j)$ *mit paarweise verschiedenen* $a_j \in K$.
(Diese a_j sind offenbar die sämtlichen Eigenwerte von A.)

Beweis. Ist $V = \oplus_{j=1}^{k} \operatorname{Kern}(A - a_jE)$ mit paarweise verschiedenen $a_j \in K$, so gilt

$$\prod_{j=1}^{k}(A - a_jE)V = 0.$$

Dies zeigt $m_A \mid \prod_{j=1}^{k}(x - a_j)$. Ist umgekehrt $m_A = \prod_{j=1}^{k}(x - a_j)$ mit paarweise verschiedenen $a_j \in K$, so folgt mit 5.4.15, daß

$$V = \oplus_{j=1}^{k} \operatorname{Kern}(A - a_jE).$$

Somit ist A diagonalisierbar. □

Bemerkung 5.5.4 a) Im allgemeinen ist $m_{AB} \neq m_{BA}$. Für

$$A = \begin{pmatrix} 0 & 0 \\ 1 & 0 \end{pmatrix} \quad \text{und} \quad B = \begin{pmatrix} 0 & 0 \\ 0 & 1 \end{pmatrix}$$

erhalten wir

$$AB = 0 \quad \text{und} \quad BA = \begin{pmatrix} 0 & 0 \\ 1 & 0 \end{pmatrix}.$$

Also gilt in diesem Fall $m_{AB} = x$ und $m_{BA} = x^2$.

b) Sei $\dim V < \infty$ und seien $A, B \in \operatorname{End}(V)$ mit $m_{BA} = \sum_{j=0}^{k} c_j x^j$. Dann gilt

$$\begin{aligned}(AB)m_{BA}(AB) &= AB\textstyle\sum_{j=0}^{k} c_j(AB)^j = A(\sum_{j=0}^{k} c_j(BA)^j)B\\ &= Am_{BA}(BA)B = 0.\end{aligned}$$

Dies zeigt $m_{AB} \mid xm_{BA}$.

Lemma 5.5.5 *Sei* $\dim V < \infty$ *und* $A \in \operatorname{End}(V)$. *Zu jedem* $v \in V$ *bilden wir*

$$\mathcal{I}(v) = \{g \mid g \in K[x],\ g(A)v = 0\}.$$

Offenbar ist $\mathcal{I}(v)$ *ein Ideal in* $K[x]$ *mit* $m_A \in \mathcal{I}(v)$. *Es gibt nun ein* $v_0 \in V$ *mit* $\mathcal{I}(v_0) = K[x]m_A$.

Beweis. Sei

$$m_A = \prod_{j=1}^{r} p_j^{r_j} = p_i^{r_i} h_i$$

mit paarweise verschiedenen irreduziblen normierten Polynomen p_j. Wegen $p_j(A)^{r_j-1}h_j(A) \neq 0$ gibt es ein $v_j = h_j(A)w_j$ mit $p_j(A)^{r_j-1}v_j \neq 0$, aber

$$p_j(A)^{r_j}v_j = p_j(A)^{r_j}h_j(A)w_j = m_A(A)w_j = 0.$$

Wir bilden $v_0 = \sum_{j=1}^{r} v_j$. Wegen $p_i^{r_i} \mid h_k$ für $k \neq i$ ist

$$p_k(A)^{r_k-1}h_k(A)v_0 = p_k(A)^{r_k-1}h_k(A)v_k.$$

Wäre $p_k(A)^{r_k-1}h_k(A)v_k = 0$, so wäre wegen $p_k(A)^{r_k}v_k = 0$ und

$$p_k^{r_k-1} = \operatorname{ggT}(p_k^{r_k}, p_k^{r_k-1}h_k) = fp_k^{r_k} + gp_k^{r_k-1}h_k$$

mit $f, g \in K[x]$ auch $p_k(A)^{r_k-1}v_k = 0$, ein Widerspruch. Also ist

$$p_k^{r_k-1}h_k(A)v_0 \neq 0.$$

Für jeden echten Teiler g von m_A gilt daher $g(A)v_0 \neq 0$. Somit erhalten $\mathcal{I}(v_0) = K[x]m_A$.

Ist der Körper K unendlich, so kann man den Beweis wie folgt kürzer fassen.

Seien $g_1, \ldots, g_m$ die echten Teiler von m_A Dann ist $g_i(A) \neq 0$, also $\operatorname{Kern} g_i(A) < V$. Nach 2.6.8 gilt daher $\cup_{i=1}^{m} \operatorname{Kern} g_i(A) \subset V$. Somit gibt es ein $v_0 \in V$ mit

$$v_0 \notin \cup_{i=1}^{m} \operatorname{Kern} g_i(A).$$

Dies zeigt $\mathcal{I}(v_0) = K[x]m_A$. □

Lemma 5.5.6 *Sei* $\dim V < \infty$ *und* $A \in \mathrm{End}(V)$. *Sei ferner* $U \leq V$ *mit* $AU \leq U$.

a) Dann gelten

$$m_{A_U} \mid m_A \quad \textit{und} \quad m_{A_{V/U}} \mid m_A,$$

sowie

$$m_A \mid m_{A_U} m_{A_{V/U}}.$$

b) Sind m_{A_U} *und* $m_{A_{V/U}}$ *teilerfremd, so gilt* $m_A = m_{A_U} m_{A_{V/U}}$.

Beweis. a) Für $u \in U$ gilt

$$0 = m_A(A)u = m_A(A_U)u.$$

Dies zeigt $m_{A_U} \mid m_A$. Aus $(A_{V/U})^k = (A^k)_{V/U}$ folgt

$$g(A_{V/U})(v + U) = g(A)v + U$$

für alle $g \in K[x]$. Insbesondere ist

$$m_A(A_{V/U})(v + U) = m_A(A)v + U = U,$$

somit $m_{A_{V/U}} \mid m_A$. Für alle $v \in V$ gilt schließlich

$$U = m_{A_{V/U}}(A_{V/U})(v + U) = m_{A_{V/U}}(A)v + U,$$

also $m_{A_{V/U}}(A)V \leq U$. Dies zeigt

$$m_{A_U}(A) m_{A_{V/U}}(A)V \leq m_{A_U}(A_U)U = 0,$$

und daher $m_A \mid m_{A_U} m_{A_{V/U}}$.
b) Sind m_{A_U} und $m_{A_{V/U}}$ teilerfremd, so folgt mit a), daß

$$m_{A_U} m_{A_{V/U}} \mid m_A,$$

also $m_A = m_{A_U} m_{A_{V/U}}$. □

Lemma 5.5.7 *Sei* $\dim V < \infty$ *und* $A \in \mathrm{End}(V)$. *Wir setzen*

$$K[A] = \{g(A) \mid g \in K[x]\}.$$

a) Es gilt $K[A] \cong K[x]/K[x]m_A$ *als* K*-Algebren.*

b) Genau dann gibt es ein $v_0 \in V$ *mit* $K[A]v_0 = V$, *wenn* $m_A = f_A$ *ist.*

Beweis. a) Die Abbildung α mit

$$\alpha g = g(A) \quad \text{für } g \in K[x]$$

ist ein K-Algebrenhomomorphismus von $K[x]$ auf $K[A]$ mit dem Kern $K[x]m_A$. Also folgt die Behauptung mit dem Homomorphiesatz für Ringe (siehe 5.2.5).
b) Für jedes $v_0 \in V$ ist β mit

$$\beta g = g(A)v_0 \quad \text{für } g \in K[x]$$

eine K-lineare Abbildung von $K[x]$ auf $K[A]v_0$ mit dem Kern

$$\mathcal{I}(v_0) = \{g \mid g \in K[x],\, g(A)v_0 = 0\}.$$

Wegen $m_A \in \mathcal{I}(v_0)$ erhalten wir

$$\begin{aligned} \dim K[A]v_0 &= \dim K[x]/\mathcal{I}(v_0) \\ &\leq \dim K[x]/K[x]m_A = \operatorname{Grad} m_A. \end{aligned}$$

Ist $m_A \neq f_A$, so gilt $\dim K[A]v_0 < \dim V = \operatorname{Grad} f_A$ für alle $v_0 \in V$. Ist $m_A = f_A$, so gibt es nach 5.5.5 ein v_0 mit $I(v_0) = K[x]m_A$, also

$$\dim K[A]v_0 = \operatorname{Grad} m_A = \operatorname{Grad} f_A = \dim V.$$

Somit ist $V = K[A]v_0$. □

Satz 5.5.8 *Sei V ein K-Vektorraum mit* $\dim V < \infty$ *und* $A \in \operatorname{End}(V)$.

a) *Ist p ein irreduzibler Teiler von f_A, so teilt p auch m_A.*

b) *Ist $f_A(a) = 0$ für ein a aus einem Erweiterungskörper von K, so gilt auch $m_A(a) = 0$.*

Beweis. a) Gibt es ein $v_0 \in V$ mit $V = K[A]v_0$, so gilt nach 5.5.7 b), daß $m_A = f_A$, und wir sind fertig. Anderenfalls ist für jedes $0 \neq v_0 \in V$ dann $U = K[A]v_0 < V$ und $AU \leq U$. Ist p ein irreduzibler Teiler von

$$f_A = f_{A_U} f_{A_{V/U}} \qquad \text{(siehe 5.4.18)},$$

so folgt $p \mid f_{A_U}$ oder $p \mid f_{A_{V/U}}$. Gemäß einer Induktion nach $\dim V$ liefert dies $p \mid m_{A_U}$ oder $p \mid m_{A_{V/U}}$. Nach 5.5.6 a) ist dann auch $p \mid m_A$.
b) Ist $f_A(a) = 0$, so gibt es einen irreduziblen Teiler p von f_A mit $p(a) = 0$. Wegen a) ist p auch ein Teiler von m_A. Daher folgt $m_A(a) = 0$. □

Beispiele 5.5.9 a) Sei $\dim V = n < \infty$ und $A \in \operatorname{End}(V)$. Weiterhin sei $f_A = \prod_{j=1}^{n}(x - a_j)$ mit paarweise verschiedenen $a_j \in K$. Nach 5.5.2 c) ist dann $m_A = f_A$. Somit ist A nach 5.5.3 diagonalisierbar.
b) Sei $A \in (K)_n$ diagonalisierbar mit den paarweise verschiedenen Eigenwerten $a_j \neq 0$ $(j = 1, \dots, r)$. Ferner sei $\operatorname{Char} K \nmid m$ und $x^m - a_j$ zerfalle total in $K[x]$ für alle $j = 1, \dots, r$. Ist $B \in (K)_n$ mit $B^m = A$, so ist auch B diagonalisierbar:

Aus $m_A(B^m) = m_A(A) = 0$ folgt $m_B \mid m_A(x^m)$. Dabei gilt

$$m_A(x^m) = \prod_{j=1}^{r}(x^m - a_j).$$

Wegen $\operatorname{Char} K \nmid m$ und $a_j \neq 0$ hat $x^m - a_j$ lauter verschiedene Nullstellen, also auch $\prod_{j=1}^{r}(x^m - a_j)$. Daher hat auch m_B lauter verschiedene Nullstellen. Also ist auch B diagonalisierbar.
c) Wir betrachten unser Standardbeispiel

$$\begin{pmatrix} a & b & \dots & b \\ b & a & \dots & b \\ \vdots & \vdots & & \vdots \\ b & b & \dots & a \end{pmatrix} = (a - b)E + bF$$

vom Typ (n, n) mit $b \neq 0$. Nach 5.4.10 ist

$$f_A = (x - a + b)^{n-1}(x - (a - b + nb)).$$

Daher liegt es nahe,

$$g = (x - a + b)(x - (a - b + nb))$$

zu betrachten. Man erhält $g(A) = 0$. Wegen $b \neq 0$ ist $\operatorname{Grad} m_A \geq 2$, also $g = m_A$. Ist $\operatorname{Char} K \nmid n$, so hat g zwei verschiedene Nullstellen. Somit ist A diagonalisierbar. Ist hingegen $\operatorname{Char} K \mid n$, so ist $m_A = (x - a + b)^2$, und A ist dann nicht diagonalisierbar.
d) Sei

$$A = \begin{pmatrix} a & a & \dots & a & a \\ b & 0 & \dots & 0 & c \\ \vdots & \vdots & & \vdots & \vdots \\ b & 0 & \dots & 0 & c \\ a & a & \dots & a & a \end{pmatrix} \in (K)_n$$

mit $n \geq 3$ und $\operatorname{Char} K \neq 2$. Wegen $\operatorname{r}(A) \leq 2$ hat A die Eigenwerte $0, \ldots, 0, d, e$ mit $e + d = \operatorname{Sp} A = 2a$ und

$$d^2 + e^2 = \operatorname{Sp} A^2 = 4a^2 + 2(n-2)a(b+c).$$

Es folgt

$$2de = (d+e)^2 - d^2 - e^2 = -2(n-2)a(b+c).$$

Wegen $\operatorname{Char} k \neq 2$ zeigt dies

$$de = -(n-2)a(b+c),$$

und somit

$$f_A = x^{n-2}(x-d)(x-e) = x^{n-2}(x^2 - 2ax - (n-2)a(b+c)).$$

Eine direkte Rechnung liefert

$$A(A^2 - 2aA - (n-2)a(b+c)E) = 0.$$

Für $a = 0$ sieht man sofort $A^2 = 0$. Also gilt $m_A = x^2$ für $a = 0$ und $b \neq 0$ oder $c \neq 0$. Für $b = c = 0$ und $a \neq 0$ folgt $A^2 - 2aA = 0$. Dann ist $m_A = x^2 - 2ax$. Da A den Eigenwert 0 hat, gilt $x \mid m_A$. Angenommen, $A(A - dE) = 0$ für ein $d \in K$. Dies erzwingt

$$0 = \begin{pmatrix} * & 2a^2 - ad \ \ldots & * \\ a(b+c) - bd & a(b+c) \ \ldots & a(b+c) - cd \\ * & * & * \end{pmatrix},$$

also

$$2a^2 - ad = a(b+c) = bd = cd = 0.$$

Ist $b \neq 0$ oder $c \neq 0$, so folgt $d = 0$ und dann $a = 0$. Ist also $a \neq 0$ und $b \neq 0$ oder $c \neq 0$, so ist $A(A - dE) \neq 0$ für alle $d \in K$. Dies zeigt $\operatorname{Grad} m_A \geq 3$, und daher

$$m_A = x(x^2 - 2ax - (n-2)a(b+c)).$$

Ist $(n-2)a(b+c) = 0$, so folgt $m_A = x^2(x - 2a)$, und dann ist A nicht diagonalisierbar. Ist $(n-2)a(b+c) \neq 0$, so ist A genau dann diagonalisierbar, wenn $x^2 - 2ax - (n-2)a(b+c)$ in K zwei verschiedene Nullstellen hat.

Lemma 5.5.10 *Sei* $\dim V < \infty$ *und* $A \in \operatorname{End}(V)$. *Ferner sei* $U \leq V$ *und* $AU \leq U$. *Ist* A *auf* V *diagonalisierbar, so sind auch* A_U *und* $A_{V/U}$ *diagonalisierbar.*

Beweis. Nach 5.5.6 a) gelten $m_{A_U} \mid m_A$ und $m_{A_{V/U}} \mid m_A$. Daher folgt die Behauptung mit 5.5.3. □

Als Gegenstück zu 5.4.19 beweisen wir:

Satz 5.5.11 *Sei* $\dim V < \infty$. *Sei* $\mathcal{M}$ *eine Teilmenge von* $\mathrm{End}(V)$ *mit folgenden Eigenschaften:*

(1) Jedes $A \in \mathcal{M}$ *sei diagonalisierbar.*

(2) Für alle $A_1, A_2 \in \mathcal{M}$ *gilt* $A_1A_2 = A_2A_1$.

Dann gibt es eine Basis B *von* V *derart, daß* A_B *eine Diagonalmatrix für alle* $A \in \mathcal{M}$ *ist.* (Simultane Diagonalgestalt von vertauschbaren diagonalisierbaren Abbildungen.)

Beweis. Wir führen den Beweis durch Induktion nach $\dim V$. Hat jedes $A \in \mathcal{M}$ nur einen Eigenwert $a(A)$, so gilt $A = a(A)E$, und wir sind fertig. Sei $A_0 \in \mathcal{M}$ mit den paarweise verschiedenen Eigenwerten $a_1, \ldots, a_r$ und $r > 1$. Dann ist
$$V = \oplus_{j=1}^{r} \mathrm{Kern}(A_0 - a_jE)$$
mit $0 < \mathrm{Kern}(A - a_jE) < V$. Wegen $AA_0 = A_0A$ für alle $A \in \mathcal{M}$ gilt wie im Beweis von 5.4.19, daß
$$A\,\mathrm{Kern}(A_0 - a_jE) \leq \mathrm{Kern}(A_0 - a_jE).$$
Nach 5.5.10 ist die Einschränkung von A auf $\mathrm{Kern}(A_0 - a_jE)$ diagonalisierbar. Nach Induktion sind dann alle $A \in \mathcal{M}$ simultan diagonalisierbar auf $\mathrm{Kern}(A_0 - a_jE)$, also auch auf V. □

Als einen wichtigen Spezialfall von 5.5.11 vermerken wir noch:

Satz 5.5.12 *Sei* $\dim V < \infty$. *Ferner sei* $\mathcal{M}$ *eine Teilmenge von* $\mathrm{End}(V)$ *mit den folgenden Eigenschaften:*

(1) Zu jedem $A \in \mathcal{M}$ *gebe es ein* $n(A) \in \mathbb{N}$ *mit* $A^{n(A)} = 1_V$. *Dabei sei* $\mathrm{Char}\,K = 0$ *oder* $\mathrm{Char}\,K \nmid n(A)$ *für alle* $A \in \mathcal{M}$. *Ferner zerfalle* $x^{n(A)} - 1$ *total in* $K[x]$ *für alle* $A \in \mathcal{M}$.

(2) Für alle $A_1, A_2 \in \mathcal{M}$ *gelte* $A_1A_2 = A_2A_1$.

Dann sind alle $A \in \mathcal{M}$ *simultan diagonalisierbar.*

Beweis. Nach 5.5.9 b) ist jedes $A \in \mathcal{M}$ diagonalisierbar. Dann sind nach 5.5.11 alle $A \in \mathcal{M}$ simultan diagonalisierar. □

Aufgabe 5.5.1 Sei

$$A = \begin{pmatrix} 1\ 0\ 0 \dots 0\ 0\ 1 \\ 0\ 1\ 1 \dots 1\ 1\ 0 \\ \vdots\ \vdots\ \vdots \quad\ \ \vdots\ \vdots\ \vdots \\ 0\ 1\ 1 \dots 1\ 1\ 0 \\ 1\ 0\ 0 \dots 0\ 0\ 1 \end{pmatrix}$$

vom Typ (n, n) mit $n \geq 3$.

a) Man zeige $A(A^2 - nA + (2n-4)E) = 0$.

b) Ist $\operatorname{Char} K = 2$, so gilt

$$m_A = \begin{cases} x^2, & \text{falls } 2 \mid n \\ x^2(x-n), & \text{falls } 2 \nmid n. \end{cases}$$

c) Ist $\operatorname{Char} K \neq 2$ und $\operatorname{Char} K \nmid n-2$, so gilt

$$m_A = x(x^2 - nx + 2n - 4).$$

d) Ist $\operatorname{Char} K \neq 2$ und $\operatorname{Char} K \mid n-2$, so ist

$$m_A = x^2(x-n).$$

Aufgabe 5.5.2 Sei $\dim V < \infty$ und $A \in \operatorname{End}(V)$.

a) Man beweise

$$\dim \operatorname{Kern} A^{m+2} / \operatorname{Kern} A^{m+1} \leq \dim \operatorname{Kern} A^{m+1} / \operatorname{Kern} A^m.$$

b) Ist $A^m = 0$, so gilt $\dim V \leq m \dim \operatorname{Kern} A$.

Aufgabe 5.5.3 Sei $\operatorname{Char} K = 0$. Ferner sei $B \in (K)_n$ und

$$A = \begin{pmatrix} B & 0 \\ B & B \end{pmatrix} \in (K)_{2n}.$$

Dabei seien $m_A = \prod_j p_j^{a_j}$ und $m_B = \prod_j p_j^{b_j}$ die Minimalpolynome von A und B. Dann gilt

$$a_i = \begin{cases} b_i + 1 & \text{für } p_i \neq x \\ b_i & \text{für } p_i = x. \end{cases}$$

Hinweis: Man benutze $g(A) = \begin{pmatrix} g(B) & 0 \\ Bg'(B) & g(B) \end{pmatrix}$ für $g \in K[x]$.

Aufgabe 5.5.4 Seien K und L Körper mit $K \subseteq L$ und $\dim_K L < \infty$. Für $a \in L$ definieren wir $A \in \mathrm{End}_K(L)$ durch $Ax = ax$ für $x \in L$. Man zeige:

a) Das Minimalpolynom m_A von A ist irreduzibel in $K[x]$.

b) Das charakteristische Polynom f_A von A hat die Gestalt $f_A = {m_A}^k$, wobei $k = \dim_{K(a)} L$ ist. Also gilt $m_A = f_A$ genau dann, wenn $L = K(a)$ ist. Dabei ist $K(a) = \{\, g(a) \mid g \in K[x] \,\}$ der kleinste Teilkörper von L, der K und a enthält.

Aufgabe 5.5.5 Sei $\dim V < \infty$ und $A \in \mathrm{End}(V)$.

a) Sei A diagonalisierbar. Dann gibt es zu jedem $U < V$ mit $AU \leq U$ ein $W < V$, so daß $V = U \oplus W$ und $AW \leq W$.

b) Sei V ein $\mathbb{C}$-Vektorraum. Gibt es zu jedem $U < V$ mit $AU \leq U$ ein $W \leq V$ mit $V = U \oplus W$ und $AW \leq W$, so ist A diagonalisierbar.

Aufgabe 5.5.6 Sei $A \in (K)_n$ diagonalisierbar, also $Av_i = a_i v_i$ mit Elementen $a_i \in K$ und linear unabhängigen Spaltenvektoren $v_i \in K^n$ für $i = 1, \ldots, n$. Setzen wir $T = (v_1, \ldots, v_n)$, so ist

$$T^{-1}AT = \begin{pmatrix} a_1 & & 0 \\ & \ddots & \\ 0 & & a_n \end{pmatrix}$$

eine Diagonalmatrix.

Aufgabe 5.5.7 Sei $A \in (K)_n$. Ist A regulär, so gibt es ein $f \in K[x]$, so daß $A^{-1} = f(A)$ ist.

Hinweis: Man benutze das Minimalpolynom von A.

5.6 Moduln über Hauptidealringen

Definition 5.6.1 Sei R ein Ring mit Einselement 1.

a) Eine Menge M heißt ein *R-Modul*, genauer ein R-Linksmodul, wenn folgende Forderungen erfüllt sind:

(1) M ist bzgl. einer Operation $+$ eine abelsche Gruppe mit dem neutralen Element 0.

(2) Für jedes $r \in R$ und jedes $m \in M$ ist ein Element $rm \in M$ definiert. Dabei gelte

$$\begin{aligned} r(m_1 + m_2) &= rm_1 + rm_2 \\ (r_1 + r_2)m &= r_1 m + r_2 m \\ (r_1 r_2)m &= r_1(r_2 m) \\ 1m &= m \end{aligned}$$

für alle $m_j, m \in M$ und alle $r_j, r \in R$.

b) Sei M ein R-Modul. Eine Teilmenge N von M heißt ein *Untermodul* von M, falls gilt:

(1) N ist bzgl. $+$ eine Untergruppe von M.

(2) Für $r \in R$ und $n \in N$ ist $rn \in N$.

c) Sei N ein Untermodul von M. Wir bilden die Faktorgruppe

$$M/N = \{m + N \mid m \in M\}$$

mit der Addition

$$(m_1 + N) + (m_2 + N) = m_1 + m_2 + N.$$

Dann wird M/N ein R-Modul, sogenannter *Faktormodul*, durch die Festsetzung

$$r(m + N) = rm + N.$$

d) Seien M_1 und M_2 R-Moduln. Eine Abbildung α von M_1 in M_2 heißt ein *R-Homomorphismus* , falls gilt:

$$\begin{aligned} \alpha(m + m') &= \alpha m + \alpha m' \\ \alpha(rm) &= r(\alpha m) \end{aligned}$$

für alle $m, m' \in M$ und $r \in R$. Die Menge aller R-Homomorphismen von M_1 in M_2 bezeichnen wir mit $\mathrm{Hom}_R(M_1, M_2)$. Durch

$$(\alpha_1 + \alpha_2)m = \alpha_1 m + \alpha_2 m$$

für $\alpha_j \in \operatorname{Hom}_R(M_1, M_2)$ und $m \in M$ wird $\operatorname{Hom}_R(M_1, M_2)$ offenbar eine abelsche Gruppe. Ist R kommutativ, so wird $\operatorname{Hom}_R(M_1, M_2)$ ein R-Modul durch $(r\alpha)(m) = r\alpha(m)$.

Für $\alpha \in \operatorname{Hom}_R(M_1, M_2)$ setzen wir

$$\operatorname{Kern} \alpha = \{m \mid m \in M_1,\ \alpha m = 0\}$$

und

$$\operatorname{Bild} \alpha = \{\alpha m \mid m \in M_1\}.$$

Wir nennen α einen *Monomorphismus*, falls $\operatorname{Kern} \alpha = 0$ und einen *Epimorphismus*, falls $\operatorname{Bild} \alpha = M_2$ ist. Ist beides erfüllt, so heißt α ein *Isomorphismus* und wir schreiben dann $M_1 \cong M_2$. Wie in 3.1.7 beweist man den Homomorphiesatz

$$M_1 / \operatorname{Kern} \alpha \cong \operatorname{Bild} \alpha.$$

Beispiele 5.6.2 a) Jeder Ring R ist ein R-Modul. Die Untermoduln sind die sogenannten *Linksideale* $\mathcal{L}$ von R, d.h. diejenigen $\mathcal{L} \leq R^+$, für die $r\mathcal{L} \subseteq \mathcal{L}$ für alle $r \in R$ gilt. Ist R kommutativ, so sind die Linksideale gerade die Ideale von R im Sinne von 5.2.3.
b) Die $\mathbb{Z}$-Moduln sind die additiv geschriebenen abelschen Gruppen.
c) Sei V ein K-Vektorraum und $A \in \operatorname{End}(V)$. Dann wird V ein $K[x]$-Modul durch

$$f(x)v = f(A)v$$

für $f \in K[x]$. Wegen 5.5.7 ist V natürlich auch ein R-Modul für die Faktoralgebra $R = K[x]/K[x]m_A$. Diese Auffassung ist grundlegend für unsere Überlegungen im Abschnitt 5.7. Ist $B \in \operatorname{End}(V)$, so gilt $B \in \operatorname{End}_R(V) = \operatorname{Hom}_R(V, V)$ genau dann, wenn $AB = BA$.

Definition 5.6.3 Sei M ein R-Modul.

a) Für $N \subseteq M$ setzen wir

$$\langle N \rangle = \{\sum_{j=1}^{k} r_j n_j \mid r_j \in R,\ n_j \in N, \text{ nur endl. viele } r_j \neq 0,\ k = 1, 2, \ldots\}.$$

Offenbar ist $\langle N \rangle$ der kleinste Untermodul von M, der N enthält.

b) Gilt $M = \langle m_1, \ldots, m_k \rangle$ für geeignete $m_j \in M$, so nennen wir M *endlich erzeugbar*.

c) Sind N_j $(j \in J)$ Untermoduln von M, so ist

$$\sum_{j\in J} N_j = \{\sum_{j\in J} n_j \mid n_j \in N_j, \text{ nur endlich viele } n_j \neq 0\}$$

ein Untermodul von M.

d) Seien N_j $(j \in J)$ Untermoduln von M. Wir schreiben

$$M = \oplus_{j\in J} N_j,$$

und nennen dies die *direkte Summe der* N_j, falls $M = \sum_{j\in J} N_j$, und falls aus $\sum_{j\in J} n_j = 0$ mit $n_j \in N_j$ stets $n_j = 0$ folgt.

Zornsches Lemma 5.6.4 In zahlreichen Untersuchungen wird ein zusätzliches mengentheoretisches Axiom benötigt. Es gibt mehrere äquivalente Fassungen desselben, nämlich als Auswahlsatz, Zornsches Lemma, Wohlordnungssatz. Den leicht zu formulierenden Auswahlsatz haben wir bereits mehrfach verwendet (siehe etwa 1.2.4b)). Bei algebraischen Untersuchungen ist meist das Zornsche Lemma besonders handlich, welches wir nun formulieren.

Sei $M \neq \emptyset$ eine Menge, auf der eine Ordnungsrelation $\prec$ definiert ist, d.h.,

(1) $m \prec m$ für alle $m \in M$ (Reflexivität).

(2) Ist $m_1 \prec m_2$ und $m_2 \prec m_1$ für $m_i \in M$, so gilt $m_1 = m_2$ (Antisymmetrie).

(3) Ist $m_1 \prec m_2$ und $m_2 \prec m_3$ für $m_i \in M$, so ist $m_1 \prec m_3$ (Transitivität).

Eine Untermenge K von M heißt eine *Kette*, falls für $a, b \in K$ stets $a \prec b$ oder $b \prec a$ gilt. Wir nennen eine Kette K *induktiv*, falls ein $m \in M$ existiert mit $k \prec m$ für alle $k \in K$. Das Zornsche Lemma fordert:
Ist jede Kette in M induktiv, so gibt es maximale Elemente m aus M, d.h. aus $m \prec n$ mit $n \in M$ folgt $n = m$.

Beispiele 5.6.5 a) Sei M eine Menge und sei $\mathcal{P}(M)$ die Potenzmenge von M. Dann definiert die Inklusion $\subseteq$ eine Ordung auf $\mathcal{P}(M)$.
b) Wir betrachten die Teilbarheit auf $\mathbb{N}$. Reflexivität und Transitivität sind trivial. Seien $a, b \in \mathbb{N}$. Gilt $a \mid b$ und $b \mid a$, so ist $a = b$. Somit ist die Teilbarkeit eine Ordnung auf $\mathbb{N}$ (aber nicht auf $\mathbb{Z}$).

Satz 5.6.6 *Sei R ein Ring.*

a) Ist $\mathcal{A}$ ein Ideal in R mit $\mathcal{A} \subset R$, so gibt es ein maximales Ideal $\mathcal{M}$ von R mit $\mathcal{A} \subseteq \mathcal{M} \subset R$, d.h., es gibt kein Ideal $\mathcal{I}$ mit $\mathcal{M} \subset \mathcal{I} \subset R$. Insbesondere hat R maximale Ideale.

b) Sei R ein kommutativer Ring. Ist $\mathcal{M}$ ein maximales Ideal von R, so ist $R/\mathcal{M}$ ein Körper.

Beweis. a) Sei $S = \{\mathcal{B} \mid \mathcal{B}$ ist Ideal in R mit $\mathcal{A} \leq \mathcal{B} \subset R\}$. Die Inklusion ist eine Ordnungsrelation auf S. Wir zeigen, daß S induktiv ist, also die Voraussetzungen des Zornschen Lemmas erfüllt:

Sei $\mathcal{B}_j$ $(j \in J)$ eine Kette in S. Wir setzen $\mathcal{C} = \cup_{j\in J} \mathcal{B}_j$ und zeigen, daß $\mathcal{C}$ ein Ideal in R ist. Für $c_1, c_2 \in \mathcal{C}$ gibt es $j_i \in J$ mit $c_i \in \mathcal{B}_{j_i}$. Da die $\mathcal{B}_j$ eine Kette bilden, gilt etwa $\mathcal{B}_{j_1} \subseteq \mathcal{B}_{j_2}$, und daher

$$c_1 + c_2 \in \mathcal{B}_{j_1} + \mathcal{B}_{j_2} = \mathcal{B}_{j_2} \subseteq \mathcal{C}.$$

Für $r, r' \in R$ gilt offenbar $rc_jr' \in \mathcal{C}$. Wegen $1 \notin \mathcal{B}_j$ ist $1 \notin \mathcal{C}$, somit $\mathcal{A} \subseteq \mathcal{C} \subset R$.
Nach dem Zornschen Lemma existiert daher ein maximales Element $\mathcal{M}$ von S, also ein maximales Ideal $\mathcal{M}$ von R mit $\mathcal{A} \subseteq \mathcal{M} \subset R$.
b) Sei $\mathcal{M}$ ein maximales Ideal in R und $a \in R \setminus \mathcal{M}$. Da R kommutativ ist, ist $\mathcal{M} + Ra$ ein Ideal, also $R = \mathcal{M} + Ra$. Somit gibt es $m \in \mathcal{M}$ und $b \in R$ mit $1 = m + ba$. Dies heißt $1 + \mathcal{M} = (b + \mathcal{M})(a + \mathcal{M})$. Also ist $R/\mathcal{M}$ ein Körper. □

Definition 5.6.7 Ein R-Modul F heißt *frei* in den freien Erzeugenden f_j $(j \in J)$, falls

$$F = \oplus_{j\in J} Rf_j,$$

wobei Rf_j vermöge $r \mapsto rf_j$ ein zu R isomorpher R-Modul ist. Insbesondere erzwingt dies $rf_j = 0$ nur für $r = 0$.

Satz 5.6.8 *Sei R ein kommutativer Ring und $F = \oplus_{j=1}^k Rf_j$ ein endlich erzeugbarer freier R-Modul. Dann ist k durch F eindeutig bestimmt. Wir setzen $k = \operatorname{Rg} F$ und nennen dies den* Rang *von F.*

Beweis. Nach 5.6.6 gibt es ein maximales Ideal $\mathcal{M}$ von R, und $R/\mathcal{M}$ ist ein Körper. Nun ist $\mathcal{M}F$ ein Untermodul von F und

$$F/\mathcal{M}F \cong \oplus_{j=1}^k R/\mathcal{M}(f_j + \mathcal{M}F).$$

Da $R/\mathcal{M}$ ein Körper ist, folgt $k = \dim_{R/\mathcal{M}} F/\mathcal{M}F$. Also ist k eindeutig durch F bestimmt und unabhängig von den freien Erzeugenden f_j. □

Der Rang verallgemeinert den Dimensionsbegriff. Allerdings muß bemerkt werden, daß 5.6.8 für nichtkommutative Ringe, die keinen Körper als Faktorring gestatten, mitunter nicht gilt.

Satz 5.6.9

a) *Sei* $F = \oplus_{j \in J} R f_j$ *ein freier R-Modul. Sei M ein R-Modul und sei* $m_j \in M$ *für alle* $j \in J$. *Dann gibt es genau ein* $\alpha \in \mathrm{Hom}_R(F, M)$ *mit* $\alpha f_j = m_j$ *für alle* $j \in J$.

b) *Sei F ein freier R-Modul. Weiterhin sei M ein R-Modul und* α *ein Epimorphismus von M auf F. Dann gibt es einen Untermodul N von M mit* $M = \mathrm{Kern}\,\alpha \oplus N$ *und* $N \cong F$.

Beweis. a) Durch

$$\alpha(\sum_{j \in J} r_j f_j) = \sum_{j \in J} r_j m_j$$

wird offenbar ein R-Homomorphismus α von R in M definiert.
b) Sei $F = \oplus_{j \in J} R f_j$. Da α surjektiv ist, gibt es $m_j \in \mathcal{M}$ mit $\alpha m_j = f_j$. Ist $m \in M$, so folgt mit geeigneten $r_j \in R$ nun

$$\alpha m = \sum_{j \in J} r_j f_j = \sum_{j \in J} r_j \alpha m_j = \alpha \sum_{j \in J} r_j m_j.$$

Also gilt

$$m - \sum_{j \in J} r_j m_j \in \mathrm{Kern}\,\alpha.$$

Setzen wir $N = \langle m_j \mid j \in J \rangle$, so zeigt dies $M = \mathrm{Kern}\,\alpha + N$. Ist $\sum_{j \in J} r_j m_j \in N \cap \mathrm{Kern}\,\alpha$, so ist

$$0 = \alpha \sum_{j \in J} r_j m_j = \sum_{j \in J} r_j f_j$$

und somit $r_j = 0$. Dies zeigt $N \cap \mathrm{Kern}\,\alpha = 0$. Daher gilt $M = N \oplus \mathrm{Kern}\,\alpha$ und $F = M/\mathrm{Kern}\,\alpha \cong N$. □

Die R-Moduln F, welche die in 5.6.9 b) angegebene Eigenschaft haben, daß aus $M/N \cong F$ eine Zerlegung $M = N \oplus F'$ mit $F' \cong F$ folgt, heißen *projektive Moduln.* Sie lassen sich als direkte Summanden von freien Moduln charakterisieren. Ist R ein Hauptidealring, so sind alle projektiven R-Moduln frei. Dedekindringe R (siehe 5.3.18) sind dadurch charakterisiert, daß jedes Ideal von R ein projektiver R-Modul ist.

Definition 5.6.10 Sei R ein Integritätsbereich und M ein R-Modul.

a) Ein $m \in M$ heißt ein *Torsionselement*, falls es ein $0 \neq r \in R$ gibt mit $rm = 0$.

b) Die Menge aller Torsionselemente von M bezeichnen wir mit $\mathrm{T}(M)$.

c) M heißt *torsionsfrei*, falls 0 das einzige Torsionselement von M ist.

Lemma 5.6.11 *Sei R ein Integritätsbereich und M ein R-Modul.*

a) Dann ist $\mathrm{T}(M)$ ein Untermodul von M.

b) $M/\mathrm{T}(M)$ ist torsionsfrei.

Beweis. a) Seien $m_1, m_2 \in \mathrm{T}(M)$ mit $r_j m_j = 0$ und $0 \neq r_j \in R$. Da R kommutativ ist, folgt

$$r_1 r_2 (m_1 + m_2) = r_2(r_1 m_1) + r_1(r_2 m_2) = 0$$

mit $0 \neq r_1 r_2 \in R$. Für $r \in R$ gilt ferner $r_1(rm_1) = r(r_1 m_1) = 0$. Also ist $\mathrm{T}(M)$ ein Untermodul von M.
b) Sei $m \in M$ mit $rm \in \mathrm{T}(M)$ und $0 \neq r \in R$. Dann gibt es ein $0 \neq s \in R$ mit $srm = 0$, wobei $sr \neq 0$ gilt. Dies heißt $m \in \mathrm{T}(M)$. □

Hauptsatz 5.6.12 *Sei R ein Hauptidealring.*

a) Sei A ein Untermodul des freien R-Moduls $F = \oplus_{j=1}^k Rf_j$ vom Rang k. Dann ist A ein freier R-Modul mit $\operatorname{Rg} A \leq k$.

b) Ist M ein endlich erzeugbarer, torsionsfreier R-Modul, so ist M frei.

c) Ist M ein endlich erzeugbarer R-Modul, so gilt $M = \mathrm{T}(M) \oplus F$, wobei F frei ist.

Beweis. a) Sei zuerst $k = 1$, also $A \leq R$. Dann ist A ein Linksideal in R, also $A = Ra$. Daher ist A frei vom Rang 0 oder 1.

Den allgemeinen Fall behandeln wir mittels einer Induktion nach k. Sei α der Epimorphismus von $F = \oplus_{j=1}^k Rf_j$ auf $F' = \oplus_{j=2}^k Rf_j$ mit

$$\alpha\Big(\sum_{j=1}^k r_j f_j\Big) = \sum_{j=2}^k r_j f_j$$

und $\operatorname{Kern} \alpha = Rf_1$. Wegen $\alpha A \leq F'$ ist αA nach Induktionsannahme frei und es gilt $\operatorname{Rg}(A) \leq k - 1$. Mit 5.6.9 b) folgt

$$A = (A \cap \operatorname{Kern} \alpha) \oplus B \text{ mit } B \cong \alpha A.$$

Wie oben vermerkt, ist $A \cap \operatorname{Kern} \alpha = A \cap Rf_1$ frei. Somit ist A frei und $\operatorname{Rg} A \leq k$.
b) Sei $M = \langle m_1, \ldots, m_n \rangle$ endlich erzeugbar und torsionsfrei. Bei geeigneter Numerierung können wir annehmen, daß

$$F = Rm_1 \oplus \ldots \oplus Rm_k \quad (\text{mit } k \geq 1)$$

frei ist und k maximal. Für jedes $j > k$ gilt dann $F \cap Rm_j \neq 0$. Also gibt es eine Relation der Gestalt

$$r_j m_j = \sum_{i=1}^{k} r_{ji} m_i$$

mit $r_j \neq 0$. Setzen wir $r = r_1 \ldots r_k$, so ist $r \neq 0$ und

$$rm_j \in F \quad \text{für } j = k+1, \ldots, n.$$

Dies zeigt $rM \subseteq F$. Also ist rM nach a) ein freier Modul. Die Abbildung β mit $\beta m = rm$ ist ein R-Epimorphismus von M auf rM. Da M torsionsfrei ist, ist $\operatorname{Kern} \beta = 0$. Also gilt $M \cong rM$, und M ist frei.
c) Nach 5.6.11 b) ist $M/\operatorname{T}(M)$ torsionsfrei. Da mit M auch $M/\operatorname{T}(M)$ endlich erzeugbar ist, ist $M/\operatorname{T}(M)$ nach b) frei. Mit 5.6.9 b) folgt schließlich $M = \operatorname{T}(M) \oplus F$ mit einem freien Modul $F \cong M/\operatorname{T}(M)$. □

Ohne die endliche Erzeugbarkeit ist Satz 5.6.12 selbst für $\mathbb{Z}$-Moduln falsch.

Beispiele 5.6.13 a) Offenbar ist $\mathbb{Q}$ ein torsionsfreier $\mathbb{Z}$-Modul. Da für jedes $q \in \mathbb{Q}$ ein $q' \in \mathbb{Q}$ existiert mit $q = 2q'$, ist $\mathbb{Q}$ nicht frei.
b) Sei p eine Primzahl und $A_i = \langle a_i \rangle$ eine zyklische Gruppe mit $|A_i| = p^{2i}$. Die Menge

$$A = \{(b_1, b_2, \ldots) \mid b_j \in A_j\}$$

ist ein $\mathbb{Z}$-Modul bezüglich komponentenweiser Operationen. Wir zeigen, daß $\operatorname{T}(A)$ kein direkter Summand von A ist.
(1) Ist $z = (pa_1, p^2 a_2, \ldots, p^j a_j, \ldots)$, so gibt es zu jedem j ein $w_j \in A$ mit $z - p^j w_j \in \operatorname{T}(A)$:

Ist nämlich

$$w_j = (0, \ldots, 0, a_j, pa_{j+1}, p^2 a_{j+2}, \ldots),$$

so gilt $z - p^j w_j = (pa_1, \ldots, p^{j-1} a_{j-1}, 0, \ldots)$. Wegen $p^{j-1}(z - p^j w_j) = 0$ folgt $z - p^j w_j \in \operatorname{T}(A)$.

(2) Sei $c = (c_j) \in A$ mit $c_i \neq 0$. Dann gibt es kein $b \in A$ mit $c = p^{2i}b$, denn $p^{2i}b$ hat die i-Komponente $p^{2i}b_i = 0$.
(3) Angenommen, $A = \mathrm{T}(A) \oplus B$. Sei z wie in (1) und $z = t + b$ mit $t \in \mathrm{T}(A)$ und $b \in B$. Sei wie in (1) weiterhin $z - p^j w_j \in \mathrm{T}(A)$. Ist $w_j = t_j + b_j$ mit $t_j \in \mathrm{T}(A)$ und $b_j \in B$, so folgt

$$z - p^j w_j = (t - p^j t_j) + (b - p^j b_j) \in \mathrm{T}(A).$$

Dies zeigt $b = p^j b_j$. Wegen (2) erzwingt dies $b = 0$, also $z = t \in \mathrm{T}(A)$. Ist $p^k \nmid m$, so hat mz die k-Komponente $mp^k a_k \neq 0$, entgegen $z \in \mathrm{T}(A)$.

Zu klären bleibt die Struktur der Torsionsmoduln.

Satz 5.6.14 *Sei R ein Hauptidealring und M ein Torsionsmodul.*

a) Seien Rp die von 0 verschiedenen Primideale von R. Dann ist

$$\mathrm{T}_p(M) = \{m \mid m \in M,\ p^e m = 0 \text{ für ein geeignetes } e \in \mathbb{N}_0\}$$

ein Untermodul von M. Es gilt $M = \oplus_p \mathrm{T}_p(M)$.

b) Sei M endlich erzeugbar. Dann gibt es ein $0 \neq a \in R$ mit $aM = 0$. Ist p ein Primelement mit $p \nmid a$, so gilt $\mathrm{T}_p(M) = 0$.

Beweis. a) Offenbar ist $\mathrm{T}_p(M)$ eine Untergruppe von M. Sei $m \in M$ und $am = 0$ mit $0 \neq a \in R$. Sei $a = \prod_{i=1}^n p_i^{a_i}$ die Primfaktorzerlegung von a. Setzen wir $r_j = \prod_{i \neq j} p_i^{a_i}$, so ist 1 ein größter gemeinsamer Teiler der r_j. Also gilt

$$1 = \sum_{j=1}^n s_j r_j$$

mit $s_j \in R$. Dann ist $m = \sum_{j=1}^n s_j r_j m$ mit

$$p_i^{a_i}(s_i r_i)m = s_i a m = 0,$$

also $s_i r_i m \in \mathrm{T}_{p_i}(M)$. Dies beweist $M = \sum_p \mathrm{T}_p(M)$.

Sei $0 = \sum_i m_i$ mit $m_i \in \mathrm{T}_{p_i}(M)$ und $p_i^{a_i} m_i = 0$. Da die Rp_i maximale Ideale von R sind (siehe 5.3.16), gilt $Rp_i + Rp_j = R$ für $i \neq j$. Nach dem chinesischen Restsatz 5.2.10 c) gibt es daher $t_j \in R$ mit

$$t_j \equiv \begin{cases} 1 \pmod{Rp_j^{e_j}} \\ 0 \pmod{Rp_i^{e_i}} & \text{für } i \neq j. \end{cases}$$

Damit folgt $0 = t_j \sum_i m_i = t_j m_j = m_j$. Also gilt $M = \oplus_p \mathrm{T}_p(M)$.

b) Sei $M = \langle m_1, \ldots, m_k \rangle$ und $a_i m_i = 0$ mit $0 \neq a_i \in R$. Dann gilt $a m_i = 0$ für $a = a_1 \ldots a_k \neq 0$, also $aM = 0$. Sei p ein Primelement mit $p \nmid a$ und $m \in \mathrm{T}_p(M)$ mit $p^n m = 0$. Wegen $\mathrm{ggT}(a, p^n) = 1$ gibt es $b, c \in R$ mit $1 = ba + cp^n$. Damit folgt

$$m = bam + cp^n m = 0.$$

Also gilt $\mathrm{T}_p(M) = 0$ für $p \nmid a$. □

Lemma 5.6.15 *Sei R ein Hauptidealring, p ein Primelement von R und M ein R-Modul mit $p^e M = 0 \neq p^{e-1} M$, wobei $e \geq 1$.*

a) Ist $M = \sum_{j=1}^n Rm_j + pM$, so ist $M = \sum_{j=1}^n Rm_j$.

(Dies ist ein Spezialfall des Lemmas von Nakayama[5], welches in der Theorie der kommutativen Ringe eine zentrale Rolle spielt.)

b) Ist M endlich erzeugbar, so gilt $\dim_{R/Rp} M/pM < \infty$.

c) Ist $m_0 \in M$ mit $p^{e-1} m_0 \neq 0$, so gilt

$$\dim_{R/Rp} M/pM > \dim_{R/Rp} M/(Rm_0 + pM).$$

Beweis. a) Setzen wir $N = \sum_{j=1}^n Rm_j$, so gilt

$$M = N + pM = N + p(N + pM) = N + p^2 M = \ldots = N + p^e M = N.$$

b) Offenbar ist M/pM ein R/Rp-Modul. Da R/Rp wegen der Maximalität von Rp ein Körper ist, ist M/pM ein endlich erzeugbarer R/Rp-Vektorraum, und hat somit eine endliche Dimension.
c) Wäre $m_0 = pm' \in pM$, so wäre $p^{e-1} m_0 = p^e m' = 0$. Also gilt $m_0 \notin pM$. Daher ist $(Rm_0 + pM)/pM$ ein von 0 verschiedener Unterraum von M/pM, woraus die Behauptung folgt. □

Lemma 5.6.15 liefert den Induktionsparameter für den abschließenden Hauptsatz 5.6.16.

Hauptsatz 5.6.16 *Sei R ein Hauptidealring und p ein Primelement aus R. Sei M ein endlich erzeugbarer R-Modul mit $p^e M = 0 \neq p^{e-1} M$.*

a) Es gibt eine direkte Zerlegung $R = \oplus_{j=1}^k Rm_j$ mit $Rm_j \cong R/Rp^{e_j}$ und $e = e_1 \geq e_j$.

---

[5] Tadasi Nakayama (1912-1964) Osaka, Nagoya. Ringtheorie, Darstellungstheorie.

b) Die e_j sind eindeutig bestimmt. Genauer: Ist

$$\dim_{R/Rp} p^{i-1}M/p^iM = n_i,$$

so ist $n_i - n_{i+1}$ die Anzahl der e_j mit $e_j = i$.

Beweis. a) Sei $m_1 \in M$ mit $p^{e-1}m_1 \neq 0$. Wir setzen $e_1 = e$. Nach 5.6.15 c) gilt $m_1 \notin pM$ und

$$\dim_{R/Rp} M/(Rm_1 + pM) < \dim_{R/Rp} M/pM.$$

Wir führen nun den Beweis durch Induktion nach $\dim_{R/Rp} M/pM$.

Ist $\dim_{R/Rp} M/pM = 1$ und somit $M/pM = (Rm_1 + pM)/pM$, so folgt mit 5.6.15 a), daß $M = Rm_1$, und wir sind fertig.

Sei nun $\dim_{R/Rp} M/pM > 1$. Gemäß Induktionsannahme gilt

$$M/Rm_1 = \oplus_{j=2}^k R\overline{m}_j$$

mit $p^{e_j}\overline{m}_j = 0 \neq p^{e_j-1}\overline{m}_j$. Ist $\overline{m}_j = m_j' + Rm_1$, so gilt

$$p^{e_j}m_j' = r_jm_1 \in Rm_1.$$

Es folgt

$$0 = p^{e_1}m_j' = p^{e_1-e_j}p^{e_j}m_j' = p^{e_1-e_j}r_jm_1.$$

Dies zeigt, daß p^{e_1} ein Teiler von $p^{e_1-e_j}r_j$ ist, also $p^{e_j} \mid r_j$. Sei $r_j = p^{e_j}s_j$. Dann ist

$$0 = p^{e_j}m_j' - r_jm_1 = p^{e_j}(m_j' - s_jm_1).$$

Setzen wir $m_j = m_j' - s_jm_1$, so erhalten wir

$$m_j + Rm_1 = m_j' + Rm_1$$

und $p^{e_j}m_j = 0 \neq p^{e_j-1}m_j$, letzteres wegen $p^{e_j-1}\overline{m}_j \neq 0$. Nun gilt

$$M = \sum_{j=1}^k Rm_j.$$

Ist $\sum_{j=1}^k r_jm_j = 0$, so folgt

$$0 = (\sum_{j=1}^k r_jm_j) + Rm_1 = \sum_{j=1}^k r_j\overline{m}_j.$$

Dies zeigt $p^{e_j} \mid r_j$, also $r_j m_j = 0$. Es bleibt $r_1 m_1 = 0$, also $p^{e_1} \mid r_1$. Aus $\sum_{j=1}^{k} r_j m_j = 0$ folgt also $r_j m_j = 0$ für alle j. Dies beweist $M = \oplus_{j=1}^{k} R m_j$.
b) Da

$$p^{i-1} M = \oplus_{j=1}^{k} p^{i-1} R m_j = \oplus_{e_j > i-1} p^{i-1} R m_j$$

gilt, erhalten wir

$$p^{i-1} M / p^i M \cong \oplus_{e_j > i-1} p^{i-1} R m_j / p^i R m_j.$$

Wegen $m_j \notin pM$ ist $p^{i-1} R m_j / p^i R m_j$ ein R/Rp-Modul von der Dimension 1. Also folgt

$$\dim_{R/Rp} p^{i-1} M / p^i M = n_i,$$

falls n_i die Anzahl derjenigen e_j mit $e_j > i - 1$ ist. Dann ist $n_i - n_{i+1}$ die Anzahl der e_j mit $e_j = i$. □

Wir fassen die Sätze 5.6.12, 5.6.14 und 5.6.16 zusammen.

Hauptsatz 5.6.17 *Sei R ein Hauptidealring und M ein endlich erzeugbarer R-Modul. Dann gilt*

$$M = \oplus_{j=1}^{n} M_j$$

mit $M_j \cong R$ für $j = 1, \ldots, k$ und $M_j \cong R/Rp_j^{e_j}$ für $j > k$, wobei die p_j Primelemente von R sind. Dabei sind k als Rang von $M/\operatorname{T}(M)$ und die $p_j^{e_j}$ eindeutig bestimmt.

Den Spezialfall $R = \mathbb{Z}$ formulieren wir gesondert.

Satz 5.6.18 *Sei A eine additiv geschriebene, endlich erzeugbare abelsche Gruppe. Dann gibt es eine direkte Zerlegung*

$$A = \langle a_1 \rangle \oplus \ldots \oplus \langle a_n \rangle$$

mit zyklischen Gruppen $\langle a_i \rangle$, wobei a_i die Ordnung ∞ hat oder $\operatorname{Ord} a_i = p_i^{e_i}$ *gilt mit Primzahlen p_i. Dabei sind die Ordnungen* $\operatorname{Ord} a_i$ *bis auf die Numerierung eindeutig bestimmt.*

Ausblick 5.6.19 Die weitesgehende Verallgemeinerung von 5.6.18 ist der folgende Satz, dessen Beweis das Zornsche Lemma benötigt:

Sei A eine abelsche Gruppe und $0 \neq z \in \mathbb{Z}$ mit $zA = 0$. Dann gibt es eine direkte Zerlegung

$$A = \oplus_{i \in I} \langle a_i \rangle$$

von A in endliche zyklische Gruppen $\langle a_i \rangle$ (nicht notwendig endlich viele).

Aufgabe 5.6.1 Sei A eine multiplikativ geschriebene abelsche Gruppe.

a) Seien $Z_1, Z_2 \leq A$ und Z_i zyklisch. Gilt $\mathrm{ggT}(|Z_1|, |Z_2|) = 1$, so ist $Z_1 Z_2$ eine zyklische Gruppe.

b) Sei $Z \leq A$. Ferner seien Z und A/Z zyklisch. Ist $\mathrm{ggT}(|Z|, |A/Z|) = 1$, so ist auch A zyklisch.

Aufgabe 5.6.2 Sei A eine endliche abelsche Gruppe (additiv geschrieben). Dann gibt es eine Zerlegung

$$A = \langle b_1 \rangle \oplus \ldots \oplus \langle b_m \rangle$$

mit $\mathrm{Ord}\, b_j = n_j$ und $n_1 \mid n_2 \mid \ldots \mid n_m$.

Aufgabe 5.6.3 Sei p eine Primzahl und r eine beliebige natürliche Zahl.

a) Für $p > 2, k \geq 0$ und $i \geq 2$ gilt

$$\binom{p^k r}{i} p^i \equiv 0 \ (\mathrm{mod}\, p^{k+2}).$$

b) Für $k \geq 0$ und $i \geq 1$ ist

$$\binom{2^k r}{i} 2^i \equiv 0 \ (\mathrm{mod}\, 2^{k+1}).$$

Hinweis zu a): Man zeige $(1 + px)^{rp^k} \equiv 1 + rp^k x \ (\mathrm{mod}\, p^{k+2})$.

Aufgabe 5.6.4 Sei $\mathrm{E}(\mathbb{Z}/m\,\mathbb{Z})$ die Einheitengruppe des Rings $\mathbb{Z}/m\,\mathbb{Z}$, also $\mathrm{E}(\mathbb{Z}/m\,\mathbb{Z}) = \{a + m\,\mathbb{Z} \mid a \in \mathbb{Z},\ \mathrm{ggT}(a, m) = 1\}$.

a) Ist $m = \prod_{j=1}^k p_j^{e_j}$ die Primfaktorzerlegung von m, so gilt

$$\mathrm{E}(\mathbb{Z}/m\,\mathbb{Z}) \cong \mathrm{E}(\mathbb{Z}/p_1^{e_1}\,\mathbb{Z}) \times \ldots \times \mathrm{E}(\mathbb{Z}/p_k^{e_k}\,\mathbb{Z}).$$

b) Für $n \geq 3$ ist

$$\mathrm{E}(\mathbb{Z}/2^n\,\mathbb{Z}) = \langle -1 + 2^n\,\mathbb{Z} \rangle \times \langle 5 + 2^n\,\mathbb{Z} \rangle.$$

Hinweis: Man zeige $5^{2^{n-3}} \not\equiv 1 \ (\mathrm{mod}\ 2^n)$ und $5^{2^{n-2}} \equiv 1 \ (\mathrm{mod}\ 2^n)$.

c) Sei p eine ungerade Primzahl. Dann gibt es einen Epimorphismus α von $\mathrm{E}(\mathbb{Z}/p^n\,\mathbb{Z})$ auf die zyklische Gruppe $\mathrm{E}(\mathbb{Z}/p\,\mathbb{Z})$ mit $\mathrm{Kern}\,\alpha = \langle 1 + p + p^n\,\mathbb{Z} \rangle$. Mit Hilfe von Aufgabe 5.6.1 b) zeige man dann, daß $\mathrm{E}(\mathbb{Z}/p^n\,\mathbb{Z})$ zyklisch ist.

5.7 Die Jordansche Normalform

Sei V ein K-Vektorraum von endlicher Dimension und $A \in \operatorname{End}(V)$. Dann wird V ein $K[x]$-Modul durch die Festsetzung

$$f(x)v = f(A)v \text{ für } f \in K[x] \text{ und } v \in V.$$

Wegen $m_A(x)V = 0$ und $m_A \neq 0$ ist V offenbar ein endlich erzeugbarer $K[x]$-Torsionsmodul. Die Anwendung von 5.6.17 auf diese Situation liefert uns

Hauptsatz 5.7.1 *Sei V ein K-Vektorraum von endlicher Dimension und $A \in \operatorname{End}(V)$. Sei $m_A = \prod_{i=1}^{n} p_i^{a_i}$ die Primfaktorzerlegung von m_A und $g_j = \prod_{i \neq j} p_i^{a_i}$.*

a) Es gilt $V = \oplus_{i=1}^{k} V(p_i)$ mit $V(p_i) = g_i(A)V$ und $p_i^{a_i}(A)V(p_i) = 0$.

b) Ferner ist $V(p_i) = \oplus_{j=1}^{m_i} V_{ij}$ mit $V_{ij} \cong K[x]/p_i^{e_{ij}} K[x]$ und $a_i = \max_j e_{ij}$.

c) Die e_{ij} sind eindeutig bestimmt. Ist $N_i(k)$ die Anzahl der $p_i^{e_{ij}}$ mit $e_{ij} \geq k$, so gilt

$$N_i(k) \operatorname{Grad} p_i = \dim p_i(A)^{k-1} g_i(A)V / p_i(A)^k g_i(A)V.$$

Insbesondere ist $N_i(k)$ festgelegt durch die Kenntnis von

$$\operatorname{r}(h(A)) = \dim h(A)V$$

für alle $h \in K[x]$.

d) Sei speziell $V \cong K[x]/p^m K[x]$ mit irreduziblem $p = \sum_{j=0}^{n} b_j x^j \in K[x]$ und $b_n = 1$. Dann ist A die Matrix

$$\begin{pmatrix} P & N & 0 & \dots & 0 & 0 \\ 0 & P & N & \dots & 0 & 0 \\ \vdots & \vdots & \vdots & & \vdots & \vdots \\ 0 & 0 & 0 & \dots & P & N \\ 0 & 0 & 0 & \dots & 0 & P \end{pmatrix}$$

vom Typ (mn, mn) zugeordnet mit

$$P = \begin{pmatrix} 0 & 0 & 0 & \dots & 0 & -b_0 \\ 1 & 0 & 0 & \dots & 0 & -b_1 \\ \vdots & \vdots & \vdots & & \vdots & \vdots \\ 0 & 0 & 0 & \dots & 1 & -b_{n-1} \end{pmatrix}$$

und

$$N = \begin{pmatrix} 0 & 0 & 0 & \dots & 0 & 1 \\ 0 & 0 & 0 & \dots & 0 & 0 \\ \vdots & \vdots & \vdots & & \vdots & \vdots \\ 0 & 0 & 0 & \dots & 0 & 0 \end{pmatrix}.$$

e) Ist insbesondere $p = x - a$ *mit* $a \in K$, *so erhalten wir zu* A *die Matrix*

$$\begin{pmatrix} a & 1 & 0 & \dots & 0 & 0 \\ 0 & a & 1 & \dots & 0 & 0 \\ \vdots & \vdots & \vdots & & \vdots & \vdots \\ 0 & 0 & 0 & \dots & a & 1 \\ 0 & 0 & 0 & \dots & 0 & a \end{pmatrix}$$

vom Typ (m, m).

Beweis. a) Da 1 größter gemeinsamer Teiler der g_i $(i = 1, \ldots, k)$ ist, gilt

$$1 = \sum_{i=1}^{k} h_i g_i \quad \text{mit } h_i \in K[x].$$

Dies liefert $V = \sum_{i=1}^{k} g_i(A)V$. Wegen $p_i(A)^{a_i} g_i(A)V = 0$ ist $g_i(A)V$ die sogenannte Primärkomponente $V(p_i)$, und nach 5.6.14 gilt $V = \oplus_{i=1}^{k} g_i(A)V$.
b) Dies folgt unmittelbar aus 5.6.16.
c) Ist

$$V(p_i) = g_i(A)V = \oplus_j V_{ij}$$

mit $V_{ij} \cong K[x]/p_i^{e_{ij}} K[x]$, so folgt $\dim p_i(A)^{k-1} g_i(A)V/p_i(A)^k g_i(A)V =$

$$\dim \oplus_{e_{ij} \geq k} K[x]/p_i K[x] = N_i(k) \operatorname{Grad} p_i.$$

d) Wegen $\operatorname{Grad} p^i x^j = ni + j$ bilden die $p^i x^j + p^m K[x]$ mit $i \leq m-1$ und $j < n$ eine Basis von $K[x]/p^m K[x]$. Dabei gilt

$$x(p^i x^j + p^m K[x]) = p^i x^{j+1} + p^m K[x]$$

für $j < n$ und

$$\begin{aligned} x(p^i x^{n-1} + p^m K[x]) &= p^i x^n + p^m K[x] \\ &= p^i (p - \textstyle\sum_{j=0}^{n-1} b_j x^j) + p^m K[x] \\ &= -p^i \textstyle\sum_{j=0}^{n-1} b_j x^j + p^{i+1} + p^m K[x]. \end{aligned}$$

Dies liefert die angegebene Gestalt der Matrix zu A.
e) Die Aussage ist der Spezialfall $p = x - a$. □

Im Fall $p = x - a$ nennen wir die Ausschnittsmatrizen

$$\begin{pmatrix} a & 1 & 0 & \dots & 0 & 0 \\ 0 & a & 1 & \dots & 0 & 0 \\ \vdots & \vdots & \vdots & & \vdots & \vdots \\ 0 & 0 & 0 & \dots & a & 1 \\ 0 & 0 & 0 & \dots & 0 & a \end{pmatrix}$$

die *Jordan*[6]*-Kästchen* zu A.

Wir geben eine bemerkenswerte Folgerung an, für die wir keinen elementaren Beweis kennen.

Satz 5.7.2 *Sei $A \in (K)_n$ und A^t die transponierte Matrix zu A, Dann gibt es ein reguläres $T \in (K)_n$ mit $T^{-1}AT = A^t$.* (Natürlich hängt T von A ab.)

Beweis. Ist $h \in K[x]$, so gilt $h(A^t) = h(A)^t$. Da Zeilenrang und Spaltenrang gleich sind, folgt

$$\mathrm{r}(h(A^t)) = \mathrm{r}(h(A)^t) = \mathrm{r}(h(A)).$$

Mit 5.7.1 c) folgt die Behauptung. □

Beispiele 5.7.3 a) Wir betrachten nochmals unser Musterbeispiel

$$A = \begin{pmatrix} a & b & b & \dots & b \\ b & a & b & \dots & b \\ \vdots & \vdots & \vdots & & \vdots \\ b & b & b & \dots & a \end{pmatrix} = (a-b)E + bF$$

aus $(K)_n$ mit $n \geq 2$. Wir wissen bereits, daß

$$f_A = (x - (a-b))^{n-1}(x - (a + (n-1)b)) \qquad \text{(siehe 5.4.10)}$$

und

$$m_A = (x - (a-b))(x - (a + (n-1)b)) \qquad \text{(siehe 5.5.9 c)).}$$

Ist $nb \neq 0$, so ist A nach 5.5.3 diagonalisierbar. Sei weiter $nb = 0 \neq b$, also $\operatorname{Char} K \mid n$ und $m_A = (x - a + b)^2$. Wegen $\operatorname{Grad} m_A = 2$ hat das größte

[6]Marie Ennemond Camille Jordan (1838-1922) Paris. Algebra, Topologie, Gruppentheorie, Kristallographie, reelle Funktionen.

Jordan-Kästchen von A den Typ $(2,2)$. Die Anzahl der Kästchen ist nach 5.7.1 c) gleich

$$N(1) = \dim V/(A-(a-b)E)V = n - \mathrm{r}(A-(a-b)E) = n-1.$$

Also gibt es ein reguläres T mit

$$T^{-1}AT = \begin{pmatrix} a-b & 1 & 0 & \dots & 0 \\ 0 & a-b & 0 & \dots & 0 \\ 0 & 0 & a-b & \dots & 0 \\ \vdots & \vdots & \vdots & & \vdots \\ 0 & 0 & 0 & \dots & a-b \end{pmatrix}.$$

b) Sei

$$A = \begin{pmatrix} aE_m & 0 \\ B & aE_m \end{pmatrix} \in (K)_{2m}$$

mit $B \neq 0$. Wegen $(A - aE_{2m})^2 = 0$ und $B \neq 0$ gilt $m_A = (x-a)^2$. Die Anzahl der Jordan-Kästchen ist nach 5.7.1 c) gleich

$$N(1) = 2m - \mathrm{r}(A - aE_{2m}) = 2m - \mathrm{r}(B).$$

Wegen $\operatorname{Grad} m_A = 2$ kommen nur Jordan-Kästchen vom Typ $(1,1)$ oder $(2,2)$ in Frage. Ist s_j $(j = 1,2)$ die Anzahl der Kästchen vom Typ (j,j), so folgt

$$2m = s_1 + 2s_2 \text{ und } 2m - \mathrm{r}(B) = s_1 + s_2.$$

Dies liefert

$$s_1 = 2m - 2\,\mathrm{r}(B) \text{ und } s_2 = \mathrm{r}(B).$$

Somit gibt es ein reguläres T, so daß

$$T^{-1}AT = \begin{pmatrix} a & 1 & & & & & & \\ 0 & a & & & & & & \\ & & \ddots & & & & & \\ & & & a & 1 & & & \\ & & & 0 & a & & & \\ & & & & & a & & \\ & & & & & & \ddots & \\ & & & & & & & a \end{pmatrix},$$

wobei $\mathrm{r}(B)$ Kästchen die Form $\begin{pmatrix} a & 1 \\ 0 & a \end{pmatrix}$ haben und $2m - 2\,\mathrm{r}(B)$ Kästchen die Form (a).

c) Sei

$$A = \begin{pmatrix} a_1 & 0 & 0 & \dots & 0 \\ a_1 & a_2 & 0 & \dots & 0 \\ a_1 & a_2 & a_3 & \dots & 0 \\ \vdots & \vdots & \vdots & & \vdots \\ a_1 & a_2 & a_3 & \dots & a_n \end{pmatrix} \in (K)_n,$$

wobei die a_i nicht notwendig verschieden sind.

(1) Es gilt

$$\operatorname{Kern} A = \{(x_j) \mid a_j x_j = 0,\ j = 1, \dots, n\}.$$

Somit ist $\dim \operatorname{Kern} A$ gleich der Anzahl der j mit $a_j = 0$, also gleich der Vielfachheit von 0 als Eigenwert von A. Zum Eigenwert 0 gehören daher nur Jordan-Kästchen der Gestalt (0) vom Typ $(1, 1)$.

(2) Ist $a_i \neq 0$, so ist $\operatorname{Kern}(A - a_i E)$ die Menge der (y_j) mit

$$a_1 y_1 + \dots + a_k y_k = a_i y_k \quad (k = 1, \dots, n).$$

Dies liefert

$$a_k y_k = a_i y_k - a_i y_{k-1}.$$

Aus $a_i y_{k-1} = (a_i - a_k) y_k$ lassen sich wegen $a_i \neq 0$ zu vorgegebenem y_n die $y_{n-1}, \dots, y_1$ schrittweise eindeutig berechnen. Dies zeigt

$$\dim \operatorname{Kern}(A - a_i E) = 1.$$

Zum Eigenwert $a_i \neq 0$ gehört also nur ein Jordan-Kästchen, dessen Typ durch die Vielfachheit von a_i als Eigenwert von A bestimmt ist. Ist insbesondere $a_1 = \dots = a_n \neq 0$, so gehört zu A nur ein Jordankästchen vom Typ (n, n).

Aufgabe 5.7.1 Sei $\operatorname{Char} K = p$ und V ein K-Vektorraum der Dimension $n = p^a m$ mit $p \nmid m$. Sei $[v_1, \dots, v_n]$ eine Basis von V und $A \in \operatorname{End}(V)$ mit

$$\begin{aligned} Av_j &= v_{j+1} \quad \text{für } 1 \leq j \leq n-1 \\ Av_n &= v_1. \end{aligned}$$

a) Man zeige: $f_A = m_A = (x^m - 1)^{p^a}$.

b) Zerfällt $x^m - 1$ in $K[x]$ total, so gehört zu jeder der m Nullstellen von $x^m - 1$ genau ein Jordan-Kästchen vom Typ (p^a, p^a).

Aufgabe 5.7.2 Sei

$$V_n = \{f \mid f \in K[x],\ \mathrm{Grad}\, f \leq n\},$$

also $\dim V_n = n+1$. Sei $T \in \mathrm{End}(V_n)$ mit $(Tf)(x) = f(x+1)$.

a) Dann gilt $f_T = (x-1)^{n+1}$ und

$$m_T = \begin{cases} f_T & \text{für } \mathrm{Char}\, K = 0 \text{ oder } \mathrm{Char}\, K > n, \\ (x-1)^p & \text{für } p = \mathrm{Char}\, K \leq n. \end{cases}$$

b) Ist $\mathrm{Char}\, K = 0$ oder $\mathrm{Char}\, K > n$, so gehört zu T nur ein Jordan-Kästchen.

c) Sei $\mathrm{Char}\, K = p \leq n$ und $n = kp+r$ mit $0 \leq r \leq p-1$. Dann gehören zu T genau k Jordan-Kästchen vom Typ (p,p) und ein Jordan-Kästchen vom Typ $(r+1, r+1)$.

Hinweis: Man benutze als Basis von V_n die $f_{ij} = (x^p - x)^i \binom{x}{j}$ für $0 \leq i < k$ und $j = 0, \ldots, p-1$ sowie $i = k$ und $0 \leq j \leq r$, wobei

$$\binom{x}{j} = \frac{x(x-1)\ldots(x-j+1)}{j!}$$

sei.

Aufgabe 5.7.3 Sei $\mathrm{Char}\, K = 0$ und $p \in K[x]$ irreduzibel mit $p \neq x$. Sei V ein $K[B]$-Modul mit $V = \oplus_{j=1}^{r} K[B]v_j$, wobei

$$K[B]v_j \cong K[x]/K[x]p^{a_j} \quad (a_j \geq 1).$$

Ferner sei

$$W = V \oplus V = \{\begin{pmatrix} v \\ v' \end{pmatrix} \mid v, v' \in V\}$$

und $A \in \mathrm{End}(W)$ mit

$$A\begin{pmatrix} v \\ v' \end{pmatrix} = \begin{pmatrix} B & 0 \\ B & B \end{pmatrix}\begin{pmatrix} v \\ v' \end{pmatrix} = \begin{pmatrix} Bv \\ B(v+v') \end{pmatrix}.$$

a) Für $g \in K[x]$ gilt dann

$$g(A) = \begin{pmatrix} g(B) & 0 \\ g'(B)B & g(B) \end{pmatrix}.$$

b) Man zeige, daß $W = \oplus_{j=1}^r W_j$ mit $W_j = \{\begin{pmatrix} v \\ v' \end{pmatrix} \mid v, v' \in K[B]v_j\}$.

c) Das Minimalpolynom von A auf W_j ist p^{a_j+1}.

d) Ist $a_j \geq 2$, so gilt

$$\operatorname{Kern} p(A) = \{\begin{pmatrix} v \\ v' \end{pmatrix} \mid p(B)^2 v' = 0,\ p'(B)Bv = -p(B)v'\}.$$

Da $p'(B)B$ auf $\operatorname{Kern} p(B)$ invertierbar ist, gilt

$$\dim \operatorname{Kern} p(A) = \dim \operatorname{Kern} p(B)^2 = 2 \dim \operatorname{Kern} p(B).$$

e) Auf W_j hat A für $a_j \geq 2$ zwei Jordan-Kästchen, eins vom Typ (p^{a_j+1}, p^{a_j+1}) und eins vom Typ (p^{a_j-1}, p^{a_j-1}).

Aufgabe 5.7.4 Man behandle die Aufgabe 5.7.3 für den Fall $p = x$.

Aufgabe 5.7.5 Sei V ein K-Vektorraum mit $\dim V < \infty$ und $A \in \operatorname{End}(V)$. Wir setzen wieder

$$K[A] = \{g(A) \mid g \in K[x]\}.$$

Dann sind folgende Aussagen gleichwertig:

a) Es gibt ein $v_0 \in V$ mit $V = K[A]v_0$.

b) Es gilt $\{B \mid B \in \operatorname{End}(V) \text{ mit } AB = BA\} = K[A]$.

c) Es gilt $V = \oplus_{i=1}^m V_i$ mit $V_i \cong K[x]/p_i^{a_i}K[x]$, wobei die p_i paarweise verschiedene irreduzible Elemente aus $K[x]$ sind.

d) Es gilt $m_A = f_A$, also $\operatorname{Grad} m_A = \dim V$.

6 Normierte Vektorräume und Algebren

Auf Vektorräumen über $\mathbb{R}$ oder $\mathbb{C}$ führen wir einen Längenbegriff ein, eine Norm. Dies führt zum Grenzwertbegriff auf solchen Vektorräumen. Der Normbegriff ist noch sehr allgemein. Neben dem Längenbegriff der euklidischen Geometrie enthält er eine den stochastischen Matrizen angepaßte Norm. Jede Norm auf Vektorräumen induziert eine Norm für lineare Abbildungen und Matrizen. So wird $\mathrm{End}(V)$ eine normierte Algebra. Die wichtigsten Ergebnisse im Abschnitt 6.2 sind der Ergodensatz 6.2.8 über Kontraktionen und die Formel 6.2.10 für den Spektralradius. Als Anwendung beweisen wir in 6.3 den Satz von Perron-Frobenius, der Aussagen über den Spektralradius und den zugehörenden Eigenvektoren macht. Ferner studieren wir in 6.4 die Exponentialfunktion von Matrizen und lösen Systeme von linearen Differentialgleichungen mit konstanten Koeffizienten. In 8.5 kommen wir darauf zurück und behandeln, dann ausgerüstet mit der Eigenwerttheorie symmetrischer Matrizen, lineare Schwingungen. Mit Hilfe des Ergodensatzes bringen wir in 6.5 die Theorie der stochastischen Matrizen zu einem Abschluß und behandeln weitere Beispiele (Mischprozesse, Irrfahrten).

6.1 Normierte Vektorräume

In diesem Abschnitt betrachten wir nur Vektorräume über $\mathbb{R}$ oder $\mathbb{C}$.

Definition 6.1.1 Sei V ein K-Vektorraum mit $K = \mathbb{R}$ oder $K = \mathbb{C}$ und von beliebiger Dimension. Eine *Norm* $\| \cdot \|$ auf V ist eine Abbildung von V in $\mathbb{R}$ mit folgenden Eigenschaften:

(1) Für alle $v \in V$ ist $\| v \| \geq 0$, und $\| v \| = 0$ gilt nur für $v = 0$.

(2) Für alle $v \in V$ und alle $a \in K$ gilt $\| av \| = |a| \, \| v \|$. (Dabei ist $|a|$ der Absolutbetrag der reellen oder komplexen Zahl a.)

(3) Für alle $v_1, v_2 \in V$ gilt die Dreiecksungleichung

$$\| v_1 + v_2 \| \leq \| v_1 \| + \| v_2 \| \,.$$

Der Begriff der Norm ist dem Längenbegriff der euklidischen Geometrie nachgebildet. Er ist von großer Allgemeinheit, wie die folgenden Beispiele zeigen.

Beispiele 6.1.2 a) Sei $V = K^n$ mit $K = \mathbb{R}$ oder $K = \mathbb{C}$. Für $v = (x_1, \ldots, x_n)$ setzen wir

$$\| v \|_\infty = \max_{j=1,\ldots,n} |x_j|.$$

Offenbar sind (1) und (2) in der Definition 6.1.1 erfüllt. Auch (3) gilt wegen

$$\begin{aligned} \max_j |x_j + y_j| &\leq \max_j (|x_j| + |y_j|) \\ &\leq \max_j |x_j| + \max_j |y_j|. \end{aligned}$$

Also ist $\| \cdot \|_\infty$ eine Norm auf K^n.
b) Sei wieder $V = K^n$. Für $v = (x_1, \ldots, x_n)$ setzen wir diesmal

$$\| v \|_1 = \sum_{j=1}^{n} |x_j|.$$

Man sieht leicht, daß auch $\| \cdot \|_1$ eine Norm auf K^n ist. Es ist ein Spezialfall des nächsten Beispiels.
c) Sei $V = K^n$ und $1 \leq p < \infty$. Setzen wir für $v = (x_1, \ldots, x_n)$ nun

$$\| v \|_p = (\sum_{j=1}^{n} |x_j|^p)^{\frac{1}{p}},$$

so ist $\| \cdot \|_p$ eine Norm auf K^n. Dabei folgt die Dreiecksungleichung aus der *Minkowskischen*[1] *Ungleichung*

$$(\sum_{j=1}^{n} |x_j + y_j|^p)^{\frac{1}{p}} \leq (\sum_{j=1}^{n} |x_j|^p)^{\frac{1}{p}} + (\sum_{j=1}^{n} |y_j|^p)^{\frac{1}{p}},$$

welche für $1 \leq p < \infty$ gültig ist. (Siehe [8], S. 55, 56.)

Der wichtigste Fall liegt für $p = 2$ vor. Für $v_1 = (x_1, \ldots, x_n)$ und $v_2 = (y_1, \ldots, y_n)$ ist

$$\begin{aligned} \| v_1 + v_2 \|_2^2 &= \sum_{j=1}^n |x_j + y_j|^2 \leq \sum_{j=1}^n (|x_j| + |y_j|)^2 \\ &= \sum_{j=1}^n |x_j|^2 + 2 \sum_{j=1}^n |x_j|\,|y_j| + \sum_{j=1}^n |y_j|^2 \\ &\leq \| v_1 \|_2^2 + 2 \| v_1 \|_2 \| v_2 \|_2 + \| v_2 \|_2^2 \\ &= (\| v_1 \|_2 + \| v_2 \|_2)^2. \end{aligned}$$

[1] Hermann Minkowski (1864-1909) Zürich, Göttingen. Geometrie der Zahlen, Quadratische Formen, Mathematische Physik.

Dabei haben wir die *Schwarzsche*[2] *Ungleichung*

$$(\sum_{j=1}^{n} |x_j|\,|y_j|)^2 \leq (\sum_{j=1}^{n} |x_j|)^2)(\sum_{j=1}^{n} |y_j|)^2)$$

verwendet, welche wir hier zunächst aus der Analysis als bekannt voraussetzen. Auf eine allgemeine Form dieser Ungleichung gehen wir in 7.1.2 ein.
d) Sei $V = C[0,1]$ der $\mathbb{R}$-Vektorraum aller auf $[0,1]$ stetigen und reellwertigen Funktionen. Dann wird durch

$$\| f \|_2^2 = \int_0^1 |f(t)|^2 dt$$

eine Norm auf $C[0,1]$ definiert. Zum Beweis der Dreiecksungleichung benötigt man dabei die Schwarzsche Ungleichung für Integrale.

Definition 6.1.3 Sei $\| \cdot \|$ eine Norm auf dem K-Vektorraum V.

a) Durch $\mathrm{d}(v_1, v_2) = \| v_1 - v_2 \|$ wird V zu einem *metrischen Raum*, denn aus der Dreiecksungleichung folgt

$$\begin{aligned} \mathrm{d}(v_1, v_3) &= \| v_1 - v_3 \| = \| (v_1 - v_2) + (v_2 - v_3) \| \\ &\leq \| v_1 - v_2 \| + \| v_2 - v_3 \| \\ &= \mathrm{d}(v_1, v_2) + \mathrm{d}(v_2, v_3). \end{aligned}$$

Also können wir auf V die topologischen Begriffe aus der elementaren Theorie der metrischen Räume einführen.

b) Eine Folge $v_1, v_2, \ldots$ mit $v_j \in V$ konvergiert im Sinne der Norm $\| \cdot \|$ gegen $v \in V$, falls $\lim_{j\to\infty} \| v - v_j \| = 0$ ist. Wir schreiben dann $v = \lim_{j\to\infty} v_j$ und nennen v den *Grenzwert* der Folge $v_1, v_2, \ldots$. (Falls der Grenzwert existiert, ist er offenbar eindeutig bestimmt.)

c) Eine Teilmenge W von V heißt *abgeschlossen*, falls aus $v = \lim_{j\to\infty} w_j$ mit $w_j \in W$ stets $v \in W$ folgt. Eine Teilmenge W von V heißt *offen*, falls die Komplementärmenge $V \setminus W$ abgschlossen ist. Gleichwertig damit ist bekanntlich:
Ist W offen und $w \in W$, so gibt es ein $\varepsilon > 0$ derart, daß

$$\{v \mid v \in V, \| v - w \| < \varepsilon\} \subseteq W.$$

[2]Hermann Amandus Schwarz (1843-1921) Zürich, Göttingen, Berlin. Konforme Abbildungen.

d) Eine Folge $v_1, v_2, \ldots$ nennen wir eine *Cauchy*[3]*-Folge* in V, falls zu jdem $\varepsilon > 0$ eine natürliche Zahl $n(\varepsilon)$ existiert mit $\| v_j - v_k \| \leq \varepsilon$ für alle $j, k \geq n(\varepsilon)$.

e) Ein normierter Vektorraum V heißt *vollständig*, auch *komplett*, falls jede Cauchy-Folge in V einen Grenzwert hat. Einen normierten, vollständigen Vektorraum nennt man einen *Banachraum*[4].

Lemma 6.1.4 *Sei V ein normierter Vektorraum mit der Norm $\| \cdot \|$.*

a) Für alle $v, w \in V$ gilt $\| v + w \| \geq \| v \| - \| w \|$.

b) Ist $v_1, v_2, \ldots$ eine konvergente Folge in V, so gilt

$$\lim_{j \to \infty} \| v_j \| = \| \lim_{j \to \infty} v_j \| .$$

Beweis. a) Die Behauptung folgt sofort aus

$$\| v \| = \| v + w + (-w) \| \leq \| v + w \| + \| -w \| = \| v + w \| + \| w \| .$$

b) Sei $v = \lim_{j \to \infty} v_j$. Dann gilt einerseits

$$\| v_j \| = \| (v_j - v) + v \| \leq \| v_j - v \| + \| v \|,$$

andererseits wegen a) auch

$$\| v_j \| = \| v + (v_j - v) \| \geq \| v \| - \| v_j - v \| .$$

Wegen $\lim_{j \to \infty} \| v_j - v \| = 0$ erhalten wir

$$\lim_{j \to \infty} \| v_j \| = \| v \| = \| \lim_{j \to \infty} v_j \| .$$

□

Hauptsatz 6.1.5 *Sei V ein Vektorraum von endlicher Dimension und seien $\| \cdot \|$ und $\| \cdot \|'$ Normen auf V. Dann gibt es reelle Zahlen $a > 0$ und $b > 0$ mit*

$$a \| v \| \leq \| v \|' \leq b \| v \|$$

für alle $v \in V$. Daher liefern alle Normen auf V denselben Konvergenzbegriff, also dieselbe Topologie.

---

[3] Augustin Louis Cauchy (1789-1857) Paris, Turin, Prag. Analysis, Funktionentheorie, Differentialgleichungen, mathematische Physik. Seine gesammelten Werke umfassen 27 Bände.

[4] Stefan Banach (1892-1945) Lwow. Funktionalanalysis, Topologische Vektorräume, Maßtheorie.

Beweis. a) Sei $[v_1, \ldots, v_n]$ eine Basis von V. Die Festsetzung

$$\| \sum_{j=1}^{n} x_j v_j \|_1 = \sum_{j=1}^{n} |x_j|$$

liefert offenbar eine Norm $\| \cdot \|_1$ auf V. Setzen wir $c = \max_{j=1}^{n} \| v_j \|$, so folgt

$$\| \sum_{j=1}^{n} x_j v_j \| \leq \sum_{j=1}^{n} |x_j| \, \| v_j \| \leq c \sum_{j=1}^{n} |x_j| = c \, \| \sum_{j=1}^{n} x_j v_j \|_1,$$

also $\| v \| \leq c \, \| v \|_1$ für alle $v \in V$.

Wir suchen nun nach einer Abschätzung $\| v \| \geq d \, \| v \|_1$ mit $d > 0$, welche für alle $v \in V$ gültig ist. Dazu betrachten wir die Abbildung f von K^n in $\mathbb{R}$ mit

$$f(x_1, \ldots, x_n) = \| \sum_{j=1}^{n} x_j v_j \| .$$

Diese Abbildung ist stetig, denn für $v = \sum_{j=1}^{n} x_j v_j$ und $w = \sum_{j=1}^{n} y_j v_j$ gilt nach 6.1.4 a) nämlich

$$- \| v - w \| \leq \| v \| - \| w \| \leq \| v - w \|$$

und

$$\| v - w \| = \| \sum_{j=1}^{n} (x_j - y_j) v_j \| \leq c \sum_{j=1}^{n} |x_j - y_j|.$$

Die Menge

$$\mathcal{M} = \{(x_1, \ldots, x_n) \mid x_j \in K, \sum_{j=1}^{n} |x_j| = 1\}$$

ist in K^n abgeschlossen und beschränkt, also kompakt. Bekanntlich nimmt die stetige Funktion f auf $\mathcal{M}$ ihr Minimum d an, etwa

$$d = f(z_1, \ldots, z_n) = \| \sum_{j=1}^{n} z_j v_j \| > 0.$$

Sei nun $0 \neq v = \sum_{j=1}^{n} x_j v_j \in V$. Wir setzen

$$w = \frac{1}{\| v \|_1} v = \sum_{j=1}^{n} \frac{x_j}{\| v \|_1} v_j = \sum_{j=1}^{n} y_j v_j.$$

Dann gilt $\| w \|_1 = 1$, und daher $(y_1, \ldots, y_n) \in \mathcal{M}$. Dies zeigt

$$d \leq f(y_1, \ldots, y_n) = \| \sum_{j=1}^{n} y_j v_j \| = \frac{\| v \|}{\| v \|_1}.$$

Also ist $\| v \| \geq d \| v \|_1$.
b) Der allgemeine Fall ist nun einfach:
Seinen $\| \cdot \|$ und $\| \cdot \|'$ Normen auf V. Nach a) existieren $c_j > 0$ und $d_j > 0$ mit

$$d_1 \| v \|_1 \leq \| v \| \leq c_1 \| v \|_1$$

und

$$d_2 \| v \|_1 \leq \| v \|' \leq c_2 \| v \|_1 .$$

Damit folgt

$$\frac{d_2}{c_1} \| v \| \leq d_2 \| v \|_1 \leq \| v \|' \leq c_2 \| v \|_1 \leq \frac{c_2}{d_1} \| v \| .$$

□

Lemma 6.1.6 *Sei V ein normierter K-Vektorraum von endlicher Dimension und sei $[v_1, \ldots, v_n]$ eine Basis von V. Ferner sei*

$$w_k = \sum_{j=1}^{n} x_{jk} v_j \quad (k = 1, 2, \ldots)$$

mit $x_{jk} \in K$ eine Folge von Vektoren aus V.

a) Genau dann existiert $\lim_{k\to\infty} w_k$, wenn $\lim_{k\to\infty} x_{jk}$ für alle $j = 1, \ldots, n$ existiert. Dann ist

$$\lim_{k\to\infty} w_k = \sum_{j=1}^{n} (\lim_{k\to\infty} x_{jk}) v_j.$$

b) Genau dann bilden die w_k eine Cauchy-Folge, wenn $x_{j1}, x_{j2}, \ldots$ für jedes $j = 1, \ldots, n$ eine Cauchy-Folge ist.

Beweis. a) Nach 6.1.5 genügt es, die Konvergenz im Sinne der Norm $\| \cdot \|_1$ mit

$$\| \sum_{j=1}^{n} y_j v_j \|_1 = \sum_{j=1}^{n} |y_j|$$

zu beweisen. Ist $w = \sum_{j=1}^{n} z_j v_j$, so ist $\| w - w_k \|_1 = \sum_{j=1}^{n} |z_j - x_{jk}|$. Also ist $\lim_{k\to\infty} w_k = w$ gleichwertig mit $\lim_{k\to\infty} x_{jk} = z_j$ für $j = 1, \ldots, n$.
b) Der Beweis verläuft ähnlich wie in a). □

Satz 6.1.7 *Sei V ein normierter Vektorraum.*

a) *Ist* $\dim V$ *endlich, so ist V vollständig, also ein Banachraum.*

b) *Ist W ein vollständiger Unterraum von V, so ist W abgeschlossen im Vektorraum V.*

c) *Ist W ein endlichdimensionaler Unterraum von V, so ist W abgeschlossen in V.*

Beweis. a) Sei $[v_1, \ldots, v_n]$ eine Basis von V. Ferner seien die

$$w_k = \sum_{j=1}^{n} x_{jk} v_j \quad (k = 1, 2, \ldots)$$

eine Cauchy-Folge in V. Nach 6.1.6 b) ist dann $x_{j1}, x_{j2}, \ldots$ für $j = 1, \ldots, n$ eine Cauchy-Folge in K. Also existiert $x_j = \lim_{k\to\infty} x_{jk}$. Setzen wir $w = \sum_{j=1}^{n} x_j v_j$, so folgt mit 6.1.6 a), daß $w = \lim_{k\to\infty} w_k$. Also ist V vollständig.
b) Sei $w_1, w_2, \ldots$ eine Folge mit $w_j \in W$, für welche $\lim_{k\to\infty} w_k = v$ existiert. Wir haben also $v \in W$ zu zeigen. Sei $\| w_k - v \| \leq \varepsilon$ für $k \geq n(\varepsilon)$. Dann ist

$$\| w_k - w_j \| = \| (w_k - v) - (w_j - v) \| \leq \| w_k - v \| + \| w_j - v \| \leq 2\varepsilon$$

für alle $k, j \geq n(\varepsilon)$. Also ist $w_1, w_2, \ldots$ eine Cauchy-Folge in W. Wegen der Vollständigkeit von W liegt dann der Grenzwert v in W.
c) Dies folgt sofort aus a) und b). □

Definition 6.1.8 Seien V und W normierte Vektorräume und sei weiterhin $A \in \mathrm{Hom}(V, W)$. Die Normen auf V und W bezeichnen wir mit demselben Symbol $\| \cdot \|$.

a) A heißt *beschränkt*, falls es ein $M > 0$ gibt mit $\| Av \| \leq M \| v \|$ für alle $v \in V$.

b) A heißt *stetig*, falls es zu jedem $\varepsilon > 0$ ein $\delta(\varepsilon) > 0$ gibt mit

$$\| Av - Av' \| \leq \varepsilon, \quad \text{falls } \| v - v' \| \leq \delta(\varepsilon) \text{ ist.}$$

Satz 6.1.9 *Seien V und W normierte Vektorräume und* $A \in \mathrm{Hom}(V, W)$. *Genau dann ist A stetig, wenn A beschränkt ist.*

Beweis. Sei A beschränkt, also $\| Av \| \leq M \| v \|$ für alle $v \in V$ mit einem geeigneten $M > 0$. Für $\| v - v' \| \leq \frac{\varepsilon}{M}$ folgt dann

$$\| Av - Av' \| \leq M \| v - v' \| \leq \varepsilon.$$

Also ist A stetig.

Sei umgekehrt A stetig. Dann gibt es ein $a = \delta(1) > 0$ mit $\| Av \| \leq 1$ für $\| v \| \leq a$. Für $0 \neq v \in V$ erhalten wir

$$\| \frac{a}{\| v \|} v \| = a,$$

also

$$\frac{a}{\| v \|} \| Av \| = \| A(\frac{a}{\| v \|} v) \| \leq 1.$$

Dies zeigt $\| Av \| \leq a^{-1} \| v \|$ für alle $v \in V$. Also ist A beschränkt. □

Satz 6.1.10 *Seien V und W normierte K-Vektorräume. Ist* $\dim V$ *endlich, so ist jede lineare Abbildung von V in W beschränkt, also stetig.*

Beweis. Sei $[v_1, \ldots, v_n]$ eine Basis von V. Wie vorher definieren wir eine Norm $\| \cdot \|_1$ auf V durch

$$\| \sum_{j=1}^{n} x_j v_j \|_1 = \sum_{j=1}^{n} |x_j|.$$

Setzen wir $M = max_j \| Av_j \|$, so folgt für $v = \sum_{j=1}^{n} x_j v_j$ nun

$$\| Av \| \leq \sum_{j=1}^{n} |x_j| \, \| Av_j \| \leq M \sum_{j=1}^{n} |x_j| = M \| v \|_1 .$$

Nach 6.1.5 gibt es wegen $\dim V < \infty$ ein $b > 0$ mit $\| v \|_1 \leq b \| v \|$ für alle $v \in V$. Somit folgt $\| Av \| \leq Mb \| v \|$. Also ist A beschränkt. □

Satz 6.1.11 *Sei V ein normierter Vektorraum. Wir setzen*

$$E(V) = \{ v \mid v \in V, \ \| v \| \leq 1 \}$$

und nennen $E(V)$ die Einheitskugel in V. Ist $\dim V < \infty$*, so ist $E(V)$ kompakt.*

(Ohne Beweis vermerken wir hier: *Ist $E(V)$ kompakt, so gilt* $\dim V < \infty$ (siehe Aufgabe 6.1.6).)

Beweis. Sei $[v_1, \ldots, v_n]$ eine Basis von V. Wir definieren eine Norm $\| \cdot \|_\infty$ auf V durch

$$\| \sum_{j=1}^{n} x_j v_j \|_\infty = \max_j |x_j|.$$

Wegen $\dim V < \infty$ gibt es nach 6.1.5 ein $a > 0$ mit $\| v \|_\infty \leq a \| v \|$ für alle $v \in V$. Seien

$$w_k = \sum_{j=1}^{n} x_{jk} v_j \in E(V)$$

für alle $k = 1, 2, \ldots$ Für alle j, k folgt dann

$$|x_{jk}| \leq \max_m |x_{mk}| = \| w_k \|_\infty \leq a \| w_k \| \leq a.$$

Also existiert eine Teilfolge $w_{j_1}, w_{j_2}, \ldots$ derart, daß $\lim_{i\to\infty} x_{1,j_i} = y_1$ existiert. Aus $w_{j_1}, w_{j_2}, \ldots$ wählen wir eine Teilfolge $w_{k_1}, w_{k_2}, \ldots$ derart, daß $\lim_{i\to\infty} x_{2,k_i} = y_2$ existiert. Nach endlich vielen Schritten erhalten wir eine Teilfolge $w_{m_1}, w_{m_2}, \ldots$, so daß $\lim_{i\to\infty} x_{j,m_i} = y_j$ für $j = 1, \ldots, n$ existiert. Nach 6.1.6 gilt dann

$$\lim_{i\to\infty} w_{m_i} = \sum_{j=1}^{n} y_j v_j = w.$$

Wegen $\| w \| = \lim_{i\to\infty} \| w_{m_i} \| \leq 1$ ist $w \in E(V)$. Also ist $E(V)$ kompakt.

□

Aufgabe 6.1.1 Sei V ein Vektorraum mit der Norm $\| \cdot \|$ und W ein abgeschlossener Unterraum von V.

a) Man zeige, daß durch

$$\| v + W \|' = \inf\{\| w \| \mid w \in v + W\}$$

eine Norm $\| \cdot \|'$ auf dem Faktorraum V/W definiert wird.

b) Ist V vollständig bezüglich $\| \cdot \|$, so ist V/W vollständig bezüglich $\| \cdot \|'$.

Aufgabe 6.1.2 Auf $\mathbb{R}^n$ seien die Normen $\| \cdot \|_\infty$, $\| \cdot \|_1$ und $\| \cdot \|_2$ wie in den Beispielen 6.1.2 definiert. Man bestimme die jeweils besten Konstanten a und b, für die 6.1.5 gilt.

Aufgabe 6.1.3 Sei $V = C[0,1]$ der $\mathbb{R}$-Vektorraum aller auf $[0,1]$ stetigen reellwertigen Funktionen.

a) Durch

$$\begin{aligned} \| f \|_\infty &= \max_{0 \le t \le 1} |f(t)| \\ \| f \|_1 &= \int_0^1 |f(t)| dt \\ \| f \|_2^2 &= \int_0^1 |f(t)|^2 dt \end{aligned}$$

werden Normen auf V definiert.

b) V ist vollständig bezüglich $\| \cdot \|_\infty$, aber nicht bezüglich $\| \cdot \|_1$ und $\| \cdot \|_2$.

c) Es gilt $\| f \|_1 \le \| f \|_2 \le \| f \|_\infty$, aber es gibt keine Konstante $M > 0$ mit $\| f \|_\infty \le M \| f \|_2$ für alle $f \in V$.

Aufgabe 6.1.4 Sei $[a, b] \subseteq \mathbb{R}$ mit $a < b$. Wir nennen $f : [a, b] \to \mathbb{R}$ von beschränkter Variation, falls für jede Zerlegung

$$Z : a = x_0 < x_1 < \ldots < x_n = b$$

von $[a, b]$

$$V(f, Z) = \sum_{i=0}^{n-1} |f(x_{i+1} - f(x_i)| \le M$$

gilt. Sei $V(f) = \sup_Z V(f, Z)$.
Man zeige, daß auf dem $\mathbb{R}$-Vektorraum $BV[a, b]$ aller Funktionen von beschränkter Variation auf $[a, b]$ durch die Festsetzung

$$\| f \| = |f(a)| + V(f)$$

eine Norm definiert wird.

Aufgabe 6.1.5 (Lemma von Riesz[5]) Sei V ein normierter Vektorraum und W ein echter, abgeschlossener Unterraum von V. Man zeige:
Zu jedem $0 < \theta < 1$ existiert ein $v_\theta \in S = \{v \mid v \in V, \| v \| = 1\}$ mit

$$\| v_\theta - w \| \ge \theta$$

für alle $w \in W$.

Hinweis: Sei $d = \inf_{w \in W} \| w - v_0 \|$ für ein festes $v_0 \in V \setminus W$. Wähle $w_0 \in W$ mit $0 \ne \| v_0 - w_0 \| \le \theta^{-1} d$ und setze gesuchtes $v_\theta = \frac{1}{\| v_0 - w_0 \|}(v_0 - w_0)$.

[5]Frigyes Riesz (1880-1956) Koloszvar, Szeged, Budapest. Mitbegründer der Funktionalanalysis.

Aufgabe 6.1.6 Sei V ein normierter Vektorraum. Man zeige:
Ist die Sphäre $S = \{v \mid v \in V, \parallel v \parallel = 1\}$ kompakt, so ist $\dim V < \infty$.

Hinweis: Angenommen $\dim V = \infty$. Vermöge des Lemmas von Riesz wähle eine Folge $v_1, v_2, v_3, \ldots$ mit $v_i \in S$ derart, daß $\parallel v_i - w \parallel \geq \frac{1}{2}$ für alle $w \in \langle v_1, \ldots, v_{i-1} \rangle$.

Aufgabe 6.1.7 Sei V ein Vektorraum über $\mathbb{R}$ oder $\mathbb{C}$. Eine Teilmenge $\mathcal{K}$ heißt *konvex*, falls für $v_1, v_2 \in \mathcal{K}$ und $t \in \mathbb{R}$ mit $0 \leq t \leq 1$ stets auch

$$tv_1 + (1-t)v_2 \in \mathcal{K}$$

ist.

Eine Teilmenge $\mathcal{K}$ von V heißt *symmetrisch* , falls für alle $v \in \mathcal{K}$ auch $-v \in \mathcal{K}$ gilt.
Man zeige:

a) Ist V ein normierter Vektorraum, so ist die Einheitskugel $\mathrm{E}(V)$ konvex und symmetrisch. Ferner ist 0 ein innerer Punkt von $\mathrm{E}(V)$.

b) Sei $\mathcal{K}$ eine konvexe, symmetrische, kompakte Teilmenge des $\mathbb{R}^n$, welche 0 als inneren Punkt hat. Dann wird durch

$$\parallel v \parallel = \inf\{a \mid 0 < a \in \mathbb{R}, \ \frac{1}{a}v \in \mathcal{K}\}$$

eine Norm $\parallel \cdot \parallel$ auf V definiert mit $\mathcal{K} = \{v \mid \parallel v \parallel \leq 1\}$.

6.2 Normierte Algebren

Definition 6.2.1 Sei $\mathcal{A}$ eine Algebra über $\mathbb{R}$ oder $\mathbb{C}$. Eine Vektorraumnorm $\| \cdot \|$ auf $\mathcal{A}$ heißt eine *Algebrennorm*, falls außer den Bedingungen in 6.1.1 auch noch

$$\| ab \| \leq \| a \| \| b \|$$

für alle $a, b \in \mathcal{A}$ gilt. Trägt die Algebra $\mathcal{A}$ eine Algebrennorm $\| \cdot \|$, so heißt $\mathcal{A}$ eine normierte Algebra. Ist $\mathcal{A}$ außerdem vollständig bezüglich der Norm $\| \cdot \|$, so heißt $\mathcal{A}$ eine *Banachalgebra.*

Definition 6.2.2 Seien V und W normierte K-Vektorräume und sei ferner $A \in \mathrm{Hom}(V, W)$.

a) Ist A beschränkt im Sinne von 6.1.8, so setzen wir

$$\| A \| = \sup_{0 \neq v \in V} \frac{\| Av \|}{\| v \|} = \sup_{\| v \| \leq 1} \| Av \| .$$

Es gilt dann $\| Av \| \leq \| A \| \| v \|$ für alle $v \in V$.

b) Gilt $\| Av \| \leq \| v \|$ für alle $v \in V$, also $\| A \| \leq 1$, so nennen wir A eine *Kontraktion.*

Satz 6.2.3 *Sei V ein normierter K-Vektorraum.*

a) Wir setzen $B(V) = \{A \mid A \in \mathrm{End}(V),\ A$ ist beschränkt$\}$. Dann ist $B(V)$ eine Algebra, und $\| \cdot \|$ aus 6.2.2 ist eine Algebrennorm auf $B(V)$ mit $\| E \| = 1$.

b) Ist $\dim V < \infty$, so gilt $B(V) = \mathrm{End}(V)$. Für $A \in \mathrm{End}(V)$ ist dabei $\| A \| = \max_{\| v \| \leq 1} \| Av \|$.

Beweis. a) Seien $A, B \in B(V)$, also $\| Av \| \leq \| A \| \| v \|$ und ebenfalls $\| Bv \| \leq \| B \| \| v \|$ für alle $v \in V$. Dann gelten

$$\| (A + B)v \| \leq \| Av \| + \| Bv \| \leq (\| A \| + \| B \|) \| v \|$$

und

$$\| (AB)v \| \leq \| A \| \| Bv \| \leq \| A \| \| B \| \| v \| .$$

Also sind $A + B$ und AB beschränkt, und es gilt

$$\| A + B \| \leq \| A \| + \| B \|$$

sowie

$$\| AB \| \leq \| A \| \| B \| .$$

Für $c \in K$ ist ferner $\| (cA)v \| = |c| \| Av \| \leq |c| \| A \| \| v \|$, also

$$\| cA \| \leq |c| \| A \| .$$

Ist $0 \neq c \in K$, so gilt daher

$$\| A \| = \| \frac{1}{c}(cA) \| \leq \frac{1}{|c|} \| cA \| \leq \frac{|c|}{|c|} \| A \| = \| A \|,$$

also $\| cA \| = |c| \| A \|$. Trivialerweise gilt $\| A \| \geq 0$ und $\| A \| = 0$ nur für $A = 0$. Ferner ist $\| E \| = 1$.
b) Wegen 6.1.10 ist $B(V) = \mathrm{End}(V)$, und $E(V) = \{v \mid v \in V, \| v \| \leq 1\}$ ist wegen 6.1.11 kompakt. Da A nach 6.1.10 stetig ist, ist auch die Abbildung f definiert durch $f(v) = \| Av \|$ stetig auf $E(V)$. Bekanntlich nimmt daher f auf $E(V)$ ihr Maximum an. □

Wenn wir im folgenden zu einem normierten Vektorraum V das Symbol $\| A \|$ verwenden, so ist stets die Norm von A aus 6.2.2 gemeint.

Beispiele 6.2.4 a) Sei $A = (a_{ij}) \in (\mathbb{C})_n$. Wir lassen A durch Linksmultiplikation auf dem Raum $\mathbb{C}^n$ der Spaltenvektoren operieren. Auf $\mathbb{C}^n$ verwenden wir die Norm $\| \cdot \|_\infty$ aus 6.1.2 a) mit $\| (x_j) \|_\infty = \max_j |x_j|$. Für $x = (x_j)$ gilt dann $Ax = (y_j)$ mit $y_j = \sum_{k=1}^n a_{jk}x_k$. Somit ist

$$\| Ax \|_\infty = \max_j | \sum_{k=1}^n a_{jk}x_k | \leq \max_j \sum_{k=1}^n |a_{jk}| \| x \|_\infty .$$

Setzen wir $M = \max_j \sum_{k=1}^n |a_{jk}|$, so gilt $\| Ax \|_\infty \leq M \| x \|_\infty$, also

$$\| A \|_\infty = \max_{\|x\| \leq 1} \| Ax \|_\infty \leq M.$$

Sei j so gewählt, daß $M = \sum_{k=1}^n |a_{jk}|$. Wir wählen nun $x_k \in \mathbb{C}$ mit den Bedingungen $|x_k| = 1$ und $a_{jk}x_k = |a_{jk}| \geq 0$. Dann ist $\| (x_j) \|_\infty = 1$ und

$$| \sum_{k=1}^n a_{jk}x_k | = \sum_{k=1}^n |a_{jk}| = M.$$

Für $x = (x_j)$ folgt daher $\| Ax \|_\infty = M \| x \|_\infty = M$. Somit ist

$$\| (a_{jk}) \|_\infty = M = \max_j \sum_{k=1}^n |a_{jk}|.$$

Ist $A = (a_{jk})$ stochastisch, so ist $\| A \|_\infty = 1$. Die Norm $\| \cdot \|_\infty$ haben wir bereits in 3.4.6 bei der Behandlung stochastischer Matrizen verwendet, und werden dies in 6.5 auch wieder tun.
b) Verwendet man auf $\mathbb{C}^n$ die Norm $\| \cdot \|_1$ mit $\| (x_j) \|_1 = \sum_{j=1}^n |x_j|$, so erhält man ähnlich

$$\| (a_{jk}) \|_1 = \max_k \sum_{j=1}^n |a_{jk}|.$$

c) Für $A = (a_{jk}) \in (\mathbb{C})_n$ setzen wir

$$\| A \|_2 = (\sum_{j,k=1}^n |a_{jk}|^2)^{\frac{1}{2}}.$$

Nach 6.1.2 c) liefert dies eine Vektorraumnorm auf $(\mathbb{C})_n$. Für $A = (a_{ij})$ und $B = (b_{ij})$ folgt mit der Schwarzschen Ungleichung

$$\begin{aligned} \| AB \|_2^2 &= \sum_{j,k=1}^n |\sum_{i=1}^n a_{ji} b_{ik}|^2 \\ &\leq \sum_{j,k=1}^n \sum_{i=1}^n |a_{ji}|^2 \sum_{l=1}^n |b_{lk}|^2 \\ &= \sum_{i,j=1}^n |a_{ji}|^2 \sum_{k,l=1}^n |b_{lk}|^2 = \| A \|_2^2 \| B \|_2^2 . \end{aligned}$$

Somit ist $\| \cdot \|_2$ eine Algebrennorm auf $(\mathbb{C})_n$. Wegen $\| E \|_2 = \sqrt{n}$ entsteht diese jedoch für $n > 1$ nicht vermöge 6.2.2 aus einer Vektorraumnorm auf $\mathbb{C}^n$.

Verwenden wir auf $\mathbb{C}^n$ die Norm $\| \cdot \|_2$ mit $\| (x_j) \|_2 = (\sum_{j=1}^n |x_j|^2)^{\frac{1}{2}}$, so erfordert die Ermittlung von $\max_{\|x\|_2 \leq 1} \| Ax \|_2$ die Lösung einer Eigenwertaufgabe (siehe 8.3.15).
d) Für $1 \leq p < \infty$ wird nach 6.1.2 c) durch

$$\| (a_{jk}) \|_p = (\sum_{j,k=1}^n |a_{jk}|^p)^{\frac{1}{p}}$$

eine Vektorraumnorm auf $(\mathbb{C})_n$ definiert. Für $p = 1$ ist dies eine Algebrennorm, denn es gilt

$$\sum_{i,j=1}^n |\sum_{k=1}^n a_{ik} b_{kj}| \leq \sum_{i,j=1}^n \sum_{k=1}^n |a_{ik}|\,|b_{kj}| \leq \sum_{i,k=1}^n |a_{ik}| \sum_{j,l=1}^n |b_{l,j}|.$$

Ist $1 < p \leq 2$, so ist $\| \cdot \|_p$ ebenfalls eine Algebrennorm. Dies liegt an der *Hölderschen*[6] *Ungleichung*

$$|\sum_{j=1}^{n} x_j y_j| \leq (\sum_{j=1}^{n} |x_j|^p)^{\frac{1}{p}} (\sum_{j=1}^{n} |y_j|^q)^{\frac{1}{q}},$$

wobei q durch $\frac{1}{p} + \frac{1}{q} = 1$ bestimmt ist. Für $p = q = 2$ ist dies die Schwarzsche Ungleichung (siehe [8], S. 55, 79).

Satz 6.2.5 *Sei V ein normierter Vektorraum von nicht notwendig endlicher Dimension. Dann gestattet die Heisenberg-Gleichung $AB - BA = E$ keine Lösungen mit beschränkten $A, B \in B(V)$.*

Beweis. Ist $\dim V < \infty$ und $\operatorname{Char} K = 0$, so ist wegen

$$\operatorname{Sp}(AB - BA) = 0 \neq \operatorname{Sp} E = \dim V$$

die Aussage trivial (siehe 3.5.5). Im allgemeinen Fall folgen wir einem Beweis von H. Wielandt[7]. Angenommen, es sei $AB - BA = E$ mit $A, B \in B(V)$. Durch Induktion nach k beweisen wir

$$(*) \quad AB^k - B^k A = kB^{k-1}.$$

Für $k = 1$ ist dies erfüllt mit $B^0 = E$. Allgemein folgt

$$\begin{aligned} AB^{k+1} - B^{k+1}A &= (AB^k - B^k A)B + B^k(AB - BA) \\ &= kB^{k-1}B + B^k \qquad \text{(gemäß Induktion)} \\ &= (k+1)B^k. \end{aligned}$$

Daher ist

$$k \parallel B^{k-1} \parallel = \parallel AB^k - B^k A \parallel \leq \parallel AB^k \parallel + \parallel B^k A \parallel \leq 2 \parallel A \parallel \parallel B \parallel \parallel B^{k-1} \parallel .$$

Gilt $\parallel B^k \parallel \neq 0$ für alle k, so folgt der Widerspruch $k \leq 2 \parallel A \parallel \parallel B \parallel$ für alle $k = 1, 2, \ldots$ Also gibt es ein $k > 1$ mit $B^{k-1} \neq 0 = B^k$. Nun folgt mit $(*)$ der Widerspruch

$$0 \neq kB^{k-1} = AB^k - B^k A = 0.$$

□

[6] Ludwig Otto Hölder (1859-1937) Königsberg, Leipzig. Algebra, insbesondere Gruppentheorie, Funktionentheorie.

[7] Helmut Wielandt (1910-2001) Mainz, Tübingen. Endliche Gruppen und Permutationsgruppen, lineare Algebra, Matrizentheorie

Satz 6.2.5 zeigt, daß man zur Lösung der für die Quantenmechanik grundlegenden Heisenberg-Gleichung $AB - BA = E$ unbeschränkte Operatoren A, B heranziehen muß. Wir kommen darauf in 8.3.11 zurück.

Beispiel 6.2.6 Sei V der Vektorraum aller auf $[0,1]$ reellwertigen und beliebig oft differenzierbaren Funktionen, versehen mit der Norm $\| \cdot \|$ mit

$$\| f \|^2 = \int_0^1 |f(t)|^2 dt \quad \text{(siehe Aufgabe 6.1.3).}$$

Seien $A, B \in \operatorname{End}(V)$ definiert durch

$$Af = f' \text{ und } Bf = tf.$$

Dann ist $(AB - BA)f = (tf)' - tf' = f$, also $AB - BA = E$. Wegen

$$\| Bf \|^2 = \int_0^1 |tf(t)|^2 dt \leq \int_0^1 |f(t)|^2 dt = \| f \|^2$$

ist B beschränkt. Für $f_n(t) = t^n$ gilt jedoch

$$\| f_n \|^2 = \int_0^1 t^{2n} dt = \frac{1}{2n+1}$$

und

$$\| Af_n \|^2 = n^2 \int_0^1 t^{2n-2} dt = \frac{n^2}{2n-1}.$$

Daher gibt es kein M mit $\| Af_n \| \leq M \| f_n \|$ für alle n. Also ist A nicht beschränkt.

Lemma 6.2.7 *Sei V ein normierter Vektorraum von endlicher Dimension und seien $A, A_j \in \operatorname{End}(V)$ $(j = 1, 2, \ldots)$. Dann sind gleichwertig.*

a) $A = \lim_{j\to\infty} A_j$, *d.h.* $\lim_{j\to\infty} \| A - A_j \| = 0$.

b) Für alle $v \in V$ gilt $Av = \lim_{j\to\infty} A_j v$.

c) Es gibt eine Basis $[v_1, \ldots, v_n]$ von V mit $Av_i = \lim_{j\to\infty} A_j v_i$ für alle $i = 1, \ldots, n$.

Beweis. a) $\Rightarrow$ b) Dies folgt unmittelbar aus $\| (A - A_j)v \| \leq \| A - A_j \| \| v \|$.
b) $\Rightarrow$ c) Dies ist trivial.
c) $\Rightarrow$ a) Zu jedem $\varepsilon > 0$ gibt es ein $n(\varepsilon)$ derart, daß

$$\| (A - A_j)v_i \| \leq \varepsilon$$

für $j \geq n(\varepsilon)$ und $i = 1, \ldots, n$ ist. Für $v = \sum_{i=1}^{n} x_i v_i$ bilden wir die Norm $\| \cdot \|_1$ mit $\| v \|_1 = \sum_{i=1}^{n} |x_i|$. Für $j \geq n(\varepsilon)$ folgt

$$\| (A - A_j)v \| \leq \sum_{i=1}^{n} |x_i| \, \| (A - A_j)v_i \| \leq \varepsilon \, \| v \|_1 \, .$$

Nach 6.1.5 gibt es ein $b > 0$ mit $\| v \|_1 \leq b \, \| v \|$ für alle $v \in V$. Also gilt

$$\| (A - A_j)v \| \leq \varepsilon b \, \| v \| \, .$$

Insbesondere folgt mit 6.2.3 b), daß

$$\| A - A_j \| = \max_{\|v\| \leq 1} \| (A - A_j)v \| \leq \varepsilon b.$$

Also ist $\lim_{j \to \infty} A_j = A$.

□

Der folgende Hauptsatz wird in 6.5 bei der Behandlung stochastischer Matrizen eine zentrale Rolle spielen.

Hauptsatz 6.2.8 (sogenannter Ergodensatz)
Sei V ein normierter Vektorraum von endlicher Dimension und $A \in \mathrm{End}(V)$. Es gebe ein $M > 0$ mit $\| A^k \| \leq M$ für $k = 1, 2, \ldots$.

(Gilt dies für eine Norm auf $\mathrm{End}(V)$*, so nach* 6.1.5 *für jede Norm auf* $\mathrm{End}(V)$*. Ist $\| \cdot \|$ insbesondere eine Algebrennorm und A eine Kontraktion, also $\| A \| \leq 1$, so folgt $\| A^k \| \leq \| A \|^k \leq 1$ für alle $k = 1, 2, \ldots$.)*

a) *Dann existiert*

$$P = \lim_{k \to \infty} \frac{1}{k} \sum_{j=0}^{k-1} A^j .$$

Dabei gilt $P = P^2 = AP = PA$. Ferner ist P die Projektion mit $\mathrm{Bild}\, P = \mathrm{Kern}(A - E)$ *und* $\mathrm{Kern}\, P = \mathrm{Bild}(A - E)$. *Somit ist*

$$V = \mathrm{Kern}(A - E) \oplus \mathrm{Bild}(A - E).$$

b) *Sei V ein normierter $\mathbb{C}$-Vektorraum. Ist a ein Eigenwert von A, so ist $|a| \leq 1$. Ist $|a| = 1$, so gilt*

$$V = \mathrm{Kern}(A - aE) \oplus \mathrm{Bild}(A - aE),$$

und A hat zum Eigenwert a nur Jordan-Kästchen vom Typ $(1, 1)$.

Beweis. a) Wir setzen $P_k = \frac{1}{k}\sum_{j=0}^{k-1} A^j$. Für $v \in \text{Kern}(A-E)$ ist $P_k v = v$. Ist $v = (A-E)w \in \text{Bild}(A-E)$, so ist

$$P_k v = P_k(A-E)w = \frac{1}{k}(A^k - E)w.$$

Daher folgt

$$\| P_k v \| \leq \frac{1}{k}(\| A^k \| + 1) \| w \| \leq \frac{M+1}{k} \| w \| .$$

Somit gilt $\lim_{k\to\infty} P_k v = 0$ für $v \in \text{Bild}(A-E)$. Dies zeigt

$$\text{Kern}(A-E) \cap \text{Bild}(A-E) = 0.$$

Wegen

$$\dim V = \dim \text{Kern}(A-E) + \dim \text{Bild}(A-E)$$

gilt

$$V = \text{Kern}(A-E) \oplus \text{Bild}(A-E).$$

Sei $P = P^2$ die Projektion auf $\text{Bild}\, P = \text{Kern}(A-E)$ mit der Bedingung $\text{Kern}\, P = \text{Bild}(A-E)$. Für $v \in \text{Kern}(A-E)$ ist $(P - P_k)v = 0$. Für $v = (A-E)w \in \text{Bild}(A-E)$ gilt

$$(P - P_k)v = -P_k(A-E)w = -\frac{1}{k}(A^k - E)w.$$

Wir wählen nun eine Basis $[v_1, \ldots, v_n]$ von V, welche die Vereinigung von Basen von $\text{Kern}(A-E)$ und $\text{Bild}(A-E)$ ist. Dann gilt $\lim_{k\to\infty}(P-P_k)v_i = 0$ für $i = 1, \ldots, n$. Mit 6.2.7 folgt daher $P = \lim_{k\to\infty} P_k$. Aus

$$\| P_k A - P_k \| = \| A P_k - P_k \| = \frac{1}{k} \| A^k - E \| \leq \frac{M+1}{k}$$

folgt schließlich $PA = AP = P$.
b) Ist a ein Eigenwert von A und $Av = av$ mit $v \neq 0$, so folgt für alle k

$$|a^k| \| v \| = \| A^k v \| \leq \| A^k \| \| v \| \leq M \| v \| .$$

Dies zeigt $|a| \leq 1$. Ist $|a| = 1$, so gilt $\| (a^{-1}A)^k \| = \| A^k \| \leq M$ für alle k. Wegen a) erhalten wir

$$V = \text{Kern}(a^{-1}A - E) \oplus \text{Bild}(a^{-1}A - E) = \text{Kern}(A - aE) \oplus \text{Bild}(A - aE).$$

□

Definition 6.2.9 Sei V ein Vektorraum von endlicher Dimension über $\mathbb{R}$ oder $\mathbb{C}$. Für $A \in \operatorname{End}(V)$ definieren wir den *Spektralradius* $\rho(A)$ durch

$$\rho(A) = \max\{|a| \mid a \text{ ist komplexer Eigenwert von } A\}.$$

$\rho(A)$ ist also der betragsmäßig größte Eigenwert von A. Hat A die Eigenwerte a_j, so hat A^m nach 5.4.17 die Eigenwerte a_j^m. Daher ist $\rho(A^m) = \rho(A)^m$.

Satz 6.2.10 *Sei* $A \in (\mathbb{C})_n$.

a) Für jede Vektorraumnorm $\| \cdot \|$ *auf* $(\mathbb{C})_n$ *gilt* $\rho(A) = \lim_{k\to\infty} \sqrt[k]{\| A^k \|}$.

b) Ist $\| \cdot \|$ *sogar eine Algebrennorm auf* $(\mathbb{C})_n$*, so gilt*

$$\rho(A) \leq \sqrt[k]{\| A^k \|}$$

für alle $k = 1, 2, \ldots$. *Insbesondere ist dann* $\rho(A) \leq \| A \|$.

Beweis. a) (1) Wir zeigen zunächst:
Existiert $\lim_{k\to\infty} \sqrt[k]{\| A^k \|}$ für eine spezielle Norm $\| \cdot \|$, so gilt für jede andere Norm $\| \cdot \|'$ auf $(\mathbb{C})_n$ ebenfalls

$$\lim_{k\to\infty} \sqrt[k]{\| A^k \|'} = \lim_{k\to\infty} \sqrt[k]{\| A^k \|} :$$

Nach 6.1.5 gibt es nämlich $a > 0$ und $b > 0$ mit

$$a \| A^k \| \leq \| A^k \|' \leq b \| A^k \|$$

für $k = 1, 2, \ldots$ Daraus folgt

$$\sqrt[k]{a} \sqrt[k]{\| A^k \|} \leq \sqrt[k]{\| A^k \|'} \leq \sqrt[k]{b} \sqrt[k]{\| A^k \|}.$$

Wegen

$$\lim_{k\to\infty} \sqrt[k]{a} = \lim_{k\to\infty} \sqrt[k]{b} = 1$$

folgt

$$\lim_{k\to\infty} \sqrt[k]{\| A^k \|'} = \lim_{k\to\infty} \sqrt[k]{\| A^k \|}.$$

(2) Zum Beweis der Behauptung unter a) wählen wir nun eine geeignete Norm. Nach 5.4.15 gibt es eine reguläre Matrix $T \in (\mathbb{C})_n$ derart, daß

$$T^{-1}AT = B = \begin{pmatrix} b_{11} & b_{12} & \ldots & b_{1n} \\ 0 & b_{22} & \ldots & b_{2n} \\ \vdots & \vdots & & \vdots \\ 0 & 0 & \ldots & b_{nn} \end{pmatrix}$$

eine Dreiecksmatrix ist. Da A und B dieselben Eigenwerte haben, folgt

$$\rho(A) = \rho(B) = \max_{j=1,\dots,n} |b_{jj}|.$$

Für $(a_{ij}) \in (\mathbb{C})_n$ wird nach 6.2.4 d) durch $\| (a_{ij}) \|_1 = \sum_{i,j=1}^n |a_{ij}|$ eine Algebrennorm definiert. Durch die Festsetzung

$$\| Y \| = \| T^{-1}YT \|_1$$

für $Y \in (\mathbb{C})_n$ erhalten wir offenbar ebenfalls eine Algebrennorm $\| \cdot \|$ auf $(\mathbb{C})_n$. Wir setzen nun

$$r = \rho(A) = \max_i |b_{ii}| \text{ und } s = \max_{i<j} |b_{ij}|.$$

Ist $r = 0$, so gilt für das charakteristische Polynom $f_A = x^n$. Nach dem Satz von Cayley-Hamilton (siehe 5.4.11) ist dann $A^n = 0$. Für $k \geq n$ folgt

$$\sqrt[k]{\| A^k \|} = 0 = r.$$

Sei weiterhin $r > 0$. Wir betrachten nun neben B auch die Matrix

$$C = \begin{pmatrix} r & s & s & \dots & s \\ 0 & r & s & \dots & s \\ \vdots & \vdots & \vdots & & \vdots \\ 0 & 0 & 0 & \dots & r \end{pmatrix} = rE + D$$

mit

$$D = \begin{pmatrix} 0 & s & s & \dots & s \\ 0 & 0 & s & \dots & s \\ \vdots & \vdots & \vdots & & \vdots \\ 0 & 0 & 0 & \dots & 0 \end{pmatrix}.$$

Offenbar ist $D^n = 0$. Wir setzen $B^k = (b_{ij}^{(k)})$ und $C^k = (c_{ij}^{(k)})$. Gemäß der Wahl von C gilt $|b_{ij}^{(1)}| \leq c_{ij}^{(1)}$. Durch eine Induktion nach k folgt

$$|b_{ij}^{(k)}| = |\sum_{l=1}^n b_{il}^{(k-1)} b_{lj}| \leq \sum_{l=1}^n c_{il}^{(k-1)} c_{lj} = c_{ij}^{(k)}.$$

Für $k \geq n$ erhalten wir wegen $D^n = 0$ daher

$$\begin{aligned} \| A^k \| &= \| T^{-1}A^kT \|_1 = \| B^k \|_1 \leq \| C^k \|_1 \\ &= \| (rE + D)^k \|_1 = \| \textstyle\sum_{j=0}^{n-1} \binom{k}{j} r^{k-j} D^j \|_1 \\ &\leq \textstyle\sum_{j=0}^{n-1} \binom{k}{j} r^{k-j} \| D \|_1^j = r^k p(k), \end{aligned}$$

wobei

$$p(x) = \sum_{j=0}^{n-1} \frac{x(x-1)\dots(x-j+1)}{j!} \frac{\| D \|_1^j}{r^j}$$

ein Polynom in x mit Grad $p \leq n-1$ ist. Daher gibt es bekanntlich ein $d > 0$ mit $|p(k)| < dk^n$ für alle k. Somit gilt

$$\sqrt[k]{\| A^k \|} \;\leq\; r\sqrt[k]{dk^n}.$$

Wegen $\lim_{k\to\infty} \sqrt[k]{dk^n} = 1$ gibt es zu jedem $\varepsilon > 0$ ein $n(\varepsilon)$ mit

$$\sqrt[k]{\| A^k \|} \;\leq\; r(1+\varepsilon) \quad \text{für } k \geq n(\varepsilon).$$

Andererseits gilt

$$\| A^k \| = \| B^k \|_1 \geq \sum_{j=1}^{n} |b_{jj}|^k \geq \max_j |b_{jj}|^k = r^k.$$

Insgesamt zeigt dies

$$\lim_{k\to\infty} \sqrt[k]{\| A^k \|} = r = \rho(A).$$

b) Ist $\| \cdot \|$ sogar eine Algebrennorm, so folgt

$$\rho(A) = \lim_{k\to\infty} \sqrt[k]{\| A^k \|} \;\leq\; \lim_{k\to\infty} \sqrt[k]{\| A \|^k} \;=\; \| A \| .$$

Dies zeigt $\rho(A)^k = \rho(A^k) \leq \| A^k \|$, also $\rho(A) \leq \sqrt[k]{\| A^k \|}$.

□

Wir vermerken hier, daß die Folge der $\sqrt[k]{\| A^k \|}$ i.a. nicht monoton fallend gegen $\rho(A)$ konvergiert (siehe Aufgabe 6.2.3).

Bemerkung 6.2.11 Die Verwendung geeigneter Algebrennormen aus 6.2.4 liefert handliche Abschätzungen für den Spektralradius.
Ist $A = (a_{ij}) \in (\mathbb{C})_n$, so gelten

$$\rho(A) \leq \max_i \textstyle\sum_{j=1}^n |a_{ij}|,$$
$$\rho(A) \leq \max_j \textstyle\sum_{i=1}^n |a_{ij}|,$$
$$\text{und } \rho(A)^2 \leq \textstyle\sum_{i,j=1}^n |a_{ij}|^2.$$

Der folgende Satz wird uns bei der erneuten Betrachtung stochastischer Matrizen in 6.5 gute Dienste leisten.

Satz 6.2.12 *Sei* $A \in (\mathbb{C})_n$.

a) Genau dann gilt $\lim_{k\to\infty} A^k = 0$, *wenn* $\rho(A) < 1$ *ist.*

b) Sei $\| \cdot \|$ *eine Algebrennorm auf* $(\mathbb{C})_n$ *mit* $\| A \| \leq 1$, *welche gemäß 6.2.3 aus einer Vektorraumnorm auf* $\mathbb{C}^n$ *entsteht.*
Dann existiert $\lim_{k\to\infty} A^k$, *falls für jeden Eigenwert* a *von* A *entweder* $|a| < 1$ *oder* $a = 1$ *gilt.*

Beweis. a) Ist $\lim_{k\to\infty} A^k = 0$, so gilt für jede Algebrennorm $\| \cdot \|$ und für große k nach 6.2.10 b), daß

$$\rho(A)^k = \rho(A^k) \leq \| A^k \| < 1.$$

Dies zeigt $\rho(A) < 1$.

Sei umgekehrt $\rho(A) < 1$. Ist $\varepsilon > 0$ und $\rho(A) + \varepsilon < 1$, so folgt mit der Aussage in 6.2.10 a) für große k, daß

$$\| A^k \| \leq (\rho(A) + \varepsilon)^k$$

ist. Also gilt $\lim_{k\to\infty} \| A^k \| = 0$, und somit $\lim_{k\to\infty} A^k = 0$.
b) Nach 6.2.10 b) gilt $\rho(A) \leq \| A \| \leq 1$. Sei

$$T^{-1}AT = \begin{pmatrix} J_1(a_1) & & \\ & \ddots & \\ & & J_m(a_m) \end{pmatrix}$$

die Jordansche Normalform von A. Ist $|a_j| < 1$, so gilt wegen

$$\rho(J_j(a_j)) = |a_j| < 1$$

nach a) schließlich $\lim_{k\to\infty} J_j(a_j)^k = 0$. Ist $|a_j| = 1$, so hat $J_j(a_j)$ nach dem Ergodensatz 6.2.8 b) den Typ $(1,1)$. Offenbar existiert

$$\lim_{k\to\infty} J_j(a_j)^k = \lim_{k\to\infty} (a_j^k)$$

nur dann, wenn $a_j = 1$ ist. □

Die Aussage in 6.2.12 b) gilt übrigens auch für beliebige Algebrennormen auf $(\mathbb{C})_n$.

Mit Hilfe von 6.2.10 können wir nun Potenzreihen von Matrizen bzw. linearen Abbildungen behandeln.

Satz 6.2.13 *Sei $f = \sum_{j=0}^{\infty} a_j z^j$ mit $a_j \in \mathbb{C}$ eine Potenzreihe mit Konvergenzradius $R(f) > 0$. Sei $A \in (\mathbb{C})_n$ mit $\rho(A) < R(f)$. Dann existiert*

$$f(A) = \lim_{n\to\infty} \sum_{j=0}^{n} a_j A^j = \sum_{j=0}^{\infty} a_j A^j.$$

Beweis. Sei $\delta > 0$ mit $\rho(A) + \delta < R(f)$. Zu jeder Norm $\| \cdot \|$ auf $(\mathbb{C})_n$ gibt es nach 6.2.10 ein m derart, daß für $j \geq m$ stets

$$\| A^j \| \leq (\rho(A) + \delta)^j$$

ist. Für $m \leq r < s$ folgt $\| \sum_{j=r}^{s} a_j A^j \| \leq \sum_{j=r}^{s} |a_j|(\rho(A)+\delta)^j$. Da bekanntlich Potenzreihen im Innern des Konvergenzkreises absolut konvergieren, gibt es zu jedem $\varepsilon > 0$ ein $r(\varepsilon)$ mit

$$\sum_{j=r}^{s} |a_j|(\rho(A) + \delta)^j < \varepsilon$$

für $r(\varepsilon) \leq r < s$. Somit bilden die Partialsummen $\sum_{j=0}^{r} a_j A^j$ eine Cauchy-Folge. Wegen der Vollständigkeit von $(\mathbb{C})_n$ existiert dann $\sum_{j=0}^{\infty} a_j A^j$. □

Die wichtigste Anwendung von 6.2.13, nämlich die Exponentialfunktion von Matrizen, werden wir in 6.4 ausführlich behandeln. Hier gehen wir noch kurz auf die geometrische Reihe ein.

Satz 6.2.14 *Sei $A = (a_{ij}) \in (\mathbb{C})_n$ mit $\rho(A) < 1$.*

a) Dann gilt $(E - A)^{-1} = \sum_{j=0}^{\infty} A^j$.

b) Sind alle $a_{ij} \in \mathbb{R}$ mit $a_{ij} \geq 0$, so gilt $(E - A)^{-1} = (b_{ij})$ mit $b_{ij} \geq 0$.

Beweis. a) Wir bilden $S_m = \sum_{j=0}^{m} A^j$. Wegen 6.2.13 existiert der Grenzwert $\lim_{m\to\infty} S_m = S$. Aus $S_m(E - A) = E - A^{m+1}$ erhalten wir mit 6.2.12 a) unmittelbar

$$E = \lim_{m\to\infty} (E - A^{m+1}) = \lim_{m\to\infty} S_m(E - A) = S(E - A).$$

b) Dies folgt sofort aus a). □

Satz 6.2.14 b) ist nützlich bei der Lösung von Aufgaben, die ein nichtnegatives Ergebnis verlangen. Wir geben ein Beispiel.

Beispiel 6.2.15 (eine Produktionsplanung)
Die Fabriken F_j $(j = 1, \ldots, n)$ produzieren jeweils ein Produkt P_j. Zur Produktion einer Werteinheit von P_j werden $a_{ij} \geq 0$ Werteinheiten von P_i benötigt. Es sei dabei $a_{ii} = 0$. Gewünscht ist ein Produktionsplan, der einen Marktüberschuß von $y_i \geq 0$ Werteinheiten von P_i liefert. Gesucht ist also ein Produktionsvektor $z = (z_i)$ mit $z_i \geq 0$ und

$$y_i = z_i - \sum_{j=1}^{n} a_{ij} z_j \quad (i = 1, \ldots, n),$$

also $y = (E - A)z$. Ist $\rho(A) < 1$, so erhalten wir mit 6.2.14 die Gleichung

$$z = (E - A)^{-1} y$$

und $(E - A)^{-1} = (b_{ij})$ mit $b_{ij} \geq 0$. Also ist dann $z_i \geq 0$ für alle i. Die Bedingung $\rho(A) < 1$ gestattet wohl keine ökonomische Interpretation.

Nach 6.2.11 gilt $\rho(A) \leq \max_j \sum_{i=1}^{n} a_{ij}$. Dabei ist $\sum_{i=1}^{n} a_{ij}$ die Summe der bei der Produktion einer Werteinheit von P_j anfallenden Unkosten. Gilt $\sum_{i=1}^{n} a_{ij} < 1$ für *alle* j, d.h., arbeitet jede Fabrik mit Gewinn, so gilt $\rho(A) < 1$, und unser Planungsproblem ist gelöst.

Aufgabe 6.2.1 Die Voraussetzungen und Bezeichnungen seien wie im Ergodensatz 6.2.8. Sei $A \in (\mathbb{C})_n$. Sind $b_1, \ldots, b_m$ die von 1 verschiedenen Eigenwerte von A, so gilt

$$\operatorname{Kern} P = \operatorname{Bild}(A - E) = \oplus_{j=1}^{m} \operatorname{Kern}(A - b_j E)^n.$$

Aufgabe 6.2.2

a) Sei V ein normierter $\mathbb{C}$-Vektorraum von endlicher Dimension und sei $A \in \operatorname{End}(V)$ mit $\| Av \| = \| v \|$ für alle $v \in V$. (Wir nennen dann A eine *Isometrie* von V.) Man zeige, daß jeder Eigenwert von A den Betrag 1 hat und daß A diagonalisierbar ist.

b) Wir versehen $\mathbb{C}^n$ mit der Norm $\| \cdot \|_1$ wobei $\| (x_j) \|_1 = \sum_{j=1}^{n} |x_j|$ ist. Sei $A \in \operatorname{End}(\mathbb{C}^n)$ mit $\| Av \|_1 = \| v \|_1$ für alle $v \in \mathbb{C}^n$. Ist $[e_1, \ldots, e_n]$ die Standardbasis von $\mathbb{C}^n$, so gilt $Ae_j = a_j e_{\pi j}$ mit $|a_j| = 1$ und einer Permutation π auf $\{1, \ldots, n\}$. Insbesondere ist ein solches A eine monomiale Abbildung im Sinn von 3.7.14.

c) Für die Norm $\| \cdot \|_\infty$ mit $\| (x_j) \|_\infty = \max_j |x_j|$ auf $\mathbb{C}^n$ beweise man dieselbe Aussage wie in b).

Aufgabe 6.2.3 Sei $A = \begin{pmatrix} 0 & a^2 \\ b^2 & 0 \end{pmatrix}$ mit $a > b > 0$. Auf $\mathbb{C}^n$ verwenden wir die Algebrennorm $\| \cdot \|$ mit

$$\| \, (a_{ij}) \, \| = \max_j \sum_{i=1}^{2} |a_{ij}|.$$

Dann konvergiert $\sqrt[k]{\| A^k \|}$ nicht monoton fallend gegen $\rho(A) = ab$.

Aufgabe 6.2.4 Ist $\| \cdot \|$ eine Algebrennorm auf $(\mathbb{C})_n$ und $A \in (\mathbb{C})_n$, so sind gleichwertig:

a) $\rho(A) = \| A \|$.

b) Es gilt $\| A^k \| = \| A \|^k$ für alle $k = 1, 2, \ldots$.

Aufgabe 6.2.5 Seien $A_j \in (\mathbb{C})_n$.
Ist $A = \lim_{j\to\infty} A_j$, so gilt auch $A = \lim_{k\to\infty} \frac{1}{k} \sum_{j=1}^{k} A_j$.

Aufgabe 6.2.6 Sei $A \in (\mathbb{C})_n$. Man zeige:
Zu jedem $\varepsilon > 0$ gibt es eine Algebrennorm $\| \cdot \|$ auf $(\mathbb{C})_n$ mit $\| A \| \leq \rho(A) + \varepsilon$ für die speziell vorgegebene Matrix A.

Hinweis: Man suche ein T derart, daß $T^{-1}AT$ eine Dreiecksmatrix mit kleinen Elementen außerhalb der Diagonalen ist.

Aufgabe 6.2.7 Sei $A = J_n(a) \in (\mathbb{C})_n$ eine Jordan-Matrix. Man zeige:
Gibt es eine Norm $\| \cdot \|$ auf $(\mathbb{C})_n$ derart, daß ein $M > 0$ existiert mit $\| A^k \| \leq M$ für alle $k = 1, 2, \ldots$, so gilt $|a| < 1$ oder $|a| = n = 1$.

Aufgabe 6.2.8 Sei $A \in (\mathbb{C})_n$ mit $\rho(A) < 1$. Dann gilt

$$\sum_{j=1}^{\infty} jA^j = (E - A)^{-2}.$$

Aufgabe 6.2.9 Seien $A, B \in (\mathbb{C})_n$.

a) Ist $AB = BA$, so gelten $\rho(A + B) \leq \rho(A) + \rho(B)$ und ferner $\rho(AB) \leq \rho(A)\rho(B)$.

b) In $(\mathbb{R})_2$ gibt es Matrizen A, B mit $\rho(A + B) > \rho(A) + \rho(B)$ und $\rho(AB) > \rho(A)\rho(B)$.

6.3 Nichtnegative Matrizen

Matrizen mit lauter reellen, nichtnegativen Einträgen treten häufig in den Anwendungen auf, etwa bei stochastischen Matrizen, in Wachstumsprozessen, in der ökonomischen Planung (siehe [8], S. 372-381). Wir beweisen hier den Satz von Perron-Frobenius, der Aussagen über den betragsmäßig größten Eigenwert und zugehörige Eigenvektoren macht. Als Anwendung erhalten wir unter anderem eine Bewertung von Webseiten im Internet, nach welcher die Suchmaschine Google die Seiten anordnet. Der Satz erweist sich ebenfalls als hilfreich bei der Bestimmung der Konvergenzgeschwindigkeit stochastischer Prozesse.

Definition 6.3.1

a) Seien $A = (a_{ij})$ und $B = (b_{ij})$ Matrizen aus $(\mathbb{R})_n$. Gilt $a_{ij} \leq b_{ij}$ (bzw. $a_{ij} < b_{ij}$) für alle i, j, so schreiben wir $A \leq B$ (bzw. $A < B$). Für Vektoren $v = (x_j) \in \mathbb{R}^n$ verfahren wir entsprechend.
(Diese Definition hat nichts zu tun mit der Definition von positiven hermiteschen Matrizen in 8.3.12.)

b) Ist $A = (a_{ij}) \in (\mathbb{C})_n$, so setzen wir gelegentlich $|A| = (|a_{ij}|)$.

c) Sei $A = (a_{ij}) \in (\mathbb{R})_n$ und $A \geq 0$. Wir definieren einen gerichteten Graphen $\Gamma(A)$, bestehend aus den Ecken $1, \ldots, n$ und gerichteten Kanten $i \to j \quad (i \neq j)$, falls $a_{ij} > 0$ ist. Wir nennen A *irreduzibel*, falls es für $i \neq j$ in $\Gamma(A)$ einen gerichteten Weg von i nach j gibt. (Ist $A > 0$, so ist A offenbar irreduzibel.) Ist A nicht irreduzibel, so heißt A *reduzibel*.

Lemma 6.3.2 *Sei $A \in (\mathbb{R})_n$ und $A \geq 0$.*

a) Genau dann ist A reduzibel, wenn es eine Permutationsmatrix P gibt mit

$$P^{-1}AP = \begin{pmatrix} A_{11} & A_{12} \\ 0 & A_{22} \end{pmatrix},$$

wobei Typ $A_{11} = (m, m)$ und $1 \leq m < n$.

b) Ist A irreduzibel, so auch die transponierte Matrix A^t.

Beweis. a) Sei $i \in \{1, \ldots, n\}$ und sei $\mathcal{B}$ die Menge aller Ecken $j \in \{1, \ldots, n\}$, die von i aus erreichbar sind. Von $\mathcal{B}$ aus sind dann nur Ecken aus $\mathcal{B}$ erreichbar. Ist $\mathcal{B}'$ das Komplement von $\mathcal{B}$ in $\{1, \ldots, n\}$, so gilt also $a_{jk} = 0$ für

$j \in \mathcal{B}$ und $k \in \mathcal{B}'$. Nach Umordnung der Ecken, welche einem Übergang $A \to P^{-1}AP$ mit einer Permutationsmatrix P entspricht, gilt dann

$$(*) \qquad P^{-1}AP = \begin{pmatrix} A_{11} & A_{12} \\ 0 & A_{22} \end{pmatrix}$$

mit Typ $A_{11} = (m, m)$ und $m = |\mathcal{B}|$. Genau dann ist A reduzibel, wenn $|\mathcal{B}| = m < n$ für ein geeignetes i gilt, also $(*)$ mit $m < n$ gilt.
b) Zu A^t gehört der Graph mit entgegengesetzter Orientierung. Also ist A^t genau dann irreduzibel, wenn A irreduzibel ist. □

Lemma 6.3.3 (Frobenius) *Sei $A = (a_{ij}) \in (\mathbb{C})_n$ und $B = (b_{ij}) \in (\mathbb{R})_n$ mit $|a_{ij}| \leq b_{ij}$ für alle i, j. Dann gilt für die Spektralradien $\rho(A) \leq \rho(B)$.*

Beweis. Sei $\| \cdot \|$ die Algebrennorm auf $(\mathbb{C})_n$ aus 6.2.4 a) mit

$$\| (c_{ij}) \| = \max_i \sum_{j=1}^{n} |c_{ij}|.$$

Aus $|a_{ij}| \leq b_{ij}$ folgt $\| A^k \| \leq \| B^k \|$ für alle k. Mit 6.2.10 erhalten wir

$$\rho(A) = \lim_{k\to\infty} \sqrt[k]{\| A^k \|} \leq \lim_{k\to\infty} \sqrt[k]{\| B^k \|} = \rho(B).$$

□

Der folgende Hauptsatz enthält fundamentale Aussagen über nichtnegative Matrizen.

Hauptsatz 6.3.4 (Perron[8], Frobenius)

a) Ist $A \in (\mathbb{R})_n$ und $A \geq 0$, so ist $\rho(A)$ ein Eigenwert von A.

b) Ist $A > 0$, so gibt es einen Eigenvektor $v > 0$ mit $Av = \rho(A)v$.

c) Ist $A \geq 0$, so gibt es ein $0 \neq v \geq 0$ mit $Av = \rho(A)v$.

d) Ist $A \geq 0$ und A irreduzibel, so gilt $\operatorname{Kern}(A - \rho(A)E) = \langle v \rangle$ *mit $v > 0$.*

e) Ist $A \geq 0$ und A irreduzibel, so hat der Eigenwert $\rho(A)$ von A die Vielfachheit 1.

f) Sei $A \geq 0$ und A irreduzibel. Ist $Aw = bw$ mit $0 \neq w \geq 0$, so gilt $b = \rho(A)$.

[8]Oskar Perron (1880-1975) Heidelberg, München. Differentialgleichungen, Matrizen, Geometrie, Zahlentheorie.

Beweis. (Wielandt)
a) Ist $\rho(A) = 0$, so ist die Aussage trivial. Sei also $\rho(A) > 0$. Indem wir zu der Matrix $\rho(A)^{-1}A$ übergehen, dürfen wir $\rho(A) = 1$ annehmen. Für $0 \leq t < 1$ gilt $\rho(tA) = t < 1$. Mit 6.2.14 folgt wegen $A \geq 0$ nun

$$(E - tA)^{-1} = \sum_{j=0}^{\infty} t^j A^j \geq E + tA + \ldots + t^m A^m$$

für alle m. Ist 1 kein Eigenwert von A, so folgt mit $t \to 1$ die Abschätzung

$$(E - A)^{-1} \geq E + A + \ldots + A^m.$$

Dies zeigt $\lim_{m\to\infty} A^m = 0$, und wegen 6.2.12 daher $\rho(A) < 1$. Dies ist ein Widerspruch zu $\rho(A) = 1$.
b) Angenommen, $\rho(A) = 0$. Dann zeigt die Jordansche Normalform von A, daß $A^n = 0$ ist. Das ist jedoch für $A > 0$ nicht möglich. Also ist $\rho(A) > 0$ und wir können wieder $\rho(A) = 1$ annehmen. Sei $Av = v$ mit $v \neq 0$. Dann folgt

$$|v| = |Av| \leq A|v|.$$

Setzen wir $w = (A - E)|v|$, so gilt $w \geq 0$. Ist $w = 0$, so erhalten wir $|v| = A|v| > 0$ wegen $A > 0$, und wir sind fertig. Ist $w \neq 0$, so folgt

$$(A - E)A|v| = Aw > 0.$$

Daher gibt es ein $\varepsilon > 0$ mit $Aw \geq \varepsilon A|v|$. Sei $z = A|v|$, also $z > 0$. Dann gilt

$$(A - E)z = (A - E)A|v| \geq \varepsilon A|v| = \varepsilon z,$$

und daher $Az \geq (1 + \varepsilon)z$. Setzen wir $B = (1 + \varepsilon)^{-1}A$, so folgt $Bz \geq z$, also auch $B^m z \geq z$ für alle m. Wegen $\rho(B) = (1 + \varepsilon)^{-1} < 1$ gilt nach 6.2.12 jedoch $\lim_{m\to\infty} B^m = 0$. Dies liefert den Widerspruch

$$0 = \lim_{m\to\infty} B^m z \geq z > 0.$$

c) Sei $A_k = A + \frac{1}{k}F$ mit $F = \begin{pmatrix} 1 & \ldots & 1 \\ \vdots & & \vdots \\ 1 & \ldots & 1 \end{pmatrix}$. Dann gilt $A_1 > A_2 > \ldots > A$.
Setzen wir $\rho_j = \rho(A_j)$, so folgt mit 6.3.3, daß

$$\rho_1 \geq \rho_2 \geq \ldots \geq \rho = \rho(A).$$

Also existiert $\mu = \lim_{j\to\infty} \rho_j$, und es gilt $\mu \geq \rho$. Wegen $A_j > 0$ gibt es nach Teil b) Vektoren $v_j > 0$ mit $A_j v_j = \rho_j v_j$. Wir normieren die v_j durch $(v_j, e) = 1$, wobei $e = (1, \ldots, 1)$. Also liegen die v_j in der kompakten Menge

$$\mathcal{M} = \{(x_1, \ldots, x_n) \mid x_j \geq 0, \sum_{j=1}^{n} x_j = 1\}.$$

Somit existiert eine konvergente Teilfolge der v_j. Sei ohne Beschränkung der Allgemeinheit $\lim_{j\to\infty} v_j = v \in \mathcal{M}$, also $0 \neq v \geq 0$. Es folgt

$$Av = \lim_{j\to\infty} A_j v_j = \lim_{j\to\infty} \rho_j v_j = \mu v.$$

Wegen $\mu \geq \rho = \rho(A)$ erhalten wir $\mu = \rho(A)$, also $Av = \rho(A)v$ mit $0 \neq v \geq 0$.
d) Sei gemäß c) nun $Av = \rho(A)v$ mit $0 \neq v \geq 0$. Sei P eine Permutationsmatrix mit $v = Pw$ und

$$w = \begin{pmatrix} x_1 \\ \vdots \\ x_m \\ 0 \\ \vdots \\ 0 \end{pmatrix},$$

wobei $x_j > 0$ für $j = 1, \ldots, m$ und $1 \leq m \leq n$. Dann ist $P^{-1}APw = \rho(A)w$. Sei $P^{-1}AP = \begin{pmatrix} A_{11} & A_{12} \\ A_{21} & A_{22} \end{pmatrix}$ mit Typ $A_{11} = (m, m)$. Setzen wir

$$u = \begin{pmatrix} x_1 \\ \vdots \\ x_m \end{pmatrix},$$

so folgt

$$\rho(A) \begin{pmatrix} u \\ 0 \\ \vdots \\ 0 \end{pmatrix} = \rho(A)w = \begin{pmatrix} A_{11} & A_{12} \\ A_{21} & A_{22} \end{pmatrix} \begin{pmatrix} u \\ 0 \\ \vdots \\ 0 \end{pmatrix} = \begin{pmatrix} A_{11}u \\ A_{21}u \end{pmatrix}.$$

Wegen $u > 0$ und $A_{21} \geq 0$ folgt aus $A_{21}u = 0$ dann $A_{21} = 0$. Da A irreduzibel ist, zeigt dies $m = n$, also $Av = \rho(A)v$ mit $v > 0$.

Sei nun $Aw = \rho(A)w$ mit $w \neq 0$. Wir wählen $\lambda \in \mathbb{R}$ so, daß $\lambda v - w \geq 0$, aber $\lambda v - w$ eine 0-Komponente hat. Wie oben gezeigt, ist dann $\lambda v - w = 0$. Also gilt

$$\text{Kern}\,(A - \rho(A)E) = \langle v \rangle$$

mit $v > 0$.
e) Wegen $\dim \text{Kern}\,(A - \rho(A)E) = 1$ haben wir

$$\text{Kern}\,(A - \rho(A)E)^2 = \text{Kern}\,(A - \rho(a)E)$$

zu zeigen. Sei $(A - \rho(A)E)^2 w = 0$, also nach d) dann

$$(A - \rho(A)E)w = av$$

mit $a \in \mathbb{R}$. Nach c) gibt es wegen $\rho(A^t) = \rho(A)$ ein u mit $A^t u = \rho(A)u$ und $0 \neq u \geq 0$. Mit dem kanonischen Skalarprodukt auf $\mathbb{R}^n$ erhalten wir

$$a(v,u) = ((A - \rho(A)E)w, u) = (w, (A^t - \rho(A)E)u) = 0.$$

Wegen $v > 0$ und $0 \neq u \geq 0$ ist $(v,u) > 0$, also $a = 0$. Somit erhalten wir $w \in \text{Kern}\,(A - \rho(A)E)$.
f) Sei $Aw = bw$ mit $0 \neq w \geq 0$. Da mit A auch A^t wegen 6.3.2 b) irreduzibel ist, gibt es nach d) ein u mit $A^t u = \rho(A)u$ und $u > 0$. Es folgt $(w,u) > 0$ und

$$b(w,u) = (Aw,u) = (w, A^t u) = \rho(A)(w,u),$$

also $b = \rho(A)$. □

Wir geben im folgenden Kostproben der Nützlichkeit des Satzes von Perron-Frobenius.

Beispiel 6.3.5 Suchmaschinen im Internet haben häufig ihre Webseiten nach Wichtigkeiten geordnet. Ruft man einen bestimmten Suchbegriff auf, so werden die Webseiten, die den Begriff enthalten, nach fallender Wichtigkeit aufgelistet. Dabei ist die Wichtigkeit $x_i \geq 0$ der Webseite i als proportional zur Summe der Wichtigkeiten derjenigen Webseiten angenommen, die einen Verweis auf Seite i haben; etwa

$$(*) \qquad \begin{aligned} ax_1 &= x_{10} + x_{23} + x_{1103} \\ ax_2 &= x_{1093} + x_{3511} + x_{100011} + x_{24724125} \\ &\;\;\vdots \end{aligned}$$

wobei $a > 0$ ein Proportionalitätsfaktor ist, dessen Größe jedoch keine Rolle spielt.

Ist $A = (a_{ij})_{i,j=1,\dots,n}$ die Inzidenzmatrix mit $a_{ij} = 1$, falls die Webseite j einen Link zur Webseite i hat, und $a_{ij} = 0$ sonst, so läßt sich $(*)$ schreiben als

$$ax_i = \sum_{j=1}^{n} a_{ij} x_j \quad (i = 1, \dots, n),$$

oder in Matrixform als

$$ax = Ax.$$

Der Vektor der Wichtigkeiten ist also ein Eigenvektor von A mit nichtnegativen Einträgen zum Eigenwert a. Man beachte, daß die Matrix A extrem groß ist (n ist mehrere Millionen), welches natürlich Schwierigkeiten bei der Berechung von a und x verursacht. Die Suchmaschine *Google* benutzt eine Variante dieses Verfahrens zur Bewertung ihrer Webseiten.

Daß ein Eigenwert $a \geq 0$ und ein zugehöriger Eigenvektor mit lauter nichtnegativen Komponenten für eine reelle Matrix $A = (a_{ij})$ mit $0 \leq a_{ij}$ für alle i, j stets existiert, besagt gerade 6.3.4 c).

Beispiel 6.3.6 Die Spiele in der Fußball-Bundesliga werden bekanntlich mit Punkten bewertet. Für ein gewonnenes Spiel erhält ein Verein drei, für ein Unentschieden einen und für ein verlorenes Spiel keinen Punkt. In einer Saison werden dann die Punkte der einzelnen Spiele addiert und aufgrund der Gesamtpunktezahl die Tabelle erstellt. Bei Punktegleichstand entscheidet das bessere Torverhältnis über die Reihenfolge. In der Saison 2003/04 ergab sich so für die erste Bundesliga die Tabelle auf der folgenden Seite.

Dem 1. FC Kaiserslautern wurden dabei wegen Lizenz-Verstößen vor Beginn der Saison drei Punkte abgezogen. Addieren wir diese hinzu - denn derartige Feinheiten bleiben bei unseren Überlegungen außer Betracht - so ergibt sich in der ersten Spalte eine Verschiebung der Plätze 13 bis 15, die wir in Klammern notiert haben. Bei diesem Verfahren wird keinerlei Rücksicht darauf genommen, ob die Punkte gegen ein starkes oder schwaches Team eingefahren wurden. Im folgenden stellen wir ein anderes Plazierungssystem vor, welches dieser Schwäche Rechnung trägt. Vereine, die Punkte gegen starke Mannschaften erkämpfen, werden besser belohnt als solche, die die Punkte in Spielen gegen schwache Mannschaften sammeln.

Dazu numerieren wir die Vereine von 1 bis 18, etwa wie in der obigen Tabelle. Also
1 = Werder Bremen, 2 = Bayern München, ... , 18 = 1. FC Köln.
Nun bilden wir die Bewertungsmatrix $A = (a_{i,j})_{i,j=1,\dots,18}$, wobei $a_{i,j}$ die Anzahl der Punkte ist, die der Verein i gegen den Verein j im Hin- und Rückspiel erkämpft hat. Offensichtlich ist $a_{i,i} = 0$ für alle $i = 1, \dots, 18$.

Platz	*Verein*	*Tore*	*Punkte*
1.	Werder Bremen	79:38	74
2.	Bayern München	70:39	68
3.	Bayer Leverkusen	73:39	65
4.	VfB Stuttgart	52:24	64
5.	VfL Bochum	57:39	56
6.	Borussia Dortmund	59:48	55
7.	Schalke 04	49:42	50
8.	Hamburger SV	47:60	49
9.	Hansa Rostock	55:54	44
10.	VfL Wolfsburg	56:61	42
11.	Borussia Mönchengladbach	40:49	39
12.	Hertha BSC Berlin	42:59	39
13. (14.)	SC Freiburg	42:67	38
14. (15.)	Hannover 96	49:63	37
15. (13.)	1. FC Kaiserslautern	39:62	36
16.	Eintracht Frankfurt	36:53	32
17.	1860 München	32:55	32
18.	1. FC Köln	32:57	23

$$A = \begin{pmatrix}
0&4&3&1&4&3&4&4&3&6&4&6&4&4&6&6&6&6\\
1&0&4&3&3&3&3&6&4&3&4&4&6&4&6&4&6&4\\
3&1&0&6&0&4&6&3&6&6&4&6&3&4&4&3&2&4\\
4&3&0&0&2&6&2&1&6&6&4&1&6&6&3&6&6&2\\
2&3&6&2&0&3&3&2&4&3&4&2&3&4&4&3&3&6\\
3&3&1&0&3&0&1&6&3&6&3&1&4&4&2&6&6&3\\
1&3&0&2&3&4&0&4&0&2&3&6&3&4&6&1&2&6\\
1&0&3&4&2&0&1&0&3&3&3&4&4&0&3&6&6&6\\
3&1&0&0&1&3&6&3&0&3&1&1&4&4&3&4&6&1\\
0&3&0&0&3&0&2&3&3&0&3&3&3&4&3&3&3&6\\
1&1&1&1&1&3&3&3&4&3&0&1&1&3&4&0&6&3\\
0&1&0&4&2&4&0&1&4&3&4&0&4&3&3&1&2&3\\
1&0&3&0&3&1&3&1&1&3&4&1&0&3&4&3&4&3\\
1&1&1&0&1&1&1&6&1&1&3&3&3&0&1&4&4&6\\
0&0&1&3&1&2&0&3&3&3&1&3&1&6&0&6&0&6\\
0&1&3&0&3&0&4&0&1&3&6&4&3&1&0&0&0&3\\
0&0&2&0&3&0&2&0&0&3&0&2&1&1&6&6&0&6\\
0&1&1&2&0&3&0&0&4&0&3&3&3&0&0&3&0&0
\end{pmatrix}.$$

Zum Beispiel ergibt sich der Wert $a_{2,16}$ aus den beiden Spielen zwischen Bayern München und Frankfurt, also $a_{2,16} = 4$, denn Bayern hat im Hinspiel 3 : 1 gewonnen und im Rückspiel 1 : 1 gespielt. Für die Saison 2003/04 ergibt sich somit die Bewertungsmatrix A, die wir auf der vorherigen Seite angegeben haben.

In $\Gamma(A)$ gibt es den Weg

$$1 \to 2 \to \ldots \to 14 \to 17 \to 15 \to 16 \to 18 \to 2 \to 1.$$

Also ist A irreduzibel. Nach Satz 6.3.4 c) und d) gibt es somit einen (bis auf Skalare) eindeutigen reellen Vektor $x = (x_i) > 0$ mit $Ax = \rho(A)x$.

Um die Tabelle zu erstellen, ordnen wir die Vereine so, daß

$$x_1 \geq x_2 \geq \ldots \geq x_{18}.$$

Die positive reelle Zahl x_i gibt dementsprechend den Wert des Vereins i an. Eine Relation $x_i > x_k$ besagt also, daß der Verein i stärker als der Verein k in der Saison gespielt hat.

Was haben wir mit diesem Verfahren gegenüber dem in der Bundesliga gängigen Punktesystem zusätzlich erreicht? Dazu betrachten wir die Gleichung

$$(*) \qquad \sum_{j=1}^{18} a_{i,j}x_j = \rho(A)x_i$$

für ein festes i. Man beachte, daß x_i den Wert des Vereins i angibt, also seine spielerische Stärke. Sei $j \neq i \neq k$ und $x_j > x_k$, d.h., der Verein j ist stärker als der Verein k. Angenommen $a_{i,j} = a_{i,k}$, d.h., der Verein i macht gegen den Verein j genauso viele Punkte wie gegen den Verein k. Der Beitrag $a_{i,j}x_j$ in $(*)$ zum Wert von x_i, den der Verein i aus den Spielen gegen den Verein j erkämpft hat, ist größer als $a_{i,k}x_k$, also dem Beitrag aus den Spielen gegen den Verein k. Punkte gegen stärkere Mannschaften bringen also für den Verein i mehr ein als gegen schwächere.

Zur Berechnung des Perron-Frobenius Eigenwertes $\rho(A)$ und eines zugehörigen Eigenvektors x kann man im Gegensatz zum ähnlichen Problem bei Suchmaschinen im Internet (siehe 6.3.5), bei dem die Matrix A viele Millionen Einträge hat, ein gängiges Computeralgebra System benutzen. Mit Hilfe von MAPLE erhält man für unsere Matrix A gerundet den Eigenwert $\rho(A) = 44,2936$ und als Vektor x in Zeilenschreibweise (bis auf Skalare, Werte ebenfalls gerundet)

$$x = (0.6517\ 0.6110\ 0.5969\ 0.5826\ 0.5293\ 0.4929\ 0.4431\ 0.4257\ \ 0.3973, \\ 0.3547\ \ 0.3401\ 0.3550\ 0.4472\ 0.3215\ 0.3317\ 0.3614\ 0.2645\ 0.2247).$$

Die Werte der Einträge x_i im Vektor x liefern nun die folgenden Platzierungen. Zum Vergleich haben wir die Reihung nach dem Punktesystem in der letzten Spalte wiederholt.

Perron-Frobenius	*Verein*	*Punkte-system*
1.	Werder Bremen	1.
2.	Bayern München	2.
3.	Bayer Leverkusen	3.
4.	VfB Stuttgart	4.
5.	VfL Bochum	5.
6.	Borussia Dortmund	6.
7.	SC Freiburg	13./14.
8.	Schalke 04	7.
9.	Hamburger SV	8.
10.	Hansa Rostock	9.
11.	Eintracht Frankfurt	16.
12.	Hertha BSC Berlin	12.
13.	VfL Wolfsburg	10.
14.	Borussia Mönchengladbach	11.
15.	1. FC Kaiserslautern	15./13
16.	Hannover 96	14./15.
17.	1860 München	17.
18.	1. FC Köln	18.

Was hat sich gegenüber dem in der Bundesliga benutzten Punktesystem geändert? An den ersten entscheidenden Plätzen – diese Mannschaften spielen international weiter – offenbar nichts. Dies muß nicht so sein. Am Ende der Tabelle sieht es jedoch anders aus. Frankfurt wird sich freuen, denn es steigt nicht in die zweite Liga ab. Dafür muß Hannover gehen. Im Mittelfeld hat sich auch einiges bewegt. Insbesondere hat Freiburg einen großen Sprung nach oben gemacht, von Platz 13 (bzw. 14, wenn die Strafe für Kaiserslautern nicht berücksichtigt wird) auf Platz 7. Dies kommt daher, daß der Verein gegen starke Mannschaften gut gepunktet hat, was durch unser Bewertungsverfahren auch belohnt wird. Kaiserslautern hat gegen schwächere Vereine Punkte eingefahren, so daß auch ohne Berücksichtigung der Strafe nur der Platz 15 herauskommt.

Beispiel 6.3.7 Sei $A(t) = (a_{ij}(t))$ mit

$$a_{ij}(t) = \frac{\binom{ti}{j}\binom{tn-ti}{n-j}}{\binom{tn}{n}}$$

und $2 \leq t \in \mathbb{N}$ die stochastische Matrix vom Typ $(n+1, n+1)$ zu dem in 5.1.19 beschriebenen genetischen Prozeß von Kimura. Dann ist $A(t)$ ein Martingal, und wir haben Konvergenz in die reinrassigen Zustände 0 und n. Es gilt

$$A(t) = \begin{pmatrix} 1 & 0 & 0 \\ * & B(t) & * \\ 0 & 0 & 1 \end{pmatrix}.$$

Dabei ist

$$f_{A(t)} = (x-1)^2 f_{B(t)}.$$

Die Konvergenzgeschwindigkeit von $A(t)^k$ hängt also vom Spektralradius $\rho(B(t))$ ab. Wir behaupten

$$A(t)w = \frac{t(n-1)}{tn-1} w$$

mit

$$w = \begin{pmatrix} 0 \\ 1(n-1) \\ 2(n-2) \\ \vdots \\ (n-1)1 \\ 0 \end{pmatrix} = \begin{pmatrix} 0 \\ v \\ 0 \end{pmatrix}.$$

Dabei ist $v > 0$. Dazu verwenden wir die Gleichungen $\binom{ti}{j} j = ti\binom{ti-1}{j-1}$ und $\binom{tn-ti}{n-j}(n-j) = t(n-i)\binom{tn-ti-1}{n-j-1}$, welche man leicht bestätigt. Mit Hilfe des Additionstheorems für Binomialkoeffizienten folgt

$$\begin{aligned} \sum_{j=0}^n a_{ij}(t) j(n-j) &= \frac{t^2 i(n-i)}{\binom{tn}{n}} \sum_{j=0}^n \binom{ti-1}{j-1}\binom{tn-ti-1}{n-j-1} \\ &= \frac{t^2 i(n-i)}{\binom{tn}{n}} \binom{tn-2}{n-2} \\ &= i(n-i)\frac{t(n-1)}{tn-1}. \end{aligned}$$

Aus $A(t)w = \frac{t(n-1)}{tn-1} w$ folgt $B(t)v = \frac{t(n-1)}{tn-1} v$ mit $v > 0$. Da $B(t)$ offenbar irreduzibel ist, folgt wegen 6.3.4 f) nun

$$\rho(B(t)) = \frac{t(n-1)}{tn-1} = 1 - \frac{t-1}{tn-1}.$$

Für große Populationen n liegt $\rho(B(t))$ nahe unter 1, und die Konvergenz ist sehr langsam.

Folgende Beobachtung bestätigt unsere Überlegungen: Auf den Galapagosinseln leben Leguane. Auf Inseln mit kleiner Population stimmen die Tiere in einigen Merkmalen überein; hier ist die relativ schnelle Konvergenz in reinrassige Zustände bereits erfolgt. Auf Inseln mit sehr großer Population gibt es hingegen Tiere mit unterschiedlichen Merkmalen; hier ist die Konvergenz noch nicht zum Abschluß gelangt.

Aufgabe 6.3.1 Sei $A \in (\mathbb{R})_n$ mit $A \geq 0$. Gibt es ein $m \in \mathbb{N}$, so daß $A^m > 0$ ist, so ist A irreduzibel.

Aufgabe 6.3.2 Sei $0 < A \in (\mathbb{R})_n$.

a) Ist a ein Eigenwert von A mit $|a| = \rho(A)$, so gilt $a = \rho(A)$.

b) Es existiert $\lim_{k\to\infty} \rho(A)^{-k} A^k$.

c) Sei $Az = \rho(A)z$ und $yA = \rho(A)y$ mit $z > 0$ und $y > 0$. Ist $y = (y_i)$ und $z = (z_i)$ mit $\sum_{i=1}^n y_i z_i = 1$, so gilt

$$\lim_{k\to\infty} \rho(A)^{-k} A^k = \begin{pmatrix} y_1 z_1 & \dots & y_n z_1 \\ \vdots & & \vdots \\ y_1 z_n & \dots & y_n z_n \end{pmatrix}.$$

Hinweis zu a): Wir können $\rho(A) = 1$ annehmen. Man verwende nun $A|v| = |v|$ aus dem Beweis von 6.3.4 b).

6.4 Die Exponentialfunktion von Matrizen

Definition 6.4.1 Da die Potenzreihe $e^z = \sum_{k=0}^{\infty} \frac{z^k}{k!}$ den Konvergenzradius ∞ hat, konvergiert nach 6.2.13 die Reihe

$$\sum_{k=0}^{\infty} \frac{1}{k!} A^k$$

für alle $A \in (\mathbb{C})_n$. Wir setzen dann natürlich $e^A = \sum_{k=0}^{\infty} \frac{1}{k!} A^k$.

Satz 6.4.2 *Sei $A \in (\mathbb{C})_n$.*

a) *Hat A die Eigenwerte a_j $(j = 1, \dots, n)$, so hat e^A die Eigenwerte e^{a_j} $(j = 1, \dots, n)$. Insbesondere gilt* $\det e^A = e^{\operatorname{Sp} A}$.

b) *Seien $A, B \in (\mathbb{C})_n$ mit $AB = BA$. Dann gilt $e^{A+B} = e^A e^B$. Insbesondere ist $(e^A)^{-1} = e^{-A}$. Also ist e^A regulär.*

Beweis. a) Sei gemäß 5.4.15

$$T^{-1}AT = D = \begin{pmatrix} a_1 & & * \\ & \ddots & \\ 0 & & a_n \end{pmatrix}$$

eine obere Dreiecksmatrix. Wegen

$$D^k = \begin{pmatrix} a_1^k & & * \\ & \ddots & \\ 0 & & a_n^k \end{pmatrix}$$

folgt

$$T^{-1}AT = e^{T^{-1}AT} = e^D = \begin{pmatrix} e^{a_1} & & * \\ & \ddots & \\ 0 & & e^{a_n} \end{pmatrix}.$$

Also sind $e^{a_1}, \dots, e^{a_n}$ die Eigenwerte von e^A und somit

$$\det e^A = \prod_{j=1}^{n} e^{a_j} = e^{\sum_{j=1}^{n} a_j} = e^{\operatorname{Sp} A}.$$

b) Wir wissen bereits, daß e^A, e^B und $e^{(A+B)}$ existieren. Es gilt nun

$$\begin{aligned} e^A e^B &= \sum_{n=0}^{\infty} \frac{A^n}{n!} \sum_{n=0}^{\infty} \frac{B^n}{n!} = \sum_{n=0}^{\infty} \Big(\sum_{k+l=n} \frac{A^l}{l!} \frac{B^k}{k!}\Big) \\ &= \sum_{n=0}^{\infty} \frac{1}{n!} \sum_{k=0}^{n} \binom{n}{k} A^{n-k} B^k = \sum_{n=0}^{\infty} \frac{(A+B)^n}{n!} = e^{(A+B)}. \end{aligned}$$

□

Hauptsatz 6.4.3 *Sei* $A \in (\mathbb{C})_n$.

a) Ist $F(t)$ *definiert durch* $F(t) = e^{tA}$, *so gilt* $F'(t) = Ae^{tA} = e^{tA}A$.

b) Ist $F(t) \in (\mathbb{C})_n$ *mit* $F'(t) = AF(t)$, *so gilt* $F(t) = e^{tA}F(0)$.

c) Ist $y(t) \in \mathbb{C}^n$ *mit* $y'(t) = Ay(t)$, *so gilt* $y(t) = e^{tA}y(0)$.

Beweis. a) Wegen 6.4.2 b) gilt für $0 \neq \varepsilon \in \mathbb{R}$, daß

$$\frac{1}{\varepsilon}(F(t+\varepsilon) - F(t)) = \frac{1}{\varepsilon}(e^{\varepsilon A} - E)e^{tA} = (A + \frac{\varepsilon}{2!}A^2 + \ldots)e^{tA}.$$

Daher ist

$$F'(t) = \lim_{\varepsilon \to 0} \frac{1}{\varepsilon}(F(t+\varepsilon) - F(t)) = Ae^{tA}.$$

Offenbar gilt $Ae^{tA} = e^{tA}A$.
b) Ist $F(t) = e^{tA}F(0)$, so folgt mit a)

$$F'(t) = Ae^{tA}F(0) = AF(t).$$

Sei umgekehrt $F'(t) = AF(t)$. Da die Produktregel auch für Matrizenfunktionen gilt, ist

$$\begin{aligned}(e^{-tA}F(t))' &= (e^{-tA})'F(t) + e^{-tA}AF(t)\\ &= -Ae^{-tA}F(t) + e^{-tA}AF(t) = 0.\end{aligned}$$

Dies zeigt $e^{-tA}F(t) = F(0)$.
c) Der Beweis verläuft wörtlich wie der in b). □

Wir betrachten zunächst den Spezialfall $n = 1$, also $e^z \in \mathbb{C}$.

Satz 6.4.4 *Sei* $z = x + iy \in \mathbb{C}$ *mit* $x, y \in \mathbb{R}$.

a) Dann gilt $e^z = e^x(\cos y + i \sin y)$ *und* $|e^z| = e^x$. *Insbesondere ist* $e^z \neq 0$ *für alle* $z \in \mathbb{C}$.

b) Für $y \in \mathbb{R}$ *ist* $\cos y = \frac{1}{2}(e^{iy} + e^{-iy})$ *und* $\sin y = \frac{1}{2i}(e^{iy} - e^{-iy})$.

c) Ist $0 \neq c \in \mathbb{C}$, *so gibt es ein* $w \in \mathbb{C}$ *mit* $c = e^w$.

Beweis. a) Wegen 6.4.2 b) ist $e^z = e^x e^{iy}$ und

$$\begin{aligned}e^{iy} &= \textstyle\sum_{k=0}^{\infty} \frac{(iy)^k}{k!}\\ &= \textstyle\sum_{k=0}^{\infty}(-1)^k \frac{y^{2k}}{(2k)!} + i\sum_{k=0}^{\infty}(-1)^k \frac{y^{2k+1}}{(2k+1)!}\\ &= \cos y + i \sin y.\end{aligned}$$

Es folgt
$$|e^z|^2 = e^{2x}(\cos^2 y + \sin^2 y) = e^{2x}.$$
b) Aus
$$e^{iy} = \cos y + i \sin y \text{ und } e^{-iy} = \cos y - i \sin y$$
folgt die Behauptung.
c) Sei $c = |c|(\cos v + i \sin v) \neq 0$. Wegen $|c| > 0$ gibt es ein $u \in \mathbb{R}$ mit $|c| = e^u$. Setzen wir nun $w = u + iv$, so erhalten wir $e^w = c$. □

Die Verallgemeinerung von 6.4.4 c) lautet:

Satz 6.4.5 *Sei $A \in (\mathbb{C})_n$ mit $\det A \neq 0$. Dann existiert ein $B \in (\mathbb{C})_n$ mit $A = e^B$.*

Beweis. Sei zunächst
$$A = \begin{pmatrix} a & & * \\ & \ddots & \\ 0 & & a \end{pmatrix} = aE + N \in (\mathbb{C})_n$$
mit $0 \neq a \in \mathbb{C}$. Das Polynom
$$g = x + \frac{x^2}{2!} + \ldots + \frac{x^{n-1}}{(n-1)!}$$
hat die einfache Nullstelle 0. Nach 5.4.12 gibt es daher ein Polynom f mit $f(0) = 0$ und
$$g(f) = f + \frac{f^2}{2!} + \ldots + \frac{f^{n-1}}{(n-1)!} \equiv x \bmod x^n.$$
Wir setzen $C = f(a^{-1}N)$. Wegen $N^n = 0$ und $f(0) = 0$ gilt $C^n = 0$. Es folgt
$$a^{-1}N = C + \frac{C^2}{2!} + \ldots + \frac{C^{n-1}}{(n-1)!} = e^C - E,$$
also
$$aE + N = a(E + a^{-1}N) = ae^C.$$
Wegen 6.4.4 c) gibt es ein $b \in \mathbb{C}$ mit $a = e^b$. Dies liefert
$$A = aE + N = e^b e^C = e^{bE+C}.$$

Sei nun allgemein

$$T^{-1}AT = \begin{pmatrix} J_1 & & \\ & \ddots & \\ & & J_k \end{pmatrix}$$

mit Jordan-Kästchen J_i und $\det J_i \neq 0$. Nach Obenstehendem gilt $J_i = e^{B_i}$ mit geeigneten B_i. Dies liefert

$$T^{-1}AT = \begin{pmatrix} e^{B_1} & & \\ & \ddots & \\ & & e^{B_k} \end{pmatrix} = e^B,$$

wenn wir $B = \begin{pmatrix} B_1 & & \\ & \ddots & \\ & & B_k \end{pmatrix}$ setzen. Also ist $A = Te^BT^{-1} = e^{TBT^{-1}}$. Insbesondere folgt $(e^{\frac{1}{m}B})^m = e^B = A$. □

Mit Hilfe der Exponentialfunktion lassen sich Systeme von linearen Differentialgleichungen mit konstanten Koeffizienten leicht lösen. Wir benötigen dazu den folgenden Satz.

Satz 6.4.6 *Sei $A \in (\mathbb{C})_n$ und sei $m_A = \prod_{k=1}^{m}(x - a_k)^{n_k}$ das Minimalpolynom von A mit paarweise verschiedenen $a_k \in \mathbb{C}$. Ist $e^{At} = (f_{ij}(t))$, so hat jedes f_{ij} die Gestalt*

$$f_{ij}(t) = \sum_{k=1}^{m} e^{a_k t} p_{ijk}(t)$$

mit $p_{ijk} \in \mathbb{C}[t]$ und $\operatorname{Grad} p_{ijk} \leq n_k - 1$.

Beweis. Die Jordansche Normalform von A sei

$$T^{-1}AT = \begin{pmatrix} J_1 & & \\ & \ddots & \\ & & J_r \end{pmatrix}.$$

Dabei sei J_k eine Jordan-Matrix von der Gestalt

$$J = \begin{pmatrix} a & 1 & & \\ & & \ddots & \\ & & & 1 \\ & & & a \end{pmatrix} = aE + N$$

mit $a = a_k$ und J vom Typ (z, z) mit $z \leq n_k$. Eine direkte Rechnung liefert

$$e^{Jt} = e^{aEt}e^{Nt} = e^{at} \begin{pmatrix} 1 & t & \frac{t^2}{2!} & \dots & \frac{t^{z-1}}{(z-1)!} \\ 0 & 1 & t & \dots & \frac{t^{z-2}}{(z-2)!} \\ \vdots & \vdots & \vdots & & \vdots \\ 0 & 0 & 0 & \dots & 1 \end{pmatrix}.$$

Die Komponenten von e^{Jt} haben somit die Gestalt $e^{a_k t}p(t)$ mit $p \in \mathbb{C}[t]$ und $\operatorname{Grad} p \leq n_k - 1$. Wegen

$$e^{At} = T \begin{pmatrix} e^{J_1 t} & & \\ & \ddots & \\ & & e^{J_r t} \end{pmatrix} T^{-1} = (f_{ij}(t))$$

folgt die Behauptung. □

Hauptsatz 6.4.7 *Sei $A \in (\mathbb{C})_n$ und sei $y(t) = (y_j(t))$ (ein Spaltenvektor) mit nach $-\infty < t < \infty$ differenzierbaren $y_j(t)$ $(j = 1, \dots, n)$. Die Lösung der Differentialgleichung*

$$y'(t) = Ay(t)$$

lautet dann $y(t) = e^{At}y(0)$. Sie ist durch Vorgabe von $y(0)$ eindeutig bestimmt. Ist

$$m_A = \prod_{k=1}^{m} (x - a_k)^{n_k}$$

mit paarweise verschiedenen a_k das Minimalpolynom von A, so hat jedes $y_i(t)$ die Gestalt

$$y_i(t) = \sum_{k=1}^{m} e^{a_k t} p_{ik}(t)$$

mit $p_{ik} \in \mathbb{C}[t]$ und $\operatorname{Grad} p_{ik} \leq n_k - 1$. *Ist insbesondere A diagonalisierbar, so ist*

$$y_i(t) = \sum_{k=1}^{m} c_{ik} e^{a_k t}$$

mit $c_{ik} \in \mathbb{C}$.

Beweis. Die Existenz der Lösung steht in 6.4.3 c). Die Aussage über die Gestalt der $y_j(t)$ folgt aus der in 6.4.6 angegebenen Gestalt von e^{At}. □

In 8.5 werden wir 6.4.7 zum Studium linearer Schwingungen einsetzen. Dabei ist eine Differentialgleichung der Form $y'' = By$ zu lösen, wobei B von spezieller Gestalt ist. Die Zurückführung dieser Gleichung auf die Gestalt $z' = Az$ ist dabei nur von formaler Natur.

In 9.2 verwenden wir die Exponentialfunktion, um den Übergang von der *Infinitesimalalgebra der orthogonalen Gruppe* zur orthogonalen Gruppe zu vollziehen, eine für die Theorie der Liegruppen grundlegende Operation.

Aufgabe 6.4.1

a) Es gibt kein $B \in (\mathbb{R})_2$ mit $e^B = \begin{pmatrix} -1 & 0 \\ 1 & -1 \end{pmatrix}$.

b) Für ungerades n gibt es kein $B \in (\mathbb{R})_n$ mit $e^B = -E$.

c) Für gerades n gibt es ein $B \in (\mathbb{R})_n$ mit $e^B = -E$.

Aufgabe 6.4.2

a) Für $A = \begin{pmatrix} 2\pi i & 1 \\ 0 & 0 \end{pmatrix}$ und $B = \begin{pmatrix} 2\pi i & -1 \\ 0 & 0 \end{pmatrix}$ gilt $e^A e^B = e^{(A+B)} = e^B e^A$, aber $AB \neq BA$.

b) Für $A = \begin{pmatrix} 0 & 2\pi \\ -2\pi & 0 \end{pmatrix}$ und $B = \begin{pmatrix} 1 & 0 \\ 0 & -1 \end{pmatrix}$ gilt $e^A e^B = e^B e^A \neq e^{(A+B)}$.

Aufgabe 6.4.3 Sei

$$A = \begin{pmatrix} a & 1 & 0 & \dots & 0 \\ 0 & a & 1 & \dots & 0 \\ \vdots & \vdots & \vdots & & \vdots \\ 0 & 0 & 0 & \dots & a \end{pmatrix} = aE + N \in (\mathbb{C})_n.$$

Dann hat e^A das Minimalpolynom $(x - e^a)^n$. Insbesondere hat e^A nur ein Jordan-Kästchen zum Eigenwert e^a.

Aufgabe 6.4.4 Sei $A \in (\mathbb{C})_n$. Dann sind gleichwertig.

a) Ist $x(t)$ irgendeine Lösung von $x'(t) = Ax(t)$, so gilt $\lim_{t\to\infty} x(t) = 0$.

b) Jeder Eigenwert von A hat einen negativen Realteil.

Aufgabe 6.4.5

a) Sei $A = \begin{pmatrix} 1-p & p \\ q & 1-q \end{pmatrix} \in (\mathbb{R})_2$ stochastisch mit $0 \le p, q \le 1$. Dann gilt $\operatorname{Spur} A^2 \ge 1$.

b) Sei $A = E - B$ mit $B = \begin{pmatrix} p & -p \\ -q & q \end{pmatrix}$ und $0 < p + q < 1$. Man zeige, daß es eine Matrix C gibt, derart daß e^{Ct} stochastisch ist für $t \ge 0$ und $e^C = A$ gilt.

Hinweis: Man bilde $C = -\sum_{j=1}^{\infty} \frac{B^j}{j} = \frac{\log(1-p-q)}{p+q} B$. Dann ist

$$e^{Ct} = \begin{pmatrix} 1 - \frac{ps}{p+q} & \frac{ps}{p+q} \\ \frac{qs}{p+q} & 1 - \frac{qs}{p+q} \end{pmatrix}$$

mit $0 \le s = 1 - e^{t \log(1-p-q)} < 1$ für $t \ge 0$, also e^{Ct} stochastisch.

Aufgabe 6.4.6 Man löse das Gleichungssystem

$$y_j'(t) = \frac{1}{n} \sum_{j=1}^{n} y_j(t) \qquad (j = 1, \dots, n)$$

zu vorgegebenen Anfangswerten $y_j(0)$ $(j = 1, \dots, n)$.

Aufgabe 6.4.7 Man bestimme alle Lösungen des Gleichungssystems $y'(t) = Ay(t)$ mit $A = \begin{pmatrix} 0 & 1 & 0 \\ 0 & 0 & 1 \\ 1 & 0 & 0 \end{pmatrix}$, welche reellwertig und für $t \to \infty$ beschränkt sind.

6.5 Stochastische Matrizen II

Mit Hilfe des Eigenwertbegriffs und des Ergodensatzes 6.2.8 greifen wir die Behandlung stochastischer Matrizen erneut auf.

Hauptsatz 6.5.1 *Sei $A = (a_{ij})$ eine stochastische Matrix vom Typ (n, n). Dann gilt:*

a) Stets existiert $P = lim_{k\to\infty} \frac{1}{k} \sum_{j=0}^{k-1} A^j$. Dabei ist P stochastisch mit $P = P^2 = PA = AP$.

b) Genau dann existiert $\lim_{k\to\infty} A^k$, wenn 1 der einzige Eigenwert von A vom Betrag 1 ist.
(Existiert $\lim_{k\to\infty} A^k$, so gilt auch $\lim_{k\to\infty} A^k = \lim_{k\to\infty} \frac{1}{k} \sum_{j=0}^{k-1} A^j$; siehe Aufgabe 6.2.6)

Beweis. Auf dem Raum $\mathbb{C}^n$ der Spaltenvektoren verwenden wir die Norm $\| \cdot \|_\infty$ mit

$$\| (x_j) \|_\infty = \max_{j=1,\ldots,n} |x_j|.$$

Lassen wir A durch Multiplikation von links auf $\mathbb{C}^n$ operieren, so gilt nach 6.2.4 a), daß

$$\| A \|_\infty = \max_i \sum_{j=1}^n |a_{ij}| = 1.$$

Somit ist A bzgl. der Norm $\| \cdot \|_\infty$ eine Kontraktion. Daher existiert nach dem Ergodensatz 6.2.8 der Grenzwert $P = \lim_{k\to\infty} P_k$ mit $P_k = \frac{1}{k} \sum_{j=0}^{k-1} A^j$. Da jedes P_k stochastisch ist, ist auch P stochastisch. Wegen 6.2.8 gilt ferner

$$P = P^2 = AP = PA.$$

b) Dies folgt aus 6.2.12 b). □

Die Voraussetzung in 6.5.1 b) ist in der Regel nicht leicht zu kontrollieren. Hier hilft mitunter der folgende Satz.

Satz 6.5.2 (Gershgorin[9]) *Sei $A = (a_{ij}) \in (\mathbb{C})_n$ und sei b ein Eigenwert von A.*

a) Es gibt ein $i \in \{1, \ldots, n\}$ mit $|b - a_{ii}| \leq \sum_{j=1,\, j\neq i}^n |a_{ij}|$.

---

[9]Semion Aronovich Gershgorin (1901-1933) Leningrad. Algebra, Funktionentheorie, Approximation und numerische Methoden, Differentialgleichungen.

b) Insbesondere gilt $|b| \leq \max_k \sum_{j=1}^n |a_{kj}|$. (Dies wissen wir bereits aus 6.2.11.)

Beweis. a) Sei $v = (x_j) \neq 0$ ein Spaltenvektor mit $Av = bv$ und weiterhin $|x_i| = \max_j |x_j|$. Aus

$$\sum_{j=1}^n a_{ij} x_j = b x_i$$

folgt

$$|x_i|\,|b - a_{ii}| = |\sum_{j=1,\,j\neq i}^n a_{ij} x_j| \leq \sum_{j=1,\,j\neq i}^n |a_{ij}|\,|x_j| \leq \sum_{j=1,\,j\neq i}^n |a_{ij}|\,|x_i|.$$

Wegen $|x_i| > 0$ zeigt dies die Behauptung.
b) Nach a) gilt für ein geeignetes i

$$|b| = |(b - a_{ii}) + a_{ii}| \leq |b - a_{ii}| + |a_{ii}| \leq \sum_{j=1}^n |a_{ij}| \leq \max_k \sum_{j=1}^n |a_{kj}|.$$

□

Satz 6.5.3 *Sei* $A = (a_{ij})$ *eine stochastische Matrix vom Typ* (n, n).

a) Ist $e = \begin{pmatrix} 1 \\ \vdots \\ 1 \end{pmatrix}$, *so gilt* $Ae = e$. *Insbesondere ist* 1 *ein Eigenwert der Matrix* A.

b) A hat den Spektralradius 1, *d.h.* $\rho(A) = 1$.

c) Ist b *ein Eigenwert von* A *mit* $|b| = 1$, *so gehören zu* b *nur Jordan-Kästchen vom Typ* $(1, 1)$.

d) Sei $a_{ii} > 0$ *für alle* $i = 1, \ldots, n$. *Ist* b *ein Eigenwert von* A *mit* $|b| = 1$, *so gilt* $b = 1$. *Wegen* 6.5.1 *b) existiert dann* $\lim_{k\to\infty} A^k$.

Beweis. Die Aussage a) ist trivial, b) folgt aus 6.5.2 b) und c) aus 6.2.8 b).
d) Ist b ein Eigenwert von A, so gibt es nach 6.5.2 a) ein i mit

$$|b - a_{ii}| \leq \sum_{j=1,\,j\neq i}^n |a_{ij}| = \sum_{j=1,\,j\neq i}^n a_{ij} = 1 - a_{ii}.$$

Also liegt b in dem Kreis mit dem Mittelpunkt $a_{ii} > 0$ und dem Radius $1 - a_{ii}$, der den Einheitskreis in 1 von innen berührt. Ist $|b| = 1$, so folgt wegen $a_{ii} > 0$ sofort $b = 1$. □

Bemerkungen 6.5.4 a) Sei A stochastisch von der Gestalt

$$\begin{pmatrix} p & q & 0 & 0 & \dots & 0 \\ p & 0 & q & 0 & \dots & 0 \\ p & 0 & 0 & q & \dots & 0 \\ \vdots & \vdots & \vdots & \vdots & & \vdots \\ p & 0 & 0 & 0 & \dots & q \\ p & 0 & 0 & 0 & \dots & q \end{pmatrix}$$

vom Typ (n, n) mit $p + q = 1$ und $0 < p < 1$. Eine direkte Rechnung zeigt

$$A^k = \begin{pmatrix} p & pq & \dots & pq^{k-1} & q^k & 0 & \dots & 0 \\ p & pq & \dots & pq^{k-1} & 0 & q^k & \dots & 0 \\ \vdots & \vdots & & \vdots & \vdots & \vdots & & \vdots \\ p & pq & \dots & pq^{k-1} & 0 & 0 & \dots & q^k \\ \vdots & \vdots & & \vdots & \vdots & \vdots & & \vdots \\ p & pq & \dots & pq^{k-1} & 0 & 0 & \dots & q^k \end{pmatrix}$$

für $k < n - 1$, und für $k \geq n - 1$ gilt

$$A^k = A^{n-1} = \begin{pmatrix} p & pq & pq^2 & \dots & pq^{n-2} & q^{n-1} \\ \vdots & \vdots & \vdots & & \vdots & \vdots \\ p & pq & pq^2 & \dots & pq^{n-2} & q^{n-1} \end{pmatrix}.$$

Wegen $\mathrm{r}(A^{n-1}) = 1$ hat A^{n-1} die Eigenwerte $0, \dots, 0, 1$. Somit hat auch A die Eigenwerte $0, \dots, 0, 1$. Ist

$$A \begin{pmatrix} x_1 \\ \vdots \\ x_n \end{pmatrix} = \begin{pmatrix} px_1 + qx_2 \\ px_1 + qx_3 \\ \vdots \\ px_1 + qx_n \\ px_1 + qx_n \end{pmatrix} = 0,$$

so sind wegen $q > 0$ dann $x_2, \dots, x_n$ eindeutig durch x_1 bestimmt als

$$x_j = -\frac{p}{q} x_1.$$

Somit ist $\dim \operatorname{Kern} A = 1$. Daher hat A zum Eigenwert 0 genau ein Jordan-Kästchen vom Typ $(n - 1, n - 1)$.

b) In manchen Fällen hat eine stochastische Matrix A vom Typ (n, n) genau n verschiedene Eigenwerte. Dann ist A nach 5.5.9 a) diagonalisierbar (siehe 6.5.12).

Definition 6.5.5 Wie in 3.4.10 und 6.3.1 bilden wir zu einer stochastischen Matrix $A = (a_{ij})$ einen *gerichteten Graphen* $\Gamma(A)$. Dessen Punkte $1, \ldots, n$ entsprechen den Zuständen des Systems. Dabei sind i und j $(i \neq j)$ durch eine gerichtete Strecke von i nach j verbunden, falls $a_{ij} > 0$ ist. Entsprechend 6.3.1 nennen wir A eine *irreduzible stochastische Matrix*, falls zu allen Zuständen $i \neq j$ in $\Gamma(A)$ ein gerichteter Weg von i nach j existiert.

Satz 6.5.6 *Sei $A = (a_{ij})$ eine irreduzible stochastische Matrix vom Typ (n, n) und b ein Eigenwert von A mit $|b| = 1$.*

a) *Ist $Av = bv$ mit dem Vektor $v = (x_j) \neq 0$, so gilt $x_m = b^{l(k,m)} x_k$, falls es in $\Gamma(A)$ einen gerichteten Weg der Länge $l(k, m)$ von k nach m gibt. Insbesondere folgt* $\dim \operatorname{Kern}(A - bE) = 1$.

b) *Gibt es in $\Gamma(A)$ einen geschlossenen Weg der Länge m, so gilt $b^m = 1$.*

c) *Es gibt ein $m \leq n$ mit $b^m = 1$.*

d) *Gilt $a_{ii} > 0$ für wenigstens ein i, so ist $b = 1$.*

e) *Gibt es i, j mit $i \neq j$ und $a_{ij} a_{ji} > 0$, so gilt $b = 1$ oder $b = -1$.*

f) *Gibt es in $\Gamma(A)$ geschlossene Wege der Längen k und m mit der Bedingung* $\operatorname{ggT}(k, m) = 1$, *so ist $b = 1$.*

Beweis. a) Sei $Av = bv$ mit $v = (x_j) \neq 0$ und sei ferner k so gewählt, daß $|x_k| = \max_j |x_j| > 0$ ist. Aus

$$bx_k = \sum_{j=1}^{n} a_{kj} x_j$$

folgt wegen $|b| = 1$ dann

$$|x_k| = |bx_k| = |\sum_{j=1}^{n} a_{kj} x_j| \underset{(1)}{\leq} \sum_{j=1}^{n} a_{kj} |x_j| \underset{(2)}{\leq} \sum_{j=1}^{n} a_{kj} |x_k| = |x_k|.$$

Somit steht bei (1) und (2) das Gleichheitszeichen. Gleichheit bei (1) besagt wegen der Dreiecksungleichung für komplexe Zahlen, daß alle x_j mit $a_{kj} > 0$ gleichgerichtet sind. Gleichheit bei (2) bedeutet $|x_j| = |x_k|$, falls $a_{kj} > 0$ ist. Insgesamt liefert dies, daß alle x_j mit $a_{kj} > 0$ gleich sind. Für jedes m mit $a_{km} > 0$ folgt

$$(*) \quad bx_k = \sum_{j=1}^{n} a_{kj} x_j = (\sum_{j=1}^{n} a_{kj}) x_m = x_m.$$

Sei nun m beliebig. Da A irreduzibel ist, gibt es in $\Gamma(A)$ einen Weg

$$k = j_0 \to j_1 \to \ldots \to j_{t-1} \to j_t = m.$$

Wiederholte Anwendung von $(*)$ zeigt

$$\begin{aligned} bx_k &= x_{j_1} \\ b^2 x_k &= bx_{j_1} = x_{j_2} \\ &\vdots \\ b^t x_k &= x_{j_t} = x_m. \end{aligned}$$

Dazu beachte man, daß in $(*)$ der Index k (mit $|x_k| = \max_j |x_j|$) schrittweise durch $j_1, j_2, \ldots$ ersetzt werden darf wegen

$$|x_k| = |x_{j_1}| = \ldots = |x_{j_{t-1}}|.$$

Somit erhalten wir

$$(**) \quad b^{l(k,m)} x_k = x_m,$$

falls in $\Gamma(A)$ ein gerichteter Weg der Länge $l(k,m)$ von k nach m existiert. Da x_k nun alle x_m eindeutig festlegt, folgt $\dim \mathrm{Kern}(A - bE) = 1$. Übrigens zeigt $(**)$ wegen $|b| = 1$ auch $|x_k| = |x_m| > 0$ für alle k und m.

b) Ist

$$j = j_0 \to j_1 \to \ldots \to j_m = j$$

ein geschlossener Weg in $\Gamma(A)$ von der Länge m, so folgt mit $(**)$, daß $b^m x_j = x_j$. Wegen $x_j \neq 0$ zeigt dies $b^m = 1$.

c) Da A irreduzibel ist, gibt es in $\Gamma(A)$ Wege von beliebig großer Länge. Sei

$$j_0 \to j_1 \to \ldots \to j_n$$

ein Weg der Länge n. Da es nur n Zutände gibt, muß es einen geschlossenen Teilweg

$$j_r \to j_{r+1} \to \ldots \to j_r$$

der Länge m mit $m \leq n$ geben. Wegen b) folgt $b^m = 1$.

d) Ist $a_{ii} > 0$, so ist $i \to i$ ein geschlossener Weg der Länge 1. Nach b) ist daher $b = 1$.

e) Ist $a_{ij} a_{ji} > 0$, so ist $i \to j \to i$ ein geschlossener Weg, und mit b) erhalten wir $b^2 = 1$.

f) Nach b) gilt $b^k = b^m = 1$. Wegen $\mathrm{ggT}(k,m) = 1$ gibt es nach 2.3.4 Zahlen $r, s \in \mathbb{Z}$ mit $rk + sm = 1$. Damit folgt

$$b = (b^k)^r (b^m)^s = 1.$$

□

Hauptsatz 6.5.7 *Sei A stochastisch vom Typ (n,n). Wir setzen voraus, daß*

$$P = \lim_{k\to\infty} A^k = \begin{pmatrix} z_1 \\ \vdots \\ z_n \end{pmatrix}$$

mit Zeilenvektoren z_j existiert.

a) *Dann gilt $z_j A = z_j \qquad (j = 1, \ldots, n)$.*

b) *Ist $\dim\{w \mid wA = w\} = 1$, so gilt*

$$\lim_{k\to\infty} A^k = \begin{pmatrix} z \\ z \\ \vdots \\ z \end{pmatrix},$$

wobei der Zeilenvektor $z = (x_1, \ldots, x_n)$ eindeutig bestimmt ist durch

$$zA = z \text{ und } \sum_{j=1}^{n} x_j = 1.$$

Insbesondere ist dies der Fall, wenn A irreduzibel ist. Ist A irreduzibel, so auch A^t, und mit 6.3.4 d) folgt $x_j > 0$ für alle j.

Beweis. a) Existiert $P = \lim_{k\to\infty} A^k$, so gilt

$$P = \lim_{k\to\infty} A^{k+1} = (\lim_{k\to\infty} A^k)A = PA,$$

und dies heißt

$$z_j = z_j A \text{ für } j = 1, \ldots, n.$$

b) Da die Zeilen z_j von P die Gleichung $z_j = z_j A$ erfüllen und z_j die Zeilensumme 1 hat, folgt nun $z_j = z$ mit $z = (x_1, \ldots, x_n)$ und $\sum_{j=1}^{n} x_j = 1$. Ist A irreduzibel, so erhalten wir mit 6.5.6 a)

$$\begin{aligned} 1 &= \dim\{v \mid Av = v\} = n - \mathrm{r}(A - E) \\ &= n - \mathrm{r}(A^t - E) = \dim\{w^t \mid A^t w^t = w^t\} \\ &= \dim\{w \mid wA = w\}. \end{aligned}$$

□

Die Berechnung von $\lim_{k\to\infty} A^k$ für irreduzibles A verlangt also nur die Lösung des homogenen linearen Gleichungssystems $zA = z$. Bei der Behandlung von stochastischen Matrizen mit absorbierenden Zuständen in 3.4.11 hatten wir ein inhomogenes lineares Gleichungssystem zu lösen. Man kann zeigen, daß die Berechnung von $\lim_{k\to\infty} A^k$ stets auf die Lösung von linearen Gleichungssystemen hinausläuft (siehe [8], S. 446).

Der Beweis von 6.2.12 zeigt, daß die Geschwindigkeit der Konvergenz der A^k $(k = 1, 2, \ldots)$ wesentlich vom betragsmäßig größten Eigenwert von A im Inneren des Einheitskreises abhängt. Daher besteht ein paktisches Bedürfnis nach Information über diese Eigenwerte (siehe 6.3.7, Aufgabe 6.5.8 und Bemerkung 6.5.12 b)).

Beispiele 6.5.8 (Irrfahrten)
a) Vorgegeben sei ein Labyrinth aus $n > 1$ Zellen. Jedes Zellenpaar sei durch höchstens eine Tür verbunden und alle Türen seien in beiden Richtungen passierbar (anders als in 3.4.12 und den dortigen Aufgaben). Sei $t_i > 0$ die Anzahl der Türen, welche aus der Zelle i hinausführen. Im Labyrinth befinde sich eine Maus. Der Zustand i liege vor, wenn die Maus in der Zelle i ist. Die Übergangsmatrix $A = (a_{ij})$ sei wie folgt definiert:
$a_{ii} = p$ mit $0 \leq p < 1$ für alle $i = 1, \ldots, n$ und

$$a_{ij} = \begin{cases} \frac{1-p}{t_i}, & \text{falls eine Tür von Zelle } i \text{ nach } j \text{ existiert} \\ 0, & \text{sonst.} \end{cases}$$

Das Labyrinth sei zusammenhängend, was bedeutet, daß A im Sinne von 6.5.5 irreduzibel ist. Ist $a_{ij} > 0$, so ist auch $a_{ji} > 0$, da alle Türen in beiden Richtungen passierbar sind. Nach 6.5.6 e) hat daher A auf dem Einheitskreis höchstens die Eigenwerte 1 und -1. Ferner ist $\dim \operatorname{Kern}(A - E) = 1$ nach 6.5.6 a). Wir behaupten nun, daß $vA = v$ für $v = (t_1, \ldots, t_n)$ gilt:
Es ist nämlich

$$\begin{aligned} \textstyle\sum_{j=1}^n t_j a_{jk} &= t_k p + \sum_{j\to k,\, j=1}^{n} t_j \tfrac{1-p}{t_j} \\ &= t_k p + (1-p) \sum_{j\to k,\, j=1}^{n} 1 = t_k p + (1-p) t_k = t_k. \end{aligned}$$

Ist -1 nicht Eigenwert von A, so folgt mit 6.5.7, daß

$$\lim_{k\to\infty} A^k = \begin{pmatrix} x_1 & \ldots & x_n \\ \vdots & & \vdots \\ x_1 & \ldots & x_n \end{pmatrix},$$

wobei $x_j = \frac{t_j}{t_1+\ldots+t_n}$ ist. Insbesondere ist die Wahrscheinlichkeit dafür, nach *langer Zeit* die Maus in der Zelle j zu finden, nur abhängig von der Anzahl t_j der Türen von Zelle j, nicht aber vom Ausgangszustand. Ist $p > 0$, so existiert $\lim_{k\to\infty} A^k$ nach 6.5.3 d).
b) Wir betrachten insbesondere das Labyrinth

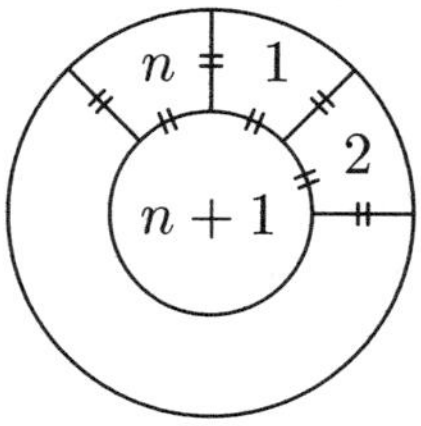

mit $n \geq 2$. Im zugehörigen, offenbar zusammenhängenden Graphen sind dann

$$1 \to 2 \to 1 \quad \text{und} \quad 1 \to 2 \to n+1 \to 1$$

geschlossene Wege der Längen 2 und 3. Nach 6.5.6 f) ist somit 1 einziger Eigenwert von A vom Betrag 1, auch für $p = 0$. Daher existiert $\lim_{k\to\infty} A^k$ nach 6.5.1 b), und mit a) erhalten wir

$$\lim_{k\to\infty} A^k = \begin{pmatrix} \frac{3}{4n} & \cdots & \frac{3}{4n} & \frac{1}{4} \\ \vdots & & \vdots & \vdots \\ \frac{3}{4n} & \cdots & \frac{3}{4n} & \frac{1}{4} \end{pmatrix}.$$

Beispiel 6.5.9 (Mischen von Spielkarten)
Vorgegeben seien $m > 1$ Spielkarten. Die Zustände des Systems seien die $n = m!$ möglichen Lagen der Karten. Wir wählen einen Zustand aus, und bezeichnen den Zustand, der aus ersterem durch die Permutation σ aus S_m entsteht, mit σ. Gegeben sei ferner eine Wahrscheinlichkeitsverteilung p auf S_m mit $p(\sigma) \geq 0$ für alle $\sigma \in S_m$ und $\sum_{\sigma\in S_m} p(\sigma) = 1$. Der elementare Mischprozeß sei wie folgt definiert:
Wir wählen zufällig eine Permutation ρ mit der Wahrscheinlichkeit $p(\rho)$, und gehen dann vom Zustand σ in den Zustand $\rho\sigma$ über. Die Übergangsmatrix dazu ist

$$A = (a_{\sigma,\tau}) \text{ mit } a_{\sigma,\tau} = p(\tau\sigma^{-1}).$$

(Im Fall des Mischens von Skatkarten hat also A den Typ $(32!, 32!)$; dies kann man nicht hinschreiben.)
a) Wir stellen einfache Eigenschaften von A zusammen.
(1) $a_{\sigma\rho,\tau\rho} = a_{\sigma,\tau}$ für alle $\sigma, \tau, \rho \in S_m$.
(2) $\sum_\tau a_{\sigma,\tau} = \sum_\tau p(\tau\sigma^{-1}) = 1$ und $\sum_\sigma a_{\sigma,\tau} = \sum_\sigma p(\tau\sigma^{-1}) = 1$, denn

die Abbildungen $\tau \to \tau\sigma^{-1}$ und $\sigma \to \tau\sigma^{-1}$ sind bijektiv auf S_m. (Eine stochastische Matrix A mit (2) nennt man *doppelt stochastisch*).
(3) Wir bilden den Spaltenvektor $v = (x_\tau) \neq 0$ mit $x_\tau = \operatorname{sgn}\tau$. Wegen

$$\sum_\tau a_{\sigma,\tau}x_\tau = \sum_\tau p(\tau\sigma^{-1}) \operatorname{sgn}\tau\sigma^{-1} \operatorname{sgn}\sigma = (\sum_\rho p(\rho) \operatorname{sgn}\rho)x_\sigma$$

gilt

$$Av = (\sum_\rho p(\rho) \operatorname{sgn}\rho)v.$$

Somit ist $\sum_\rho p(\rho) \operatorname{sgn}\rho$ ein Eigenwert von A. Ist speziell $p(\rho) = 0$ für alle ρ mit $\operatorname{sgn}\rho = 1$, so ist -1 ein Eigenwert von A, und dann existiert $\lim_{k\to\infty} A^k$ nicht.
b) Setzen wir $A^k = (a^{(k)}_{\sigma,\tau})$, so gilt

$$\begin{aligned} a^{(k)}_{\sigma,\tau} &= \textstyle\sum_{\rho_j} a_{\sigma,\rho_1}a_{\rho_1,\rho_2}\dots a_{\rho_{k-1},\tau} \\ &= \textstyle\sum_{\rho_j} p(\rho_1\sigma^{-1})p(\rho_2\rho_1^{-1})\dots p(\tau\rho_{k-1}^{-1}) \\ &= \textstyle\sum_{\pi_1\dots\pi_k\sigma=\tau} p(\pi_1)p(\pi_2)\dots p(\pi_k), \end{aligned}$$

letzteres vermöge $\pi_1 = \tau\rho_{k-1}^{-1}, \pi_2 = \rho_{k-1}\rho_{k-2}^{-1}, \dots, \pi_k = \rho_1\sigma^{-1}$. Genau dann ist also A irreduzibel, falls es zu allen σ, τ ein k gibt mit

$$a^{(k)}_{\sigma,\tau} = \sum_{\pi_1\dots\pi_k=\tau\sigma^{-1}} p(\pi_1)\dots p(\pi_k) > 0.$$

Also gibt es $\pi_j \in \mathrm{S}_m$ mit $\tau\sigma^{-1} = \pi_1\dots\pi_k$ und $p(\pi_j) > 0$. Definieren wir den Träger $\mathrm{T}(p)$ von p durch

$$\mathrm{T}(p) = \{\sigma \mid \sigma \in \mathrm{S}_m,\, p(\sigma) > 0\},$$

so wird also S_m von $\mathrm{T}(p)$ als Gruppe erzeugt.
c) Sei A irreduzibel und sei b ein Eigenwert von A mit $|b| = 1$. Ferner sei $Av = bv$ mit $v = (x_\sigma) \neq 0$. Nach 6.5.6 a) gilt

$$x_{\tau\sigma} = b^{l(\iota,\sigma)}b^{l(\sigma,\tau\sigma)}x_\iota,$$

wobei wir einen Weg in $\Gamma(A)$ von ι nach $\tau\sigma$ über σ verwenden. Ist

$$\iota = \rho_0 \to \rho_1 \to \dots \to \rho_k = \tau$$

ein Weg von ι nach τ, so ist wegen (1)

$$\sigma = \rho_0\sigma \to \rho_1\sigma \to \dots \to \rho_k\sigma = \tau\sigma$$

ein Weg in $\Gamma(A)$ mit $l(\sigma, \tau\sigma) = l(\iota, \tau)$. Wählen wir $x_\iota = 1$, so folgt

$$x_{\tau\sigma} = b^{l(\iota,\sigma)} b^{l(\sigma,\tau\sigma)} = b^{l(\iota,\sigma)} b^{l(\iota,\tau)} = x_\sigma x_\tau .$$

Daher ist $\sigma \to x_\sigma$ ein Homomorphismus von S_m in $\mathbb{C}^*$. Nach 4.2.4 gilt daher $x_\sigma = 1$ für alle $\sigma \in \mathrm{S}_m$, und dann ist $b = 1$, oder $x_\sigma = \operatorname{sgn}\sigma$ und $b = -1$. In letzterem Fall gilt

$$-1 = -x_\iota = \sum_\tau a_{\iota,\tau} x_\tau = \sum_\tau p(\tau) \operatorname{sgn}\tau .$$

Wegen $\sum_\tau p(\tau) = 1$ liefert dies $p(\tau) = 0$ für alle τ mit $\operatorname{sgn}\tau = 1$. Nach (2) in a) gilt

$$(1, \ldots, 1)A = (1, \ldots, 1),$$

und wegen der Irreduzibilität von A ist nach 6.5.6 a) jeder Zeilenvektor z mit $zA = z$ ein Vielfaches von $(1, \ldots, 1)$. Insgesamt erhalten wir also:
(1) Die Eigenwerte von A vom Betrag 1 sind 1 und eventuell -1, wobei -1 genau dann auftritt, wenn $p(\rho) = 0$ ist für alle ρ mit $\operatorname{sgn}\rho = 1$.
(2) Gibt es ein $\rho \in \mathrm{S}_m$ mit $\operatorname{sgn}\rho = 1$ und $p(\rho) > 0$, so gilt

$$\lim_{k\to\infty} A^k = \begin{pmatrix} \frac{1}{n} & \cdots & \frac{1}{n} \\ \vdots & & \vdots \\ \frac{1}{n} & \cdots & \frac{1}{n} \end{pmatrix}.$$

Alle Zustände σ des Systems sind also nach langem Mischen mit derselben Wahrscheinlichkeit $\frac{1}{n}$ zu erwarten, unabhängig von der Ausgangslage der Karten (*faires Mischen*).

Die Vorstellung, daß im Elementarprozeß nur Übergänge in benachbarte Zustände möglich sind, erklärt das häufige Auftreten von stochastischen Jacobi-Matrizen.

Satz 6.5.10 *Sei*

$$A = \begin{pmatrix} a_1 & b_1 & 0 & 0 & \ldots & 0 & 0 & 0 \\ c_1 & a_2 & b_2 & 0 & \ldots & 0 & 0 & 0 \\ 0 & c_2 & a_3 & b_3 & \ldots & 0 & 0 & 0 \\ \vdots & \vdots & \vdots & \vdots & & \vdots & \vdots & \vdots \\ 0 & 0 & 0 & 0 & \ldots & c_{n-2} & a_{n-1} & b_{n-1} \\ 0 & 0 & 0 & 0 & \ldots & 0 & c_{n-1} & a_n \end{pmatrix}$$

eine stochastische Jacobi-Matrix.

a) *Sind alle b_i und alle c_i positiv, so ist A irreduzibel. Ist außerdem wenigstens ein a_i positiv, so ist 1 der einzige Eigenwert von A vom Betrag 1. Sind hingegen alle $a_i = 0$, so ist -1 ein Eigenwert von A.*

b) *Ist $c_1 c_2 \ldots c_{n-1} > 0$ und $yA = y$, so gilt*

$$y = y_1\left(1, \frac{b_1}{c_1}, \frac{b_1 b_2}{c_1 c_2}, \ldots, \frac{b_1 \ldots b_{n-1}}{c_1 \ldots c_{n-1}}\right).$$

c) *Sind alle b_i, c_i und wenigstens ein a_i positiv, so gilt*

$$\lim_{k\to\infty} A^k = \begin{pmatrix} y_1 & \cdots & y_n \\ \vdots & & \vdots \\ y_1 & \cdots & y_n \end{pmatrix},$$

wobei die y_j wie in b) mit der Nebenbedingung $\sum_{j=1}^n y_j = 1$ zu bestimmen sind.

Beweis. a) Da in $\Gamma(A)$ der Weg

$$1 \to 2 \to \ldots \to n \to n-1 \to \ldots \to 1$$

existiert, ist A irreduzibel. Wegen $b_1 c_1 > 0$ ist $1 \to 2 \to 1$ ein geschlossener Weg der Länge 2. Also sind 1 und möglicherweise -1 nach 6.5.6 b) die einzigen Eigenwerte von A vom Betrag 1. Ist wenigstens ein a_i positiv, so ist -1 nach 6.5.6 d) nicht Eigenwert von A. Ist hingegen $a_1 = \ldots = a_n = 0$, so gilt $Ay = -y$ für $y = (y_j)$ mit $y_j = (-1)^{j-1}$.

b) Die Gleichung $y = yA$ mit $y = (y_j)$ besagt

$$\begin{aligned} y_1 &= y_1 a_1 + y_2 c_1 \\ &\vdots \\ y_j &= y_{j-1} b_{j-1} + y_j a_j + y_{j+1} c_j \\ &\vdots \\ y_n &= y_{n-1} b_{n-1} + y_n a_n. \end{aligned}$$

Also ist

$$y_2 c_1 = y_1(1 - a_1) = y_1 b_1.$$

Durch eine Induktion nach j beweisen wir $y_{j+1} c_j = y_j b_j$. Für $j + 1 < n$ ist nämlich

$$\begin{aligned} y_{j+1} c_j &= y_j(1 - a_j) - y_{j-1} b_{j-1} \\ &= y_j(1 - a_j) - y_j c_{j-1} = y_j b_j. \end{aligned}$$

Schließlich ist

$$y_{n-1}b_{n-1} = y_n(1-a_n) = y_n c_{n-1}.$$

Daraus folgt rekursiv die Formel für y_j.
c) Dies erhalten wir sofort aus a) und b). □

Beispiel 6.5.11 (Pólya's[10] Urnenmodell)
Auf zwei Urnen U_1 und U_2 seinen $n \geq 2$ weiße und n schwarze Kugeln verteilt, und zwar n Kugeln in jeder Urne. Der Zustand j $(0 \leq j \leq n)$ liege vor, falls sich genau j weiße Kugeln in U_1 befinden. Der Elementarprozeß verlaufe wie folgt: Wir ziehen blind je eine Kugel aus U_1 und U_2, wobei jede Kugel mit derselben Wahrscheinlichkeit $\frac{1}{n}$ gezogen werde, und legen dann diese Kugeln vertauscht in U_1 bzw. U_2 zurück. Sei $A = (a_{ij})$ die Übergangsmatrix mit $0 \leq i, j \leq n$. Dann ist $a_{j,j-1}$ die Wahrscheinlichkeit für das Ziehen eines Kugelpaars weiß aus U_1, schwarz aus U_2. Da U_2 genau j schwarze Kugeln enthält, ist

$$a_{j,j-1} = \frac{j}{n}\frac{j}{n} = \frac{j^2}{n^2}.$$

Ähnlich folgt

$$a_{j,j+1} = \frac{(n-j)^2}{n^2} \text{ und } a_{jj} = \frac{2j(n-j)}{n^2}.$$

Alle übrigen a_{ij} sind 0. Somit erhalten wir die Übergangsmatrix

$$A = \begin{pmatrix} 0 & 1 & 0 & 0 & & & \\ a_{10} & a_{11} & a_{12} & 0 & & & \\ 0 & a_{21} & a_{22} & a_{23} & & & \\ & & & & \ddots & & \\ & & & & a_{n-1,n-2} & a_{n-1,n-1} & a_{n-1,n} \\ & & & & 0 & 1 & 0 \end{pmatrix}.$$

Mit 6.5.10 folgt

$$\lim_{k\to\infty} A^k = \begin{pmatrix} y_0 & y_1 & \cdots & y_n \\ \vdots & \vdots & & \vdots \\ y_0 & y_1 & \cdots & y_n \end{pmatrix}$$

mit

$$\begin{aligned}(y_0, y_1, \ldots, y_n) &= y_0\left(1, \tfrac{1}{a_{10}}, \tfrac{a_{12}}{a_{10}a_{21}}, \ldots, \tfrac{a_{12}\ldots a_{n-1,n}}{a_{10}a_{21}\ldots a_{n-1,n-2}}\right) \\ &= y_0\left(\tbinom{n}{0}^2, \tbinom{n}{1}^2, \ldots, \tbinom{n}{n}^2\right).\end{aligned}$$

[10] George Pólya (1887-1985) Zürich, Stanford. Funktionentheorie, Kombinatorik, Zahlentheorie, Mathematische Physik.

Dabei ist y_0 zu bestimmen aus

$$1 = \sum_{j=0}^{n} y_j = y_0 \sum_{j=0}^{n} \binom{n}{j}^2.$$

Aus 5.1.5 a) wissen wir $\sum_{j=0}^{n} \binom{n}{j}^2 = \binom{2n}{n}$. Also folgt $y_j = \binom{n}{j}^2 / \binom{2n}{n}$. Für $j \leq \frac{n}{2}$ gilt dabei $y_0 < y_1 < \ldots < y_j$. Das maximale y_j liegt vor für $j = \frac{n}{2}$ (n gerade) bzw. $j = \frac{n \pm 1}{2}$ (n ungerade). Für $n = 10$ ist zum Beispiel

$$\begin{aligned} y_0 &= y_{10} = 0,000005 \\ y_1 &= y_9 = 0,000541 \\ y_2 &= y_8 = 0,010960 \\ y_3 &= y_7 = 0,077941 \\ y_4 &= y_6 = 0,238693 \\ y_5 &= 0,343718 \end{aligned}$$

Aus $y_4 + y_5 + y_6 = 0,821104$ erkennt man eine deutliche Konzentration auf die Mitte $\frac{n}{2} = 5$.

Bemerkungen 6.5.12 a) Ist

$$A = \begin{pmatrix} a_1 & b_1 & 0 & 0 & \ldots & 0 & 0 & 0 \\ c_1 & a_2 & b_2 & 0 & \ldots & 0 & 0 & 0 \\ 0 & c_2 & a_3 & b_3 & \ldots & 0 & 0 & 0 \\ \vdots & \vdots & \vdots & \vdots & & \vdots & \vdots & \vdots \\ 0 & 0 & 0 & 0 & \ldots & c_{n-2} & a_{n-1} & b_{n-1} \\ 0 & 0 & 0 & 0 & \ldots & 0 & c_{n-1} & a_n \end{pmatrix}$$

eine Jacobi-Matrix mit positiven b_i, c_i und reellen a_i, so hat A genau n verschiedene Eigenwerte. Insbesondere ist A also diagonalisierbar. (Siehe [8], S. 409).

b) Nach einem Resultat von H.W. Golan und W. Lempken [5] hat die stochastische Matrix A aus 6.5.11 die Eigenwerte

$$a_i = \frac{(n-i)^2 - i}{n^2} \quad (0 \leq i \leq n),$$

also

$$1 = a_0 > a_1 = 1 - \frac{2}{n} > \ldots > a_n = -\frac{1}{n}.$$

Dies belegt die langsame Konvergenz des Prozesses für große n.

Aufgabe 6.5.1 Ist A eine stochastische Matrix und ist $\lim_{k\to\infty} \frac{1}{k} \sum_{j=0}^{k-1} A^j$ regulär, so ist $A = E$.

Aufgabe 6.5.2 (Ehrenfest[11]-Diffusion)
Ein Gefäß sei durch eine durchlässige Membran in zwei Kammern T_1 und T_2 aufgeteilt. Im Gefäß seinen $n > 1$ Moleküle derselben Art. Der Zustand j $(0 \leq j \leq n)$ liege vor, falls sich genau j Moleküle in T_1 befinden. Im Elementarprozeß wechsele genau eines der Moleküle die Kammer, jedes mit derselben Wahrscheinlichkeit $\frac{1}{n}$.

a) Die Übergangsmatrix A ist eine Jacobi-Matrix mit dem Eigenwert -1.

b) Man zeige
$$\lim_{k\to\infty} \frac{1}{k} \sum_{j=0}^{k-1} A^j = \begin{pmatrix} y_0 & \cdots & y_n \\ \vdots & & \vdots \\ y_0 & \cdots & y_n \end{pmatrix}$$
mit $y_j = 2^{-n}\binom{n}{j}$.

Aufgabe 6.5.3 Sei $A = (a_{jk})$ stochastisch vom Typ (n, n) und sei
$$(P) \qquad \{1, \ldots, n\} = \mathcal{B}_1 \cup \ldots \cup \mathcal{B}_m$$
eine Partition mit $\mathcal{B}_j \neq \emptyset$. Wir nennen (P) zulässig für A, falls
$$\sum_{k\in\mathcal{B}_j} a_{rk} = \sum_{k\in\mathcal{B}_j} a_{sk}$$
für alle $r, s \in \mathcal{B}_i$ und alle $i, j = 1, \ldots, n$ gilt. Wir setzen
$$b_{ij} = \sum_{k\in\mathcal{B}_j} a_{rk} \quad \text{für } r \in \mathcal{B}_i.$$
Man zeige: $B = (b_{ij})$ ist stochastisch vom Typ (m, m), und für die charakteristischen Polynome gilt $f_B \mid f_A$. Insbesondere ist jeder Eigenwert von B auch ein Eigenwert von A.

Aufgabe 6.5.4 Wir betrachten das Labyrinth aus 6.5.8 b) mit der Übergangsmatrix A und mit $p = 0$.

---

[11] Paul Ehrenfest (1880-1933) Sankt Petersburg, Leiden. Physiker, Statistische Mechanik, Quantentheorie.

Dann gilt:

a) A hat den Eigenwert $-\frac{1}{3}$.

b) Ist n gerade, so hat A den Eigenwert $-\frac{2}{3}$.

c) Ist $3 \mid n$, so ermittle man weitere Eigenwerte von A.

d) Für $n = 6$ bestimme man alle Eigenwerte von A.

Aufgabe 6.5.5 Sei A eine irreduzible stochastische Matrix und $e^{\frac{2\pi i}{m}}$ ein Eigenwert von A. Wir wählen einen Zustand 1.

a) Sind n_1 und n_2 die Längen zweier Wege in $\Gamma(A)$ von 1 nach i, so gilt $n_1 \equiv n_2 \bmod m$.

b) Für $0 \leq i < m$ setzen wir

$$\mathcal{B}_i = \{j \mid \text{ alle Wege in } \Gamma(A) \text{ von 1 nach } j \text{ haben Längen } l(1,j) \equiv i \bmod m\}.$$

Dann ist

$$\mathcal{B}_0 \cup \mathcal{B}_1 \cup \ldots \cup \mathcal{B}_{m-1}$$

eine für A zulässige Partition. Daher ist $x^m - 1$ ein Teiler von f_A.

c) Bei geeigneter Numerierung der Zustände hat A die Gestalt

$$A = \begin{pmatrix} 0 & A_{01} & 0 & 0 \ldots 0 \\ 0 & 0 & A_{12} & 0 \ldots 0 \\ \vdots & \vdots & \vdots & \vdots \quad\ \vdots \\ A_{m-1,0} & 0 & 0 & 0 \ldots 0 \end{pmatrix}.$$

Aufgabe 6.5.6

a) Wir betrachten die stochastische Matrix A aus 3.4.9 a), welche bei der Vererbung der Farbenblindheit auftritt.

1) Durch $\mathcal{B}_1 = \{1,2\}, \mathcal{B}_2 = \{3,4\}$ und $\mathcal{B}_3 = \{5,6\}$ wird eine für A zulässige Partition definiert.

2) A hat die Eigenwerte $1, 1, \frac{1}{2}, -\frac{1}{2}, \frac{1+\sqrt{5}}{4}$ und $\frac{1-\sqrt{5}}{4}$.

b) Für die Matrix A aus 3.4.9 b) ermittle man alle Eigenwerte. (Man verwende den Kästchensatz und 4.3.10.)

Aufgabe 6.5.7 Sei A die stochastische Matrix zu dem Mischprozeß aus 6.5.9. Sei U eine Untergruppe von S_m und $S_m = \cup_{j=1}^{k} \pi_j U$ die Zerlegung von S_m in Nebenklassen nach U.

a) Setzen wir $\mathcal{B}_j = \pi_j U$, so ist $\mathrm{S}_m = \mathcal{B}_1 \cup \ldots \cup \mathcal{B}_k$ eine für A zulässige Partition, d.h. $\sum_{\rho\in\pi_j U} a_{\pi,\rho} = \sum_{\rho\in\pi_j U} a_{\tau,\rho}$ für alle $\pi, \tau \in \pi_i U$.

b) Wir wählen speziell $U = \mathrm{A}_m$ und $\mathrm{S}_m = \mathrm{A}_m \cup \tau\,\mathrm{A}_m$ mit $\tau = (1,2)$. Man bestimme B aus Aufgabe 6.5.3 vom Typ $(2,2)$ und zeige, daß B die Eigenwerte 1 und $\sum_{\sigma\in\mathrm{S}_m} p(\sigma)\operatorname{sgn}\sigma$ hat (vgl. 6.5.9 (3)).

Aufgabe 6.5.8 Wir betrachten den Mischprozeß aus 6.5.9 für $m = 3$ mit der Wahrscheinlichkeitsverteilung p mit

$$p((1,2)) = p((1,2,3)) = \frac{1}{2} \text{ und } p(\tau) = 0 \text{ sonst.}$$

Ordnen wir S_3 und die Zustände gemäß

$$\iota, (1,2), (1,3), (2,3), (1,2,3), (1,3,2),$$

so erhalten wir die Übergangsmatrix

$$A = \begin{pmatrix} 0 & \frac{1}{2} & 0 & 0 & \frac{1}{2} & 0 \\ \frac{1}{2} & 0 & \frac{1}{2} & 0 & 0 & 0 \\ 0 & 0 & 0 & \frac{1}{2} & 0 & \frac{1}{2} \\ 0 & \frac{1}{2} & 0 & 0 & \frac{1}{2} & 0 \\ 0 & 0 & 0 & \frac{1}{2} & 0 & \frac{1}{2} \\ \frac{1}{2} & 0 & \frac{1}{2} & 0 & 0 & 0 \end{pmatrix}.$$

a) Wegen $\mathrm{r}(A) = 3$ erhält man die Eigenwerte $1, 0, 0, 0, -\frac{1}{2}, -\frac{1}{2}$.

b) Mit $U = \{\iota, (1,2)\} < \mathrm{S}_3$ erhält man gemäß Aufgabe 6.5.7 eine zulässige Partition. Diese liefert die Eigenwerte $1, 0, -\frac{1}{2}$.

(Dieses Beispiel zeigt, daß der Eigenwert $\sum_{\rho\in\mathrm{S}_n} p(\rho)\operatorname{sgn}\rho$ aus 6.5.9 i.a. nicht der betragsmäßig größte Eigenwert im Innern des Einheitskreises ist.)

Aufgabe 6.5.9 Auf zwei Urnen U_1 und U_2 seien insgesamt n Kugeln verteilt. Der Zustand i $(0 \le i \le n)$ liege vor, wenn sich genau i Kugeln in U_1 befinden. Im Elementarprozeß werde zufällig eine der n Kugeln gezogen, jede mit derselben Wahrscheinlichkeit $\frac{1}{n}$. Dann werde diese Kugel mit der Wahrscheinlichkeit $p > 0$ nach U_1 gelegt, mit der Wahrscheinlichkeit $q = 1 - p > 0$ nach U_2. Man stelle die Übergangsmatrix A auf und zeige $\lim_{k\to\infty} A^k = (z_{ij})$ mit $z_{ij} = \binom{n}{j} p^j q^{n-j}$.

7 Vektorräume mit Skalarprodukt

In diesem Kapitel führen wir Skalarprodukte auf Vektorräumen über beliebigen Körpern ein. Dies führt zu einem Orthogonalitätsbegriff und orthogonalen Zerlegungen. Auf die klassischen $\mathbb{C}$- oder $\mathbb{R}$-Vektorräume mit definitem Skalarprodukt gehen wir dann in den Kapiteln 8 und 9 ausführlich ein. Ab 7.3 interessieren uns Vektorräume mit isotropen Vektoren. Dazu geben wir zwei ganz verschiedene Anwendungen. In 7.4 verwenden wir für endliche Körper K das kanonische Skalarprodukt auf K^n, um den Dualen eines Codes $C \leq K^n$ zu definieren. Dies liefert weitere Beispiele von interessanten Codes und allgemeine Strukturaussagen. In 7.5 versehen wir den Vektorraum $\mathbb{R}^4$ mit einem indefiniten Skalarprodukt. Dies führt zum Minkowskiraum und seinen Isometrien, den Lorentz-Transformationen. Diese Ergebnisse wenden wir in 7.6 an, um die geometrischen Grundlagen der speziellen Relativitätstheorie von Einstein darzustellen. Die spezielle Relativitätstheorie von 1905 steht neben der Quantentheorie am Anfang der großen Revolutionen in der Physik des 20. Jahrhunderts, die die Vorstellungen von Raum und Zeit grundlegend verändert haben.

7.1 Skalarprodukte und Orthogonalität

Definition 7.1.1 Sei K ein Körper, α ein Automorphismus von K und V ein K-Vektorraum.

a) Eine Abbildung $(\cdot\,,\cdot) : V \times V \to K$ heißt ein *α-Skalarprodukt* auf V, falls für alle $v_j \in V$ und alle $a \in K$ gilt:

   (1) $(v_1 + v_2, v_3) = (v_1, v_3) + (v_2, v_3)$ und
   $(v_1, v_2 + v_3) = (v_1, v_2) + (v_1, v_3)$

   (2) $(av_1, v_2) = a(v_1, v_2)$ und
   $(v_1, av_2) = (\alpha a)(v_1, v_2)$.

b) Ist $\alpha a = a$ für alle $a \in K$, so nennen wir $(\cdot\,,\cdot)$ kurz ein *Skalarprodukt* auf V.

c) Sei $K = \mathbb{R}$ oder $K = \mathbb{C}$ und $\alpha c = \overline{c}$ für alle $c \in K$ (also $\alpha = \iota$, falls $K = \mathbb{R}$). Ferner sei

$$(v, w) = \overline{(w, v)} \text{ für alle } v, w \in V.$$

Dann gilt $(v, v) \in \mathbb{R}$ für alle $v \in V$. Wir nennen V *semidefinit*, falls $(v, v) \geq 0$ für alle $v \in V$, und *definit*, falls $(v, v) > 0$ für alle $0 \neq v \in V$ ist.

Wir beweisen bereits hier die Ungleichung von Schwarz, die in Kapitel 8 bei der Theorie der Hilberträume eine zentrale Rolle spielen wird.

Satz 7.1.2 (Schwarzsche Ungleichung) *Sei V ein Vektorraum über dem Körper $\mathbb{R}$ oder $\mathbb{C}$.*

a) Ist $(\cdot, \cdot)$ ein semidefinites Skalarprodukt auf V, so gilt für alle $v_j \in V$ die Ungleichung

$$|(v_1, v_2)|^2 \leq (v_1, v_1)\,(v_2, v_2).$$

b) Sei $(\cdot, \cdot)$ sogar definit. Genau dann gilt

$$|(v_1, v_2)|^2 = (v_1, v_1)\,(v_2, v_2),$$

wenn v_1 und v_2 linear abhängig sind.

Beweis. a) Ist $(v_2, v_2) > 0$, so folgt mit $a = -\frac{(v_1, v_2)}{(v_2, v_2)}$ sofort

$$\begin{aligned} 0 &\leq (v_1 + av_2, v_1 + av_2) \\ &= (v_1, v_1) + a(v_2, v_1) + \overline{a}(v_1, v_2) + a\overline{a}(v_2, v_2) \\ &= (v_1, v_1) - 2\frac{|(v_1, v_2)|^2}{(v_2, v_2)} + \frac{|(v_1, v_2)|^2}{(v_2, v_2)} \\ &= \frac{(v_1, v_1)(v_2, v_2) - |(v_1, v_2)|^2}{(v_2, v_2)}. \end{aligned}$$

Ist $(v_1, v_1) > 0$, so betrachte man ähnlich $0 \leq (bv_1 + v_2, bv_1 + v_2)$ mit $b = -\frac{(v_1, v_2)}{(v_1, v_1)}$. Sei schließlich $(v_1, v_1) = (v_2, v_2) = 0$. Für $c = -(v_1, v_2)$ folgt dann

$$0 \leq (v_1 + cv_2, v_1 + cv_2) = c(v_2, v_1) + \overline{c}(v_1, v_2) = -2\,|(v_1, v_2)|^2,$$

also $(v_1, v_2) = 0$.
b) Seien zuerst v_1 und v_2 linear abhängig, etwa $v_1 = bv_2$ mit $b \in K$. Dann ist $(v_1, v_1) = |b|^2(v_2, v_2)$ und

$$|(v_1, v_2)|^2 = |b(v_2, v_2)|^2 = |b|^2\,(v_2, v_2)^2 = (v_1, v_1)\,(v_2, v_2).$$

Sei umgekehrt

$$|(v_1, v_2)|^2 = (v_1, v_1)\,(v_2, v_2).$$

Ist $v_2 = 0$, so sind v_1 und v_2 trivialerweise linear abhängig. Ist $v_2 \neq 0$, so folgt mit $a = -\frac{(v_1,v_2)}{(v_2,v_2)}$ wie oben

$$(v_1 + av_2, v_1 + av_2) = \frac{(v_1, v_1)(v_2, v_2) - |(v_1, v_2)|^2}{(v_2, v_2)} = 0.$$

Da $(\cdot\,,\cdot)$ definit ist, erzwingt dies $v_1 + av_2 = 0$. □

Beispiele 7.1.3 a) Sei $V = K^n$. Ferner sei α ein Automorphismus von K und $(a_{ij}) \in (K)_n$. Für $v_1 = (x_j)$ und $v_2 = (y_j)$ setzen wir

$$(v_1, v_2) = \sum_{j,k=1}^{n} a_{jk} x_j (\alpha y_k).$$

Offenbar ist $(\cdot\,,\cdot)$ ein α-Skalarprodukt.
b) Wichtige Spezialfälle von a) erhalten wir für $K = \mathbb{R}$ oder $K = \mathbb{C}$ in der Gestalt

$$(v_1, v_2) = \sum_{j=1}^{n} x_j \overline{y}_j.$$

Für $v = (x_j) \neq 0$ ist dann $(v, v) = \sum_{j=1}^{n} |x_j|^2 > 0$. Also ist $(\cdot\,,\cdot)$ definit. Mit 7.1.2 folgt daher

$$|\sum_{j=1}^{n} x_j \overline{y}_j|^2 \leq \sum_{j=1}^{n} |x_j|^2 \sum_{j=1}^{n} |y_j|^2.$$

c) Das Skalarprodukt $(\cdot\,,\cdot)$ auf $\mathbb{R}^4$ mit

$$((x_j), (y_j)) = x_1 y_1 + x_2 y_2 + x_3 y_3 - c^2 x_4 y_4$$

(c die Lichtgeschwindigkeit im Vakuum) beschreibt die Geometrie des sogenannten Minkowskiraums, welche der Kinematik der speziellen Relativitätstheorie zugrunde liegt Wir kommen darauf in 7.5 und 7.6 zurück. Nun gibt es Vektoren $v \neq 0$ mit $(v, v) = 0$, etwa $v = (c, 0, 0, 1)$.

Definition 7.1.4 Sei V ein Vektorraum von endlicher Dimension mit dem α-Skalarprodukt $(\cdot\,,\cdot)$ und sei $B = [v_1, \ldots, v_n]$ eine Basis von V. Wir nennen

$$G(B) = ((v_j, v_k))_{j,k=1,\ldots,n}$$

die *Gramsche*[1] *Matrix* und

$$D(B) = \det G(B)$$

die *Diskriminante* von V zu B.

Lemma 7.1.5 *Sei V ein Vektorraum von endlicher Dimension mit dem α-Skalarprodukt $(\cdot\,,\cdot)$. Seien $B = [v_1, \ldots, v_n]$ und $B' = [w_1, \ldots, w_n]$ Basen von V und*

$$w_j = \sum_{k=1}^{n} a_{jk} v_k \quad (j = 1, \ldots, n).$$

a) Dann gilt $G(B') = (a_{ij})G(B)(\alpha a_{jk})^t$.

b) Ferner ist $D(B') = D(B)\det(a_{jk})\,\alpha(\det(a_{jk}))$. Ist insbesondere die Diskriminante $D(B) \neq 0$ für eine Basis B von V, so gilt $D(B') \neq 0$ für jede Basis B' von V.

Beweis. a) Es gilt

$$(w_j, w_k) = (\sum_{r=1}^{n} a_{jr} v_r, \sum_{s=1}^{n} a_{ks} v_s) = \sum_{r,s=1}^{n} a_{jr}(v_r, v_s)(\alpha a_{ks}).$$

Also ist (w_j, w_k) der (j,k)-Eintrag in $(a_{ij})G(B)(\alpha a_{jk})^t$.
b) Dies folgt sofort aus a) wegen $\det(\alpha a_{jk})^t = \alpha(\det(a_{jk}))$. □

Satz 7.1.6 *Sei V ein endlichdimensionaler Vektorraum mit dem α-Skalarprodukt $(\cdot\,,\cdot)$. Dann sind gleichwertig:*

a) Aus $(v, w) = 0$ für alle $w \in V$ folgt $v = 0$.

b) Für jede Basis B von V gilt $D(B) \neq 0$.

c) Es gibt eine Basis B von V mit $D(B) \neq 0$.

d) Ist $(w, v) = 0$ für alle $w \in V$, so ist $v = 0$.

Beweis. a) $\Rightarrow$ b) Sei $B = [v_1, \ldots, v_n]$ irgendeine Basis B von V und ferner $v = \sum_{j=1}^{n} x_j v_j$ mit $x_j \in K$. Die Bedingung, daß $(v, w) = 0$ für alle $w \in V$ gilt, ist offenbar gleichwertig mit

$$0 = (v, v_k) = \sum_{j=1}^{n} x_j (v_j, v_k)$$

[1] Jorgen Pedersen Gram (1850-1916) Dänemark. Orthogonale Funktionensysteme, Zahlentheorie, Versicherungsmathematik. Arbeitete nur im Versicherungswesen, nie an einer Universität.

für $k = 1, \ldots, n$. Nach Voraussetzung hat dieses lineare Gleichungssystem nur die Lösung $v = 0$, also $x_1 = \ldots = x_n = 0$. Nach 4.3.15 ist daher die Diskriminante $D(B) = \det((v_j, v_k)) \neq 0$.
b) $\Rightarrow$ c) Dies ist trivial.
c) $\Rightarrow$ d) Sei nun $B = [v_1, \ldots, v_n]$ eine Basis von V mit $D(B) \neq 0$. Sei $v = \sum_{j=1}^n x_j v_j$ mit $(w, v) = 0$ für alle $w \in V$. Dies ist gleichwertig mit

$$0 = (v_k, v) = \sum_{j=1}^n (\alpha x_j)\,(v_k, v_j) \text{ für } k = 1, \ldots, n.$$

Wegen $D(B) \neq 0$ hat dieses Gleichungssystem nur die Lösung $\alpha x_j = 0$ für $j = 1, \ldots, n$. Somit gilt $v = 0$.

Durch Vertauschung von rechts und links in den Skalarprodukten erhält man ebenso d) $\Rightarrow$ b) $\Rightarrow$ a). □

Definition 7.1.7 Sei V ein Vektorraum von endlicher Dimension mit dem α-Skalarprodukt $(\cdot\,,\cdot)$. Gelten die Aussagen aus 7.1.6, so nennen wir V und $(\cdot\,,\cdot)$ *regulär*, anderenfalls *singulär*.

Beispiele 7.1.8 a) Sei $B = [v_1, \ldots, v_n]$ eine Basis von V und sei $(\cdot\,,\cdot)$ ein α-Skalarprodukt auf V mit

$$(v_j, v_k) = \delta_{jk} a_j \text{ und } a_j \in K.$$

Dann ist $D(B) = a_1 \ldots a_n$. Nach 7.1.6 ist V genau dann regulär, wenn alle $a_j \neq 0$ sind. Insbesondere sind die Räume aus 7.1.3 b) und der Minkowskiraum aus 7.1.3 c) regulär.
b) Sei $B = [v_1, w_1, \ldots, v_m, w_m]$ eine Basis von V und $(\cdot\,,\cdot)$ ein Skalarprodukt auf V mit

$$(v_j, v_k) = (w_j, w_k) = 0$$

und

$$(v_j, w_k) = \delta_{jk} = \varepsilon(w_k, v_j)$$

für alle $j, k = 1, \ldots, m$, wobei stets $\varepsilon = 1$ oder $\varepsilon = -1$ ist. Dies liefert die Gramsche Matrix

$$G(B) = \begin{pmatrix} 0 & 1 & & & \\ \varepsilon & 0 & & & \\ & & \ddots & & \\ & & & 0 & 1 \\ & & & \varepsilon & 0 \end{pmatrix}.$$

Mit dem Kästchensatz folgt nun $D(B) = (-\varepsilon)^m$. Also ist V regulär. Ist $\varepsilon = -1$, so erhalten wir für alle $v = \sum_{j=1}^m (x_j v_j + y_j w_j) \in V$ mit $x_j, y_j \in K$ sofort

$$(v, v) = \sum_{j=1}^m (x_j y_j (v_j, w_j) + y_j x_j (w_j, v_j)) = 0.$$

Satz 7.1.9 *Sei V ein K-Vektorraum von endlicher Dimension mit dem regulären α-Skalarprodukt $(\cdot\,,\cdot)$. Dann gibt es zu jedem $f \in \mathrm{Hom}(V, K)$ genau ein $w \in V$ mit $f(v) = (v, w)$ für alle $v \in V$.*

Beweis. Für $w \in V$ definieren wir $f_w \in \mathrm{Hom}(V, K)$ durch $f_w(v) = (v, w)$. Wegen

$$(a_1 f_{w_1} + a_2 f_{w_2})(v) = a_1(v, w_1) + a_2(v, w_2) = (v, (\alpha^{-1} a_1) w_1 + (\alpha^{-1} a_2) w_2)$$

ist $U = \{f_w \mid w \in V\}$ ein Unterraum von $\mathrm{Hom}(V, K)$. Wir haben

$$\dim U = \dim V = \dim \mathrm{Hom}(V, K)$$

nachzuweisen. Sei $[w_1, \ldots, w_n]$ eine Basis von V. Angenommen, es gelte die Relation $\sum_{j=1}^n a_j f_{w_j} = 0$. Für alle $v \in V$ bedeutet dies

$$0 = \sum_{j=1}^n a_j f_{w_j}(v) = \sum_{j=1}^n a_j (v, w_j) = (v, \sum_{j=1}^n (\alpha^{-1} a_j) w_j).$$

Wegen der Regularität von $(\cdot\,,\cdot)$ folgt somit $\sum_{j=1}^n (\alpha^{-1} a_j) w_j = 0$, also $a_1 = \ldots = a_n = 0$. Dies zeigt $\dim U = \dim V = \dim \mathrm{Hom}(V, K)$. Die Eindeutigkeit von w ist klar. □

Definition 7.1.10 Seien V und V' zwei K-Vektorräume mit α-Skalarprodukten $(\cdot\,,\cdot)$ und $(\cdot\,,\cdot)'$. Eine Abbildung $A \in \mathrm{Hom}(V, V')$ heißt eine *Isometrie* von V in V', falls

$$(Av_1, Av_2)' = (v_1, v_2)$$

für alle $v_1, v_2 \in V$ gilt. Ist $V = V'$ und $(\cdot\,,\cdot) = (\cdot\,,\cdot)'$ so nennen wir A eine Isometrie von V.

Bereits in dieser Allgemeinheit können wir bemerkenswerte Aussagen beweisen.

Satz 7.1.11 *Sei V ein K-Vektorraum mit $\dim V = n$ und dem regulärem α-Skalarprodukt $(\cdot, \cdot)$. Dann gilt:*

a) Die Isometrien von V bilden eine Gruppe.

b) Sei $B = [v_1, \ldots, v_n]$ eine Basis von V mit der Gramschen Matrix $G(B) = ((v_j, v_k))$. Ferner sei $A \in \mathrm{End}(V)$ mit $Av_j = \sum_{k=1}^n a_{kj} v_k$ für $j = 1, \ldots, n$. Genau dann ist A eine Isometrie von V, wenn

$$G(B) = (a_{jk})^t \, G(B) \, (\alpha a_{jk}).$$

c) Ist A eine Isometrie von V, so gilt $\det A \, \alpha(\det A) = 1$. Ist insbesondere $\alpha = \iota$, so ist $\det A = \pm 1$.

d) Sei $\alpha = \iota$ und A eine Isometrie von V. Ist f_A das charakteristische Polynom von A, so gilt

$$f_A(x) = (-x)^n \det A \, f_A(\frac{1}{x}).$$

Ist insbesondere a ein Eigenwert von A (eventuell in einem Erweiterungskörper von K), so ist auch a^{-1} ein Eigenwert von A.

e) Sei $\mathrm{Char}\, K \neq 2$. Ferner sei $\alpha = \iota$ und A eine Isometrie von V. Ist $(-1)^n \det A = -1$, so hat A den Eigenwert 1. Ist $\det A = -1$, so hat A den Eigenwert -1.

Beweis. a) Ist $Av = 0$, so folgt $0 = (Av, Aw) = (v, w)$ für alle $w \in V$. Da V regulär ist, erhalten wir $v = 0$. Somit ist A ein Monomorphismus, also ein Isomorphismus wegen $\dim V < \infty$. Aus

$$(v, w) = (AA^{-1}v, AA^{-1}w) = (A^{-1}v, A^{-1}w)$$

folgt, daß auch A^{-1} eine Isometrie von V ist. Ähnlich sieht man, daß das Produkt von Isometrien wieder eine Isometrie ist. Also bilden die Isometrien von V eine Gruppe.
b) Es gilt

$$(Av_j, Av_k) = (\sum_{r=1}^n a_{rj} v_r, \sum_{s=1}^n a_{sk} v_s) = \sum_{r,s=1}^n a_{rj} (v_r, v_s)(\alpha a_{sk}),$$

und dies ist der (j,k)-Koeffizient von $(a_{jk})^t G(B)(\alpha a_{jk})$. Offenbar ist A genau dann eine Isometrie von V, falls $(Av_j, Av_k) = (v_j, v_k)$ für alle j, k gilt. Dies bedeutet

$$G(B) = (a_{jk})^t \, G(B) \, (\alpha a_{jk}).$$

c) Ist A eine Isometrie von V, so gilt

$$\det G(B) = \det(a_{jk})^t \, \det G(B) \, \det(\alpha a_{jk}) = \det A \, \det G(B) \, \alpha(\det A).$$

Wegen $\det G(B) \neq 0$ folgt die Behauptung.

d) Setzen wir $G = G(B)$, so gilt nach b), daß $(a_{jk}) = G^{-1}((a_{jk})^t)^{-1}G$ ist. Wegen $\det A = \pm 1 = \det A^{-1}$ zeigt dies

$$\begin{aligned} f_A(x) &= \det(xE - (a_{jk})) = \det(xE - G^{-1}((a_{jk})^t)^{-1}G) \\ &= \det G^{-1}(xE - (a_{jk})^{-1})^t G = \det(xE - (a_{jk})^{-1}) \\ &= det((-x)(\tfrac{1}{x}E - (a_{jk}))(a_{jk})^{-1}) \\ &= (-x)^n \det A\, f_A(\tfrac{1}{x}). \end{aligned}$$

e) Sei $\operatorname{Char} K \neq 2$. Aus d) folgt $f_A(1) = (-1)^n \det A\, f_A(1)$, also $f_A(1) = 0$, falls $(-1)^n \det A = -1$ ist. Ist $\det A = -1$, so ist $f_A(-1) = -f_A(-1)$, also $f_A(-1) = 0$. □

Die bisherigen Aussagen, insbesondere 7.1.11, benötigen lediglich die Regularität des Skalarproduktes. Auf Vektorräumen mit einem α-Skalarprodukt führen wir nun eine geometrische Sprechweise ein, nämlich die Orthogonalität von Vektoren. (Einen Winkel zwischen Vektoren werden wir erst in 9.1.1 unter spezielleren Voraussetzungen einführen.) Als schwache Anlehnung an geometrische Vorstellungen werden wir wenigstens verlangen, daß Orthogonalität eine symmetrische Relation ist.

Definition 7.1.12 Sei V ein Vektorraum mit α-Skalarprodukt $(\cdot\,,\cdot)$.

a) Folgt aus $(v_1, v_2) = 0$ stets auch $(v_2, v_1) = 0$, so nennen wir $(\cdot\,,\cdot)$ *orthosymmetrisch.*

b) Sei $(\cdot\,,\cdot)$ orthosymmetrisch. Ist M eine Teilmenge von V, so setzen wir

$$M^{\perp} = \{v \mid v \in V,\ (v, m) = 0 \text{ für alle } m \in M\}.$$

Offenbar ist $M^{\perp}$ ein Unterraum von V, selbst dann, wenn M keiner ist. Insbesondere sagen wir, daß v_1 *und* v_2 *orthogonal* sind, falls $(v_1, v_2) = 0$ gilt.

Satz 7.1.13 *Sei V ein Vektorraum von endlicher Dimension mit dem regulären, orthosymmetrischen α-Skalarprodukt $(\cdot\,,\cdot)$. Dann gilt:*

a) Ist $U \leq V$, so gilt $\dim U^{\perp} = \dim V - \dim U$. Ferner ist $U^{\perp\perp} = U$.

b) Ist $U \leq V$ und U regulär bezüglich der Einschränkung von $(\cdot\,,\cdot)$ auf U, so gilt $V = U \oplus U^{\perp}$. Ferner ist auch $U^{\perp}$ regulär.

c) Für $U_j \leq V$ $(j = 1, 2)$ gelten

$$(U_1 + U_2)^{\perp} = U_1^{\perp} \cap U_2^{\perp} \text{ und } (U_1 \cap U_2)^{\perp} = U_1^{\perp} + U_2^{\perp}.$$

Beweis. a) Sei $[u_1, \ldots, u_m]$ eine Basis von U und $[v_1, \ldots, v_n]$ eine Basis von V. Genau dann gilt $v = \sum_{j=1}^n x_j v_j \in U^\perp$ mit $x_j \in K$, wenn

$$(*) \qquad 0 = (v, u_k) = \sum_{j=1}^{n} x_j (v_j, u_k)$$

für $k = 1, \ldots, m$ gilt. Dies ist ein homogenes lineares Gleichungssystem für (x_j) mit der Matrix

$$A = ((v_j, u_k))_{\substack{j=1,\ldots,n \\ k=1,\ldots,m}}.$$

Wir zeigen, daß die Spalten von A linear unabhängig sind, daß also $\mathrm{r}(A) = m$ gilt:

Sei $0 = \sum_{k=1}^m a_k (v_j, u_k)$ für $j = 1, \ldots, n$ mit $a_k \in K$. Da der Automorphismus α bijektiv ist, gibt es $b_k \in K$ mit $a_k = \alpha b_k$. Für $j = 1, \ldots, n$ folgt damit

$$0 = \sum_{k=1}^{m} (\alpha b_k)(v_j, u_k) = (v_j, \sum_{k=1}^{m} b_k u_k).$$

Da $(\cdot\,, \cdot)$ regulär ist, erzwingt dies $\sum_{k=1}^m b_k u_k = 0$, also $b_1 = \ldots = b_m = 0$ und somit $a_1 = \ldots = a_m = 0$. Die Lösungen $(x_1, \ldots, x_n)$ von $(*)$ bilden daher einen Unterraum von K^n der Dimension $n - \mathrm{r}(A) = n - m$. Dies zeigt

$$\dim U^\perp = n - m = \dim V - \dim U$$

und $\dim U^{\perp\perp} = \dim V - \dim U^\perp = \dim V - (\dim V - \dim U) = \dim U$. Da wegen der Orthosymmetrie, die wir bislang nicht benutzt haben, offenbar $U \leq U^{\perp\perp}$ gilt, ist $U^{\perp\perp}$ =U.
b) Ist U regulär, so ist $U \cap U^\perp = 0$. Mit a) folgt dann

$$\dim(U + U^\perp) = \dim U + \dim U^\perp = \dim V,$$

also $V = U \oplus U^\perp$. Wegen $U^\perp \cap U^{\perp\perp} = U^\perp \cap U = 0$ ist auch $U^\perp$ regulär.
c) Aus den Definitionen folgt sofort $(U_1 + U_2)^\perp = U_1^\perp \cap U_2^\perp$ und ebenso $U_1^\perp + U_2^\perp \leq (U_1 \cap U_2)^\perp$. Mit a) erhalten wir ferner

$$\begin{aligned}
\dim(U_1^\perp + U_2^\perp) &= \dim U_1^\perp + \dim U_2^\perp - \dim(U_1^\perp \cap U_2^\perp) \\
&= \dim U_1^\perp + \dim U_2^\perp - \dim(U_1 + U_2)^\perp \\
&= \dim V - \dim U_1 + \dim V - \dim U_2 \\
&\qquad\qquad -(\dim V - \dim(U_1 + U_2)) \\
&= \dim V + (\dim(U_1 + U_2) - \dim U_1 - \dim U_2) \\
&= \dim V - \dim(U_1 \cap U_2) = \dim(U_1 \cap U_2)^\perp.
\end{aligned}$$

Dies zeigt $(U_1 \cap U_2)^\perp = U_1^\perp + U_2^\perp$. □

Um einen Überblick über alle orthosymmetrischen α-Skalarprodukte zu geben, beweisen wir einfache Aussagen über Körperautomorphismen, welche wir mehrfach benutzen.

Satz 7.1.14 *Sei K ein Körper und α ein Automorphismus von K mit $\alpha^2 = \iota \neq \alpha$.*

a) Die Menge $K_0 = \{a \mid a \in K,\, \alpha a = a\}$ ist ein Teilkörper von K.

b) Sei $\operatorname{Char} K \neq 2$. Dann gibt es ein $0 \neq c \in K$ mit $\alpha c = -c$. Es gilt $c^2 \in K_0$ und $K = K_0 \oplus K_0 c$. Insbesondere ist $\dim_{K_0} K = 2$.

c) Ist $\operatorname{Char} K = 2$, so gibt es ein $c \in K$ mit $\alpha c = c + 1$. Dabei ist $c^2 + c \in K_0$ und $K = K_0 \oplus K_0 c$.

d) Durch $S(a) = a + \alpha a$ für $a \in K$ wird ein $S \in \operatorname{Hom}_{K_0}(K, K_0)$ definiert mit $\operatorname{Bild} S = K_0$. Dabei gilt

$$\operatorname{Kern} S = \{a - \alpha a \mid a \in K\}.$$

Ferner gibt es ein $0 \neq b \in K$ mit $\alpha b + b = 0$.

e) Durch $N(a) = a(\alpha a)$ wird ein Homomorphismus N von K^* in K_0^* definiert mit

$$\operatorname{Kern} N = \{\frac{b}{\alpha b} \mid b \in K^*\}.$$

Ist $|K| < \infty$, so gilt $\operatorname{Bild} N = K_0^*$.

f) Ist β ein Automorphismus von K, der alle Elemente von K_0 elementweise festläßt, so gilt $\beta = \iota$ oder β ist der in b) bzw. c) beschriebene Automorphismus α.

g) Sei $|K| < \infty$ und $\operatorname{Char} K = p$. Dann gilt $|K| = p^{2m}$, und es gibt genau einen Automorphismus α von K mit $\alpha^2 = \iota \neq \alpha$, nämlich $\alpha a = a^{p^m}$ für alle $a \in K$.

Beweis. a) Dies ist trivial.
b) Wegen $\alpha \neq \iota$ gibt es ein $b \in K$ mit $b - \alpha b \neq 0$. Setzen wir $c = b - \alpha b$, so ist $c \neq 0$, und wegen $\alpha^2 = \iota$ erhalten wir

$$c + \alpha c = b - \alpha b + \alpha b - \alpha^2 b = 0.$$

Daher gilt

$$\alpha(c^2) = (\alpha c)^2 = c^2 \in K_0.$$

Für $a \in K$ ist
$$a = \frac{1}{2}(a + \alpha a) + \frac{1}{2}\frac{(a - \alpha a)}{c}c$$
mit
$$\frac{1}{2}(a + \alpha a) \in K_0 \quad \text{und} \quad \frac{1}{2}\frac{(a - \alpha a)}{c} \in K_0.$$
Daher gilt $K = K_0 + K_0 c$. Offenbar ist $K_0 \cap K_0 c = 0$, also $K = K_0 \oplus K_0 c$.
c) Sei nun $\operatorname{Char} K = 2$ und $0 \neq b - \alpha b = b + \alpha b$. Setzen wir $c = \frac{b}{b+\alpha b}$, so folgt
$$\alpha c = \frac{\alpha b}{b + \alpha b} = \frac{\alpha b + b}{b + \alpha b} + \frac{b}{b + \alpha b} = 1 + c.$$
Daher ist
$$\alpha(c^2 + c) = (c+1)^2 + (c+1) = c^2 + c \in K_0.$$
Ist $a \in K$, so gilt wegen $\operatorname{Char} K = 2$ weiterhin
$$a = (a + (a + \alpha a)c) + (a + \alpha a)c.$$
Offenbar ist $a + \alpha a \in K_0$. Wegen
$$\alpha(a + (a + \alpha a)c) = \alpha a + (a + \alpha a)(c + 1) = a + (a + \alpha a)c$$
ist auch $a + (a + \alpha a)c \in K_0$. Dies zeigt $K = K_0 + K_0 c$. Ist $a = bc \in K_0 \cap K_0 c$, so gilt
$$a = \alpha a = (\alpha b)(\alpha c) = b(c+1) = a + b,$$
somit $b = a = 0$. Dies beweist $K_0 \cap K_0 c = 0$ und daher $K = K_0 \oplus K_0 c$.
d) Offenbar ist S ein Homomorphismus von K^+ in K_0^+. Für $a \in K$ und $b \in K_0$ gilt
$$S(ba) = ba + \alpha(ba) = ba + (\alpha b)(\alpha a) = b(a + \alpha a) = bS(a).$$
Dies zeigt $S \in \operatorname{Hom}_{K_0}(K, K_0)$. Zum Beweis von $\operatorname{Bild} S = K_0$ reicht also der Nachweis von $S \neq 0$. Ist $\operatorname{Char} K \neq 2$, so gilt $S(1) = 1 + \alpha 1 = 2 \neq 0$. Ist $\operatorname{Char} K = 2$, so gibt es ein $a \in K$ mit
$$0 \neq a - \alpha a = a + \alpha a = S(a).$$
Somit ist $\operatorname{Bild} S = K_0$. Ist $a = b - \alpha b$ so gilt wegen $\alpha^2 = \iota$
$$S(a) = a + \alpha a = b - \alpha b + \alpha(b - \alpha b) = 0,$$
also $a \in \operatorname{Kern} S$. Sei umgekehrt $S(a) = a + \alpha a = 0$. Wegen $\operatorname{Bild} S = K_0$ gibt es ein $c \in K$ mit $c + \alpha c = 1$. Damit folgt
$$ac - \alpha(ac) = ac - (\alpha a)(\alpha c) = a(c + \alpha c) = a.$$

Daher gilt

$$\operatorname{Kern} S = \{a - \alpha a \mid a \in K\}.$$

Ist $a \neq \alpha a$ und $b = a - \alpha a$, so gilt $b \neq 0$ und $b + \alpha b = 0$.
e) Offenbar ist N ein Homomorphismus von K^* in K_0^*. Wegen $\alpha^2 = \iota$ gilt $N(\alpha a) = N(a)$ und daher

$$\{\frac{b}{\alpha b} \mid b \in K^*\} \leq \operatorname{Kern} N.$$

Sei $1 = N(a) = a(\alpha a)$. Ist $a \neq -1$, so ist $b = 1 + a \neq 0$ und

$$\alpha b = 1 + \alpha a = 1 + a^{-1} = a^{-1}b,$$

also $a = \frac{b}{\alpha b}$. Ist $a = -1$ und $c \in K$ mit $c \neq \alpha c$, so setzen wir $b = c - \alpha c$. Dann ist

$$0 \neq \alpha b = \alpha c - c = -b = a^{-1}b.$$

Sei schließlich $|K| < \infty$. Dann liefert $b \mapsto \frac{b}{\alpha b}$ einen Epimorphismus von K^* auf $\operatorname{Kern} N$ mit dem Kern K_0^*. Dies zeigt $|\operatorname{Kern} N| = |K^* : K_0^*|$ und daher

$$|\operatorname{Bild} N| = \frac{|K^*|}{|\operatorname{Kern} N|} = |K_0^*|.$$

Wegen $\operatorname{Bild} N \leq K_0^*$ folgt $\operatorname{Bild} N = K_0^*$.
f) Sei β ein Automorphismus von K, der K_0 elementweise festläßt. Ist $\operatorname{Char} K \neq 2$, so gilt nach b), daß $K = K_0 \oplus K_0 c$ mit $c^2 \in K_0$ ist. Daraus folgt

$$(\beta c)^2 = \beta c^2 = c^2.$$

Dies zeigt $\beta c = c$ oder $\beta c = -c$, also $\beta = \iota$ oder $\beta = \alpha$.

Ist $\operatorname{Char} K = 2$, so gilt nach c), daß $K = K_0 \oplus K_0 c$ mit $c^2 + c \in K_0$ ist. Daher ist

$$(\beta c)^2 + \beta c = c^2 + c,$$

und somit

$$0 = (\beta c - c)(\beta c - c - 1).$$

Also ist $\beta c = c$ oder $\beta c = c + 1$, und daher $\beta = \iota$ oder $\beta = \alpha$.
g) Sei nun $|K| < \infty$. Wegen $K = K_0 \oplus K_0 c$ folgt $|K| = |K_0|^2 = p^{2m}$. Da K^* nach 5.1.12 zyklisch ist, ist K_0^* die einzige Untergruppe von K^* mit $|K_0^*| = p^m - 1$. Nach f) gibt es daher genau einen Automorphismus α von K mit $\alpha^2 = \iota \neq \alpha$. Offenbar tut dies α mit $\alpha a = a^{p^m}$, denn

$$K_0 = \{a \mid a \in K,\ a^{p^m} = a\}.$$

□

Nun können wir alle orthosymmetrischen α-Skalarprodukte beschreiben.

Hauptsatz 7.1.15 *Sei V ein Vektorraum mit regulärem, orthosymmetrischem α-Skalarprodukt $(\cdot\,,\cdot)$.*

a) Ist $\alpha = \iota$, so gilt für alle $v_j \in V$

$$(v_1, v_2) = (v_2, v_1)$$

oder

$$(v_1, v_2) = -(v_2, v_1).$$

Das Skalarprodukt ist also symmetrisch oder schiefsymmetrisch.

b) Sei $\alpha \neq \iota$ und $\dim V \geq 2$. Dann gilt $\alpha^2 = \iota$, und es gibt ein $b \in K^*$ derart, daß das α-Skalarprodukt $[\cdot\,,\cdot]$ mit $[v_1, v_2] = b^{-1}(v_1, v_2)$ für alle $v_j \in V$ die Gleichung

$$[v_2, v_1] = \alpha[v_1, v_2]$$

erfüllt.
(Man beachte, daß beim Übergang von $(\cdot\,,\cdot)$ zu $[\cdot\,,\cdot]$ sich die Orthogonalität nicht ändert.)

Beweis. Ist $\alpha = \iota$ und $V = Kv$, so gilt

$$(xv, yv) = xy(v, v) = (yv, xv)$$

für alle $x, y \in K$.

Sei weiterhin $\dim V \geq 2$ und $0 \neq v_0 \in V$. Durch die Festsetzungen $f(v) = (v, v_0)$ und $g(v) = \alpha^{-1}(v_0, v)$ werden Elemente f und g in $\mathrm{Hom}(V, K)$ definiert. Dazu beachte man die Gleichung

$$g(av) = \alpha^{-1}(v_0, av) = \alpha^{-1}((\alpha a)(v_0, v)) = a\alpha^{-1}(v_0, v) = ag(v)$$

für alle $v \in V$ und $a \in K$. Da $(\cdot\,,\cdot)$ orthosymmetrisch ist, ist $f(v) = 0$ gleichwertig mit $g(v) = 0$. Setzen wir $W = \mathrm{Kern}\, f = \mathrm{Kern}\, g$, so erhalten wir $V = W \oplus Kv'$ mit $f(v') \neq 0 \neq g(v')$. Daher ist $f = a(v_0)g$ mit $a(v_0) = \frac{f(v')}{g(v')} \in K^*$. Das heißt

$$(1) \qquad (v, v_0) = a(v_0)\alpha^{-1}(v_0, v)$$

für alle $v, v_0 \in V$. Zweimalige Anwendung dieser Gleichung liefert

$$(2) \qquad (v, v_0) = a(v_0)\alpha^{-1}(a(v))\alpha^{-2}(v, v_0).$$

Seien zuerst v_0 und v_1 linear unabhängig. Wegen 7.1.13 gilt

$$\dim V - 2 = \dim\langle v_0, v_1\rangle^{\perp} = \dim(\langle v_0\rangle^{\perp} \cap \langle v_1\rangle^{\perp}),$$

also $\langle v_0\rangle^{\perp} \neq \langle v_1\rangle^{\perp}$. Seien $w, u \in V$ mit $(w, v_0) = 1$ und $u \in \langle v_0\rangle^{\perp}$, aber $u \notin \langle v_1\rangle^{\perp}$. Wir wählen $b \in K$ so, daß

$$(w + bu, v_1) = (w, v_1) + b(u, v_1) = 1.$$

Dabei ist $(w + bu, v_0) = 1$. Mit (2) und $v = w + bu$ folgt dann

$$1 = a(v_0)\alpha^{-1}a(v) = a(v_1)\alpha^{-1}a(v),$$

und daher $a(v_0) = a(v_1)$.

Sind v_0 und v_1 linear abhängig, so gibt es wegen $\dim V \geq 2$ ein $v_2 \in V$, welches von v_0 und v_1 linear unabhängig ist. Dann erhalten wir $a(v_0) = a(v_2) = a(v_1)$. Somit ist $a(v) = a \in K^*$ konstant. Es folgt $1 = a\alpha^{-1}a$ und aus (2)

$$(v, v_0) = \alpha^{-2}(v, v_0).$$

Wegen $K = \{(v, v_0) \mid v \in V\}$ zeigt dies $\alpha^2 = \iota$ und dann $a(\alpha a) = 1$.
a) Ist $\alpha = \iota$, so folgt $a^2 = 1$, also $a = \pm 1$. Dann gilt

$$(v_2, v_1) = a(v_1, v_2) \text{ für alle } v_1, v_2 \in V.$$

b) Sei nun $\alpha^2 = \iota \neq \alpha$. Wegen $a(\alpha a) = 1$ gibt es nach 7.1.14 e) ein $b \in K^*$ mit $a = \frac{b}{\alpha b}$. Definieren wir $[\cdot\,,\cdot]$ durch $[v_1, v_2] = b^{-1}(v_1, v_2)$, so ist $[\cdot\,,\cdot]$ ein reguläres, orthosymmetrisches α-Skalarprodukt mit

$$\begin{aligned}[v_2, v_1] &= b^{-1}(v_2, v_1) = b^{-1}a\alpha(v_1, v_2) = (\alpha b)^{-1}\alpha(v_1, v_2) \\ &= \alpha(b^{-1}(v_1, v_2)) = \alpha[v_1, v_2].\end{aligned}$$

□

Definition 7.1.16 Wir betrachten weiterhin folgende Fälle von regulären, orthosymmetrischen α-Skalarprodukten $(\cdot\,,\cdot)$.

(1) Es gelte $\alpha = \iota$ und $(v, v) = 0$ für alle $v \in V$. Für $v_1, v_2 \in V$ ist dann

$$0 = (v_1 + v_2, v_1 + v_2) = (v_1, v_2) + (v_2, v_1).$$

Also ist $(\cdot\,,\cdot)$ schiefsymmetrisch. Wir nennen dann $(\cdot\,,\cdot)$ *symplektisch* und V einen *symplektischen Vektorraum.* Die Gruppe der Isometrien von V heißt *symplektische Gruppe.* Wir bezeichnen sie mit $\mathrm{Sp}(V)$.

(Ohne Beweis: *Für* $A \in \mathrm{Sp}(V)$ *ist* $\det A = 1$. Siehe Aufgabe 7.3.1 a).)

(2) Ist $\alpha = \iota$ und $\operatorname{Char} K \neq 2$, so betrachten wir symmetrische Skalarprodukte $(\cdot\,,\cdot)$ mit

$$(v_1, v_2) = (v_2, v_1) \text{ für alle } v_j \in V.$$

Für $\operatorname{Char} K = 2$ schließen wir jedoch symmetrische, nicht symplektische Skalarprodukte ausdrücklich aus. Dies hat mehrfache Gründe; einige finden sich in 7.3.1 und 7.3.2.
(Im Fall $\operatorname{Char} K = 2$ betrachtet man stattdessen sogenannte *quadratische Formen*, auf die wir nicht eingehen.) Die Gruppe der Isometrien von V nennen wir die *orthogonale Gruppe* und bezeichnen sie mit $\mathrm{O}(V)$. Wir nennen

$$\mathrm{SO}(V) = \{G \mid G \in \mathrm{O}(V), \det G = 1\}$$

die *spezielle orthogonale Gruppe.*

(3) Ist $\alpha^2 = \iota \neq \alpha$ und

$$(v_1, v_2) = \alpha(v_2, v_1) \text{ für alle } v_1, v_2 \in V,$$

so nennen wir $(\cdot,\cdot)$ *unitär* und V einen *unitären Vektorraum.* Die Gruppe der Isometrien von V bezeichnen wir mit $\mathrm{U}(V)$ und nennen sie die *unitäre Gruppe.*

Liegt einer der drei Fälle vor, so nennen wir $(\cdot\,,\cdot)$ ein *klassisches Skalarprodukt.*

Wir erwähnen, daß es Automorphismen α von $\mathbb{C}$ gibt mit $\alpha^2 = \iota \neq \alpha$, wobei $\mathbb{R}$ nicht der Fixkörper von α ist. Im Fall von unitären $\mathbb{C}$-Vektorräumen interessieren wir uns nur für den Fall $\alpha c = \overline{c}$. Für endliche Körper K gibt es nach 7.1.14 g) höchstens einen Automorphismus α von K mit $\alpha^2 = \iota \neq \alpha$.

Aufgabe 7.1.1 Sei $(\cdot\,,\cdot)$ ein orthosymmetrisches α-Skalarprodukt auf V und W ein Unterraum von V.

a) Genau dann wird durch

$$[v_1 + W, v_2 + W] = (v_1, v_2)$$

ein α-Skalarprodukt $[\cdot\,,\cdot]$ auf V/W definiert, wenn $W \leq V^\perp$ ist.

b) Genau dann ist $[\cdot\,,\cdot]$ regulär, wenn $W = V^\perp$ gilt.

Aufgabe 7.1.2 Sei $(\cdot\,,\cdot)$ ein semidefinites Skalarprodukt auf dem Vektorraum V.

a) Dann ist $U = \{v \mid v \in V,\ (v,v) = 0\}$ ein Unterraum von V.

b) Die Festsetzung

$$[v_1 + U, v_2 + U] = (v_1, v_2)$$

ist wohldefiniert und liefert ein definites Skalarprodukt $[\cdot\,,\cdot]$ auf V/U.

Hinweis zu a): Man benutze die Schwarzsche Ungleichung.

Aufgabe 7.1.3 Auf dem K-Vektorraum $(K)_n$ der Matrizen wird durch $(A,B) = \operatorname{Sp} AB$ ein reguläres, symmetrisches Skalarprodukt definiert mit $(AB,C) = (A,BC)$ für alle $A,B,C \in (K)_n$.

Aufgabe 7.1.4 Sei V ein K-Vektorraum der Dimension n mit regulärem, orthosymmetrischem α-Skalarprodukt $(\cdot\,,\cdot)$. Sei $U < V$ mit $\dim U = n-1$ und $A \neq E$ eine Isometrie von V mit $Au = u$ für alle $u \in U$.

a) Sei $(\cdot\,,\cdot)$ symplektisch. Dann gibt es ein $0 \neq w \in U$ mit $U^\perp = \langle w \rangle \leq U$. Man zeige:
$Av - v \in U^\perp$ für alle $v \in V$. Ferner gibt es ein $c \in K^*$ mit

$$Av = v + c(v,w)w \text{ für alle } v \in V.$$

Dabei ist $\det A = 1$.

(A heißt eine *symplektische Transvektion.*)

b) Sei $(\cdot\,,\cdot)$ symmetrisch, $\operatorname{Char} K \neq 2$ und U regulär. Dann ist $U^\perp = \langle w \rangle$ mit $(w,w) \neq 0$. Es gilt $Aw = -w$ und allgemein

$$Av = v - \frac{2(v,w)}{(w,w)}w \text{ für alle } v \in V.$$

Dabei ist $\det A = -1$.

(A heißt die *orthogonale Spiegelung* an U.)

c) Sei $(\cdot\,,\cdot)$ symmetrisch, $\operatorname{Char} K \neq 2$ und U singulär. Dann ist $U^\perp \leq U$ und $Av - v \in U^\perp$ für alle $v \in V$. Daraus folgere man $A = E$, entgegen der Voraussetzung.

d) Sei $(\cdot\,,\cdot)$ unitär und U regulär. Dann ist $U^\perp = \langle w \rangle$ mit $(w,w) \neq 0$ und $Aw = aw$ mit $a(\alpha a) = 1$.

(A heißt eine *unitäre Spiegelung.*)

e) Sei schließlich $(\cdot\,,\cdot)$ unitär und U singulär. Dann ist $U^\perp = \langle w \rangle$ mit $(w,w) = 0$. Es gilt

$$Av = v + c(v,w)w \text{ für alle } v \in V$$

mit $c \in K^*$ und $c + \alpha c = 0$.

(A heißt eine *unitäre Transvektion.*)

Aufgabe 7.1.5 Sei V ein K-Vektorraum der Dimension n. Wie in 4.5 bilden wir die Graßmann-Algebra

$$G(V) = \oplus_{I \subseteq M} K v_I$$

mit $M = \{1, \ldots, n\}$.

a) Auf $G(V)$ sei ein Skalarprodukt $(\cdot,\cdot)$ definiert durch

$$ab = (a,b)v_M + \sum_{|J|<n} c_J v_J.$$

Dann ist $(\cdot\,,\cdot)$ regulär, und es gilt $(ab,c) = (a,bc)$ für alle Elemente $a,b,c \in G(V)$.

b) Es gilt

$$(v_I, v_J) = \begin{cases} 0 \text{ für } J \neq \overline{I} \\ \pm 1 \text{ für } J = \overline{I}, \end{cases}$$

wobei $\overline{I}$ das Komplement von I in M ist.

c) Ist n ungerade, so ist $(\cdot\,,\cdot)$ symmetrisch.

d) Ist n gerade und $\operatorname{Char} K \neq 2$, so ist $(\cdot\,,\cdot)$ nicht einmal orthosymmetrisch.

Hinweis zu c): Man verwende $v_I v_J = (-1)^{|I|\,|J|} v_J v_I$.

7.2 Orthogonale Zerlegungen

Definition 7.2.1 Sei V ein Vektorraum mit orthosymmetrischem α-Skalarprodukt $(\cdot\,,\cdot)$.

a) Ein Vektor $v \in V$ heißt *isotrop*, falls $(v, v) = 0$ gilt.

b) Ein Unterraum $U \leq V$ heißt *isotrop*, falls $(u_1, u_2) = 0$ für alle $u_j \in U$ gilt.

c) Gilt $V = U_1 \oplus U_2$ mit $(u_1, u_2) = 0$ für alle $u_j \in U_j$, so schreiben wir $V = U_1 \perp U_2$ und nennen dies eine *orthogonale Zerlegung* von V.

Lemma 7.2.2 *Sei V ein K-Vektorraum mit dem α-Skalarprodukt $(\cdot\,,\cdot)$. Dieses sei unitär oder symmetrisch, im zweiten Fall jedoch* $\operatorname{Char} K \neq 2$. *Gilt $(v, v) = 0$ für alle $v \in V$, so ist V isotrop.*

Beweis. Ist V nicht isotrop, so gibt es $v_1, v_2 \in V$ mit $(v_1, v_2) = (v_2, v_1) = 1$. Für alle $a \in K$ gilt dann

$$0 = (v_1 + av_2, v_1 + av_2) = a + \alpha a.$$

Ist $\operatorname{Char} K \neq 2$, so folgt für $a = 1$ ein Widerspruch. Ist $\operatorname{Char} K = 2$, so ist $(\cdot\,,\cdot)$ unitär, also $\alpha \neq \iota$. Dann gibt es ein $a \in K$ mit $0 \neq a - \alpha a = a + \alpha a$. Also ist V doch isotrop. □

Satz 7.2.3 *Sei V ein endlichdimensionaler K-Vektorraum mit dem α-Skalarprodukt $(\cdot\,,\cdot)$. Dabei sei $(\cdot\,,\cdot)$ unitär oder symmetrisch, im zweiten Fall jedoch* $\operatorname{Char} K \neq 2$. *Dann gibt es eine sog.* Orthogonalbasis $B = [v_1, \ldots, v_n]$ *von V mit $(v_j, v_k) = 0$ für $j \neq k$. Setzen wir $a_j = (v_j, v_j)$, so gilt $a_j = \alpha a_j$ und*

$$\Big(\sum_{j=1}^{n} x_j v_j, \sum_{j=1}^{n} y_j v_j\Big) = \sum_{j=1}^{n} a_j x_j (\alpha y_j).$$

Genau dann ist $(\cdot\,,\cdot)$ regulär, falls $a_1 \ldots a_n \neq 0$ ist.

Beweis. Ist V isotrop, so ist nichts zu beweisen. Anderenfalls gibt es nach 7.2.2 ein $v_1 \in V$ mit $(v_1, v_1) = a_1 = \alpha a_1 \neq 0$. Dann ist $\langle v_1 \rangle$ regulär und $V = \langle v_1 \rangle \perp \langle v_1 \rangle^{\perp}$. Gemäß einer Induktionsannahme hat $\langle v_1 \rangle^{\perp}$ eine Orthogonalbasis $[v_2, \ldots, v_n]$. Die restlichen Aussagen sind dann trivial. □

Satz 7.2.3 gilt auch für $\operatorname{Char} K = 2$, falls $(\cdot\,,\cdot)$ symmetrisch, jedoch nicht symplektisch ist. Dies verlangt einen etwas anderen Beweis, da sich die Voraussetzungen nicht immer auf Unterräume vererben (siehe Aufgabe 7.2.1).

Die a_j in 7.2.3 sind keineswegs eindeutig bestimmt. Sie hängen von der Basis B ab. Immerhin ist $D(B) = a_1 \dots a_n$ nach 7.1.5 b) bis auf Faktoren aus K^{*2} bzw. $N(K^*)$ eindeutig bestimmt. Für allgemeine Körper K ist keine abschließende Aussage bekannt. Für die Körper $\mathbb{R}, \mathbb{C}$ und endliche Körper geben wir in den folgenden Sätzen jedoch abschließende Aussagen.

Satz 7.2.4 *Sei V ein K-Vektorraum von endlicher Dimension.*

a) Sei V ein $\mathbb{R}$-Vektorraum mit regulärem, symmetrischem Skalarprodukt $(\cdot,\cdot)$. Dann gibt es eine Orthogonalbasis $[v_1, \dots, v_n]$ von V mit

$$(v_i, v_j) = 0 \textit{ für } i \neq j \textit{ und } (v_i, v_i) \in \{1, -1\}.$$

b) Sei V ein $\mathbb{C}$-Vektorraum mit regulärem, symmetrischem Skalarprodukt $(\cdot,\cdot)$. Dann gibt es eine sogenannte Orthonormalbasis *$[v_1, \dots, v_n]$ von V mit $(v_i, v_j) = \delta_{ij}$.*

c) Sei V ein $\mathbb{C}$-Vektorraum mit regulärem, unitärem α-Skalarprodukt $(\cdot,\cdot)$ zu dem Automorphismus α von $\mathbb{C}$ mit $\alpha c = \overline{c}$. Dann gibt es eine Orthogonalbasis $[v_1, \dots, v_n]$ von V mit

$$(v_i, v_j) = 0 \textit{ für } i \neq j \textit{ und } (v_i, v_i) \in \{1, -1\}.$$

(Daß die Anzahl der v_i mit $(v_i, v_i) = 1$ in b) und c) unabhängig von der Basis ist, werden wir erst in 7.3.10 sehen.)

Beweis. Nach 7.2.3 gilt $V = \langle v_1 \rangle \perp \dots \perp \langle v_n \rangle$ mit $(v_j, v_j) = a_j \neq 0$. Für $0 \neq b_j \in K$ ist

$$(b_j v_j, b_j v_j) = b_j (\alpha b_j) a_j.$$

a) Ist $K = \mathbb{R}$, so können wir die b_j so wählen, daß $b_j^2 a_j \in \{1, -1\}$.
b) Ist $K = \mathbb{C}$ und $(\cdot,\cdot)$ symmetrisch, so können wir sogar $b_j^2 a_j = 1$ erreichen.
c) Sei $K = \mathbb{C}$ und $(\cdot,\cdot)$ unitär. Dann gilt

$$a_j = (v_j, v_j) = \overline{(v_j, v_j)} = \overline{a_j} \in \mathbb{R}.$$

Da $\{b\overline{b} \mid b \in \mathbb{C}^*\}$ die Menge aller positiven reellen Zahlen ist, können wir b_j so bestimmen, daß $b_j \overline{b_j} a_j \in \{1, -1\}$ ist. □

Satz 7.2.5 *Sei K ein endlicher Körper und V ein n-dimensionaler Vektorraum über K mit regulärem, orthosymmetrischem α-Skalarprodukt $(\cdot,\cdot)$.*

a) Sei Char $K \neq 2$ *und sei* $(\cdot\,,\cdot)$ *symmetrisch. Nach Satz* 2.5.4 *gilt nun* $|K^* : K^{*2}| = 2$, *also* $K^* = K^{*2} \cup K^{*2}c$. *Dann gibt es eine Orthogonalbasis* $[v_1, \ldots, v_n]$ *von* V *mit*

$$\begin{aligned} (v_i, v_j) &= 0 \quad \text{für } i \neq j \\ (v_i, v_i) &= 1 \quad \text{für } 1 \leq i < n \\ (v_n, v_n) &= 1 \quad \text{oder } = c \end{aligned}$$

b) Sei $(\cdot\,,\cdot)$ *unitär. Dann gibt es eine Orthonormalbasis* $[v_1, \ldots, v_n]$ *von* V *mit* $(v_i, v_j) = \delta_{ij}$ *für* $i = 1, \ldots, n$.

Beweis. a) Nach 7.2.3 gilt $V = \langle w_1 \rangle \perp \ldots \perp \langle w_n \rangle$ mit $(w_j, w_j) = a_j \neq 0$. Nach 2.5.4 gibt es Elemente $x_1, x_2 \in K$ mit $a_1 x_1^2 + a_2 x_2^2 = 1$. Sei $n \geq 2$. Setzen wir $v_1 = x_1 w_1 + x_2 w_2$, so ist $(v_1, v_1) = 1$. Wiederholte Anwendung dieses Schlusses zeigt

$$V = \langle v_1 \rangle \perp \ldots \perp \langle v_n \rangle$$

mit $(v_j, v_j) = 1$ für $1 \leq j \leq n-1$. Durch Ersetzung von v_n durch bv_n können wir schließlich erreichen, daß $(v_n, v_n) \in \{1, c\}$ ist.
b) Nun ist nach 7.2.3

$$V = \langle w_1 \rangle \perp \ldots \perp \langle w_n \rangle$$

mit $(w_j, w_j) = a_j = \alpha a_j \neq 0$. Nach 7.1.14 e) gibt es daher $b_j \in K^*$ mit

$$(b_j w_j, b_j w_j) = b_j (\alpha b_j) a_j = 1.$$

Setzen wir $v_j = b_j w_j$, so ist $(v_j, v_j) = 1$. □

Man beachte, daß die Aussage in 7.2.5 b) einfacher ist als in a), obwohl in b) auch Char $K = 2$ zugelassen ist, in a) jedoch nicht.

Aufgabe 7.2.1 Sei Char $K = 2$ und sei V ein n-dimensionaler K-Vektorraum mit regulärem, symmetrischem Skalarprodukt $(\cdot\,,\cdot)$. Man zeige:
Ist $(\cdot\,,\cdot)$ nicht symplektisch, so gibt es eine Orthogonalbasis $[v_1, \ldots, v_n]$ von V.

Hilfe: Man wähle $v_1, \ldots, v_m$ als Menge von linear unabhängigen Vektoren mit

$$\begin{aligned} (v_j, v_k) &= 0 \text{ für } j \neq k \\ (v_j, v_j) &= a_j \neq 0 \end{aligned}$$

mit maximalem m. Dann gilt $m \geq 1$ und

$$V = \langle v_1 \rangle \perp \ldots \perp \langle v_m \rangle \perp W.$$

Ist $W \neq 0$, so gibt es $w_1, w_2 \in W$ mit $(w_1, w_2) = 1$ und $(w_j, w_j) = 0$. Man betrachte nun $v'_m = v_m + w_1$ und $v'_{m+1} = v_m - a_m w_2$.

7.3 Isotrope Unterräume

Lemma 7.3.1 *Sei V ein Vektorraum über K mit regulärem, klassischem Skalarprodukt $(\cdot\,,\cdot)$. Es gebe ein $0 \neq v_1 \in V$ mit $(v_1, v_1) = 0$. Dann gibt es ein $v_2 \in V$ mit $(v_1, v_2) = 1$ und $(v_2, v_2) = 0$. Dabei gilt*

$$V = \langle v_1, v_2 \rangle \perp \langle v_1, v_2 \rangle^{\perp}.$$

Beweis. Da V regulär ist, gibt es ein $w \in V$ mit $(v_1, w) = 1$. Wegen $(v_1, v_1) = 0$ sind v_1 und w linear unabhängig. Ist $(\cdot\,,\cdot)$ symplektisch, so gilt $(w, w) = 0$, und wir setzen $v_2 = w$. In den anderen Fällen gilt dann $(v_1, w) = 1 = (w, v_1)$. Setzen wir $v_2 = av_1 + w$ mit $a \in K$, so ist $(v_1, v_2) = 1$ und

$$(v_2, v_2) = a + \alpha a + (w, w).$$

Ist $(\cdot\,,\cdot)$ symmetrisch und $\operatorname{Char} K \neq 2$, so können wir a so wählen, daß

$$(v_2, v_2) = 2a + (w, w) = 0.$$

Ist $(\cdot\,,\cdot)$ unitär, so gilt $(w, w) = \alpha(w, w)$. Daher gibt es nach 7.1.14 d) ein $a \in K$ mit $a + \alpha a + (w, w) = 0$. Da $\langle v_1, v_2 \rangle$ regulär ist, gilt die behauptete Zerlegung von V. □

Bemerkung 7.3.2 Ist $\operatorname{Char} K = 2$ und $(\cdot\,,\cdot)$ symmetrisch, aber nicht symplektisch, so gilt 7.3.1 nicht:
Wir wählen dazu $V = \langle v_1, v_2 \rangle$ mit $\dim V = 2$. Ein reguläres, symmetrisches Skalarprodukt $(\cdot\,,\cdot)$ wird dann definiert durch

$$(x_1 v_1 + x_2 v_2, y_1 v_1 + y_2 v_2) = x_1 y_2 + x_2 y_1 + x_2 y_2.$$

Offenbar ist $(v_1, v_1) = 0$, aber

$$(x_1 v_1 + x_2 v_2, x_1 v_1 + x_2 v_2) = x_2^2 \neq 0$$

für alle $x_2 \neq 0$.

Dieser Sachverhalt ist der Grund dafür, daß die meisten Sätze dieses Abschnittes bei symmetrischen Skalarprodukten in Charakteristik 2 nicht gelten.

Definition 7.3.3 Sei V ein K-Vektorraum mit α-Skalarprodukt $(\cdot\,,\cdot)$.

a) Sei $H = \langle v_1, v_2 \rangle \leq V$ mit $(v_1, v_1) = (v_2, v_2) = 0$ und $(v_1, v_2) = 1$. Dabei sei $(\cdot\,,\cdot)$ ein klassisches Skalarprodukt. Dann nennen wir H eine *hyperbolische Ebene* und v_1, v_2 ein *hyperbolisches Paar*. Offenbar ist H regulär und $\dim H = 2$.

b) Sei $(\cdot\,,\cdot)$ ein klassisches Skalarprodukt auf V. Gilt $V = H_1 \perp \ldots \perp H_m$ mit hyperbolischen Ebenen H_j, so heißt V ein *hyperbolischer Raum.*

c) Ein Vektorraum V mit orthosymmetrischem Skalarprodukt $(\cdot\,,\cdot)$ heißt *anisotrop*, falls $(v,v) \neq 0$ für alle $0 \neq v \in V$ gilt.

Lemma 7.3.4 *Sei V ein Vektorraum über K mit regulärem, klassischem Skalarprodukt $(\cdot\,,\cdot)$. Ferner sei $U = \langle u_1, \ldots, u_m \rangle$ ein isotroper Unterraum von V mit* $\dim U = m$. *Dann gibt es $v_1, \ldots, v_m \in V$ mit*

$$(v_j, v_k) = 0 \text{ für } j,k = 1, \ldots, m \quad \text{und} \quad (u_j, v_k) = \delta_{jk}.$$

Daher gilt

$$V = \langle u_1, v_1 \rangle \perp \ldots \perp \langle u_m, v_m \rangle \perp W$$

mit hyperbolischen Ebenen $\langle u_j, v_j \rangle$ und geeignetem W. Insbesondere ist also $2 \dim U \leq V$.

Beweis. Wir beweisen die Behauptung durch Induktion nach m. Die Induktionsbasis ist durch 7.3.1 gesichert. Wir setzen $U_0 = \langle u_1, \ldots, u_{m-1} \rangle$. Dann gilt $U_0 < U$, also $U^\perp < U_0^\perp$. Daher gibt es ein $w \in U_0^\perp$ mit $w \notin U^\perp$, also $(u_j, w) = 0 \neq (u_m, w)$ für $j = 1, \ldots, m-1$. Sei $H = \langle u_m, w \rangle$. Die Gramsche Matrix zur Basis $[u_m, w]$ von H ist

$$\begin{pmatrix} 0 & (u_m, w) \\ (w, u_m) & (w, w) \end{pmatrix}$$

Wegen $(w, u_m) \neq 0$ ist H regulär. Nach 7.3.1 gibt es daher ein $v_m \in H$ mit $(u_m, v_m) = 1$ und $(v_m, v_m) = 0$. Also ist H eine hyperbolische Ebene und $H \leq U_0^\perp$. Dies zeigt $H^\perp \geq U_0^{\perp\perp} = U_0$. Da $H^\perp$ regulär ist, gibt es nach Induktionsannahme $v_1, \ldots, v_{m-1} \in H^\perp$ mit

$$(v_j, v_k) = 0 \text{ und } (u_j, v_k) = \delta_{jk}$$

für $j,k = 1, \ldots, m-1$. Dabei gilt

$$H^\perp = \langle u_1, v_1 \rangle \perp \ldots \perp \langle u_{m-1}, v_{m-1} \rangle \perp W$$

mit geeignetem W. Wegen $V = H \perp H^\perp$ folgt schließlich die Behauptung

$$V = \langle u_1, v_1 \rangle \perp \ldots \perp \langle u_m, v_m \rangle \perp W.$$

□

Hauptsatz 7.3.5 (E. Witt) *Sei V ein K-Vektorraum mit regulärem, klassischem Skalarprodukt $(\cdot\,,\cdot)$.*

a) Sei U ein maximaler isotroper Unterraum von V, d.h. ein isotroper Unterraum, der in keinem isotropen Unterraum von V echt enthalten ist. Ist $[u_1, \ldots, u_m]$ eine Basis von U, so gilt

$$V = \langle u_1, v_1 \rangle \perp \ldots \perp \langle u_m, v_m \rangle \perp V_0$$

mit hyperbolischen Paaren u_j, v_j und einem anisotropen Unterraum V_0. Insbesondere ist $2 \dim U \leq \dim V$.

b) Sei

$$V = \langle u_1, v_1 \rangle \perp \ldots \perp \langle u_m, v_m \rangle \perp V_0$$

mit hyperbolischen Paaren u_j, v_j und anisotropem V_0. Dann hat jeder isotrope Unterraum von V höchstens die Dimension m. Insbesondere sind $\langle u_1, \ldots, u_m \rangle$ und $\langle v_1, \ldots, v_m \rangle$ maximale isotrope Unterräume von V.

c) Unter den Voraussetzungen in b) hat jeder maximale isotrope Unterraum von V genau die Dimension m, und jeder isotrope Unterraum von V liegt in einem solchen der Dimension m.

Beweis. a) Die Anwendung von Lemma 7.3.4 liefert

$$V = \langle u_1, v_1 \rangle \perp \ldots \perp \langle u_m, v_m \rangle \perp V_0$$

mit hyperbolischen Paaren u_j, v_j. Angenommen, V_0 enthalte einen isotropen Vektor $w \neq 0$. Wegen $(u_j, w) = 0$ für $j = 1, \ldots, m$ ist dann $U \perp \langle w \rangle$ isotrop und echt größer als U. Dies widerspricht jedoch der Wahl von U als maximaler isotroper Unterraum. Somit ist V_0 anisotrop.
b) Wir beweisen die Behauptung durch Induktion nach m. Für $m = 0$ ist V anisotrop, und die Behauptung ist richtig. Angenommen, W sei ein isotroper Unterraum mit $\dim W = s > m$. Wir setzen $U = \langle u_1, \ldots, u_m \rangle$. Wegen

$$\dim W + \dim(U \perp V_0) = s + m + \dim V_0 > \dim V$$

gilt $W \cap (U \perp V_0) \neq 0$. Sei

$$0 \neq w = \sum_{j=1}^{m} x_j u_j + v_0 \in W \cap (U \perp V_0)$$

mit $x_j \in K$ und $v_0 \in V_0$. Da W isotrop ist, gilt $0 = (w, w) = (v_0, v_0)$. Da jedoch V_0 anisotrop ist, liefert dies $v_0 = 0$. Also gilt $0 \neq w \in W \cap U$.

Nötigenfalls nach Umnumerierung der u_j können wir $U = \langle w, u_2, \ldots, u_m\rangle$ annehmen. Die Anwendung von 7.3.4 auf den Raum

$$H = \langle u_1, v_1\rangle \perp \ldots \perp \langle u_m, v_m\rangle$$

mit der Basis $[w, u_2, \ldots, u_m]$ von U liefert $w', v_2', \ldots, v_m' \in H$ mit

$$H = \langle w, w'\rangle \perp \langle u_2, v_2'\rangle \perp \ldots \perp \langle u_m, v_m'\rangle.$$

Aus der Isotropie von W folgt

$$\langle w\rangle \leq W \leq \langle w\rangle^\perp = \langle w\rangle \perp H_1 \perp V_0$$

mit

$$H_1 = \langle u_2, v_2'\rangle \perp \ldots \perp \langle u_m, v_m'\rangle.$$

Die Dedekind-Identität liefert

$$W = \langle w\rangle \perp (W \cap (H_1 \perp V_0)).$$

Dabei ist $W \cap (H_1 \perp V_0)$ isotrop und hat wegen der Gestalt von $H_1 \perp V_0$ nach Induktionsannahme höchstens die Dimension $m - 1$. Also folgt doch $\dim W \leq m$.

c) Sei nun $W = \langle w_1, \ldots, w_s\rangle$ ein maximaler isotroper Unterraum von V mit $\dim W = s$. Nach b) gilt $s \leq m$, und nach a) ist

$$V = \langle w_1, w_1'\rangle \perp \ldots \perp \langle w_s, w_s'\rangle \perp V_0'$$

mit hyperbolischen Paaren w_j, w_j' und anisotropem V_0'. Aus dieser Zerlegung folgt nach b), daß jeder isotrope Unterraum von V höchstens die Dimension s hat. Daher folgt $m = s$. Offenbar liegt jeder isotrope Unterraum in einem maximalen isotropen Unterraum.

□

Bemerkung 7.3.6 (Satz von Witt) *Sei V ein Vektorraum von endlicher Dimension mit regulärem, klassischem Skalarprodukt $(\cdot,\cdot)$. Ferner seien $U_j < V$ $(j = 1, 2)$, und es gebe eine Isometrie A von U_1 auf U_2. Dann gibt es eine Isometrie B von V mit $Bu_1 = Au_1$ für alle $u_1 \in U_1$.*

Satz 7.3.5 folgt unmittelbar aus dieser Aussage, da für isotrope Unterräume U_1, U_2 mit $\dim U_1 \leq \dim U_2$ jeder Monomorphismus von U_1 in U_2 trivialerweise eine Isometrie ist. Übrigens gilt der obige Satz nicht für $\operatorname{Char} K = 2$ und symmetrische, nicht symplektische Skalarprodukte.

Definition 7.3.7 Die nach 7.3.5 eindeutig bestimmte Zahl m heißt der *Index* von V. Wir schreiben dann $m = \operatorname{ind} V$.

Satz 7.3.5 führt die Untersuchung von V zurück auf die Untersuchung des anisotropen Unterraums V_0. Hier beginnt die eigentliche Arbeit. Ist V symplektisch, so ist $V_0 = 0$, und wir erhalten in 7.3.8 ein abschließendes Resultat, welches vom Körper unabhängig ist. Für Vektorräume mit unitärem oder symmetrischem Skalarprodukt kennt man nur für spezielle Körper abschließende Resultate; solche geben wir für $\mathbb{R}, \mathbb{C}$ und endliche Körper in den Sätzen 7.3.9 bis 7.3.12 an.

Satz 7.3.8 *Sei V ein regulärer, symplektischer Vektorraum.*

a) Es gilt $V = H_1 \perp \ldots \perp H_m$ mit hyperbolischen Ebenen H_j. Insbesondere ist $\dim V = 2m$ gerade. Ist u_j, v_j ein hyperbolisches Paar in H_j, so ist $[u_1, \ldots, u_m, v_1, \ldots, v_m]$ eine Basis von V und

$$(\sum_{j=1}^{m}(x_j u_j + y_j v_j), \sum_{j=1}^{m}(x'_j u_j + y'_j v_j)) = \sum_{j=1}^{m}(x_j y'_j - x'_j y_j).$$

b) Sind V und V' reguläre, symplektische Vektorräume derselben Dimension, so gibt es eine Isometrie von V auf V'.

c) Alle maximalen isotropen Unterräume von V haben dieselbe Dimension m. Ist U ein maximaler isotroper Unterraum von V, so gibt es einen maximalen isotropen Unterraum U' von V mit $V = U \oplus U'$.

Beweis. a) Nach 7.3.5 gilt $V = H_1 \perp \ldots \perp H_m \perp V_0$ mit hyperbolischen Ebenen H_j und anisotropem V_0. Da V symplektisch ist, folgt $V_0 = 0$. Die restlichen Aussagen unter a) folgen unmittelbar.
b) Sei gemäß a)

$$V = \langle u_1, v_1 \rangle \perp \ldots \perp \langle u_m, v_m \rangle$$

und

$$V' = \langle u'_1, v'_1 \rangle \perp \ldots \perp \langle u'_m, v'_m \rangle$$

mit hyperbolischen Paaren u_j, v_j und u'_j, v'_j. Dann wird durch

$$Au_j = u'_j, \quad Av_j = v'_j \quad (j = 1, \ldots, m)$$

eine Isometrie A von V auf V' definiert.
c) Dies folgt aus 7.3.5 □

Satz 7.3.9 *Sei V ein endlichdimensionaler Vektorraum über $\mathbb{R}$ oder $\mathbb{C}$ mit regulärem, symmetrischem oder unitärem Skalarprodukt $(\cdot\,,\cdot)$. Sei gemäß* 7.3.5

$$V = H_1 \perp \ldots \perp H_m \perp V_0$$

mit hyperbolischen Ebenen H_j und anisotropem V_0.

a) Ist V ein $\mathbb{C}$-Vektorraum und $(\cdot\,,\cdot)$ symmetrisch, so gilt $\dim V_0 \leq 1$.

b) Sei V ein $\mathbb{R}$-Vektorraum mit symmetrischem Skalarprodukt oder ein $\mathbb{C}$-Vektorraum mit unitärem α-Skalarprodukt zu dem Automorphismus α von $\mathbb{C}$ mit $\alpha c = \overline{c}$. Dann hat V_0 eine Orthogonalbasis $[v_1, \ldots, v_r]$ mit $(v_j, v_j) = 1$ für alle $j = 1, \ldots, r$ oder $(v_j, v_j) = -1$ für alle $j = 1, \ldots, r$.

Beweis. Nach 7.2.4 hat V_0 eine Orthogonalbasis $[v_1, \ldots, v_r]$ mit

$$\begin{aligned}(v_j, v_j) &= 1 \quad \text{für } j \leq s, \text{ und}\\ (v_j, v_j) &= -1 \text{ für } s+1 \leq j \leq r,\end{aligned}$$

wobei $0 \leq s \leq r$.
a) Ist V ein Vektorraum über $\mathbb{C}$, so gilt $s = r$. Wäre $r \geq 2$, so wäre

$$(v_1 + iv_2, v_1 + iv_2) = 1 + i^2 = 0.$$

Also gilt $r \leq 1$.
b) Wäre $1 \leq s < r$, so wäre

$$(v_1 - v_{s+1}, v_1 - v_{s+1}) = (v_1, v_1) + (v_{s+1}, v_{s+1}) = 0,$$

ein Widerspruch. Also gilt $s = 0$ oder $s = r$. □

Die Verbindung zwischen 7.2.4 und 7.3.9 stellt der folgende Satz her.

Satz 7.3.10 *Sei V ein $\mathbb{R}$-Vektorraum mit regulärem, symmetrischem Skalarprodukt oder ein $\mathbb{C}$-Vektorraum mit regulärem, unitärem α-Skalarprodukt und $\alpha c = \overline{c}$. Sei $[v_1, \ldots, v_n]$ gemäß* 7.2.4 *eine Orthogonalbasis von V mit*

$$\begin{aligned}(v_j, v_j) &= 1 \quad \textit{für } j \leq s, \textit{ und}\\ (v_j, v_j) &= -1 \textit{ für } s+1 \leq j \leq n.\end{aligned}$$

a) Dann gilt $\operatorname{ind} V = \min\{s, n-s\}$.

b) (Trägheitssatz von Sylvester[2]) *Für jede Orthogonalbasis* $[w_1, \ldots, w_n]$ *von* V *ist* s *die Anzahl der* w_j *mit* $(w_j, w_j) > 0$. *Wir nennen*

$$(\underbrace{1, \ldots, 1}_{s}, \underbrace{-1, \ldots, -1}_{n-s})$$

die Signatur *von* V.

Beweis. a) Sei $k = \min\{s, n-s\}$. Wegen

$$(v_j \pm v_{s+j}, v_j \pm v_{s+j}) = 0$$

und

$$(v_j + v_{s+j}, v_j - v_{s+j}) = 2$$

für $j \leq k$ ist $H_j = \langle v_j, v_{s+j} \rangle$ eine hyperbolische Ebene. Es folgt

$$V = H_1 \perp \ldots \perp H_k \perp V_0,$$

wobei V_0 eine Orthogonalbasis aus einigen v_j hat, und $(v_j, v_j) = 1$ oder $(v_j, v_j) = -1$ für diese j gilt. Somit ist V_0 anisotrop, also k der Index des Vektorraums V.

b) Ist $0 \neq w \in \langle v_1, \ldots, v_s \rangle$, so gilt $(w, w) > 0$. Ist W ein Unterraum von V mit $(w, w) > 0$ für alle $0 \neq w \in W$, so gilt

$$W \cap \langle v_{s+1}, \ldots, v_n \rangle = 0.$$

Daher ist $\dim W \leq s$. Somit ist s für jede Orthogonalbasis $[w_1, \ldots, w_n]$ von V die Anzahl der w_j mit $(w_j, w_j) > 0$. □

Lemma 7.3.11 *Sei* K *ein endlicher Körper und* V *ein endlichdimensionaler* K*-Vektorraum mit regulärem* α*-Skalarprodukt* $(\cdot\,,\cdot)$. *Ferner sei* V *anisotrop.*

a) Sei Char $K \neq 2$ *und* $K^* = K^{*2} \cup cK^{*2}$ (siehe 2.5.4). *Ist* $(\cdot\,,\cdot)$ *symmetrisch, so liegt einer der folgenden Fälle vor:*

$V = \{0\}$,
$V = \langle v \rangle$ *mit* $(v, v) = 1$,
$V = \langle v \rangle$ *mit* $(v, v) = c$,
$V = \langle v_1, v_2 \rangle$ *mit* $(v_1, v_1) = 1$, $(v_1, v_2) = 0$ *und* $(v_2, v_2) = -c$.

[2] James Joseph Sylvester (1814-1897) Oxford. Invariantentheorie, Matrizen, Geometrie, Mechanik.

b) Ist $(\cdot,\cdot)$ unitär, so gilt $V = \{0\}$ oder $V = \langle v \rangle$ mit $(v,v) = 1$.

Beweis. a) Gemäß 7.2.5 a) sei $[v_1, \ldots, v_n]$ eine Orthogonalbasis von V mit

$$\begin{aligned}(v_j, v_j) &= 1 \text{ für } 1 \leq j < n,\\ (v_n, v_n) &= 1 \text{ oder } = c.\end{aligned}$$

Ist $n \geq 3$, so gilt

$$(xv_1 + yv_2 + v_3, xv_1 + yv_2 + v_3) = x^2 + y^2 + (v_3, v_3).$$

Nach 2.5.4 existieren $x, y \in K$ mit $x^2 + y^2 + (v_3, v_3) = 0$. Also gilt $n \leq 2$. Ist $n = 2$, so gilt für alle $x \in K$, daß

$$(xv_1 + v_2, xv_1 + v_2) = x^2 + (v_2, v_2) \neq 0,$$

also $-(v_2, v_2) \notin K^{*2}$ ist. Dann können wir $(v_2, v_2) = -c$ annehmen.
b) Nach 7.2.5 b) hat V eine Orthonormalbasis $[v_1, \ldots, v_n]$ mit $(v_j, v_k) = \delta_{jk}$. Angenommen $n \geq 2$. Dann gilt

$$(v_1 + xv_2, v_1 + xv_2) = 1 + x(\alpha x).$$

Wegen 7.1.14 e) gibt es dann ein $x \in K$ mit $x(\alpha x) = -1$. Also gilt doch $n \leq 1$. □

Satz 7.3.12 *Sei K ein endlicher Körper und V ein endlichdimensionaler K-Vektorraum mit regulärem α-Skalarprodukt $(\cdot,\cdot)$ und Basis B.*

a) Sei $\operatorname{Char} K \neq 2$ und $K^* = K^{*2} \cup cK^{*2}$. Sei ferner $(\cdot,\cdot)$ symmetrisch. Ist $2 \nmid n$, so hat V den Index $\frac{n-1}{2}$. Ist $n = 2m$, so gilt

$$\begin{aligned}\operatorname{ind} V &= m, && \textit{falls } D(B)(-1)^m \in K^{*2},\\ \operatorname{ind} V &= m-1, && \textit{falls } D(B)(-1)^m \notin K^{*2}.\end{aligned}$$

Somit bestimmt $D(B)K^{*2}$ den Index von V.

b) Ist V unitär, so gilt

$$\begin{aligned}\operatorname{ind} V &= \tfrac{n}{2}, && \textit{falls } 2 \mid n,\\ \operatorname{ind} V &= \tfrac{n-1}{2}, && \textit{falls } 2 \nmid n.\end{aligned}$$

Beweis. a) Wegen 7.1.5 ändert sich die Diskriminante $D(B)$ bei Basiswechsel nur um Faktoren aus K^{*2}.

Ist $n = 2m + 1$, so gilt nach 7.3.11

$$V = H_1 \perp \ldots \perp H_m \perp V_0$$

mit $\dim V_0 = 1$. Also ist $\operatorname{ind} V = \frac{n-1}{2}$. Sei nun $\dim V = 2m$. Für

$$V = H_1 \perp \ldots \perp H_m$$

ist bei geeigneter Basis B' folglich $D(B') = (-1)^m$. Ist

$$V = H_1 \perp \ldots \perp H_{m-1} \perp \langle w_{n-1}, w_n \rangle$$

mit $(w_{n-1}, w_{n-1}) = 1$, $(w_{n-1}, w_n) = 0$ und $(w_n, w_n) = -c$, so folgt mit geeigneter Basis B' nun $D(B') = (-1)^m c$. Wegen

$$D(B)D(B')^{-1} = D(B)(-1)^m \in K^{*2}$$

bzw.

$$D(B)D(B')^{-1} = D(B)(-1)^m c^{-1} \in K^{*2}$$

folgt die Behauptung.

b) Ist V unitär, so gilt nach 7.3.11

$$V = H_1 \perp \ldots \perp H_m$$

oder

$$V = H_1 \perp \ldots \perp H_m \perp V_0$$

mit hyperbolischen Ebenen H_j und $\dim V_0 = 1$. Also ist $\operatorname{ind} V = m = \frac{n}{2}$ oder $\operatorname{ind} V = \frac{n-1}{2}$. □

Das folgende Beispiel wird in 7.4 bei der Behandlung des dualen Codes eine Rolle spielen.

Beispiel 7.3.13 Sei K ein endlicher Körper mit $|K| = q$. Auf $V = K^n$ betrachten wir das symmetrische, offenbar reguläre Skalarprodukt $(\cdot\,,\cdot)$ mit

$$((x_j), (y_j)) = \sum_{j=1}^{n} x_j y_j.$$

a) Sei $2 \nmid q$. Ist $2 \nmid n$, so hat V nach 7.3.12 den Index $\frac{n-1}{2}$. Sei also $n = 2m$ gerade. Nun gilt $\operatorname{ind} V = m$ genau dann, wenn V eine orthogonale

Summe von m hyperbolischen Ebenen ist, also nach 7.3.12 genau dann, wenn $(-1)^m K^{*2} = D(B)K^{*2} = K^{*2}$. Dies erfordert $2 \mid m$ oder $-1 \in K^{*2}$. Nach 2.5.5 gilt $-1 \in K^{*2}$ genau dann, wenn $4 \mid q-1$.
b) Einfacher ist die Situation für $\operatorname{Char} K = 2$. Ist $2m \leq n \leq 2m+1$, so ist

$$U = \{(x_1, x_1, \ldots, x_m, x_m) \mid x_j \in K\}$$

bzw.

$$U = \{(x_1, x_1, \ldots, x_m, x_m, 0) \mid x_j \in K\}$$

ein isotroper Unterraum von V mit $\dim U = m$. Wegen $\operatorname{Char} K = 2$ gilt übrigens

$$((x_j), (x_j)) = \sum_{j=1}^{n} x_j^2 = (\sum_{j=1}^{n} x_j)^2.$$

Daher ist der Unterraum

$$W = \{(x_j) \mid \sum_{j=1}^{n} x_j = 0\}$$

die Menge aller isotroper Vektoren in V. Insbesondere ist V keine orthogonale Summe von hyperbolischen Ebenen.

Aufgabe 7.3.1 Sei $H = \langle v_1, v_2 \rangle$ eine hyperbolische Ebene und v_1, v_2 ein hyperbolisches Paar. Wir bestimmen die Gruppe $I(H)$ aller Isometrien der Ebene H.

a) Ist das Skalarprodukt $(\cdot\,,\cdot)$ auf H symplektisch, so ist $A \in \operatorname{End}(H)$ genau dann eine Isometrie von H, wenn $\det H = 1$ ist. Somit ist $I(V) = \operatorname{SL}(2, K)$.

b) Sei $(\cdot\,,\cdot)$ symmetrisch und $\operatorname{Char} K \neq 2$. Die Isometrien von H sind dann gerade die Abbildungen A der Gestalt

$$Av_1 = av_1, \quad Av_2 = a^{-1}v_2$$

oder

$$Av_1 = av_2, \quad Av_2 = a^{-1}v_1$$

mit $a \in K^*$. Insbesondere hat dann $I(H)$ einen abelschen Normalteiler vom Index 2.

c) Sei $(\cdot\,,\cdot)$ unitär. Ist $\operatorname{Char} K \neq 2$, so gibt es ein $c \in K$ mit $\alpha c = -c \neq 0$ (siehe 7.1.14 d)). Setzen wir $[w_1, w_2] = c(w_1, w_2)$, so ist $[\cdot\,,\cdot]$ ein α-Skalarprodukt mit $[w_2, w_1] = -\alpha[w_1, w_2]$. Für $\operatorname{Char} K = 2$ gilt diese Gleichung bereits für $(\cdot\,,\cdot)$.

Seien $u_1, u_2 \in H$ mit

$$[u_1, u_1] = [u_2, u_2] = 0, \ [u_1, u_2] = -[u_2, u_1].$$

Sei $A \in I(H)$ mit $\det A = 1$. Ist

$$Au_1 = a_{11}u_1 + a_{12}u_2, \ Au_2 = a_{21}u_1 + a_{22}u_2,$$

so gilt $\alpha a_{jk} = a_{jk}$.

Hinweis: Man zeige:

$$(a_{ij})\begin{pmatrix} \alpha\, a_{22} \\ -\alpha\, a_{21} \end{pmatrix} = (a_{ij})\begin{pmatrix} a_{22} \\ -a_{21} \end{pmatrix} = \begin{pmatrix} 1 \\ 0 \end{pmatrix}$$

und

$$(a_{ij})\begin{pmatrix} \alpha\, a_{12} \\ -\alpha\, a_{11} \end{pmatrix} = (a_{ij})\begin{pmatrix} a_{12} \\ -a_{11} \end{pmatrix} = \begin{pmatrix} 0 \\ -1 \end{pmatrix}.$$

Setzen wir

$$K_0 = \{a \mid a \in K, \alpha a = a\},$$

so gilt also $\mathrm{SU}(H) = \{A \mid A \in \mathrm{U}(H), \det A = 1\} \cong \mathrm{SL}(2, K_0)$.

(Nach 7.3.12 b) liegt dieser Fall für $\dim V = 2$ bei unitärem Skalarprodukt und endlichem Körper K vor.)

Aufgabe 7.3.2 Sei K ein endlicher Körper und V ein Vektorraum über K mit regulärem Skalarprodukt $(\cdot\,,\cdot)$. Sei $i(V)$ die Anzahl der isotropen Vektoren $v \in V$, wobei auch $v = 0$ mitgezählt wird.

a) Sei $\dim V = 2m$, $|K| = q$, $\operatorname{Char} K \neq 2$ und $(\cdot\,,\cdot)$ symmetrisch. Sei $V = H \perp W$ mit einer hyperbolischen Ebene H. Man zeige:

$$i(V) = q^{2m-1} - q^{2m-2} + q\, i(W).$$

Daraus leite man

$$i(V) = q^{2m-1} + q^m - q^{m-1} \text{ für } \operatorname{ind} V = m$$

und

$$i(V) = q^{2m-1} - q^m + q^{m-1} \text{ für } \operatorname{ind} V = m - 1$$

her.

b) Sei $\dim V = n$, $|K| = q^2$ und $(\cdot\,,\cdot)$ unitär. Sei $V = \langle v \rangle \perp W$ mit $(v,v) = 1$. Dann gilt:

$$i(V) = i(W) + (q^{2(n-1)} - i(W))(q+1)$$

und daher

$$i(V) = q^{2n-1} + (-1)^n(q^n - q^{n-1}).$$

Aufgabe 7.3.3 Sei $\operatorname{Char} K \neq 2$ und sei V ein K-Vektorraum mit regulärem symmetrischem Skalarprodukt. Ferner sei $\dim V = 2m$ und $\operatorname{ind} V = m$.

a) Sind W_1, W_2 isotrope Unterräume von V mit $\dim W_j = m$, so gibt es ein $G \in \mathrm{O}(V)$ mit $GW_1 = W_2$.

b) Sei W ein isotroper Unterraum von V mit $\dim W = m$. Ist $GW = W$ und $G \in \mathrm{O}(V)$, so ist $\det G = 1$.

c) Sei $\mathcal{J}$ die Menge aller maximalen isotropen Unterräume von V der Dimension m. Ist $W \in \mathcal{J}$, so gilt $\mathcal{J} = \mathcal{J}_1 \cup \mathcal{J}_2$ mit

$$\begin{aligned} \mathcal{J}_1 &= \{GW \mid G \in \mathrm{SO}(V)\}, \\ \mathcal{J}_2 &= \{GW \mid G \in \mathrm{O}(V),\ G \notin \mathrm{SO}(V)\}. \end{aligned}$$

und $\mathcal{J}_1 \cap \mathcal{J}_2 = \emptyset$.

d) Für $W_1, W_2 \in \mathcal{J}$ und $W_2 = GW_1$ mit $G \in \mathrm{O}(V)$ gilt

$$\dim W_1 \cap W_2 \equiv \begin{cases} m \bmod 2, \text{ falls } G \in \mathrm{SO}(V) \\ m-1 \bmod 2, \text{ falls } G \notin \mathrm{SO}(V). \end{cases}$$

e) Sei speziell $m = 2$. Für $W_1, W_2 \in \mathcal{J}_j$ $(j = 1,2)$ gilt $W_1 \cap W_2 = 0$. Für $W_j \in \mathcal{J}_j$ $(j = 1,2)$ ist hingegen $\dim W_1 \cap W_2 = 1$. Zu jedem $0 \neq v \in V$ mit $(v,v) = 0$ gibt es genau ein $W_j \in \mathcal{J}_j$ $(j = 1,2)$ mit $W_1 \cap W_2 = \langle v \rangle$.

Hinweis zu d): Es gilt

$$W_1 + W_2 = W_1 \cap W_2 \perp \langle w_1, w_1' \rangle \perp \ldots \perp \langle w_r, w_r' \rangle$$

mit hyperbolischen Paaren w_j, w_j' und $w_j \in W_1, w_j' \in W_2$. Dabei ist

$$W_1 = W_1 \cap W_2 \perp \langle w_1, \ldots, w_r \rangle,$$

und daher $\dim W_1 \cap W_2 = m - r$. Sei

$$V = V_0 \perp \langle w_1, w_1' \rangle \perp \ldots \perp \langle w_r, w_r' \rangle.$$

Ist $G \in O(V)$ mit $G_{V_0} = E$ und $Gw_j = w'_j$, $Gw'_j = w_j$ $(j = 1, \ldots, r)$, so gilt $GW_1 = W_2$ und $\det G = (-1)^r$.

Übersetzt in die Sprache der affinen oder projektiven Geometrie liefert diese Aufgabe die beiden Geradenscharen auf dem einschaligen Hyperboloid.

Aufgabe 7.3.4 Sei $V = \langle v_1, \ldots, v_n \rangle$ ein $\mathbb{R}$-Vektorraum mit symmetrischem Skalarprodukt. Dabei sei $\dim V = n$ und

$$\begin{aligned}(v_j, v_j) &= a \quad \text{für } j = 1, \ldots, n \\ (v_i, v_j) &= b \quad \text{für } j \neq i \text{ mit } b \neq 0.\end{aligned}$$

Sei V regulär, also $(a-b)(a+(n-1)b) \neq 0$.
Man zeige:

a) Ist $0 < \frac{b-a}{b} < n$, so ist $\operatorname{ind} V = 1$.

b) Anderenfalls ist $\operatorname{ind} V = 0$.

Hinweis: Für $n \geq 2$ und $(x_j) \neq 0$ beweise man, daß f mit $f(x_1, \ldots, x_n) = (\sum_{j=1}^n x_j)^2$ die Sphäre $S = \{(x_j) \mid \sum_{j=1}^n x_j^2 = 1\}$ auf das Interval $[0, n]$ abbildet.

Aufgabe 7.3.5 Sei V ein Vektorraum mit regulärem, symmetrischem Skalarprodukt $(\cdot\,,\cdot)$ und $U \leq V$ mit $U \leq U^\perp$. Gemäß der Aufgabe 7.1.1 wird durch

$$[v_1 + U, v_2 + U] = (v_1, v_2)$$

für $v_j \in U^\perp$ ein reguläres Skalarprodukt $[\cdot\,,\cdot]$ auf $U^\perp/U$ definiert.
Man zeige:

$$\operatorname{ind} U^\perp/U = \operatorname{ind} V - \dim U.$$

Aufgabe 7.3.6 Sei V ein endlich dimensionaler $\mathbb{R}$-Vektorraum mit regulärem, symmetrischem Skalarprodukt und G eine Isometrie von V. Ist $\dim V$ gerade und $\operatorname{ind} V$ ungerade, so hat G einen reellen Eigenwert.

Hinweis: Beim Beweis gehe man mit Induktion nach $\dim V$ wie folgt vor:
(1) Man darf annehmen, daß es ein $U = GU \leq V$ gibt mit $\dim U = 2$ und $U \cap U^\perp = 0$ oder $U \leq U^\perp$.
(2) Ist $U \leq U^\perp$, so hat $U^\perp/U$ ungeraden Index. Per Induktion hat die von G auf $U^\perp/U$ bewirkte Isometrie einen reellen Eigenwert.
(3) Ist U eine hyperbolische Ebene, so hat G_U einen reellen Eigenwert.
(4) Ist $U \cap U^\perp = 0$ und U anisotrop, so hat $U^\perp$ ungeraden Index. Also hat $G_{U^\perp}$ einen reellen Eigenwert.

7.4 Codierungstheorie II

Mit Hilfe des kanonischen Skalarproduktes auf K^n definieren wir zu jedem Code C seinen Dualen $C^\perp \leq K^n$. Die Struktur eines Codes läßt sich weitgehend durch das zugehörige Gewichtspolynom beschreiben. Dies gibt an, wieviele Codeworte vom Gewicht i für $i = 0, 1, \ldots, n$ existieren. Bemerkenswert ist nun der Dualitätssatz von MacWilliams, den wir in 7.4.7 beweisen. Er beschreibt das Gewichtspolynom von $C^\perp$ einzig aus Daten des Gewichtspolynoms von C. Besondere Stärke zeigt der Dualitätssatz, wenn sich entweder das Gewichtspolynom von C oder von $C^\perp$ leicht berechnen läßt oder C selbstdual, d.h. $C = C^\perp$ ist.

Definition 7.4.1 Sei K ein endlicher Körper und $V = K^n$. Durch

$$((x_j), (y_j)) = \sum_{j=1}^{n} x_j y_j$$

wird auf V ein reguläres symmetrisches Skalarprodukt definiert. Sei $C \leq V$ ein $[n, k]$-Code.

a) $C^\perp \leq V$ heißt der zu C *duale Code*. Wegen 7.1.13 ist $C^\perp$ ein $[n, n-k]$-Code.

b) Ist $C = C^\perp$, so nennen wir C *selbstdual.*

Bemerkung 7.4.2 Sei $|K| = q$. Die Existenz eines selbstdualen Codes $C = C^\perp$ in K^n erfordert

$$\dim C = \dim C^\perp = n - \dim C,$$

also n gerade. Ist $2 \mid q$, so ist nach 7.3.13 b) keine weitere Bedingung nötig. Ist jedoch $2 \nmid q$, so folgt mit 7.3.13 a), daß $4 \mid n$ oder $4 \mid q - 1$.

Definition 7.4.3 Sei C ein $[n, k]$-Code über K mit $|K| = q$.

a) Ist $r \in \mathbb{N}$ und $r \mid \mathrm{wt}(c)$ für alle $c \in C$, so heißt C *r-dividierbar.*

b) Ist

$$A_j = |\{c \mid c \in C, \mathrm{wt}(c) = j\}|$$

für $j = 0, \ldots, n$, so nennen wir

$$A(x) = \sum_{j=0}^{n} A_j x^j \in \mathbb{Z}[x]$$

das *Gewichtspolynom* von C. Offenbar ist $A_0 = 1$ und weiterhin gilt $\sum_{j=0}^{n} A_j = |C| = q^k$.

Lemma 7.4.4 *Sei $C = C^\perp$ ein binärer selbstdualer Code der Länge n über dem Körper K. Dann gilt:*

a) C ist 2-dividierbar.

b) $(1, \dots, 1) \in C$. Insbesondere gilt $A_j = A_{n-j}$ für alle j.

c) Gilt $4 \mid \mathrm{wt}(c)$ für alle c aus einer Basis von C, so ist C 4-dividierbar.

Beweis. a) Sei $c = (c_1, \dots, c_n) \in C$. Wegen $|K| = 2$ folgt

$$0 = (c, c) = \sum_{j=1}^{n} c_j^2 = \sum_{c_i \neq 0} 1 = \mathrm{wt}(c)\, 1,$$

also $2 \mid \mathrm{wt}(c)$.
b) Sei $e = (1, \dots, 1)$. Für $c = (c_1, \dots, c_n) \in C$ gilt dann

$$(e, c) = \sum_{j=1}^{n} c_j = \sum_{j=1}^{n} c_j^2 = (c, c) = 0,$$

also $e \in C^\perp = C$. Für $c \in C$ folgt $c + e \in C$ mit $\mathrm{wt}(c + e) = n - \mathrm{wt}(c)$.
c) Die Behauptung folgt sofort, falls wir für $4 \mid \mathrm{wt}(c)$ und $4 \mid \mathrm{wt}(c')$ auch $4 \mid \mathrm{wt}(c + c')$ zeigen können.

Sei also $4 \mid \mathrm{wt}(c)$ und $4 \mid \mathrm{wt}(c')$. Bezeichnet $\mathrm{T}(c) = |\{j \mid c_j \neq 0\}|$ den Träger von c, so erhalten wir

$$(*) \qquad \mathrm{wt}(c + c') = \mathrm{wt}(c) + \mathrm{wt}(c') - 2\,|\,\mathrm{T}(c) \cap \mathrm{T}(c')|.$$

Wegen

$$0 = (c, c') = \sum_{c_j = c'_j = 1} 1 = |\,\mathrm{T}(c) \cap \mathrm{T}(c')|\, 1$$

gilt $2 \mid |\,\mathrm{T}(c) \cap \mathrm{T}(c')|$, und die Behauptung folgt unmittelbar aus $(*)$. □

Wir sind nun in der Lage, den bereits in 3.7.5 angekündigten perfekten binären $[23, 12, 7]$-Code zu konstruieren.

Beispiel 7.4.5 (Golay; 1949) Sei $|K| = 2$.

a) Sei $C_1 \leq K^8$ und erzeugt von

$$G_1 = \begin{pmatrix} 1\,1\,0\,1\,0\,0\,0\,1 \\ 0\,1\,1\,0\,1\,0\,0\,1 \\ 0\,0\,1\,1\,0\,1\,0\,1 \\ 0\,0\,0\,1\,1\,0\,1\,1 \end{pmatrix} = \begin{pmatrix} z_1 \\ z_2 \\ z_3 \\ z_4 \end{pmatrix}.$$

Wegen $(z_i, z_j) = 0$ für alle $i, j = 1, \ldots, 4$, gilt $C_1 \leq C_1^\perp$. Da $\dim C_1 = 4$ ist und $\dim C_1 = 8 - \dim C_1^\perp$ nach 7.1.13, erhalten wir $C_1 = C_1^\perp$. Wegen $4 \mid \mathrm{wt}(z_i)$ für alle $i = 1, \ldots, 4$ ist C_1 nach 7.4.4 c) ein 4-dividierbarer Code. Somit ist C_1 ein selbstdualer $[8, 4, 4]$-Code.

Sei $C_2 \leq K^8$ und erzeugt von

$$G_2 = \begin{pmatrix} 0\,0\,0\,1\,0\,1\,1\,1 \\ 0\,0\,1\,0\,1\,1\,0\,1 \\ 0\,1\,0\,1\,1\,0\,0\,1 \\ 1\,0\,1\,1\,0\,0\,0\,1 \end{pmatrix}.$$

Da C_2 aus C_1 durch die Permutation

$$(c_1, c_2, \ldots, c_7, c_8) \mapsto (c_7, c_6, \ldots, c_1, c_8)$$

der Spalten entsteht, ist C_2 ebenfalls ein selbstdualer $[8, 4, 4]$-Code.

Ferner sieht man durch Lösen eines linearen Gleichungssystems leicht, daß

$$(1) \qquad C_1 \cap C_2 = \{(0, \ldots, 0), (1, \ldots, 1)\}$$

ist.

b) Wir setzen nun

$$C = \{(c_1 + c_2, c_1' + c_2, c_1 + c_1' + c_2) \mid c_1, c_1' \in C_1,\ c_2 \in C_2\} \leq K^{24}.$$

Da die Codeworte

$$(2) \qquad (c_1, 0, c_1),\ (0, c_1', c_1') \text{ und } (c_2, c_2, c_2)$$

eine Basis von C enthalten, gilt $\dim C = 12$. Wegen a) und $|K| = 2$ sind sämtliche Codeworte aus (2) orthogonal zueinander. Somit ist C ein selbstdualer $[24, 12]$-Code.

Es bleibt die Bestimmung des Minimalgewichts von C. Da die Codeworte aus (2) alle ein durch 4 teilbares Gewicht haben, ist C nach 7.4.4 c) ein 4-dividierbarer Code. Wir zeigen nun, daß kein Codewort vom Gewicht 4 existiert. Wegen

$$\mathrm{wt}(x+y) = \mathrm{wt}(x) + \mathrm{wt}(y) - 2\,|\,\mathrm{T}(x) \cap \mathrm{T}(y)|$$

für $x, y \in K^8$ haben die Komponenten $c_1 + c_2, c_1' + c_2$ und $c_1 + c_1' + c_2$ in

$$0 \neq c = (c_1 + c_2, c_1' + c_2, c_1 + c_1' + c_2)$$

alle gerades Gewicht. Sind alle drei Komponenten ungleich 0, so folgt sofort $\mathrm{wt}(c) \geq 8$, da C 4-dividierbar ist. Sei also mindestens eine der Komponenten gleich 0. Die Bedingung (1) in a) erzwingt dann $c_2 = (0, \ldots, 0)$ oder $c_2 = (1, \ldots, 1)$. In beiden Fällen folgt nun leicht $\mathrm{wt}(c) \geq 8$.

Somit ist C ein selbstdualer $[24, 12, 8]$-Code. Er heißt *binärer erweiterter Golay-Code* und wird mit Gol(24) bezeichnet. Die Automorphismengruppe von Gol(24) ist eine hochinteressante Untergruppe von S_{24}, die sogenannte *Mathieu-Gruppe* M_{24} mit $|M_{24}| = 244823040 = 2^{10} \cdot 3^3 \cdot 5 \cdot 7 \cdot 11 \cdot 23$.
c) Der Code $\mathrm{Gol}(23) \leq K^{23}$ entstehe aus Gol(24) durch Streichen der letzten Position. Wir erhalten dann offenbar einen $[23, 12, 7]$-Code. Dieser Code, genannt der *binäre Golay-Code,* ist perfekt (siehe 3.7.5), denn es gilt die Kugelpackungsgleichung

$$2^{23} = |K|^{23} = |\,\mathrm{Gol}(23)| \sum_{j=0}^{3} \binom{23}{j} = 2^{12} 2^{11}.$$

Zum Beweis des Dualitätssatzes 7.4.7 benötigen wir das folgende Lemma, welches allgemeiner für beliebige endliche abelsche Gruppen gilt.

Lemma 7.4.6 *Sei K ein endlicher Körper mit* $\mathrm{Char}\, K = p$ *und* $|K| = p^f$.

a) Sei $\mathrm{Hom}(K^+, \mathbb{C}^*)$ *die Menge aller Abbildungen von K in $\mathbb{C}^*$ mit*

$$\lambda(a+b) = \lambda(a)\,\lambda(b)$$

für alle $a, b \in K$. Ist $0 \neq a \in K$, so gibt es ein $\lambda \in \mathrm{Hom}(K^+, \mathbb{C}^*)$ mit $\lambda(a) \neq 1$.

b) Es gilt

$$\sum_{a \in K} \lambda(a) = \begin{cases} |K|, & \text{falls } \lambda = 1, \\ 0, & \text{falls } \lambda \neq 1. \end{cases}$$

Beweis. a) Sei $K = K_0 \oplus \ldots \oplus K_0$ mit $|K_0| = p$. Sei $\varepsilon^p = 1 \neq \varepsilon \in \mathbb{C}^*$. Für $\overline{a} = a + p\mathbb{Z} \in \mathbb{Z}/p\mathbb{Z} \cong K_0$ mit $a \in \{0, 1, \ldots, p-1\}$ können wir $\varepsilon^{\overline{a}}$ wegen $\varepsilon^p = 1$ durch $\varepsilon^{\overline{a}} = \varepsilon^a$ definieren. Ist $a = (\overline{a_1}, \ldots, \overline{a_f}) \in K_0^f$ mit $\overline{a_j} \in K_0$, so wird durch $\lambda_j(a) = \varepsilon^{\overline{a_j}}$ ein Element $\lambda_j \in \mathrm{Hom}(K^+, \mathbb{C}^*)$ definiert. Ist $\overline{a_j} \neq 0$, so ist $\lambda_j(a) \neq 1$.
b) Sei $b \in K$ mit $\lambda(b) \neq 1$. Dann folgt

$$\sum_{a \in K} \lambda(a) = \sum_{a \in K} \lambda(a + b) = \lambda(b) \sum_{a \in K} \lambda(a).$$

Dies zeigt $\sum_{a \in K} \lambda(a) = 0$. □

Es ist bemerkenwert, daß sich das Gewichtspolynom von $C^\perp$ explizit durch das von C ausdrücken läßt.

Hauptsatz 7.4.7 (Dualitätssatz von MacWilliams) *Sei C ein $[n, k]$-Code über dem Körper K mit $|K| = q$ und dem Gewichtspolynom*

$$A(x) = \sum_{j=0}^{n} A_j x^j.$$

Dann hat $C^\perp$ das Gewichtspolynom

$$\begin{aligned} B(x) &= q^{-k}(1 + (q-1)x)^n \, A\left(\tfrac{1-x}{1+(q-1)x}\right) \\ &= q^{-k} \textstyle\sum_{j=0}^{n} A_j (1-x)^j (1 + (q-1)x)^{n-j}. \end{aligned}$$

Beweis. Sei $1 \neq \lambda \in \mathrm{Hom}(K^+, \mathbb{C}^*)$. Für jedes $u \in K^n$ bilden wir das Polynom

$$g(u, x) = \sum_{v \in K^n} \lambda((u, v)) x^{\mathrm{wt}(v)} \in \mathbb{C}[x].$$

Wir berechnen $\sum_{c \in C} g(c, x)$ auf zwei verschiedene Weisen. Zunächst ist

$$\text{(1)} \qquad \sum_{c \in C} g(c, x) = \sum_{v \in K^n} x^{\mathrm{wt}(v)} \sum_{c \in C} \lambda((c, v)).$$

Für $v \in C^\perp$ gilt dabei

$$\text{(2)} \qquad \sum_{c \in C} \lambda((c, v)) = \sum_{c \in C} \lambda(0) = |C| = q^k.$$

Sei $v \notin C^\perp$ und $[c_1, \ldots, c_k]$ eine Basis von C mit $(c_1, v) \neq 0$. Dann ist

$$(3) \qquad \begin{aligned} \textstyle\sum_{c\in C} \lambda((c,v)) &= \textstyle\sum_{(a_j)\in K^k} \lambda((\sum_{j=1}^k a_j c_j, v)) \\ &= \textstyle\sum_{a_2,\ldots,a_k\in K} \lambda((\sum_{j=2}^k a_j c_j, v)) \sum_{a_1\in K} \lambda(a_1(c_1,v)). \end{aligned}$$

Wegen $\{a_1(c_1,v) \mid a_1 \in K\} = K$ und 7.4.6 b) ist $\sum_{a_1\in K} \lambda(a_1(c_1,v)) = 0$. Aus (1) und (3) folgt somit

$$(4) \qquad \sum_{c\in C} g(c,x) = |C| \sum_{v\in C^\perp} x^{\mathrm{wt}(v)} = q^k B(x).$$

Wir definieren den Hamming-Abstand wt auf K durch

$$\mathrm{wt}(a) = \begin{cases} 0 \text{ für } a = 0, \\ 1 \text{ für } a \neq 0. \end{cases}$$

Sei $u = (u_1, \ldots, u_n)$ und $v = (v_1, \ldots, v_n)$. Dann ist $\mathrm{wt}(v) = \sum_{j=1}^n \mathrm{wt}(v_j)$. Damit folgt

$$\begin{aligned} g(u,x) &= \textstyle\sum_{v\in K^n} \lambda(\sum_{j=1}^n u_j v_j) x^{\sum_{j=1}^n \mathrm{wt}(v_j)} \\ &= \textstyle\sum_{v\in K^n} \prod_{j=1}^n \lambda(u_j v_j) x^{\mathrm{wt}(v_j)} \\ &= \textstyle\prod_{j=1}^n \sum_{v_j\in K} \lambda(u_j v_j) x^{\mathrm{wt}(v_j)}. \end{aligned}$$

Dabei gilt

$$\sum_{a\in K} \lambda(u_j a) x^{\mathrm{wt}(a)} = \begin{cases} \sum_{a\in K} x^{\mathrm{wt}(a)} = 1 + (q-1)x & \text{für} \quad u_j = 0 \\ 1 + (\sum_{0\neq b\in K} \lambda(b))x = 1 - x & \text{für} \quad u_j \neq 0, \end{cases}$$

wobei wir $\sum_{b\in K} \lambda(b) = 0$ aus 7.4.6 b) verwendet haben. Die Anzahl der $u_j \neq 0$ ist gleich $\mathrm{wt}(u)$; die Anzahl der $u_j = 0$ ist $n - \mathrm{wt}(u)$. Somit folgt

$$g(u,x) = (1-x)^{\mathrm{wt}(u)} (1 + (q-1)x)^{n-\mathrm{wt}(u)}.$$

Dies liefert schließlich

$$\begin{aligned} \textstyle\sum_{c\in C} g(c,x) &= (1+(q-1)x)^n \textstyle\sum_{c\in C} (\frac{1-x}{1+(q-1)x})^{\mathrm{wt}(c)} \\ &= (1+(q-1)x)^n A(\tfrac{1-x}{1+(q-1)x}). \end{aligned}$$

Zusammen mit (4) folgt nun die Behauptung.

□

Bemerkungen 7.4.8 a) Sei $n = 2k$ und $C = C^\perp$ ein selbstdualer $[n,k]$-Code über dem Körper K mit $|K| = q$. Wegen 7.4.7 gilt dann für das Gewichtspolynom

$$\begin{aligned} A(x) &= q^{-k}\textstyle\sum_{j=0}^{n} A_j(1-x)^j(1+(q-1)x)^{n-j} \\ &= q^{-k}\textstyle\sum_{j=0}^{n} A_j(1-jx+\binom{j}{2}x^2+\ldots) \\ &\qquad\qquad (1+(n-j)(q-1)x+\binom{n-j}{2}(q-1)^2x^2+\ldots). \end{aligned}$$

Dies zeigt:

$$\begin{aligned} 1 = A_0 &= q^{-k}\textstyle\sum_{j=0}^{n} A_j, \text{ was ohnehin klar war.} \\ A_1 &= q^{-k}\textstyle\sum_{j=0}^{n} A_j((n-j)(q-1)-j) \\ &= q^{-k}\textstyle\sum_{j=0}^{n} A_j(n(q-1)-jq) \\ &= n(q-1) - q^{-k+1}\textstyle\sum_{j=0}^{n} jA_j. \\ A_2 &= q^{-k}\textstyle\sum_{j=0}^{n} A_j(-j(n-j)(q-1)+\binom{j}{2}+\binom{n-j}{2}(q-1)^2). \end{aligned}$$

b) Sei C ein binärer $[n,k,d]$-Code. Ferner sei das Gewichtspolynom $A(x)$ gegeben durch $A(x) = \sum_{j=0}^{n} A_j x^j$. Dann hat $C^\perp$ nach 7.4.7 das Gewichtspolynom

$$\sum_{j=0}^{n} B_j x^j = B(x) = 2^{-k}\sum_{j=0}^{n} A_j(1-x)^j(1+x)^{n-j}.$$

Somit ist $B_j = 2^{-k}\sum_{i=0}^{n} A_i K_j^n(i)$, wobei

$$K_j^n(x) = \sum_{\substack{k,l=0,\\ k+l=j}}^{n} (-1)^k\binom{x}{k}\binom{n-x}{l} \text{ mit } \binom{x}{k} = \frac{x(x-1)\ldots(x-k+1)}{k!}.$$

Die $K_j^n(x)$ heißen *Krawtchouk*[3]*-Polynome* . Insbesondere erfüllen die A_i also die Relationen

$$\begin{aligned} &A_0 = 1,\ A_1 = \ldots = A_{d-1} = 0, \\ &A_i \geq 0 \text{ für } i = d,\ldots,n, \\ &\textstyle\sum_{i=0}^{n} A_i K_j^n(i) \geq 0 \text{ für } j = 0,\ldots,n. \end{aligned}$$

[3]Mykhailo Pilipovich Krawtchouk (1892-1942) Kiew. Analysis, Geometrie, Wahrscheinlichkeitstheorie und Statistik.

Beispiel 7.4.9 Das Gewichtspolynom des binären erweiterten Golay-Codes Gol(24) ist

$$A(x) = 1 + 759x^8 + 2576x^{12} + 759x^{16} + x^{24} :$$

Sei $A(x) = \sum_{j=0}^{24} A_j x^j$ das Gewichtspolynom von Gol(24). Wegen der 4-Dividierbarkeit von Gol(24) und $A_{24-i} = A_i$ für alle i (siehe 7.4.4 b)) erhalten wir

$$A(x) = 1 + Ax^8 + Bx^{12} + Ax^{16} + x^{24}.$$

Dabei gilt

$$(1) \qquad 2 + 2A + B = 2^{12}.$$

Wegen 7.4.8 a) ist weiterhin

$$(2) \qquad \begin{aligned} 0 = A_2 &= \textstyle\sum_{j=0}^{24} A_j(-j(24-j) + \binom{j}{2} + \binom{24-j}{2}) \\ &= 552 + 40A - 12B. \end{aligned}$$

Aus (1) und (2) folgt nun $A = 759$ und $B = 2576$.

Der Dualitätssatz liefert in leicht umgewandelter Form die sogenannten *MacWilliams-Identitäten.*

Lemma 7.4.10 (MacWilliams-Identitäten) *Sei C ein $[n,k]$-Code über einem Körper mit q Elementen. Dann gilt*

$$\sum_{i=0}^{n-r} \binom{n-i}{r} A_i = q^{k-r} \sum_{j=0}^{r} \binom{n-j}{r-j} B_j$$

für $r = 0, \ldots, n$, wobei A_i die Koeffizienten im Gewichtspolynom von C und B_i die zu $C^\perp$ sind.

Beweis. Vertauscht man in 7.4.7 die beiden Codes C und $C^\perp$ so erhält man

$$A(x) = \sum_{i=0}^{n} A_i x^i = q^{-(n-k)} \sum_{j=0}^{n} B_j (1-x)^j (1 + (q-1)x)^{n-j}.$$

Ersetzt man x durch x^{-1} und multipliziert die Gleichung mit x^n, so folgt

$$\sum_{i=0}^{n} A_i x^{n-i} = q^{-(n-k)} \sum_{j=0}^{n} B_j (x-1)^j (x + (q-1))^{n-j}.$$

Differenziert man diese Gleichung mittels der Leibnitz-Regel r-mal, so erhält man

$$\sum_{i=0}^{n-r} A_i \binom{n-i}{r} r! x^{n-i-r} = q^{-(n-k)} \sum_{j=0}^{n} B_j \sum_{l=0}^{r} \binom{r}{l} \binom{n-j}{l} l!(x+q-1)^{n-j-l}$$
$$\binom{j}{r-l}(r-l)!(x-1)^{j-(r-l)}.$$

Setzen wir $x = 1$ und beachten, daß auf der rechten Seite der Gleichung nur Terme für $j = r - l$ überleben, so folgt

$$\sum_{i=0}^{n-r} \binom{n-i}{r} A_i = q^{k-r} \sum_{j=0}^{r} \binom{n-j}{r-j} B_j.$$

□

Aus der Sicht der Fehlerkorrektur sind $[n, k, d]$-Codes optimal, wenn die Singleton-Schranke (siehe 3.7.7) erreicht wird, also $d = n - k + 1$ gilt. Zu dieser Klasse von Codes gehören die Reed-Solomon-Codes, die wir bereits in 3.7.13 kennengelernt haben.

Definition 7.4.11 Ein $[n, k, d]$-Code heißt ein MDS-*Code*, falls $d = n-k+1$ gilt.

Überraschend ist nun, daß das Gewichtspolynom eines MDS-Codes vollständig durch die Parameter n, k, q festgelegt ist. Zum Beweis dieser bemerkenswerten Aussage benötigen wir noch

Lemma 7.4.12 *Sei C ein Code der Dimension $k \geq 1$. Genau dann ist C ein* MDS-*Code, wenn $C^\perp$ ein* MDS-*Code ist.*

Beweis. Wegen $C^{\perp\perp} = C$ ist nur eine Richtung zu zeigen. Sei also C ein $[n, k, n-k+1]$-MDS-Code. Sei $d^\perp$ die Minimaldistanz von $C^\perp$. Die Singleton-Schranke liefert dann

$$d^\perp \leq n - (n - k) + 1 = k + 1.$$

Angenommen, es gebe $0 \neq c \in C^\perp$ mit $\mathrm{wt}(c) \leq k$. Wir wählen c als erste Zeile der Erzeugermatrix G von $C^\perp$. In G gibt es dann $n - k$ Spalten, welche in der ersten Zeile mit 0 besetzt sind, und daher linear abhängig sind. Wegen $\mathrm{d}(C) = n - k + 1$ müssen nach 3.7.10 aber je $n - k$ Spalten in G linear unabhängig sein, da G eine Kontrollmatrix von C ist. □

Satz 7.4.13 *Sei C ein $[n,k,n-k+1]$-MDS-Code über einem Körper K mit $|K| = q$. Dann hat C das Gewichtspolynom $A(x) = \sum_{j=0}^{n} A_j x^j$ mit*

$$A_{n-k+r} = \binom{n}{k-r} \sum_{i=0}^{r-1} (-1)^i \binom{n-k+r}{i} (q^{r-i}-1)$$

für $r = 1, \ldots, k$ und $A_1 = \ldots = A_{n-k} = 0$.

Beweis. Wegen 7.4.12 erreicht $C^\perp$ ebenfalls die Singleton-Schranke, ist also ein $[n, n-k, k+1]$-Code. Wegen $A_i = 0$ für $i = 1, \ldots, n-k$ und $B_i = 0$ für $i = 1, \ldots, k$ liefern die Mac-Williams-Identitäten die Gleichungen

$$\sum_{i=n-k+1}^{n-j} \binom{n-i}{j} A_i = \binom{n}{j} (q^{k-j}-1) \text{ für } j = 0, \ldots, k-1.$$

Für $j = k-1$ folgt

$$A_{n-k+1} = \binom{n}{k-1} (q-1).$$

Für $j = k-2$ erhalten wir

$$\binom{k-1}{k-2} A_{n-k+1} + A_{n-k+2} = \binom{n}{k-2} (q^2-1),$$

also

$$A_{n-k+2} = \binom{n}{k-2} ((q^2-1) - (n-k+2)(q-1)).$$

Man sieht nun leicht per Induktion, daß für $r = 1, \ldots, k$ die Gleichung

$$A_{n-k+r} = \binom{n}{k-r} \sum_{i=0}^{r-1} (-1)^i \binom{n-k+r}{i} (q^{r-i}-1)$$

gilt. □

Das Gewichtspolynom eines beliebigen $[n,k,d]$-Codes C ist i.a. nicht eindeutig durch n, k, d und q bestimmt. Es ist jedoch bemerkenswert, daß $A_1, \ldots, A_{d^\perp}$, wobei $d^\perp$ die Minimaldistanz von $C^\perp$ ist, das Gewichtspolynom eindeutig bestimmen (siehe [17], S.94).

Zur Vorbereitung auf ein weiteres Beispiel beweisen wir

Lemma 7.4.14 *Sei* $2 \nmid |K| = q$ *und* $V = K^4$*, versehen mit dem Skalarprodukt* $(\cdot\,,\cdot)$ *mit*

$$((x_j),(y_j)) = x_1y_2 + x_2y_1 + x_3y_3 - cx_4y_4$$

und $c \notin K^{*2}$. *Dann ist* $\operatorname{ind} V = 1$.

a) *In* V *gibt es genau* $(q^2+1)(q-1)$ *isotrope Vektoren* $\neq 0$.

b) *Sei* $W < V$ *mit* $\dim W = 3$. *Dann gibt es genau zwei Möglichkeiten für die Anzahl der isotropen Geraden in* W*:*

(1) *In* W *gibt es nur eine isotrope Gerade* $\langle v\rangle$. *Dann gilt*

$$W = \langle v\rangle \perp U = \langle v\rangle^\perp.$$

Insbesondere ist W *durch* $\langle v\rangle$ *eindeutig bestimmt. Also gibt es* q^2+1 *solche* W.

(2) *Es gilt* $W = \langle v_1, v_2\rangle \perp \langle w\rangle$ *mit einem hyperbolischen Paar* v_1, v_2 *und* $(w,w) \neq 0$. *Dann enthält* W *genau* $q+1$ *isotrope Geraden.*

Beweis. a) Sei $((x_j),(x_j)) = 2x_1x_2 + x_3^2 - cx_4^2 = 0$. Ist $x_1 = 0$, so folgt $x_3 = x_4 = 0$. Dies liefert $q-1$ isotrope Vektoren $(0,x_2,0,0) \neq 0$. Für $x_1 \neq 0$ können wir x_3, x_4 beliebig wählen. Dann ist x_2 eindeutig bestimmt. Dies liefert weitere $q^2(q-1)$ isotrope Vektoren. Insgesamt enthält V also

$$q-1+q^2(q-1) = (q^2+1)(q-1)$$

isotrope Vektoren $\neq 0$.
b) Wegen 7.3.11 enthält jede Hyperebene W von V isotrope Vektoren $\neq 0$.

Sei zuerst $\langle v\rangle \neq 0$ die einzige isotrope Gerade in W. Ist $W = \langle v\rangle \oplus U$, so ist U anisotrop. Angenommen, es gebe ein $u \in U$ mit $(v,u) = a \neq 0$. Für $x = -\frac{(u,u)}{2a}$ folgt dann

$$(xv+u, xv+u) = 2ax + (u,u) = 0,$$

entgegen der Annahme. Also ist $W = \langle v\rangle \perp U = \langle v\rangle^\perp$. Daher ist W durch $\langle v\rangle \neq 0$ mit $(v,v) = 0$ eindeutig bestimmt. Nach a) gibt es q^2+1 solche W.

Nun enthalte W isotrope Geraden $\langle v_1\rangle \neq \langle v_2\rangle$. Wir können offenbar $(v_1,v_2) = 1$ annehmen. Dann ist $W = \langle v_1,v_2\rangle \perp \langle w\rangle$. Da V den Index 1 hat, ist $(w,w) = a \neq 0$. Es gilt

$$(xv_1+yv_2+zw, xv_1+yv_2+zw) = 2xy + az^2 = 0.$$

Nun gibt es in W genau $2(q-1)$ isotrope Vektoren xv_1 und yv_2. Ferner nimmt $\frac{-2xy}{a}$ für $xy \neq 0$ jeden Wert aus K^* mit der Vielfachheit $q-1$ an. Genau $\frac{(q-1)^2}{2}$ der $\frac{-2xy}{a}$ liegen in K^{*2}, und zu jedem von diesen gibt es zwei z mit $2xy + az^2 = 0$. Insgesamt liefert dies

$$2(q-1) + (q-1)^2 = q^2 - 1$$

isotrope Vektoren $\neq 0$ in W, also $q+1$ isotrope Geraden. □

Beispiel 7.4.15 a) Sei $2 \nmid |K| = q$ und $V = K^4$ mit dem Skalarprodukt $(\cdot\,,\cdot)$ mit

$$((x_j),(y_j)) = x_1y_2 + x_2y_1 + x_3y_3 - cx_4y_4,$$

wobei $c \notin K^{*2}$. Nach 7.4.14 gibt es in V genau $n = q^2+1$ isotrope Geraden $\langle v_i \rangle$. Sei

$$v_i = \begin{pmatrix} z_{i1} \\ \vdots \\ z_{i4} \end{pmatrix} \quad \text{und} \quad G = \begin{pmatrix} z_{11} & \dots & z_{n1} \\ \vdots & & \vdots \\ z_{14} & \dots & z_{n4} \end{pmatrix}.$$

Die Zeilen von G bezeichnen wir mit $z_j = (z_{1j}, \dots, z_{nj})$ $(j = 1, \dots, 4)$. Wir bilden den Code $C = \langle z_1, z_2, z_3, z_4 \rangle$. Da die isotropen Vektoren

$$\begin{pmatrix} 1 \\ 0 \\ 0 \\ 0 \end{pmatrix}, \begin{pmatrix} 0 \\ 1 \\ 0 \\ 0 \end{pmatrix}, \begin{pmatrix} -1 \\ \frac{1}{2} \\ 1 \\ 0 \end{pmatrix}, \begin{pmatrix} c \\ \frac{1}{2} \\ 0 \\ 1 \end{pmatrix}$$

linear unabhängig sind, ist $r(G) = 4$. Somit ist C ein $[n,4,d]$-Code. Wir bestimmen nun d.

Sei

$$\begin{aligned} 0 \neq c &= \textstyle\sum_{j=1}^4 a_j z_j \in C \\ &= (c_1, \dots, c_n) = (\textstyle\sum_{j=1}^4 a_j z_{1j}, \dots, \sum_{j=1}^4 a_j z_{nj}). \end{aligned}$$

Die Gleichung $c_i = 0$ bedeutet $\sum_{j=1}^4 a_j z_{ij} = 0$, und dies heißt, daß v_i in der Hyperebene

$$H_c = \{(x_j) \mid \sum_{j=1}^4 a_j x_j = 0\}$$

liegt. Somit ist

$$\begin{aligned} \mathrm{wt}(c) &= n - (\text{Anzahl der } c_i = 0) \\ &= n - (\text{Anzahl der } v_i \in H_c) \end{aligned}$$

Nach 7.4.14 ist $\mathrm{wt}(c) = q^2$ oder $\mathrm{wt}(c) = n - (q+1) = q^2 - q$. Durch Wahl der $(a_j) \neq 0$ erhält man so alle Hyperebenen von V. Also gibt es $c \in C$ mit $\mathrm{wt}(c) = q^2 - q$. Daher ist C ein $[q^2+1, 4, q^2-q]$-Code.
b) Der duale Code $C^\perp$ hat G als Kontrollmatrix. Sind v_1, v_2 zwei Spalten von G, so ist $\langle v_1, v_2 \rangle$ eine hyperbolische Ebene, enthält also nur die isotropen Geraden $\langle v_1 \rangle$ und $\langle v_2 \rangle$. Somit ist kein Tripel von Spalten von G linear abhängig. Hingegen sind die Spalten

$$\begin{pmatrix} 1 \\ 0 \\ 0 \\ 0 \end{pmatrix}, \begin{pmatrix} 0 \\ 1 \\ 0 \\ 0 \end{pmatrix}, \begin{pmatrix} -1 \\ \frac{1}{2} \\ 1 \\ 0 \end{pmatrix}, \begin{pmatrix} \frac{1}{2} \\ -1 \\ 1 \\ 0 \end{pmatrix}$$

linear abhängig. Daher hat $C^\perp$ die Minimaldistanz 4. Somit ist $C^\perp$ ein $[q^2+1, q^2-3, 4]$-Code.
c) Das Gewicht $\mathrm{wt}(c) = q^2$ tritt genau dann auf, wenn die Hyperebene H_c nur eine isotrope Gerade enthält. Nach 7.4.14 b) gibt es q^2+1 solche H_c, und diese kommen von $(q^2+1)(q-1)$ Codeworten c. Somit hat C das Gewichtspolynom

$$A(x) = 1 + (q^4 - q^3 + q^2 - q)x^{q^2-q} + (q^3 - q^2 + q - 1)x^{q^2}.$$

d) Der Code $C^\perp$ ist optimal, d.h. es existiert kein $[q^2+1, q^2-3, d]$-Code C_0 mit $d > 4$. Falls doch, so liefert die Singleton-Schranke

$$d \leq q^2 + 1 - (q^2 - 3) + 1 = 5,$$

also $d = 5$. Somit ist C_0 ein MDS-Code. Wegen 7.4.12 ist $C_0^\perp$ ebenfalls ein MDS-Code, hat also die Parameter $[q^2+1, 4, q^2-2]$. Sei $B(x) = \sum_{i=0}^{q^2+1} B_i x^i$ das Gewichtspolynom von $C_0^\perp$. Mit 7.4.13 folgt

$$B_{q^2-1} = \binom{q^2+1}{2}[(q^2-1) - (q^2-1)(q-1)].$$

Wegen $q > 2$ ist $B_{q^2-1} < 0$, ein Widerspruch. Ähnlich läßt sich zeigen, daß C ebenfalls optimal ist.

Aufgabe 7.4.1 Sei C ein binärer 4-dividierbarer Code. Dann gilt $C \leq C^\perp$.

Aufgabe 7.4.2 Sei Gol(12) der ternäre erweiterte $[12, 6, 6]$-Golay-Code aus 3.7.21. Man zeige unter Benutzung von 7.4.8, daß Gol(12) das Gewichtspolynom $A(x) = 1 + 264x^6 + 440x^9 + 24x^{12}$ hat.

Aufgabe 7.4.3 Man bestimme das Gewichtspolynom eines Hamming-Codes C mit den Parametern $[n = \frac{q^k-1}{q-1}, n-k, 3]$ über den Dualitätssatz von MacWilliams.

Hinweis: $C^\perp$ ist der in Aufgabe 3.7.4 beschriebene Simplex-Code mit den Parametern $[n, k, q^{k-1}]$. Alle Codeworte ungleich 0 in $C^\perp$ haben das Gewicht q^{k-1}.

Aufgabe 7.4.4 Sei C ein $[n, k, n-k+1]$-MDS-Code.

a) Ist $k \geq 2$, so ist $q \geq n-k+1$.

b) Ist $k \leq n-2$, so ist $q \geq k+1$.

Hinweis: Berechne A_{n-k+2} im Gewichtspolynom von C.

Aufgabe 7.4.5 Sei $C = C^\perp$ ein binärer selbstdualer $[2k, k]$- Code. Dann ist C r-dividierbar genau für $r = 2$ (siehe 7.4.4) oder $r = 4$.

Hilfe: (1) Durch Übergang auf einen äquivalenten selbstdualen Code dürfen wir $G = (E \mid A)$ als Erzeugermatrix von C annehmen, wobei E vom Typ (k, k) ist.
(2) $G^\perp = (-A^t \mid E)$ ist Erzeugermatrix von $C^\perp$.
(3) Sei $c = (1, 0, \ldots, 0, a, *, \ldots, *)$ die erste Zeile von G, wobei wir $a = 1$ wählen dürfen. Ist c' die erste Zeile von $G^\perp$, so betrachte man das Skalarprodukt $(c, c') = \mathrm{wt}(c) + \mathrm{wt}(c') - 2\,|\,\mathrm{T}(c) \cap \mathrm{T}(c')|$.

Aufgabe 7.4.6 (P. Delsarte) Sei K der binäre Körper und C eine beliebige Teilmenge von K^n. Ist

$$D_i = |\{(c, c') \mid (c, c') \in C \times C,\ \mathrm{d}(c, c') = i\}|,$$

so gilt $0 \leq \sum_{i=0}^n D_i K_j^n(i)$ für alle $j = 0, \ldots, n$, wobei die $K_j^n(x)$ Krawtchouk-Polynome sind. (Dies verallgemeinert 7.4.8 b).)

Hinweis: Für $j \in \{0, \ldots, n\}$ betrachte man $0 \leq \sum_{\substack{v \in K^n, \\ \mathrm{wt}(v) = j}} \left(\sum_{c \in C} (-1)^{(v,c)}\right)^2$, wobei $(\cdot, \cdot)$ das Skalarprodukt aus 7.4.1 bezeichnet, und verwende

$$\sum_{\substack{v \in K^n, \\ \mathrm{wt}(v) = j}} (-1)^{(v,w)} = K_j^n(i)$$

für beliebiges $w \in K^n$ mit $\mathrm{wt}(w) = i$.

7.5 Minkowskiraum und Lorentzgruppe

In diesem Abschnitt entwickeln wir die geometrischen Grundlagen der speziellen Relativitätstheorie von Einstein.

Definition 7.5.1 Sei $V = \mathbb{R}^4 = \{(x_j) \mid x_j \in \mathbb{R}, j = 1,2,3,4\}$.

a) Wir versehen V mit dem symmetrischen Skalarprodukt $(\cdot\,,\cdot)$ definiert durch
$$((x_j),(y_j)) = x_1y_1 + x_2y_2 + x_3y_3 - c^2x_4y_4,$$
wobei c die Lichtgeschwindigkeit im Vakuum sei. Dann bilden die Vektoren $e_j = (\delta_{ij})$ $(i,j = 1,\dots,4)$ eine Orthogonalbasis von V mit
$$(e_j,e_j) = 1 \text{ für } j = 1,2,3 \text{ und } (e_4,e_4) = -c^2.$$
Insbesondere ist V regulär. Natürlich können wir den Vektor e_4 durch $e_4' = c^{-1}e_4$ mit $(e_4',e_4') = -1$ ersetzen. Aber mit Rücksicht auf die physikalischen Anwendungen tun wir dies nicht. Wir nennen V mit dem Skalarprodukt $(\cdot\,,\cdot)$ den *Minkowskiraum.*

b) Die Menge
$$\mathcal{L} = \{v \mid v \in V,\ (v,v) = x_1^2 + x_2^2 + x_3^2 - c^2x_4^2 = 0\}$$
der isotropen Vektoren aus V, auch *Lichtvektoren* genannt, heißt *Lichtkegel.*

c) Die Vektoren in
$$\mathcal{R} = \{v \mid v \in V,\ (v,v) > 0\}$$
nennen wir *raumartig* , die Vektoren in
$$\mathcal{Z} = \{v \mid v \in V,\ (v,v) < 0\}$$
zeitartig.

d) Die Isometrien von V heißen *Lorentz*[4]*-Transformationen.* Die Gruppe aller Isometrien von V nennt man die *Lorentzgruppe.*

Wir fassen einige Eigenschaften des Minkowskiraums, die sich sofort aus 7.3.10 ergeben, zusammen.

---

[4]Hendrik Antoon Lorentz (1853-1928) Leiden. Theoretische Physik.

Lemma 7.5.2 *Sei V der Minkowskiraum.*

a) Die maximalen isotropen Unterräume haben die Dimension 1.

b) Ist $(v,v) < 0$, so gilt $V = \langle v \rangle \perp \langle v \rangle^{\perp}$, wobei $(\cdot\,,\cdot)$ auf $\langle v \rangle^{\perp}$ definit ist.

c) Sei $V = V_1 \perp V_2$ mit $\dim V_j = 2$. Bei geeigneter Numerierung ist dann V_1 eine hyperbolische Ebene und $(\cdot\,,\cdot)$ ist definit auf V_2.

Beweis. a) Nach 7.3.10 hat V den Index 1.
b) Sei $(v,v) < 0$ und somit $V = \langle v \rangle \perp \langle v \rangle^{\perp}$. Ist $[w_1, w_2, w_3]$ eine Orthogonalbasis von $\langle v \rangle^{\perp}$, so gilt nach 7.3.10, daß $(w_j, w_j) > 0$ für $j = 1,2,3$ ist.
c) Sei $[w_1, w_2]$ eine Orthogonalbasis von V_1 und $[w_3, w_4]$ eine Orthogonalbasis von V_2. Nach 7.3.10 sind unter den Zahlen (w_j, w_j) drei positiv und eine negativ. Ist etwa $(w_1, w_1) < 0$, so ist V_1 eine hyperbolische Ebene und $(\cdot\,,\cdot)$ ist definit auf V_2. □

Lemma 7.5.3 *Auf der Menge $\mathcal{Z} = \{v \mid z \in V, (z,z) < 0\}$ definieren wir eine Relation $\sim$ durch $z_1 \sim z_2$, falls $(z_1, z_2) < 0$ ist. Dann ist $\sim$ eine Äquivalenzrelation mit den Äquivalenzklassen*

$$\begin{aligned} \mathcal{Z}^+ &= \{z \mid (z,z) < 0 \text{ und } (z, e_4) < 0\} \\ &= \{(x_j) \mid x_1^2 + x_2^2 + x_3^2 - c^2 x_4^2 < 0,\ x_4 > 0\}. \end{aligned}$$

und

$$\begin{aligned} \mathcal{Z}^- &= \{-z \mid z \in \mathcal{Z}^+\} \\ &= \{(x_j) \mid x_1^2 + x_2^2 + x_3^2 - c^2 x_4^2 < 0,\ x_4 < 0\}. \end{aligned}$$

Beweis. Die Relation $\sim$ ist offenbar symmetrisch und reflexiv. Wir haben zu zeigen, daß sie auch transitiv ist. Sei also $z_j \in \mathcal{Z}$ $(j = 1,2,3)$ mit $(z_1, z_3) < 0$ und $(z_3, z_2) < 0$. Wir können $(z_3, z_3) = -1$ annehmen. Sei

$$z_j = u_j + a_j z_3 \text{ mit } u_j \in \langle z_3 \rangle^{\perp}\ (j = 1,2),$$

wobei also $a_j = -(z_j, z_3) > 0$ gilt. Dabei ist $0 > (z_j, z_j) = (u_j, u_j) - a_j^2$. Nach 7.5.2 b) ist $(\cdot\,,\cdot)$ definit auf $\langle z_3 \rangle^{\perp}$. Mit der Schwarzschen Ungleichung 7.1.2 folgt

$$(u_1, u_2)^2 \leq (u_1, u_1)(u_2, u_2) < a_1^2 a_2^2.$$

Wegen $a_j > 0$ gilt

$$(z_1, z_2) = (u_1, u_2) - a_1 a_2 < 0,$$

also $z_1 \sim z_2$.

Offenbar ist

$$\mathcal{Z}^+ = \{z \mid z \in \mathcal{Z}, z \sim e_4\} = \{(x_j) \mid x_1^2 + x_2^2 + x_3^2 - c^2 x_4^2 < 0,\, x_4 > 0\}$$

eine Äquivalenzklasse von $\sim$. Für $z_1, z_2 \in \mathcal{Z}^+$ gilt

$$(-z_1, -z_2) = (z_1, z_2) < 0.$$

Also ist auch

$$\mathcal{Z}^- = \{-z \mid z \in \mathcal{Z}^+\} = \{(x_j) \mid x_1^2 + x_2^2 + x_3^2 - c^2 x_4^2 < 0,\, x_4 < 0\}$$

eine Äquivalenzklasse von $\sim$. Offenbar ist $\mathcal{Z} = \mathcal{Z}^+ \cup \mathcal{Z}^-$. □

Eine analoge Aussage gilt auch für $\mathbb{R}$-Vektorräume mit der Signatur $(1, \ldots, 1, -1)$.

Satz 7.5.4 *Sei L die Lorentzgruppe.*

a) *Dann ist*
$$S = \{G \mid G \in L,\, \det G = 1\}$$
ein Normalteiler von L mit $|L/S| = 2$.

b) *Die Gruppe*
$$L^+ = \{G \mid G \in L,\, G\mathcal{Z}^+ = \mathcal{Z}^+\},$$
ist ein Normalteiler von L mit $|L/L^+| = 2$.

c) *Setzen wir $S^+ = L^+ \cap S$, so ist $S^+ \lhd L$ und $|L/S^+| = 4$.*

Beweis. a) Wegen 7.1.11 c) gilt $\det G = \pm 1$ für $G \in L$. Es gibt Abbildungen $G \in L$ mit $\det G = -1$, etwa die Spiegelung G mit $Ge_j = e_j$ für $j = 1, 2, 3$ und $Ge_4 = -e_4$.
b) Für $z_1, z_2 \in \mathcal{Z}$ mit $z_1 \sim z_2$ und $G \in L$ gilt $Gz_j \in \mathcal{Z}$ und

$$(Gz_1, Gz_2) = (z_1, z_2) < 0.$$

Also ist $Gz_1 \sim Gz_2$. Daher gilt

$$G\mathcal{Z}^+ = \mathcal{Z}^+ \text{ und } G\mathcal{Z}^- = \mathcal{Z}^-$$

oder

$$G\mathcal{Z}^+ = \mathcal{Z}^- \text{ und } G\mathcal{Z}^- = \mathcal{Z}^+.$$

Der zweite Fall tritt auf für $G = -E$ mit $\det(-E) = 1$. Ist $G \in L$ und $G \notin L^+$, so gilt $G\mathcal{Z}^+ = \mathcal{Z}^- = (-E)\mathcal{Z}^+$, also $-G \in L^+$. Dies zeigt schließlich $L = L^+ \cup (-E)L^+$. Daher ist $L^+ \lhd L$ mit $|L/L^+| = 2$.

c) Wegen $S^+ = L^+ \cap S$ gilt $S^+ \lhd L$. Da $-E \in S$ und $-E \notin L^+$ ist $-E \notin S^+$, also $S^+ < S$. Aus

$$|S/S^+| = |S/L^+ \cap S| = |SL^+/S| \leq |L/S| = 2$$

folgt $|S/S^+| = 2$ und $S = S^+ \cup (-E)S^+$. Somit ist

$$|L/S^+| = |L/S|\,|S/S^+| = 4.$$

□

Bemerkungen 7.5.5 a) Sei V ein K-Vektorraum mit regulärem, symmetrischem Skalarprodukt und $\operatorname{Char} K \neq 2$. Wegen 7.1.11 c) ist dann

$$\mathrm{O}(V)/\,\mathrm{SO}(V) \cong \{1, -1\}.$$

Ist $\operatorname{ind} V \geq 1$, so gibt es einen Normalteiler N von $\mathrm{SO}(V)$ mit

$$\mathrm{SO}(V)/N \cong K^*/K^{*2}.$$

Dabei ist N der Kern der Spinornorm (siehe [1], S. 196).
b) Es gilt $S^+ \cong \mathrm{SL}(2, \mathbb{C})/\langle -E \rangle$. (siehe [8], S. 615 ff.)

Satz 7.5.6 *Sei V der Minkowskiraum und $[e_1, e_2, e_3, e_4]$ die Orthogonalbasis aus* 7.5.1.

a) *Sei $[w_1, w_2, w_3]$ eine Orthonormalbasis von $\langle e_1, e_2, e_3 \rangle$. Sei ferner G eine Isometrie von V mit* $\det G = 1$ *und $Gw_j = w_j$ für $j = 1, 2$. Genau dann gilt $G \in S^+$, wenn es eine reelle Zahl u gibt mit $-c < u < c$ derart, daß*

$$Gw_3 = \frac{1}{d}(w_3 + \frac{u}{c^2}e_4), \quad Ge_4 = \frac{1}{d}(uw_3 + e_4),$$

wobei

$$d = (1 - \frac{u^2}{c^2})^{\frac{1}{2}} > 0.$$

b) *Sei $v = uw_3$ mit $u \neq 0$. Damit hat die Abbildung G aus a) die Gestalt*

$$Gw = w + \frac{(v, w)}{(v, v)}(\frac{1}{d} - 1)v + \frac{(v, w)}{dc^2}e_4$$

für $w \in [e_1, e_2, e_3]$ und

$$Ge_4 = \frac{1}{d}(v + e_4).$$

Wir setzen dann $G = L(v)$ und nennen $L(v)$ die Lorentz-Translation *zu v. Ferner setzen wir $L(0) = E$.*

c) Seien $v_j \in \langle e_1, e_2, e_3 \rangle$ *mit* $\langle v_1 \rangle = \langle v_2 \rangle$ *und* $(v_j, v_j) < c^2$*. Dann gilt*

$$L(v_1)L(v_2) = L\left(\frac{v_1 + v_2}{1 + \frac{(v_1, v_2)}{c^2}}\right).$$

Insbesondere ist $L(v)^{-1} = L(-v)$*. Für jedes* $v_0 \in \langle e_1, e_2, e_3 \rangle$ *ist*

$$\{L(v) \mid v \in \langle v_0 \rangle \text{ und } (v, v) < c^2\}$$

eine abelsche Untergruppe von S^+*.*

Beweis. a) Setzen wir

$$u_3 = cw_3 + e_4, \ u_4 = \frac{1}{2c^2}(cw_3 - e_4),$$

so gilt

$$(u_3, u_3) = (u_4, u_4) = 0, \ (u_3, u_4) = 1.$$

Man beachte, daß die Vielfachen von u_3 und u_4 die einzigen isotropen Vektoren in $\langle u_3, u_4 \rangle = \langle w_3, e_4 \rangle$ sind. Wegen $\det G = 1$ und

$$G\langle w_3, e_4 \rangle = G\langle w_1, w_2 \rangle^\perp = \langle w_1, w_2 \rangle^\perp = \langle w_3, e_4 \rangle$$

gilt somit $Gu_3 = au_3$, $Gu_4 = a^{-1}u_4$ mit $a \in \mathbb{R}^*$. Damit $G \in S^+$ ist, muß für ein

$$z = x_3 u_3 + x_4 u_4$$

mit $(z, z) = 2x_3x_4 < 0$ auch $Gz \sim z$ gelten, also

$$(Gz, z) = (a + a^{-1})x_3x_4 < 0.$$

Dies verlangt $a + a^{-1} > 0$, also $a > 0$. Wir rechnen dieses Resultat um auf die Orthogonalbasis $[w_1, w_2, w_3, e_4]$ von V. Aus

$$G(cw_3 + e_4) = a(cw_3 + e_4), \ G(cw_3 - e_4) = a^{-1}(cw_3 - e_4)$$

mit $a > 0$ folgt

$$\begin{aligned} Gw_3 &= \tfrac{1}{2}(a + a^{-1})w_3 + \tfrac{1}{2c}(a - a^{-1})e_4 \\ Ge_4 &= \tfrac{c}{2}(a - a^{-1})w_3 + \tfrac{1}{2}(a + a^{-1})e_4. \end{aligned}$$

Wegen $a > 0$ ist $a + a^{-1} \geq 2$. Daher gibt es ein u mit $-c < u < c$ und

$$\frac{1}{2}(a + a^{-1}) = (1 - \frac{u^2}{c^2})^{-\frac{1}{2}},$$

wobei die positive Wurzel zu nehmen ist. (Die mathematisch wenig motivierte Einführung von u hat physikalische Gründe; siehe 7.6.3.)
Wir setzen weiterhin

$$d = (1 - \frac{u^2}{c^2})^{\frac{1}{2}} = \frac{2}{a + a^{-1}}.$$

Dann ist

$$\frac{1}{4}(a - a^{-1})^2 = \frac{1}{4}(a + a^{-1})^2 - 1 = \frac{1 - d^2}{d^2} = \frac{u^2}{c^2 d^2}.$$

Das Vorzeichen von u können wir so wählen, daß

$$\frac{1}{2}(a - a^{-1}) = \frac{u}{cd}.$$

Dann ist

$$Gw_3 = \frac{1}{d}(w_3 + \frac{u}{c^2}e_4), \quad Ge_4 = \frac{1}{d}(uw_3 + e_4).$$

b) Dies folgt durch eine einfache Rechnung.
c) Sei $v_j = u_j v_0$ $(j = 1, 2)$ mit $(v_0, v_0) = 1$ und $-c < u_j < c$. Wir setzen

$$d_j = (1 - \frac{u_j^2}{c^2})^{\frac{1}{2}}.$$

Bezüglich der Zerlegung

$$V = \langle v_0, e_4 \rangle^{\perp} \perp \langle v_0, e_4 \rangle$$

ist dann $L(v_j)$ die Matrix

$$\begin{pmatrix} E & 0 \\ 0 & H(u_j) \end{pmatrix}$$

zugeordnet mit

$$H(u_j) = \frac{1}{d_j}\begin{pmatrix} 1 & u_j \\ \frac{u_j}{c^2} & 1 \end{pmatrix}.$$

Sei

$$u_3 = \frac{u_1 + u_2}{1 + \frac{u_1 u_2}{c^2}}.$$

Für reelle Zahlen a und b mit $|a| < 1$ und $|b| < 1$ ist $|a|(1 \pm |b|) < 1 \pm |b|$, und daher $|a| \pm |b| < 1 \pm |a|\,|b|$. Damit folgt

$$\left|\frac{u_3}{c}\right| = \left|\frac{\frac{u_1}{c} + \frac{u_2}{c}}{1 + \frac{u_1}{c}\frac{u_2}{c}}\right| = \left|\frac{\frac{|u_1|}{c} + \varepsilon\frac{|u_2|}{c}}{1 + \varepsilon\frac{|u_1|}{c}\frac{|u_2|}{c}}\right| < 1,$$

wobei das Vorzeichen $\varepsilon = \pm 1$ durch $u_1 u_2 = \varepsilon |u_1|\,|u_2|$ bestimmt ist. Also ist $L(u_3 v_0)$ definiert. Setzen wir

$$d_3 = (1 - \frac{u_3^2}{c^2})^{\frac{1}{2}},$$

so folgt

$$\begin{aligned} d_3^2(1 + \frac{u_1 u_2}{c^2})^2 &= \left(1 - \left(\frac{\frac{u_1}{c} + \frac{u_2}{c}}{1 + \frac{u_1 u_2}{c^2}}\right)^2\right)(1 + \frac{u_1 u_2}{c^2})^2 \\ &= (1 + \frac{u_1 u_2}{c^2})^2 - (\frac{u_1}{c} + \frac{u_2}{c})^2 \\ &= 1 + \frac{u_1^2}{c^2}\frac{u_2^2}{c^2} - \frac{u_1^2}{c^2} - \frac{u_2^2}{c^2} = d_1^2 d_2^2. \end{aligned}$$

Wegen $1 + \frac{u_1 u_2}{c^2} > 0$ zeigt dies

$$\frac{1}{d_3} = \frac{1}{d_1 d_2}(1 + \frac{u_1 u_2}{c^2}).$$

Damit erhalten wir

$$\begin{aligned} H(u_1)H(u_2) &= \tfrac{1}{d_1 d_2}\begin{pmatrix} 1 + \frac{u_1 u_2}{c^2} & u_1 + u_2 \\ \frac{u_1 + u_2}{c^2} & 1 + \frac{u_1 u_2}{c^2} \end{pmatrix} \\ &= \tfrac{1}{d_3}\begin{pmatrix} 1 & u_3 \\ \frac{u_3}{c^2} & 1 \end{pmatrix} = H(u_3). \end{aligned}$$

Dies zeigt $L(v_1)L(v_2) = L(v_3)$. □

Daß durch

$$u_1 \circ u_2 = \frac{u_1 + u_2}{1 + \frac{u_1 u_2}{c^2}}$$

auf $(-c, c)$ eine Gruppenstruktur definiert wird, haben wir bereits in Aufgabe 2.1.2 gesehen.

Der folgende Satz beschreibt die allgmeine Lorentz-Transformation.

Satz 7.5.7 *Sei $G \in L$. Dann gibt es eine Lorentz-Translation $L(v)$ im Sinne von 7.5.6 und eine Isometrie H von V mit $He_4 = \pm e_4$ derart, daß $G = L(v)H$ ist. Dabei gilt $G \in S^+$ genau dann, wenn $\det H = 1$ und $He_4 = e_4$ ist.*

Beweis. Sei $Ge_4 = ae_4 + v'$ mit $a \in \mathbb{R}$ und $v' \in \langle e_1, e_2, e_3 \rangle$. Dann ist

$$-c^2 = (e_4, e_4) = (Ge_4, Ge_4) = (v', v') - c^2 a^2.$$

Dies zeigt

$$c^2(a^2 - 1) = (v', v') \geq 0$$

und daher $a^2 \geq 1$.

Ist $v' = 0$, so folgt $a = \pm 1$, also $Ge_4 = \pm e_4$ und daher

$$G\langle e_1, e_2, e_3 \rangle = \langle e_1, e_2, e_3 \rangle.$$

Sei weiterhin $(v', v') > 0$, also $a^2 > 1$. Wir bestimmen u durch

$$a^2 = \frac{1}{1 - \frac{u^2}{c^2}} = \frac{1}{d^2}$$

und setzen $w = (v', v')^{-\frac{1}{2}} v'$. Dann ist $(w, w) = 1$ und

$$Ge_4 = ae_4 + bw$$

mit $b \in \mathbb{R}$ und

$$-c^2 = (Ge_4, Ge_4) = -a^2 c^2 + b^2.$$

Daraus folgt

$$b^2 = c^2(a^2 - 1) = \frac{u^2}{d^2}.$$

Daher ist

$$Ge_4 = \pm \frac{1}{d} e_4 \pm \frac{u}{d} w.$$

Durch die Wahl des Vorzeichens von u können wir dabei

$$Ge_4 = \pm \frac{1}{d}(e_4 - uw) = \pm L(-uw) e_4$$

erreichen. Also gilt

$$L(-uw)^{-1} Ge_4 = \pm e_4.$$

Setzen wir $v = -uw$, so folgt $G = L(v)H$ mit $He_4 = \pm e_4$. Ist $\det G = 1$, so ist auch $\det H = 1$. Sei $He_4 = \varepsilon e_4$ mit $\varepsilon = \pm 1$. Genau dann gilt $G \in S^+$, wenn $Ge_4 \sim e_4$, also

$$(Ge_4, e_4) = (L(v)He_4, e_4) = \varepsilon (L(v)e_4, e_4) < 0.$$

Wegen $(L(v)e_4, e_4) < 0$ heißt dies $\varepsilon = 1$. □

Definition 7.5.8 Sei V ein K-Vektorraum mit symmetrischem Skalarprodukt $(\cdot\,,\cdot)$. Eine Abbildung $A \in \mathrm{GL}(V)$ heißt eine *Ähnlichkeit*, falls es ein $a(A) \in K^*$ gibt mit

$$(Av, Aw) = a(A)(v, w)$$

für alle $v, w \in V$. Ist $\operatorname{Char} K \neq 2$, so reicht dafür bereits

$$(Av, Av) = a(A)(v, v)$$

für alle $v \in V$. Ist I eine Isometrie von V, so ist bI eine Ähnlichkeit für alle $b \in K^*$.

Das folgende Lemma benötigen wir zur Begrüngung der speziellen Relativitätstheorie.

Lemma 7.5.9 *Sei V der Minkowskiraum und $A \in \mathrm{GL}(V)$. Für alle $v \in V$ mit $(v, v) = 0$ sei auch $(Av, Av) = 0$.*

a) Dann ist A eine Ähnlichkeit von V.

b) Es gilt $A = bI$, wobei I eine Isometrie von V und $b \in \mathbb{R}^*$ ist.

Beweis. a) Sei $V = \langle v_1, w_1 \rangle \perp V_0$ mit einem hyperbolischen Paar v_1, w_1 und anisotropem V_0. Setzen wir

$$[v, w] = (Av, Aw),$$

für $v, w \in V$, so ist $[\cdot\,,\cdot]$ ein symmetrisches Skalarprodukt auf V, und es gilt $[v, v] = 0$, falls $(v, v) = 0$ ist. Somit ist

$$[v_1, v_1] = [w_1, w_1] = 0.$$

Sei $[v_1, w_1] = a$. Für $v_0 \in V_0$ und $x \in \mathbb{R}^*$ gilt

$$(v_0 + xv_1 - \frac{(v_0, v_0)}{2x} w_1, v_0 + xv_1 - \frac{(v_0, v_0)}{2x} w_1) = (v_0, v_0) - (v_0, v_0) = 0.$$

Also ist auch

$$\begin{aligned} 0 &= \left[v_0 + xv_1 - \frac{(v_0, v_0)}{2x} w_1, v_0 + xv_1 - \frac{(v_0, v_0)}{2x} w_1 \right] \\ &= [v_0, v_0] - a(v_0, v_0) + 2[v_0, xv_1 - \frac{(v_0, v_0)}{2x} w_1]. \end{aligned}$$

Die Verwendung dieser Gleichung für $x = 1$ und $x = -1$ liefert

$$[v_0, v_0] = a(v_0, v_0)$$

und dann für alle $x \in \mathbb{R}^*$

$$[v_0, xv_1 - \frac{(v_0, v_0)}{2x} w_1] = 0.$$

Da es ein $x \in \mathbb{R}^*$ mit $x^2 \neq 1$ gibt, zeigt dies

$$[v_0, v_1] = [v_0, w_1] = 0$$

für alle $v_0 \in V_0$. Daher gilt

$$\begin{aligned}[v_0 + xv_1 + yw_1, v_0 + xv_1 + yw_1] &= [v_0, v_0] + 2axy \\ &= a((v_0, v_0) + 2xy) \\ &= a(v_0 + xv_1 + yw_1, v_0 + xv_1 + yw_1).\end{aligned}$$

Dies zeigt

$$(Av, Av) = [v, v] = a(v, v)$$

für alle $v \in V$. Somit ist A eine Ähnlichkeit.
b) Nach a) haben wir $(Av, Av) = a(v, v)$. Ist $a = b^2 > 0$, so ist $b^{-1}A$ eine Isometrie von V. Angenommen, $a < 0$. Wegen a) gilt

$$V = A\langle v_1, w_1\rangle \perp AV_0$$

mit

$$(Av_0, Av_0) = a(v_0, v_0) < 0$$

für alle $0 \neq v_0 \in V_0$. Somit hat AV_0 die Signatur $(-1, -1)$. Dies ist nicht möglich, da V die Signatur $(1, 1, 1, -1)$ hat. Also ist doch $a > 0$. □

Aufgabe 7.5.1 Sei $V = \langle w_1, w_4\rangle \perp \langle w_2, w_3\rangle$ der Minkowskiraum mit

$$\begin{aligned}(w_1, w_4) &= (w_2, w_2) = (w_3, w_3) = 1, \\ (w_1, w_1) &= (w_4, w_4) = (w_2, w_3) = 0.\end{aligned}$$

a) Für jedes Paar $a, b \in \mathbb{R}$ ist die Abbildung $G(a, b)$ mit

$$\begin{aligned}G(a,b)w_1 &= w_1, \\ G(a,b)w_2 &= aw_1 + w_2, \\ G(a,b)w_3 &= bw_1 + w_3, \\ G(a,b)w_4 &= -\tfrac{1}{2}(a^2 + b^2)w_1 - aw_2 - bw_3 + w_4\end{aligned}$$

eine Isometrie von V mit $G(a, b) \in S^+$.

b) Für $(a, b) \neq (0, 0)$ hat $G(a, b)$ das Minimalpolynom $(x - 1)^3$, ist also insbesondere nicht diagonalisierbar.

c) Es gilt
$$G(a,b)G(a',b') = G(a+a',b+b').$$
Somit ist $\{G(a,b) \mid a,b \in \mathbb{R}\}$ eine abelsche Gruppe.

Aufgabe 7.5.2 Sei V der Minkowskiraum und $w \in V$ mit $(w,w) \neq 0$. Durch
$$Sw = -w, \quad S(v) = v \text{ für } v \in \langle w \rangle^{\perp}$$
wird eine Spiegelung S aus der Lorentzgruppe L definiert mit $\det S = -1$.

a) Ist $(w,w) > 0$, so gilt $S \in L^{+}$.

b) Ist $(w,w) < 0$, so gilt $S \notin L^{+}$.

Aufgabe 7.5.3 Sei V der Minkowskiraum und $G \in L$.

a) Hat G keine isotropen Eigenvektoren, so gibt es eine Zerlegung $V = H \perp H^{\perp}$ mit einer hyperbolischen Ebene H und $GH = H$.

b) Ist $\det G = 1$, so hat G einen reellen Eigenwert mit isotropem Eigenvektor.

7.6 Spezielle Relativitätstheorie

Auf der Tagung der Gesellschaft deutscher Naturforscher und Ärzte in Köln am 21. September 1905 begann der Mathematiker Hermann Minkowski seinen Vortrag über Raum und Zeit mit folgenden Sätzen. "Die Anschauungen über Raum und Zeit, die ich ihnen hier entwickeln möchte, sind auf experimentell-physikalischem Boden erwachsen. Darin liegt ihre Stärke. Ihre Tendenz ist eine radikale. Von Stund an sollen Raum für sich und Zeit für sich völlig zu Schatten herabsinken, und nur noch eine Art Union der beiden soll Selbständigkeit bewahren". Was war geschehen?

Die klassische Elektrodynamik ging von der Vorstellung aus, daß Licht eine Schwingung eines elastischen Mediums, des Lichtäthers sei. Nach klassischer Vorstellung sollte sich die Geschwindigkeit einer bewegten Lichtquelle zur Lichtgeschwindigkeit addieren bzw. subtrahieren. Der berühmte Versuch von Michelson[5] zeigte jedoch, daß dieser Effekt nicht auftritt. Vielmehr beobachtet ein bewegter Sender, daß sich das Licht von ihm aus in allen Richtungen im Vakuum mit Lichtgeschwindigkeit c ausbreitet.

Wir machen diese Beobachtungen, Einstein folgend, zur Grundlage von Axiomen.

Axiome 7.6.1 Wir beschreiben Ereignisse in Raum und Zeit durch die Angabe eine Quadrupels $(x_j) \in \mathbb{R}^4$. Ein Beobachter ordnet jedem physikalischen Ereignis bezüglich des von ihm benutzten Bezugssystems drei Raumkoordinaten x_1, x_2, x_3 und eine Zeitkoordinate $x_4 = t$ zu. Die in der klassischen Physik von allen Beobachtern gleichartig vollzogene Zerlegung des $\mathbb{R}^4$ in einen räumlichen und einen zeitlichen Anteil wollen wir jedoch nicht übernehmen. Wie Minkowski sagte, muß sie aufgegeben werden. Wir nennen (x_1, x_2, x_3, x_4) einen *Weltpunkt.* Welche Transformationen

$$(x_1, x_2, x_3, x_4) \to (x_1', x_2', x_3', x_4')$$

sollen zulässig sein?

Axiom 1. Die Transformation werde beschrieben durch

$$x_j' = b_j + \sum_{k=1}^{4} a_{jk} x_k \quad (j = 1, \dots, 4)$$

mit $\det(a_{jk}) \neq 0$.

[5]Albert Abraham Michelson (1852-1931) Chicago, Pasadena. Physiker, Optik.

Axiom 2. Ist

$$\sum_{j=1}^{4} x_j^2 - c^2 x_4^2 = 0,$$

so sei auch

$$\sum_{j=1}^{4} (x_j' - b_j)^2 - c^2 (x_4' - b_4)^2 = 0.$$

Dies entspricht der physikalischen Aussage, daß der zweite Beobachter das in $(x_1, x_2, x_3, x_4) = (0, 0, 0, 0)$, also in $(x_1', x_2', x_3', x_4') = (b_1, b_2, b_3, b_4)$ ausgesendete Lichtsignal im Vakuum genau so beobachtet wie der erste Beobachter. Es breitet sich nämlich mit der Lichtgeschwindigkeit c in konzentrischen Kugeln um (b_1, b_2, b_3) aus, beginnend zum Zeitpunkt $t' = b_4$.

Die mathematische Folgerung aus diesen Axiomen liefert der folgende Satz.

Satz 7.6.2 *Sei V der Minkowskiraum und $[v_1, v_2, v_3, v_4]$ eine Orthogonalbasis von V mit*

$$(v_j, v_j) = 1 \text{ für } j = 1, 2, 3 \text{ und } (v_4, v_4) = -c^2.$$

Genau dann ist

$$x_j' = b_j + \sum_{k=1}^{4} a_{jk} x_k \quad (j = 1, \ldots, 4)$$

eine zulässige Transformation im Sinne von 7.6.1, wenn die zugehörige Abbildung $A \in \mathrm{End}(V)$ mit

$$A v_j = \sum_{k=1}^{4} a_{kj} v_k \quad (j = 1, \ldots, 4)$$

eine Ähnlichkeit von V ist. Dann hat A die Gestalt $A = dL$ mit $0 < d \in \mathbb{R}$ und einer Isometrie L von V.

Beweis. Ist $v = \sum_{j=1}^{4} x_j v_j$ ein isotroper Vektor aus V, so gilt

$$0 = (v, v) = \sum_{j=1}^{3} x_j^2 - c^2 x_4^2.$$

Dann ist

$$\begin{aligned}(Av, Av) &= \sum_{k=1}^{3}(\sum_{j=1}^{4} a_{kj}x_j)^2 - c^2(\sum_{j=1}^{4} a_{4j}x_j)^2 \\ &= \sum_{k=1}^{3}(x'_k - b_k)^2 - c^2(x'_4 - b_4)^2.\end{aligned}$$

Somit ist A eine lineare Abbildung, welche isotrope Vektoren genau dann auf isotrope Vektoren abbildet, wenn die Transformation

$$(x_1, x_2, x_3, x_4) \to (x'_1, x'_2, x'_3, x'_4)$$

zulässig ist. Nach 7.5.9 ist dann A eine Ähnlichkeit, hat also die angegebene Gestalt. □

Auf die zahlreichen Folgerungen aus Einstein's Theorie in Mechanik, Elektrodynamik und Optik können wir hier nicht eingehen. Wir müssen uns auf wenige rein kinematische Aussagen beschränken, die jedoch bereits überraschend sind.

7.6.3 Lorentz-Transformationen

Wir betrachten gemäß 7.5.6 die Isometrie $L(-uv_1)$ mit $|u| < c$, $d = \sqrt{1 - \frac{u^2}{c^2}}$ und

$$\begin{aligned}L(-uv_1)v_1 &= \tfrac{1}{d}(v_1 - \tfrac{u}{c^2}v_4), \\ L(-uv_1)v_j &= v_j \quad \text{für } j = 2, 3, \\ L(-uv_1)v_4 &= \tfrac{1}{d}(-uv_1 + v_4).\end{aligned}$$

Da $L(-uv_1)$ eine Isometrie ist, wird nach 7.6.2 durch

$$\begin{aligned}x'_1 &= \tfrac{1}{d}(x_1 - ux_4), \quad x'_j = x_j \text{ für } j = 2, 3, \\ x'_4 &= \tfrac{1}{d}(-\tfrac{u}{c^2}x_1 + x_4)\end{aligned}$$

eine zulässige Abbildung definiert. Ist $x_4 = t$ die Zeit des ersten Beobachters, so hat der Nullpunkt $(x'_1, x'_2, x'_3) = (0, 0, 0)$ des zweiten Beobachters im System des ersten Beobachters zur Zeit t die Koordinaten $(ut, 0, 0)$, vollführt also eine Translation mit der konstanten Geschwindigkeit u bezüglich des ersten Beobachters. Aber die in der klassischen Theorie gültige Gleichung $t' = t$ gilt nun nicht mehr. Vielmehr ist

$$t' = x'_4 = \frac{1}{d}(-\frac{u}{c^2}x_1 + t).$$

Die beiden relativ zueinander bewegten Beobachter haben also nicht denselben Zeitbegriff.

Bei den nun zu besprechenden Effekten der speziellen Relativitätstheorie schreiben wir stets (x, y, z, t) statt (x_1, x_2, x_3, x_4) und legen die Transformationen

$$\begin{aligned} x' &= \tfrac{1}{d}(x - ut), \quad y' = y, z' = z, \\ t' &= \tfrac{1}{d}(-\tfrac{u}{c^2}x + t) \end{aligned}$$

mit $d = \sqrt{1 - \frac{u^2}{c^2}}$ zugrunde. Dies ist keine wesentliche Beschränkung, da nach 7.5.7 jede Lorentz-Transformation ein Produkt einer Lorentz-Translation in einer geeigneten Richtung mit einer orthogonalen Abbildung des Raumes ist.

Wir kommen nun zu den kinematischen Effekten.

7.6.4 Die Einsteinsche Addition der Geschwindigkeiten

a) Für Lorentz-Translationen $L(v_j)$ mit $\langle v_1 \rangle = \langle v_2 \rangle$ hatten wir in 7.5.6 die Regel $L(v_1)L(v_2) = L(v_3)$ mit

$$v_3 = \frac{1}{1 + \frac{(v_1, v_2)}{c^2}}(v_1 + v_2)$$

festgestellt, wobei für $(v_j, v_j) < c^2$ $(j = 1, 2)$ auch $(v_3, v_3) < c^2$ gilt. Bewegt sich der Beobachter 2 relativ zum Beobachter 1 mit der Geschwindigkeit u_1 und der Beobachter 3 relativ zum Beobachter 2 mit der zu u_1 gleich oder entgegengesetzt gerichteten Geschwindigkeit u_2, so bewegt sich der Beobachter 3 relativ zum Beobachter 1 mit der Geschwindigkeit

$$u_3 = \frac{u_1 + u_2}{1 + \frac{u_1 u_2}{c^2}}.$$

Sind u_1 und u_2 sehr klein gegenüber c, wie in der klassischen Mechanik, so ist $u_3 \sim u_1 + u_2$. Ist jedoch $u_1 = u_2 = \frac{9}{10}c$, so erhält man $u_3 = \frac{180}{181}c$.
b) Der Versuch von Fizeau[6] mißt die Lichtausbreitung in einem Medium M, welches sich mit konstanter Geschwindigkeit u bewegt. Ist $\frac{c}{n}$ die Lichtgeschwindigkeit in M mit dem Brechungsindex $n > 1$ des Mediums M, so liefert die Einstein-Addition

$$\frac{\frac{c}{n} + u}{1 + \frac{u}{nc}} \sim (\frac{c}{n} + u)(1 - \frac{u}{nc}) \sim \frac{c}{n} + (1 - \frac{1}{n^2})u$$

(bis auf Terme der Größenordnung $\frac{u^2}{c}$).

[6]Hippolyte Fizeau (1819-1896) Physiker. Hat den Doppler-Effekt vorhergesagt, Bestimmung von c.

Man nennt $1 - \frac{1}{n^2}$ den Fresnelschen[7] Mitführungskoeffizienten. Fizeau konnte diesen Effekt in strömendem Wasser nachweisen.

7.6.5 Längenkontraktion und Zeitdilatation

Wir legen wieder die Formeln

$$\begin{aligned} x' &= \tfrac{1}{d}(x - ut), \quad y' = y, z' = z, \\ t' &= \tfrac{1}{d}(-\tfrac{u}{c^2}x + t) \end{aligned}$$

aus 7.6.3 zugrunde.

a) Wir betrachten einen Stab in den beiden Bezugssystemen (x, y, z, t) und (x', y', z', t'), welche wie oben zusammenhängen. Im zweiten Sytem ruhe der Stab. Seine Endpunkte seien in $(x', y', z') = (0, 0, 0)$ und $(x', y', z') = (l_0, 0, 0)$, wobei wir l_0 die Ruhelänge des Stabes nennen. Der erste Beobachter liest zu einem Zeitpunkt t die beiden Endpunkte x_a und x_b des Stabes ab. Nun ist

$$x'_a = \frac{1}{d}(x_a - ut) \text{ und } x'_b = \frac{1}{d}(x_b - ut).$$

Dies liefert

$$l_0 = x'_b - x'_a = \frac{1}{d}(x_b - x_a) = \frac{l}{d},$$

wobei $l = x_b - x_a$ die vom ersten Beobachter ermittelte Stablänge ist. Somit hat der Stab für den ersten Beobachter die Länge

$$l = l_0 \sqrt{1 - \frac{u^2}{c^2}} < l_0.$$

Dies ist die von Lorentz postulierte Kontraktion. Sie erklärt den negativen Ausgang des Michelson-Versuchs (siehe [8], S. 627 ff).

b) Wieder sei der Zusammenhang zwischen zwei Bezugssystemen durch die obigen Formeln gegeben. Eine Uhr ruhe im zweiten System und markiere die gleichmäßig verteilten Zeitpunkte $t'_1, t'_2, \ldots$ mit $\tau' = t'_{j+1} - t'_j$. Die Umkehr der obenstehenden Gleichungen liefert

$$x = \frac{1}{d}(x' + ut') \text{ und } t = \frac{1}{d}(\frac{u}{c^2}x' + t').$$

Da unsere Uhr im zweiten System ruht, folgt

$$t_{j+1} - t_j = \frac{1}{d}(t'_{j+1} - t'_j) = \frac{\tau'}{d}.$$

[7] Augustin Jean Fresnel (1788-1827) Paris. Physiker, Optik.

Also erscheint im ersten System die Zeiteinheit der Uhr als

$$\tau = \frac{\tau'}{\sqrt{1-\frac{u^2}{c^2}}} > \tau'.$$

Dies ist die Einsteinsche Zeitdilatation.

Die Zeitdilatation findet eine experimentelle Bestätigung bei der Beobachtung von *Mesonen*, die in der Atmoshpäre unter dem Einfluß der Höhenstrahlung entstehen. Ihre mittlere Zerfallszeit in Ruhe ist etwa $\tau' = 1.5 \cdot 10^{-6}$ Sekunden. In dieser Zeit legt ein Meson höchstens $1.5 \cdot 10^{-6} c = 450$ Meter zurück. Man beobachtet jedoch als häufigste Weglänge den viel größeren Wert von etwa 20 Kilometern. Im Bezugssystem eines auf der Erde ruhenden Beobachters entspricht dies einer mittleren Zerfallszeit von $\tau = 7 \cdot 10^{-5}$ Sekunden. Also hat in diesem Bezugssystem die Zeitdilatation den Wert

$$\frac{1}{\sqrt{1-\frac{u^2}{c^2}}} = \frac{\tau}{\tau'} = \frac{7 \cdot 10^{-5}}{1.5 \cdot 10^{-6}} \sim 50.$$

Dies ergibt für die Mesonengeschwindigkeit den Wert

$$u \sim c(1 - \frac{1}{5000}).$$

Diese hohe Geschwindigkeit der Mesonen läßt sich auf anderem Weg durch Energiemessungen bestätigen.

7.6.6 Relativität der Gleichzeitigkeit

Zwei Beobachter, deren Bezugssysteme sich mit der Geschwindigkeit $u \neq 0$ zueinander auf der x-Achse bewegen, beobachten zwei Ereignisse. Beobachter 1 sehe diese Ereignisse in den Weltpunkten $(x_1, 0, 0, t_1)$ und $(x_2, 0, 0, t_2)$. Der Beobachter 2 sehe sie in den Weltpunkten $(x_1', 0, 0, t_1')$ und $(x_2', 0, 0, t_2')$ mit

$$x_j' = \frac{1}{d}(x_j - ut_j), \ t_j' = \frac{1}{d}(-\frac{u}{c^2}x_j + t_j).$$

Dabei ist

$$t_2' - t_1' = \frac{1}{d}[(t_2 - t_1) - \frac{u}{c^2}(x_2 - x_1)].$$

Ist $t_1 = t_2$, beobachtet der erste Beobachter also beide Ereignisse gleichzeitig, so ist $t_2' \neq t_1'$, falls $x_2 \neq x_1$ ist. Somit ist *Gleichzeitigkeit* eine vom Beobachter abhängige Aussage.

Wir haben mit einem Experiment aus der Optik, dem Michelson-Versuch, begonnen. Dies führte zu einer völlig neuen Geometrie von Raum und Zeit. Nur wenige kinematische Folgerungen konnten wir hier behandeln. Die Vorhersagen der speziellen Relativitätstheorie wurden bei zahlreichen Experimenten zur Optik und Elektrodynamik bewegter Körper, insbesondere bei der Beobachtung von schnellen Elektronen und der Feinstruktur des Wasserstoffspektrums mit großer Genauigkeit bestätigt. Zahlreiche Folgerungen der Relativitätstheorie in Elektrodynamik und Optik findet man in *Relativitätstheorie* von Max von Laue (siehe [10]).

8 Hilberträume und ihre Abbildungen

Auf Vektorräumen über $\mathbb{R}$ oder $\mathbb{C}$ mit definitem Skalarprodukt definieren wir über das Skalarprodukt eine Norm. Damit sind die Ergebnisse der Kapitel 6 und 7 verfügbar. Dies führt zur reichen Theorie der Hilberträume. Unsere algebraischen Methoden erzwingen freilich weitgehend eine Beschränkung auf Hilberträume endlicher Dimension, denn dann ist die Komplettheit automatisch gegeben. Für Hilberträume von endlicher Dimension betrachten wir eingehend lineare Abbildungen, die bezüglich des Skalarproduktes ein spezielles Verhalten zeigen, nämlich die normalen, unitären und hermiteschen Abbildungen. Die Eigenwerttheorie der hermiteschen Matrizen findet in 8.5 Anwendung bei der technisch wichtigen Behandlung linearer Schwingungen. Hier kommen die Ergebnisse dieses Kapitels mit den Sätzen über lineare Differentialgleichungen aus 6.4 zusammen. Um längere physikalische Ausführungen zu vermeiden, beschränken wir uns bei der Behandlung linearer Schwingungen auf Beispiele aus der Mechanik.

Die Theorie der Hilberträume und ihrer Abbildungen hat die Analysis im 20. Jahrhundert revolutioniert; sie hat u.a. eine einheitliche Behandlung großer Klassen von Differential- und Integralgleichungen erlaubt. Auch die Quantenmechanik bedient sich der Sprache der Hilberträume und ihrer hermiteschen Abbildungen. In 8.3 gehen wir kurz darauf ein und beweisen die Heisenbergsche Unschärferelation.

Viele Sätze dieses Kapitels gestatten Verallgemeinerungen auf Hilberträume von beliebiger Dimension. So dient das Studium der endlichdimensionalen Fälle auch zur Vorbereitung auf die Funktionalanalysis von Operatoren auf Hilberträumen.

8.1 Endlichdimensionale Hilberträume

Bereits in 7.1.2 haben wir für $\mathbb{R}$- oder $\mathbb{C}$-Vektorräume mit definitem Skalarprodukt die Schwarzsche Ungleichung bewiesen. Wir verwenden sie hier, um eine Norm einzuführen.

Satz 8.1.1 *Sei V ein Vektorraum über $\mathbb{R}$ oder $\mathbb{C}$ von beliebiger Dimension mit einem definitem Skalarprodukt $(\cdot\,,\cdot)$. Dies bedeutet $(v_1, v_2) = \overline{(v_2, v_1)}$*

und $(v,v) > 0$ *für* $0 \neq v \in V$.

a) *Durch* $\| v \| = \sqrt{(v,v)}$ *(nichtnegative Quadratwurzel) wird eine Norm* $\| \cdot \|$ *auf* V *definiert. Dabei ist*

$$\| v_1 + v_2 \| = \| v_1 \| + \| v_2 \|$$

genau dann, wenn $v_1 = bv_2$ *oder* $v_2 = bv_1$ *mit* $0 \leq b \in \mathbb{R}$ *gilt.*

b) *Für alle* $v_1, v_2 \in V$ *gilt die sogenannte* Parallelogrammgleichung

$$\| v_1 - v_2 \|^2 + \| v_1 + v_2 \|^2 = 2\,(\| v_1 \|^2 + \| v_2 \|^2).$$

Beweis. a) Offenbar gilt $\| v \| \geq 0$. Weiterhin ist $\| v \| = 0$ nur für $v = 0$ und

$$\| av \| = \sqrt{(av, av)} = \sqrt{a\bar{a}(v,v)} = |a| \; \| v \| .$$

Nachzuweisen bleibt noch die Dreiecksungleichung. Nach 7.1.2 haben wir $|(v_1, v_2)| \leq \| v_1 \| \, \| v_2 \|$. Damit folgt

$$\begin{aligned}
\| v_1 + v_2 \|^2 &= (v_1 + v_2, v_1 + v_2) \\
&= (v_1, v_1) + (v_1, v_2) + (v_2, v_1) + (v_2, v_2) \\
&= (v_1, v_1) + 2\,\mathrm{Re}(v_1, v_2) + (v_2, v_2) \\
&\leq \| v_1 \|^2 + 2\,|(v_1, v_2)| + \| v_2 \|^2 \\
&\leq \| v_1 \| + 2 \| v_1 \| \| v_2 \| + \| v_2 \|^2 \\
&= (\| v_1 \| + \| v_2 \|)^2.
\end{aligned}$$

Dabei gilt das Gleichheitszeichen genau dann, wenn

$$\mathrm{Re}(v_1, v_2) = |(v_1, v_2)| = \| v_1 \| \| v_2 \| .$$

Mit 7.1.2 folgt etwa $v_1 = bv_2$ mit $b \in K$ und

$$|b|(v_2, v_2) = |(bv_2, v_2)| = |(v_1, v_2)| = \mathrm{Re}(v_1, v_2) = \mathrm{Re}\, b\,(v_2, v_2).$$

Ist $v_2 \neq 0$, so erhalten wir $\mathrm{Re}\, b = |b|$ und $b \in \mathbb{R}$, also $0 \leq b \in \mathbb{R}$. Für $v_2 = 0$ ist trivialerweise auch $v_1 = 0$.
b) Es gilt

$$\begin{aligned}
\| v_1 - v_2 \|^2 + \| v_1 + v_2 \|^2 &= (v_1 - v_2, v_1 - v_2) + (v_1 + v_2, v_1 + v_2) \\
&= 2\,(v_1, v_1) + 2\,(v_2, v_2) = 2\,(\| v_1 \|^2 + \| v_2 \|^2).
\end{aligned}$$

□

Bemerkung 8.1.2 (J. von Neumann[1]) Sei V ein normierter Vektorraum über $\mathbb{R}$ oder $\mathbb{C}$, und es gelte die Parallelogrammgleichung

$$\| v_1 - v_2 \|^2 + \| v_1 + v_2 \|^2 = 2\,(\| v_1 \|^2 + \| v_2 \|^2)$$

für alle $v_1, v_2 \in V$. Wir definieren

$$(v_1, v_2) = \frac{1}{4}(\| v_1 + v_2 \|^2 - \| v_1 - v_2 \|^2),$$

falls V ein $\mathbb{R}$-Vektorraum ist, und

$$(v_1, v_2) = \frac{1}{4}(\| v_1 + v_2 \|^2 - \| v_1 - v_2 \|^2 + i \| v_1 + iv_2 \|^2 - i \| v_1 - iv_2 \|^2),$$

falls V ein $\mathbb{C}$-Vektorraum ist. Dann ist $(\cdot\,,\cdot)$ ein definites Skalarprodukt mit $(v, v) = \| v \|^2$. (Siehe [8], S. 108-111.)

Definition 8.1.3 Sei V ein Vektorraum über $\mathbb{R}$ oder $\mathbb{C}$ mit definitem Skalarprodukt. Ist V vollständig bezüglich der Norm aus 8.1.1, so heißt V ein *Hilbertraum*.

Da in diesem und den folgenden Abschnitten unsere Methoden meist nur für endlichdimensionale Hilberträume effektiv sind, setzen wir ab hier stets voraus, daß die vorkommenden Hilberträume, sofern nichts anderes ausdrücklich gesagt wird, endlichdimensional sind. Diese sind dann nach 6.1.7 a) automatisch vollständig. Die Definitheit des Skalarproduktes liefert, daß jeder Unterraum U von V regulär ist. Wegen 7.1.13 b) gilt somit für einen Hilbertraum (da endlichdimensional) $V = U \perp U^\perp$.

Beispiele 8.1.4 a) Sei $V = \mathbb{R}^n$ oder $V = \mathbb{C}^n$ mit dem Skalarprodukt

$$((x_j), (y_j)) = \sum_{j=1}^{n} x_j \overline{y_j}.$$

Wegen $((x_j), (x_j)) = \sum_{j=1}^{n} x_j \overline{x_j} = \sum_{j=1}^{n} |x_j|^2$ ist $(\cdot\,,\cdot)$ definit. Die Schwarzsche Ungleichung 7.1.2 liefert nun

$$|\sum_{j=1}^{n} x_j \overline{y_j}|^2 \leq \sum_{j=1}^{n} |x_j|^2 \sum_{j=1}^{n} |y_j|^2.$$

Wegen $\dim V < \infty$ ist V ein Hilbertraum.

[1] John von Neumann (1903-1957) Princeton. Mengenlehre, Funktionalanalysis, theoretische Grundlagen für elektronische Rechner, Spieltheorie.

b) Sei $V = \mathbb{C}[0,1]$ der Vektorraum der auf $[0,1]$ stetigen, komplexwertigen Funktionen. Setzen wir

$$(f,g) = \int_0^1 f(t)\overline{g(t)}dt,$$

so ist $(\cdot\,,\cdot)$ ein Skalarprodukt. Ist $0 \neq f \in \mathbb{C}[0,1]$ und $f(t_0) \neq 0$, so gibt es wegen der Stetigkeit von f ein $a > 0$ mit $|f(t)|^2 > a$ in einer Umgebung von t_0. Dann ist

$$\int_0^1 |f(t)|^2 dt > 0.$$

Also ist $(\cdot\,,\cdot)$ definit. Nun liefert 7.1.2 die Ungleichung

$$|\int_0^1 f(t)\overline{g(t)}dt| \leq \int_0^1 |f(t)|^2 dt \int_0^1 |g(t)|^2 dt.$$

Allerdings ist $\mathbb{C}[0,1]$ nicht vollständig (siehe Aufgabe 6.1.3). Erst bei Verwendung des Lebesgueschen[2] Integrals erhält man einen freilich nicht endlichdimensionalen Hilbertraum.
c) Sei $V = (\mathbb{C})_n$. Für $A = (a_{ij})$ und $B = (b_{ij})$ aus V setzen wir

$$(A,B) = \operatorname{Sp} A\overline{B}^t = \sum_{j,k=1}^{n} a_{jk}\overline{b_{jk}}.$$

Offenbar ist $(\cdot\,,\cdot)$ ein definites Skalarprodukt. Wegen $\dim(\mathbb{C})_n = n^2$ ist $(\mathbb{C})_n$ ein Hilbertraum.

Satz 8.1.5 (Orthogonalisierungsverfahren von E. Schmidt[3]) *Sei V ein Vektorraum mit definitem Skalarprodukt $(\cdot\,,\cdot)$ und seien $v_1,\ldots,v_m$ linear unabhängige Vektoren aus V. Dann gibt es Vektoren*

$$w_j = \sum_{k=1}^{j} a_{jk}v_k \qquad (j = 1,\ldots,m)$$

mit $a_{jj} \neq 0$ und $(w_j, w_k) = \delta_{jk}$. Für $1 \leq k \leq m$ gilt dabei

$$\langle v_1,\ldots,v_k\rangle = \langle w_1,\ldots,w_k\rangle.$$

---

[2]Henri Lebesgue (1875-1941) Paris. Maßtheorie, Integrationstheorie, Topologie, Potentialtheorie.

[3]Erhard Schmidt (1876-1959) Zürich, Berlin. Integralgleichungen, Funktionalanalysis.

Beweis. Wir beginnen die Konstrukion der w_j mit $w_1 = \| v_1 \|^{-1} v_1$. Dann ist $(w_1, w_1) = 1$. Seien bereits $w_1, \ldots, w_{j-1}$ für $j \leq m$ mit den gewünschten Eigenschaften gefunden. Wir machen den Ansatz

$$w_j = c\,(\sum_{k=1}^{j-1} b_k w_k + v_j)$$

mit $c, b_k \in K$. Wegen $w_k = \sum_{l=1}^{k} a_{kl} v_l$ für $k < j$ ist $w_j = \sum_{l=1}^{j} a_{jl} v_l$ mit geigneten a_{jl} und $c = a_{jj}$. Für $1 \leq k \leq j-1$ ist

$$0 = (w_j, w_k) = c\,(b_k + (v_j, w_k))$$

gefordert. Diese Bedingung erfüllen wir mit $b_k = -(v_j, w_k)$. Wegen

$$v_j \notin \langle v_1, \ldots, v_{j-1} \rangle = \langle w_1, \ldots, w_{j-1} \rangle$$

ist $\sum_{k=1}^{j-1} b_k w_k + v_j \neq 0$. Daher können wir c so bestimmen, daß

$$1 = (w_j, w_j) = c\bar{c}\,(\sum_{k=1}^{j-1} b_k w_k + v_j, \sum_{k=1}^{j-1} b_k w_k + v_j).$$

Offenbar gilt dann $\langle v_1, \ldots, v_j \rangle = \langle w_1, \ldots, w_j \rangle$ für $j \leq m$. □

Hauptsatz 8.1.6 *Sei V ein Vektorraum mit definitem Skalarprodukt* $(\cdot\,,\cdot)$ *und* $\dim V < \infty$.

a) V hat eine Orthonormalbasis. Insbesondere gibt es bis auf Isometrie nur einen Hilbertraum der Dimension n.

b) Ist $[v_1, \ldots, v_n]$ eine Orthonormalbasis von V, so liefert die sogenannte Fourierentwicklung[4]

$$v = \sum_{j=1}^{n} (v, v_j) v_j.$$

Ferner gilt der allgemeine Satz von Pythagoras[5], *nämlich*

$$(v, v) = \sum_{j=1}^{n} |(v, v_j)|^2.$$

[4]Jean Baptiste Joseph Fourier (1768-1830) Paris. Reihen, mathematische Physik.
[5]Pythagoras von Samos ($\sim$ 569 $\sim$ 475 v.Chr.) Mathematiker und Astronom.

c) (Besselsche[6] Ungleichung) *Sind* $v_1, \ldots, v_m$ *aus* V *mit* $(v_j, v_k) = \delta_{jk}$, *so gilt*

$$min_{y_j \in K} (v - \sum_{j=1}^{m} y_j v_j, v - \sum_{j=1}^{m} y_j v_j) = (v, v) - \sum_{j=1}^{m} |(v, v_j)|^2 \geq 0.$$

Das Minimum wird nur für $y_j = (v, v_j)$ *angenommen.*

Beweis. a) Die erste Aussage folgt sofort durch Anwendung von 8.1.5 auf eine Basis von V. Sei W ein weiterer Hilbertraum mit $\dim W = \dim V$. Ist $[v_1, \ldots, v_n]$ eine Orthonormalbasis von V und $[w_1, \ldots, w_n]$ eine Orthonormalbasis von W, so definiert $Av_i = w_i$ $(i = 1, \ldots, n)$ offenbar eine Isometrie von V auf W.

b) Sei $[v_1, \ldots, v_n]$ eine Orthonormalbasis von V und $v = \sum_{j=1}^{n} x_j v_j$ mit $x_j \in K$. Dann ist

$$(v, v_k) = \sum_{j=1}^{n} x_j (v_j, v_k) = x_k$$

und

$$(v, v) = \sum_{j,k=1}^{n} x_j \overline{x_k} (v_j, v_k) = \sum_{j=1}^{n} |x_j|^2.$$

c) Es gilt

$$\begin{aligned}
&(v - \textstyle\sum_{j=1}^{m} y_j v_j, v - \sum_{j=1}^{m} y_j v_j) = \\
&\quad = (v, v) - \textstyle\sum_{j=1}^{m} y_j (v_j, v) - \sum_{j=1}^{m} \overline{y_j} (v, v_j) + \sum_{j=1}^{m} |y_j|^2 \\
&\quad = (v, v) - \textstyle\sum_{j=1}^{m} |(v_j, v)|^2 + \sum_{j=1}^{m} (y_j - (v, v_j))(\overline{y_j} - \overline{(v, v_j)}) \\
&\quad = (v, v) - \textstyle\sum_{j=1}^{m} |(v_j, v)|^2 + \sum_{j=1}^{m} |y_j - (v, v_j)|^2 \\
&\quad \geq (v, v) - \textstyle\sum_{j=1}^{m} |(v_j, v)|^2.
\end{aligned}$$

Dies beweist die Behauptung. □

Sei V ein komplexer Hilbertraum und $[v_1, \ldots, v_n]$ eine Orthonormalbasis. Weiterhin sei I eine Isometrie von V mit

$$Iv_j = \sum_{i=1}^{n} a_{ij} v_i \qquad (i = 1, \ldots, n).$$

[6] Friedrich Wilhelm Bessel (1784-1846) Königsberg. Astronom, Mathematiker, Geodät.

Dann gilt

$$\delta_{jk} = (v_j, v_k) = (\sum_{i=1}^{n} a_{ij} v_i, \sum_{l=1}^{n} a_{lk} v_l) = \sum_{i,l=1}^{n} a_{ij} \overline{a_{lk}} (v_i, v_l) = \sum_{i=1}^{n} a_{ij} \overline{a_{ik}},$$

also $E = (a_{ij})^t (\overline{a_{ij}})^t$ und daher auch $(a_{ij})(\overline{a_{ij}})^t = E$. In Übereinstimmung mit 7.1.16 (3) gibt dies Anlaß zur

Definition 8.1.7 Sei $A \in (\mathbb{C})_n$. Gilt $A\overline{A}^t = E$, so nennen wir A *unitär.*

Satz 8.1.8

a) Sei V ein komplexer Hilbertraum und $A \in \mathrm{End}(V)$. Dann gibt es eine Orthonormalbasis $[v_1, \ldots, v_n]$ von V mit

$$A\langle v_1, \ldots, v_j\rangle \leq \langle v_1, \ldots, v_j\rangle$$

für $j = 1, \ldots, n$.

b) Sei $A = (a_{ij}) \in (\mathbb{C})_n$. Dann gibt es eine unitäre Matrix U, so daß

$$U^{-1}AU = \begin{pmatrix} b_{11} & b_{12} & \ldots & b_{1n} \\ 0 & b_{22} & \ldots & b_{2n} \\ \vdots & \vdots & & \vdots \\ 0 & 0 & \ldots & b_{nn} \end{pmatrix}$$

obere Dreiecksgestalt hat.

Beweis. a) Nach 5.4.15 gibt es eine Basis $[w_1, \ldots, w_n]$ von V mit

$$A\langle w_1, \ldots, w_j\rangle \leq \langle w_1, \ldots, w_j\rangle$$

für $j \leq n$. Nach 8.1.6 gibt es sogar eine Orthonormalbasis $[v_1, \ldots, v_n]$ von V mit

$$\langle w_1, \ldots, w_j\rangle = \langle v_1, \ldots, v_j\rangle$$

für $j \leq n$.
b) Sei $[w_1, \ldots, w_n]$ eine Orthonormalbasis von V und $A \in \mathrm{End}(V)$ mit

$$Aw_j = \sum_{k=1}^{n} a_{kj} w_k \qquad (j = 1, \ldots, n).$$

Gemäß a) sei $[v_1, \dots, v_n]$ eine Orthonormalbasis von V mit $Av_j = \sum_{k=1}^{j} b_{kj} v_k$. Wir definieren eine Isometrie U aus $\mathrm{End}(V)$ durch

$$Uw_j = v_j \qquad (j = 1, \dots, n).$$

Dann gilt

$$U^{-1}AUw_j = U^{-1}Av_j = U^{-1}\sum_{k=1}^{j} b_{kj}v_k = \sum_{k=1}^{j} b_{kj}w_k.$$

Ist (u_{jk}) die Matrix zu U bzgl. $[w_1, \dots, w_n]$, so heißt dies

$$(u_{jk})^{-1}(a_{jk})(u_{jk}) = (b_{jk}).$$

Dabei ist (u_{jk}) nach 8.1.7 eine unitäre Matrix. □

Satz 8.1.9 *Sei V ein Hilbertraum mit $\dim V = n$.*

a) Sei $w_j \in V$ mit $j = 1, \dots, k$ und $k \leq n$. Dann gilt $\det((w_i, w_j)) \geq 0$. *Genau dann ist* $\det((w_i, w_j)) > 0$, *wenn $w_1, \dots, w_k$ linear unabhängig sind.*

b) Sind $w_1, \dots, w_r \in V$, so gilt

$$\dim\langle w_1, \dots, w_r\rangle = \mathrm{r}\,((w_j, w_k))_{j,k=1,\dots,r}.$$

Insbesondere ist $\mathrm{r}\,((w_j, w_k)) \leq n$, *also* $\det((w_j, w_k)) = 0$ *für $r > n$.*

Beweis. a) Sei $U \leq V$ mit $w_j \in U$ und $\dim U = k$. Sei $[e_1, \dots, e_k]$ eine Orthonormalbasis von U und

$$w_i = \sum_{l=1}^{k} a_{li}e_l \quad (i = 1, \dots, k).$$

Dann ist

$$(w_i, w_j) = (\sum_{l=1}^{k} a_{li}e_l, \sum_{m=1}^{k} a_{mj}e_m) = \sum_{l,m=1}^{k} a_{li}\overline{a_{mj}}(e_l, e_m) = \sum_{l=1}^{k} a_{li}\overline{a_{lj}}.$$

Dies zeigt

$$\det((w_i, w_j)) = \det(a_{li})^t \det(\overline{a_{lj}}) = |\det(a_{li})|^2 \geq 0.$$

Genau dann ist $\det((w_i, w_j)) > 0$, wenn $\det(a_{ij}) \neq 0$, wenn also $w_1, \dots, w_k$ linear unabhängig sind.

b) Wir setzen $W = \langle w_1 \ldots, w_r\rangle$ und können annehmen, daß $[w_1, \ldots, w_m]$ eine Basis von W ist. (Man beachte dazu, daß bei Permutation der w_j die Zeilen und Spalten von $((w_j, w_k))$ vertauscht werden, wobei sich der Rang nicht ändert.)
(1) Wir zeigen zuerst $r((w_j, w_k)) \leq m = \dim W$:
Für $m < k \leq r$ gelten Gleichungen der Gestalt $w_k = \sum_{j=1}^m a_{kj} w_j$. Für $1 \leq s \leq r$ folgt daher

$$(w_s, w_k) = \sum_{j=1}^{m} \overline{a_{kj}}(w_s, w_j).$$

Somit ist für $k > m$ die k-te Spalte

$$\begin{pmatrix} (w_1, w_k) \\ \vdots \\ (w_r, w_k) \end{pmatrix}$$

der Matrix $((w_i, w_j))$ linear abhängig von den Spalten mit den Nummern $1, \ldots, m$. Also hat $((w_i, w_j))$ höchstens m linear unabhängige Spalten. Daher gilt $\mathrm{r}\,((w_i, w_j)) \leq m$.
(2) Da $w_1, \ldots, w_m$ linear unabhängig sind, gilt nach a)

$$\det\left((w_j, w_k)\right)_{j,k=1,\ldots,m} \neq 0.$$

Also sind die Zeilenabschnitte

$$((w_j, w_1), \ldots, (w_j, w_m))$$

mit $1 \leq j \leq m$ linear unabhängig. Erst recht sind dann die vollen Zeilen

$$((w_j, w_1), \ldots, (w_j, w_r))$$

für $1 \leq j \leq m$ der Matrix $((w_j, w_k))_{j,k=1,\ldots,r}$ linear unabhängig. Dies zeigt

$$r\left((w_j, w_k)\right)_{j,k=1,\ldots,r} \geq m.$$

□

Satz 8.1.10 (Allgemeiner Kongruenzsatz) *Sei V ein Hilbertraum. Seien $v_1, \ldots, v_r, w_1, \ldots, w_r \in V$. Genau dann gibt es eine Isometrie G von V mit $Gv_j = w_j$ für $j = 1, \ldots, r$, wenn $(v_j, v_k) = (w_j, w_k)$ für $j, k = 1, \ldots, r$ ist.*

Beweis. Die Notwendigkeit der Bedingung ist klar.

Sei also

$$(v_j, v_k) = (w_j, w_k) \quad \text{für } j, k = 1, \ldots, r.$$

Mit 8.1.9 b) folgt

$$\begin{aligned}\dim \langle v_1, \ldots, v_r \rangle &= \mathrm{r}\left((v_j, v_k)\right)_{j,k=1,\ldots,r} \\ &= \mathrm{r}\left((w_j, w_k)\right)_{j,k=1,\ldots,r} \\ &= \dim \langle w_1, \ldots, w_r \rangle.\end{aligned}$$

Wir numerieren die v_j so, daß $[v_1, \ldots, v_m]$ eine Basis von $\langle v_1, \ldots, v_r \rangle$ ist. Abermals, nach 8.1.9 b), folgt dann

$$\begin{aligned}m = \dim \langle v_1, \ldots, v_m \rangle &= \mathrm{r}\left((v_j, v_k)\right)_{j,k=1,\ldots,m} \\ &= \mathrm{r}\left((w_j, w_k)\right)_{j,k=1,\ldots,m} \\ &= \dim \langle w_1, \ldots, w_m \rangle.\end{aligned}$$

Somit ist $[w_1, \ldots, w_m]$ eine Basis von $\langle w_1, \ldots, w_r \rangle$. Wir definieren eine lineare Abbildung G_1 von $\langle v_1, \ldots, w_m \rangle$ auf $\langle w_1, \ldots, w_m \rangle$ durch

$$G_1 v_j = w_j \qquad (1 \leq j \leq m).$$

Wegen

$$(G_1 v_j, G_1 v_k) = (w_j, w_k) = (v_j, v_k)$$

ist G_1 eine Isometrie. Wegen

$$\dim \langle v_1, \ldots, v_m \rangle^\perp = \dim V - m = \dim \langle w_1, \ldots, w_m \rangle^\perp$$

gibt es nach 8.1.6 a) eine Isometrie G_2 von $\langle v_1, \ldots, v_m \rangle^\perp$ auf $\langle w_1, \ldots, w_m \rangle^\perp$. Definieren wir $G \in \mathrm{End}(V)$ durch $G(v+v') = G_1 v + G_2 v'$ für $v \in \langle v_1, \ldots, v_m \rangle$ und $v' \in \langle v_1, \ldots, v_m \rangle^\perp$, so ist G eine Isometrie von V auf sich mit

$$G v_j = w_j \text{ für } j = 1, \ldots, m.$$

Wir haben noch $G v_j = w_j$ für $m < j \leq r$ nachzuweisen.

Für $m < j \leq r$ gelten Gleichungen der Gestalt

$$v_j = \sum_{k=1}^{m} a_{jk} v_k \quad \text{mit} \quad a_{jk} \in K.$$

Daher ist

$$(1) \qquad (v_j, v_s) = \sum_{k=1}^{m} a_{jk} (v_k, v_s)$$

für $m < j \leq r$ und $1 \leq s \leq m$. Da $v_1, \ldots, v_m$ linear unabhängig sind, gilt nach 8.1.9 a)

$$\det\left(((v_k, v_s))_{k,s=1,\ldots,m}\right) \neq 0.$$

Also sind die a_{jk} durch das Gleichungssystem (1) eindeutig festgelegt.

Für $m < j \leq r$ gilt analog

$$w_j = \sum_{k=1}^{m} b_{jk} w_k \quad \text{mit} \quad b_{jk} \in K$$

und

$$(2) \qquad (v_j, v_s) = (w_j, w_s) = \sum_{k=1}^{m} b_{jk}(w_k, w_s) = \sum_{k=1}^{m} b_{jk}(v_k, v_s)$$

für $m < j \leq r$ und $1 \leq s \leq m$. Da die Gleichungssysteme (1) und (2) eindeutig lösbar sind, folgt $a_{jk} = b_{jk}$ für alle $m < j \leq r$ und $1 \leq k \leq m$. Für $m < j \leq r$ folgt somit

$$Gv_j = \sum_{k=1}^{m} a_{jk} G v_k = \sum_{k=1}^{m} b_{jk} w_k = w_j.$$

□

Satz 8.1.11 (Maschke, vgl. 3.6.9) *Sei V ein Hilbertraum und $\mathcal{G}$ eine endliche Gruppe von linearen Abbildungen aus* $\operatorname{End}(V)$.

a) *Es gibt ein definites Sklarprodukt $[\cdot\,,\cdot]$ auf V mit $[Gv, Gw] = [v, w]$ für alle $G \in \mathcal{G}$ und alle $v, w \in V$.*

b) *Ist U ein Unterraum von V mit $GU \leq U$, so gilt auch $GU^\perp \leq U^\perp$ für alle $G \in \mathcal{G}$, wobei $U^\perp$ bezüglich $[\cdot\,,\cdot]$ zu bilden ist.*

Beweis. a) Durch

$$[v, w] = \sum_{G \in \mathcal{G}} (Gv, Gw)$$

wird wegen $[v, v] \geq (v, v)$ ein definites Skalarprodukt $[\cdot\,,\cdot]$ definiert. Für alle $H \in \mathcal{G}$ gilt dabei

$$[Hv, Hw] = \sum_{G \in \mathcal{G}} (GHv, GHw) = [v, w].$$

b) Diese Aussage folgt sofort aus a). □

Aufgabe 8.1.1 Sei

$$l^2 = \{(a_0, a_1, \ldots) \mid a_j \in \mathbb{R}, \sum_{j=0}^{\infty} a_j^2 < \infty\}.$$

Dann ist l^2 bezüglich des Skalarproduktes $((a_j), (b_j)) = \sum_{j=0}^{\infty} a_j b_j$ ein nicht endlichdimensionaler Hilbertraum, also insbesondere vollständig.

Aufgabe 8.1.2 Auf $[-1, 1]$ definieren wir die sogenannten *Legendre*[7]*-Polynome*

$$L_n(x) = ((x^2 - 1)^n)^{(n)},$$

wobei $^{(n)}$ die n-te Ableitung bezeichnet.

a) L_n ist ein Polynom vom Grad n.

b) Durch partielle Integration beweise man

$$\int_{-1}^{1} L_m(x) L_n(x) dx = 0 \quad \text{für} \quad m \neq n.$$

c) Man berechne $\int_{-1}^{1} L_n(x)^2 dx$.

(Die Legendre-Polynome treten bei zahlreichen Problemen der mathematischen Physik auf, so bei der Berechnung des Spektrums des Wasserstoffatoms.)

Aufgabe 8.1.3 Sei

$$H_n(x) = (-1)^n e^{x^2} (e^{-x^2})^{(n)}.$$

a) H_n ist ein Polynom vom Grad n.

b) Es gilt

$$\int_{-\infty}^{\infty} e^{-x^2} H_m(x) H_n(x) dx = 0 \text{ für } m \neq n.$$

(Die sogenannten *Hermite-Polynome* $H_n(x)$ spielen eine Rolle bei der quantenmechanischen Behandlung des harmonischen Oszillators.)

---

[7] Adrien-Marie Legendre (1752-1833) Paris. Himmelsmechanik, Variationsrechnung, elliptische Integrale, Zahlentheorie, Geometrie.

Aufgabe 8.1.4 Sei V ein Hilbertraum der Dimension n und $[v_1, \ldots, v_n]$ eine Basis von V. Dann gibt es genau eine Basis $[w_1, \ldots, w_n]$ von V mit

$$(v_i, w_j) = \delta_{ij} \qquad (i, j = 1, \ldots, n).$$

Aufgabe 8.1.5 Sei $V = \mathbb{C}^n$ mit $n > 1$, versehen mit einer der Normen

$$\| (x_j) \|_1 = \sum_{j=1}^{n} |x_j| \quad \text{oder} \quad \| (x_j) \|_\infty = \max_j |x_j|.$$

Man zeige, daß es kein definites Skalarprodukt $(\cdot\,,\cdot)$ auf dem Vektorraum V gibt mit $(v, v) = \| v \|_1^2$ oder $(v, v) = \| v \|_\infty^2$.

8.2 Adjungierte Abbildungen

Satz 8.2.1 *Seien U, V und W Hilberträume (über $K = \mathbb{R}$ oder $K = \mathbb{C}$).*

a) Zu jedem $A \in \mathrm{Hom}(V, W)$ gibt es genau ein $A^* \in \mathrm{Hom}(W, V)$ mit

$$(Av, w) = (v, A^*w) \text{ für alle } v \in V, w \in W.$$

Wir nennen A^* die Adjungierte *zu A.*

b) Es gilt $A^{**} = A$.

c) Für alle $A, B \in \mathrm{Hom}(V, W)$ und alle $c \in K$ gelten

$$(A + B)^* = A^* + B^* \text{ und } (cA)^* = \overline{c}A^*.$$

d) Für $A \in \mathrm{Hom}(V, W)$ und $B \in \mathrm{Hom}(U, V)$ gilt $(AB)^* = B^*A^*$.

e) Es gelten

$$\mathrm{Kern}\, A^* = (\mathrm{Bild}\, A)^\perp \text{ und } \mathrm{Bild}\, A^* = (\mathrm{Kern}\, A)^\perp.$$

Insbesondere haben A und A^* denselben Rang.

f) Ist A ein Monomorphismus (bzw. Epimorphismus), so ist A^* ein Epimorphismus (bzw. Monomorphismus). Ist A ein Isomorphismus, so auch A^*, und es gilt $(A^*)^{-1} = (A^{-1})^*$.

Beweis. a) Für ein festes $w \in W$ ist f mit

$$f(v) = (Av, w) \quad \text{für } v \in V$$

ein Element in $\mathrm{Hom}(V, K)$. Da $(\cdot\,, \cdot)$ regulär ist, gibt es nach 7.1.9 ein durch w eindeutig bestimmtes $w' \in V$ mit

$$(Av, w) = (v, w') \quad \text{für alle } v \in V.$$

Wir definieren eine Abbildung A^* von W in V durch $w' = A^*w$. Somit gilt

$$(Av, w) = (v, A^*w) \quad \text{für alle } v \in V, w \in W.$$

Wir zeigen nun, daß A^* linear ist:

Für alle $v \in V, w_1, w_2 \in W$ und $c_1, c_2 \in K$ gilt wegen $\overline{\overline{c}} = c$ für $c \in \mathbb{C}$ nämlich

$$\begin{aligned}(v, A^*(c_1w_1 + c_2w_2)) &= (Av, c_1w_1 + c_2w_2) \\ &= \overline{c_1}(Av, w_1) + \overline{c_2}(Av, w_2) \\ &= \overline{c_1}(v, A^*w_1) + \overline{c_2}(v, A^*w_2) \\ &= (v, c_1A^*w_1 + c_2A^*w_2).\end{aligned}$$

Wegen der Regularität von $(\cdot\,,\cdot)$ folgt daraus

$$A^*(c_1w_1 + c_2w_2) = c_1A^*w_1 + c_2A^*w_2.$$

b) Für alle $v \in V$ und $w \in W$ gilt

$$(Av, w) = (v, A^*w) = \overline{(A^*w, v)} = \overline{(w, A^{**}v)} = (A^{**}v, w).$$

Daher ist $Av = A^{**}v$, also $A^{**} = A$.
c) Die Behauptungen folgen aus

$$\begin{aligned}(v, (A+B)^*w) &= ((A+B)v, w) = (Av, w) + (Bv, w)\\ &= (v, A^*w) + (v, B^*w) = (v, (A^* + B^*)w)\end{aligned}$$

und

$$(v, (cA)^*w) = ((cA)v, w) = c(Av, w) = c(v, A^*w) = (v, \overline{c}A^*w).$$

d) Für alle $u \in U$ und $w \in W$ gilt

$$(u, (AB)^*w) = (ABu, w) = (Bu, A^*w) = (u, B^*A^*w).$$

Dies zeigt $(AB)^* = B^*A^*$.
e) Wir haben

$$(Av, w) = (v, A^*w) \text{ für alle } v \in V, w \in W.$$

Für $w \in (\operatorname{Bild} A)^\perp$ folgt $A^*w = 0$. Also gilt $(\operatorname{Bild} A)^\perp \leq \operatorname{Kern} A^*$. Für $w \in \operatorname{Kern} A^*$ folgt andererseits $w \in (\operatorname{Bild} A)^\perp$. Die Anwendung auf A^* liefert wegen $A^{**} = A$ dann

$$\operatorname{Kern} A = \operatorname{Kern} A^{**} = (\operatorname{Bild} A^*)^\perp.$$

Schießlich folgt mit 7.1.13, daß

$$(\operatorname{Kern} A)^\perp = (\operatorname{Bild} A^*)^{\perp\perp} = \operatorname{Bild} A^*.$$

Mit 7.1.13 erhalten wir nun

$$\begin{aligned}\mathrm{r}(A^*) &= \dim \operatorname{Bild} A^* = \dim(\operatorname{Kern} A)^\perp\\ &= \dim V - \dim \operatorname{Kern} A\\ &= \dim \operatorname{Bild} A = \mathrm{r}(A).\end{aligned}$$

f) Dies folgt aus e) und

$$A^*(A^{-1})^* = (A^{-1}A)^* = E^* = E.$$

□

In den folgenden Sätzen studieren wir weitere Eigenschaften von A^*, insbesondere auch die Norm.

Satz 8.2.2 *Sei V ein Hilbertraum und $[v_1, \ldots, v_n]$ eine Orthonormalbasis von V. Ferner sei $A \in \operatorname{End}(V)$.*

a) Gilt $Av_j = \sum_{k=1}^n a_{kj} v_k$ $(j = 1, \ldots, n)$, so ist

$$A^* v_j = \sum_{k=1}^n \overline{a_{jk}} v_k \qquad (j = 1, \ldots, n).$$

Die Matrix zu A^* bzgl. der Orthonormalbasis $[v_1, \ldots, v_n]$ ist also $(\overline{a_{kj}})^t$.

b) Es gilt $\det A^* = \overline{\det A}$.

c) Ist $f_A = \sum_{j=0}^n c_j x^j$ das charakteristische Polynom von A, so ist das Polynom $\overline{f_A} = \sum_{j=0}^n \overline{c_j} x^j$ das charakteristische Polynom von A^*.

d) Ist a ein Eigenwert von A mit der Vielfachheit k, so ist $\overline{a}$ ein Eigenwert von A^* mit derselben Vielfachheit k.

e) Ist m_A das Minimalpolynom von A, so ist $\overline{m_A}$ das Minimalpolynom von A^*.

Beweis. a) Wegen $A^{**} = A$ gilt

$$(A^* v_j, v_k) = (v_j, A v_k) = (v_j, \sum_{i=1}^n a_{ik} v_i) = \overline{a_{jk}}.$$

Dies zeigt $A^* v_j = \sum_{k=1}^n \overline{a_{jk}} v_k$.
b) Wegen a) gilt

$$\det A^* = \det(\overline{a_{jk}})^t = \overline{\det(a_{jk})} = \overline{\det A}.$$

c) Mit a) folgt

$$f_{A^*} = \det(xE - (\overline{a_{jk}})^t) = \det(xE - (\overline{a_{jk}}))^t = \overline{\det(xE - (a_{jk}))} = \overline{f_A}.$$

d) Für $f, g \in K[x]$ bestätigt man leicht $\overline{fg} = \overline{f}\,\overline{g}$. Ist

$$f_A = (x - a)^k g \quad \text{mit} \quad g(a) \neq 0,$$

so folgt mit c), daß $f_{A^*} = \overline{f_A} = (x - \overline{a})^k \overline{g}$, wobei

$$\overline{g}(\overline{a}) = \overline{g(a)} \neq 0.$$

Also ist $\overline{a}$ ein Eigenwert von A^* mit der Vielfachheit k.

e) Ist $g = \sum_j g_j x^j \in K[x]$, so gilt

$$\overline{g}(A^*) = \sum_j \overline{g_j} A^{*j} = (\sum_j g_j A^j)^* = g(A)^*.$$

Somit ist $\overline{g}(A^*) = 0$ genau für $g(A) = 0$. Dies zeigt $m_{A^*} = \overline{m_A}$. □

Satz 8.2.3 *Sei V ein Hilbertraum. Auf* $\mathrm{End}(V)$ *verwenden wir die Algebrennorm $\| A \|$ mit*

$$\| A \| = \sup_{\|v\| \leq 1} \| Av \| = \max_{\|v\| = 1} \| Av \| .$$

a) *Für $A \in \mathrm{End}(V)$ gilt $\| A^* \| = \| A \|$ und $\| A \|^2 = \| AA^* \| = \| A^*A \|$.*

b) *Für $A, A_j \in \mathrm{End}(V)$ folgt aus $A = \lim_{j\to\infty} A_j$ auch $A^* = \lim_{j\to\infty} A_j^*$.*

Beweis. a) Für alle $v \in V$ gilt

$$\begin{aligned} \| A^*v \|^2 &= (A^*v, A^*v) = (AA^*v, v) \\ &\leq \| AA^*v \| \| v \| \qquad \text{(siehe 7.1.2)} \\ &\leq \| AA^* \| \| v \|^2 . \end{aligned}$$

Dies zeigt

$$(*) \qquad \| A^* \|^2 \leq \| AA^* \| \leq \| A \| \| A^* \| .$$

Für $A = 0$ sind unsere Behauptungen trivial. Ist $\| A \| > 0$, so folgt sofort $\| A^* \| \leq \| A \|$. Ebenso ist auch

$$\| A \| = \| A^{**} \| \leq \| A^* \| .$$

Somit gilt $\| A \| = \| A^* \|$, wegen $(*)$ also auch $\| A \|^2 = \| AA^* \|$. Weiter folgt

$$\| A \|^2 = \| A^* \|^2 = \| A^*A^{**} \| = \| A^*A \| .$$

b) Dies erhalten wir wegen $\| A - A_j \| = \| A^* - A_j^* \|$. □

Definition 8.2.4 Sei V ein Hilbertraum und $A \in \mathrm{End}(V)$. Wir nennen A *normal*, falls $AA^* = A^*A$ gilt.

Satz 8.2.5 *Sei V ein Hilbertraum und A eine normale Abbildung aus* $\mathrm{End}(V)$. *Dann gelten*

$$\| A^k \| = \| A \|^k \quad \textit{für} \quad k = 1, 2, \ldots$$

und $\rho(A) = \| A \|$, wobei $\rho(A)$ der Spektralradius von A ist.

(*Nach* 6.2.10 *b) gilt $\rho(A) \leq \| A \|$ für alle $A \in$* $\mathrm{End}(V)$.)

Beweis. a) Sei zuerst $A = A^*$ (derartige Abbildungen werden wir speziell im nächsten Abschnitt untersuchen). Nach 8.2.3 ist dann

$$\| A \|^2 = \| AA^* \| = \| A^2 \| .$$

Wegen $(A^m)^* = (A^*)^m = A^m$ folgt durch Induktion nach k daher

$$\| A \|^{2^k} = (\| A \|^{2^{k-1}})^2 = \| A^{2^{k-1}} \|^2 = \| A^{2^k} \| .$$

Mit 6.2.10 erhalten wir

$$\rho(A) = \lim_{k\to\infty} \sqrt[2^k]{\| A^{2^k} \|} = \lim_{k\to\infty} \sqrt[2^k]{\| A \|^{2^k}} = \| A \| .$$

Wegen $A^m = (A^m)^*$ erhalten wir mit dem bereits Bewiesenen

$$\| A^m \| = \rho(A^m) = \rho(A)^m = \| A \|^m .$$

b) Sei nun A normal, also $AA^* = A^*A$. Wegen $(AA^*)^* = A^{**}A^* = AA^*$ können wir a) anwenden und erhalten unter Beachtung von 8.2.3 a)

$$\begin{aligned} \| A^k \|^2 &= \| A^k \| \, \| (A^*)^k \| \geq \| A^k (A^*)^k \| \\ &= \| (AA^*)^k \| && \text{(wegen } AA^* = A^*A\text{)} \\ &= \| AA^* \|^k && \text{(Anwendung von a) auf } AA^*\text{)} \\ &= \| A \|^{2k} && \text{(wegen 8.2.3}a\text{))} \end{aligned}$$

Also gilt $\| A^k \| = \| A \|^k$ für alle k. Mit 6.2.10 folgt daraus

$$\rho(A) = \lim_{k\to\infty} \sqrt[k]{\| A^k \|} = \| A \| .$$

□

Satz 8.2.6 *Sei V ein Hilbertraum und $A \in \mathrm{End}(V)$ eine normale Abbildung.*

a) Für alle $v \in V$ gilt $(Av, Av) = (A^*v, A^*v)$.

b) Sei U ein Unterraum von V mit $AU \leq U$. Dann gelten $A^*U \leq U$, $AU^\perp \leq U^\perp$ und $A^*U^\perp \leq U^\perp$.

c) Sei $AU \leq U \leq V$. Ist $A_U \in \mathrm{End}(U)$ die Einschränkung von A auf U, so gilt $(A_U)^* = (A^*)_U$ und A_U ist normal.

d) Ist $v \in V$ mit $Av = av$ und $a \in K$, so gilt $A^*v = \overline{a}v$.

e) Ist $Av = av$ und $Aw = bw$ mit $a \neq b$, so gilt $(v, w) = 0$.

Beweis. a) Da A normal ist, gilt für alle $v \in V$

$$(Av, Av) = (v, A^*Av) = (v, AA^*v) = (v, A^{**}A^*v) = (A^*v, A^*v).$$

b) Sei $[v_1, \ldots, v_m]$ eine Orthonormalbasis von U. Wir ergänzen diese durch eine Orthonormalbasis $[v_{m+1}, \ldots, v_n]$ von $U^\perp$ zu einer Orthonormalbasis $[v_1, \ldots, v_n]$ von V.Wegen $AU \leq U$ gehört zu A bzgl. der obigen Orthonormalbasis eine Matrix der Gestalt

$$\begin{pmatrix} B & C \\ 0 & D \end{pmatrix}$$

mit B vom Typ (m, m). Da A normal ist gilt

$$\begin{aligned} \begin{pmatrix} B\overline{B}^t + C\overline{C}^t & C\overline{D}^t \\ D\overline{C}^t & D\overline{D}^t \end{pmatrix} &= \begin{pmatrix} B & C \\ 0 & D \end{pmatrix} \begin{pmatrix} \overline{B}^t & 0 \\ \overline{C}^t & \overline{D}^t \end{pmatrix} = \begin{pmatrix} \overline{B}^t & 0 \\ \overline{C}^t & \overline{D}^t \end{pmatrix} \begin{pmatrix} B & C \\ 0 & D \end{pmatrix} \\ &= \begin{pmatrix} \overline{B}^t B & \overline{B}^t C \\ \overline{C}^t B & \overline{C}^t C + \overline{D}^t D \end{pmatrix}. \end{aligned}$$

Dies zeigt

$$\operatorname{Sp}(B\overline{B}^t + C\overline{C}^t) = \operatorname{Sp} \overline{B}^t B = \operatorname{Sp} B\overline{B}^t,$$

also $\operatorname{Sp} C\overline{C}^t = 0$. Ist $C = (c_{ij})$, so ist

$$\operatorname{Sp} C\overline{C}^t = \sum_{i,j} |c_{ij}|^2.$$

Daher folgt $C = 0$. Dies zeigt $AU^\perp \leq U^\perp$, sowie $A^*U \leq U$ und $A^*U^\perp \leq U^\perp$.
c) Wegen $A^*U \leq U$ gilt für alle $u_1, u_2 \in U$

$$(A_U u_1, u_2) = (Au_1, u_2) = (u_1, A^*u_2) = (u_1, (A^*)_U u_2).$$

Dies zeigt $(A_U)^* = (A^*)_U$. Es folgt

$$A_U(A_U)^* = A_U(A^*)_U = (AA^*)_U = (A^*A)_U = (A^*)_U A_U = (A_U)^* A_U.$$

Also ist auch A_U normal.
d) Aus $Av = av$ folgt mit b) unmittelbar $A^*\langle v\rangle \leq \langle v\rangle$, also $A^*v = bv$. Dabei ist

$$a(v, v) = (Av, v) = (v, A^*v) = (v, bv) = \overline{b}(v, v),$$

also $b = \overline{a}$.
e) Die Behauptung folgt wegen d) aus

$$a(v, w) = (Av, w) = (v, A^*w) = (v, \overline{b}w) = b(v, w).$$

□

Hauptsatz 8.2.7 *Sei V ein Hilbertraum über $\mathbb{C}$ und $A \in \mathrm{End}(V)$. Dann sind gleichwertig:*

a) A ist normal.

b) Es gibt eine Orthonormalbasis $[v_1, \ldots, v_n]$ von V mit $Av_j = a_j v_j$ und $a_j \in \mathbb{C}$ für $j = 1, \ldots, n$.

c) Für alle $v \in V$ gilt $\| Av \| = \| A^* v \|$.

Beweis. a) $\Rightarrow$ b) Da V ein komplexer Vektorraum ist, existiert ein $v_1 \in V$ mit $(v_1, v_1) = 1$ und $A\langle v_1 \rangle \leq \langle v_1 \rangle$ (v_1 ist ein Eigenvektor von A). Nach 8.2.6 b) gilt $A\langle v_1 \rangle^\perp \leq \langle v_1 \rangle^\perp$, und wegen 8.2.6 c) ist $A_{\langle v_1 \rangle^\perp}$ normal. Eine Induktion nach $\dim V$ liefert die Behauptung.
b) $\Rightarrow$ c) Sei $[v_1, \ldots, v_n]$ eine Orthonormalbasis von V mit

$$Av_j = a_j v_j \qquad (j = 1, \ldots, n)$$

und $a_j \in \mathbb{C}$. Ist $v = \sum_{j=1}^n x_j v_j$ mit $x_j \in \mathbb{C}$, so folgt

$$\| Av \|^2 = (Av, Av) = (\sum_{j=1}^n x_j a_j v_j, \sum_{j=1}^n x_j a_j v_j) = \sum_{j=1}^n |a_j|^2 |x_j|^2.$$

Nach 8.2.6 d) gilt $A^* v_j = \overline{a_j} v_j$. Damit folgt ähnlich

$$\| A^* v \|^2 = \sum_{j=1}^n |\overline{a_j}|^2 |x_j|^2 = \| Av \|^2 .$$

c) $\Rightarrow$ a) Für alle $v, w \in V$ gilt nun

$$(A(v + w), A(v + w)) = (A^*(v + w), A^*(v + w)).$$

Wegen

$$(Av, Aw) + (Aw, Av) = (Av, Aw) + \overline{(Av, Aw)} = 2\,\mathrm{Re}(Av, Aw)$$

erhalten wir $\mathrm{Re}(Av, Aw) = \mathrm{Re}(A^* v, A^* w)$. Aus

$$(A(v + iw), A(v + iw)) = (A^*(v + iw), A^*(v + iw))$$

folgt analog $\mathrm{Im}(Av, Aw) = \mathrm{Im}(A^* v, A^* w)$. Daher gilt für alle $v, w \in V$

$$(A^* Av, w) = (Av, Aw) = (A^* v, A^* w) = (AA^* v, w).$$

Dies zeigt $A^* A = AA^*$. Somit ist A normal □

Im Beweis a) $\Rightarrow$ b) von 8.2.7 haben wir den Fundamentalsatz der Algebra verwendet. Man kommt auch ohne diesen Satz aus, wie Aufgabe 8.3.1 zeigt. Eine Beschreibung der normalen Abbildungen auf $\mathbb{R}$-Hilberträumen findet sich in Aufgabe 8.2.3.

In 7.1.16 haben wir die Isometriegruppe eines Hilbertraumes unitäre Gruppe genannt. Genau dann ist A eine Isometrie, wenn

$$(v, w) = (Av, Aw) = (v, A^*Aw)$$

für alle $v, w \in V$ gilt, wenn also $A^* = A^{-1}$ ist. In Übereinstimmung mit 7.1.16 können wir also definieren

Definition 8.2.8 Sei V ein Hilbertraum und $A \in \mathrm{End}(V)$. Wir nennen A eine *unitäre Abbildung*, wenn $A^* = A^{-1}$ ist.

Hauptsatz 8.2.9 *Sei V ein Hilbertraum und $A \in \mathrm{End}(V)$. Dann sind gleichwertig:*

a) A ist unitär.

b) Für alle $v \in V$ gilt $\| Av \| = \| v \|$. Insbesondere ist $\| A \| = 1$.

c) Für alle $v, w \in V$ ist $(Av, Aw) = (v, w)$.

Ist V ein Hilbertraum über $\mathbb{C}$, so sind a) bis c) gleichwertig mit

d) V hat eine Orthonormalbasis $[v_1, \ldots, v_n]$ mit $Av_j = a_j v_j$ und $|a_j| = 1$.

Beweis. a) $\Rightarrow$ b) Dies folgt sofort aus $(Av, Av) = (v, A^*Av) = (v, v)$.
b) $\Rightarrow$ c) Für alle $v, w \in V$ gilt nun $(A(v + w), A(v + w)) = (v + w, v + w)$. Das ergibt $(Av, Aw) + (Aw, Av) = (v, w) + (w, v)$. Ist V ein $\mathbb{R}$-Hilbertraum, so ist $(v, w) = (w, v)$, also $(Av, Aw) = (v, w)$. Ist V ein $\mathbb{C}$-Hilbertraum, so folgt aus $(A(v + iw), A(v + iw)) = (v + iw, v + iw)$ ähnlich wie oben

$$(Av, Aw) - (Aw, Av) = (v, w) - (w, v).$$

Dies ergibt insgesamt $(Av, Aw) = (v, w)$.
c) $\Rightarrow$ a) Für $0 \neq v \in V$ ist $(Av, Av) = (v, v) > 0$. Also existiert A^{-1}. Für alle $v, w \in V$ folgt

$$(v, A^*w) = (Av, w) = (Av, AA^{-1}w) = (v, A^{-1}w),$$

also $A^* = A^{-1}$.

Sei weiterhin V ein $\mathbb{C}$-Hilbertraum.

a) $\Rightarrow$ d) Da eine unitäre Abbildung normal ist, gibt es nach 8.2.7 eine Orthonormalbasis $[v_1, \ldots, v_n]$ von V mit $Av_j = a_j v_j$ und $a_j \in \mathbb{C}$. Dabei gilt

$$1 = (v_j, v_j) = (Av_j, Av_j) = |a_j|^2 (v_j, v_j) = |a_j|^2,$$

also $|a_j| = 1$.
d) $\Rightarrow$ b) Ist $v = \sum_{j=1}^n x_j v_j$ mit $x_j \in \mathbb{C}$, so folgt

$$(Av, Av) = (\sum_{j=1}^n x_j a_j v_j, \sum_{j=1}^n x_j a_j v_j) = \sum_{j=1}^n |x_j|^2 |a_j|^2 = \sum_{j=1}^n |x_j|^2 = (v, v).$$

□

Eine Beschreibung der unitären Abbildungen auf $\mathbb{R}$-Hilberträumen, den sogenannten orthogonalen Abbildungen, geben wir in 9.1.3.

Definition 8.2.10 Eine Matrix $(a_{ij}) \in (\mathbb{C})_n$ heißt *normal*, falls

$$(a_{ij})(\overline{a_{ij}})^t = (\overline{a_{ij}})^t (a_{ij})$$

gilt.

Die Sätze über normale bzw. unitäre Abbildungen gelten entsprechend für normale bzw. unitäre Matrizen. So ist zum Beispiel nach 8.2.7 eine normale komplexe Matrix diagonalisierbar und nach 8.2.9 hat eine unitäre komplexe Matrix nur Eigenwerte vom Betrag 1.

Aufgabe 8.2.1 Sei V ein Hilbertraum über $\mathbb{C}$.

a) Ist $\dim V = 2$ und $A \in \operatorname{End}(V)$ mit $\| A \| = \rho(A)$, so ist A normal.

b) Für $\dim V \geq 3$ gibt es stets $A \in \operatorname{End}(V)$ mit $\| A \| = \rho(A)$, aber A nicht normal.

Aufgabe 8.2.2 Sei V ein Hilbertraum über $\mathbb{C}$ und A eine normale Abbildung aus $\operatorname{End}(V)$. Man zeige:

a) Ist $A^2 v = 0$ mit $v \in V$, so auch $Av = 0$.

b) Ist $g \in \mathbb{C}[x]$ mit $g(A)^2 = 0$, so ist auch $g(A) = 0$.

c) A ist diagonalisierbar.

(Dabei soll 8.2.7 nicht benutzt werden.)

Aufgabe 8.2.3 Sei V ein $\mathbb{R}$-Hilbertraum und A eine normale Abildung aus $\mathrm{End}(V)$.

a) Es gibt eine orthogonale Zerlegung $V = V_1 \perp \ldots \perp V_m$ mit $AV_j \leq V_j$ und $\dim V_j \leq 2$.

b) Ist $\dim V_j = 2$ und V_j nicht A-invariant zerlegbar, so bestimme man die Matrix zu A_{V_j} bezüglich einer Orthonormalbasis von V_j.

Aufgabe 8.2.4 Sei V ein Hilbertraum über $\mathbb{R}$ oder $\mathbb{C}$ und $A \in \mathrm{End}(V)$. Man zeige: Genau dann ist A normal, wenn es ein Polynom (aus $\mathbb{R}[x]$ bzw. $\mathbb{C}[x]$) gibt mit $A^* = f(A)$.

Hinweis: Man verwende Aufgabe 8.2.3.

Aufgabe 8.2.5 Sei V ein Hilbertraum und seien $A, B \in \mathrm{End}(V)$. Ist A normal und $AB = BA$, so gelten auch $A^*B = BA^*$ und $AB^* = B^*A$.

Aufgabe 8.2.6 Sei V ein Hilbertraum und seien $A, B, C \in \mathrm{End}(V)$ mit $AC = CB$. Sind A und B normal, so gilt $A^*C = CB^*$.

Hinweis: Man wende Aufgabe 8.2.5 auf $\begin{pmatrix} A & 0 \\ 0 & B \end{pmatrix}$ und $\begin{pmatrix} 0 & C \\ 0 & 0 \end{pmatrix}$ an.

Aufgabe 8.2.7 Sei V ein Hilbertraum über $\mathbb{C}$ und $U \in \mathrm{End}(V)$ unitär. Man zeige die Existenz von $P = \lim_{k\to\infty} \frac{1}{k} \sum_{j=0}^{k-1} U^j$.

Hinweis: U ist diagonalisierbar.

Aufgabe 8.2.8 Sei V ein Hilbertraum über $\mathbb{C}$ und seien $A, B \in \mathrm{End}(V)$, wobei A normal und B beliebig sei. Ist c ein Eigenwert von $A + B$, so gibt es einen Eigenwert a von A mit $|a - c| \leq \| B \|$.

8.3 Hermitesche Abbildungen

Definition 8.3.1

a) Sei V ein Hilbertraum und $A \in \operatorname{End}(V)$. Wir nennen A *hermitesch*, wenn $A = A^*$ gilt.

b) Eine Matrix $(a_{ij}) \in (\mathbb{C})_n$ heißt *hermitesch*, falls $(a_{ij}) = (\overline{a_{ij}})^t$ ist.

Im Gegensatz zu beliebigen Abbildungen läßt sich für hermitesche Abbildungen (sogar normale Abbildungen, siehe Aufgabe 8.3.1) ohne Verwendung des Fundamentalsatzes der Algebra direkt ein Eigenwert angeben, nämlich $\| A \|$ oder $- \| A \|$. Mehr noch, sogar alle Eigenwerte sind reell, welches tiefgreifende Konsequenzen in den Anwendungen hat, insbesondere in der Physik.

Satz 8.3.2 *Sei V ein Hilbertraum und $A = A^* \in \operatorname{End}(V)$.*

a) Dann gilt $\| A \| = \max_{\|v\| \leq 1} |(Av, v)|$.

b) Ist $\| A \| = |(Av_0, v_0)|$ mit $\| v_0 \| \leq 1$, so gilt

$$Av_0 = (Av_0, v_0)v_0 = \pm \| A \| \; v_0.$$

Beweis. a) Wegen $\dim V < \infty$ ist

$$E(V) = \{v \mid v \in V, \; \| v \| \leq 1\}$$

nach 6.1.11 kompakt. Wir zeigen, daß die Abbildung f von V in $\mathbb{R}$ mit $f(v) = |(Av, v)|$ auf $E(V)$ stetig ist. Da der Absolutbetrag stetig ist, genügt der Nachweis, daß g mit $g(v) = (Av, v)$ auf $E(V)$ stetig ist. Dies folgt aus

$$\begin{aligned} |(Av_1, v_1) - (Av_2, v_2)| &= |(Av_1, v_1) - (Av_1, v_2) + (Av_1, v_2) - (Av_2, v_2)| \\ &\leq |(Av_1, v_1 - v_2)| + |(A(v_1 - v_2), v_2)| \\ &\leq \| A \| \| v_1 \| \| v_1 - v_2 \| + \| A \| \| v_1 - v_2 \| \| v_2 \| \\ &\leq 2 \, \| A \| \| v_1 - v_2 \| \end{aligned}$$

für $\| v_j \| \leq 1$ $(j = 1, 2)$. Nach einem bekannten Satz aus der Analysis nimmt eine stetige Funktion das Maximum auf einem Kompaktum an. Somit existiert

$$M = \max_{\|v\| \leq 1} |(Av, v)| = |(Av_0, v_0)|$$

mit einem geeigneten $v_0 \in E(V)$. Dabei gilt

$$M = |(Av_0, v_0)| \leq \| Av_0 \| \| v_0 \| \leq \| A \| .$$

Für alle $0 \neq v \in V$ folgt daher

$$|\left(\frac{1}{\| v \|}Av, \frac{1}{\| v \|}v\right)| \leq M,$$

also

$$(*) \qquad |(Av, v)| \leq M \| v \|^2 .$$

Zum Beweis von $M = \| A \|$ können wir offenbar $A \neq 0$ annehmen. Sei $v \in V$ mit $Av \neq 0$ und $\| v \| \leq 1$. Setzen wir

$$w = \frac{1}{\| Av \|}Av,$$

so ist $\| w \| = 1$. Wegen $(*)$ folgt mit 8.1.1 b) dann

$$\begin{aligned}
4M &\geq M(2 \| v \|^2 + 2 \| w \|^2) \\
&= M(\| v + w \|^2 + \| v - w \|^2) \\
&\geq |(A(v + w), v + w)| + |(A(v - w), v - w)| \\
&\geq |(A(v + w), v + w) - (A(v - w), v - w)| \\
&= 2|(Av, w) + (Aw, v)| \\
&= 2|(Av, w) + (w, Av)| \qquad \text{(wegen } A^* = A) \\
&= 2|(Av, \tfrac{1}{\|Av\|}Av) + (\tfrac{1}{\|Av\|}Av, Av)| \\
&= \tfrac{4}{\|Av\|}(Av, Av) = 4 \| Av \| .
\end{aligned}$$

Somit ist

$$\| A \| = \max_{\|v\| \leq 1} \| Av \| \leq M \leq \| A \| .$$

Dies zeigt

$$\| A \| = \max_{\|v\| \leq 1} |(Av, v)|.$$

b) Sei nun $\| A \| = |(Av_0, v_0)|$ mit $\| v_0 \| \leq 1$. Wegen

$$(Av_0, v_0) = (v_0, A^* v_0) = (v_0, Av_0) = \overline{(Av_0, v_0)} \in \mathbb{R}$$

gilt $(Av_0, v_0) = \| A \|$ oder $(Av_0, v_0) = - \| A \|$. Es folgt

$$\begin{aligned}
&(Av_0 - (Av_0, v_0)v_0, Av_0 - (Av_0, v_0)v_0) \\
&\quad = \| Av_0 \|^2 - 2(Av_0, v_0)^2 + (Av_0, v_0)^2 \| v_0 \|^2 \\
&\quad \leq \| Av_0 \|^2 - (Av_0, v_0)^2 \qquad \text{(wegen } \| v_0 \| \leq 1) \\
&\quad = \| Av_0 \|^2 - \| A \|^2 \leq \| A \|^2 (\| v_0 \|^2 - 1) \leq 0.
\end{aligned}$$

Dies zeigt $Av_0 = (Av_0, v_0)v_0$. □

Hauptsatz 8.3.3 *Sei V ein Hilbertraum und $A \in \mathrm{End}(V)$. Dann sind gleichwertig:*

a) A ist hermitesch.

b) Es gibt eine Orthonormalbasis $[v_1, \ldots, v_n]$ von V mit $Av_j = a_j v_j$ und $a_j \in \mathbb{R}$.

Ist V ein $\mathbb{C}$-Hilbertraum, so sind a) bzw. b) gleichwertig mit

c) Für alle $v \in V$ ist (Av, v) reell.

Beweis. a) $\Rightarrow$ b) Nach 8.3.2 gibt es einen reellen Eigenwert a_1 von A. Sei $v_1 \in V$ mit $Av_1 = a_1 v_1$ und $\| v_1 \| = 1$. Wegen $A\langle v_1 \rangle \leq \langle v_1 \rangle$ gilt nach 8.2.6 b) auch $A\langle v_1 \rangle^\perp \leq \langle v_1 \rangle^\perp$. Ist $A_{\langle v_1 \rangle^\perp}$ die Einschränkung von A auf $\langle v_1 \rangle^\perp$, so gilt nach 8.2.6 c), daß

$$(A_{\langle v_1 \rangle^\perp})^* = (A^*)_{\langle v_1 \rangle^\perp} = A_{\langle v_1 \rangle^\perp}.$$

Gemäß einer Induktion nach $\dim V$ besitzt $\langle v_1 \rangle^\perp$ eine Orthonormalbasis $[v_2, \ldots, v_n]$ mit

$$Av_j = a_j v_j \quad (j = 2, \ldots, n)$$

und $a_j \in \mathbb{R}$. Dies liefert die Aussage unter b).
b) $\Rightarrow$ a) Für alle j, k gilt

$$\begin{aligned}
(A^* v_j - Av_j, v_k) &= (v_j, Av_k) - (Av_j, v_k) \\
&= (v_j, a_k v_k) - (a_j v_j, v_k) \\
&= (\overline{a_k} - a_j)(v_j, v_k) = (a_k - a_j)\delta_{jk} = 0.
\end{aligned}$$

Dies zeigt $Av_j = A^* v_j$ für $j = 1, \ldots, n$, also $A = A^*$.

Sei nun V ein $\mathbb{C}$-Hilbertraum.

a) $\Rightarrow$ c) Für alle $v \in V$ gilt

$$(Av, v) = (v, A^* v) = (v, Av) = \overline{(Av, v)},$$

also $(Av, v) \in \mathbb{R}$ (dies gilt trivialerweise auch, falls V ein $\mathbb{R}$-Hilbertraum ist).
c) $\Rightarrow$ a) Für alle $v, w \in V$ gilt nun

$$(Av, w) + (Aw, v) = (A(v + w), v + w) - (Av, v) - (Aw, w) \in \mathbb{R}$$

und

$$i\{(Aw, v) - (Av, w)\} = (A(v + iw), v + iw) - (Av, v) - (Aw, w) \in \mathbb{R}.$$

Daraus folgt $\operatorname{Im}(Av, w) = -\operatorname{Im}(Aw, v)$ und $\operatorname{Re}(Av, w) = \operatorname{Re}(Aw, v)$. Somit ist

$$(Av, w) = \overline{(Aw, v)} = (v, Aw),$$

also $A = A^*$. □

Satz 8.3.4

a) Sei $A = (a_{ij}) \in (\mathbb{C})_n$ hermitesch. Dann existiert eine unitäre Matrix U, so daß $U^{-1}AU$ eine Diagonalmatrix ist.

b) Sei $A = (a_{ij}) \in (\mathbb{R})_n$ symmetrisch. Dann existiert eine orthogonale Matrix U, so daß $U^{-1}AU$ eine Diagonalmatrix ist.

Beweis. Sei $K = \mathbb{C}$ oder $K = \mathbb{R}$ und sei V ein K-Hilbertraum mit Orthonormalbasis $B = [w_1, \ldots, w_n]$. Wir setzen $A_0 w_j = \sum_{k=1}^{n} a_{kj} w_k$ für $j = 1, \ldots, n$. Dann ist A_0 hermitesch. Wegen 8.3.3 existiert eine Orthonormalbasis $[v_1, \ldots, v_n]$ von V mit $A_0 v_j = a_j v_j$ für $j = 1, \ldots, n$, wobei $a_j \in \mathbb{R}$ ist. Sei $U_0 \in \mathrm{GL}(V)$ mit $U_0 w_j = v_j$ für $j = 1, \ldots, n$. Dann ist U_0 eine Isometrie, also U_0 unitär bzw. orthogonal in b). Ferner gilt

$$U_0^{-1} A_0 U_0 w_j = U_0^{-1} A_0 v_j = U_0^{-1}(a_j v_j) = a_j w_j,$$

und somit

$$U^{-1}AU = {}_B(U_0^{-1} A_0 U_0)_B = \begin{pmatrix} a_1 & & \\ & \ddots & \\ & & a_n \end{pmatrix},$$

wobei U die Matrix zu U_0 bzgl. der Basis B ist.

□

Nach 8.3.4 b) hat eine reelle, symmetrische Matrix nur reelle Eigenwerte. Dies gilt i.a. nicht für eine komplexe, symmetrische Matrix, wie

$$\begin{pmatrix} 0 & i \\ i & 0 \end{pmatrix}$$

mit den Eigenwerten i und $-i$ zeigt.

Anwendung 8.3.5 (Hauptachsentransformation)
Sei $V = \mathbb{R}^n$ und $0 \neq A = (a_{ij}) \in (\mathbb{R})_n$ eine symmetrische Matrix. Wir definieren eine sogenannte *quadratische Form* $q : V \to \mathbb{R}$ vermöge

$$q(x) = x^t A x = \sum_{i=1}^{n} a_{ii} x_i^2 + 2 \sum_{i<j} a_{ij} x_i x_j \quad \text{für} \quad x = \begin{pmatrix} x_1 \\ \vdots \\ x_n \end{pmatrix} \in V$$

und betrachten für $d \in \mathbb{R}$ die *Hyperfläche* $F_d := \{x \in V \mid q(x) = d\}$. (Setzen wir beispielweise $A = E$, so ist $F_1 = \{x \in V \mid \sum_{i=1}^n x_i^2 = 1\}$ die Einheitssphäre.) Da A symmetrisch ist, existiert nach 8.3.4 b) eine orthogonale Matrix $U \in (\mathbb{R})_n$, so daß

$$U^{-1} A U = \begin{pmatrix} d_1 & & 0 \\ & \ddots & \\ 0 & & d_n \end{pmatrix} = D.$$

Mit der Variablentransformation $U(y_i) = (x_i)$ erhalten wir

$$q(x) = (Uy)^t A (Uy) = y^t U^t A U y = y^t U^{-1} A U y = y^t D y = \sum_{i=1}^{n} d_i y_i^2.$$

Somit gilt

$$F_d = \{x \in V \mid x^t A x = d\} = \{y \in V \mid y^t A y = \sum_{i=1}^{n} d_i y_i^2 = d\}.$$

Sei $[e_1, \ldots, e_n]$ die kanonische Basis des $\mathbb{R}^n$. Die paarweise orthogonalen Räume $\langle U^{-1} e_1 \rangle, \ldots, \langle U^{-1} e_n \rangle$ heißen die *Hauptachsen* der Hyperfläche.

Beispiel 8.3.6 (Kurven zweiter Ordnung)
Sei $n = 2$ und $A = \begin{pmatrix} a & c \\ c & b \end{pmatrix} \in (\mathbb{R})_2$ regulär. Für $d \neq 0$ erhalten wir mit 8.3.5

$$\begin{aligned} F_d &= \{x \in \mathbb{R}^2 \mid a x_1^2 + b x_2^2 + 2c x_1 x_2 = d\} = \{y \in \mathbb{R}^2 \mid d_1 y_1^2 + d_2 y_2^2 = d\} \\ &= \left\{ y \in \mathbb{R}^2 \;\middle|\; \tfrac{d_1}{d} y_1^2 + \tfrac{d_2}{d} y_2^2 = 1 \right\}. \end{aligned}$$

Wir setzen

$$\alpha = \frac{d_1}{d} + \frac{d_2}{d} = \frac{1}{d} \operatorname{Sp} D = \frac{1}{d} \operatorname{Sp} A = \frac{a+b}{d}$$

und

$$\beta = \frac{d_1}{d} \frac{d_2}{d} = \frac{1}{d^2} \det D = \frac{1}{d^2} \det A = \frac{ab - c^2}{d^2} \neq 0,$$

und unterscheiden die Fälle:
1) $\beta > 0$ und $\alpha < 0$:
In diesem Fall ist $d_1 d^{-1} < 0$ und $d_2 d^{-1} < 0$, also $F_d = \emptyset$.
2) $\beta > 0$ und $\alpha \geq 0$:
Nun ist $d_1 d^{-1} > 0$ und $d_2 d^{-1} > 0$. Die Menge

$$F_d = \left\{ y \in \mathbb{R}^2 \;\middle|\; \frac{y_1^2}{\left(\sqrt{\frac{d}{d_1}}\right)^2} + \frac{y_2^2}{\left(\sqrt{\frac{d}{d_2}}\right)^2} = 1 \right\}$$

beschreibt eine Ellipse.

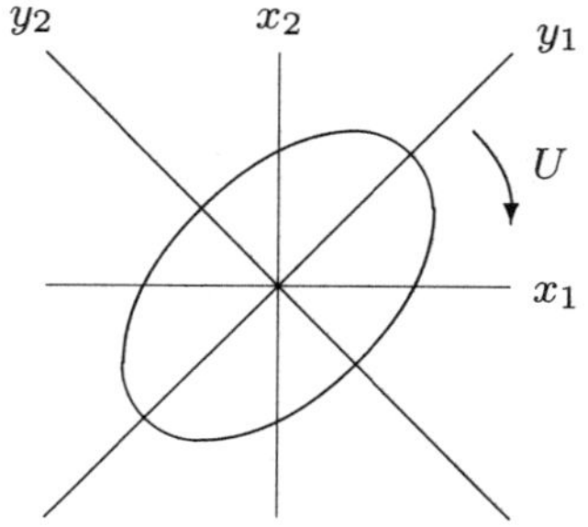

3) $\beta < 0$ und α beliebig:
Wir dürfen annehmen, daß $d_1 d^{-1} > 0$ und $d_2 d^{-1} < 0$ ist. Nun beschreibt die Menge

$$F_d = \left\{ y \in \mathbb{R}^2 \;\middle|\; \frac{y_1^2}{\left(\sqrt{\frac{d}{d_1}}\right)^2} - \frac{y_2^2}{\left(\sqrt{-\frac{d}{d_2}}\right)^2} = 1 \right\}$$

eine Hyperbel.

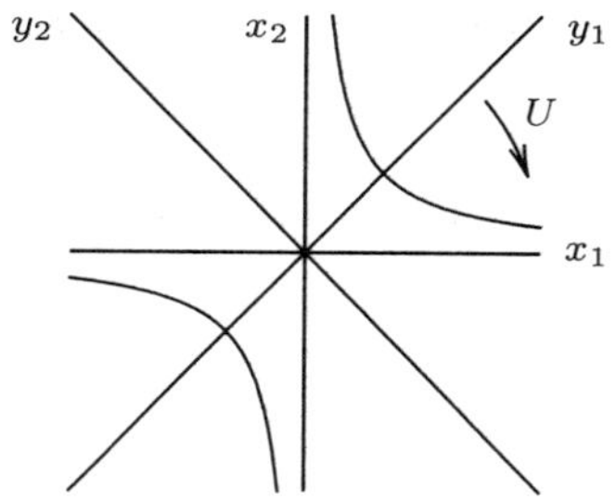

Der folgende Satz belegt die Sonderstellung der hermiteschen Projektionen, die in der Spektralzerlegung (siehe 8.3.8) einer normalen Abbildung eine Rolle spielen.

Satz 8.3.7 *Sei V ein Hilbertraum und $P = P^2 \in \mathrm{End}(V)$. Dann sind gleichwertig:*

a) Es gilt $\| P \| \leq 1$, *also* $(Pv, Pv) \leq (v, v)$ *für alle* $v \in V$.

b) $\operatorname{Kern} P = (\operatorname{Bild} P)^{\perp}$.

c) $P = P^*$ *ist hermitesch.*

Beweis. a) $\Rightarrow$ b) Wegen

$$V = \operatorname{Bild} P \perp (\operatorname{Bild} P)^{\perp} = \operatorname{Bild} P \oplus \operatorname{Kern} P$$

gilt $\dim (\operatorname{Bild} P)^{\perp} = \dim \operatorname{Kern} P$.
Angenommen, $\operatorname{Kern} P \not\leq (\operatorname{Bild} P)^{\perp}$. Dann gibt es $v \in \operatorname{Kern} P$ mit $(v, v) = 1$ und $w = Pw \in \operatorname{Bild} P$ mit $(v, w) = 1$. Es folgt

$$\begin{aligned}(v - 2w, v - 2w) &= (v, v) - 2(v, w) - 2(w, v) + 4(w, w) \\ &= 1 - 4 + 4(w, w) \\ &< 4(w, w) \\ &= (P(v - 2w), P(v - 2w)),\end{aligned}$$

entgegen $\| P \| \leq 1$.
b) $\Rightarrow$ c) Seien $v = v_1 + v_2$ und $w = w_1 + w_2$ mit $v_1, w_1 \in \operatorname{Bild} P$ und $v_2, w_2 \in \operatorname{Kern} P$. Dann ist

$$(Pv, w) = (v_1, w_1 + w_2) = (v_1, w_1) = (v_1 + v_2, w_1) = (v, Pw).$$

Dies zeigt $P = P^*$.
c) $\Rightarrow$ a) Ist $P = P^*$, so folgt mit der Schwarzschen Ungleichung

$$\| Pv \|^2 = (Pv, Pv) = (v, P^* Pv) = (v, P^2 v) = (v, Pv) \leq \| v \| \, \| Pv \|,$$

also $\| Pv \| \leq \| v \|$. □

Satz 8.3.8 (Spektralzerlegung) *Sei* V *ein Hilbertraum über* $\mathbb{C}$ *und* A *eine normale Abbildung aus* $\operatorname{End}(V)$. *Seien* $a_1, \ldots, a_m$ *die verschiedenen Eigenwerte von* A *und* $V_j = \operatorname{Kern}(A - a_j E)$. *Sei ferner*

$$P_j = P_j^2 = P_j^* \in \operatorname{End}(V)$$

die hermitesche Projektion mit $\operatorname{Bild} P_j = V_j$ *und* $\operatorname{Kern} P_j = V_j^{\perp}$. *Dann gelten*

$$E = \sum_{j=1}^{m} P_j \quad \text{und} \quad A = \sum_{j=1}^{m} a_j P_j$$

mit $P_j P_k = \delta_{jk} P_j$.

Beweis. Da A nach 8.2.7 diagonalisierbar ist, gilt $V = \oplus_{j=1}^m V_j$. Ist $Av = av$ und $Aw = bw$ mit $a \neq b$, so gilt nach 8.2.6 e), daß $(v, w) = 0$. Also ist

$$V = V_1 \perp \ldots \perp V_m.$$

Wegen $\operatorname{Kern} P_j = \perp_{k \neq j} V_k = V_j^{\perp}$ gilt $P_j = P_j^*$ nach 8.3.7. Sei $v = \sum_{j=1}^m v_j$ mit $v_j \in V_j$. Dann ist

$$(\sum_{j=1}^m P_j)v = \sum_{j=1}^m P_j v = \sum_{j=1}^m v_j = v,$$

also $\sum_{j=1}^m P_j = E$. Ferner gilt

$$P_j P_k v = P_j v_k = \begin{cases} 0 & \text{für } j \neq k \\ v_j = P_j v & \text{für } j = k. \end{cases}$$

Dies zeigt $P_j P_k = \delta_{jk} P_j$. Aus $(\sum_{j=1}^m a_j P_j)v = \sum_{j=1}^m a_j v_j = Av$ folgt schließlich $A = \sum_{j=1}^m a_j P_j$. □

Im Spektralsatz für hermitesche Abbildungen auf unendlichdimensionalen Hilberträumen sind die Summen in 8.3.8 durch sogenannte Stieltjes-Integrale zu ersetzen.

Die folgenden Ausführungen bedürfen einiger Vorbereitungen. Die Heisenberg-Gleichung $AB - BA = E$ gestattet nach 6.2.5 keine Lösungen mit beschränkten Abbildungen A, B. Andererseits sind auf dem ganzen Hilbertraum beliebiger Dimension definierte hermitesche Abbildungen beschränkt (siehe Kapitel 6 in [14]). Daher müssen wir die Definition der hermiteschen Abbildungen abschwächen.

Definition 8.3.9 Sei V ein Hilbertraum von beliebiger Dimension. Sei $D(A)$ ein nicht notwendig abgeschlossener Unterraum von V. Wir nennen einen Homomorphismus $A \in \operatorname{Hom}(D(A), V)$ *symmetrisch* , falls gilt:

(1) $D(A)$ ist dicht in V.

(2) Für alle $v, w \in D(A)$ gilt $(Av, w) = (v, Aw)$.

Satz 8.3.10 *Sei V ein Hilbertraum von beliebiger Dimension und seien A und B symmetrische Abbildungen mit* $\operatorname{Bild} A \subseteq D(B)$ *und* $\operatorname{Bild} B \subseteq D(A)$. *Seien $a, b \in \mathbb{R}$ und $A_0 = A - aE$, $B_0 = B - bE$. Für $v \in D(A) \cap D(B)$ sei ferner*

$$\Delta(A_0, v) = \sqrt{(A_0 v, A_0 v)} \quad \textit{und} \quad \Delta(B_0, v) = \sqrt{(B_0 v, B_0 v)}.$$

Setzen wir $[A, B] = AB - BA$*, so gilt*

$$\Delta(A_0, v)\Delta(B_0, v) \geq \frac{1}{2}|([A, B]v, v)|.$$

Beweis. Für $v \in D(A) \cap D(B)$ folgt mit der Schwarzschen Ungleichung

$$\begin{aligned}
\Delta(A_0, v)\Delta(B_0, v) &\geq |(A_0v, B_0v)| \\
&= |(B_0A_0v, v)| \\
&\geq |\operatorname{Im}(B_0A_0v, v)| \\
&= \tfrac{1}{2}|(B_0A_0v, v) - \overline{(B_0A_0v, v)}| \\
&= \tfrac{1}{2}|(B_0A_0v, v) - (v, B_0A_0v)| \\
&= \tfrac{1}{2}|((B_0A_0 - A_0B_0)v, v)| \\
&= \tfrac{1}{2}|([A, B]v, v)|.
\end{aligned}$$

□

Anwendung 8.3.11 (Heisenbergsche Unschärferelation)
Der Zustand eines Elektrons, welches sich auf der x-Achse befindet, wird beschrieben durch eine Wahrscheinlichkeitsverteilung ψ mit

$$\int_{-\infty}^{\infty} |\psi(x)|^2 dx = 1 \quad \text{(Lebesgue Integral)}.$$

Wir betrachten ψ als Element des Hilbertraums

$$V = \{\psi \mid \int_{-\infty}^{\infty} |\psi(x)|^2 dx < \infty\}$$

mit dem Skalarprodukt

$$(\psi, \varphi) = \int_{-\infty}^{\infty} \psi(x)\overline{\varphi(x)} dx,$$

wobei die Elemente aus V als Restklassen nach dem Unterraum

$$\{\eta \mid \int_{-\infty}^{\infty} |\eta(x)|^2 dx = 0\}$$

aufzufassen sind (siehe Aufgabe 7.1.2).

Die Observablen werden in der Quantenmechanik beschrieben durch symmetrische Abbildungen. Der Erwartungswert der Observablen A im Zustand $\psi \in D(A)$ ist die reelle Zahl $(A\psi, \psi)$. Insbesondere betrachten wir den Ortsoperator Q und den Impulsoperator P, welche für ψ aus dem Raum

$$W = \{\psi \mid \psi \in C^\infty(-\infty, \infty),\ \psi \text{ hat kompakten Träger}\}$$

definiert sind durch

$$Q\psi = x\psi \quad \text{und} \quad P\psi = i\psi'.$$

Dabei ist W dicht in V, und es gelten $QW \subseteq W$ und $PW \subseteq W$. Ferner ist

$$(Q\psi, \varphi) = \int_{-\infty}^{\infty} x\psi(x)\overline{\varphi(x)}dx = (\psi, Q\varphi)$$

und wegen des kompakten Trägers von ψ und φ

$$\int_{-\infty}^{\infty} (\psi'(x)\overline{\varphi(x)} + \psi(x)\overline{\varphi'(x)})dx = (\psi\overline{\varphi})_{-\infty}^{\infty} = 0.$$

Die letzte Gleichung zeigt

$$(P\psi, \varphi) = i\int_{-\infty}^{\infty} \psi'(x)\overline{\varphi(x)}dx = -i\int_{-\infty}^{\infty} \psi(x)\overline{\varphi'(x)}dx = (\psi, P\varphi).$$

Somit sind P und Q symmetrische Abbildungen. Dabei gilt

$$(PQ - QP)\psi = i\{(x\psi)' - x\psi'\} = i\psi,$$

also $[P, Q] = iE$. Setzen wir $P_0 = P - aE$ und $Q_0 = Q - bE$, so folgt mit 8.3.10 die Ungleichung

$$\Delta(P_0, \psi)\Delta(Q_0, \psi) \geq \frac{1}{2}|([P, Q]\psi, \psi)| = \frac{1}{2}(\psi, \psi) = \frac{1}{2}.$$

Dies besagt, daß man nicht gleichzeitig Ort und Implus des Elektrons beliebig genau messen kann. (Den Planckschen Faktor h haben wir dabei unterdrückt.) Eine analoge Aussage gilt immer dann, wenn P und Q nicht vertauschbar sind. So sind Energie und Zeit, Drehimpuls und Winkel, und viele andere Paare von physikalischen Größen nicht gleichzeitig beliebig genau meßbar.

Die fundamentale Heisenbergsche Unschärferelation ist also eine rein mathematische Folgerung aus der Schwarzschen Ungleichung (das mathematische Modell der Quantentheorie vorausgesetzt).

Für die Behandlung von Schwingungsproblemen in 8.5 benötigen wir den Begriff der nichtnegativen bzw. positiven Abbildung. Sie findet auch Anwendung bei der Bestimmung lokaler Extrema reellwertiger Funktionen in mehreren Veränderlichen, worauf wir allerdings nicht eingehen.

Definition 8.3.12 Sei V ein Hilbertraum und $A = A^* \in \mathrm{End}(V)$.

a) Wir setzen $A \geq 0$, falls $(Av, v) \geq 0$ für alle $v \in V$, und $A > 0$, falls $(Av, v) > 0$ für alle $0 \neq v \in V$ gilt.

b) Sei $[v_1, \ldots, v_n]$ eine Orthonormalbasis von V und

$$Av_j = \sum_{k=1}^{n} a_{kj} v_k \quad \text{mit} \quad a_{kj} = \overline{a_{jk}}.$$

Ist $v = \sum_{j=1}^{n} x_j v_j$, so ist $(Av, v) = \sum_{j,k=1}^{n} a_{kj} x_j \overline{x_k}$. Genau dann ist $A \geq 0$, wenn $\sum_{j,k=1}^{n} a_{kj} x_j \overline{x_k} \geq 0$ für alle (x_j) gilt. Wir schreiben dann $(a_{jk}) \geq 0$.

Lemma 8.3.13 *Sei V ein Hilbertraum und $A = A^* \in \mathrm{End}(V)$ mit $A \geq 0$. Dann wird durch $[v, w] = (Av, w)$ für $v, w \in V$ ein semidefinites Skalarprodukt $[\cdot\,, \cdot]$ auf V definiert. Es gilt*

$$|(Av, w)| \leq (Av, v)(Aw, w) \text{ für alle } v, w \in V.$$

Ist $(Av, v) = 0$, so ist $Av = 0$. Gilt sogar $A > 0$, so ist $[\cdot\,, \cdot]$ definit.

Beweis. Wegen

$$[w, v] = (Aw, v) = (w, Av) = \overline{(Av, w)} = \overline{[v, w]}$$

und $[v, v] = (Av, v) \geq 0$ ist $[\cdot\,, \cdot]$ ein semidefinites Skalarprodukt. Nach der Schwarzschen Ungleichung 7.1.2 gilt daher

$$|(Av, w)|^2 = |[v, w]|^2 \leq [v, v][w, w] = (Av, v)(Aw, w).$$

Ist $(Av, v) = 0$, so folgt $(Av, w) = 0$ für alle $w \in V$, also $Av = 0$. Ist $A > 0$, so gilt $[v, v] = (Av, v) > 0$ für alle $0 \neq v \in V$. Somit ist $[\cdot\,, \cdot]$ definit. □

Satz 8.3.14 *Sei V ein Hilbertraum und $A = A^* \in \mathrm{End}(V)$.*

a) Genau dann gilt $A \geq 0$ (bzw. $A > 0$), wenn alle Eigenwerte von A nichtnegativ (bzw. positiv) sind.

b) Ist $A > 0$, so existiert A^{-1}, und es gilt $A^{-1} > 0$.

Sei auch $B = B^* \in \mathrm{End}(V)$.

c) Ist $AB = BA$, so ist AB hermitesch und sogar $AB \geq 0$, falls $A \geq 0$ und $B \geq 0$ ist.

d) Ist $A > 0$, so ist AB hermitesch bezüglich des definiten Skalarproduktes $[v, w] = (A^{-1}v, w)$ (siehe 8.3.13). *Ist zudem $B > 0$ (bzw. $B \geq 0$), so ist $AB > 0$ (bzw. $AB \geq 0$) bezüglich des Skalarproduktes $[\cdot, \cdot]$. Insbesondere ist AB diagonalisierbar.*

Beweis. a) Ist $A \geq 0$ (bzw.$A > 0$) und $Av = av$ mit $0 \neq v \in V$, so gilt

$$a(v, v) = (Av, v) \geq 0 \quad (\text{ bzw.} > 0).$$

Also sind alle Eigenwerte von A nichtnegativ (bzw. positiv).

Sei umgekehrt $[v_1, \ldots, v_n]$ eine Orthonormalbasis von V mit

$$Av_j = a_j v_j \quad \text{und} \quad a_j \geq 0 \quad (\text{bzw. } a_j > 0).$$

Für $v = \sum_{j=1}^{n} x_j v_j \in V$ gilt dann $(Av, v) = \sum_{j=1}^{n} a_j |x_j|^2 \geq 0$ (bzw. > 0, falls $v \neq 0$). Somit ist $A \geq 0$ (bzw. $A > 0$).

b) Ist $A > 0$, so sind alle Eigenwerte von A positiv. Somit existiert A^{-1}. Nach 8.3.3 ist auch A^{-1} hermitesch. Da die Eigenwerte von A^{-1} die Inversen der Eigenwerte von A sind, folgt $A^{-1} > 0$.

c) Wegen $AB = BA$ ist $(AB)^* = B^*A^* = BA = AB$. Also ist AB hermitesch. Wegen der Vertauschbarkeit von A und B sind A und B nach 5.5.11 simultan diagonalisierbar. Also gibt es eine Basis $[w_1, \ldots, w_n]$ von V mit

$$Aw_j = a_j w_j \quad \text{und} \quad Bw_j = b_j w_j.$$

Dann ist

$$ABw_j = a_j b_j w_j$$

mit $a_j b_j \geq 0$. Nach a) gilt daher $AB \geq 0$.

d) Wegen b) ist $A^{-1} > 0$. Nach 8.3.13 definiert somit $[v, w] = (A^{-1}v, w)$ ein definites Skalarprodukt auf V. Dabei ist

$$\begin{aligned} [ABv, w] &= (A^{-1}ABv, w) = (v, Bw) = (AA^{-1}v, Bw) \\ &= (A^{-1}v, ABw) = [v, ABw]. \end{aligned}$$

Also ist AB hermitesch bezüglich $[\cdot, \cdot]$. Ist $B > 0$ (bzw. $B \geq 0$), so gilt

$$[ABv, v] = (v, Bv) = (Bv, v) > 0 \quad \text{bzw. } \geq 0.$$

Somit ist $AB > 0$ (bzw. $AB \geq 0$) bezüglich des Skalarproduktes $[\cdot, \cdot]$. □

Satz 8.3.15 *Sei V ein Hilbertraum und $A \in \mathrm{End}(V)$. Dann gilt:*

a) $AA^* \geq 0$ *(bzw.* $AA^* > 0$*, falls A invertierbar ist). Insbesondere sind alle Eigenwerte von AA^* reell und nichtnegativ (bzw. positiv).*

b) $\| A \|^2 = \rho(AA^*)$ *ist der größte Eigenwert von AA^*.*

c) Sei $[v_1, \ldots, v_n]$ eine Orthonormalbasis von V und

$$Av_j = \sum_{k=1}^{n} a_{kj} v_k \qquad (j = 1, \ldots, n).$$

Dann gilt $\mathrm{Sp}\, AA^* = \sum_{j,k=1}^{n} |a_{jk}|^2$*, welches unabhängig von der gewählten Orthonormalbasis ist.*

d) Setzen wir $\| A \|_2 = (\sum_{j,k=1}^{n} |a_{jk}|^2)^{\frac{1}{2}}$ (siehe 6.2.4 c))*, so gilt*

$$\frac{1}{\sqrt{n}} \| A \|_2 \leq \| A \| \leq \| A \|_2 .$$

(Da die Eigenwerte von AA^* meist nicht bekannt sind, liefert dies mitunter nützliche Abschätzungen für $\| A \|$. Die Frage, wann die Grenzen $\| A \| = \| A \|_2$ oder $\| A \| = \frac{1}{\sqrt{n}} \| A \|_2$ erreicht werden, wird in Aufgabe 8.3.5 *beantwortet.)*

Beweis. a) Dies folgt aus $(AA^*v, v) = (A^*v, A^*v) \geq 0$ und 8.3.14 a).
b) Da AA^* hermitesch ist, folgt mit 8.2.3 a) und 8.2.5, daß

$$\| A \|^2 = \| AA^* \| = \rho(AA^*).$$

c) Nach 8.2.2 a) gilt $A^*v_j = \sum_{k=1}^{n} \overline{a_{jk}} v_k$. Somit folgt

$$AA^*v_j = \sum_{k=1}^{n} c_{kj} v_k \quad \text{wobei} \quad c_{kj} = \sum_{l=1}^{n} \overline{a_{jl}} a_{kl}.$$

Dies zeigt

$$\mathrm{Sp}\, AA^* = \sum_{j=1}^{n} c_{jj} = \sum_{j,l=1}^{n} |a_{jl}|^2 = \| A \|_2^2 .$$

d) Seien gemäß a)

$$b_1 \geq b_2 \geq \ldots \geq b_n \geq 0$$

die Eigenwerte von AA^*. Mit b) und c) folgt

$$\| A \|^2 = b_1 \leq b_1 + \ldots + b_n = \mathrm{Sp}\, AA^* = \| A \|_2^2 .$$

Andererseits gilt

$$\| A \|^2 = b_1 \geq \frac{1}{n}(b_1 + \ldots + b_n) = \frac{1}{n} \| A \|_2^2 .$$

□

Der Satz 8.3.14 a) liefert uns ein Kriterium zum Testen von $A > 0$ oder $A \geq 0$, welches jedoch wenig handlich ist, da man i.a. die Eigenwerte nicht bestimmen kann. Gesucht ist hier ein Kriterium, welches man direkt an der Matrix A ablesen kann.

Definition 8.3.16 Sei $A = (a_{ij}) \in (K)_n$, wobei K ein beliebiger Körper ist. Für $1 \leq r \leq n$ nennen wir

$$\delta_r = \delta_r(A) = \det \begin{pmatrix} a_{11} & \ldots & a_{1r} \\ \vdots & & \vdots \\ a_{r1} & \ldots & a_{rr} \end{pmatrix}$$

den *r-ten Hauptminor von A*. Offenbar ist $\delta_n(A) = \det A$.

Lemma 8.3.17 *Sei $K = \mathbb{C}$ oder $K = \mathbb{R}$ und $A = (a_{ij}) \in (K)_n$ hermitesch. Weiterhin gelte für alle Hauptminoren $\delta_r \neq 0$ $(r = 1, \ldots, n)$. Dann gibt es eine unipotente Matrix U über K (d.h. eine obere Dreiecksmatrix mit Diagonale 1), so daß*

$$\overline{U}^{\mathrm{t}} AU = \begin{pmatrix} \delta_1 & & & \\ & \frac{\delta_2}{\delta_1} & & \\ & & \ddots & \\ & & & \frac{\delta_n}{\delta_{n-1}} \end{pmatrix}$$

ist.

Beweis. Wir dürfen annehmen, daß $n > 1$ und A von der Form

$$A = \begin{pmatrix} B & v \\ \overline{v}^t & k \end{pmatrix} \quad \text{mit } B \in (K)_{n-1} \text{ hermitesch, } v \in K^{n-1}, \text{ und } k \in K$$

ist. Wegen $\det B = \delta_{n-1} \neq 0$ ist die Matrix B invertierbar, und es gilt $B^{-1} = (\overline{B}^t)^{-1} = (\overline{B}^{-1})^t$. Für $a = k - \overline{v}^t(\overline{B}^{-1})^t v$ gilt nun

$$A = \begin{pmatrix} B & v \\ \overline{v}^t(\overline{B}^{-1})^t B & \overline{v}^t(\overline{B}^{-1})^t v + a \end{pmatrix} = \begin{pmatrix} B & 0 \\ \overline{v}^t(\overline{B}^{-1})^t B & a \end{pmatrix} \begin{pmatrix} E & B^{-1}v \\ 0 & 1 \end{pmatrix}$$
$$= \begin{pmatrix} E & 0 \\ (\overline{B}^{-1}\overline{v})^t & 1 \end{pmatrix} \begin{pmatrix} B & 0 \\ 0 & a \end{pmatrix} \begin{pmatrix} E & B^{-1}v \\ 0 & 1 \end{pmatrix} .$$

Setzen wir also

$$U = \begin{pmatrix} E & B^{-1}v \\ 0 & 1 \end{pmatrix},$$

so erhalten wir $\overline{U}^t \left(\begin{smallmatrix} B & 0 \\ 0 & a \end{smallmatrix}\right) U = A$ und $a = \frac{\det A}{\det B} = \frac{\delta_n}{\delta_{n-1}}$. Eine Induktion nach n liefert nun die Behauptung. □

Satz 8.3.18 (Hauptminorenkriterium) *Sei $K = \mathbb{C}$ oder $K = \mathbb{R}$ und sei weiterhin $A = (a_{ij}) \in (K)_n$ hermitesch. Genau dann ist $A > 0$, wenn alle Hauptminoren von A positiv sind.*

Beweis. Sei $A > 0$. Die Matrix

$$B_r := \begin{pmatrix} a_{11} & \dots & a_{1r} \\ \vdots & & \vdots \\ a_{r1} & \dots & a_{rr} \end{pmatrix}, \quad 1 \leq r \leq n$$

ist hermitesch, und es gilt $B_r > 0$. Nach 8.3.13 sind alle Eigenwerte von B_r positiv, folglich ist auch ihr Produkt, d.h. die Determinante von B_r, positiv. Somit gilt $\delta_r(A) = \det B_r > 0$.

Seien nun alle Hauptminoren positiv. Gemäß 8.3.17 sei $A = \overline{U}^t DU$ mit U unipotent und D diagonal mit Diagonaleinträgen $\delta_1, \frac{\delta_2}{\delta_1}, \dots, \frac{\delta_n}{\delta_{n-1}}$. Wir setzen

$$B := \begin{pmatrix} \sqrt{\delta_1} & & & \\ & \sqrt{\frac{\delta_2}{\delta_1}} & & \\ & & \ddots & \\ & & & \sqrt{\frac{\delta_n}{\delta_{n-1}}} \end{pmatrix},$$

wobei die Wurzeln alle positiv zu wählen sind. Dann ist $B^2 = D$, und da BU invertierbar ist, gilt nach 8.3.15 a), daß

$$A = \overline{U}^t DU = \overline{U}^t B^2 U = (\overline{BU})^t BU > 0$$

ist. □

Die Bedingung $A \geq 0$ läßt sich nicht so einfach beschreiben (siehe Aufgabe 8.3.8).

Aufgabe 8.3.1 Sei V ein $\mathbb{C}$-Hilbertraum und $A \in \operatorname{End}(V)$.

a) Dann gilt

$$A = \frac{1}{2}(A + A^*) + i\frac{1}{2i}(A - A^*),$$

wobei $\frac{1}{2}(A + A^*)$ und $\frac{1}{2i}(A - A^*)$ hermitesch sind.

b) Ist $A = H_1 + iH_2$ mit hermiteschen Abbildungen H_1, H_2, so ist

$$H_1 = \frac{1}{2}(A + A^*) \quad \text{und} \quad H_2 = \frac{1}{2i}(A - A^*).$$

c) Sei $A = H_1 + iH_2$ mit hermiteschen Abbildungen H_1, H_2. Genau dann ist A normal, wenn $H_1H_2 = H_2H_1$ gilt.

d) Ohne Verwendung des Fundamentalsatzes der Algebra beweise man: Ist A normal, so hat A einen komplexen Eigenwert.

Hinweis zu d): In c) sind H_1 und H_2 simultan diagonalisierbar, falls A normal ist.

Aufgabe 8.3.2 Sei V ein Hilbertraum und $A \in \text{End}(V)$ mit $\| A \| \leq 1$. Man zeige:

a) $P = \lim_{k\to\infty} \frac{1}{k} \sum_{j=0}^{k-1} A^j$ ist eine hermitesche Projektion, und es gilt $V = \text{Kern}(A - E) \perp \text{Bild}(A - E)$.

b) Es gelten

$$\text{Kern}(A - E) = \text{Kern}(A^* - E) \text{ und Bild}(A - E) = \text{Bild}(A^* - E).$$

Hinweis: Wegen des Ergodensatzes existiert P.

Aufgabe 8.3.3 Sei V ein Hilbertraum und $u, w \in V$ mit $u \neq 0 \neq w$. Sei $A_{u,w} \in \text{End}(V)$ definiert durch

$$A_{u,w}v = (v, u)w.$$

a) Es gilt $A^*_{u,w} = A_{w,u}$.

b) Man bestimme alle Eigenwerte von $A_{u,w}$.

c) Weiterhin ist $\| A_{u,w} \| = \| u \| \| w \|$.

d) Genau dann ist $A_{u,w}$ normal, wenn $w = au$ mit $a \in \mathbb{C}$ gilt. Genau dann ist $A_{u,w}$ hermitesch, wenn $w = au$ mit $a \in \mathbb{R}$ gilt.

Aufgabe 8.3.4 Sei $[v_1, \ldots, v_n]$ eine Orthonormalbasis von V und seien $P_j = P_j^*$ $(j = 1, 2)$ die hermiteschen Projektionen aus $\text{End}(V)$ mit

$$\begin{aligned} \text{Bild}\, P_1 &= \langle v_1, \ldots, v_k \rangle \qquad (1 \leq k < n) \\ \text{Bild}\, P_2 &= \langle v_1 + \ldots + v_n \rangle. \end{aligned}$$

Man beweise $\| P_1P_2 \| = \sqrt{\frac{k}{n}}$.

Aufgabe 8.3.5 In Ergänzung zum Satz 8.3.15 d) beweise man:

a) Genau dann gilt $\| A \| = \| A \|_2$, wenn $\mathrm{r}(A) \leq 1$.

b) Genau dann ist $\| A \| = \frac{1}{\sqrt{n}} \| A \|_2$ mit $n = \dim V$, wenn $A = cU$ mit $0 \leq c \in \mathbb{R}$ und U unitär.

Aufgabe 8.3.6 Sei V ein Hilbertraum mit $\dim V = n$.

a) Dann ist $\mathcal{H} = \{A \mid A = A^* \in \mathrm{End}(V)\}$ ein $\mathbb{R}$-Vektorraum.

b) Man bestimme $\dim_{\mathbb{R}} \mathcal{H}$.

Aufgabe 8.3.7 Sei V ein Hilbertraum über $\mathbb{C}$ und $U \in \mathrm{End}(V)$. Genau dann ist U unitär, wenn $U = e^{iH}$ mit hermiteschem H gilt.

Aufgabe 8.3.8 Sei $K = \mathbb{C}$ oder $K = \mathbb{R}$ und sei $A = (a_{ij}) \in (K)_n$ eine hermitesche Matrix. Man zeige:

a) Ist $A \geq 0$, so gilt $\delta_r(A) \geq 0$ für $r = 1, \ldots, n$.

b) Die Umkehrung von a) gilt i.a. nicht.

c) Es ist $A \geq 0$ genau dann, wenn für alle $1 \leq k \leq n$ und alle

$$1 \leq i_1 < i_2 < \ldots < i_k \leq n$$

gilt

$$\det \begin{pmatrix} a_{i_1,i_1} & \cdots & a_{i_1,i_k} \\ \vdots & & \vdots \\ a_{i_k,i_1} & \cdots & a_{i_k,i_k} \end{pmatrix} \geq 0.$$

Hinweis zu c): Man benutze

$$\det(xE - A) = x^n - d_{n-1}x^{n-1} + d_{n-2}x^{n-2} - \ldots + (-1)^n \det A,$$

wobei $d_j = \sum \det B$ und die Summe über alle Untermatrizen B vom Typ $(n-j, n-j)$ läuft, die aus A durch Streichen von Zeilen und Spalten mit beliebigen Nummern $k_1 < \ldots < k_j$ entstehen.

Aufgabe 8.3.9 Sei $A = A^* \in \mathrm{End}(V)$ mit $A \geq 0$.

a) Für jede natürliche Zahl m gibt es genau ein hermitesches $B \in \mathrm{End}(V)$ mit $B^m = A$ und $B \geq 0$.

b) Ist $C \in \mathrm{End}(V)$ mit $AC = CA$, so gilt auch $BC = CB$.

Aufgabe 8.3.10 Sei $A = (a_{ij}) \in (\mathbb{C})_n$ mit $\overline{A}^t = A$. Genau dann gibt es Vektoren $v_1, \ldots, v_n \in V$ mit $(v_i, v_j) = a_{ij}$, wenn $A \geq 0$ ist.

Hinweis: Die Notwendigkeit $A \geq 0$ folgt aus 8.1.9 a). Ist umgekehrt $A = B^2$ mit $B = (b_{ij})$ gemäß Aufgabe 8.3.9 a), so setze $v_i = (b_{i1}, \ldots, b_{in})$.

In den folgenden Aufgaben sei V stets ein Hilbertraum mit den hermiteschen Projektionen $P_j = P_j^*$ $(j = 1, 2)$ aus $\mathrm{End}(V)$.

Aufgabe 8.3.11 Sei $P_1P_2 = P_2P_1$.

a) Dann ist P_1P_2 die hermitesche Projektion mit
$$\mathrm{Bild}\, P_1P_2 = \mathrm{Bild}\, P_1 \cap \mathrm{Bild}\, P_2$$
und
$$\mathrm{Kern}\, P_1P_2 = \mathrm{Kern}\, P_1 + \mathrm{Kern}\, P_2.$$

b) $R = P_1 + P_2 - P_1P_2$ ist die hermitesche Projektion mit
$$\mathrm{Bild}\, R = \mathrm{Bild}\, P_1 + \mathrm{Bild}\, P_2$$
und
$$\mathrm{Kern}\, R = \mathrm{Kern}\, P_1 \cap \mathrm{Kern}\, P_2.$$

Aufgabe 8.3.12

a) Es existiert $P = \lim_{k\to\infty}(P_1P_2)^k$. Dabei ist $P = P^2$ die hermitesche Projektion mit
$$\mathrm{Bild}\, P = \mathrm{Bild}\, P_1 \cap \mathrm{Bild}\, P_2$$
und
$$\mathrm{Kern}\, P = \mathrm{Kern}\, P_1 + \mathrm{Kern}\, P_2.$$

b) Es gilt ebenfalls
$$P = \lim_{k\to\infty} (\frac{1}{2}(P_1 + P_2))^k.$$

Hinweis zu a): Wegen $\| P_1P_2 \| \leq 1$ muß man für die Existenz von P nur zeigen, daß aus $\| P_1P_2v \| = \| v \|$ die Aussage $P_1v = P_2v = v$ folgt (siehe 6.2.12).

Aufgabe 8.3.13 Sei V ein Hilbertraum und P eine Projektion aus $\mathrm{End}(V)$ mit $0 \neq P \neq E$. Dann gilt $\| P \| = \| E - P \|$.

Hinweis: Man verwende 8.3.15 b).

8.4 Eigenwertabschätzungen

Sei V ein Hilbertraum und $A \in \mathrm{End}(V)$ eine hermitesche Abbildung mit den Eigenwerten $a_1 \geq a_2 \geq \ldots \geq a_n$. Sei $[v_1, \ldots, v_n]$ eine Orthonormalbasis von V mit $Av_j = a_j v_j$ $(j = 1, \ldots, n)$. Ist $v = \sum_{j=1}^n x_j v_j$ mit

$$1 = (v, v) = \sum_{j=1}^{n} |x_j|^2,$$

so gilt $(Av, v) = \sum_{j=1}^n a_j |x_j|^2$. Daher ist

$$a_n = a_n \sum_{j=1}^{n} |x_j|^2 \leq (Av, v) \leq a_1 \sum_{j=1}^{n} |x_j|^2 = a_1.$$

Dies zeigt

$$a_1 = \max_{\|v\| = 1} (Av, v) \quad \text{und} \quad a_n = \min_{\|v\| = 1} (Av, v).$$

Wir verschärfen dies zu einer Aussage, die auch die übrigen Eigenwerte erfaßt.

Hauptsatz 8.4.1 (Mini-Max-Prinzip von R. Courant[8]) *Sei V ein Hilbertraum der Dimension n. Ferner sei $A = A^* \in \mathrm{End}(V)$ mit den Eigenwerten $a_1 \geq \ldots \geq a_n$. Dann gilt*

$$a_k = \min_{W \leq V} \max_{\substack{w \in W \\ \|w\| = 1}} (Aw, w),$$

wobei das Minimum über alle Unterräume W von V mit $\dim W = n - k + 1$ *zu bilden ist.*

Beweis. Sei $[v_1, \ldots, v_n]$ eine Orthonormalbasis von V mit

$$Av_j = a_j v_j \quad (j = 1, \ldots, n).$$

(1) Sei $W_0 = \langle v_k, \ldots, v_n \rangle$, also $\dim W_0 = n - k + 1$. Für $w = \sum_{j=k}^n x_j v_j$ mit

$$1 = (w, w) = \sum_{j=k}^{n} |x_j|^2$$

[8]Richard Courant (1888-1972) Göttingen, New York. Mathematische Physik, Differentialgleichungen.

folgt dann

$$(Aw, w) = \sum_{j=k}^{n} a_j |x_j|^2 \le a_k \sum_{j=k}^{n} |x_j|^2 = a_k.$$

Wegen $(Av_k, v_k) = a_k$ und $v_k \in W_0$ zeigt dies

$$a_k = \max_{\substack{w \in W_0 \\ \|w\|=1}} (Aw, w) \ge \inf_W \max_{\substack{w \in W \\ \|w\|=1}} (Aw, w),$$

wobei das Infimum über alle Unterräume W von V mit $\dim W = n - k + 1$ zu bilden ist.

(2) Sei W irgendein Unterraum von V mit $\dim W = n - k + 1$. Setzen wir $U = \langle v_1, \ldots, v_k \rangle$, so gilt

$$\begin{aligned} \dim(U \cap W) &= \dim U + \dim W - \dim(U + W) \\ &\ge \dim U + \dim W - \dim V \\ &= k + (n - k + 1) - n = 1. \end{aligned}$$

Sei

$$w_0 = \sum_{j=1}^{k} y_j v_j \in U \cap W$$

mit $(w_0, w_0) = 1$. Dann folgt

$$\max_{\substack{w \in W \\ \|w\|=1}} (Aw, w) \ge (Aw_0, w_0) = \sum_{j=1}^{k} a_j |y_j|^2 \ge a_k \sum_{j=1}^{k} |y_j|^2 = a_k.$$

Somit gilt

$$\inf_{\substack{W \\ \dim W = n-k+1}} \max_{\substack{w \in W \\ \|w\|=1}} (Aw, w) \ge a_k.$$

Insgesamt liefert dies die Behauptung

$$a_k = \min_{\substack{W \le V \\ \dim W = n-k+1}} \max_{\substack{w \in W \\ \|w\|=1}} (Aw, w).$$

□

Satz 8.4.2 *Sei V ein Hilbertraum der Dimension n und $U < V$ mit der Dimension* $\dim U = n-1$. *Sei $A = A^* \in$* End(V) *und sei $P = P^* \in$* End(V) *die hermitesche Projektion mit* Bild $P = U$. *Wir setzen $B = PAP|_U$. Seien $a_1 \ge \ldots \ge a_n$ die Eigenwerte von A und $b_1 \ge \ldots \ge b_{n-1}$ die Eigenwerte von B. Dann gilt*

$$a_1 \ge b_1 \ge a_2 \ge b_2 \ge \ldots \ge a_{n-1} \ge b_{n-1} \ge a_n.$$

Beweis. Offenbar wird U von PAP in sich abgebildet, und B ist hermitesch. Mit 8.4.1 folgt

$$\begin{aligned}
b_j &= \min_{\substack{W \leq U \\ \dim W = n-j}} \max_{\substack{w \in W \\ \|w\| = 1}} (Bw, w) \\
&= \min_{\substack{W \leq U \\ \dim W = n-j}} \max_{\substack{w \in W \\ \|w\| = 1}} (APw, Pw) \quad \text{wegen } P = P^* \\
&= \min_{\substack{W \leq U \\ \dim W = n-j}} \max_{\substack{w \in W \\ \|w\| = 1}} (Aw, w) \quad \text{wegen } Pw = w \text{ für } w \in W \leq U \\
&\geq \min_{\substack{W \leq V \\ \dim W = n-j}} \max_{\substack{w \in W \\ \|w\| = 1}} (Aw, w) \\
&= a_{j+1}.
\end{aligned}$$

Setzen wir $C = -A$, so hat C die Eigenwerte

$$-a_n \geq \ldots \geq -a_1,$$

und $PCP|_U = -PAP|_U$ hat die Eigenwerte

$$-b_{n-1} \geq \ldots \geq -b_1.$$

Anwendung des obigen Teilergebnisses auf $-A$ zeigt $-b_j \geq -a_j$, also $b_j \leq a_j$ für $j = 1, \ldots, n-1$. □

Aus Satz 8.4.2 gewinnen wir leicht ein handliches Ergebnis für hermitesche Matrizen.

Satz 8.4.3 *Sei $A = (a_{jk}) \in (\mathbb{C})_n$ eine hermitesche Matrix mit den Eigenwerten $a_1 \geq \ldots \geq a_n$. Ferner sei $B = (a_{jk})_{j,k=1,\ldots,n-1}$ mit den Eigenwerten $b_1 \geq \ldots \geq b_{n-1}$. Dann gilt*

$$a_1 \geq b_1 \geq a_2 \geq \ldots \geq b_{n-1} \geq a_n.$$

Beweis. Sei V ein Hilbertraum der Dimension n und $[v_1, \ldots, v_n]$ eine Orthonormalbasis von V. Wir definieren $A_0 \in \mathit{End}(V)$ durch

$$A_0 v_j = \sum_{k=1}^{n} a_{kj} v_k \quad (j = 1, \ldots, n).$$

Dann ist A_0 hermitesch mit den Eigenwerten $a_1 \geq \ldots \geq a_n$. Ferner definieren wir die hermitesche Projektion $P \in \mathrm{End}(V)$ durch $Pv_j = v_j$ für $j \leq n-1$ und $Pv_n = 0$. Für $j \leq n-1$ gilt dann

$$PA_0Pv_j = PA_0v_j = P\sum_{k=1}^{n} a_{kj}v_k = \sum_{j=1}^{n-1} a_{kj}v_k.$$

Daher ist $(a_{jk})_{j,k=1,\ldots,n-1}$ die Matrix zur Einschränkung von PA_0P auf $\mathrm{Bild}\, P = \langle v_1, \ldots, v_{n-1} \rangle$. Mit 8.4.2 folgt die Behauptung. □

Wir behandeln ein Beispiel, welches bei einem Schwingungsproblem auftritt (siehe 8.5.6).

Beispiel 8.4.4 Sei $k \in \mathbb{N}$ und

$$A = \begin{pmatrix} 2k & -1 \; \dots \; -1 \\ -1 & \\ \vdots & C \\ -1 & \end{pmatrix}$$

mit $C = \begin{pmatrix} B & 0 \\ 0 & B \end{pmatrix}$, wobei

$$B = \begin{pmatrix} k & -1 & \dots & -1 \\ -1 & k & \dots & -1 \\ \vdots & \vdots & & \vdots \\ -1 & -1 & \dots & k \end{pmatrix}$$

vom Typ (k,k) sei, also A vom Typ $(2k+1, 2k+1)$.

Seien $a_1 \geq \ldots \geq a_{2k+1}$ die Eigenwerte von A. Nach 5.4.10 a) hat B die Eigenwerte

$$\underbrace{k+1, \ldots, k+1}_{k-1 \text{ fach}}, 1.$$

Mit 8.4.3 erhalten wir daher

$$a_1 \geq k{+}1 \geq a_2 \geq k{+}1 \geq \ldots \geq a_{2k-2} \geq k{+}1 \geq a_{2k-1} \geq 1 \geq a_{2k} \geq 1 \geq a_{2k+1}.$$

Dies zeigt

$$a_2 = \ldots = a_{2k-2} = k+1 \quad \text{und} \quad a_{2k} = 1.$$

Da A die Spaltensumme 0 hat, ist $a_{2k+1} = 0$. Die fehlenden Eigenwerte a_1 und a_{2k-1} ermitteln wir aus

$$(k+1)(2k-3) + 1 + a_1 + a_{2k-1} = \operatorname{Sp} A = 2k(k+1)$$

und

$$(k+1)^2(2k-3) + 1 + a_1^2 + a_{2k-1}^2 = \operatorname{Sp} A^2 = 2k^3 + 6k^2 + 2k.$$

Dies liefert $a_1 + a_{2k-1} = 3k+2$ und $a_1^2 + a_{2k-1}^2 = 5k^2 + 6k + 2$. Daraus folgt

$$a_1 = 2k+1 \quad \text{und} \quad a_{2k-1} = k+1.$$

Also hat A die Eigenwerte $2k+1, \underbrace{k+1, \ldots, k+1}_{2k-2 \text{ fach}}, 1, 0.$

Wir schließen noch ein Satz an, in dem normale Abbildungen über die Eigenwerte charakterisiert werden.

Satz 8.4.5 (I. Schur[9]) *Sei* $A = (a_{jk}) \in (\mathbb{C})_n$ *mit den Eigenwerten* $a_1, \ldots, a_n$. *Wir setzen*

$$\| A \|_2 = \Big(\sum_{j,k=1,\ldots,n} |a_{jk}|^2 \Big)^{\frac{1}{2}}.$$

a) Ist U *unitär, so gilt* $\| A \|_2 = \| U^{-1}AU \|_2$.

b) Ist A *normal und* U *unitär, so ist auch* $U^{-1}AU$ *normal.*

c) Es gilt $\sum_{j=1}^n |a_j|^2 \leq \| A \|_2^2$. *Dabei gilt die Gleichheit genau dann, wenn* A *normal ist.*

Beweis. a) Wegen $\overline{U}^t = U^{-1}$ gilt

$$\begin{aligned} \| U^{-1}AU \|_2^2 &= \operatorname{Sp}((\overline{U^{-1}AU})^t(U^{-1}AU)) \\ &= \operatorname{Sp}(\overline{U}^t\overline{A}^t\overline{U^{-1}}^t U^{-1}AU) \\ &= \operatorname{Sp} \overline{A}^t A = \| A \|_2^2 . \end{aligned}$$

b) Aus $A\overline{A}^t = \overline{A}^t A$ folgt

$$\begin{aligned} U^{-1}AU(\overline{U^{-1}AU})^t &= U^{-1}AU\overline{U}^t\overline{A}^t U \\ &= U^{-1}A\overline{A}^t U = U^{-1}\overline{A}^t AU \\ &= U^{-1}\overline{A}^t UU^{-1}AU = (\overline{U^{-1}AU})^t U^{-1}AU. \end{aligned}$$

c) Nach 8.1.8 gibt es ein unitäres U mit

$$U^{-1}AU = \begin{pmatrix} b_{11} & & * \\ & \ddots & \\ 0 & & b_{nn} \end{pmatrix}$$

in Dreiecksgestalt. Da $b_{11}, \ldots, b_{nn}$ die Eigenwerte von A sind, folgt mit a)

$$\| A \|_2^2 = \| U^{-1}AU \|_2^2 = \sum_{i,j=1}^n |b_{ij}|^2 \geq \sum_{j=1}^n |b_{jj}|^2 = \sum_{j=1}^n |a_j|^2.$$

[9]Issai Schur (1875-1941) Berlin, 1939 nach Israel emigriert. Gruppentheorie, Darstellungstheorie, unendliche Reihen, Zahlentheorie, Matrizen.

Genau dann gilt das Gleichheitszeichen, wenn $U^{-1}AU$ eine Diagonalmatrix ist. Da Diagonalmatrizen offenbar normal sind, ist nach b) dann auch A normal. Ist umgekehrt A normal, so gibt es ein unitäres U derart, daß $U^{-1}AU$ diagonal ist, und dann gilt $\| A \|_2^2 = \sum_{j=1}^n |a_j|^2$. □

Aufgabe 8.4.1 Seien A, B normale Matrizen aus $(\mathbb{C})_n$.
Man zeige: Ist AB normal, so ist auch BA normal.

Hinweis: Man benutze 8.4.5 c) und daß AB und BA die gleichen Eigenwerte haben.

Aufgabe 8.4.2 (Wielandt) Sei V ein Hilbertraum über $\mathbb{C}$ und $A \in \operatorname{End}(V)$ eine normale Abbildung. Sei $0 \neq v \in V$ und

$$m_{00} = (v, v),\ m_{01} = (Av, v),\ m_{10} = (v, Av),\ m_{11} = (Av, Av).$$

Für $z \in \mathbb{C}$ sei ferner

$$f(z) = b_{00} + b_{01}z + b_{10}\overline{z} + b_{11}z\overline{z}$$

mit $b_{ij} \in \mathbb{C}$. Ist

$$\operatorname{Re}(b_{00}m_{00} + b_{01}m_{01} + b_{10}m_{10} + b_{11}m_{11}) \geq 0,$$

so besitzt A einen Eigenwert a mit $\operatorname{Re} f(a) \geq 0$.

Hinweis: Man benutze eine Orthonormalbasis $[v_1, \ldots, v_n]$ von V mit $Av_j = a_j v_j$ und $a_j \in \mathbb{C}$.

Aufgabe 8.4.3 Sei V ein Hilbertraum und $[v_1, \ldots, v_n]$ eine Orthonormalbasis von V. Sei ferner $A = A^* \in \operatorname{End}(V)$. Sei $v = \sum_{j=1}^n x_j v_j$ und $Av = \sum_{j=1}^n y_j v_j$ mit $x_j, y_j \in \mathbb{R}$ und $x_j \neq 0$ für $j = 1, \ldots, n$. Dann enthält das Intervall

$$\left[\min_j \frac{y_j}{x_j}, \max_j \frac{y_j}{x_j}\right]$$

einen Eigenwert von A.

Hinweis: Man wende Aufgabe 8.4.2 auf das Polynom $f(z) = -(z-c)(\overline{z}-d)$ mit $c = \min_j \frac{y_j}{x_j}$ und $d = \max_j \frac{y_j}{x_j}$ an.

8.5 Lineare Schwingungen

In 3.9.6 hatten wir die Gleichgewichtslage eines mechanischen Systems untersucht. Jetzt studieren wir Schwingungen solcher Systeme.

Problem 8.5.1 a) Es seien n Massen $m_j > 0\,(j = 1, \ldots, n)$ gegeben, welche sich auf der x-Achse bewegen können. Die Lage der Masse m_j zur Zeit t sei beschrieben durch die Angabe der Koordinate $x_j(t)$. Wie in 3.9.6 mögen folgende Kräfte auf m_j wirken:
(1) $-c_{jj}(x_j(t) - a_j)$ mit $c_{jj} \geq 0$.
(2) $-c_{jk}(x_j(t) - x_k(t))$ mit $c_{jk} = c_{kj} \geq 0$.
(3) ortsunabhängige Kräfte k_j, etwa die Schwerkraft.
Die Newtonschen Bewegungsgleichungen *Kraft gleich Masse mal Beschleunigung* lauten dann

$$m_j x_j''(t) = -c_{jj}(x_j(t) - a_j) - \sum_{k=1,\,k\neq j}^{n} c_{jk}(x_j(t) - x_k(t)) + k_j$$

für $j = 1, \ldots, n$. Wir setzen

$$x(t) = \begin{pmatrix} x_1(t) \\ \vdots \\ x_n(t) \end{pmatrix}, \; M = \begin{pmatrix} m_1 & & \\ & \ddots & \\ & & m_n \end{pmatrix} \text{ und } d = \begin{pmatrix} k_1 + c_{11}a_1 \\ \vdots \\ k_n + c_{nn}a_n \end{pmatrix}.$$

Ferner sei $A = (a_{jk}) \in (\mathbb{R})_n$ mit

$$a_{jj} = \sum_{j=1}^{n} c_{jk} \quad \text{und} \quad a_{jk} = -c_{jk} \text{ für } j \neq k.$$

Dann lauten die Bewegungsgleichungen

$$Mx''(t) = -Ax(t) + d.$$

Die physikalische Begründung (*actio* = *reactio*) für $c_{jk} = c_{kj} \geq 0$ haben wir bereits in 3.9.6 gegeben.
b) Wir stellen Eigenschaften der Matrix A zusammen.
Es gelten $a_{jk} = a_{kj} = -c_{jk} \leq 0$ für $j \neq k$ und $\sum_{k=1}^{n} a_{jk} = c_{jj} \geq 0$. Für $y = (y_j) \in \mathbb{C}^n$ folgt

$$\begin{aligned} (Ay, y) &= \textstyle\sum_{j,k=1}^{n} a_{jk}\overline{y_j}y_k \\ &= \textstyle\sum_{j=1}^{n} a_{jj}|y_j|^2 + \sum_{j<k} a_{jk}(\overline{y_j}y_k + y_j\overline{y_k}) \\ &= \textstyle\sum_{j,k=1}^{n} a_{jk}|y_j|^2 - \sum_{j<k} a_{jk}(y_j\overline{y_j} + y_k\overline{y_k} - \overline{y_j}y_k - y_j\overline{y_k}) \\ &= \textstyle\sum_{j=1}^{n}(\sum_{k=1}^{n} a_{jk})|y_j|^2 - \sum_{j<k} a_{jk}|y_j - y_k|^2. \end{aligned}$$

Wegen $\sum_{k=1}^{n} a_{jk} = c_{jj} \geq 0$ und $a_{jk} \leq 0$ folgt $(Ay, y) \geq 0$ für alle $y \in \mathbb{C}^n$, also $A \geq 0$ im Sinne von 8.3.12.

c) Wie in 3.9.6 definieren wir auf $\{1, \ldots, n\}$ eine Äquivalenzrelation $\sim$ durch $j \sim k$, falls $j = k$ oder falls es eine Folge

$$j = j_1 \neq j_2 \neq \ldots \neq j_m = k$$

mit $a_{j_i, j_{i+1}} = -c_{j_i, j_{i+1}} < 0$ gibt. Die Äquivalenzklassen zu $\sim$ nennen wir wieder die *Komponenten* zu A. Bei geeigneter Numerierung der Massen gilt also

$$A = \begin{pmatrix} A_1 & & \\ & \ddots & \\ & & A_m \end{pmatrix},$$

wobei A_j jeweils zu einer Komponente gehört. Offenbar dürfen wir annehmen, daß zu A nur eine Komponente gehört. Ist

$$(Ay, y) = \sum_{j=1}^{n} c_{jj} |y_j|^2 - \sum_{j<k} a_{jk} |y_j - y_k|^2 = 0,$$

so folgt wegen $a_{jk} \leq 0$ dann $y_1 = \ldots = y_n$. Gilt $c_{jj} > 0$ für wenigstens ein j, so ist $y_1 = \ldots = y_n = 0$. Dann ist $A > 0$, und wir nennen die einzige Komponente zu A dann *gebunden*. Gilt jedoch $c_{jj} = 0$ für alle j, so gilt $(Ay, y) = 0$ genau dann, wenn alle y_j gleich sind. Dann heißt die einzige Komponente zu A *frei*. Mit 8.3.13 folgt dann $\operatorname{Kern} A = \langle f \rangle$ mit

$$f = \begin{pmatrix} 1 \\ \vdots \\ 1 \end{pmatrix}.$$

Liegt eine freie Komponente vor, so ist $x(t) = vtf$ wegen $Af = 0$ für jedes $v \in \mathbb{R}$ eine Lösung von $Mx''(t) = -Ax(t)$. Sie beschreibt eine Translation des Systems mit der Geschwindigkeit v.

Lemma 8.5.2 *Zu einer Matrix $A \in (\mathbb{C})_n$ bilden wir die Matrix $\tilde{A} = \begin{pmatrix} 0 & E \\ A & 0 \end{pmatrix}$ aus $(\mathbb{C})_{2n}$.*

a) Ist f_A das charakteristische Polynom von A und $f_{\tilde{A}}$ das von $\tilde{A}$, so gilt $f_{\tilde{A}}(x) = f_A(x^2)$. Sind $a_1, \ldots, a_n$ die Eigenwerte von A, so hat $\tilde{A}$ die Eigenwerte $\pm\sqrt{a_1}, \ldots, \pm\sqrt{a_n}$.

b) Sei A diagonalisierbar mit den Eigenwerten $a_1 = \ldots = a_r = 0$ und $a_j \neq 0$ für $r+1 \leq j \leq n$. Dann gibt es eine reguläre Matrix $T \in (\mathbb{C})_{2n}$ mit

$$T^{-1}\tilde{A}T = \begin{pmatrix} J &&&&&&& \\ & \ddots &&&&&& \\ && J &&&&& \\ &&& \sqrt{a_{r+1}} &&&& \\ &&&& -\sqrt{a_{r+1}} &&& \\ &&&&& \ddots && \\ &&&&&& \sqrt{a_n} & \\ &&&&&&& -\sqrt{a_n} \end{pmatrix},$$

wobei $J = \begin{pmatrix} 0 & 1 \\ 0 & 0 \end{pmatrix}$ genau r-mal in der Diagonalen steht. Ist insbesondere A regulär und diagonalisierbar, so ist auch $\tilde{A}$ diagonalisierbar.

Beweis. a) Wegen $\det xE \neq 0$ folgt mit 4.3.10 a), daß

$$f_{\tilde{A}}(x) = \det \begin{pmatrix} xE & -E \\ -A & xE \end{pmatrix} = \det(x^2E - A) = f_A(x^2).$$

b) Sei $R \in (\mathbb{C})_n$ eine reguläre Matrix, so daß

$$R^{-1}AR = D = \begin{pmatrix} 0 &&&&& \\ & \ddots &&&& \\ && 0 &&& \\ &&& a_{r+1} && \\ &&&& \ddots & \\ &&&&& a_n \end{pmatrix}$$

diagonal ist. Setzen wir $S = \begin{pmatrix} R & 0 \\ 0 & R \end{pmatrix}$, so ist $B = S^{-1}\tilde{A}S = \begin{pmatrix} 0 & E \\ D & 0 \end{pmatrix}$. Auf die kanonische Basis $[e_1, \ldots, e_{2n}]$ von $\mathbb{C}^{2n}$ wirkt B also vermöge

$$Be_j = a_j e_{n+j}, \qquad Be_{n+j} = e_j \qquad (j = 1, \ldots, n).$$

Daher ist $\mathbb{C}^{2n} = \langle e_1, e_{n+1} \rangle \oplus \ldots \oplus \langle e_n, e_{2n} \rangle$ eine B-invariante Zerlegung. Für $j \leq r$ ist $a_j = 0$, also

$$Be_j = 0, \quad Be_{n+j} = e_j.$$

Für $j > r$ hat hingegen B auf $\langle e_j, e_{n+j}\rangle$ die beiden verschiedenen Eigenwerte $\sqrt{a_j}, -\sqrt{a_j}$, und ist daher dort diagonalisierbar. Somit haben B und $\tilde{A}$ den angegebenen Jordan-Typ. □

Der folgende Satz behandelt Schwingungsprobleme, bei denen M nicht notwendig eine Diagonalmatrix ist. (Dies tritt z. B. bei induktiv gekoppelten elektrischen Schwingkreisen und Mehrfachpendeln auf.) Die Bedingung $M > 0$ folgt daraus, daß die kinetische Energie $(My'(t), y'(t))$ für alle $y'(t) \neq 0$ positiv ist.

Satz 8.5.3 *Vorgelegt sei*

$$My''(t) = -Ay(t) + k$$

mit hermiteschen Matrizen $M > 0$ und $A > 0$ aus $(\mathbb{C})_n$.

a) Es gibt eine Gleichgewichtslage w, nämlich $w = A^{-1}k$.

b) Setzen wir $z(t) = y(t) - w$, so gilt $Mz''(t) = -Az(t)$. Dann sind alle Eigenwerte von $M^{-1}A$ reell und positiv. Sind $\omega_1^2, \ldots, \omega_r^2$ die verschiedenen unter den Eigenwerten von $M^{-1}A$, so gilt

$$z(t) = \sum_{l=1}^{r} (d_{l1}e^{i\omega_l t} + d_{l2}e^{-i\omega_l t})$$

mit konstanten Vektoren d_{lj}, welche die Gleichung

$$M^{-1}Ad_{lj} = \omega_l^2 d_{lj}$$

erfüllen.

c) Durch die Vorgabe von $y(0)$ und $y'(0)$ ist $y(t)$ eindeutig bestimmt (Kausalitätssatz der klassischen Mechanik).

Beweis. a) Wegen $A > 0$ existiert A^{-1}. Also ist $w = A^{-1}k$ eine Lösung der Bewegungsgleichung $My''(t) = -Ay(t) + k$.

b) Wir erhalten $Mz''(t) = -Az(t)$. Setzen wir $u(t) = \begin{pmatrix} z(t) \\ z'(t) \end{pmatrix}$, so gilt $u'(t) = Bu(t)$ mit

$$B = \begin{pmatrix} 0 & E \\ -MA^{-1} & 0 \end{pmatrix}.$$

Wegen $M^{-1} > 0$ und $A > 0$ ist $M^{-1}A > 0$ bezüglich eines geeigneten Skalarproduktes nach 8.3.14 d) hermitesch, also insbesondere diagonalisierbar mit lauter positiven Eigenwerten ω_j^2 $(j = 1, \ldots, r)$. Nach 8.5.2 ist daher B diagonalisierbar mit den Eigenwerten $\pm i\omega_j$ $(j = 1, \ldots, r)$. Mit 6.4.6 folgt

$$u(t) = \sum_{l=1}^{r} (f_{l1} e^{i\omega_l t} + f_{l2} e^{-i\omega_l t})$$

mit geeigneten $f_{lj} \in \mathbb{C}^{2n}$. Erst recht hat somit auch $z(t)$ die Gestalt

$$z(t) = \sum_{l=1}^{r} (d_{l1} e^{i\omega_l t} + d_{l2} e^{-i\omega_l t}).$$

Aus $Mz''(t) = -Az(t)$ folgt wegen der linearen Unabhängigkeit der $e^{\pm i\omega_l t}$ $(l = 1, \ldots, r)$ durch Koeffizientenvergleich $\omega_l^2 M d_{lj} = A d_{lj}$.
c) Die Lösung von $u'(t) = Bu(t)$ lautet $u(t) = e^{Bt} u(0)$, ist also durch $u(0) = \begin{pmatrix} z(0) \\ z'(0) \end{pmatrix}$ eindeutig festgelegt. □

Satz 8.5.3 erledigt das Problem aus 8.5.1 für den Fall, daß nur eine gebundene Komponente vorliegt. Liegt nur eine freie Komponente vor, so führt der folgende Satz zum Ziel.

Satz 8.5.4 *Sei wie in* 8.5.1 *die Bewegungsgleichung*

$$Mx''(t) = -Ax(t) + d$$

vorgegeben, wobei nur eine Komponente vorliege, welche frei ist. Dann ist $d = (k_j)$ *der Vektor der äußeren Kräfte. Wir setzen*

$$m = \sum_{j=1}^{n} m_j \quad \textit{und} \quad k = \sum_{j=1}^{n} k_j$$

und bilden den Schwerpunkt

$$s(t) = \frac{1}{m} \sum_{j=1}^{n} m_j x_j(t) = \frac{1}{m} (Mx(t), f)$$

der Massen m_j*, wobei* $f = \begin{pmatrix} 1 \\ \vdots \\ 1 \end{pmatrix}$ *ist. Dann gilt*

$$s(t) = \frac{k}{2m} t^2 + s'(0)t + s(0).$$

Der Schwerpunkt vollführt also eine Galileische Fallbewegung. *Ferner gilt*

$$x(t) = \frac{k}{2m}t^2 + f_0 + f_1 t + \sum_{l=1}^{r}(f_{l1}e^{i\omega_l t} + f_{l2}e^{-i\omega_l t})$$

mit konstanten Vektoren $f_0, f_1, f_{lj} \in \mathbb{C}^n$. *Dabei sind* ω_l^2 $(l = 1, \ldots, r)$ *die paarweise verschiedenen unter den von 0 verschiedenen Eigenwerten der Matrix* $M^{-1}A$.

Beweis. Da nur eine Komponente vorliegt, gilt $A \geq 0$ und $\operatorname{Kern} A = \langle f \rangle$ mit $f = \begin{pmatrix} 1 \\ \vdots \\ 1 \end{pmatrix}$ nach 8.5.1. Dann ist

$$\begin{aligned} s''(t) &= \tfrac{1}{m}(Mx''(t), f) = \tfrac{1}{m}(-Ax(t) + d, f) \\ &= \tfrac{1}{m}(-x(t), Af) + \tfrac{1}{m}(d, f) = \tfrac{k}{m}. \end{aligned}$$

Daher folgt

$$s(t) = \frac{k}{2m}t^2 + s'(0)t + s(0).$$

Um eine spezielle Lösung $x_0(t)$ von $Mx''(t) = -Ax(t) + d$ zu finden, machen wir den Ansatz

$$x_0(t) = \frac{k}{2m}t^2 f + v$$

mit noch zu bestimmendem $v \in \mathbb{C}^n$. Wegen $Af = 0$ erhalten wir

$$\frac{k}{m}Mf = -Ax_0(t) + d = -Av + d.$$

Da $A = A^*$ ist, heißt dies

$$\begin{aligned} \tfrac{k}{m}Mf - d \in \operatorname{Bild} A &= (\operatorname{Kern} A)^{\perp} \\ &= \langle f \rangle^{\perp} = \{(y_j) \mid \textstyle\sum_{j=1}^{n} y_j = 0\}. \end{aligned}$$

Da $\frac{k}{m}Mf - d$ die Koeffizientensumme

$$\frac{k}{m}\sum_{j=}^{n} m_j - \sum_{j=1}^{n} k_j = 0$$

hat, existiert ein $v \in \mathbb{C}^n$ mit $\frac{k}{m}Mf - d = -Av$. Setzen wir $y(t) = x(t) - x_0(t)$, so gilt $My''(t) = -Ay(t)$. Wie in 8.5.3 schreiben wir dies in der Gestalt

$z'(t) = Bz(t)$ mit

$$z(t) = \begin{pmatrix} y(t) \\ y'(t) \end{pmatrix} \quad \text{und} \quad B = \begin{pmatrix} 0 & E \\ -M^{-1}A & 0 \end{pmatrix}.$$

Wegen $M^{-1} > 0$ und $A \geq 0$ ist $M^{-1}A \geq 0$ bezüglich eines geeigneten Skalarproduktes, also insbesondere diagonalisierbar mit lauter reellen, nichtnegativen Eigenwerten. Dabei ist wegen $\operatorname{Kern} A = \langle f \rangle$ der Eigenwert 0 von A und $M^{-1}A$ einfach. Somit haben die Eigenwerte von $-M^{-1}A$ die Gestalt $0, -\omega_1^2, \ldots, -\omega_{n-1}^2$ mit $0 \neq \omega_j \in \mathbb{R}$. Nach 8.5.2 gibt es ein T mit

$$T^{-1}BT = \begin{pmatrix} J & & & & & & \\ & i\omega_1 & & & & & \\ & & -i\omega_1 & & & & \\ & & & \ddots & & & \\ & & & & i\omega_{n-1} & & \\ & & & & & -i\omega_{n-1} \end{pmatrix}$$

und $J = \begin{pmatrix} 0 & 1 \\ 0 & 0 \end{pmatrix}$. Sind $\omega_1, \ldots, \omega_r$ die paarweise verschiedenen unter den $\omega_1, \ldots, \omega_{n-1}$, so folgt mit 6.4.7, daß

$$z(t) = f_0' + f_1't + \sum_{j=1}^{r} (g_{j1}e^{i\omega_j t} + g_{j2}e^{-i\omega_j t})$$

mit geeigneten $f_0', f_1', g_{j1}, g_{j2} \in \mathbb{C}^{2n}$. Dies liefert die behauptete Gestalt von $y(t)$. □

Wir behandeln ausführlich ein klassisches Beispiel.

Beispiel 8.5.5 Auf der x-Achse seien n Massenpunkte mit derselben Masse $m > 0$ angebracht. Durch Hookesche Kräfte derselben Stärke $c > 0$ seien sie wie in der Zeichnung angegeben untereinander und mit den Punkten 0 und L verbunden.

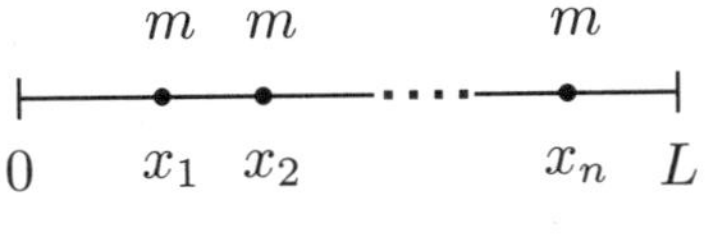

Die Koordinate der Masse mit der Nummer j zur Zeit t sei $x_j(t)$. Wir setzen $x_0(t) = 0$ und $x_{n+1}(t) = L$ für alle t. Gemäß 8.5.1 lauten dann die Newtonschen Bewegungsgleichungen

$$mx_j''(t) = c(x_{j-1}(t) - x_j(t)) + c(x_{j+1}(t) - x_j(t)).$$

In der Gleichgewichtslage ist $x_j(t) = x_j$ zeitunabhängig, also

$$\begin{aligned} 0 &= -2x_1 + x_2 \\ 0 &= x_{j-1} - 2x_j + x_{j+1} \qquad (1 < j < n) \\ 0 &= x_{n-1} - 2x_n + L. \end{aligned}$$

Daraus entnimmt man leicht $x_j = jx_1$, und aus der letzten Gleichung dann $x_1 = \frac{L}{n+1}$. Also gilt $x_j = \frac{jL}{n+1}$. In der Gleichgewichtslage sind somit die Massen äquidistant verteilt. Setzen wir

$$y_j(t) = x_j(t) - x_j \qquad (j = 1, \ldots, n)$$

und $y_0(t) = y_{n+1}(t) = 0$, so erhalten wir

$$my_j''(t) = c(y_{j-1}(t) - 2y_j(t) + y_{j+1}(t)).$$

Mit $y(t) = (y_j(t))_{j=1,\ldots,n}$ heißt dies

$$y''(t) = -\frac{c}{m}Ay(t),$$

wobei

$$A = \begin{pmatrix} 2 & -1 & 0 & 0 & \ldots & 0 & 0 \\ -1 & 2 & -1 & 0 & \ldots & 0 & 0 \\ 0 & -1 & 2 & -1 & \ldots & 0 & 0 \\ \vdots & \vdots & \vdots & \vdots & & \vdots & \vdots \\ 0 & 0 & 0 & 0 & \ldots & -1 & 2 \end{pmatrix} = 2E - B.$$

Wir suchen spezielle Lösungen von der Gestalt

$$y(t) = (\cos \omega t)v \qquad (\text{oder } y(t) = (\sin \omega t)v)$$

mit konstantem $v \neq 0$. Das verlangt

$$-\omega^2(\cos \omega t)v = -\frac{c}{m}(\cos \omega t)Av,$$

also

$$Av = \frac{m\omega^2}{c}v.$$

Somit ist $\frac{m\omega^2}{c}$ ein Eigenwert von A. Der folgende Ansatz wird durch die Vorstellung von stehenden Wellen auf $[0, L]$ nahegelegt. Setzen wir

$$v_j = \begin{pmatrix} \sin \frac{j\pi}{n+1} \\ \sin \frac{2j\pi}{n+1} \\ \vdots \\ \sin \frac{nj\pi}{n+1} \end{pmatrix} \qquad (j = 1, \ldots, n),$$

so folgt mit der Formel

$$\sin\alpha + \sin\beta = 2\cos\frac{\alpha-\beta}{2}\sin\frac{\alpha+\beta}{2},$$

daß

$$Bv_j = \begin{pmatrix} \sin\frac{0j\pi}{n+1} + \sin\frac{2j\pi}{n+1} \\ \sin\frac{j\pi}{n+1} + \sin\frac{3j\pi}{n+1} \\ \vdots \\ \sin\frac{(n-1)j\pi}{n+1} + \sin\frac{(n+1)j\pi}{n+1} \end{pmatrix} = 2\cos\frac{j\pi}{n+1}v_j.$$

Somit hat B die paarweise verschiedenen Eigenwerte

$$2\cos\frac{j\pi}{n+1} \qquad (j = 1, \dots, n).$$

Die Eigenwerte von $A = 2E - B$ sind daher

$$2 - 2\cos\frac{j\pi}{n+1} = 2(1 - \cos^2\frac{j\pi}{2(n+1)} + \sin^2\frac{j\pi}{2(n+1)}) = 4\sin^2\frac{j\pi}{2(n+1)}.$$

Die Frequenzen ω_j unseres Systems erhalten wir also aus

$$\frac{m}{c}\omega_j^2 = 4\sin^2\frac{j\pi}{2(n+1)}$$

als

$$\omega_j = 2\sqrt{\frac{c}{m}}\sin\frac{j\pi}{2(n+1)}.$$

Für alle $c_j, d_j \in \mathbb{C}$ ist daher

$$y(t) = \sum_{j=1}^{n}(c_j\cos\omega_j t + d_j\sin\omega_j t)v_j$$

eine Lösung von $my''(t) = -cAy(t)$.

Wir wollen zeigen, daß dieser Ansatz allgemein genug ist, um $y(t)$ zu vorgegebenen $y(0)$ und $y'(0)$ zu gewinnen.

Nach 8.2.6 e) gilt für $j \neq k$

$$0 = (v_j, v_k) = \sum_{i=1}^{n}\sin\frac{ji\pi}{n+1}\sin\frac{ki\pi}{n+1}.$$

(Dies ist ein diskretes Analogon zu $\int_0^\pi \sin jt \sin kt\, dt = 0$ für $j \neq k$.) Wir berechnen

$$(v_j, v_j) = \sum_{k=0}^{n} \sin^2 \frac{jk\pi}{n+1}.$$

Dazu setzen wir (bei festem j) $\alpha = \frac{j\pi}{n+1}$ sowie $a = \sum_{k=0}^{n} \sin^2 k\alpha$ und $b = \sum_{k=0}^{n} \cos^2 k\alpha$. Dann ist $a + b = n + 1$ und

$$b - a = \sum_{k=0}^{n} \cos 2k\alpha = \mathrm{Re}(1 + \varepsilon + \ldots + \varepsilon^n) = \mathrm{Re}\, \frac{\varepsilon^{n+1} - 1}{\varepsilon - 1} = 0,$$

wobei wir $\varepsilon = e^{2i\alpha}$ gesetzt haben. Somit ist $(v_j, v_j) = \frac{n+1}{2}$. Sei also

$$y(t) = \sum_{j=1}^{n} (c_j \cos \omega_j t + d_j \sin \omega_j t) v_j$$

mit noch zu bestimmenden c_j, d_j. Wir verlangen

$$y(0) = \sum_{j=1}^{n} c_j v_j.$$

Dies heißt

$$(y(0), v_j) = c_j (v_j, v_j) = c_j \frac{n+1}{2},$$

also

$$c_j = \frac{2}{n+1} \sum_{k=1}^{n} y_k(0) \sin \frac{jk\pi}{n+1}.$$

Ferner verlangen wir

$$y'(0) = \sum_{j=1}^{n} d_j \omega_j v_j,$$

also

$$(y'(0), v_j) = d_j \omega_j (v_j, v_j) = d_j \omega_j \frac{n+1}{2}.$$

Dies liefert

$$d_j = \frac{2}{\omega_j (n+1)} \sum_{k=1}^{n} y_k'(0) \sin \frac{jk\pi}{n+1}.$$

Daher lautet die Lösung unseres Problems

$$y(t) = \frac{2}{n+1} \sum_{j=1}^{n} \sum_{k=1}^{n} \left(y_k(0) \cos \omega_j t + \frac{y_k'(0)}{\omega_j} \sin \omega_j t\right) \sin \frac{jk\pi}{n+1} v_j.$$

Dieses Beispiel zeigt die physikalische Bedeutung der Fourierentwicklung nach der Orthogonalbasis $[v_1, \ldots, v_n]$ von $\mathbb{C}^n$.

Beispiel 8.5.6 Vorgelegt sei ein System aus $2n+1$ Massenpunkten derselben Masse $m > 0$. Wir numerieren die Massen mit $0, 1, \ldots, 2n$. Die elastischen Kräfte seien $c_{ij}(x_j(t) - x_i(t))$ mit

$$\begin{aligned} c_{0j} &= c_{0,n+j} = c > 0 && \text{für } j = 1, \ldots, n, \\ c_{ij} &= c_{n+i,n+j} = c > 0 && \text{für } i, j = 1, \ldots, n \text{ mit } i \neq j, \\ c_{ij} &= 0 && \text{in allen anderen Fällen.} \end{aligned}$$

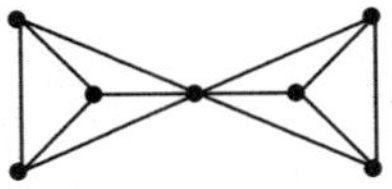

(n=3)

(Stoßprozesse seien dabei ausgeschlossen.) Die Bewegungsgleichung lautet dann

$$mx''(t) = -cAx(t),$$

wobei A die Matrix aus 8.4.4 ist. Als Frequenzen erhalten wir

$$\omega = \sqrt{\frac{c}{m}}, \sqrt{(k+1)\frac{c}{m}}, \sqrt{(2k+1)\frac{c}{m}}.$$

Ausblick 8.5.7 a) Ein mechanisch sinnvolles Kriterium dafür, daß wie in 8.5.5 nur einfache Eigenwerte auftreten, scheint nicht zu existieren (siehe jedoch Aufgabe 8.5.3). Liegt ein k-facher Eigenwert vor, so wird dieser bei kleinen Störungen in der Regel in k einfache Eigenwerte aufspalten. Ein für die Quantenmechanik wichtiger Fall tritt ein, wenn ein Wasserstoffatom in ein elektrisches bzw. magnetisches Feld gebracht wird. Die dann auftretenden Aufspaltungen der Spektrallinien sind als *Stark-Effekt* bzw. *Zeeman-Effekt* bekannt.

b) In der technischen Mechanik besteht ein fundamentales Interesse an der wenigstens angenäherten Bestimmung der Eigenfrequenzen eines schwingungsfähigen Systems. Wird das System nämlich mit einer periodischen äußeren Kraft angeregt, deren Frequenz nahe bei einer Eigenfrequenz des Systems liegt, so schaukeln sich die Schwingungen auf, und bald tritt die gefürchtete Bruchresonanz ein. Im einfachsten Fall sieht das mathematisch wie folgt aus:

Sei

$$x''(t) + \omega^2 x(t) = \sin \tau t.$$

Ist $\omega^2 \neq \tau^2$, so erhält man die Lösung

$$x(t) = \frac{\sin \tau t}{\omega^2 - \tau^2} + y(t),$$

und für $\omega = \tau$ die Lösung

$$x(t) = -\frac{1}{2\omega} t \cos \omega t + y(t),$$

wobei $y''(t) + \omega^2 y(t) = 0$ ist. Ist τ nahe bei ω, so wird die Amplitude groß. Ist $\omega = \tau$, so wächst die Amplitude sogar linear in t über alle Grenzen.
c) Die Behandlung von Schwingungen, welche einer linear von den Geschwindigkeiten abhängigen Reibung unterliegen, führt auf Differentialgleichungen der Gestalt

$$Mx''(t) + Bx'(t) + Ax(t) = 0$$

mit hermiteschen Matrizen $M > 0$, $A \geq 0$ und $B \geq 0$. Dies bringt Komplikationen mit sich, da A und B in der Regel nicht vertauschbar, also auch nicht simultan diagonalisierbar sind. Als Lösungen erhält man gedämpfte Schwingungen der Gestalt $e^{-at} \cos \omega t$ mit $a \geq 0$, aber mitunter auch Lösungen der Gestalt $p(t)e^{-at}$ mit $a > 0$ und einem Polynom p. Ist das System unter dem Einfluß der Schwerkraft, so stellt sich eine Grenzgeschwindigkeit für den Schwerpunkt ein, bei der Schwerkraft und Reibung im Gleichgewicht sind (siehe [8], S.322 ff).

Mit Hilfe des Minimax-Prinzips aus 8.4.1 studieren wir die Änderung des Spektrums bei Änderung der elastischen Bindungen.

Satz 8.5.8 *Vorgelegt sei wie in* 8.5.1 *die Bewegungsgleichung*

$$Mx''(t) + Ax(t) = 0$$

eines Systems aus n Massenpunkten mit $M, A \in (\mathbb{C})_n$, $M > 0$ und $A \geq 0$. Dabei sei

$$(Ay, y) = \sum_{j=1}^{n} c_{jj} |y_j|^2 + \sum_{j<k} c_{jk} |y_j - y_k|^2$$

mit $c_{jk} \geq 0$. Der Zusammenhang zwischen den c_{jk} und $A = (a_{jk})$ wird nach 8.5.1 *gegeben durch*

$$c_{jj} = \sum_{k=1}^{n} a_{jk} \quad \text{und} \quad c_{jk} = -a_{jk} \text{ für } j \neq k.$$

Seien $\omega_1 \leq \ldots \leq \omega_n$ *die Eigenfrequenzen des Systems, also* ω_j^2 *die Eigenwerte von* $M^{-1}A$*. Wir verändern das System, indem wir entweder*
(1) alle elastischen Bindungen verstärken, also zu $\tilde{c}_{jk} \geq c_{jk}$ *übergehen oder*
(2) alle Massen verkleinern gemäß $0 < \tilde{m}_j \leq m_j$*.*
Sind $\tilde{\omega}_1 \leq \ldots \leq \tilde{\omega}_n$ *die Eigenfrequenzen des neuen Systems, so gilt* $\omega_j \leq \tilde{\omega}_j$ *für alle* $j = 1, \ldots, n$*.*

(Dies beschreibt eine wohlvertraute Erscheinung: Straffung der Saite erhöht die Töne!)

Beweis. Wegen $M > 0$ wird nach 8.3.13 durch $[v, w] = (Mv, w)$ ein definites Skalarprodukt definiert, und wegen 8.3.14 ist $M^{-1}A$ hermitesch bezüglich $[\cdot, \cdot]$. Das Courantsche Minimax-Prinzip 8.4.1 besagt

$$\begin{aligned}\omega_k^2 &= \min\nolimits_{\dim W = n-k+1} \max_{\substack{w \in W \\ [w,w]=1}} [M^{-1}Aw, w] \\ &= \min\nolimits_{\dim W = n-k+1} \max\nolimits_{0 \neq w \in W} \tfrac{[M^{-1}Aw, w]}{[w,w]} \\ &= \min\nolimits_{\dim W = n-k+1} \max\nolimits_{0 \neq w \in W} \tfrac{(Aw, w)}{(Mw, w)}.\end{aligned}$$

Wir betrachten zunächst den Fall, daß die Kräfte verstärkt werden. Für alle $w = (w_j) \in \mathbb{C}^n$ gilt dann

$$\begin{aligned}(\tilde{A}w, w) &= \textstyle\sum_{j=1}^n \tilde{c}_{jj}|w_j|^2 + \sum_{j<k} \tilde{c}_{jk}|w_j - w_k|^2 \\ &\geq \textstyle\sum_{j=1}^n c_{jj}|w_j|^2 + \sum_{j<k} c_{jk}|w_j - w_k|^2 \\ &= (Aw, w).\end{aligned}$$

Aus

$$\frac{(\tilde{A}w, w)}{(Mw, w)} \geq \frac{(Aw, w)}{(Mw, w)}$$

für alle $w \neq 0$ folgt daher $\tilde{\omega}_j \geq \omega_j$ für alle j. Im Falle der Verkleinerung der Massen ist $(Mw, w) \geq (\tilde{M}w, w)$, und daraus folgt ebenfalls $\tilde{\omega}_j \geq \omega_j$. □

Aufgabe 8.5.1 Vorgelegt sei ein System aus n Massenpunkten derselben Masse $m > 0$.

Wie in der Zeichnung angegeben seien diese Massen untereinander und mit dem Nullpunkt verbunden durch Hookesche Kräfte derselben Stärke $c > 0$. Auf alle Massenpunkte wirke die Schwerkraft mg.

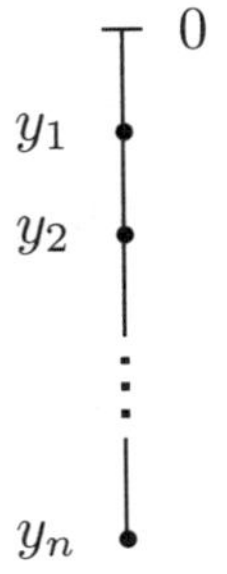

a) Man stelle die Bewegungsgleichung $my''(t) = -Ay(t) + k$ auf.

b) Man zeige, daß die Gleichgewichtslage gegeben ist durch

$$y_j = -\frac{mg}{c}(nj - \binom{j}{2}) \qquad (1 \leq j \leq n).$$

c) Man zeige, daß A die Eigenvektoren

$$v_j = \begin{pmatrix} \sin \beta_j \\ \sin 2\beta_j \\ \vdots \\ \sin n\beta_j \end{pmatrix}$$

mit $\beta_j = \frac{(2j-1)\pi}{2n+1}$ $(j = 1, \ldots, n)$ hat. Die Eigenwerte sind $2c(1 - \cos \beta_j)$ für $j = 1, \ldots, n$.

d) Man gebe die Frequenzen des Systems an.

Aufgabe 8.5.2 Wir betrachten ein System aus n Massenpunkten derselben Masse $m > 0$, welche wie in der Zeichnung durch gleichstarke Hookesche Kräfte verbunden sind.

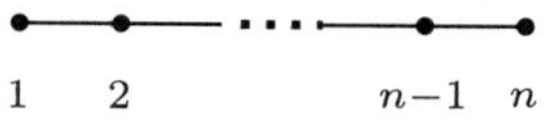

Keine weiteren Kräfte seien wirksam.

a) Man stelle die Bewegungsgleichung $mx''(t) = -Ax(t)$ auf.

b) Die Matrix A hat die Eigenvektoren

$$v_j = \begin{pmatrix} \cos \alpha_j \\ \cos 3\alpha_j \\ \vdots \\ \cos(2n-1)\alpha_j \end{pmatrix}$$

mit $\alpha_j = \frac{(j-1)\pi}{2n}$ $(j = 1, \ldots, n)$.

c) Die Eigenwerte von A sind $2c(1 - \cos \alpha_j)$ für $j = 1, \ldots, n$

Aufgabe 8.5.3 Wir betrachten ein System aus n Massenpunkten der Massen $m_j > 0$ für $j = 1, \ldots, n$. Dabei seien die Massen m_j und m_{j+1} durch eine Hookesche Kraft der Stärke $c_j > 0$ verbunden.

a) Man zeige, daß die Bewegungsgleichung die Gestalt $x''(t) = Ax(t)$ hat, wobei

$$A = \begin{pmatrix} a_1 & b_1 & 0 & \dots & 0 & 0 \\ c_1 & a_2 & b_2 & \dots & 0 & 0 \\ & & & \ddots & & \\ & & & & c_{n-1} & a_n \end{pmatrix}$$

eine Jacobi-Matrix mit $0 < b_i c_i \in \mathbb{R}$ und $a_i \in \mathbb{R}$ ist.

b) Es gibt eine Diagonalmatrix T, derart daß

$$T^{-1}AT = \begin{pmatrix} a_1 & d_1 & 0 & \dots & 0 & 0 \\ d_1 & a_2 & d_2 & \dots & 0 & 0 \\ & & & \ddots & & \\ & & & & d_{n-1} & a_n \end{pmatrix}$$

reell symmetrisch ist.

c) Die Matrix A hat n verschiedene reelle Eigenwerte.

9 Euklidische Vektorräume und orthogonale Abbildungen

Mit den Hilberträumen von endlicher Dimension über $\mathbb{R}$, den euklidischen Vektorräumen, sind wir bei der klassischen Geometrie angekommen. Hier gibt es neben Längen auch Winkel zwischen Vektoren. Ausführlich behandeln wir die Isometrien euklidischer Vektorräume, die orthogonalen Abbildungen. Am Spezialfall der orthogonalen Gruppen schildern wir die Methode der infinitesimalen Abbildungen, die in der Lieschen Theorie eine zentrale Rolle spielt. Als Nebenprodukt erhalten wir einen natürlichen Zugang zum vektoriellen Produkt im $\mathbb{R}^3$. Wir führen den Schiefkörper der Quaternionen ein und untersuchen mit seiner Hilfe die orthogonalen Gruppen in der Dimension drei und vier. Zum Abschluß bestimmen wir alle endlichen Untergruppen der orthogonalen Gruppe in der Dimension drei, wobei sich reizvolle Zusammenhänge mit den platonischen Körpern ergeben.

9.1 Orthogonale Abbildungen euklidischer Vektorräume

Die Einführung des Winkels in Hilberträumen über $\mathbb{R}$ führt uns zur klassischen euklidischen Geometrie.

Definition 9.1.1

a) Ist V ein Hilbertraum von endlicher Dimension n über $\mathbb{R}$, so nennen wir V einen *euklidischen Vektorraum*. Die Isometrien von V heißen *orthogonale Abbildungen*. Sie bilden die Gruppe $\mathrm{O}(n)$.

b) Für $v, w \in V$ mit $v \neq 0 \neq w$ gilt wegen der Schwarzschen Ungleichung aus 7.1.2

$$-1 \leq \frac{(v, w)}{\| v \| \| w \|} \leq 1.$$

Daher gibt es einen eindeutig bestimmten Winkel φ mit $0 \leq \varphi \leq \pi$, so daß

$$\frac{(v, w)}{\| v \| \| w \|} = \cos \varphi.$$

Insbesondere gilt der *Cosinussatz*

$$\| v + w \|^2 = \| v \|^2 + \| w \|^2 + 2 \| v \| \| w \| \cos \varphi.$$

Satz 9.1.2 *Sei V ein euklidischer Vektorraum der Dimension n.*

a) Ist A eine orthogonale Abbildung von V auf sich, so gilt

$$(Av, Aw) = (v, w) \quad \textit{für alle } v, w \in V.$$

Daher ist A auch winkeltreu.

b) Ist A orthogonal, so gilt $\det A = \pm 1$. *Die Menge der orthogonalen Abbildungen von V mit Determinante* 1 *bezeichnen wir mit* $\mathrm{SO}(n)$. *Dann gilt* $\mathrm{SO}(n) \lhd \mathrm{O}(n)$ *und*

$$\mathrm{O}(n) = \mathrm{SO}(n) \cup A\,\mathrm{SO}(n)$$

für jedes $A \in \mathrm{O}(n)$ mit $\det A = -1$.

c) Ist $Av = av$ mit $A \in \mathrm{O}(n)$, $a \in \mathbb{R}$ und $0 \neq v \in V$, so ist $a = \pm 1$.

d) $\mathrm{O}(n)$ *ist eine kompakte Gruppe.*

Beweis. a) Aus

$$(v + w, v + w) = (A(v + w), A(v + w))$$

folgt wegen $(v, w) = (w, v)$ sofort $(Av, Aw) = (v, w)$.
b) Aus $AA^* = E$ erhalten wir wegen $\det A = \det A^*$ unmittelbar

$$1 = \det AA^* = (\det A)^2.$$

Die Abbildung $A \mapsto \det A$ ist ein Homomorphismus von $\mathrm{O}(n)$ in $\{1, -1\}$ mit dem Kern $\mathrm{SO}(n)$. Ferner gibt es orthogonale Abbildungen mit Determinante -1, etwa die Spiegelung S mit

$$Sv_1 = -v_1 \text{ und } Sv_j = v_j \ (j = 2, \ldots, n),$$

wobei $[v_1, \ldots, v_n]$ eine Orthonormalbasis von V ist. Der Homomorphiesatz besagt daher

$$\mathrm{O}(n) / \mathrm{SO}(n) \cong \{1, -1\},$$

woraus die Behauptung folgt.
c) Aus $Av = av$ folgt $(v, v) = (Av, Av) = a^2(v, v)$, also $a^2 = 1$.
d) Ist $[v_1, \ldots, v_n]$ eine Orthonormalbasis von V und $A \in \mathrm{O}(n)$ mit

$$Av_j = \sum_{k=1}^{n} a_{kj} v_k \quad (j = 1, \ldots, n),$$

so gilt

$$\delta_{ij} = (v_i, v_j) = (Av_i, Av_j) = \sum_{k=1}^{n} a_{ki}a_{kj}.$$

Daher ist

$$\sum_{j,k=1}^{n} a_{kj}^2 = \operatorname{Sp} AA^* = n.$$

Also ist $\mathrm{O}(n)$ eine beschränkte, offenbar auch abgeschlossene Teilmenge des $(\mathbb{R})_{n^2}$ und somit kompakt. □

Hauptsatz 9.1.3 *Sei V ein euklidischer Vektorraum und $A \in \mathrm{O}(n)$.*

a) Es gibt eine orthogonale Zerlegung

$$V = V_1 \perp \ldots \perp V_m$$

mit $AV_j = V_j$. Dabei liegt einer der folgenden Fälle vor:

(1) $V_j = \langle v_j \rangle$ ist eindimensional und

$$Av_j = v_j \text{ oder } Av_j = -v_j.$$

(2) V_j ist zweidimensional, und für jede Orthonormalbasis $[v_{j1}, v_{j2}]$ von V_j gilt

$$\begin{aligned} Av_{j1} &= \cos\varphi_j\, v_{j1} + \sin\varphi_j\, v_{j2} \\ Av_{j2} &= -\sin\varphi_j\, v_{j1} + \cos\varphi_j\, v_{j2} \end{aligned}$$

mit $0 < \varphi_j < \pi$. Insbesondere ist $\det A_{V_j} = 1$.

b) Sei n_1 die Anzahl der v_j mit $Av_j = v_j$ und n_2 die Anzahl der v_j mit $Av_j = -v_j$. Dann ist

$$f_A = (x-1)^{n_1}(x+1)^{n_2} \prod_{j=1}^{k} (x^2 - 2\cos\varphi_j x + 1)$$

die Zerlegung des charakteristischen Polynoms von A in irreduzible Faktoren aus $\mathbb{R}[x]$. Insbesondere sind n_1, n_2 und die φ_j eindeutig durch A bestimmt und unabhängig von der Zerlegung von V in a).

c) Ist $\dim V = n$ und $(-1)^n \det A = -1$, so hat A den Eigenwert 1. Ist $\det A = -1$, so hat A den Eigenwert -1.

(Dies haben wir in 7.1.11 e) bereits unter viel allgemeineren Voraussetzungen bewiesen.)

Beweis. a) Nach 5.4.20 gibt es einen Unterraum V_1 von V mit $AV_1 = V_1$ und $\dim V_1 \leq 2$. Wegen 7.1.13 b) gilt $V = V_1 \perp V_1^\perp$ und $AV_1^\perp = V_1^\perp$. Durch Induktion nach $\dim V$ erhalten wir

$$V = V_1 \perp \ldots \perp V_m$$

mit $\dim V_j \leq 2$ und $AV_j = V_j$. Ist $V_j = \langle v_j \rangle$, also $Av_j = a_j v_j$, so gilt $a_j = \pm 1$ nach 9.1.2 c).

Sei $\dim V_j = 2$, und V_j enthalte keinen A-invarianten Unterraum der Dimension 1. Sei $[v_{j1}, v_{j2}]$ eine Orthonormalbasis von V_j und

$$A\,v_{j1} = a\,v_{j1} + b\,v_{j2}, \quad A\,v_{j2} = c\,v_{j1} + d\,v_{j2}.$$

Da A_{V_j} orthogonal ist, gelten

$$a^2 + b^2 = c^2 + d^2 = 1 \text{ und } ac + bd = 0.$$

Das charakteristische Polynom von A_{V_j} ist

$$f = x^2 - (a+d)x + ad - bc.$$

Mit 9.1.2 b) folgt

$$ad - bc = \det A_{V_j} = \pm 1.$$

Ist $ad - bc = -1$, so hat f wegen $f(0) = -1$ nach dem Zwischenwertsatz eine reelle Nullstelle. Dann existiert jedoch ein $0 \neq w \in V_j$ mit $Aw = \pm w$, entgegen unserer Annahme. Daher ist $ad - bc = 1$ und

$$\begin{pmatrix} a & b \\ c & d \end{pmatrix} \begin{pmatrix} d & c \\ -c & d \end{pmatrix} = \begin{pmatrix} 1 & 0 \\ 0 & 1 \end{pmatrix}.$$

Wegen $A_{V_j}^* = A_{V_j}^{-1}$ folgt

$$\begin{pmatrix} a & c \\ b & d \end{pmatrix} = \begin{pmatrix} a & b \\ c & d \end{pmatrix}^t = \begin{pmatrix} a & b \\ c & d \end{pmatrix}^{-1} = \begin{pmatrix} d & c \\ -c & d \end{pmatrix}.$$

Dies zeigt $a = d$ und $b = -c$. Wegen $a^2 + b^2 = 1$ gibt es ein φ mit $0 \leq \varphi \leq \pi$ und $a = \cos\varphi$, $b = \sin\varphi$. Wegen $b \neq 0$ ist dabei $\varphi \neq 0, \pi$.
b) Dies folgt sofort aus a) und

$$\det \begin{pmatrix} x - \cos\varphi_j & -\sin\varphi_j \\ \sin\varphi_j & x - \cos\varphi_j \end{pmatrix} = x^2 - 2\cos\varphi_j x + 1,$$

wobei $x^2 - 2\cos\varphi_j x + 1$ keine reelle Nullstelle hat, also in $\mathbb{R}[x]$ irreduzibel ist.
c) Wir haben $n = n_1 + n_2 + 2k$ und $\det A = (-1)^{n_2}$. Ist $\det A = -1$, so gilt $2 \nmid n_2$, also $n_2 > 0$. Wegen $(-1)^n \det A = (-1)^{n_1}$ gilt ferner $n_1 > 0$, falls $(-1)^n \det A = -1$ ist. □

Wir betrachten nun orthogonale Abbildungen in den kleinen Dimensionen zwei und drei.

Beispiel 9.1.4 a) Sei V ein euklidischer Vektorraum der Dimension 2 und $A \in \mathrm{O}(2)$.

Sei zuerst $\det A = 1$. Für jede Orthogonalbasis $[v_1, v_2]$ von V gilt nach 9.1.3, daß

$$Av_1 = \cos\varphi\, v_1 + \sin\varphi\, v_2 \quad \text{und} \quad Av_2 = -\sin\varphi\, v_1 + \cos\varphi\, v_2.$$

Dies gilt auch für $A = E$ mit $\varphi = 0$ und $A = -E$ mit $\varphi = \pi$. Wir setzen dann $A = D(\varphi)$. Die Additionstheoreme für Sinus und Cosinus zeigen $D(\varphi_1)D(\varphi_2) = D(\varphi_1 + \varphi_2)$. Also ist

$$\mathrm{SO}(2) = \{D(\varphi) \mid 0 \le \varphi < 2\pi\}$$

eine abelsche Gruppe. Ferner ist $\varphi \mapsto D(\varphi)$ ist ein Epimorphismus von $\mathbb{R}^+$ auf $\mathrm{SO}(2)$ mit dem Kern $2\pi\,\mathbb{Z}$. Daher gilt $\mathrm{SO}(2) \cong \mathbb{R}^+/2\pi\,\mathbb{Z}$.

Sei nun $A \in \mathrm{O}(2)$ mit $\det A = -1$. Nach 9.1.3 c) hat A die Eigenwerte 1 und -1. Sei

$$Av_1 = v_1 \text{ und } Av_2 = -v_2$$

mit $(v_j, v_j) = 1$. Wegen

$$(v_1, v_2) = (Av_1, Av_2) = -(v_1, v_2)$$

ist $(v_1, v_2) = 0$. Daher ist $[v_1, v_2]$ eine Orthonormalbasis von V und $A^2 = E$.

Sei nun $D(\varphi) \in \mathrm{SO}(2)$. Wegen $\det D(\varphi)A = -1$ folgt

$$E = (D(\varphi)A)^2 = D(\varphi)AD(\varphi)A.$$

Daher ist

$$A^{-1}D(\varphi)A = D(\varphi)^{-1} = D(-\varphi).$$

Wegen

$$\mathrm{O}(2) = \mathrm{SO}(2) \cup A\,\mathrm{SO}(2)$$

ist damit die Struktur von $\mathrm{O}(2)$ völlig beschrieben.

b) Sei nun $\dim V = 3$ und $A \in \mathrm{SO}(3)$. Nach 9.1.3 c) hat A den Eigenwert 1. Also gibt es ein $v_1 \in V$ mit $Av_1 = v_1$ und $(v_1, v_1) = 1$. Offensichtlich ist $A\langle v_1\rangle^\perp = \langle v_1\rangle^\perp$ und $\det A_{\langle v_1\rangle^\perp} = 1$. Nach a) gilt für jede Orthonormalbasis $[v_2, v_3]$ von $\langle v_1\rangle^\perp$ dann

$$Av_2 = \cos\varphi\, v_2 + \sin\varphi v_3 \quad \text{und} \quad Av_3 = -\sin\varphi\, v_2 + \cos\varphi\, v_3.$$

Bezüglich der Basis $[v_1, v_2, v_3]$ gehört also zu A die Matrix

$$\begin{pmatrix} 1 & 0 & 0 \\ 0 & \cos\varphi & \sin\varphi \\ 0 & -\sin\varphi & \cos\varphi \end{pmatrix}$$

mit $\operatorname{Sp} A = 1 + 2\cos\varphi$. Wir bezeichnen A als *Drehung* um die Achse v_1 mit dem Drehwinkel φ.

Wir weisen darauf hin, daß der allgemeine Kongruenzsatz 8.1.10 insbesondere in euklidischen Vektorräumen gilt.

Die folgende Aussage spielt eine wichtige Rolle beim Studium der Symmetrien von Kristallen, welches für die Kristallphysik die Grundlage bildet.

Satz 9.1.5 *Sei V ein euklidischer Vektorraum der Dimension* 3. *Unter einem* Gitter Γ *in V verstehen wir eine Menge*

$$\Gamma = \{\sum_{j=1}^{3} n_j v_j \mid n_j \in \mathbb{Z}\},$$

wobei $[v_1, v_2, v_3]$ eine Basis von V ist.

a) Die linearen Abbildungen $A \in \operatorname{End}(V)$ mit $A\Gamma = \Gamma$ sind die A von der Gestalt

$$Av_j = \sum_{k=1}^{3} a_{kj} v_k \quad (j = 1, 2, 3)$$

mit $a_{kj} \in \mathbb{Z}$ und $\det(a_{kj}) = \pm 1$.

b) Sei $\mathcal{G}$ eine endliche Untergruppe von $\operatorname{SL}(V)$ mit $A\mathcal{G} = \mathcal{G}$ für alle Elemente $A \in \mathcal{G}$. Wegen 8.1.11 *können wir annehmen, daß $(.,.)$ ein definites Skalarprodukt auf V ist mit $(Av, Aw) = (v, w)$ für alle $v, w \in V$ und alle A. Dann ist jedes $A \in \mathcal{G}$ eine Drehung mit einem Drehwinkel, der ein Vielfaches von $\frac{\pi}{2}$ oder $\frac{\pi}{3}$ ist.*

Beweis. a) Wegen $Av_j \in \Gamma$ gilt $Av_j = \sum_{k=1}^{3} a_{kj} v_k$ für $j = 1, 2, 3$ mit $a_{kj} \in \mathbb{Z}$. Da auch $A^{-1}\Gamma = \Gamma$ gilt, entspricht A^{-1} eine ganzzahlige Matrix. Dies zeigt $\det A = \pm 1$. Ist $\det A = \pm 1$, so ist auch die Inverse der Matrix (a_{kj}) nach der Cramerschen Regel ganzzahlig.

b) Wegen $\det A = 1$ ist A eine Drehung. Ist φ der Drehwinkel zu A, so gilt

$$1 + 2\cos\varphi = \operatorname{Sp} A \in \mathbb{Z}.$$

Somit ist $\cos\varphi \in \{-1, -\frac{1}{2}, 0, \frac{1}{2}, 1\}$, also

$$\varphi \in \{\pi, \frac{2\pi}{3}, \frac{\pi}{2}, \frac{\pi}{3}, 0\}.$$

□

Satz 9.1.6 *Sei V ein euklidischer Vektorraum der Dimension n und $U < V$ mit* $\dim U = n - 1$.

a) Sei $E \neq S \in \mathrm{O}(n)$ mit $Su = u$ für alle $u \in U$. Ist $U^\perp = \langle w \rangle$ mit $(w, w) = 1$, so gilt $Sw = -w$, also

$$Sv = v - 2(v, w)w \textit{ für alle } v \in V.$$

Insbesondere ist $S^2 = E$ und $\det S = -1$. *Wir nennen S die* Spiegelung *an U.*

b) Für jedes $w \in V$ mit $(w, w) = 1$ wird durch

$$Sv = v - 2(v, w)w$$

ein $S \in \mathrm{O}(n)$ definiert, welches $\langle w \rangle^\perp$ elementweise festläßt.

c) Seien S_j $(j = 1, 2)$ Spiegelungen mit

$$S_j v = v - 2(v, w_j)w_j,$$

wobei $(w_j, w_j) = 1$ ist. Nach 8.1.10 *gibt es ein Element $G \in \mathrm{O}(n)$ mit $Gw_2 = w_1$. Dann gilt $G^{-1}S_1G = S_2$.*

Beweis. a) Wegen $SU^\perp = U^\perp$ gilt $Sw = aw$ mit $a^2 = 1$. Da $S \neq E$ ist, folgt $a = -1$, also $Sw = -w$. Für $v = u + xw$ mit $u \in U$ und $x \in \mathbb{R}$ erhalten wir

$$Sv = u - xw = u + xw - 2xw = v - 2(v, w)w.$$

Ferner gelten $S^2 = E$ und $\det S = -1$.
b) Offenbar ist S linear, und $\langle w \rangle^\perp$ bleibt bei S elementweise fest. Wegen

$$\begin{aligned}(Sv, Sv) &= (v - 2(v, w)w, v - 2(v, w)w) \\ &= (v, v) - 4(v, w)^2 + 4(v, w)^2(w, w) = (v, v)\end{aligned}$$

ist S eine Isometrie.

c) Für alle $v \in V$ gilt

$$\begin{aligned} G^{-1}S_1Gv &= G^{-1}(Gv - 2(Gv, w_1)w_1) = v - 2(v, G^{-1}w_1)G^{-1}w_1 \\ &= v - 2(v, w_2)w_2 = S_2v. \end{aligned}$$

□

Hauptsatz 9.1.7 *Sei V ein euklidischer Vektorraum der Dimension $n \geq 1$.*

a) Ist $A \in \mathrm{O}(n)$, so gibt es Spiegelungen $S_1, \dots, S_k$ mit $A = S_1 \dots S_k$ und $k \leq n$.

*b) Wir nennen $A \in \mathrm{SO}(n)$ eine π-*Rotation*, falls es eine Zerlegung des Vektorraums $V = U \perp U^\perp$ gibt mit $\dim U = 2$ und*

$$\begin{aligned} Au &= -u \quad \text{für alle } u \in U, \\ Aw &= w \quad \text{für alle } w \in U^\perp. \end{aligned}$$

Ist $\dim V = n \geq 3$, so ist jedes Element aus $\mathrm{SO}(n)$ ein Produkt von höchstens n π-Rotationen.

Beweis. a) Wir führen den Beweis durch Induktion nach n. Für $n = 1$ ist $A = E$ oder $A = -E$. Ist $A = E$, so gilt die Behauptung mit $k = 0$. Sei also $A \neq E$. Dann gibt es ein $v \in V$ mit $Av - v \neq 0$. Wir setzen $w_1 = \frac{Av-v}{\|Av-v\|}$. Sei S_1 die Spiegelung mit

$$S_1v = v - 2(v, w_1)w_1.$$

Dann ist

$$(1) \qquad S_1(Av - v) = v - Av.$$

Wegen $(Av - v, Av + v) = (Av, Av) - (v, v) = 0$ gilt $Av + v \in \langle w_1 \rangle^\perp$, also

$$(2) \qquad S_1(Av + v) = Av + v.$$

Addition von (1) und (2) zeigt $S_1Av = v$. Somit bleibt $\langle v \rangle^\perp$ bei S_1A als Ganzes fest. Wegen $\dim \langle v \rangle^\perp = n - 1$ gibt es nach Induktionsannahme $w_2, \dots, w_k \in \langle v \rangle^\perp$ mit $k \leq n$ und $(w_j, w_j) = 1$, sowie Spiegelungen $S'_2, \dots, S'_k$ aus $\mathrm{O}(n-1)$ mit $S'_jw_j = -w_j$ und $S_1Au = S'_2 \dots S'_ku$ für alle $u \in \langle v \rangle^\perp$. Sei S_j die Spiegelung aus $O(n)$ mit

$$S_jw = w - 2(w, w_j)w_j.$$

Dann ist S'_j die Restriktion von S_j auf $\langle v \rangle^\perp$, und wegen $w_j \in \langle v \rangle^\perp$ gilt ferner $S_jv = v$. Damit folgt $S_1A = S_2 \dots S_k$, und wegen $S_1^{-1} = S_1$ dann $A = S_1 \dots S_k$ mit $k \leq n$.

b) Ist $G \in \mathrm{SO}(n)$, so gilt nach a), daß $G = S_1 \dots S_k$ mit Spiegelungen S_j und $k \leq n$. Wegen $\det A = 1$ ist k gerade. Also reicht der Nachweis, daß jedes Produkt von zwei Spiegelungen ein Produkt von zwei π-Rotationen ist. Seien S_1, S_2 Spiegelungen an $\langle w_1 \rangle^\perp$ bzw. $\langle w_2 \rangle^\perp$. Wegen $n \geq 3$ gibt es ein $w_3 \in \langle w_1, w_2 \rangle^\perp$ mit $(w_3, w_3) = 1$. Sei S_3 die Spiegelung an $\langle w_3 \rangle^\perp$. Dann ist

$$\dim \langle w_1, w_3 \rangle = \dim \langle w_2, w_3 \rangle = 2.$$

Setzen wir $R_1 = S_1 S_3$ und $R_2 = S_3 S_2$, so ist $R_1 R_2 = S_1 S_3^2 S_2 = S_1 S_2$. Dabei gelten

$$R_1 w_1 = S_1 w_1 = -w_1 \quad \text{wegen } w_1 \in \langle w_3 \rangle^\perp,$$

$$R_1 w_3 = S_1(-w_3) = -w_3 \quad \text{wegen } w_3 \in \langle w_1 \rangle^\perp$$

und $R_1 v = v$ für alle $v \in \langle w_1, w_3 \rangle^\perp$. Somit ist R_1 eine π-Rotation. Ähnlich sieht man, daß auch R_2 eine π-Rotation ist. □

Satz 9.1.7 a) gilt übrigens auch dann noch, wenn V ein endlichdimensionaler K-Vektorraum mit regulärem symmetrischem Skalarprodukt und $\mathrm{Char}\, K \neq 2$ ist. Da dann Spiegelungen mit $Sw = -w$ nur für $(w, w) \neq 0$ definiert sind, erfordert der Beweis mehr Vorsicht.

Für die orthogonale Gruppe SO(3) geben wir weitere Erzeugende an.

Satz 9.1.8 *Sei V ein euklidischer Vektorraum der Dimension 3 und sei $[v_1, v_2, v_3]$ eine Orthonormalbasis von V. Sei $D_i(\alpha)$ die Drehung von V mit der Achse v_i und dem Drehwinkel α ($i = 1, 2, 3$). Für $G \in \mathrm{SO}(3)$ gelten dann*

a) $G = D_3(\alpha) D_2(\beta) D_1(\gamma)$ für geeignete α, β, γ.

b) $G = D_1(\alpha) D_3(\beta) D_1(\gamma)$ für geeignete α, β, γ.

Beweis. a) Sei

$$G v_1 = a_1 v_1 + a_2 v_2 + a_3 v_3,$$

also $a_1^2 + a_2^2 + a_3^2 = 1$. Wir versuchen α und β zu finden mit

$$\begin{aligned} G v_1 &= D_3(\alpha) D_2(\beta) v_1 = D_3(\alpha)(\cos\beta v_1 + \sin\beta v_3) \\ &= \cos\beta(\cos\alpha v_1 + \sin\alpha v_2) + \sin\beta v_3. \end{aligned}$$

Diese Forderung wird erfüllt mit

$$a_3 = \sin\beta, \; a_1 = \cos\beta \cos\alpha \text{ und } a_2 = \cos\beta \sin\alpha.$$

Somit ist

$$D_2(\beta)^{-1}D_3(\alpha)^{-1}Gv_1 = v_1,$$

und daher

$$D_2(\beta)^{-1}D_3(\alpha)^{-1}G = D_1(\gamma)$$

für ein geeignetes γ.
b) Dies beweist man ähnlich. □

Zur Beschreibung der Bewegungen eines Kreisels hat Euler die Aussage in 9.1.8 b) verwendet. Daher nennt man die dortigen α, β, γ auch die *Eulerschen Winkel.* Diese Winkel sind keineswegs eindeutig bestimmt (anderenfalls wäre SO(3) topologisch ein 3-Torus, was jedoch nicht zutrifft; siehe 9.3.6).

Satz 9.1.9 *Sei τ ein Homomorphismus von $\mathrm{O}(n)$ in $\mathbb{R}^*$. Dann gilt entweder $\tau G = 1$ oder $\tau G = \det G$ für alle $G \in \mathrm{O}(n)$.*

Beweis. Ist S eine Spiegelung, so gilt $1 = \tau S^2 = (\tau S)^2$, also $\tau S = \pm 1$. Sind S_1, S_2 Spiegelungen aus $\mathrm{O}(n)$, so gibt es nach 9.1.6 c) ein $G \in \mathrm{O}(n)$ mit $S_2 = G^{-1}S_1G$. Damit folgt

$$\tau S_2 = \tau(G^{-1}S_1G) = (\tau G)^{-1}(\tau S_1)(\tau G) = \tau S_1.$$

Ist $A \in \mathrm{O}(n)$ und $A = S_1 \dots S_k$ mit Spiegelungen S_j, so erhalten wir

$$\tau A = (\tau S_1)^k = 1 \text{ oder } \tau A = \det A.$$

□

Bemerkung 9.1.10 Wir erwähnen eine interessante Charakterisierung euklidischer Vektorräume.

Sei V ein normierter reeller Vektorraum von endlicher Dimension. Für $v_j \in V$ $(j = 1, 2)$ mit $\| v_1 \| = \| v_2 \|$ gebe es ein I aus der Gruppe

$$\{I \mid I \in \mathrm{GL}(V),\ \| Iv \| = \| v \| \text{ für alle } v \in V\}$$

der Isometrien von V mit $Iv_1 = v_2$. Dann gibt es ein definites Skalarprodukt $(.,.)$ auf V mit $(v, v) = \| v \|^2$ für alle $v \in V$. Diese Aussage gehört in den Umkreis des sogenannten *Helmholtzschen*[1] *Raumproblems*, in dem euklidische Vektorräume durch Beweglichkeit charakterisiert werden.

[1] Hermann Ludwig Ferdinand von Helmholtz (1821-1894) Königsberg, Bonn, Heidelberg, Berlin. Physiologe und Physiker.

Bemerkung 9.1.11 a) In SO(3) gibt es eine *freie* Untergruppe $\mathcal{F} = \langle F_1, F_2 \rangle$. Dies bedeutet, daß jedes nichtriviale Element aus $\mathcal{F}$ auf genau eine Weise die Gestalt $A_1 \ldots A_m$ $(m = 1, 2, \ldots)$ hat mit $A_j \in \{F_1, F_1^{-1}, F_2, F_2^{-1}\}$, wobei kein Teilprodukt $A_j A_{j+1}$ von der Gestalt $F_j F_j^{-1}$ oder $F_j^{-1} F_j$ $(j = 1, 2)$ auftritt. Die F_i können wie folgt gewählt werden.

$$F_1 = \begin{pmatrix} \frac{1}{3} & -\frac{2\sqrt{2}}{3} & 0 \\ \frac{2\sqrt{2}}{3} & \frac{1}{3} & 0 \\ 0 & 0 & 1 \end{pmatrix} \qquad F_2 = \begin{pmatrix} 1 & 0 & 0 \\ 0 & \frac{1}{3} & -\frac{2\sqrt{2}}{3} \\ 0 & \frac{2\sqrt{2}}{3} & \frac{1}{3} \end{pmatrix}.$$

Der Beweis verlangt einige Rechnungen (siehe [15]).
b) Die Aussage unter a) liefert für die Maßtheorie grundlegende Folgerungen:

Auf der Sphäre

$$S = \{v \mid v \in \mathbb{R}^3,\ (v, v) = 1\}$$

gibt es eine abzählbare Untermenge D und paarweise disjunkte Mengen A_1, A_2, B_1, B_2 mit

$$S \setminus D = A_1 \cup GA_2 = B_1 \cup HB_2,$$

wobei $G, H \in \mathrm{SO}(3)$ sind und $A_1 \cap GA_2 = B_1 \cap HB_2 = \emptyset$. Daraus folgt das sogenannte *Hausdorffsche*[2] *Paradoxon*:

Sei μ ein Maß auf S, welches additiv bei endlichen disjunkten Mengen ist, und invariant unter SO(3). Ist μ auf A_j, B_j $(j = 1, 2)$ definiert, so folgt der Widerspruch

$$\mu(S \setminus D) \geq \mu(A_1) + \mu(A_2) + \mu(B_1) + \mu(B_2),$$

aber

$$\mu(S \setminus D) = \mu(A_1) + \mu(A_2) = \mu(B_1) + \mu(B_2).$$

Also kann μ nicht auf allen Teilmengen von S definiert sein. (Die Konstruktion der Mengen A_j, B_j benötigt das Auswahlaxiom.)

Aufgabe 9.1.1 Sei $[v_1, \ldots, v_n]$ eine Orthonormalbasis des euklidischen Vektorraums V und $A \in \mathrm{O}(n)$ mit

$$\begin{aligned} Av_j &= v_{j+1} \quad \text{für } 1 \leq j < n \text{ und} \\ Av_n &= v_1. \end{aligned}$$

Man bestimme die Zerlegung von V im Sinne von 9.1.3.

[2] Felix Hausdorff (1868-1942) Leipzig, Greifswald, Bonn. Mengenlehre, Topologie, Wahrscheinlichkeitsrechnung.

Aufgabe 9.1.2 Sei $A = (a_{ij}) \in (\mathbb{R})_3$ und $\| A \|_2^2 = \operatorname{Sp} AA^t = \sum_{i,j=1}^n a_{ij}^2$. Ist A orthogonal und $\det A = 1$, so gilt

$$\| A - E \|_2^2 = 8 \sin^2 \frac{\varphi}{2},$$

wobei φ der Drehwinkel zu A ist.

Aufgabe 9.1.3 Sei $[v_1, v_2, v_3]$ eine Orthonormalbasis des euklidischen Vektorraums. Sei A_i die Drehung mit Achse v_i und Drehwinkel φ_i $(i = 1, 2)$. Dann ist $A_1 A_2$ eine Drehung mit dem Drehwinkel φ, wobei

$$\cos^2 \frac{\varphi}{2} = \cos^2 \frac{\varphi_1}{2} \cos^2 \frac{\varphi_2}{2}.$$

Aufgabe 9.1.4 Sei V ein euklidischer Vektorraum der Dimension 3. Seien $v_j \in V$ $(j = 1, 2)$ mit $(v_j, v_j) = 1$ und $v_2 \neq \pm v_1$. Sei S_j die Spiegelung an $\langle v_j \rangle^\perp$. Dann ist $S_1 S_2$ die Drehung um die Achse $w \in \langle v_1, v_2 \rangle^\perp$ mit dem Drehwinkel φ, der durch $\cos \frac{\varphi}{2} = \pm (v_1, v_2)$ bestimmt ist.

Aufgabe 9.1.5 Sei V ein euklidischer Vektorraum der Dimension n. Man zeige, daß $-E$ nicht das Produkt von weniger als n Spiegelungen ist.

Aufgabe 9.1.6 Sei V ein euklidischer Vektorraum und A eine (nicht notwendig lineare) Abbildung von V in sich mit

$$\| Av - Aw \| = \| v - w \|$$

für alle $v, w \in V$. Dann gilt

$$Av = Bv + A0$$

mit einer orthogonalen Abbildung B.

Hinweis: Man definiere $Bv = Av - A0$ und beweise $(Bv, Bw) = (v, w)$ für alle $v, w \in V$.

Aufgabe 9.1.7 Sei V ein euklidischer Vektorraum und A eine lineare Abbildung von V auf sich, welche die Orthogonalität erhält, d.h. aus $(v, w) = 0$ folge stets $(Av, Aw) = 0$. Dann gilt $A = aB$ mit $a > 0$ und $B \in \mathrm{O}(V)$. Insbesondere erhält A dann auch alle Winkel.

9.2 Liealgebra und vektorielles Produkt

In diesem Abschnitt betrachten wir die orthogonalen Gruppen von einem analytischen Standpunkt aus, der sich im Verlauf des vergangenen Jahrhunderts zu einer zentralen Disziplin der Mathematik entwickelt hat, der Theorie der Liegruppen[3] und Liealgebren. Als Nebenprodukt dieser Überlegungen erhalten wir einen natürlichen Zugang zum vektoriellen Produkt im dreidimensionalen euklidischen Vektorraum.

Definition 9.2.1 Sei V ein $\mathbb{R}$-Vektorraum von endlicher Dimension. Eine Abbildung A von $\mathbb{R}$ in $\mathrm{GL}(V)$ heißt eine *Einparameteruntergruppe* in $GL(V)$, falls folgendes gilt:

(1) A ist differenzierbar.

(Ist $A(t)$ bezüglich einer Basis die Matrix $(a_{ij}(t))$ zugeordnet, so gehört zur Ableitung $A'(t)$ die Matrix $(a'_{ij}(t))$.)

(2) A ist ein Gruppenhomomorphismus von $\mathbb{R}^+$ in $\mathrm{GL}(V)$, also

$$A(t_1 + t_2) = A(t_1)A(t_2) \text{ für alle } t_j \in \mathbb{R}.$$

Differentiation nach t_1 liefert für $t_1 = 0$ und $t_2 = t$ die Gleichung $A'(t) = A'(0)A(t)$ und ebenso $A'(t) = A(t)A'(0)$.

Satz 9.2.2 *Sei V ein euklidischer Vektorraum der Dimension n.*

a) Ist $B \in \mathrm{End}(V)$ mit $B^* = -B$, so ist $A(t) = e^{tB}$ eine Einparameteruntergruppe in $\mathrm{SO}(n)$ mit $A'(0) = B$.

b) Ist A eine Einparameteruntergruppe in $\mathrm{SO}(n)$ mit $A'(0) = B$, so gilt $B^* = -B$, $A(t) = e^{tB}$ und $A'(t) = BA(t) = A(t)B$.

c) Ist $G \in \mathrm{SO}(n)$, so gilt $G = e^B$ mit einem geeigneten $B^* = -B$. Also liegt jedes Element aus $\mathrm{SO}(n)$ auf einer Einparameteruntergruppe.

Beweis. a) Nach 6.4.2 existiert e^{tB}, und es gilt

$$A(t_1 + t_2) = e^{(t_1+t_2)B} = e^{t_1 B} e^{t_2 B} = A(t_1)A(t_2).$$

Da die Abbildung $B \mapsto B^*$ nach 8.2.3 b) stetig ist, folgt

$$\begin{aligned} A(t)^* &= \left(\textstyle\sum_{j=0}^{\infty} \frac{t^j}{j!} B^j\right)^* = \textstyle\sum_{j=0}^{\infty} \frac{t^j}{j!} (B^*)^j \\ &= \textstyle\sum_{j=0}^{\infty} \frac{t^j}{j!} (-B)^j = e^{-tB} = A(t)^{-1}. \end{aligned}$$

[3]Marius Sophus Lie (1842-1899) Christiania (Oslo), Leipzig. Liealgebren, Liegruppen, Differentialgeometrie, Differentialgleichungen.

Also gilt $A(t) \in \mathrm{O}(n)$. Wegen $B^* = -B$ ist $\operatorname{Sp} B = 0$ und nach 6.4.3 a) daher

$$\det A(t) = e^{\operatorname{Sp} tB} = e^0 = 1.$$

Dies zeigt $A \in \mathrm{SO}(n)$. Nach 6.4.3 a) ist $A'(t) = BA(t) = A(t)B$, insbesondere $A'(0) = B$.

b) Sei nun A eine Einparameteruntergruppe in $\mathrm{SO}(n)$ mit $A'(0) = B$. Dann gilt $A'(t) = BA(t)$ und

$$0 = E' = (A(t)^* A(t))' = A'(t)^* A(t) + A(t)^* A'(t).$$

(Offenbar ist $(A(t)^*)' = A'(t)^*$, wie man durch Rückgriff auf Matrizen sofort sieht.) Insbesondere folgt

$$0 = A'(0)^* A(0) + A(0)^* A'(0) = B^* + B.$$

Das Gleichungssystem $A'(t) = BA(t)$ mit $A(0) = E$ hat nach 6.4.3 b) die eindeutige Lösung $A(t) = e^{tB}$.

c) Sei $G \in \mathrm{SO}(n)$ und gemäß 9.1.3

$$V = V_+ \perp V_- \perp V_1 \perp \ldots \perp V_k,$$

wobei

$$\begin{aligned} Gv &= v \text{ für } v \in V_+, \\ Gv &= -v \text{ für } v \in V_-, \end{aligned}$$

und bezüglich einer Orthonormalbasis $[v_j, w_j]$ von V_j sei

$$(*) \qquad \begin{aligned} Gv_j &= \cos\varphi_j\, v_j + \sin\varphi_j\, w_j \\ Gw_j &= -\sin\varphi_j\, v_j + \cos\varphi_j\, w_j \end{aligned}$$

mit geeigneten $\varphi_j \in \mathbb{R}$. Wegen $\det G = 1$ ist $\dim V_-$ gerade. Daher können wir V_- orthogonal in zweidimensionale Räume zerlegen, auf denen Formeln vom Typ $(*)$ gelten mit $\varphi_j = \pi$. Wir definieren $B \in \operatorname{End}(V)$ durch

$$\begin{aligned} Bv &= 0 \qquad \text{für } v \in V_+, \\ Bv_k &= \varphi_k w_k, \\ Bw_k &= -\varphi_k v_k. \end{aligned}$$

Dann ist $B^* = -B$ und $(B^2)_{V_k} = -\varphi_k^2 E$. Es folgt $e^B v = v$ für $v \in V_+$ und

$$\begin{aligned} e^B v_k &= \textstyle\sum_{j=0}^{\infty} \frac{1}{j!} B^j v_k \\ &= \left(\textstyle\sum_{j=0}^{\infty} \frac{(-1)^j}{(2j)!} \varphi_k^{2j}\right) v_k + \left(\textstyle\sum_{j=0}^{\infty} \frac{(-1)^j}{(2j+1)!} \varphi_k^{2j+1}\right) w_k \\ &= \cos\varphi_k\, v_k + \sin\varphi_k\, w_k = Gv_k. \end{aligned}$$

Ebenso folgt $e^B w_k = Gw_k$. Also gilt $G = e^B$ mit $B^* = -B$. □

Bemerkung 9.2.3 Ist V ein $\mathbb{C}$-Vektorraum, so wird die Gruppe GL(V) von Einparameteruntergruppen überdeckt, denn nach 6.4.5 gibt es zu jedem $G \in \mathrm{GL}(V)$ ein B mit $G = e^B$. Ist V ein $\mathbb{R}$-Vektorraum, so ist die entsprechende Aussage nicht richtig, denn es gibt kein $B \in (\mathbb{R})_2$ mit

$$e^B = \begin{pmatrix} -1 & 0 \\ 1 & -1 \end{pmatrix}$$

(siehe Aufgabe 6.4.1). Jedoch wird noch eine Umgebung von E von Einparameteruntergruppen überdeckt. Ist nämlich $\| A \| < 1$, so existiert nach 6.2.13

$$\log(E + A) = \sum_{j=1}^{\infty} \frac{(-1)^{j-1}}{j} A^j.$$

Man kann zeigen, daß $e^{\log(E+A)} = E + A$ gilt. Also wird die Menge

$$\{G \mid G \in \mathrm{GL}(V), \ \| G - E \| < 1\}$$

von Einparameteruntergruppen überdeckt.

Satz 9.2.2 führt uns zum Begriff der Liealgebra.

Definition 9.2.4 Sei K ein beliebiger Körper und $\mathcal{L}$ ein K-Vektorraum von endlicher Dimension. Auf $\mathcal{L}$ sei ein bilineares Produkt $[.,.]$ definiert mit $[a, a] = 0$ für alle $a \in \mathcal{L}$, und es gelte die sogenannte *Jacobi-Identität*

$$[[a, b], c] + [[b, c], a] + [[c, a], b] = 0$$

für alle $a, b, c \in \mathcal{L}$. Daraus folgt

$$0 = [a + b, a + b] = [a, b] + [b.a].$$

Wir nennen $\mathcal{L}$ eine *Liealgebra* .

Beispiele 9.2.5 a) Ist V ein K-Vektorraum, so definieren wir auf $\mathcal{L} = \mathrm{End}(V)$ ein Produkt $[.,.]$ durch $[A, B] = AB - BA$. Dann gelten $[A, A] = 0$ und

$$[[A, B], C] + [[B, C], A] + [[C, A], B] = 0,$$

wie man leicht nachrechnet. Also ist $\mathcal{L}$ eine Liealgebra.
b) Sei V ein euklidischer Vektorraum der Dimension n und

$$\mathcal{L}(n) = \{B \mid B^* = -B \in \mathrm{End}(V)\}.$$

Auf $\mathcal{L}(n)$ definieren wir das Produkt $[.,.]$ durch $[A,B] = AB - BA$. Wegen

$$[A,B]^* = B^*A^* - A^*B^* = BA - AB = -[A,B]$$

ist $\mathcal{L}(n)$ eine Liealgebra. Durch

$$(B_1, B_2) = \frac{1}{2}\operatorname{Sp} B_1 B_2^*$$

wird nach 8.1.4 c) ein definites Skalarprodukt auf $\mathcal{L}(n)$ definiert. Für Abbildungen $A, B, C \in \mathcal{L}$ gilt dabei

$$\begin{aligned}([A,B],C) &= \tfrac{1}{2}\operatorname{Sp}(AB - BA)C^* = \tfrac{1}{2}\operatorname{Sp}(-ABC + BAC)\\ &= \tfrac{1}{2}\operatorname{Sp}(-ABC + ACB) = \tfrac{1}{2}\operatorname{Sp} A(BC - CB)^*\\ &= (A,[B,C]).\end{aligned}$$

Insbesondere folgt

$$([A,B],A) = -([B,A],A) = -(B,[A,A]) = 0$$

und

$$([A,B],B) = (A,[B,B]) = 0.$$

Das Skalarprodukt $(.,.)$ auf $\mathcal{L}(n)$ heißt in der Theorie der Liealgebren die *Cartan*[4]*-Killing*[5] *Form.*

Die Liealgebra $\mathcal{L}(3) = \{B \mid B^* = -B \in (\mathbb{R})_3\}$ liefert einen natürlichen Zugang zum vektoriellen Produkt im dreidimensionalen euklidischen Vektorraum.

Lemma 9.2.6 *Sei $V = \mathbb{R}^3$ der euklidische Vektorraum der Dimension 3 und*

$$\mathcal{L}(3) = \{B \mid B^* = -B \in (\mathbb{R})_3\}.$$

Wir versehen $\mathcal{L}(3)$ wie in 9.2.5 b) mit dem Skalarprodukt

$$(B_1, B_2) = \frac{1}{2}\operatorname{Sp} B_1 B_2^*.$$

[4]Elie Joseph Cartan (1869-1951) Paris. Liealgebren, Transformationsgruppen, Differentialgleichungen, Differentialgeometrie.

[5]Wilhelm Karl Joseph Killing (1847-1923) Münster. Liealgebren, Transformationsgruppen.

Dann gilt:

a) Es gibt ein $\varphi \in \mathrm{Hom}(\mathcal{L}(3), V)$ mit $B\,\varphi B = 0$ und $(B,B) = (\varphi B, \varphi B)$ für alle $B \in \mathcal{L}(3)$.

b) Durch die Eigenschaften unter a) ist φ bis auf das Vorzeichen eindeutig bestimmt.

Beweis. a) Wir definieren φ durch

$$\varphi B = \begin{pmatrix} -c \\ b \\ -a \end{pmatrix} \text{ für } B = \begin{pmatrix} 0 & a & b \\ -a & 0 & c \\ -b & -c & 0 \end{pmatrix}.$$

Dann ist φ linear, $B\varphi B = 0$ und

$$(B,B) = \frac{1}{2}\,\mathrm{Sp}\,BB^* = a^2 + b^2 + c^2 = (\varphi B, \varphi B).$$

b) Seien φ_1, φ_2 Abbildungen mit den in a) angegebenen Eigenschaften. Für $0 \neq B \in \mathcal{L}(3)$ gilt $\dim \mathrm{Kern}\, B = 1$, da $f_B = x(x^2 - a^2 - b^2 - c^2)$ ist. Wegen $B\varphi_j B = 0$ folgt $\varphi_2 B = \varepsilon(B)\varphi_1 B$ mit $\varepsilon(B) \in \mathbb{R}$. Da

$$(B,B) = (\varphi_2 B, \varphi_2 B) = \varepsilon(B)^2(\varphi_1 B, \varphi_1 B) = \varepsilon(B)^2(B,B)$$

ist, erhalten wir $\varepsilon(B) = \pm 1$. Angenommen, es gäbe $0 \neq B_j \in \mathcal{L}(3)$ mit $\varepsilon(B_1) = 1$ und $\varepsilon(B_2) = -1$. Da B_1 und B_2 linear unabhängig sind, folgt

$$\varepsilon(B_1 + B_2)(\varphi_1 B_1 + \varphi_1 B_2) = \varphi_2(B_1 + B_2) = \varphi_2 B_1 + \varphi_2 B_2 = \varphi_1 B_1 - \varphi_1 B_2,$$

ein Widerspruch. Also gilt $\varphi_2 = \pm\varphi_1$. □

Mittels φ übertragen wir das Lieprodukt $[.\,,.]$ von $\mathcal{L}(3)$ auf V.

Satz 9.2.7 *Sei V ein euklidischer Vektorraum der Diemsion 3 und φ eine der Abbildungen von $\mathcal{L}(3)$ auf V aus 9.2.6. Für $v_j = \varphi B_j \in V$ definieren wir*

$$v_1 \times v_2 = \varphi[B_1, B_2] = \varphi[\varphi^{-1}v_1, \varphi^{-1}v_2].$$

(Nach 9.2.6 gibt es zwei Möglichkeiten für φ, also zwei solche Produkte.)

Dann gelten:

a) Das vektorielle Produkt $\times$ ist bilinear, und für alle $v_j \in V$ gelten

$$v_1 \times v_2 = -\,v_2 \times v_1,$$

sowie

$$(v_1 \times v_2) \times v_3 + (v_2 \times v_3) \times v_1 + (v_3 \times v_1) \times v_2 = 0.$$

b) Ferner ist

$$(v_1 \times v_2, v_3) = (v_1, v_2 \times v_3).$$

Hieraus folgt insbesondere $(v_1 \times v_2, v_1) = (v_1 \times v_2, v_2) = 0$. *Somit ist* $v_1 \times v_2 \in \langle v_1, v_2 \rangle^\perp$.

c) Es gibt eine Orthonormalbasis $[e_1, e_2, e_3]$ *von* V *mit*

$$e_1 \times e_2 = e_3, \quad e_2 \times e_3 = e_1, \quad e_3 \times e_1 = e_2.$$

d) Es gilt

$$(v_1 \times v_2) \times v_3 = -(v_2, v_3)v_1 + (v_1, v_3)v_2.$$

e) Ferner ist

$$(v_1 \times v_2, w_1 \times w_2) = (v_1, w_1)(v_2, w_2) - (v_1, w_2)(v_2, w_1).$$

Insbesondere gilt also

$$(v_1 \times v_2, v_1 \times v_2) = (v_1, v_1)(v_2, v_2) - (v_1, v_2)^2.$$

Wegen der Schwarzschen Ungleichung ist $v_1 \times v_2 = 0$ *genau dann, wenn* v_1 *und* v_2 *linear abhängig sind.*

f) Ist $(v_1, v_2) = \| v_1 \| \| v_2 \| \cos\varphi$ *mit* $0 \leq \varphi \leq \pi$, *so gilt*

$$\| v_1 \times v_2 \| = \| v_1 \| \| v_2 \| \sin\varphi.$$

Beweis. a) Dies folgt sofort durch Übertragung der Aussagen in 9.2.5 mittels der Abbildung φ.
b) Ist $v_j = \varphi B_j$, so erhalten wir mit 9.2.5 und 9.2.6 die Behauptung

$$\begin{aligned}(v_1 \times v_2, v_3) &= (\varphi[B_1, B_2], \varphi B_3) \\ &= ([B_1, B_2], B_3) = (B_1, [B_2, B_3]) \\ &= (\varphi B_1, \varphi[B_2, B_3]) = (v_1, v_2 \times v_3).\end{aligned}$$

Insbesondere zeigt dies $(v_1 \times v_2, v_1) = (v_1 \times v_2, v_2) = 0$.
c) Wir setzen

$$B_1 = \begin{pmatrix} 0 & 1 & 0 \\ -1 & 0 & 0 \\ 0 & 0 & 0 \end{pmatrix}, \quad B_2 = \begin{pmatrix} 0 & 0 & 1 \\ 0 & 0 & 0 \\ -1 & 0 & 0 \end{pmatrix}$$

und

$$B_3 = [B_1, B_2] = \begin{pmatrix} 0 & 0 & 0 \\ 0 & 0 & -1 \\ 0 & 1 & 0 \end{pmatrix}.$$

Einfache Rechnungen zeigen

$$(B_i, B_j) = \frac{1}{2} \operatorname{Sp} B_i B_j^* = \delta_{ij}$$

und $[B_2, B_3] = B_1$, sowie $[B_3, B_1] = B_2$. Setzen wir $e_j = \varphi B_j$, so folgt $(e_i, e_j) = \delta_{ij}$ und

$$e_1 \times e_2 = e_3, \quad e_2 \times e_3 = e_1, \quad e_3 \times e_1 = e_2.$$

d) Da $(v_1 \times v_2) \times v_3$ und $-(v_2, v_3)v_1 + (v_1, v_3)v_2$ in Bezug auf jedes v_j linear sind, genügt der Nachweis von

$$(e_i \times e_j) \times e_k = -(e_j, e_k)e_i + (e_i, e_k)e_j$$

für die Baisvektoren e_j aus c). Sind i, j, k paarweise verschieden, so gilt

$$(e_i \times e_j) \times e_k = \pm e_k \times e_k = 0$$

und

$$(e_j, e_k) = (e_i, e_k) = 0.$$

Ferner ist

$$(e_i \times e_i) \times e_k = 0 = -(e_i, e_k)e_i + (e_i, e_k)e_i.$$

Für $\{i, j, l\} = \{1, 2, 3\}$ gilt schließlich

$$(e_i \times e_j) \times e_i = \pm\, e_l \times e_i = \pm\, e_j$$

und

$$((e_i \times e_j) \times e_i, e_j) = (e_i \times e_j, e_i \times e_j) = 1.$$

Also ist

$$(e_i \times e_j) \times e_i = e_j = -(e_j, e_i)e_i + (e_i, e_i)e_j.$$

e) Aus b) und d) folgt

$$\begin{aligned}(v_1 \times v_2, w_1 \times w_2) &= ((v_1 \times v_2) \times w_1, w_2) \\ &= (-(v_2, w_1)v_1 + (v_1, w_1)v_2, w_2) \\ &= (v_1, w_1)(v_2, w_2) - (v_1, w_2)(v_2, w_1).\end{aligned}$$

Insbesondere ist

$$(v_1 \times v_2, v_1 \times v_2) = (v_1, v_1)(v_2, v_2) - (v_1, v_2)^2.$$

f) Wegen $(v_1, v_2) = \| v_1 \| \| v_2 \| \cos\varphi$ folgt mit e) nun

$$\begin{aligned} \| v_1 \times v_2 \|^2 &= \| v_1 \|^2 \| v_2 \|^2 (1 - \cos^2\varphi) \\ &= \| v_1 \|^2 \| v_2 \|^2 \sin^2\varphi. \end{aligned}$$

Da $\sin\varphi \geq 0$ für $0 \leq \varphi \leq \pi$ ist, zeigt dies

$$\| v_1 \times v_2 \| = \| v_1 \| \| v_2 \| \sin\varphi.$$

□

Die Wirkung der orthogonalen Abbildungen auf das vektorielle Produkt beschreibt der folgende Satz.

Satz 9.2.8 *Sei V ein euklidischer Vektorraum der Dimension* 3.

a) Für $G \in \mathrm{O}(3)$ und $B \in \mathcal{L}(3)$ gilt $G^{-1}BG \in \mathcal{L}(3)$.

(Diese Aktion der orthogonalen Gruppe auf der zugehörigen Liealgebra gilt in jeder Dimension.)

b) Für $v_i \in V$ und $G \in \mathrm{O}(3)$ gilt $Gv_1 \times Gv_2 = \det G\ G(v_1 \times v_2)$.

Beweis. a) Wegen

$$(G^{-1}BG)^* = G^*B^*(G^{-1})^* = -G^{-1}BG$$

ist die Aussage in a) klar. Übrigens liefert A mit $A(t) = G^{-1}e^{tB}G$ die Einparameteruntergruppe mit $A'(0) = G^{-1}BG$.
b) Bei festem $G \in \mathrm{O}(3)$ definieren wir mit Hilfe der Abbildung φ aus 9.2.6 nun $\psi_j \in \mathrm{Hom}(\mathcal{L}(3), V)$ durch

$$\psi_1 B = \varphi(G^{-1}BG) \text{ und } \psi_2 B = G^{-1}(\varphi B).$$

Dann gelten

$$G^{-1}BG(\psi_1 B) = G^{-1}BG\varphi(G^{-1}BG) = 0$$

und

$$G^{-1}BG(\psi_2 B) = G^{-1}B\varphi B = 0.$$

Wegen $G^* = G^{-1}$ ist ferner

$$\begin{aligned}(\psi_1 B, \psi_1 B) &= (\varphi(G^{-1}BG), \varphi(G^{-1}BG))\\ &= (G^{-1}BG, G^{-1}BG)\\ &= \tfrac{1}{2}\operatorname{Sp} G^{-1}BG(G^{-1}BG)^*\\ &= \tfrac{1}{2}\operatorname{Sp} G^{-1}BB^*G = \tfrac{1}{2}\operatorname{Sp} BB^*\\ &= (\varphi B, \varphi B) = (G^{-1}\varphi B, G^{-1}\varphi B)\\ &= (\psi_2 B, \psi_2 B).\end{aligned}$$

Da $\dim \operatorname{Kern} G^{-1}BG = 1$ für $0 \neq B \in \mathcal{L}(3)$ ist, folgt $\psi_1 B = \varepsilon(G)\psi_2 B$ mit $\varepsilon(G) = \pm 1$. Also ist

$$(*) \quad \varphi(G^{-1}BG) = \varepsilon(G)G^{-1}(\varphi B).$$

Für $G_1, G_2 \in \mathrm{O}(3)$ folgt daher

$$\begin{aligned}\varepsilon(G_1G_2)G_2^{-1}G_1^{-1}(\varphi B) &= \varphi(G_2^{-1}G_1^{-1}BG_1G_2) = \varepsilon(G_2)G_2^{-1}\varphi(G_1^{-1}BG_1)\\ &= \varepsilon(G_1)\varepsilon(G_2)G_2^{-1}G_1^{-1}(\varphi B).\end{aligned}$$

Also ist $\varepsilon(G_1G_2) = \varepsilon(G_1)\varepsilon(G_2)$. Nach 9.1.9 gilt für alle $G \in \mathrm{O}(3)$ daher $\varepsilon(G) = 1$ oder $\varepsilon(G) = \det G = \varepsilon(G^{-1})$.

Für $v_j = \varphi B_j \in V$ folgt wegen $(*)$ nun

$$\begin{aligned}Gv_1 \times Gv_2 &= G(\varphi B_1) \times G(\varphi B_2)\\ &= \varphi(GB_1G^{-1}) \times \varphi(GB_2G^{-1})\\ &= \varphi([GB_1G^{-1}, GB_2G^{-1}])\\ &= \varphi(G[B_1, B_2]G^{-1})\\ &= \varepsilon(G)G(\varphi[B_1, B_2])\\ &= \varepsilon(G)G(v_1 \times v_2).\end{aligned}$$

Mit $G = -E$ erhalten wir $(-v_1) \times (-v_2) = \varepsilon(-E)(-v_1 \times v_2)$, also

$$\varepsilon(-E) = -1 = \det(-E).$$

Somit ist

$$Gv_1 \times Gv_2 = \det G \; G(v_1 \times v_2)$$

für alle $G \in \mathrm{O}(3)$. □

Die Tatsache, daß das vektorielle Produkt bei der Behandlung von Drehbewegungen in der Mechanik vielfach auftritt, wird natürlich durch seine Herkunft als Multiplikation in der Liealgebra zur orthogonalen Gruppe erklärt. Unabhängig davon kann man zeigen, daß die Situation in der Dimension drei eine spezielle ist.

Bemerkung 9.2.9 Sei V ein euklidischer Vektorraum mit $\dim V = n \geq 3$.
a) Auf V sei ein bilineares Produkt $\times$ gegeben mit folgenden Eigenschaften:

(1) $v \times w$ ist orthogonal zu v und w,

(2) $(v \times w, v \times w) = (v,v)(w,w) - (v,w)^2$

für alle $v, w \in V$. Aus (2) folgt $v \times v = 0$, also auch $v \times w = -w \times v$.
Dann ist $n = 3$ oder $n = 7$.
Der Beweis beruht auf einem Satz von Hurwitz über Produkte von Quadratsummen. (Siehe [16] und Bemerkung 2.4.6.)
b) Auf V sei ein bilineares Produkt $\times$ erklärt mit $v \times v = 0$ für alle $v \in V$.
Für alle $v, w \in V$ und alle $G \in \mathrm{SO}(n)$ gelte ferner

$$Gv \times Gw = G(v \times w).$$

Dann ist $n = 3$.
Der Beweis beruht darauf, daß die zweite homogene Komponente $G(V)_2$ der Graßmannalgebra $G(V)$ (siehe 4.5.1) für $n \neq 4$ ein irreduzibler $\mathrm{SO}(n)$-Modul ist.

Wir verwenden nun, M. Köcher [9] folgend, das vektorielle Produkt zur Herleitung von Formeln der sphärischen Trigonometrie. Sätze der sphärischen Trigonometrie waren iranischen Gelehrten bereits vor 1100 bekannt.

Satz 9.2.10 *Wir definieren ein Dreieck auf der Sphäre*

$$S = \{v \mid v \in \mathbb{R}^3,\ (v,v) = 1\}$$

als Durchschnitt von drei zweidimensionalen Unterräumen E_j $(j = 1,2,3)$ *von* $\mathbb{R}^3$ *mit* $\dim E_j \cap E_k = 1$ *für* $j \neq k$ *und* $E_1 \cap E_2 \cap E_3 = \{0\}$. *Sei*

$$E_1 \cap E_2 = \langle v \rangle,\ E_1 \cap E_3 = \langle u \rangle,\ \textit{und}\ E_2 \cap E_3 = \langle w \rangle$$

mit $u, v, w \in S$. *Dann gilt*

$$E_1 = \langle u, v \rangle,\ E_2 = \langle v, w \rangle\ \textit{und}\ E_3 = \langle u, w \rangle.$$

Dabei sind u, v, w linear unabhängig, und wir können $(u \times v, w) > 0$ annehmen. Wir definieren Winkel A, B, C (zwischen den Seiten des Dreiecks) durch

$$\cos A = (v, w), \ \cos B = (w, u) \ \textit{und} \ \cos C = (u, v).$$

Die Winkel zwischen den E_j definieren wir als die Winkel zwischen den Normalenvektoren, also durch

$$\cos \alpha = \frac{(u \times w, u \times v)}{\|u \times w\| \, \|u \times v\|},$$
$$\cos \beta = \frac{(v \times u, v \times w)}{\|v \times u\| \, \|v \times w\|},$$
$$\cos \gamma = \frac{(w \times v, w \times u)}{\|w \times v\| \, \|w \times u\|}.$$

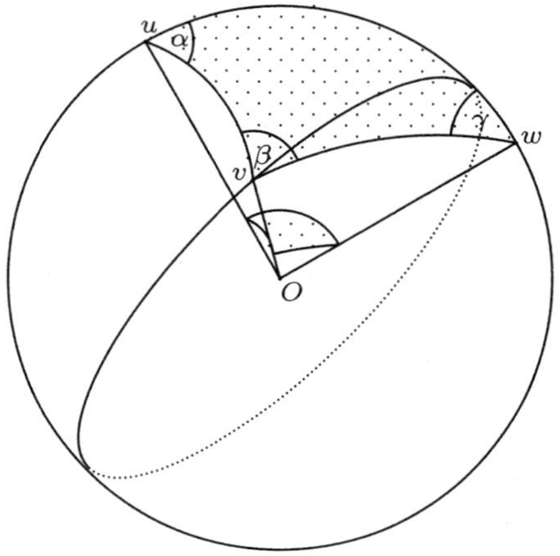

Dann gelten:

a) (Sinussatz)

$$\frac{\sin \alpha}{\sin A} = \frac{\sin \beta}{\sin B} = \frac{\sin \gamma}{\sin C}.$$

b) (Erster Cosinussatz)

$$\cos A = \cos B \cos C + \sin B \sin C \cos \gamma.$$

Beweis. a) Nach 9.2.7 f) ist

$$\| u \times v \|^2 = (u, u)(v, v) - (u, v)^2 = 1 - \cos^2 C = \sin^2 C$$

mit $\sin C > 0$. Wegen

$$(u \times v, w) = (u, v \times w) = (v \times w, u) = (v, w \times u) = (w \times u, v)$$

ist $(u \times v, w)$ invariant bei zyklischer Vertauschung der Argumente. Aus der Formel

$$v_3 \times (v_1 \times v_2) = (v_2, v_3)v_1 - (v_1, v_3)v_2$$

in 9.2.7 d) folgt

$$(u \times v) \times (u \times w) = (w, u \times v)u - (u, u \times v)w = (u \times v, w)u.$$

Also ist

$$\begin{aligned}(u \times v, w) &= \| (u \times v, w)u \| = \| (u \times v) \times (u \times w) \| \\ &= \| u \times v \| \, \| u \times w \| \sin \alpha \\ &= \| u \| \, \| v \| \, \sin C \, \| u \| \, \| w \| \, \sin B \, \sin \alpha \\ &= \sin B \sin C \sin \alpha.\end{aligned}$$

Wegen $\sin A \sin B \sin C > 0$ folgt

$$\frac{\sin \alpha}{\sin A} = \frac{(u \times v, w)}{\sin A \sin B \sin C}.$$

Da die rechte Seite gegenüber zyklischen Vertauschungen invariant ist, folgt

$$\frac{\sin \alpha}{\sin A} = \frac{\sin \beta}{\sin B} = \frac{\sin \gamma}{\sin C}.$$

b) Wegen $\| u \| = \| v \| = \| w \| = 1$ ist

$$\begin{aligned}\sin B \sin C \cos \alpha &= \| u \times w \| \, \| u \times v \| \cos \alpha \\ &= (u \times w, u \times v) = (u, u)(v, w) - (u, v)(u, w) \\ &= \cos A - \cos B \cos C.\end{aligned}$$

□

Aufgabe 9.2.1 Sei V ein 3-dimensionaler euklidischer Vektorraum und $0 \neq u \in V$. Ferner sei $A \in \operatorname{End}(V)$ definiert durch $Av = u \times v$.
Man zeige: $A^* = -A$, $\operatorname{Kern} A = \langle u \rangle$, $\operatorname{Bild} A = \langle u \rangle^\perp$, und für das charakteristische Polynom f_A und Minimalpolynom m_A gilt $f_A = m_A = x(x^2 + (u, u))$.

Aufgabe 9.2.2 Sei V ein 3-dimensionaler euklidischer Vektorraum und $u, w \in V$ mit $u \neq 0 \neq w$. Sei $A \in \operatorname{End}(V)$ definiert durch $Av = (u \times v) \times w$.
Man zeige:

a) $m_A = x(x - (u, w))$.

b) Ist $(u, w) = 0$, so ist $m_A = x^2$ und $f_A = x^3$. Ferner gilt

$$\operatorname{Kern} A = \langle w \rangle^\perp > \langle u \rangle = \operatorname{Bild} A$$

und A ist nicht normal.

c) Ist $(u, w) \neq 0$, so gilt hingegen Bild $A = \langle w \rangle^\perp$ und Kern $A = \langle u \rangle$. Nun ist $f_A = x(x - (u, w))^2$. Genau dann ist A normal, wenn $\langle u \rangle = \langle w \rangle$ gilt, und dann ist $A^* = A$.

Aufgabe 9.2.3 Sei $[e_1, e_2, e_3]$ eine Orthonormalbasis des euklidischen Vektorraums V. Man zeige:

a) $e_2 \times e_3 = \pm e_1$.

b) Ist $e_2 \times e_3 = e_1$, so gilt $e_3 \times e_1 = e_2$ und $e_1 \times e_2 = e_3$.

Aufgabe 9.2.4 Sei V ein euklidischer Vektorraum der Dimension 3. Sei $A \in \mathrm{GL}(V)$ mit

$$Av \times Aw = A(v \times w) \text{ für alle } v, w \in V.$$

Dann gilt $A \in \mathrm{SO}(V)$.

Hinweis: Ist $Av = av$ mit $a \in \mathbb{R}$, so gilt $A\langle v \rangle^\perp = \langle v \rangle^\perp$.

Aufgabe 9.2.5 Sei V ein euklidischer Vektorraum der Dimension 3. Eine Abbildung $\mathrm{D} \in \mathrm{End}(V)$ heißt eine *Derivation*, falls

$$D(v_1 \times v_2) = Dv_1 \times v_2 + v_1 \times Dv_2$$

für alle $v_1, v_2 \in V$ gilt. Man zeige:

a) Ist $D_w v = v \times w$ für ein geeignetes $w \in V$, so ist D_w eine Derivation, eine sogenannte *innere Derivation.*

b) Jede Derivation von V ist inner.

c) Man zeige $[D_u, D_w] = D_{u \times w}$.

Hinweis zu b): Der Raum der Derivationen hat die Dimension 3.

Aufgabe 9.2.6 Sei V ein 3-dimensionaler euklidischer Vektorraum. Sind u, v, w drei linear unabhängige Vektoren (angeordnet wie in der Zeichnung), so ist $(u \times v, w)$ das orientierte Volumen des Spats.

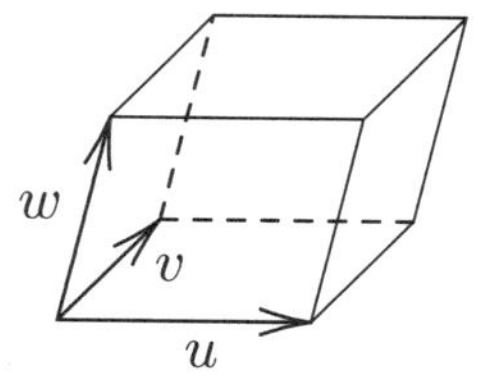

9.3 Quaternionen und die Gruppen SO(3) und SO(4)

Wir führen den Schiefkörper $\mathbb{H}$ der hamiltonschen Quaternionen als eine Teilmenge von $(\mathbb{C})_2$ ein. Dies hat den Vorteil, daß wir die Assoziativ- und Distributivgesetze nicht nachprüfen müssen.

Satz 9.3.1 *Im Matrixring* $(\mathbb{C})_2$ *betrachten wir die Teilmenge*

$$\mathbb{H} = \{ \begin{pmatrix} a & -b \\ \overline{b} & \overline{a} \end{pmatrix} \mid a, b \in \mathbb{C} \}.$$

a) *$\mathbb{H}$ ist eine $\mathbb{R}$-Algebra, und für jedes $0 \neq q \in \mathbb{H}$ existiert ein Inverses $q^{-1} \in \mathrm{H}$ mit*

$$qq^{-1} = q^{-1}q = \begin{pmatrix} 1 & 0 \\ 0 & 1 \end{pmatrix},$$

nämlich

$$q^{-1} = \frac{1}{|a|^2 + |b|^2} \begin{pmatrix} \overline{a} & b \\ -\overline{b} & a \end{pmatrix} \quad \text{für } q = \begin{pmatrix} a & -b \\ \overline{b} & \overline{a} \end{pmatrix}.$$

Also ist $\mathbb{H}$ ein Schiefkörper.

b) *Die Elemente*

$$e_0 = \begin{pmatrix} 1 & 0 \\ 0 & 1 \end{pmatrix}, \; e_1 = \begin{pmatrix} 0 & i \\ i & 0 \end{pmatrix}, \; e_2 = \begin{pmatrix} 0 & -1 \\ 1 & 0 \end{pmatrix}, \; e_3 = \begin{pmatrix} i & 0 \\ 0 & -i \end{pmatrix}$$

bilden eine $\mathbb{R}$-Basis von $\mathbb{H}$. Dabei gelten
$e_0 e_j = e_j e_0 = e_j$ *für* $0 \leq j \leq 3$,
$e_j^2 = -e_0$ *für* $1 \leq j \leq 3$ *und*
$e_1 e_2 = -e_2 e_1 = e_3, \; e_2 e_3 = -e_3 e_2 = e_1, \; e_3 e_1 = -e_1 e_3 = e_2.$

c) *Es gilt*

$$Z(\mathbb{H}) = \{ q \mid q \in \mathbb{H}, \; qh = hq \text{ für alle } h \in \mathbb{H} \} = \mathbb{R}e_0.$$

Beweis. a) Die Behauptungen folgen durch einfache Rechnungen.
b) Für $a = a_0 + ia_1$ und $b = b_0 + ib_1$ mit $a_j, b_j \in \mathbb{R}$ gilt

$$\begin{pmatrix} a_0 + ia_1 & -b_0 - ib_1 \\ b_0 - ib_1 & a_0 - ia_1 \end{pmatrix} = a_0 e_0 - b_1 e_1 + b_0 e_2 + a_1 e_3.$$

Man bestätigt leicht, daß die e_j über $\mathbb{R}$ linear unabhängig sind und die angegebenen Relationen erfüllen.
c) Ist $q = \sum_{j=0}^{3} x_j e_j \in Z(\mathbb{H})$, so gilt

$$\begin{aligned} e_1 q &= x_0 e_1 - x_1 e_0 + x_2 e_3 - x_3 e_2 \\ &= q e_1 = x_0 e_1 - x_1 e_0 - x_2 e_3 + x_3 e_2. \end{aligned}$$

Dies zeigt $x_2 = x_3 = 0$. Aus $e_2 q = q e_2$ folgt dann $x_1 = 0$. □

Satz 9.3.2 *Für $q = \sum_{j=0}^{3} x_j e_j \in \mathbb{H}$ setzen wir*

$$q^* = x_0 e_0 - \sum_{j=1}^{3} x_j e_j.$$

a) Für alle $q_1, q_2 \in \mathbb{H}$ gilt dann $(q_1 \pm q_2)^* = q_1^* \pm q_2^*$ und $(q_1 q_2)^* = q_2^* q_1^*$. Die Abbildung $q \mapsto q^*$ ist also ein sogenannter Antiautomorphismus *von $\mathbb{H}$.*

b) Wir definieren die Norm $N(q)$ *von $q = \sum_{j=0}^{3} x_j e_j$ durch*

$$N(q) = \sum_{j=0}^{3} x_j^2 = \det q.$$

Dann gelten $qq^* = q^* q = (\sum_{j=0}^{3} x_j^2) e_0$ und $N(q_1 q_2) = N(q_1) N(q_2)$. Ist $q_1 = \sum_{j=0}^{3} x_j e_j$ und $q_2 = \sum_{j=0}^{3} y_j e_j$, so heißt dies

$$(*) \qquad (\sum_{j=0}^{3} x_j^2)(\sum_{j=0}^{3} y_j^2) = \sum_{j=0}^{3} z_j^2$$

mit

$$\begin{aligned} z_0 &= x_0 y_0 - x_1 y_1 - x_2 y_2 - x_3 y_3 \\ z_1 &= x_0 y_1 + x_1 y_0 + x_2 y_3 - x_3 y_2 \\ z_2 &= x_0 y_2 + x_2 y_0 + x_3 y_1 - x_1 y_3 \\ z_3 &= x_0 y_3 + x_3 y_0 + x_1 y_2 - x_2 y_1. \end{aligned}$$

Die Relation $(*)$ ist eine Identität im Polynomring, wie man leicht durch eine formale Rechnung nachprüft.

c) Für $q_1 = \sum_{j=0}^{3} x_j e_j$ und $q_2 = \sum_{j=0}^{3} y_j e_j$, setzen wir $(q_1, q_2) = \sum_{j=0}^{3} x_j y_j$. Offenbar ist $(.,.)$ ein definites Skalarprodukt auf $\mathbb{H}$. Dabei gilt

$$2(q_1, q_2) e_0 = q_1 q_2^* + q_2 q_1^*.$$

d) Für

$$q = \begin{pmatrix} a & -b \\ \overline{b} & \overline{a} \end{pmatrix} = \sum_{j=0}^{3} x_j e_j \in \mathbb{H}$$

setzen wir $S(q) = a + \overline{a} = 2x_0$, *also*

$$S(q)e_0 = q + q^* = (a + \overline{a})e_0 = 2x_0 e_0.$$

Für alle $q \in \mathbb{H}$ *gilt dann*

$$q^2 - S(q)q + N(q)e_0 = 0.$$

Ist $q \notin \mathbb{R}e_0$, *so ist* $f = x^2 - S(q)x + N(q)$ *das einzige Polynom aus* $\mathbb{R}(x]$ *mit* $1 \leq \operatorname{Grad} f \leq 2$ *und* $f(q) = 0$.

Beweis. a) Ist

$$q = \sum_{j=0}^{3} x_j e_j = \begin{pmatrix} x_0 + ix_3 & -x_2 + ix_1 \\ x_2 + ix_1 & x_0 - ix_3 \end{pmatrix},$$

so gilt

$$q^* = \begin{pmatrix} x_0 - ix_3 & x_2 - ix_1 \\ -x_2 - ix_1 & x_0 + ix_3 \end{pmatrix} = \overline{q}^t,$$

wobei $\overline{q}^t$ die zu q transponierte, konjugiert komplexe Matrix ist. Damit folgt

$$(q_1 q_2)^* = (\overline{q_1 q_2})^t = \overline{q_2}^t \, \overline{q_1}^t = q_2^* q_1^*.$$

b) Ist $q = \sum_{j=0}^{3} x_j e_j$, so gilt $\det q = \sum_{j=0}^{3} x_j^2 = N(q)$ und

$$qq^* = q^* q = N(q)e_0.$$

Aus

$$N(q_1 q_2) = \det q_1 q_2 = \det q_1 \, \det q_2 = N(q_1)N(q_2)$$

erhalten wir

$$(\sum_{j=0}^{3} x_j^2)(\sum_{j=0}^{3} y_j^2) = \sum_{j=0}^{3} z_j^2,$$

wobei die z_j die angegebene Gestalt haben.

c) Es gilt

$$\begin{aligned} 2(q_1, q_2)e_0 &= [N(q_1 + q_2) - N(q_1) - N(q_2)]e_0 \\ &= (q_1 + q_2)(q_1 + q_2)^* - q_1 q_1^* - q_2 q_2^* \\ &= q_1 q_2^* + q_2 q_1^*. \end{aligned}$$

d) Für $q \in \mathbb{H}$ ist

$$q^2 - S(q)q + N(q)e_0 = q^2 - (q + q^*)q + qq^* = 0.$$

Sei

$$q = \begin{pmatrix} a & -b \\ \overline{b} & \overline{a} \end{pmatrix} \in \mathbb{H} \text{ mit } q \notin \mathbb{R}e_0.$$

Für $f = x^2 + cx + d \in \mathbb{R}[x]$ folgt

$$f(q) = \begin{pmatrix} a^2 - b\overline{b} + ca + d & -b(a + \overline{a} + c) \\ \overline{b}(a + \overline{a} + c) & \overline{a}^2 - b\overline{b} + c\overline{a} + d \end{pmatrix}.$$

Sei $f(q) = 0$. Ist $b \neq 0$, so verlangt dies $c = -a - \overline{a} = -S(q)$ und

$$a^2 - b\overline{b} - (a + \overline{a})a + d = -a\overline{a} - b\overline{b} + d = 0,$$

also

$$d = a\overline{a} + b\overline{b} = N(q).$$

Ist $b = 0$ und $a \notin \mathbb{R}$, so erzwingt $f(q) = 0$ nun $a^2 + ca + d = 0$. Dies heißt $c = -(a + \overline{a}) = -S(q)$ und $d = a\overline{a} = N(q)$. □

Bemerkung 9.3.3 Eine Polynomidentität der Gestalt

$$(\sum_{j=1}^{n} x_j^2)(\sum_{j=1}^{n} y_j^2) = \sum_{j=1}^{n} z_j^2$$

mit $z_j = \sum_{i,k=1}^{n} a_{jik}x_i x_k$ gibt es nach einem Satz von A. Hurwitz nur für $n = 1, 2, 4$ und 8, wie wir bereits in 2.4.6 erwähnt haben. Einen eleganten Beweis dafür, welcher einfache Tatsachen der Darstellungstheorie endlicher Gruppen benutzt, gab B. Eckmann in Comm. Math. Helv. 15 (1942), 358-366. Einen anderen Beweis findet man in [3], S. 219 ff.
Obige Relation für $n = 8$ entspricht einer multiplikativen Norm in einer $\mathbb{R}$-Algebra der Dimension 8, den sogenannten *Cayleyschen Oktaven* $\mathcal{O}$. Freilich gilt in $\mathcal{O}$ nicht das volle Assoziativgesetz, sondern nur noch die Spezialfälle

$$a(ab) = (aa)b,\ a(bb) = (ab)b,\ a(ba) = (ab)a.$$

Die ausgezeichnete Stellung der Quaternionen belegt der folgende Satz.

Hauptsatz 9.3.4 (G. Frobenius) *Sei A eine assoziative $\mathbb{R}$-Algebra mit Einselement e_0 und $\dim_{\mathbb{R}} A < \infty$, in welcher jedes von 0 verschiedene Element ein Inverses besitzt. Dann ist A isomorph zu $\mathbb{R}, \mathbb{C}$ oder $\mathbb{H}$.*

Beweis. (1) Sei $a \in A$ und $a \notin \mathbb{R}e_0$. Dann gibt es ein irreduzibles $f \in \mathbb{R}[x]$ mit $\operatorname{Grad} f = 2$ und $f(a) = 0$. Ferner existiert ein $e_1 \in \mathbb{R}e_0 + \mathbb{R}a$ mit $e_1^2 = -e_0$:

Wegen $\dim_{\mathbb{R}} A < \infty$ gibt es ein $0 \neq f \in \mathbb{R}[x]$ mit $f(a) = 0$. Sei $f = f_1 \dots f_n$ mit irreduziblen Polynomen $f_j \in \mathbb{R}[x]$. Da es in A keine Nullteiler gibt, folgt aus $0 = f(a) = f_1(a) \dots f_n(a)$, daß es ein f_j gibt mit $f_j(a) = 0$. Wegen $a \notin \mathbb{R}e_0$ gilt $\operatorname{Grad} f_j = 2$. Sei also

$$a^2 + ba + ce_0 = 0 \text{ mit } b, c \in \mathbb{R}.$$

Da $x^2 + bx + c$ irreduzibel in $\mathbb{R}[x]$ ist, folgt $b^2 - 4c < 0$. Setzen wir

$$e_1 = d(a + \frac{b}{2}e_0),$$

so ist

$$e_1^2 = d^2(a^2 + ba + \frac{b^2}{4}e_0) = d^2(\frac{b^2}{4} - c)e_0.$$

Wegen $\frac{b^2}{4} - c < 0$ können wir $d \in \mathbb{R}$ so bestimmen, daß $e_1^2 = -e_0$ gilt. Ist $\dim_{\mathbb{R}} A = 2$, so folgt bereits $A = \mathbb{R}e_0 \oplus \mathbb{R}e_1 \cong \mathbb{C}$.

(2) Sei $\mathbb{R}e_0 \oplus \mathbb{R}e_1 \subset A$ und sei $t \in A$, aber $t \notin \mathbb{R}e_0 \oplus \mathbb{R}e_1$. Wegen (1) können wir $t^2 = -e_0$ annehmen. Dann ist $e_1 t + t e_1 \in \mathbb{R}e_0$:

Da $e_1 \pm t$ nach (1) Nullstelle eines Polynoms vom Grad 2 aus $\mathbb{R}[x]$ ist, gelten Gleichungen der Gestalt

$$-2e_0 + e_1 t + t e_1 = (e_1 + t)^2 = -a_1(e_1 + t) - b_1 e_0$$

und

$$-2e_0 - e_1 t - t e_1 = (e_1 - t)^2 = -a_2(e_1 - t) - b_2 e_0$$

mit geeigneten $a_j, b_j \in \mathbb{R}$. Addition dieser Gleichungen liefert

$$-4e_0 = -(a_1 + a_2)e_1 - (a_1 - a_2)t - (b_1 + b_2)e_0.$$

Wegen $t \notin \mathbb{R}e_0 \oplus \mathbb{R}e_1$ erzwingt dies $a_1 = a_2$. Wegen $e_1 \notin \mathbb{R}e_0$ folgt dann $a_1 + a_2 = 0$, also $a_1 = a_2 = 0$. Dies besagt $e_1 t + t e_1 = (2 - b_1)e_0 \in \mathbb{R}e_0$.

(3) Es gibt ein $e_2 \in A$ mit $e_2 \notin \mathbb{R}e_0 \oplus \mathbb{R}e_1$ und $e_1 e_2 + e_2 e_1 = 0, \; e_2^2 = -e_0$:

Sei gemäß (2) nun $t \notin \mathbb{R}e_0 \oplus \mathbb{R}e_1$ mit $t^2 = -e_0$ und $e_1 t + t e_1 = ce_0 \in \mathbb{R}e_0$. Setzen wir $u = ce_1 + 2t$, so folgt

$$e_1 u + u e_1 = ce_1^2 + 2e_1 t + ce_1^2 + 2te_1 = -2ce_0 + 2ce_0 = 0$$

und

$$u^2 = -c^2 e_0 + 2c(e_1 t + t e_1) + 4t^2 = -c^2 e_0 + 2c^2 e_0 - 4e_0 = (c^2 - 4)e_0.$$

Wäre $c^2 - 4 = d^2 \geq 0$ mit $d \in \mathbb{R}$, so hätten wir

$$0 = u^2 - d^2 e_0 = (u - de_0)(u + de_0).$$

Wegen der Nullteilerfreiheit von A folgt daraus der Widerspruch

$$ce_1 + 2t = u = \pm de_0 \in \mathbb{R}e_0.$$

Also gilt $u^2 = -d^2 e_0$ mit $0 < d \in \mathbb{R}$. Setzen wir $e_2 = d^{-1}u$, so folgt

$$e_1e_2 + e_2e_1 = 0 \text{ und } e_2^2 = -e_0.$$

(4) Sei $e_3 = e_1e_2$. Dann sind e_0, e_1, e_2, e_3 linear unabhängig über $\mathbb{R}$, und es gilt $\oplus_{j=0}^3 \mathbb{R}e_j \cong \mathbb{H}$:
Angenommen, die e_j seien linear abhängig. Da e_0, e_1, e_2 nach Konstruktion linear unabhängig sind, gilt dann $e_3 = a_0e_0 + a_1e_1 + a_2e_2$ mit $a_j \in \mathbb{R}$. Daraus folgt

$$\begin{aligned} -e_2 &= e_1^2 e_2 = e_1e_3 = a_0e_1 - a_1e_0 + a_2e_3 \\ &= a_0e_1 - a_1e_0 + a_2(a_0e_0 + a_1e_1 + a_2e_2). \end{aligned}$$

Vergleich des Koeffizienten von e_2 liefert den Widerspruch $-1 = a_2^2$. Die Relationen

$$e_1^2 = e_2^2 = -e_0, \; e_1e_2 = e_3 = -e_2e_1$$

haben wir bereits bewiesen. Daraus folgen

$$\begin{aligned} e_3^2 &= (e_1e_2)(-e_2e_1) = e_1^2 = -e_0 \\ e_1e_3 &= e_1^2e_2 = -e_2 \\ e_3e_1 &= (-e_2e_1)e_1 = e_2 \\ e_2e_3 &= e_2(-e_2e_1) = e_1 \\ e_3e_2 &= e_1e_2^2 = -e_1. \end{aligned}$$

Dies zeigt $\oplus_{j=0}^3 \mathbb{R}e_j \cong \mathbb{H}$.
(5) Es gilt $A = \oplus_{j=0}^3 \mathbb{R}e_j \cong \mathbb{H}$:
Angenommen, es gebe ein $u \in A$ mit $u \notin \oplus_{j=0}^3 \mathbb{R}e_j$. Wegen (1) können wir $u^2 = -e_0$ annehmen. Nach (2) gilt dann $e_ju + ue_j = c_je_0 \in \mathbb{R}e_0$ für $j = 1, 2, 3$ mit geeigneten $c_j \in \mathbb{R}$. Wir erhalten somit

$$\begin{aligned} c_3e_0 + c_2e_1 - c_1e_2 &= e_1e_2u + ue_1e_2 + e_2ue_1 + ue_2e_1 - e_2e_1u - e_2ue_1 \\ &= 2e_1e_2u = 2e_3u. \end{aligned}$$

Dies liefert den Widerspruch

$$\begin{aligned} 2u &= -2e_3^2u = -e_3(c_3e_0 + c_2e_1 - c_1e_2) \\ &= -c_3e_3 - c_2e_2 - c_1e_1 \in \oplus_{j=0}^3 \mathbb{R}e_j. \end{aligned}$$

Also gilt doch $A = \oplus_{j=0}^3 \mathbb{R}e_j \cong \mathbb{H}$.

□

Ausblicke 9.3.5 a) Sei A eine Algebra von beliebiger Dimension über $\mathbb{R}$ oder $\mathbb{C}$. Auf A sei eine Algebrennorm $\| \cdot \|$ definiert, also $\| ab \| \leq \| a \| \, \| b \|$ für alle $a, b \in A$. Nach einem Satz von Gelfand[6]-Mazur[7] gilt dann: Ist A vollständig und ein Schiefkörper, so ist A isomorph zu $\mathbb{R}, \mathbb{C}$ oder $\mathbb{H}$ (siehe [3], S 197 ff.)
b) Sei K ein Körper mit einer Topologie derart, daß Addition, Multiplikation und Inversenbildung stetig sind. Dabei sei K lokal kompakt, d.h. es gebe eine kompakte Umgebung von 0. Ist K zusammenhängend, so besagt der Satz von Pontryagin[8], daß $K \cong \mathbb{R}$ oder $K \cong \mathbb{C}$ ist.
c) Sei K ein lokal kompakter Schiefkörper. Ist K zusammenhängend, so gilt $K \cong \mathbb{R}, \mathbb{C}$ oder $\mathbb{H}$.

Lokal kompakte, unzusammenhängende Körper nennt man auch *lokale Körper*. Sie spielen in der Zahlentheorie eine zentrale Rolle. Die Charakterisierung von $\mathbb{R}, \mathbb{C}$ und den lokalen Körpern als lokal kompakte Körper erklärt die zentrale Rolle dieser Körper in Analysis, Algebra und Zahlentheorie. Die Existenz des Haarschen[9] Integrals auf diesen Körpern erlaubt dann den Aufbau einer Analysis.

Mit Hilfe der Quaternionen untersuchen wir die orthogonalen Gruppen SO(3) und SO(4).

Satz 9.3.6 *Wie in* 9.3.2 *versehen wir* $\mathbb{H}$ *mit dem Skalarprodukt*

$$(\sum_{j=0}^{3} x_j e_j, \sum_{j=0}^{3} y_j e_j) = \sum_{j=0}^{3} x_j y_j.$$

Wir setzen $V = \oplus_{j=1}^{3} \mathbb{R} e_j$ *und* $S = \{s \mid s \in \mathbb{H},\ N(s) = 1\}$.

a) *Durch* $(\tau s)v = svs^{-1}$ *für* $v \in V$ *und* $s \in S$ *wird ein Epimorphismus* τ *von* S *auf* SO(3) *definiert mit* $\operatorname{Kern} \tau = \langle -e_0 \rangle$.

b) *Sei* W *ein* 2*-dimensionaler* $\mathbb{C}$*-Vektorraum mit definitem hermiteschen Skalarprodukt. Ist* SU(2) *die Gruppe der unitären Abbildungen von* W *mit Determinante* 1, *so gilt* $S \cong \mathrm{SU}(2)$ *und* $\mathrm{SU}(2)/\langle -E \rangle \cong \mathrm{SO}(3)$.

---

[6]Israil Moiseevic Gelfand (1913) Moskau. Funktionalanalysis
[7]Stanislaw Mazur (1905-1981) Lvov, Warschau. Funktionalanalysis
[8]Lev Semenovich Pontryagin (1908-1988) Moskau. Topologie, Topologische Gruppen, Differentialgleichungen, Kontrolltheorie.
[9]Alfred Haar (1885-1933) Klausenburg, Szeged. Variationsrechnung, Funktionalanalysis, Maßtheorie.

Beweis. a) Wegen

$$\tau(s_1s_2)q = s_1(s_2qs_2^{-1})s_1^{-1} = (\tau s_1)(\tau s_2)q$$

ist τ ein Homomorphismus von S in $\mathrm{GL}(\mathbb{H})$. Wegen

$$((\tau s)q, (\tau s)q) = N(sqs^{-1}) = N(s)N(q)N(s)^{-1} = N(q) = (q,q)$$

ist ferner $\tau s \in \mathrm{O}(\mathbb{H})$. Dabei gilt $(\tau s)e_0 = e_0$. Also bleibt auch $\langle e_0\rangle^\perp = V$ invariant bei τs. Somit bewirkt τ einen Homomorphismus von S in $\mathrm{O}(V)$. Ist $s \in \operatorname{Kern}\tau$, so gilt

$$e_j = (\tau s)e_j = se_js^{-1} \text{ für } j = 1,2,3.$$

Mit 9.3.1 c) folgt $s \in Z(\mathbb{H}) = \mathbb{R}e_0$. Wegen $N(s) = 1$ zeigt dies $s = \pm e_0$. Somit ist $\operatorname{Kern}\tau = \langle -e_0\rangle$.

Wir zeigen nun $\mathrm{SO}(V) \leq \operatorname{Bild}\tau$:
Nach 9.1.7 b) wird $\mathrm{SO}(V)$ von π-Rotationen erzeugt. Daher reicht der Nachweis, daß alle π-Rotationen in $\operatorname{Bild}\tau$ liegen.

Sei $w \in V$ mit $(w,w) = 1$, und sei R die π-Rotation aus $\mathrm{SO}(V)$ mit $Rw = w$, nämlich

$$Rv = -v + 2(v,w)w \text{ für } v \in V.$$

Für $v_j \in V$ gilt $v_j^* = -v_j$ und nach 9.3.2 c) ferner

$$2(v_1,v_2)e_0 = v_1v_2^* + v_2v_1^* = -(v_1v_2 + v_2v_1).$$

Wegen $(w,w) = 1$ ist $w^{-1} = w^* = -w$. Damit folgt

$$Rv = -v - (vw + wv)w = -v + vww^{-1} + wvw^{-1} = wvw^{-1} = (\tau w)v.$$

Wegen $\mathrm{SO}(V) \leq \operatorname{Bild}\tau \leq \mathrm{O}(V)$ und $|\mathrm{O}(V)/\mathrm{SO}(V)| = 2$ genügt der Nachweis, daß es eine Spiegelung in $\mathrm{O}(V)$ gibt, die nicht im Bild von τ liegt. Sei $T \in \mathrm{O}(V)$ mit

$$Te_1 = -e_1 \text{ und } Te_j = e_j \text{ für } j = 2,3.$$

Wäre $T = \tau s$ mit $s \in S$, so wäre

$$e_1 = e_2e_3 = se_2s^{-1}se_3s^{-1} = se_1s^{-1} = -e_1,$$

ein Widerspruch. Daher gilt $\operatorname{Bild}\tau = \mathrm{SO}(V)$ und nach dem Homomorphiesatz $S/\langle -e_0\rangle \cong \mathrm{SO}(3)$.
b) Sei $[w_1, w_2]$ eine Orthogonalbasis von W und $G \in \mathrm{SU}(W)$ mit

$$\begin{aligned} Gw_1 &= a_{11}w_1 + a_{12}w_2, \\ Gw_2 &= a_{21}w_1 + a_{22}w_2. \end{aligned}$$

Wegen $G^{-1} = G^*$ und $\det G = 1$ folgt

$$\begin{pmatrix} a_{22} & -a_{12} \\ -a_{21} & a_{11} \end{pmatrix} = \begin{pmatrix} a_{11} & a_{12} \\ a_{21} & a_{22} \end{pmatrix}^{-1} = \begin{pmatrix} \overline{a_{11}} & \overline{a_{21}} \\ \overline{a_{12}} & \overline{a_{22}} \end{pmatrix},$$

also $a_{22} = \overline{a_{11}}$ und $a_{21} = -\overline{a_{12}}$. Wegen

$$1 = (w_1, w_1) = (Gw_1, Gw_1) = |a_{11}|^2 + |a_{12}|^2$$

hat die Matrix zu G die Gestalt

$$\begin{pmatrix} a & -b \\ \overline{b} & \overline{a} \end{pmatrix} \text{ mit } a\overline{a} + b\overline{b} = 1,$$

liegt also in S. Ferner bewirkt jede Matrix aus S eine unitäre Abbildung auf W. Somit gilt $S \cong \mathrm{SU}(2)$, und mit a) folgt $\mathrm{SO}(3) \cong \mathrm{SU}(2)/\langle -E \rangle$. □

Bemerkung 9.3.7 Die Menge

$$S = \{\sum_{j=0}^{3} x_j e_j \mid \sum_{j=0}^{3} x_j^2 = 1\}$$

ist die Einheitssphäre im euklidischen Vektorraum $\mathbb{H}$. Sie ist *einfach zusammenhängend*, d.h. jede geschlossene Kurve in S läßt sich stetig in S auf einen Punkt zusammenziehen. Die orthogonale Gruppe SO(3), welche aus S durch Identifizierung der Antipoden s und $-s$ entsteht, ist nicht einfach zusammenhängend. S ist die *einfach zusammenhängende Überlagerungsgruppe* von SO(3). Auch zu $\mathrm{SO}(n)$ mit $n > 3$ gibt es eine einfach zusammenhängende Gruppe $\mathrm{Spin}(n)$, die einen Epimorphismus τ auf $\mathrm{SO}(n)$ gestattet mit $|\operatorname{Kern} \tau| = 2$. Allerdings ist $\mathrm{Spin}(n)$ keine Sphäre; die Sphäre im $\mathbb{R}^n$ trägt für $n > 4$ keine Gruppenstruktur. Die Konstruktion von $\mathrm{Spin}(n)$ benötigt die *Clifford-Algebra*[10] zu einem euklidischen Vektorraum der Dimension n.

Wir beschreiben nun SO(4) mittels der Quaternionen.

Satz 9.3.8 *Wie in* 9.3.2 *betrachten wir* $\mathbb{H}$ *als euklidischen Vektorraum mit dem Skalarprodukt* $(.,.)$. *Sei wieder* $S = \{s \mid s \in \mathbb{H},\ N(s) = 1\}$.

a) Wir definieren eine Abbildung ρ *von* $S \times S$ *in* $\mathrm{GL}(\mathbb{H})$ *durch*

$$\rho(a, b)q = aqb^{-1}$$

[10]William Kingdon Clifford (1845-1879) London. Geometrie, Vektor- und Tensoranalysis, Algebra.

für $a, b \in S$ *und* $q \in \mathbb{H}$. *Dann ist* ρ *ein Epimorphismus von* $S \times S$ *auf* $\mathrm{SO}(4)$ *mit dem Kern* $\{(e_0, e_0), (-e_0, -e_0)\}$. *Mit* 9.3.6 *folgt daher*

$$\mathrm{SO}(4) \cong (\mathrm{SU}(2) \times \mathrm{SU}(2))/\langle(-E, -E)\rangle.$$

b) $\mathrm{SO}(4)$ *hat Normalteiler* N_1, N_2 *mit* $\mathrm{SO}(4) = N_1N_2$ *und* $N_1 \cap N_2 = \langle -E \rangle$. *Dabei sind* N_1 *und* N_2 *elementweise vertauschbar, und es gilt*

$$\mathrm{SO}(4)/\langle -E \rangle \cong \mathrm{SO}(3) \times \mathrm{SO}(3).$$

Beweis. Wir gehen ähnlich wie im Beweis von 9.3.6 vor.
(1) Für $a, b \in S$ gilt $\rho(a, b) \in \mathrm{O}(\mathbb{H})$:
Offenbar ist $\rho(a, b)$ eine invertierbare lineare Abbildung von $\mathbb{H}$ auf sich. Wegen

$$(\rho(a, b)q, \rho(a, b)q) = N(aqb^{-1}) = N(a)N(q)N(b)^{-1} = N(q)$$

gilt $\rho(a, b) \in \mathrm{O}(\mathbb{H})$.
(2) Es gilt

$$\rho((a_1, b_1)(a_2, b_2))q = \rho(a_1a_2, b_1b_2)q = a_1(a_2qb_2^{-1})b_1^{-1} = \rho(a_1, b_1)\rho(a_2, b_2)q.$$

Somit ist ρ ein Homomorphismus. Für $(a, b) \in \operatorname{Kern} \rho$ gilt

$$e_j = ae_jb^{-1} \text{ für } j = 0, 1, 2, 3.$$

Für $j = 0$ folgt $a = b$, und dann $a \in Z(\mathbb{H}) = \mathbb{R}e_0$. Wegen $N(a) = 1$ zeigt dies $a = \pm e_0$. Also gilt $\operatorname{Kern} \rho = \{(e_0, e_0), (-e_0, -e_0)\}$.
(3) Es gilt $\operatorname{Bild} \rho \leq \mathrm{SO}(\mathbb{H})$:
Da $S \times S$ zusammenhängend und ρ stetig ist, ist $\operatorname{Bild} \rho$ zusammenhängend. Da die Determinante stetig ist und auf $\mathrm{O}(\mathbb{H})$ nur die Werte 1 und -1 annimmt, folgt $\operatorname{Bild} \rho \leq \mathrm{SO}(\mathbb{H})$.
(Für $0 \neq a \in \mathbb{H}$ gilt übrigens $\det \rho(a, e_0) = N(a)^2$; siehe Aufgabe 4.3.4)
(4) $\operatorname{Bild} \rho = \mathrm{SO}(\mathbb{H})$:
Für $A \in \mathrm{SO}(\mathbb{H})$ setzen wir $Ae_0 = a$. Dann ist

$$(a, a) = (Ae_0, Ae_0) = (e_0, e_0) = 1,$$

also $a \in S$. Daher gilt $\rho(a^{-1}, e_0) \in \operatorname{Bild} \rho$ und

$$\rho(a^{-1}, e_0)Ae_0 = a^{-1}(Ae_0) = e_0.$$

Daher bleibt auch $\langle e_0 \rangle^\perp = \langle e_1, e_2, e_3 \rangle$ bei $\rho(a^{-1}, e_0)A$ als Ganzes fest. Nach 9.3.6 a) gibt es daher ein $b \in S$ mit

$$\rho(a^{-1}, e_0)Av = \rho(b, b)v$$

für alle $v \in \langle e_1, e_2, e_3 \rangle$. Wegen

$$\rho(a^{-1}, e_0)Ae_0 = e_0 = \rho(b, b)e_0$$

folgt $\rho(a^{-1}, e_0)A = \rho(b, b)$, also

$$A = \rho(a^{-1}, e_0)^{-1}\rho(b, b) = \rho(ab, b).$$

b) Wir benutzen die Beschreibung von $\mathrm{SO}(\mathbb{H})$ aus a) und setzen

$$N_1 = \{\rho(a, e_0) \mid a \in S\}$$

und

$$N_2 = \{\rho(e_0, a) \mid a \in S\}.$$

Wegen

$$\rho(a, e_0)\rho(e_o, b) = \rho(a, b) = \rho(e_0, b)\rho(a, e_0)$$

sind N_1 und N_2 elementweise vertauschbare Untergruppen von $\mathrm{SO}(\mathbb{H})$ mit $\mathrm{SO}(\mathbb{H}) = N_1 N_2$. Daraus folgt $N_j \trianglelefteq \mathrm{SO}(\mathbb{H})$ für $j = 1, 2$. Ist

$$\rho(a, e_0) = \rho(e_0, b) \in N_1 \cap N_2,$$

so folgt für alle $q \in \mathbb{H}$, daß

$$aq = \rho(a, e_0)q = \rho(e_0, b)q = qb^{-1}.$$

Für $q = e_0$ erhalten wir $a = b^{-1}$, also $a \in Z(\mathbb{H}) = \mathbb{R}e_0$. Wegen $N(a) = 1$ ist $a = \pm e_0$. Offenbar gilt

$$\rho(-e_0, e_0) = \rho(e_0, -e_0) = -E \in N_1 \cap N_2.$$

Mit 9.3.6 folgt schließlich

$N_i/\langle -E \rangle \cong S/\langle -e_0 \rangle \cong \mathrm{SO}(3)$. □

Bemerkung 9.3.9 Die Existenz der Normalteiler N_1 und N_2 in SO(4) ist ein Sonderfall. Für $3 \leq n \neq 4$ hat $\mathrm{SO}(n)$ nur die trivialen Normalteiler $\{E\}, \mathrm{SO}(n)$ und für $2 \mid n$ noch $\langle -E \rangle$ (siehe [1], S. 178).

Aufgabe 9.3.1 Ist α ein Automorphismus von $\mathbb{H}$, so gibt es ein $0 \neq s \in \mathbb{H}$ mit $\alpha q = s^{-1}qs$ für alle $q \in \mathbb{H}$.
(Jeder Automorphismus von $\mathbb{H}$ ist also ein *innerer*. Dies ist ein Spezialfall des Satzes von Skolem-Noether; siehe 3.2.14.)

Hinweis: Man führe den Beweis in folgenden Schritten:
(1) Ist $q \in \mathbb{H}$ mit $q^2 = -e_0$, so gilt $q \in \langle e_1, e_2, e_3 \rangle$. Daher ist

$$\alpha \langle e_1, e_2, e_3 \rangle = \langle e_1, e_2, e_3 \rangle.$$

(2) Es gelten $\alpha q^* = (\alpha q)^*$ und $N(\alpha q) = N(q)$.
(3) Für alle $q_j \in \mathbb{H}$ gilt $(\alpha q_1, \alpha q_2) = (q_1, q_2)$.
(4) Es gilt $\alpha|_{\langle e_1, e_2, e_3 \rangle} \in \mathrm{SO}(\langle e_1, e_2, e_3 \rangle)$.

Aufgabe 9.3.2 Sei $s = \sum_{j=0}^{3} a_j e_j \in S$. Die Abbildung $v \mapsto svs^{-1}$ für $v \in \langle e_1, e_2, e_3 \rangle$ ist eine Drehung mit dem Drehwinkel φ, wobei $\cos\varphi = 2a_0^2 - 1$ ist.

Aufgabe 9.3.3 Sei $a \in S$ und $a \neq \pm e_0$. Die Abbildung $\rho(a, e_0)$ hat das irreduzible Minimalpolynom $x^2 - S(a)x + 1$ und das charakteristische Polynom $(x^2 - S(a)x + 1)^2$. Die Normalform von $\rho(a, e_0)$ hat die Gestalt

$$\begin{pmatrix} D(\varphi) & 0 \\ 0 & D(\varphi) \end{pmatrix},$$

wobei $D(\varphi)$ die Drehung mit dem Drehwinkel φ ist, der für $a = \sum_{j=0}^{3} a_j e_j$ durch $\cos\varphi = a_0$ bestimmt ist.

Aufgabe 9.3.4 Sei $G \in \mathrm{SO}(\mathbb{H})$ und $G \neq -E$. Genau dann gilt $G \in N_1 \cup N_2$, wenn das charakteristische Polynom f_G von G die Gestalt $f_G = g^2$ hat mit irreduziblem $g \in \mathbb{R}[x]$.

Hinweis: Man zeige $f_G = f_{\rho(a,e_0)}$ für ein geeignetes $a \in S$. Ferner zeige man, daß $G_1, G_2 \in \mathrm{SO}(\mathbb{H})$ genau dann in $\mathrm{O}(\mathbb{H})$ konjugiert sind, wenn $f_{G_1} = f_{G_2}$ gilt.

Aufgabe 9.3.5 Die Gleichung $x^2 + 1 = 0$ hat unendlich viele Lösungen im Schiefkörper $\mathbb{H}$ der Quaternionen (jedoch höchstens zwei in einem Körper K).

9.4 Endliche Untergruppen von SO(3)

Lemma 9.4.1 *Sei V ein euklidischer Vektorraum der Dimension 3 und $\mathcal{G}$ eine endliche Untergruppe von* SO(3). *Es gebe ein $0 \neq v \in V$ mit $Gv \in \langle v \rangle$ für alle $G \in \mathcal{G}$. Dann liegt einer der folgenden Fälle vor.*

(1) $Gv = v$ für alle $v \in V$. Dann ist $\mathcal{G}$ eine zyklische Gruppe von Drehungen mit der Achse v.

(2) Es gibt ein $H \in \mathcal{G}$ mit $Hv = -v$. Ist

$$\mathcal{G}_0 = \{G \mid G \in \mathcal{G},\, Gv = v\},$$

so ist $\mathcal{G}_0$ eine zyklische Untergruppe von $\mathcal{G}$ vom Index 2. Für $G \in \mathcal{G}_0$ gilt dabei $H^{-1}GH = G^{-1}$. Somit ist $\mathcal{G}$ eine Diedergruppe.

Beweis. Offenbar gilt $G\langle v \rangle^\perp = \langle v \rangle^\perp$ für alle $G \in \mathcal{G}$. Daher bewirkt

$$\mathcal{G}_0 = \{G \mid G \in \mathcal{G},\, Gv = v\}$$

auf $\langle v \rangle^\perp$ eine Gruppe von Drehungen. Nach 9.1.4 a) besteht $\mathcal{G}_0$ aus Drehungen $D(\varphi)$. Sei $D(\varphi_0) \in \mathcal{G}$ mit $0 < \varphi_0 < 2\pi$ und möglichst kleinem φ_0. Sei $D(\varphi) \in \mathcal{G}$ und $k\varphi_0 \leq \varphi < (k+1)\varphi_0$. Dann ist auch

$$D(\varphi)D(\varphi_0)^{-k} = D(\varphi - k\varphi_0) \in \mathcal{G}\,.$$

Die Minimalität von φ_0 erzwingt

$$D(\varphi) = D(\varphi_0)^k = D(k\varphi_0).$$

Also ist $\mathcal{G}_0$ zyklisch.

Ist $\mathcal{G} = \mathcal{G}_0$, so liegt der Fall (1) vor. Sei $H \in \mathcal{G}$ mit $Hv = -v$. Wegen $\det H = 1$ gilt $\det H_{\langle v \rangle^\perp} = -1$. Die Behauptungen folgen nun mit 9.1.4 a).□

Definition 9.4.2 Sei V ein euklidischer Vektorraum der Dimension 3 und $\mathcal{G}$ eine endliche Untergruppe von $SO(3)$.

a) Ist $v \in V$ mit $(v, v) = 1$, so setzen wir

$$\mathcal{G}_v = \{G \mid G \in \mathcal{G},\, Gv = v\}.$$

Nach 9.4.1 ist $\mathcal{G}_v$ eine zyklische Untergruppe von $\mathcal{G}$.

b) Ist $v \in V$ mit $(v, v) = 1$ und $|\,\mathcal{G}_v\,| = n > 1$, so nennen wir v eine *n-zählige Achse* von $\mathcal{G}$. (Mit v ist auch $-v$ eine n-zählige Achse von $\mathcal{G}$.)

c) Sind $v_1, v_2 \in V$ Achsen von $\mathcal{G}$ und gibt es ein $G \in \mathcal{G}$ mit $Gv_1 = v_2$, so heißen v_1 und v_2 *unter* $\mathcal{G}$ *konjugiert*.

Lemma 9.4.3 *Sei* $\mathcal{G}$ *eine endliche Untergruppe von* SO(3).

a) Sind v_1 *und* $v_2 = Gv_1$ *unter* $\mathcal{G}$ *konjugierte Achsen, so gilt*

$$\mathcal{G}_{v_2} = G\,\mathcal{G}_{v_1}\,G^{-1}.$$

b) Es gibt genau $|\,\mathcal{G} : \mathcal{G}_v\,|$ *zu* v *konjugierte Achsen.*

Beweis. a) Für $H \in \mathcal{G}_{v_1}$ gilt

$$GHG^{-1}v_2 = GHv_1 = Gv_1 = v_2,$$

also $G\,\mathcal{G}_{v_1}\,G^{-1} \leq \mathcal{G}_{v_2}$. Ebenso sieht man $\mathcal{G}_{v_2} \leq G\,\mathcal{G}_{v_1}\,G^{-1}$.
b) Sei $\mathcal{G} = \cup_{j=1}^{m} G_j\,\mathcal{G}_v$ die Nebenklassenzerlegung von $\mathcal{G}$ nach $\mathcal{G}_v$. Dann ist $G_j v$ eine zu v konjugierte Achse, und für $j \neq k$ gilt $G_k^{-1}G_j \notin \mathcal{G}_v$, also $G_j v \neq G_k v$. Ist $G = G_j H$ mit $H \in \mathcal{G}_v$, so ist $Gv = G_j v$. Somit ist $\{G_j v \mid j = 1, \ldots, m\}$ die Menge aller zu v konjugierten Achsen von $\mathcal{G}$. □

Lemma 9.4.4 *Sei* $\mathcal{G}$ *eine endliche Untergruppe von* SO(3) *mit* $|\,\mathcal{G}\,| > 1$. *Es gebe* k *Systeme* $\mathcal{K}_1, \ldots, \mathcal{K}_k$ *von unter* $\mathcal{G}$ *konjugierten Achsen, und die Achsen aus* $\mathcal{K}_j$ *seien* n_j*-zählig mit* $n_j \geq 2$.

a) Ist $|\,\mathcal{G}\,| = g$, *so gilt* $n_j \mid g$ *und*

$$(*) \qquad 2(g-1) = \sum_{j=1}^{k} g\Big(1 - \frac{1}{n_j}\Big).$$

b) Die Gleichung $(*)$ *hat nur die folgenden Lösungen.*

(1) $k = 2,\ n_1 = n_2 = g,\ g$ *beliebig*

(2) $k = 3,\ n_1 = n_2 = 2, n_3 = \frac{g}{2},\ g$ *beliebig*

(3) $k = 3,\ n_1 = 2, n_2 = n_3 = 3,\ g = 12$

(4) $k = 3,\ n_1 = 2, n_2 = 3, n_3 = 4,\ g = 24$

(5) $k = 3,\ n_1 = 2, n_2 = 3, n_3 = 5,\ g = 60.$

Beweis. a) Wir zählen

$$\mathcal{M} = \{(G, v) \mid E \neq G \in \mathcal{G},\ Gv = v \in V \text{ und } (v, v) = 1\}$$

auf zwei verschiedene Weisen ab. Da jedes $G \in \mathcal{G}$ mit $G \neq E$ genau zwei Achsen v mit $(v,v) = 1$ hat, gilt $|\mathcal{M}| = 2(g-1)$.

Ist v_j eine Achse aus $\mathcal{K}_j$, so ist v_j die Achse von genau $n_j - 1$ Abbildungen aus $\mathcal{G}_{v_j} \setminus \{E\}$. Zu $\mathcal{K}_j$ erhalten wir daher wegen 9.4.3 b) genau

$$|\mathcal{K}_j|(n_j - 1) = \frac{g}{n_j}(n_j - 1)$$

Paare $(G,v) \in \mathcal{M}$ mit $v \in \mathcal{K}_j$. Somit ist

$$2(g-1) = \sum_{j=1}^{k} g(1 - \frac{1}{n_j}).$$

Wegen $\mathcal{G}_{v_j} \leq \mathcal{G}$ gilt nach dem Satz von Lagrange $n_j \mid g$.
b) Nach a) ist

$$\sum_{j=1}^{k}(1 - \frac{1}{n_j}) = 2(1 - \frac{1}{g}) < 2.$$

Sei $2 \leq n_1 \leq n_2 \leq \ldots \leq n_k$. Dann folgt

$$\frac{k}{2} = \sum_{j=1}^{k}(1 - \frac{1}{2}) \leq \sum_{j=1}^{k}(1 - \frac{1}{n_j}) < 2,$$

also $k \leq 3$.

Für $k = 1$ wäre

$$2g - 2 = g - \frac{g}{n_1},$$

also

$$g = 2 - \frac{g}{n_1} < 2,$$

entgegen $g > 1$.

Für $k = 2$ folgt

$$\frac{1}{n_1} + \frac{1}{n_2} = \frac{2}{g}.$$

Wegen $n_j \leq g$ ist $n_1 = n_2 = g$. Dies ist der Fall (1).

Sei weiterhin $k = 3$, also

$$\sum_{j=1}^{3}(1 - \frac{1}{n_j}) = 2 - \frac{2}{g} < 2.$$

Wäre $n_1 \geq 3$, so folgte der Widerspruch

$$2 > \sum_{j=1}^{3} (1 - \frac{1}{3}) = 2.$$

Also ist $2 = n_1 \leq n_2 \leq n_3$ und

$$\frac{1}{n_2} + \frac{1}{n_3} = \frac{1}{2} + \frac{2}{g} > \frac{1}{2}.$$

Ist $n_2 = 2$, so folgt $n_3 = \frac{g}{2}$, und der Fall (2) liegt vor.

Sei weiterhin $n_2 \geq 3$. Wäre $4 \leq n_2 \leq n_3$, so folgte der Widerspruch

$$\frac{1}{2} < \frac{1}{n_2} + \frac{1}{n_3} \leq \frac{1}{2}.$$

Somit ist $n_2 = 3$ und

$$\frac{1}{n_3} = \frac{1}{6} + \frac{2}{g} > \frac{1}{6},$$

also $3 \leq n_3 \leq 5$. Dies liefert die Fälle

(3) $k = 3,\ n_1 = 2, n_2 = n_3 = 3,\ g = 12,$

(4) $k = 3,\ n_1 = 2, n_2 = 3, n_3 = 4,\ g = 24,$

(5) $k = 3,\ n_1 = 2, n_2 = 3, n_3 = 5,\ g = 60.$ □

Diese Methode funktioniert nur für $n = 3$. Für $n > 3$ gibt es Elemente aus $\mathrm{SO}(n)$ ohne Achsen (falls n gerade) und solche mit mehr als zwei Achsen.

Wir bestimmen nun die Gruppen aus 9.4.4 b).

Hauptsatz 9.4.5 *Sei $\mathcal{G}$ eine endliche Untergruppe von* $\mathrm{SO}(3)$. *Dann liegt einer der folgenden Fälle vor:*

(1) $\mathcal{G}$ ist eine zyklische Gruppe und besteht aus Drehungen um eine feste Achse.

(2) $\mathcal{G}$ ist eine Diedergruppe.

(3) $|\,\mathcal{G}\,| = 12$ und $\mathcal{G} \cong \mathrm{A}_4$. Dabei bildet $\mathcal{G}$ ein reguläres Tetraeder auf sich ab.

(4) $|\,\mathcal{G}\,| = 24$ und $\mathcal{G} \cong \mathrm{S}_4$. Nun bildet $\mathcal{G}$ ein reguläres Oktaeder auf sich ab.

(5) $|\,\mathcal{G}\,| = 60$ und $\mathcal{G} \cong \mathrm{A}_5$.

Beweis. Sei $|\,\mathcal{G}\,| = g$. Wir gehen die Fälle aus 9.4.4 einzeln durch.
(1) Ist $n_1 = n_2 = g$, so bleiben die Achsen v und $-v$ bei allen $G \in \mathcal{G}$ fest. Also ist $\mathcal{G}$ nach 9.4.1 zyklisch.
(2) Sei $k = 3$ und $n_1 = n_2 = 2$, $n_3 = \frac{g}{2}$.

Sei zunächst $n_3 = \frac{g}{2} > 2$ und sei v_3 eine n_3-zählige Achse. Da nur eine Klasse von n_3-zähligen Achsen existiert, ist $-v_3$ zu v_3 konjugiert. Wegen $|\,\mathcal{G} : \mathcal{G}_{v_3}\,| = 2$ ist $\{v_3, -v_3\}$ ein volles System von konjugierten Achsen. Somit ist $Gv_3 = \pm v_3$ für alle $G \in \mathcal{G}$. Nach 9.4.1 ist $\mathcal{G}$ eine Diedergruppe.

Sei schließlich $n_1 = n_2 = n_3 = 2$ und $g = 4$. Da nun alle Achsen von $\mathcal{G}$ 2-zählig sind, gilt $G^2 = E$ für alle $G \in \mathcal{G}$. Sei $\mathcal{G} = \langle A, B\rangle$ mit $A^2 = B^2 = E$ und $AB = BA$. Da A eine π-Drehng ist, gibt es eine Orthonormalbasis $[v_1, v_2, v_3]$ von V mit

$$Av_1 = v_1,\ Av_2 = -v_2 \text{ und } Av_3 = -v_3.$$

Es folgt

$$Bv_1 = BAv_1 = ABv_1,$$

also $Bv_1 \in \langle v_1\rangle$. Wegen $B \notin \mathcal{G}_{v_1}$ ist $Bv_1 = -v_1$. Somit liegt der Fall (2) aus 9.4.1 vor.
(3) Sei $k = 3$ und $n_1 = 2, n_2 = n_3 = 3$, $g = 12$.

Sei v_1 eine 3-zählige Achse von $\mathcal{G}$. Wegen $|\,\mathcal{G} : \mathcal{G}_{v_1}\,| = 4$ hat v_1 vier Konjugierte v_1, v_2, v_3, v_4, die von $\mathcal{G}$ vertauscht werden. Sei αG die von G bewirkte Permutation der v_j. Dann ist α ein Homomorphismus von $\mathcal{G}$ in S_4. Bei $\operatorname{Kern}\alpha$ sind dann alle v_j fest. Wegen $\dim\langle v_1, v_2, v_3, v_4\rangle \geq 2$ und $\det G = 1$ für $G \in \operatorname{Kern}\alpha$ folgt $G = E$. Somit ist $\mathcal{G}$ isomorph zu einer Untergruppe von S_4 vom Index 2. Nach 4.2.7 gilt daher $\mathcal{G} \cong \mathrm{A}_4$. Da $\mathcal{G}$ keine 12-zählige Achse besitzt, gibt es kein $0 \neq w \in V$ mit $Gw = w$ für alle $G \in \mathcal{G}$. Daher folgt

$$G\sum_{j=1}^{4} v_j = \sum_{j=1}^{4} v_j = 0.$$

Wegen $\mathcal{G} \cong \mathrm{A}_4$ gibt es zu $i \neq j$ ein $G \in \mathcal{G}$ mit $Gv_1 = v_i$ und $Gv_2 = v_j$. Daher ist

$$(v_1, v_2) = (Gv_1, Gv_2) = (v_i, v_j).$$

Es folgt

$$0 = (v_1, v_1 + v_2 + v_3 + v_4) = 1 + 3(v_1, v_2),$$

und somit $(v_i, v_j) = -\frac{1}{3}$ für alle $i \neq j$. Die v_j spannen daher ein reguläres Tetraeder mit dem Schwerpunkt 0 auf.
(4) Sei $k = 3$ und $n_1 = 2, n_2 = 3, n_3 = 4$, $g = 24$.

Dann hat $\mathcal{G}$ ein System von $\frac{g}{n_3} = 6$ konjugierten 4-zähligen Achsen. Da mit w auch $-w$ eine 4-zählige Achse ist, hat das System der 4-zähligen Achsen die Gestalt $\{\pm w_1, \pm w_2, \pm w_3\}$. Sei $\mathcal{G}_{w_1} = \langle A \rangle$, also $\operatorname{Ord} A = 4$. Wäre $w_2 = A^j w_2$ für ein j mit $0 < j < 4$, so wäre $\langle w_1, w_2 \rangle$ bei A^j elementweise fest, also $A^j = E$, ein Widerspruch. Somit gilt

$$\{\pm w_2, \pm w_3\} = \{w_2, Aw_2, A^2 w_2, A^3 w_2\}.$$

Also gibt es ein j mit $A^j w_2 = -w_2$. Dies liefert

$$(w_1, w_2) = (A^j w_1, A^j w_2) = (w_1, -w_2),$$

und somit $(w_1, w_2) = 0$. Ebenso folgt $(w_1, w_3) = (w_2, w_3) = 0$. Die Vektoren $\pm w_j$ $(j = 1, 2, 3)$ spannen ein reguläres Oktaeder auf.

Die Abbildungen der Gestalt $Bw_j = \pm w_{\pi j}$ mit $\pi \in \mathrm{S}_3$ bilden eine Untergruppe $\mathcal{H}$ von $\mathrm{O}(3)$ mit $|\mathcal{H}| = 2^3 3! = 48$. Dann ist $\mathcal{G} = \mathcal{H} \cap \mathrm{SO}(3)$ die Gruppe mit $|\,\mathcal{G}\,| = 24$.

Offenbar ist $v_1 = \frac{1}{\sqrt{3}}(w_1 + w_2 + w_3)$ eine 3-zählige Achse zu der Abbildung A aus $\mathcal{G}$ mit

$$Aw_1 = w_2, \; Aw_2 = w_3, \; Aw_3 = w_1.$$

Die zu v_1 konjugierten 3-zähligen Achsen zu $\mathcal{G}$ sind die $\pm v_1, \pm v_2, \pm v_3, \pm v_4$ mit

$$\begin{aligned} v_2 &= \tfrac{1}{\sqrt{3}}(w_1 + w_2 - w_3) \\ v_3 &= \tfrac{1}{\sqrt{3}}(w_1 - w_2 + w_3) \\ v_4 &= \tfrac{1}{\sqrt{3}}(-w_1 + w_2 + w_3). \end{aligned}$$

Die Gruppe $\mathcal{G}$ permutiert die Räume $\langle v_j \rangle$ $(j = 1, 2, 3, 4)$ transitiv. Daher gibt es einen Homomorphismus α von $\mathcal{G}$ auf eine transitive Untergruppe von S_4. Die Untergruppe von $\mathcal{G}$ aus den Elementen C mit $Cv_1 = \pm v_1$ besteht aus den Abbildungen, welche bzgl. der Basis $[w_1, w_2, w_3]$ zu den Matrizen

$$E, \begin{pmatrix} 0 & 1 & 0 \\ 0 & 0 & 1 \\ 1 & 0 & 0 \end{pmatrix}, \begin{pmatrix} 0 & 0 & 1 \\ 1 & 0 & 0 \\ 0 & 1 & 0 \end{pmatrix}, \begin{pmatrix} -1 & 0 & 0 \\ 0 & 0 & -1 \\ 0 & -1 & 0 \end{pmatrix}, \begin{pmatrix} 0 & -1 & 0 \\ -1 & 0 & 0 \\ 0 & 0 & -1 \end{pmatrix}, \begin{pmatrix} 0 & 0 & -1 \\ 0 & -1 & 0 \\ -1 & 0 & 0 \end{pmatrix}$$

gehören. Man kontrolliert leicht, daß es zu jedem $C \neq E$ ein $j \in \{2, 3, 4\}$ gibt mit $Cv_j \neq \pm v_j$. Also ist $\operatorname{Kern} \alpha = E$ und somit $\mathcal{G} \cong \mathrm{S}_4$.

(5) Sei $k = 3$ und $n_1 = 2, n_2 = 3, n_3 = 5$, $g = 60$.

Sei v_1 eine der $\frac{60}{n_1} = 30$ 2-zähligen Achsen. Dann ist $\mathcal{G}_{v_1} = \langle A \rangle$, wobei A die einzige Involution mit Achse v_1 ist. Also gibt es 15 Involutionen in $\mathcal{G}$.

Ist B eine Involution in $\mathcal{G}$ mit $Bw = w$, so gibt es ein $G \in \mathcal{G}$ mit $w = Gv_1$. Damit folgt $v_1 = G^{-1}w = G^{-1}Bw = G^{-1}BGv_1$. Dies zeigt $G^{-1}BG = A$.

Da mit v_1 auch $-v_1$ eine 2-zählige Achse ist, gibt es ein $G \in \mathcal{G}$ mit $Gv_1 = -v_1$. Setzen wir

$$\mathcal{U} = \{G \mid G \in \mathcal{G},\ Gv_1 = \pm v_1\},$$

so ist also $|\mathcal{U}| = 2|\mathcal{G}_{v_1}| = 4$. Insbesondere ist $\mathcal{U}$ abelsch. Da es keine 4-zähligen Achsen gibt, gilt $\mathcal{U} = \langle A, B \rangle$ mit

$$A^2 = B^2 = E \text{ und } AB = BA.$$

Sei $C \in \mathcal{G}$ mit $CA = AC$. Dann gilt $ACv_1 = CAv_1 = Cv_1$, somit $Cv_1 = \pm v_1$ und daher $C \in \mathcal{U}$. Für jedes $E \neq D \in \mathcal{U}$ gilt also

$$C(D) = \{Y \mid YD = DY\} = \mathcal{U}.$$

Seien $\mathcal{U}_j = C(A_j)$ $(j = 1, 2)$ mit Involutionen A_j und

$$E \neq B \in C(A_1) \cap C(A_2).$$

Wie eben gezeigt folgt dann $\mathcal{U}_1 = C(B) = \mathcal{U}_2$. Die 15 Involutionen von $\mathcal{G}$ verteilen sich daher auf 5 Tripel, welche jeweils in einem der $C(A)$ liegen. Daher gibt es 5 solche Untergruppen $\mathcal{U} = C(A)$ von $\mathcal{G}$.

Sind A_1, A_2 Involutionen in $\mathcal{G}$, so gibt es ein $G \in \mathcal{G}$ mit $G^{-1}A_1G = A_2$, wie oben vermerkt wurde. Dann folgt

$$G^{-1}C(A_1)G = C(G^{-1}A_1G) = C(A_2).$$

Also werden die 5 Untergruppen $\mathcal{U}_j = C(A_j)$ mit $A_j^2 = E \neq A_j$ von $\mathcal{G}$ transitiv vertauscht. Daher liefert β mit

$$\beta G = \begin{pmatrix} \mathcal{U}_1 & \dots & \mathcal{U}_5 \\ G^{-1}\mathcal{U}_1 G & \dots & G^{-1}\mathcal{U}_5 G \end{pmatrix}$$

einen Homomorphismus von $\mathcal{G}$ auf eine transitive Untergruppe von S_5. Es gilt $|\operatorname{Kern}\beta| \mid 12$. Ist $|\operatorname{Kern}\beta|$ gerade, so gibt es nach 2.1.11 eine Involution $A \in \operatorname{Kern}\beta$. Wegen $\operatorname{Kern}\beta \trianglelefteq \mathcal{G}$ und der Konjugiertheit aller Involutionen von $\mathcal{G}$ liegen dann alle 15 Involutionen von $\mathcal{G}$ in $\operatorname{Kern}\beta$, ein Widerspruch zu $|\operatorname{Kern}\beta| \leq 12$. Da alle 3-zähligen Achsen von $\mathcal{G}$ konjugiert sind, sind auch die 10 Untergruppen von $\mathcal{G}$ von Ordnung 3 konjugiert. Wäre $|\operatorname{Kern}\beta| = 3$, so lägen alle 10 Untergruppen der Ordnung 3 in $\operatorname{Kern}\beta$, was wegen $|\operatorname{Kern}\beta| \leq 12$ nicht geht. Somit ist $\operatorname{Kern}\beta = \{E\}$, also $|\operatorname{Bild}\beta| = g = 60$. Dies zeigt $|S_5 : \operatorname{Bild}\beta| = 2$, also $\operatorname{Bild}\beta = A_5$ nach 4.2.7. □

Ausblick 9.4.6 a) Wir haben vermerkt, daß die in 9.4.5 unter (3) und (4) auftretenden Gruppen ein Tetraeder bzw. ein Oktaeder fest lassen. Diese Tatsachen erlauben eine Verallgemeinerung auf beliebige Dimensionen.
(1) Der $\mathbb{R}^{n+1}$ sei mit dem kanonischen Skalarprodukt $(.,.)$ mit

$$((x_j),(y_j)) = \sum_{j=1}^{n+1} x_j y_j$$

versehen. Auf $\mathbb{R}^{n+1}$ operiert die symmetrische Gruppe S_{n+1} vermöge Permutation der Komponenten als Gruppe von Isometrien. Dabei bleibt der Unterraum

$$V = \{(x_j) \mid \sum_{j=1}^{n+1} x_j = 0\}$$

als Ganzes fest. In V betrachten wir die Vektoren

$$v_j = (-1,\ldots,-1,n,-1,\ldots,-1) \quad (j=1,\ldots,n+1),$$

wobei n an der Stelle j steht. Offensichtlich gilt $\sum_{j=1}^{n+1} v_j = 0$. Dabei ist

$$(v_j, v_j) = n^2 + n$$

und für $j \neq k$ gilt

$$(v_j, v_k) = n - 1 - 2n = -(n+1).$$

Der Winkel zwischen je zwei der v_j ist somit bestimmt durch $\cos\alpha = -\frac{1}{n}$. (Somit ist $\alpha > \frac{\pi}{2}$, und α nahe bei $\frac{\pi}{2}$ für großes n.) Offenbar vertauscht S_{n+1} die v_j in natürlicher Weise. Die Vektoren v_j für $j = 1,\ldots,n+1$ spannen in V das Analogon des Tetraeders auf. Man erhält so einen Monomorphismus von S_{n+1} in $\mathrm{O}(n)$ und von A_{n+1} in $\mathrm{SO}(n)$.
(2) Einfacher ist das Analogon der Oktaedergruppe zu beschreiben. Sei $[e_1,\ldots,e_n]$ eine Orthonormalbasis des euklidischen Vektorraums $\mathbb{R}^n$. Die Abbildungen G der Gestalt $Ge_j = \pm e_{\pi j}$ für $j = 1,\ldots,n$ mit Permutationen π aus S_n bilden eine Untergruppe $\mathcal{G}_n$ von $\mathrm{O}(n)$ mit $|\,\mathcal{G}_n\,| = 2^n \cdot n!$. Die $\pm e_j$ $(j = 1,\ldots,n)$ spannen im $\mathbb{R}^n$ das Analogon des Oktaeders auf. Die Untergruppe $\mathcal{H}_n = \mathcal{G}_n \cap \mathrm{SO}(n)$ der Ordnung $2^{n-1} \cdot n!$ hat einen Normalteiler $\mathcal{V}_n$ mit $|\mathcal{V}_n| = 2^{n-1}$ und $\mathcal{H}_n/\mathcal{V}_n \cong \mathrm{S}_n$. Daß $\mathcal{H}_3$ zu S_4 isomorph ist, liegt an der Existenz der Kleinschen Vierergruppe $\mathcal{V}$ mit $\mathrm{S}_4/\mathcal{V} \cong \mathrm{S}_3$ (siehe dazu 4.2.8 a)).

b) Die Gruppe $\mathcal{G}$ der Ordnung 60 aus (5), deren Existenz wir freilich nicht bewiesen haben, gestattet jedoch keine Verallgemeinerung auf höhere Dimensionen. Man kann zeigen, daß $\mathcal{G}$ von zwei orthogonalen Abbildungen A, B mit

$$A^5 = B^2 = (AB)^3 = E$$

erzeugt wird. Die Gruppe $\mathcal{G}$ führt ein Ikosaeder in sich über. Die 5-zähligen Achsen gehen durch die 12 Ecken, die 3-zähligen Achsen durch die Mittelpunkte der 20 das Ikosaeder berandenden Dreiecke. Die Verbindungen der Mittelpunkte der 20 Dreiecke spannen ein Pentagondodekaeder auf, welches 20 Ecken und 30 Kanten hat und von 12 regulären 5-Ecken berandet wird.

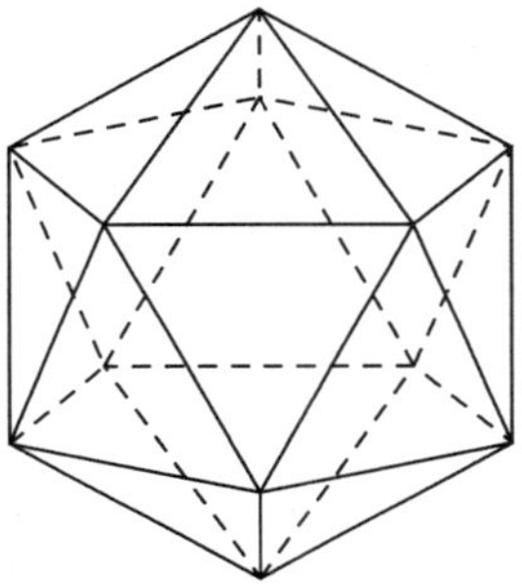

Ikosaeder

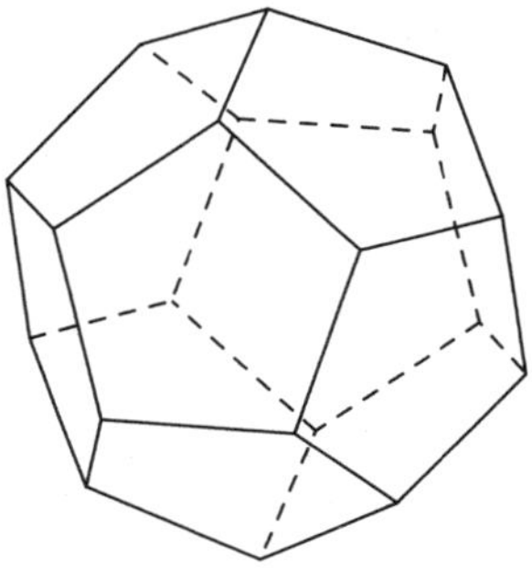

Pentagondodekaeder

Die Existenz der Gruppe der Ordnung 60 läßt sich mit einem Blick auf das Ikosaeder plausibel machen: Jede der 12 Ecken läßt sich durch eine das Ikosaeder festlassende Drehung in jede andere Ecke überführen, und zu festgehaltener Ecke gibt es noch 5 Drehungen des Ikosaeders in sich.

Die Tatsache, daß die alternierende Gruppe A_5 einerseits als Symmetriegruppe des Ikosaeders auftritt, andererseits die Theorie der Gleichungen fünften Grades beherrscht, hat Ende des 19ten Jahrhunderts zu tiefgreifenden Untersuchungen geführt. Diese gipfelten 1884 in Felix Klein's Buch *Vorlesungen über das Ikosaeder und die Auflösung der Gleichungen vom fünften Grad.*

c) Die fünf regulären Polyeder im $\mathbb{R}^3$, nämlich Tetraeder, Hexaeder (= Würfel), Oktaeder, Ikosaeder und Pentagondodekaeder, waren bereits in der Antike als *platonische Körper* bekannt. Sie spielten im Grenzbereich zwischen Naturwissenschaft und spekulativer Naturphilosophie gelegentlich eine Rolle. Im 15. Jahrhundert tauchen sie auch in der bildenden Kunst auf (Piero della Francesca).

Ferner finden wir sie in der Natur, genauer in den Gitterstrukturen vieler Kristalle. Da Drehungen um den Winkel $\frac{2\pi}{5}$ wegen 9.1.5 nicht erlaubt sind, sollten Ikosaeder und Pentagondodekaeder nicht auftreten. Der Pyrit (FeS_2) erlaubt zum Beispiel den Würfel und das Oktaeder, aber in guter Näherung auch das Pentagondodekaeder.

Im $\mathbb{R}^4$ gibt es neben den trivialen regulären Polyedern, nämlich den Analoga zu Tetraeder, Hexaeder und Oktaeder, noch drei weitere. Diese haben $24, 120$ bzw. 600 Ecken und $24, 600$ bzw. 120 dreidimensionale Begrenzungsflächen.

Für $n \geq 5$ verbleiben im $\mathbb{R}^n$ nur noch die drei trivialen regulären Polyeder. Hingegen gibt es in $\mathrm{SO}(n)$ für wachsendes n immer mehr endliche Untergruppen (siehe E. Schulte in [6], S. 311 ff).

Aufgabe 9.4.1 Jede endliche Untergruppe von $\mathrm{SL}(\mathbb{R}^3)$ ist isomorph zu einer Gruppe aus 9.4.5.

Hinweis: Man benutze 8.1.11.

Aufgabe 9.4.2 Sei $\mathcal{G}$ eine endliche Untergruppe von $\mathrm{O}(3)$, die Elemente mit Determinante -1 enthält. Dann liegt einer der folgenden Fälle vor:

(1) Es gilt $-E \in \mathcal{G}$ und $\mathcal{G} = \langle -E \rangle \times \mathcal{G}_0$ mit $\mathcal{G}_0 < \mathrm{SO}(3)$.

(2) Es gilt $-E \notin \mathcal{G}$. Dann gibt es ein $\mathcal{H} < \mathrm{SO}(3)$ und ein $\mathcal{H}_0 < \mathcal{H}$ mit $|\mathcal{H} : \mathcal{H}_0| = 2$ derart, daß

$$\mathcal{G} = \{H_0, -H_1 \mid H_0 \in \mathcal{H}_0,\ H_1 \in \mathcal{H} \setminus \mathcal{H}_0\}.$$

Anhang: Lösungen zu ausgewählten Aufgaben

1.1.1 a) Ist $n = ab$ mit $a > 1$ und $b > 1$, so ist
$2^n - 1 = (2^a - 1)(1 + 2^a + \ldots + 2^{(b-1)a})$ eine echte Zerlegung.
b) Ist $n = pm$ mit ungerader Primzahl p, so gilt
$2^n + 1 = 1 - (-2^m)^p = (1 + 2^m)(1 + (-2^m) + \ldots + (-2^m)^{p-1})$.

1.3.3 a) Nach Aufgabe 1.3.2 gilt
$\sum_{j=0}^{m} j\binom{m}{j} = \sum_{j=1}^{m} m\binom{m-1}{j-1} = m(1+1)^{m-1} = m2^{m-1}$.
b) Es gibt $\binom{m}{j}$ Teilmengen K von M mit $|K| = j$. Jede enthält j Elemente. Also gilt $|\{(a, K) \mid a \in K \subseteq M, |K| = j\}| = \sum_{j=0}^{m} j\binom{m}{j}$. Andererseits gibt es m Elemente $a \in M$. Jede Menge K mit $a \in K \subseteq M$ wird eindeutig festgelegt durch $K \cap (M \setminus \{a\})$. Dies liefert 2^{m-1} Möglichkeiten für $K \cap (M \setminus \{a\})$.

2.1.3 a) Wegen $(ab)^2 = 1$ gilt $ab = (ab)^{-1} = b^{-1}a^{-1} = ba$.
b) Sei $1 \neq g \in G$. Nach 2.1.10 ist $1 < |\langle g \rangle| \mid |G|$. Da $|G|$ eine Primzahl ist, folgt $\langle g \rangle = G$.
c) Für $|G| = 2, 3$ folgt aus b), daß G zyklisch ist. Sei $|G| = 4$. Gibt es ein $g \in G$ mit $\operatorname{Ord} g > 2$, so folgt mit 2.1.10 sofort $\langle g \rangle = G$. Anderenfalls gilt $g^2 = 1$ für alle $g \in G$. Somit ist G nach a) abelsch.

2.1.5 a) Ist U_1U_2 eine Untergruppe von G, so folgt für $u_j \in U_j$ $(j = 1, 2)$, daß $u_2^{-1}u_1^{-1} = (u_1u_2)^{-1} \in U_1U_2$, also $U_2U_1 = U_1U_2$. Sei nun $U_1U_2 = U_2U_1$. Sei $u_1, v_1 \in U_1$ und $u_2, v_2 \in U_2$. Dann gilt $u_2v_1 = v_1'u_2'$ mit $v_1' \in U_1, u_2' \in U_2$. Also ist $(u_1u_2)(v_1v_2) = u_1v_1'u_2'v_2 \in U_1U_2$. Für $u_j \in U_j$ $(j = 1, 2)$ gilt ferner $(u_1u_2)^{-1} = u_2^{-1}u_1^{-1} \in U_2U_1 = U_1U_2$. Dies zeigt, daß U_1U_2 eine Untergruppe von G ist.
b) Offenbar gilt $U_1U_2 = \cup_{g \in U_1} gU_2$. Ist $g_1U_2 = g_2U_2$ mit $g_j \in U_1$, so folgt $g_2^{-1}g_1 \in U_1 \cap U_2$. Ist $U_1 = \cup_j g_j(\mathrm{U}_1 \cap U_2)$ (disjunkt), so folgt $U_1U_2 = \cup_j g_jU_2$ (disjunkt). Daher ist $|U_1U_2| = |U_1 : U_1 \cap U_2||U_2| = |U_1||U_2|/|U_1 \cap U_2|$.
c) Sei $U_1 = \cup_{j \in J} g_j(U_1 \cap U_2)$ die Nebenklassenzerlegung von U_1 nach $U_1 \cap U_2$. Dann ist $U_1U_2 = \cup_{j \in J} g_jU_2$ disjunkt, daher $|J| \leq |G : U_2|$. Dies zeigt, daß $|U_1 : U_1 \cap U_2| \leq |G : U_2|$ und daher $|G : U_1 \cap U_2| = |G : U_1||U_1 : U_1 \cap U_2| \leq |G : U_1||G : U_2|$.
d) Ist G endlich und $G = U_1U_2$, so folgt mit b), dass $|G : U_1||G : U_2| = |G|^2/(|U_1||U_2|) = |G|/|U_1 \cap U_2| = |G : U_1 \cap U_2|$. Ist umgekehrt $|G|/|U_1 \cap U_2| = |G : U_1 \cap U_2| = |G : U_1||G : U_2| = |G|^2/(|U_1||U_2|)$, so folgt $|U_1U_2| = |U_1||U_2|/|U_1 \cap U_2| = |G|$, somit $G = U_1U_2$.

e) Wegen $|G:U_j| \mid |G:U_1\cap U_2|$ und der Teilerfremdheit von $|G:U_1|$ und $|G:U_2|$ folgt $|G:U_1||G:U_2| \mid |G:U_1\cap U_2|$. Andererseits gilt nach c), daß $|G:U_1\cap U_2| \le |G:U_1||G:U_2|$, also $|G:U_1\cap U_2| = |G:U_1||G:U_2|$.

2.2.2 Wegen $2 \mid n-1$ gilt $a^2 \equiv 1 \pmod 3$ für $3 \nmid a$, also $a^{n-1} \equiv 1 \pmod 3$. Wegen $n-1 \equiv 0 \pmod{10}$ und $a^{10} \equiv 1 \pmod{11}$ für $11 \nmid a$ folgt $a^{n-1} \equiv 1 \pmod{11}$. Ferner folgt aus $n-1 \equiv 0 \pmod{16}$ auch $a^{n-1} \equiv 1 \pmod{17}$ für $17 \nmid a$. Insgesamt ist $a^{n-1} \equiv 1 \pmod{3\cdot 11\cdot 17}$ für $\mathrm{ggT}(a, 3\cdot 11\cdot 17)$.

2.4.1 a) Es gilt
$2^n + (1+i)^n + (1-i)^n = \sum_{j=0}^n \binom{n}{j} + \sum_{j=0}^n \binom{n}{j}(-1)^j + \sum_{j=0}^n \binom{n}{j}(i^j + (-i)^j)$.
Für $2 \nmid j$ ist $i^j + (-i)^j = 0$. Für $j = 2k$ ist $i^j + (-i)^j = 2(-1)^k$. Somit bleibt $2^n + (1+i)^n + (1-i)^n = 4\sum_{4|j}\binom{n}{j}$.
Es gilt $1 \pm i = \sqrt{2}(\cos\pi/4 \pm i\,\sin\pi/4)$. Daher ist $(1+i)^n + (1-i)^n = 2(\sqrt{2})^n\cos(n\pi/4)$.
b) Die Behauptungen folgen aus

$$\cos(n\pi/4) = \begin{cases} 1 & \text{falls } n \equiv 0 \pmod 8)\\ 1/\sqrt{2} & \text{falls } n \equiv 1,7 \pmod 8\\ 0 & \text{falls } n \equiv 2,6 \pmod 8\\ -1/\sqrt{2} & \text{falls } n \equiv 3,5 \pmod 8\\ -1 & \text{falls } n \equiv 4 \pmod 8. \end{cases}$$

2.5.2 a) Ist $a = a^{-1}$, also $a^2 = 1$, so folgt $a = 1, -1$. Also ist $K^* = \{1, -1, a, a^{-1}, b, b^{-1}, \ldots\}$ und daher $\prod_{a\in K^*} = -1$.
b) Dies ist die Aussage in a), angewandt auf $K = \mathbb{Z}/p\mathbb{Z}$.
c) Wegen $(p+j)/2 \equiv -(p-j)/2 \pmod p$ folgt
$-1 \equiv (p-1)! \equiv (-1)^{(p-1)/2}\,(\frac{p-1}{2}!)^2 \pmod p$.

2.7.1 Sei $a + b\sqrt{p} + c\sqrt{q} = 0$ mit $a, b, c \in \mathbb{Q}$, nicht alle gleich 0. Wir können $a, b, c \in \mathbb{Z}$ annehmen. Dann ist $a^2 + 2ab\sqrt{p} + b^2p = (a + b\sqrt{p})^2 = c^2q$. Wegen $\sqrt{p} \notin \mathbb{Q}$ ist $ab = 0$. Ist $b = 0$, so ist $a^2 = c^2q$, ein Widerspruch zu $\sqrt{q} \notin \mathbb{Q}$. Also ist $a = 0$, somit $b^2p = c^2q$. Wegen der eindeutigen Primfaktorzerlegung in $\mathbb{Z}$ geht dies nicht.

2.7.5 a) Aus $\dim V \ge \dim(U+W) = \dim U + \dim W - \dim(U\cap W)$ folgt $\dim(U\cap W) \ge \dim W + \dim U - \dim V = \dim W - 1$.
b) folgt aus a) durch Induktion nach k.
c) Sei $[w_1, \ldots, w_k]$ eine Basis von W und $[w_1, \ldots, w_k, v_1, \ldots, v_{n-k}]$ eine Basis von V. Wir setzen $U_j = \langle w_1, \ldots, w_k, v_1, \ldots, v_{j-1}, v_{j+1}, \ldots, v_{n-k}\rangle$. Dann ist offenbar $\dim U_j = n-1$ und $W = \cap_{j=1}^{n-k} U_j$.

2.7.6 a) Wegen $(U_1 + U_2) + U_3 \geq U_1 \cap U_3 + U_2 \cap U_3$ gilt
$\dim(U_1 + U_2 + U_3) = \dim(U_1 + U_2) + \dim U_3 - \dim((U_1 + U_2) \cap U_3$
$\leq \dim U_1 + \dim U_2 - \dim U_1 \cap U_2 + \dim U_3 - \dim(U_1 \cap U_3 + U_2 \cap U_3)$
$= \dim U_1 + \dim U_2 + \dim U_3 - \dim U_1 \cap U_2 - \dim U_1 \cap U_3 - \dim U_2 \cap U_3 +$
$\dim U_1 \cap U_2 \cap U_3$. Gleichheit gilt genau dann, wenn
$(U_1 + U_2) \cap U_3 = U_1 \cap U_3 + U_2 \cap U_3$. Gilt die Gleichheit, so muß wegen $U_1 + U_2 + U_3 = U_2 + (U_1 + U_3) = U_1 + (U_2 + U_3)$ auch $(U_1 + U_3) \cap U_2 = U_1 \cap U_2 + U_2 \cap U_3$ und $(U_2 + U_3) \cap U_1 = U_1 \cap U_2 + U_1 \cap U_3$ gelten.
b) Sei $U_j = \{(x_1, x_2, x_3) \mid x_j = 0\}$ für $j = 1, 2, 3$ und
$U_4 = \{(x_1, x_2, x_3) \mid \sum_{j=1}^{3} x_j = 0\}$. Dann ist $\dim U_j = 2$ und $V = \sum_{j=1}^{4} U_j$. Offenbar gilt $\dim(U_i \cap U_j) = 1$ für $i, j = 1, 2, 3$. Ferner ist $U_1 \cap U_4 = \{(0, x_2, x_3) \mid x_2 + x_3 = 0\}$, also $\dim(U_1 \cap U_4) = 1$. Man bestätigt leicht, daß $U_i \cap U_j \cap U_k = 0$ für $1 \leq i < j < k \leq 4$. Nun ist
$3 = \dim(U_1 + U_2 + U_3 + U_4) > \sum_{j=1}^{4} \dim U_j - \sum_{i<j} \dim(U_i \cap U_j) = 8 - 6 = 2$.

2.7.7 Nach 2.6.8 gilt $\cup_{j=1}^{m} U_j \subset V$. Also gibt es ein $w \in V$ mit $w \notin \cup_{j=1}^{m} U_j$. Für $n - k = 1$ folgt $V = U_j + \langle w \rangle$, und wir sind fertig. Gemäß Induktion nach $n - k$ gibt es zu den $U_j + \langle w \rangle$ ein gemeinsames Komplement W', also $(U_j + \langle w \rangle) + W' = V$ und $((U_j + \langle w \rangle) \cap W' = 0$. Setzen wir $W = W' + \langle w \rangle$, so gilt $U_j + W = V$. Sei $u = aw + w' \in U_j \cap W$ mit $w' \in W'$. Dann ist $u - aw = w' \in (U_j + \langle w \rangle) \cap W' = 0$. Dies zeigt $u = aw$, also $a = 0$ wegen $w \notin U_j$. Somit ist $U_j \cap W = 0$.

2.8.1 Das Polynom $x^2 = p + (1-p)x$ hat die Nullstellen 1 und $-p$. Also ist $x_j = a + b(-1)^j$ mit geeigneten a, b. Aus $0 < p < 1$ folgt $\lim_{j \to \infty} x_j = a$. Aus $x_0 = a + b$ und $x_1 = a - pb$ folgt $a = (px_0 + x_1)/(p+1)$, $b = (x_0 - x_1)/(p+1)$. Also ist $\lim_{j \to \infty} x_j = (px_0 + x_1)/(p+1)$.

2.8.2 a) Es gilt $f = (x-1)(x^2 + \frac{2}{3}x + \frac{1}{3}) = (x-1)(x-b_1)(x-b_2)$ mit $b_j = -1/3 \pm \sqrt{2}i/3$. Somit ist $|b_j|^2 = 1/3$.
b) Wir erhalten $x_j = a_1 + a_2 b_1^j + a_3 b_2^j$. Wegen $|b_j| < 1$ folgt $\lim_{j \to \infty} x_j = a_1$.
c) Es folgt
$x_0 + 2x_1 + 3x_2 = 6a_1 + a_2(1 + 2b_1 + 3b_1^2) + a_3(1 + 2b_2 + 3b_2^2) = a_1$, also $\lim_{j \to \infty} x_j = (x_0 + 2x_1 + 3x_2)/6$.

2.8.4 b) Wegen $a^3 = 1$ gilt $v_1 = (1, 1, 1, 1, 1, \ldots)$, $v_2 = (1, a, a^2, 1, a, \ldots)$, $v_3 = (1, a^2, a, 1, a^2, \ldots)$, $v_4 = (0, 1, 0, a^2, 0, \ldots)$, $v_5 = (0, 1, 0, a, 0, \ldots)$. Offenbar genügt es zu zeigen, daß die hingeschriebenen Abschnitte linear unabhängig sind. Nach 2.8.2 c) sind v_1, v_2, v_3 linear unabhängig. Angenommen,
$xv_4 + yv_5 = (0, x + y, 0, xa^2 + ya, 0, \ldots) = \sum_{j=1}^{3} x_j v_j$. Dies verlangt $0 =$

$x_1 + x_2 + x_3 = x_1 + x_2a^2 + x_3a = x_1 + x_2a + x_3a^2$. Wegen der linearen Unabhängigkeit von $(1,1,1), (1,a^2,a)$ und $(1,a,a^2)$ folgt $x_j = 0$ für $j = 1,2,3$. Dann bleibt $0 = x + y = xa^2 + ya$, also $x = y = 0$.
c) Wegen $\operatorname{Char} K = 2$ und $a^3 = 1$ gilt $(j+6)a^{j+6-1} = ja^{j-1}$.

3.1.4 Aus $A_U = 0$ folgt $U \leq \operatorname{Kern} A$ und aus $A_{V/U} = 0$ folgt $\operatorname{Bild} A \leq U$. Somit gilt $\operatorname{Bild} A \leq \operatorname{Kern} A$ und
$k = \dim \operatorname{Bild} A \leq \dim \operatorname{Kern} A = n - \dim \operatorname{Bild} A = n - k$.

3.2.4 In Kästchenaufteilung gilt $H_1 = \{\begin{pmatrix} * & * \\ 0 & 0 \end{pmatrix}\}$ und $H_2 = \{\begin{pmatrix} 0 & * \\ 0 & * \end{pmatrix}\}$, wobei das linke obere Kästchen vom Typ (m,m) ist. Dies zeigt $\dim H_1 = nm$ und $\dim H_2 = n(n-m)$. Aus $H_1 \cap H_2 = \{\begin{pmatrix} 0 & * \\ 0 & 0 \end{pmatrix}\}$ und $H_1 + H_2 = \{\begin{pmatrix} * & * \\ 0 & * \end{pmatrix}\}$ folgt $\dim H_1 \cap H_2 = m(n-m)$ und $\dim(H_1 + H_2) = m^2 + n(n-m) = m^2 + n^2 - mn$.

3.3.2 a) Sei $AB = BA$. Nach Voraussetzung gibt es ein $g \in K[x]$ mit $Bv_0 = g(A)v_0$. Für $v = f(A)v_0$ folgt $Bv = Bf(A)v_0 = f(A)g(A)v_0 = g(A)f(A)v_0 = g(A)v$. Also ist $B = g(A) \in K[A]$.
b) Sei $[v_1, \ldots, v_n]$ die Standardbasis des K^n Wegen $Av_j = v_{j+1}$ $(j < n)$ gilt $K^n = K[A]v_1$ Mit a) folgt $\mathrm{C}(A) = K[A]$.

Dabei gilt $\sum_{j=0}^{n-1} a_j A^j = \begin{pmatrix} a_0 & a_1 & \ldots & a_{n-1} \\ a_1 & a_2 & \ldots & a_0 \\ \vdots & \vdots & & \vdots \\ a_{n-1} & a_0 & \ldots & a_{n-2} \end{pmatrix}$.

c) Hier gilt $Av_j = v_j + v_{j+1}$ für $j < n$, somit $K[A]v_1 = K^n$. Also ist

$$\mathrm{C}(A) = K[A] = \{\begin{pmatrix} a_0 & 0 & 0 & \ldots & 0 \\ a_1 & a_0 & 0 & \ldots & 0 \\ \vdots & \vdots & & & \vdots \\ a_{n-1} & a_{n-2} & a_{n-3} & \ldots & a_0 \end{pmatrix}\}.$$

3.3.3 a) Sei $A = (a_{ij}) \in \mathrm{C}(F)$. Der (i,j)-te Eintrag in AF ist $\sum_k a_{ik}$, der (i,j)-te Eintrag in FA ist $\sum_k a_{kj}$. Also ist $\sum_k a_{ik} = \sum_k a_{kj}$ für alle i,j.
b) Man kann a_{ij} für $i,j \leq n-1$ und a_{1n} vorgeben. Durch die Zeilensummen sind dann $a_{2n}, \ldots, a_{n-1\,n}$ festgelegt, und $a_{n1}, \ldots, a_{nn}$ durch die Spaltensummen. Somit gilt $\dim \mathrm{C}(F) = (n-1)^2 + 1$. c) $Ae = ce$ verlangt $\sum_{k=1}^{n} a_{ik} = c$ für alle i. Sei $v_j = (x_k) \in U$ mit $x_1 = 1$, $x_j = -1$ und $x_k = 0$ für $1 \neq k \neq j$.

Dann ist $Av_j = \begin{pmatrix} a_{11} - a_{1j} \\ \vdots \\ a_{n1} - a_{nj} \end{pmatrix}$. $Av_j \in U$ verlangt daher $\sum_k a_{k1} = \sum_k a_{kj}$.
Ist $\sum_k a_{k1} = d$, so erhalten wir $nc = \sum_{k,j} a_{kj} = nd$, und wegen $\operatorname{Char} K \nmid n$ somit $c = d$.

3.3.6 a) Sei $\beta A = \alpha A^t$. Dann ist
$\beta(A_1 A_2) = \alpha(A_1 A_2)^t = \alpha(A_2^t A_1^t) = \alpha(A_1^t)\alpha(A_2^t) = \beta(A_1)\beta(A_2)$. Nach 3.2.14 gibt es ein C mit $\beta(A) = C^{-1}AC$. Daher ist $\alpha(A) = C^{-1}A^tC$.
b) Ist $\alpha^2 = 1$, so gilt $A = C^{-1}(C^{-1}A^tC)^tC = C^{-1}C^tA(C^t)^{-1}C$ für alle A. Dies verlangt $C^{-1}C^t = aE$ mit $a \in K$. Wegen $C = C^{tt} = a^2C$ folgt $a = \pm 1$. Ist $A \in F$, so gilt $A = C^{-1}A^tC$. Für $C = C^t$ folgt $CA = (CA)^t$. Das zeigt $\dim F = n(n+1)/2$. Für $C^t = -C$ und $\operatorname{Char} K \neq 2$ ist hingegen $CA = -A^tC^t = -(CA)^t$, und daher $\dim F = n(n-1)/2$.

3.3.10 Offenbar ist $\mathcal{P}$ eine Untergruppe von $\mathrm{GL}(n, K)$ mit $|\mathcal{P}| = |K|^{\frac{n(n-1)}{2}} = p^{\frac{n(n-1)}{2}f}$. Wegen $|\,\mathrm{GL}(n,K)| = (p^{fn} - 1)(p^{fn} - p^f)\ldots(p^{fn} - p^{f(n-1)})$ ist $p^f p^{2f} \ldots p^{(n-1)f} = p^{\frac{n(n-1)}{2}f}$ die höchste p-Potenz, welche $|\,\mathrm{GL}(n,k)|$ teilt. Daher gilt $p \nmid |\,\mathrm{GL}(n,k) : \mathcal{P}|$.

3.4.2 a) Aus $(b_{ij})(a_{jk}) = E$ folgt $\delta_{ik} = \sum_j b_{ij}a_{jk}$. Somit erhalten wir $1 = \sum_k \delta_{ik} = \sum_j b_{ij} \sum_k a_{jk} = \sum_j b_{ij}$.
b) Sei $(a_{ij})(b_{jk}) = E$ mit $A = (a_{ij})$ und $B = (b_{ij})$ stochastisch. Wegen $\sum_j a_{ij}b_{jk} = 0$ für $i \neq k$ folgt $a_{ij}b_{jk} = 0$ für alle j. Da B stochastisch ist, gibt es zu jedem j ein j' mit $b_{jj'} > 0$, und daher ist $a_{ij} = 0$ für $i \neq j'$. Die Spalten von A haben also die Gestalt $(0, \ldots, 0, a_{j'j}, 0, \ldots, 0)^t$. Da A regulär ist, ist $j \to j'$ injektiv, somit bijektiv. Da alle Zeilensummen von A gleich 1 sind, folgt $a_{j'j} = 1$. Also ist A eine Permutationsmatrix.

3.4.3 a) Ist $A = \begin{pmatrix} 1-p & p \\ q & 1-q \end{pmatrix}$,
so folgt $\operatorname{Spur} A^2 = (1-p)^2 + (1-q)^2 + 2pq = 1 + (1-p-q)^2 \geq 1$.
b) Wir versuchen s und t so zu bestimmen, daß
$\begin{pmatrix} 1-s & s \\ t & 1-t \end{pmatrix}^2 = \begin{pmatrix} (1-s)^2 + st & s(2-s-t) \\ t(2-s-t) & (1-t)^2 + st \end{pmatrix} = \begin{pmatrix} 1-p & p \\ q & 1-q \end{pmatrix}$. Dies verlangt u.a., daß $(s+t)(2-s-t) = p+q$. Setzen wir $s+t = u$, so ist $u(2-u) = p+q$, also $(1-u)^2 = 1-p-q \geq 0$. Wir wählen $u = 1-\sqrt{1-p-q}$, so daß $u \leq 1$. Schließlich bestimmen wir s und t

durch $s = p/(2-u)$, $t = q/(2-u)$. Dann gilt $s \geq 0$, $t \geq 0$ und $s+t = u \leq 1$. Also gelten $0 \leq s, t \leq 1$, und daher ist $\begin{pmatrix} 1-s & s \\ t & 1-t \end{pmatrix}$ stochastisch.

3.4.5 Der Zustand $i\,(0 \leq i \leq 6)$ liege vor, wenn Spieler 1 genau i Kärtchen hat. Die Übergangsmatrix ist

$$A = \begin{pmatrix} 1 & 0 & 0 & 0 & 0 & 0 & 0 \\ 1/6 & 0 & 5/6 & 0 & 0 & 0 & 0 \\ 0 & 2/6 & 0 & 4/6 & 0 & 0 & 0 \\ 0 & 0 & 3/6 & 0 & 3/6 & 0 & 0 \\ 0 & 0 & 0 & 4/6 & 0 & 2/6 & 0 \\ 0 & 0 & 0 & 0 & 5/6 & 0 & 1/6 \\ 0 & 0 & 0 & 0 & 0 & 0 & 1 \end{pmatrix}.$$

Da die absorbierenden Zustände 0 und 6 von jedem Zustand aus erreichbar sind, hat $P = \lim_{k\to\infty} A^k$ die Gestalt

$$\begin{pmatrix} 1 & & 0 \\ s_1 & & 1-s_1 \\ \vdots & 0 & \vdots \\ s_5 & & 1-s_5 \\ 0 & & 1 \end{pmatrix}.$$

Dabei gilt offenbar $s_3 = \frac{1}{2}$ und $s_1 + s_5 = s_2 + s_4 = 1$. Aus $PA = P$ folgt $s_1 = \frac{1}{6} + \frac{5}{6}s_2, s_2 = \frac{2}{6}s_1 + \frac{4}{6}s_3 = \frac{2}{6}s_1 + \frac{2}{6}$. Dies liefert $s_1 = \frac{8}{13}, s_2 = \frac{7}{13}, s_4 = \frac{6}{13}, s_5 = \frac{5}{13}$. Im Besitz von nur einer Karte hat Spieler 1 immer noch die Wahrscheinlichkeit $1 - s_1 = \frac{5}{13}$, das Spiel zu gewinnen.

3.4.6 a) Man erhält

$$A = \begin{pmatrix} 1 & 0 & 0 & 0 & & & \\ 0 & 1 & 0 & 0 & & & \\ p & q & 0 & 0 & & & \\ 0 & p & q & 0 & & & \\ & & & \ddots & & & \\ & & & & p & q & 0 \end{pmatrix}$$

. Wegen $p > 0$ ist der Zustand 1 von jedem Zustand $3, \ldots, n$ aus erreichbar. Also existiert

$$P = \lim_{k\to\infty} A^k = \begin{pmatrix} 1 & 0 & 0 \ldots 0 \\ 0 & 1 & 0 \ldots 0 \\ a_3 & 1-a_3 & 0 \ldots 0 \\ \vdots & \vdots & \vdots \quad \vdots \\ a_n & 1-a_n & 0 \ldots 0 \end{pmatrix}.$$

b) Setzen wir $a_1 = 1, a_2 = 0$, so verlangt $P = AP$, daß $a_j = pa_{j-2} + qa_{j-1}$. Die Gleichung $s^2 = p + qs$ hat die Lösungen $s = 1, -p$. Daher ist $a_j = b + c(-p)^j$ mit $1 = b - cp$, $0 = b + cp^2$. Dies ergibt $b = p/(1+p), c = -1/(p(1+p))$. Also folgt $a_j = (p + (-p)^{j-1})/(1+p)$.

3.4.7 Da der absorbierende Zustand n wegen $r_1 \dots r_{n-1} > 0$ von jedem Zustand $1, 2, \dots, n-1$ aus erreichbar ist, gilt

$$P = \lim_{k\to\infty} A^k = \begin{pmatrix} 1 & & 0 \\ s_1 & & 1-s_1 \\ \vdots & 0 & \vdots \\ s_{n-1} & & 1-s_{n-1} \\ 0 & & 1 \end{pmatrix}.$$ Aus $P = AP$ folgt

(1) $s_1 = p_1 + q_1 s_1 + r_1 s_2$,
(i) $s_i = p_i s_{i-1} + q_i s_i + r_i s_{i+1}$,
(n-1) $s_{n-1} = p_{n-1} s_{n-2} + q_{n-1} s_{n-1}$.
Daraus erhalten wir wegen $p_i + q_i + r_i = 1$
(1') $u_1 - q_1 u_1 + p_1 \sum_{k=2}^{n-1} u_k = p_1$,
(i') $r_i u_i = p_i u_{i-1}$,
(n-1') $r_{n-1} u_{n-1} = p_{n-1} u_{n-2}$.
Dies liefert $u_k = \frac{p_k p_{k-1} \dots p_2}{r_k r_{k-1} \dots r_2} u_1$ $(k = 2, \dots, n-1)$. Schließlich ist u_1 zu berechnen aus $u_1 (1 - q_1 + p_1 \sum_{k=2}^{n-1} \frac{p_k p_{k-1} \dots p_2}{r_k r_{k-1} \dots r_2}) = p_1$.

3.5.3 a) Es gilt $0 = \text{Bild}\, A^m \leq \text{Bild}^{\,m-1} \leq \dots \leq \text{Bild}\, A \leq V$. Da A^j auf $\text{Bild}\, A^i / \text{Bild}\, A^{i+1}$ die Nullabbildung bewirkt, folgt mit Aufgabe 3.5.1, daß $\text{Spur}\, A^j = 0$ ist.
b) Sei $0 = a_0 E + a_1 A + \dots + a_k A^k$ minimal gewählt. Dann ist $0 = \text{Spur}\, a_0 E = a_0 \dim V$. Wegen $\text{Char}\, K = 0$ folgt $a_0 = 0$, somit $0 = A(a_1 E + \dots + a_k A^{k-1})$. Wegen $a_1 E + \dots + a_k A^{k-1} \neq 0$ ist A nicht regulär. Somit gilt $\text{Kern}\, A > 0$. Aus $0 = \text{Spur}\, A^j = \text{Spur}\, A^j_{\text{Kern}\, A} + \text{Spur}\, A^j_{V/\,\text{Kern}\, A} = \text{Spur}\, A^j_{V/\,\text{Kern}\, A}$ folgt vermöge Induktion nach $\dim V$ nun $A^{m-1}_{V/\,\text{Kern}\, A} = 0$ für ein geeignetes m. Das zeigt $A^{m-1} V \leq \text{Kern}\, A$, also $A^m = 0$.

3.6.2 a) Aus $P + Q = (P+Q)^2 = P^2 + PQ + QP + Q^2 = P + Q + PQ + QP$ folgt $PQ + QP = 0$. Daher ist $PQ = PQ^2 = -QPQ = Q^2 P = QP$, also $2PQ = 0$. Wegen $\text{Char} \neq 2$ folgt $PQ = QP = 0$.
b) Ist $PQ = QP$, so folgt $PQ = (PQ)^2$. Wegen $PQv = QPv \in \text{Bild}\, P \cap \text{Bild}\, Q$ gilt $\text{Bild}\, PQ \subseteq \text{Bild}\, P \cap \text{Bild}\, Q$. Sei umgekehrt $w = Qu = Pv \in \text{Bild}\, P \cap \text{Bild}\, Q$. Dann ist $w = Q^2 u = QPv = PQv \in \text{Bild}\, PQ$. Somit gilt $\text{Bild}\, PQ = \text{Bild}\, P \cap \text{Bild}\, Q$. Offenbar ist $\text{Kern}\, P +$

$\operatorname{Kern} Q \leq \operatorname{Kern} PQ$. Sei $PQw = 0$. Dann ist $w = Qw + (w - Qw)$ mit $Qw \in \operatorname{Kern} P$ und $w - Qw \in \operatorname{Kern} Q$. Somit gilt $\operatorname{Kern} P + \operatorname{Kern} Q = \operatorname{Kern} PQ$.
c) Es gilt $R^2 = (P + Q - PQ)^2 = P^2 + Q^2 + (PQ)^2 + 2PQ - 2P^2Q - 2QPQ = P + Q + PQ - 2PQ = R$. Also ist R eine Projektion. Offenbar gilt $\operatorname{Kern} P \cap \operatorname{Kern} Q \subseteq \operatorname{Kern} R$. Ist $Rw = 0$, so folgt $0 = PRw = P^2w + PQw - PQw = P^2w = Pw$, also $w \in \operatorname{Kern} P$. Ebenso folgt $Qw = 0$. Somit ist $\operatorname{Kern} R = \operatorname{Kern} P \cap \operatorname{Kern} Q$. Aus $Rv = Pv + Q(v - Pv)$ folgt $\operatorname{Bild} R \subseteq \operatorname{Bild} P + \operatorname{Bild} Q$. Sei $v = Pv \in \operatorname{Bild} P$ und $w = Qw \in \operatorname{Bild} Q$. Dann ist $R(v + w) = Pv + Pw + Qv + Qw - PQv - PQw = v + Pw + Qv + w - QPv - Pw = v + w \in \operatorname{Bild} R$. Also ist $\operatorname{Bild} R = \operatorname{Bild} P + \operatorname{Bild} Q$.

3.6.4 a) und b) Offenbar ist A eine lineare Abbildung von V in $\oplus_{j=1}^m V/V_j$ mit $\operatorname{Kern} A = \cap_{j=1}^m V_j$. Es folgt $\dim V/\cap_{j=1}^m V_j = \dim V/\operatorname{Kern} A = \dim \operatorname{Bild} A \leq \dim \oplus_{j=1}^m V/V_j = \sum_{j=1}^m \dim V/V_j$.
c) Gleichheit gilt genau dann, wenn A surjektiv ist. Dies ist gleichwertig damit, daß zu jedem j und jedem $w \in V$ ein v existiert mit $(v+V_1, \ldots, v+V_m) = Av = (V_1, \ldots, w+V_j, \ldots, V_m)$. Dies verlangt $w-v \in V_j$ und $v \in \cap_{i \neq j} V_i$. Dann ist $w = (w - v) + v \in V_j + \cap_{i \neq j} V_j$. Also gilt $V = V_j + \cap_{i \neq j} V_i$ für alle j.

3.7.2 In $U = \{(k_1, \ldots, k_n) \mid \sum_{i=1}^n k_i = 0\} \leq K^n$ haben alle Vektoren gerades Gewicht. Nun gilt $C = (C \cap U) \cup (C \setminus (C \cap U))$. Alle Codeworte im Unterraum $C \cap U$ haben gerades und alle Codeworte in $C \setminus (C \cap U)$ haben ungerades Gewicht. Die Behauptung folgt wegen $|C \setminus (C \cap U)| = |C/C \cap U| = 0$, falls $C \leq U$, und $|C \setminus (C \cap U)| = |C|/2$ sonst, wegen $\dim C \cap U = \dim C - 1$.

3.7.5 a) Ist $v \notin C$, so existiert wegen der Perfektheit des Hamming-Codes (mit $e = 1$) ein $c \in C$ mit $\mathrm{d}(v, c) = 1$. Dann ist $v + C = v - c + C$, wobei $\mathrm{wt}(v - c) = \mathrm{d}(v, c) = 1$. Ist $u + C = u' + C$ mit $\mathrm{wt}(u) = \mathrm{wt}(u') = 1$, so gilt $u - u' \in C$. Wegen $\mathrm{wt}(u - u') \leq 2$ und da C die Minimaldistanz 3 hat, folgt $u = u'$.
b) Sei $v = c + e$ mit $c \in C$ und e vom Gewicht 1. Ist H eine Kontrollmatrix für C, so folgt $Hv^t = H(c + e)^t = He^t$, also $v - e \in \operatorname{Kern} H = C$, d.h. $v + C = e + C$. Somit ist e nach a) eindeutig bestimmt. Der Fehlervektor $e = ke_j$ $(k \in K)$, wobei $e_j = (0, \ldots, 0, 1, 0, \ldots, 0)$, läßt sich somit eindeutig aus $Hv^t = H(ke_j)^t$ bestimmen.

3.7.7 Es gilt $\sum_{c \in C} \mathrm{wt}(c) = \sum_{c \in C} |\{(c, f_i(c) \mid i = 1, \ldots, n,\ f_i(c) \neq 0\}| =$
$= \sum_{i=1}^n |\{(c, f_i(c)) \mid c \in C, f_i(c) \neq 0\}| = \sum_{i=1}^n (q^k - |\operatorname{Ker} f_i|) = n(q-1)q^{k-1}$.

3.8.3 Für $a = b = 0$ ist $\mathrm{r}(A) = 0$. Für $a = 0 \neq b$ oder $a \neq 0 = b$ ist offenbar $\mathrm{r}(A) = 3$. Sei also $ab \neq 0$. Durch elementare Umformungen erhalten wir

$$A \to \begin{pmatrix} 0 & a & 0 & 0 \\ b & 0 & a & a \\ b & b & -b & a-b \\ b & b & 0 & -b \end{pmatrix} \quad (s_3 \to s_3 - s_2, s_4 \to s_4 - s_2)$$

$$\to \begin{pmatrix} a & 0 & 0 & 0 \\ 0 & b & a & a \\ b & b & -b & a-b \\ b & b & 0 & -b \end{pmatrix} \quad (s_1 \leftrightarrow s_2)$$

$$\to \begin{pmatrix} a & 0 & 0 & 0 \\ 0 & b & a & a \\ 0 & 0 & -a-b & -b \\ 0 & 0 & -a & -a-b \end{pmatrix} \quad (z_3 \to z_3 - \tfrac{b}{a}z_1 - z_2, z_4 \to z_4 - \tfrac{b}{a}z_1 - z_2)$$

$$\to \begin{pmatrix} a & 0 & 0 & 0 \\ 0 & b & 0 & 0 \\ 0 & 0 & -a-b & -b \\ 0 & 0 & -a & -a-b \end{pmatrix} \quad (s_3 \to s_3 - \tfrac{a}{b}s_2, s_4 \to s_4 - \tfrac{a}{b}s_2)$$

$$\to \begin{pmatrix} a & 0 & 0 & 0 \\ 0 & b & 0 & 0 \\ 0 & 0 & -b & a \\ 0 & 0 & -a & -a-b \end{pmatrix} \quad (z_3 \to z_3 - z_4)$$

$$\to \begin{pmatrix} a & 0 & 0 & 0 \\ 0 & b & 0 & 0 \\ 0 & 0 & -b & a \\ 0 & 0 & 0 & -(a^2+ab+b^2)/b \end{pmatrix} \quad (z_4 \to z_4 - \tfrac{a}{b}z_3).$$

Somit gilt

$$\mathrm{r}(A) = \begin{cases} 4 \text{ für } ab(a^2+ab+b^2) \neq 0 \\ 3 \text{ für } ab \neq 0 = a^2+ab+b^2. \end{cases}$$

3.8.4 Die Aussagen für $a = 0$ und $a = b$ sind trivial. Sei also $a(a-b) \neq 0$. Dann erhalten wir

$$A \to \begin{pmatrix} a-b & 0 & \dots & 0 & 0 \\ b & a & \dots & a & a \\ \vdots & \vdots & & \vdots & \vdots \\ b & b & \dots & b & a \end{pmatrix} \quad (z_1 \to z_1 - z_2)$$

$\rightarrow \begin{pmatrix} a-b & 0 & \dots & 0 & 0 \\ 0 & a & \dots & a & a \\ \vdots & \vdots & & \vdots & \vdots \\ 0 & b & \dots & b & a \end{pmatrix}$ $(z_j \rightarrow z_j - \frac{b}{a-b} z_1)$. Die Teilmatrix vom Typ $(n-1, n-1)$ hat dieselbe Gestalt wie die Ausgangsmatrix, hat daher vermöge einer Induktionsannahme den Rang $n-1$.

4.1.1 a) Offenbar gilt $N_1 \cap N_2 \trianglelefteq G$, und nach Teil c) ist $N_1 N_2$ eine Untergruppe von G. Für $g \in G$ und $n_j \in N_j$ $(j = 1, 2)$ gilt
$g^{-1} n_1 n_2 g = g^{-1} n_1 g g^{-1} n_2 g \in N_1 N_2$.
b) Für $n_j \in N_j$ $(j = 1, 2)$ ist
$n_1 (n_2 n_1^{-1} n_2^{-1}) = (n_1 n_2 n_1^{-1}) n_2^{-1} \in N_1 \cap N_2 = \{1\}$, also $n_1 n_2 = n_2 n_1$.
c) Für $n \in N$ und $u \in U$ gilt $nu = uu^{-1} nu \in UN$, also $NU = UN$.

4.1.4 a) Es gilt $\mathcal{D} = \langle A, B \rangle$ mit $A^4 = B^2 = E$ und $B^{-1} A B = A^{-1}$. Daher ist $(A^j B)^2 = A^j B^{-1} A^j B = A^j A^{-j} = E$. Somit hat $\mathcal{D}$ fünf Elemente $A^2, B, AB, A^2 B, A^3 B$ von der Ordnung 2 und zwei Elemente A, A^{-1} von der Ordnung 5. Ist $U < \mathcal{D}$ mit $|U| = 4$ und $U \neq \langle A \rangle$, so gilt $\mathcal{D} = U \langle A \rangle$, daher $8 = |U\langle A \rangle| = |U||\langle A \rangle|/|U \cap \langle A \rangle| = 16/|U \cap \langle A \rangle|$, also $|U \cap \langle A \rangle| = 2$. Dies zeigt $A^2 \in U$. Somit gibt es die Möglichkeiten $U_1 = \langle A^2, B \rangle = \{E, A^2, B, A^2 B\}$ und $U_2 = \langle A^2, AB \rangle = \{E, A^2, AB, A^3 B\}$.
b) Ist $|U| = 4$, so folgt mit Aufgabe 4.1.2, daß $U \triangleleft \mathcal{D}$. Wegen $B^{-1} A^2 B = A^2$ gilt $\langle A^2 \rangle \triangleleft \mathcal{D}$. Aus $A^{-1} A^j B A = A^{j-1} A^{-1} B = A^{j-2} B \notin \langle A^j B \rangle$ folgt $\langle A^j B \rangle \ntrianglelefteq \mathcal{D}$ für $j = 0, 1, 2, 3$.
c) Es gilt $\langle B \rangle \triangleleft \langle A^2, B \rangle \triangleleft \mathcal{D}$, aber $\langle B \rangle \ntrianglelefteq \mathcal{D}$.

4.2.1 a) Es gilt $\tau_b^2 = \sigma^3 = \alpha^2 = \iota$, letzteres wegen $a^4 = a$.
b) Es gelten $\sigma^{-1} \tau_b \sigma = \tau_{a^{-1} b}$, $\alpha^{-1} \tau_b \alpha = \tau_{b^2}$ und $\alpha^{-1} \sigma \alpha = \sigma^2$. Dies zeigt $T \triangleleft \langle T, \sigma \rangle \triangleleft \langle T, \sigma, \alpha \rangle = S$.
c) Wir haben die Zyklenzerlegungen $\tau_b = (0, b)(c, c+b)$ mit $0 \neq c \neq b$, $\sigma = (0)(1, a, a^2)$ und $\alpha = (0)(1)(a, a^2)$. Somit ist $\operatorname{sgn} \tau_b = \operatorname{sgn} \sigma = 1$ und $\operatorname{sgn} \alpha = -1$.

4.2.3 a) Wegen $\begin{pmatrix} x \\ ax+b \end{pmatrix} \begin{pmatrix} x \\ a'x+b' \end{pmatrix} = \begin{pmatrix} x \\ aa'x+ab'+b \end{pmatrix}$
und $\begin{pmatrix} x \\ a^{-1}x - a^{-1}b \end{pmatrix} \begin{pmatrix} x \\ ax+b \end{pmatrix} = \iota$ ist U eine Gruppe.
b) Daß T ein Normalteiler ist, folgt aus

$$\begin{pmatrix} x \\ ax+b \end{pmatrix}^{-1} \begin{pmatrix} x \\ x+c \end{pmatrix} \begin{pmatrix} x \\ ax+b \end{pmatrix} = \begin{pmatrix} x \\ x+a^{-1}c \end{pmatrix}.$$

Die restlichen Aussagen unter b), c) und d) sind trivial.

c) $\begin{pmatrix} x \\ x+b \end{pmatrix}$ ist ein Produkt von p^{f-1} Zyklen der Länge p. Für $p > 2$ ist $\operatorname{sgn}\begin{pmatrix} x \\ x+b \end{pmatrix} = 1$, für $p = 2$ ist $\operatorname{sgn}\begin{pmatrix} x \\ x+b \end{pmatrix} = (-1)^{2^{f-1}} = 1$, falls $q > 2$. Ist $K^* = \langle a \rangle$, so ist $\begin{pmatrix} x \\ ax \end{pmatrix}$ ein Zykel der Länge $q-1$, daher $\operatorname{sgn}\begin{pmatrix} x \\ ax \end{pmatrix} = \begin{cases} 1 & \text{für } q = 2^f \\ -1 & \text{für } 2 \nmid q. \end{cases}$

4.3.3 Wir bezeichnen die jeweilige Matrix vom Typ (n,n) mit C_n. Entwicklung nach der ersten Zeile liefert

$$\det C_n = a \det \begin{pmatrix} & & 0 \\ C_{n-2} & & \vdots \\ 0 & \ldots\ 0 & a \end{pmatrix} + (-1)^{n-1} b \det \begin{pmatrix} 0 & & \\ \vdots & C_{n-2} & \\ b & 0\ \ldots & 0 \end{pmatrix}$$

$= (a^2 - b^2) \det C_{n-2}$. Man sieht leicht, daß $\det C_2 = a^2 - b^2$ und $\det C_3 = (a^2 - b^2)c$ ist. Durch Induktion nach n folgt die Behauptung.

4.5.4 a) folgt durch direkte Rechnung.

b) In $D^2 v_{i_1} \ldots v_{i_p}$ taucht das Element $w = v_{i_1} \ldots \not{v}_{i_k} \ldots \not{v}_{i_l} \ldots v_{i_p}$ (ohne v_{i_k} und v_{i_l} mit $i_k < i_l$) auf in $(-1)^{k-1} f(v_{i_k}) D(v_{i_1} \ldots \not{v}_{i_k} \ldots\ldots v_{i_p})$ mit dem Beitrag $(-1)^{k-1+l-2} f(v_{i_k}) f(v_{i_l}) w$, aber auch in $(-1)^{l-1} f(v_{i_l}) D(v_{i_1} \ldots \not{v}_{i_l} \ldots v_{i_p})$ mit dem Beitrag $(-1)^{l-1+k-1} f(v_{i_l}) f(v_{i_k}) w$. Somit gilt $D^2 = 0$.

5.1.1 Durch Differenzieren von $(1+x)^n = \sum_{j=0}^n \binom{n}{j} x^j$ und Spezializierung $x = 1$ erhält man

$n 2^{n-1} = \sum_{j=0}^n j \binom{n}{j}$,

$n(n-1) 2^{n-2} = \sum_{j=0}^n j(j-1) \binom{n}{j}$,

$n(n-1)(n-2) 2^{n-3} = \sum_{j=0}^n j(j-1)(j-2) \binom{n}{j}$.

Daraus folgen leicht die Aussagen unter a), b), c).

d) Es gilt

$\sum_{j=0}^{2n-1} \binom{2n-1}{j} x^j = (1+x)^n n (1+x)^{n-1} \cdot \frac{1}{n} = \frac{1}{n} \sum_{k=0}^n \binom{n}{k} x^k \sum_{l=0}^n \binom{n}{l} l x^{l-1}$.

Vergleich der Kopeffizienten von x^{n-1} liefert

$n\binom{2n-1}{n-1} = \sum_{l=0}^n \binom{n}{n-l}\binom{n}{l} l = \sum_{l=0}^n \binom{n}{l}^2 l$. Man stellt leicht fest, daß $\binom{2n-1}{n-1} = \binom{2n}{n}/2$.

5.1.3 a) $\binom{x+y}{k}$ und $\sum_{j=0}^k \binom{x}{j}\binom{y}{k-j}$ sind Polynome in x und y, also $\binom{x+y}{k} = \sum_l f_l(x) y^l$ und $\sum_{j=0}^k \binom{x}{j}\binom{y}{k-j} = \sum_l g_l(x) y^l$ mit $f_j, g_j \in K[x]$. Nach der

Vorbemerkung gilt $\sum_l f_l(m)n^l = \sum_l g_l(m)n^l$ für alle $m, n \in \mathbb{N}$. Da die Polynome $\sum_l f_l(m)y^l$ und $\sum_l g_l(m)y^l$ an unendlich vielen Stellen übereinstimmen, folgt $f_l(m) = g_l(m)$ für alle $m \in \mathbb{N}$. Das zeigt $f_l(x) = g_l(x)$.
b) Wegen a) gilt
$(1+x)^\alpha(1+x)^\beta = \sum_j \binom{\alpha}{j}x^j \sum_k \binom{\beta}{k}x^k = \sum_l(\sum_{j+k=l}\binom{\alpha}{j}\binom{\beta}{k})x^l$
$= \sum_l \binom{\alpha+\beta}{l}x^l = (1+x)^{\alpha+\beta}$.
c) Nach b) ist $(1+x)^{-m} = \sum_{j=0}^{\infty}\binom{-m}{j}x^j$. Dabei ist
$\binom{-m}{j} = \frac{-m(-m-1)\ldots(-m-j+1)}{j!} = \frac{(-1)^j m(m+1)\ldots(m+j-1)}{j!} = (-1)^j\binom{m+j-1}{j}$.

5.1.5 Es gilt $y^j = ((y-1)+1)^j = \sum_{k=0}^{j}\binom{j}{k}(y-1)^k$
$= \sum_{k=0}^{j}\binom{j}{k}\sum_{i=0}^{k}\binom{k}{i}(-1)^{k-i}y^i = \sum_{i=0}^{j}(\sum_{k=0}^{j}(-1)^{k-i}\binom{j}{k}\binom{k}{i})y^i$.
Somit ist $\delta_{ij} = \sum_{k=0}^{j}(-1)^{k-i}\binom{j}{k}\binom{k}{i}$. Ist $A = (a_{ij})$ mit $a_{ij} = \binom{j}{i}$ und $B = (b_{ij})$ mit $b_{ij} = (-1)^{j-i}\binom{j}{i}$, so folgt $\sum_k b_{ik}a_{kj} = \sum_k(-1)^{k-i}\binom{k}{i}\binom{j}{k} = \delta_{ij}$, also $BA = E$.

5.2.2 b) Offenbar gilt $\mathcal{A}(\mathcal{N}) = e_{\mathcal{N}}R$.
c) Wegen $e_{\mathcal{N}_1}e_{\mathcal{N}_2} = e_{\mathcal{N}_1\cup\mathcal{N}_2}$ gilt $\mathcal{A}(\mathcal{N}_1)\mathcal{A}(\mathcal{N}_2) = \mathcal{A}(\mathcal{N}_1\cup\mathcal{N}_2) = \mathcal{A}(\mathcal{N}_1)\cap\mathcal{A}(\mathcal{N}_2)$. Offenbar ist $\mathcal{A}(\mathcal{N}_1)+\mathcal{A}(\mathcal{N}_2) \subseteq \mathcal{A}(\mathcal{N}_1\cap\mathcal{N}_2)$. Ist $\mathcal{N}'$ das Komplement von $\mathcal{N}$, so gilt $e_{\mathcal{N}} = 1 - e_{\mathcal{N}'}$. Es folgt $e_{\mathcal{N}_1\cap\mathcal{N}_2} = 1 - e_{(\mathcal{N}_1\cap\mathcal{N}_2)'} = 1 - e_{\mathcal{N}_1'}e_{\mathcal{N}_2'} = 1-(1-e_{\mathcal{N}_1})(1-e_{\mathcal{N}_2}) = e_{\mathcal{N}_1}(1-e_{\mathcal{N}_2}) + e_{\mathcal{N}_2}$. Dies liefert $\mathcal{A}(\mathcal{N}_1\cap\mathcal{N}_2) \subseteq e_{\mathcal{N}_1}(1-e_{\mathcal{N}_2})R + e_{\mathcal{N}_2}R \subseteq \mathcal{A}(\mathcal{N}_1)+\mathcal{A}(\mathcal{N}_2)$.
d) Sei $\mathcal{I}$ ein Ideal in R und $\mathcal{M} = \{j \mid f(j) = 0 \text{ für alle } f \in \mathcal{I}\}$. Dann gilt $\mathcal{I} \subseteq \mathcal{A}(\mathcal{M})$. Für jedes $i \notin \mathcal{M}$ existiert ein $f_i \in \mathcal{I}$ mit $f_i(i) \neq 0$. Ein Vielfaches g_i von f_i, welches auch in $\mathcal{I}$ liegt, hat dann die Eigenschaft $g_i(j) = \delta_{ij}$. Somit folgt $\sum_{i\notin\mathcal{M}} g_i = e_{\mathcal{M}} \in \mathcal{I}$ und daher $\mathcal{I} = e_{\mathcal{M}}R = \mathcal{A}(\mathcal{M})$.
e) Wegen $|T(f_1+f_2)| \leq |T(f_1)\cup T(f_2)| \leq |T(f_1)|+|T(f_2)|$ ist $\mathcal{B}$ ein Ideal in R. Angenommen, $\mathcal{B} = \mathcal{A}(\mathcal{M})$. Wegen $\mathcal{B} \subset R = \mathcal{A}(\emptyset)$ gilt $\emptyset \subset \mathcal{M}$. Ist $f_i(j) = \delta_{ij}$, so gilt $f_i \in \mathcal{B}$, aber $f_i \notin \mathcal{A}(\mathcal{M})$ für $i \in \mathcal{M}$.

5.3.3 a) Sind $a = \prod_i p_i^{a_i}, b = \prod_i p_i^{b_i}, c = \prod_i p_i^{c_i}$ die Primfaktorzerlegungen, so folgt aus $\max(a_i+b_i, a_i+c_i) = a_i + \max(b_i, c_i)$ sofort
$\mathrm{kgV}(ab, ac) \sim a\,\mathrm{kgV}(b, c)$. Für Hauptideale $\mathcal{A} = Ra, \mathcal{B} = Rb, \mathcal{C} = Rc$ heißt dies $\mathcal{AB}\cap\mathcal{AC} = \mathcal{A}(\mathcal{B}\cap\mathcal{C})$.
b) Ähnlich wie in a) folgt die Behauptung aus
$\min(a_i+b_i, a_i+c_i) = a_i + \min(b_i, c_i)$. Im Hauptidealring R entspricht dies der Relation $\mathcal{AB}+\mathcal{AC} = \mathcal{A}(\mathcal{B}+\mathcal{C})$, die in allen Ringen gilt.

5.3.4 a) Ist $Ra \cap Rb = Rk$, so folgt $Rac \cap Rbc = Rkc$. Also gilt
$\mathrm{kgV}(ac, bc) \sim c\,\mathrm{kgV}(a, b)$.

b) Sei $Rac \cap Rbc = Rd$ mit $d = r_1ac = r_2bc$. Wegen $c \mid d$ ist $d = ec$, somit $e = r_1a = r_2b \in Ra \cap Rb$. Ist $s_1a = s_2b \in Ra \cap Rb$, so folgt $s_1ac = s_2bc \in Rac \cap Rbc = Rd$. Wegen $d = ec$ erhalten wir $s_1a = s_2b = te \in Re$. Dies zeigt $Ra \cap Rb = Re$ und somit $\text{kgV}(ac, bc) \sim d = ce \sim c \cdot \text{kgV}(a, b)$.
c) Sei $Ra \cap Rb = Rk$. Wegen $ab \in Ra \cap Rb = Rk$ gilt $ab = dk$ mit $d \in R$. Wegen $b \mid k$ ist $k = br$, also $a = dr$. Somit ist $d \mid a$. Ebenso sieht man $d \mid b$. Mithin ist d ein gemeinsamer Teiler von a und b.
Sei nun s irgendein gemeinsamer Teiler von a und b, etwa $a = r_1s$ und $b = r_2s$. Nach Teil a) gilt $\text{kgV}(a, b) = \text{kgV}(r_1s, r_2s) \sim s \cdot \text{kgV}(r_1, r_2)$, daher $k = sl$ mit $l \mid r_1r_2$, etwa $r_1r_2 = tl$. Es folgt $tls^2 = r_1r_2s^2 = ab = kd = sld$. Also ist $d = ts$, somit $s \mid d$. Daher ist $d = \frac{ab}{k}$ ein größter gemeinsamer Teiler von a und b. Dies zeigt $ab \sim \text{kgV}(a, b)\,\text{ggT}(a, b)$, falls $\text{kgV}(a, b)$ existiert.

5.3.5 a) Man stellt leicht fest, daß $\text{ggT}(ac, bc) \sim c \cdot \text{ggT}(a, b)$. Sei d ein größter gemeinsamer Teiler von a und b. Wegen $a(bd^{-1}) = (ad^{-1})b \in Ra \cap Rb$ ist abd^{-1} ein gemeinsames Vielfaches von a und b.
Sei umgekehrt $a \mid k$ und $b \mid k$. Wegen $ab \mid kb$ und $ab \mid ka$ folgt $ab \mid \text{ggT}(ka, kb) \sim k \cdot \text{ggT}(a, b) \sim kd$. Also gilt $\frac{ab}{d} \mid k$. Somit ist $\frac{ab}{d}$ ein kleinstes gemeinsames Vielfaches von a und b.
b) Ist $Ra + Rb = Rd$ ein Hauptideal, so ist d ein größter gemeinsamer Teiler von a und b. Nach a) existiert auch $\text{kgV}(a, b)$. Also ist $Ra \cap Rb$ ein Hauptideal.

5.4.4 a) Sei $j \geq m + 1$ und $A^j v = 0$. Dann ist $A^{m+1}(A^{j-m-1}v) = 0$, somit $0 = A^m(A^{j-m-1}v) = A^{j-1}v = 0$. Wiederholung dieses Argumentes zeigt $\text{Kern}\, A^j = \text{Kern}\, A^m$ für alle $j > m$.
b) Die Aussage folgt aus $\dim \text{Bild}\, A^j = \dim V - \dim \text{Kern}\, A^j$.
c) Wegen $\text{Bild}\, A^m = \text{Bild}\, A^{2m}$ gibt es für $v \in V$ ein $w \in V$ mit $A^m v = A^{2m} w$. Dann ist $v = (v - A^m w) + A^m w$ mit $A^m(v - A^m w) = 0$. Daher gilt $V = \text{Kern}\, A^m + \text{Bild}\, A^m$. Ist $v = A^m u \in \text{Kern}\, A^m \cap \text{Bild}\, A^m$, so folgt $0 = A^m v = A^{2m} u$. Dies zeigt $u \in \text{Kern}\, A^{2m} = \text{Kern}\, A^m$, also $v = A^m u = 0$. Daher ist $\text{Kern}\, A^m \cap \text{Bild}\, A^m = 0$.

5.5.1 Man bestätigt leicht, daß $A^2 - nA + (2n - 4)E =$

$$\begin{pmatrix} n-2 & 0 & 0 & \dots & 0 & 0 & 2-n \\ 0 & 2n-6 & -2 & \dots & -2 & -2 & 0 \\ 0 & -2 & 2n-6 & \dots & -2 & -2 & 0 \\ \vdots & \vdots & \vdots & & \vdots & \vdots & \vdots \\ 0 & -2 & -2 & \dots & -2 & 2n-6 & 0 \\ 2-n & 0 & 0 & \dots & 0 & 0 & n-2 \end{pmatrix},$$

woraus alle Aussagen folgen.

5.5.2 a) Durch $B(v+\operatorname{Kern} A^{m+1}) = Av+\operatorname{Kern} A^m$ wird eine offenbar wohldefinierte lineare Abbildung B von $\operatorname{Kern} A^{m+2}/\operatorname{Kern} A^{m+1}$ in $\operatorname{Kern} A^{m+1}/\operatorname{Kern} A^m$ definiert. Dabei ist $\operatorname{Kern} B = \operatorname{Kern} A^{m+1}$. Also folgt $\dim \operatorname{Kern} A^{m+2}/A^{m+1} = \dim \operatorname{Bild} B \leq \dim \operatorname{Kern} A^{m+1}/A^m$.
b) folgt unmittelbar aus a).

5.5.3 Wegen $A^m = \begin{pmatrix} B^m & 0 \\ mB^m & B^m \end{pmatrix}$ folgt $g(A) = \begin{pmatrix} g(B) & 0 \\ Bg'(B) & g(B) \end{pmatrix}$ für alle Polynome $g \in K[x]$. Somit ist $0 = m_A(A) = \begin{pmatrix} m_A(B) & 0 \\ Bm'_A(B) & m_A(B) \end{pmatrix}$. Dies verlangt $m_B \mid m_A$ und $m_B \mid xm'_A$. Daher ist $b_i \leq a_i$. Ist $m_A = p_i^{a_i} s_i$, so wird auch verlangt, daß $p_i^{b_i} \mid xp_i^{a_i} s'_i + a_i x p_i^{a_i - 1} p'_i s_i$. Wegen $\operatorname{Char} K = 0$ ist $p'_i \neq 0$ und wegen $\operatorname{Grad} p'_i < \operatorname{Grad} p_i$ gilt $p_i \nmid p'_i$. Also wird $a_i - 1 = b_i$ verlangt für $p_i \neq x$. Für $p_i = x$ reicht $a_i = b_i$.

5.5.5 a) Sei $[v_1, \ldots, v_n]$ eine Basis von V mit $Av_j = a_j v_j$. Sei $W < V$ mit $AW \leq W$ und $U \cap W = 0$, wobei W maximal bzgl. dieser Eigenschaften gewählt sei. Angenommen, $U + W < V$. Sei $v_j \notin U + W$. Daher gilt $W < \langle v_j \rangle + W$ und $A(\langle v_j \rangle + W) \leq \langle v_j \rangle + W$. Da W maximal ist, folgt $0 \neq U \cap (\langle v_j \rangle + W)$. Also gibt es ein $0 \neq u \in U$ und $w \in W$ mit $u = bv_j + w$. Wegen $U \cap W = 0$ ist $b \neq 0$, daher $bv_j = u - w \in U + W$. Dies ist ein Widerspruch. Also gilt $V = U \oplus W$.

5.6.1 a) Sei $Z_i = \langle z_i \rangle$. Wegen $\operatorname{ggT}(|Z_1|, |Z_2|) = 1$ gilt $Z_1 \cap Z_2 = \{1\}$. Sei $(z_1 z_2)^k = z_1^k z_2^k = 1$. Dann gilt $|Z_i| \mid k$, somit $|Z_1||Z_2| = \operatorname{kgV}(|Z_1|, |Z_2|) \mid k$. Dies zeigt $\operatorname{Ord} z_1 z_2 = |Z_1||Z_2|$. Somit ist $Z_1 Z_2$ zyklisch.
b) Sei $A/Z = \langle aZ \rangle$ und $Z = \langle z \rangle$. Dann gilt $a^{|A/Z|} = z^x \in Z$. Daher ist $(az^y)^{|A/Z|} = z^{x+y|A/Z|}$. Wegen $\operatorname{ggT}(|Z|, |A/Z|) = 1$ ist die Kongruenz $y|A/Z| \equiv -x \pmod{|Z|}$ lösbar. Dann gilt $(az^y)^{|A/Z|} = 1$, also insbesondere $Z \cap \langle az^y \rangle = E$. Somit ist $A = \langle z \rangle \times \langle az^y \rangle$ zyklisch nach a).

5.6.3 a) Für $p > 2$ zeigen wir durch Induktion nach k, daß $(1 + px)^{rp^k} \equiv 1 + rp^{k+1}x \pmod{p^{k+2}}$. Für $k = 0$ ist die Aussage nach dem binomischen Lehrsatz richtig. Sei bereits $(1 + px)^{rp^k} \equiv 1 + rp^{k+1}x + p^{k+2}f$ mit $f \in \mathbb{Z}[x]$ bewiesen. Da $\binom{p}{i}$ für $0 < i < p$ durch p teilbar ist, erhalten wir wegen $p(k+1) \geq k+3$ und $j(k+1) \geq k+3$ für $j \geq 2$ die Kongruenz $(1 + px)^{rp^{k+1}} \equiv 1 + p^{k+2}(rx + pf) \equiv 1 + rp^{k+2}x \pmod{p^{k+3}}$. Durch Koeffizientenvergleich folgt $\binom{rp^k}{i} p^i \equiv 0 \pmod{p^{k+2}}$ für $i \geq 2$.
b) Aus $(1 + 2x)^{r2^k} = 1 + 2^{k+1}f$ folgt
$(1 + 2x)^{r2^{k+1}} = 1 + 2^{k+2}f + 2^{2k+2}f^2 \equiv 1 \pmod{2^{k+2}}$.

5.6.4 a) Für $ggT(m,b)=1$ ist φ mit
$\varphi(b+m\,\mathbb{Z})=(b+p_1^{a_1}\,\mathbb{Z},\ldots,b+p_k^{a_k}\,\mathbb{Z})$ offenbar ein Monomorphismus von $E(\mathbb{Z}\,/m\,\mathbb{Z})$ in $E(\mathbb{Z}\,/p_1^{a_1}\,\mathbb{Z})\times\ldots\times E(\mathbb{Z}\,/p_k^{a_k}\,\mathbb{Z})$. Nach dem chinesischen Restsatz ist φ surjektiv.
b) Nach Aufgabe 5.6.3 ist $5^{2^{n-3}}=(1+4)^{2^{n-3}}\equiv 1+2^{n-1}\,(\mathrm{mod}\,2^n)$ und $5^{2^{n-2}}\equiv 1\,(\mathrm{mod}\,2^n)$. Wegen $|E(\mathbb{Z}\,/2^n\,\mathbb{Z})|=2^{n-1}$ folgt
$E(\mathbb{Z}\,/2^n\,\mathbb{Z})=\langle -1+2^n\,\mathbb{Z}\rangle\times\langle 5+2^n\,\mathbb{Z}\rangle$.
c) Nun ist ψ mit $\psi(a+p^n\,\mathbb{Z})=a+p\,\mathbb{Z}$ ein Epimorphismus von $E(\mathbb{Z}\,/p^n\,\mathbb{Z})$ auf $E(\mathbb{Z}\,/p\,\mathbb{Z})$ mit $\mathrm{Kern}\,\psi=\{a+p^n\,\mathbb{Z}\mid a\equiv 1\,(\mathrm{mod}\,p)\}$. Mit Aufgabe 5.6.3 erhalten wir $(1+p)^{p^{n-2}}\equiv 1+p^{n-1}\,(\,\mathrm{mod}\;p^n)$ und $(1+p)^{p^{n-1}}\equiv 1\,(\,\mathrm{mod}\;p^n)$. Somit ist $\mathrm{Kern}\,\psi=\langle 1+p+p^n\,\mathbb{Z}\rangle$ zyklisch. Da $E(\mathbb{Z}\,/p\,\mathbb{Z})$ zyklisch ist, ist $E(\mathbb{Z}\,/p^n\,\mathbb{Z})$ nach Aufgabe 5.6.1 b) zyklisch.

5.7.3 b) Offenbar ist $W=\oplus_{j=1}^r W_j$ eine direkte Zerlegung als A-Moduln.
c) steht bereits in Aufgabe 5.5.3.
d) Es gilt $\mathrm{Kern}\,p(A)=\{\begin{pmatrix}v\\v'\end{pmatrix}\mid p(B)v=0=Bp'(B)v+p(B)v'\}$. Dann ist $0=p(B)(Bp'(B)v+p(B)v')=p(B)^2v'$. Zu $v'\in\mathrm{Kern}\,p(B)^2$ gibt es genau ein $v\in\mathrm{Kern}\,p(B)$ mit $Bp'(B)v+p(B)v'=0$. Denn wegen $\mathrm{ggT}(xp',p)=1$ gibt es $f,g\in K[x]$ mit $1=fxp'+gp$. Für $w\in\mathrm{Kern}\,p(B)$ folgt $w=f(B)Bp'(B)w$. Also ist $Bp'(B)$ auf $\mathrm{Kern}\,p(B)$ invertierbar. Somit ist
$\dim\mathrm{Kern}\,p(A)=\dim\mathrm{Kern}\,p(B)^2=2\dim\mathrm{Kern}\,p(B)$.
e) Nach d) hat A auf W_j zwei Jordankästchen, wobei eines davon nach Teil c) den Typ (p^{a_j+1},p^{a_j+1}) hat. Wegen $\dim W_j=p^{2a_j}$ hat das andere Jordankästchen den Typ (p^{a_j-1},p^{a_j-1}).

5.7.5 a) $\Rightarrow$ b) Dies haben wir bereits in Aufgabe 3.3.2 bewiesen.
b) $\Rightarrow$ c) Angenommen, $V=K[A]v_1\oplus K[A]v_2\oplus\ldots$ mit
$K[A]v_j\cong K[x]/p^{a_j}K[x]$ $(j=1,2)$ und $a_1\geq a_2$. Wir definieren $B\in\mathrm{End}(V)$ durch $Bg(A)v_1=g(A)v_2$ und $Bg(A)v_j=0$ für $j\geq 2$. Dann ist B wohldefiniert und $AB=BA$, aber $B\notin K[A]$.
c) $\Rightarrow$ d) ist trivial, da nun $m_A=\prod_{j=1}^n p_j^{a_j}=f_A$.
d) $\Rightarrow$ a) Dies steht bereits in 5.5.7.

6.1.2 Offenbar sind $\|\,(x_i)\,\|_\infty\leq\|\,(x_i)\,\|_1\leq n\,\|\,(x_i)\,\|_\infty$ und
$\|\,(x_i)\,\|_\infty\leq\|\,(x_i)\,\|_2\leq\sqrt{n}\,\|\,(x_i)\,\|_\infty$ bestmögliche Abschätzungen. Aus $\sum_{i=1}^n|x_i|^2\leq(\sum_{i=1}^n|x_i|)^2$ folgt $\|\,(x_i)\,\|_2\leq\|\,(x_i)\,\|_1$. Die Schwarzsche Ungleichung liefert $(\sum_{i=1}^n|x_i|1)^2\leq\sum_{i=1}^n|x_i|^2\cdot n$, also $\|\,(x_i)\,\|_1\leq\sqrt{n}\,\|\,(x_i)\,\|_2$. Auch diese Abschätzungen sind bestmöglich.

6.2.4 Ist $\| A^k \| = \| A \|^k$ für alle k, so folgt mit 6.2.10, daß $\rho(A) = \lim_{k\to\infty} \sqrt[k]{\| A^k \|} = \| A \|$. Ist umgekehrt $\rho(A) = \| A \|$, so erhalten wir $\rho(A^k) = \rho(A)^k = \| A \|^k \geq \| A^k \| \geq \rho(A^k)$. Somit gilt $\| A \|^k = \| A^k \|$ für alle k.

6.2.6 Sei $S \in (\mathbb{C})_n$, so daß

$$S^{-1}AS = \begin{pmatrix} a_{11} & 0 & 0 & \dots & 0 \\ a_{21} & a_{22} & 0 & \dots & 0 \\ \vdots & \vdots & \vdots & & \vdots \\ a_{n1} & a_{n2} & a_{n3} & \dots & a_{nn} \end{pmatrix}$$ Dreiecksgestalt hat. Dann ist $\rho(A) = \max_j |a_{jj}|$. Ist T eine Diagonalmatrix mit den Diagonalelementen t_j, so hat $T^{-1}S^{-1}AST$ die Einträge $t_i^{-1}t_j a_{ij}$. Wir wählen $t_1 = 1$ und t_2 mit $|t_2^{-1}a_{21}| < \delta$. Dann t_3 so, daß $|t_3^{-1}a_{31}| < \delta$ und $|t_3^{-1}t_2 a_{32}| < \delta$. Schließlich sei $|t_n^{-1}t_j a_{nj}| < \delta$ für $j = 1, \dots, n-1$. Es folgt $\| T^{-1}S^{-1}AST \|_1 \leq \rho(A) + (n-1)\delta$. Man definiere also eine Algebrennorm $\| \cdot \|$ durch $\| B \| = \| T^{-1}S^{-1}BST \|_1$. Ist $(n-1)\delta < \varepsilon$, so ist $\| A \| \leq \rho(A) + \varepsilon$.

6.3.2 a) Sei $Av = av$ mit $|a| = 1$ und $v = (x_i)$. Dann ist $ax_i = \sum_{j=1}^n a_{ij}x_j$ und somit $|x_i| = |\sum_{j=1}^n a_{ij}x_j| \leq \sum_{j=1}^n a_{ij}|x_j|$. Wegen $A|v| = |v|$ gilt das Gleichheitszeichen. Somit haben wegen $a_{ij} > 0$ alle $x_j \neq 0$ die gleiche Richtung. Dies heißt $v = \varepsilon w$ mit $|\varepsilon| = 1$ und $w \geq 0$. Also ist $Aw = aw$. Wegen $A > 0$ und $w \geq 0$ folgt $0 < a \in \mathbb{R}$, also $|a| = 1$.
b) Wegen $A > 0$ ist $\rho(A)$ nach 6.3.4 e) ein einfacher Eigenwert. Sei $T^{-1}\rho(A)^{-1}AT = \begin{pmatrix} 1 & 0 \\ 0 & B \end{pmatrix}$. Wegen a) ist $\rho(B) < 1$. Damit folgt $\lim_{k\to\infty} T^{-1}\rho(A)^{-k}A^kT = \begin{pmatrix} 1 & 0 \\ 0 & 0 \end{pmatrix}$.

c) Sei $T = \begin{pmatrix} s_1 & \\ \vdots & * \\ s_n & \end{pmatrix}$ und $T^{-1} = \begin{pmatrix} t_1 \dots t_n \\ \\ * \end{pmatrix}$. Setzen wir

$$P = \lim_{k\to\infty} \rho(A)^{-k}A^k, \text{ so gilt } P = T\begin{pmatrix} 1 & 0 \\ 0 & 0 \end{pmatrix}T^{-1} = \begin{pmatrix} s_1t_1 & \dots & s_1t_n \\ \vdots & & \vdots \\ s_nt_1 & \dots & s_nt_n \end{pmatrix}.$$

Wegen $Ay = \rho(A)y$ ist $0 < y = Py = \begin{pmatrix} s_1(t,y) \\ \vdots \\ s_n(t,y) \end{pmatrix}$, wenn wir $t = (t_i)$ setzen. Indem wir T um einen skalaren Faktor abändern, können wir $(t, y) = 1$ annehmen. Also ist $y_j = s_j$. Ferner ist

$(z_i) = (z_i)P = (t_1(y,z), \ldots, t_n(y,z)) = (t_i)$. Dies zeigt

$$P = \begin{pmatrix} y_1z_1 & \ldots & y_1z_n \\ \vdots & & \vdots \\ y_nz_1 & \ldots & y_nz_n \end{pmatrix}.$$

6.4.3 Aus $e^A = e^a e^N$ folgt $e^A - e^a E = NS$ mit regulärem $S = e^a(E + \frac{N}{2!} + \ldots)$. Wegen $NS = SN$ erhalten wir $(e^A - e^a E)^k = N^k S^k$. Wegen $N^{n-1} \neq 0 = N^n$ ist $(x - e^a)^n$ das Minimalpolynom von e^A.

6.5.3 Sei $V = \sum_{j=1}^n \mathbb{C}v_j$. Wir lassen A auf V operieren gemäß $Av_j = \sum_{k=1}^n a_{kj}v_k$ $(j = 1, \ldots, n)$. Sei $w_j = \sum_{k\in\mathcal{B}_j} v_k$ $(j = 1, \ldots, m)$. Wegen der Disjunktheit der $\mathcal{B}_j$ sind die w_j linear unabhängig. Es gilt $Aw_j = \sum_{k\in\mathcal{B}_j} Av_k = \sum_{l=1}^n \sum_{k\in\mathcal{B}_j} a_{lk}v_l = \sum_{r=1}^m \sum_{l\in\mathcal{B}_r} (\sum_{k\in\mathcal{B}_j} a_{lk})v_l = \sum_{r=1}^m b_{rj} \sum_{l\in\mathcal{B}_r} v_l = \sum_{r=1}^m b_{rj}w_r$. Ergänzen wir $w_1, \ldots, w_m$ zu einer Basis von V, so wird A eine Matrix der Gestalt $\begin{pmatrix} B & C \\ 0 & D \end{pmatrix}$ zugeordnet. Also ist $f_A = f_B f_D$.

6.5.4 a) Nun ist $\mathcal{B}_1 = \{1, \ldots, n\}$ und $\mathcal{B}_2 = \{n+1\}$ eine für A zulässige Partition. Das führt zu $B = \begin{pmatrix} 2/3 & 1/3 \\ 1 & 0 \end{pmatrix}$ mit $f_B = (x-1)(x+1/3)$.
b) Ist n gerade, so ist auch $\mathcal{B}_1 = \{1, 3, \ldots, n-1\}$, $\mathcal{B}_2 = \{2, 4, \ldots, n\}$ und $\mathcal{B}_3 = \{n+1\}$ zulässig. Das liefert $B = \begin{pmatrix} 0 & 2/3 & 1/3 \\ 2/3 & 0 & 1/3 \\ 1/2 & 1/2 & 0 \end{pmatrix}$ mit $f_B = (x-1)(x+1/3)(x+2/3)$.
c) Ist $3 \mid n$, so ist $\mathcal{B}_1 = \{1, 4, \ldots, n-2\}$, $\mathcal{B}_2 = \{2, 5, \ldots, n-1\}$, $\mathcal{B}_3 = \{3, 6, \ldots, n\}$ und $\mathcal{B}_4 = \{n+1\}$ zulässig. Dies führt zu

$$B = \begin{pmatrix} 0 & 1/3 & 1/3 & 1/3 \\ 1/3 & 0 & 1/3 & 1/3 \\ 1/3 & 1/3 & 0 & 1/3 \\ 1/3 & 1/3 & 1/3 & 0 \end{pmatrix} = 1/3F - 1/3E \text{ mit } F = \begin{pmatrix} 1 & \ldots & 1 \\ \vdots & & \vdots \\ 1 & \ldots & 1 \end{pmatrix}.$$

Da F die Eigenwerte $0, 0, 0, 4$ hat, folgt $f_B = (x-1)(x+1/3)^3$.
d) Für $n = 6$ hat A nach b) und c) die Eigenwerte $1, -1/3, -1/3, -1/3, -2/3$. Sind a, b die fehlenden Eigenwerte von A, so gilt $0 = \operatorname{Spur} A = -2/3 + a + b$ und $2 = \operatorname{Spur} A^2 = 1 + 7/9 + a^2 + b^2$. Dies führt zu $a = b = 1/3$. Somit hat A die Eigenwerte $1, -1/3, -1/3, -1/3, -2/3, 1/3, 1/3$.

6.5.6 a) Man erhält $B = \begin{pmatrix} 1 & 0 & 1 \\ 0 & 0 & 1 \\ 1/4 & 1/4 & 1/2 \end{pmatrix}$ mit $f_B = (x-1)(x^2 - x/2 - 1/4)$. Somit hat B die Eigenwerte $1, (1+\sqrt{5})/4, (1-\sqrt{5})/4$. Da 1 ein zweifacher Eigenwert von A ist, erhalten wir für die fehlenden Eigenwerte a, b von A die Gleichungen $2+1/2 = \operatorname{Spur} A = 2+1/2+a+b$ und $3+1/4 = \operatorname{Spur} A^2 = 2+3/4+a^2+b^2$. Dies liefert $a = 1/2, b = -1/2$. Also hat A die Eigenwerte $1, 1, 1/2, -1/2, (1+\sqrt{5})/4, (1-\sqrt{5})/4$.

b) Im Prozeß aus 3.4.9 b) erhielten wir die Übergangsmatrix $A = \begin{pmatrix} E & 0 \\ C & B \end{pmatrix}$ mit

$B = \begin{pmatrix} 0 & 0 & 1 & 0 \\ 0 & 0 & 0 & 1 \\ 1/2 & 0 & 0 & 1/2 \\ 0 & 0 & 0 & 1/2 \end{pmatrix} = \begin{pmatrix} 0 & E \\ U & V \end{pmatrix}$. Da xE mit U vertauschbar ist, folgt mit 4.3.10 a), daß $f_B = \det(x(xE-V)-U) = \det \begin{pmatrix} x^2-1/2 & -x/2 \\ 0 & x^2-x/2 \end{pmatrix} = (x^2-1/2)x(x-1/2)$. Somit hat B die Eigenwerte $0, 1/2, 1/\sqrt{2}, -1/\sqrt{2}$. Daher hat A die Eigenwerte $1, 1, 0, 1/2, 1/\sqrt{2}, -1/\sqrt{2}$. Der die Konvergenzgeschwindigkeit des Prozesses bestimmende Eigenwert ist $(1+\sqrt{5})/4$ im Fall a) und $1/\sqrt{2}$ im Fall b). Wegen $(1+\sqrt{5})/4 > 1/\sqrt{2}$ konvergiert der Prozeß in b) mit Selektion schneller als der unter a).

6.5.7 a) Für $\pi, \tau \in \pi_i U$ haben wir $\sum_{\rho \in \pi_j U} a_{\pi,\rho} = \sum_{\rho \in \pi_j U} a_{\tau,\rho}$ für alle $i, j = 1, \ldots, k$ nachzuweisen. Nun ist
$\sum_{\rho \in \pi_j U} a_{\pi,\rho} = \sum_{\rho \in \pi_j U} p(\rho\pi^{-1}) = \sum_{\sigma \in \pi_j U\pi^{-1}} p(\sigma)$ und entsprechend
$\sum_{\rho \in \pi_j U} a_{\tau,\rho} = \sum_{\sigma \in \pi_j U\tau^{-1}} p(\sigma)$. Wegen $\pi, \tau \in \pi_i U$ gilt $\pi U = \pi_i U = \tau U$. Daraus folgt $U\pi^{-1} = U\tau^{-1}$, und daher $\pi_j U\pi^{-1} = \pi_j U\tau^{-1}$. Dies liefert
$\sum_{\rho \in \pi_j U} a_{\pi,\rho} = \sum_{\rho \in \pi_j U} a_{\tau,\rho}$.
b) Man erhält $b_{11} = \sum_{\sigma \in \mathrm{A}_m} a_{\iota,\sigma} = \sum_{\sigma \in \mathrm{A}_m} p(\sigma) = b_{22}$ und
$b_{12} = \sum_{\sigma \notin \mathrm{A}_m} a_{\iota,\sigma} = \sum_{\sigma \notin \mathrm{A}_m} p(\sigma) = b_{21}$. Somit hat $B = (b_{ij})$ die Eigenwerte 1 und es gilt
$b_{11} + b_{22} - 1 = 2\sum_{\sigma \in \mathrm{A}_m} p(\sigma) - \sum_{\sigma \in \mathrm{S}_m} p(\sigma) = \sum_{\sigma \in \mathrm{S}_m} p(\sigma)\operatorname{sgn}(\sigma)$.

6.5.8 Die Berechnung von $a_{\sigma,\tau} = p(\tau\sigma^{-1})$ liefert die angegebene Übergangsmatrix. a) Wegen $\mathrm{r}(A) = 3$ hat A die Eigenwerte $1, 0, 0, 0, a, b$. Dabei gelten $1+a+b = \operatorname{Spur} A = 0$ und $1+a^2+b^2 = \operatorname{Spur} A^2 = 1+1/2$. Dies leifert $a = b = -1/2$.

b) Die Komponenten der Partition zu U sind
$U = \{\iota, (12)\}, (13)U = \{(13), (123)\}, (23)U = \{(23), (132)\}$. Damit erhält man $B = \begin{pmatrix} 1/2 & 1/2 & 0 \\ 0 & 0 & 1 \\ 1/2 & 1/2 & 0 \end{pmatrix}$. Somit hat B die Eigenwerte $1, 0$ und $\operatorname{Spur} B - 1 = -1/2$.

6.5.9 Es gilt $a_{j,j+1} = \frac{n-j}{n}p$ und $a_{j,j-1} = \frac{j}{n}q$, sowie $a_{jj} = \frac{j}{n}p + \frac{n-j}{n}q$. Wegen $a_{jj} > 0$ folgt mit 6.5.10, daß $z = c(1, n\frac{p}{q}, \binom{n}{2}\frac{p^2}{q^2}, \ldots, \binom{n}{n-1}\frac{p^{n-1}}{q^{n-1}}, \frac{p^n}{q^n})$.

7.1.1 a) Die Wohldefiniertheit von $[\cdot,\cdot]$ verlangt $(v_1 + w_1, v_2 + w_2) = (v_1, v_2)$ für alle $v_j \in V$ und alle $w_j \in W$. Dies bedeutet $W \leq V^\perp$.
b) Ist $0 = [v_1 + W, v_2 + W] = (v_1, v_2)$ für alle $v_2 \in V$, so gilt $v_1 \in V^\perp$. Die Regularität von $[\cdot,\cdot]$ erzwingt dann $V^\perp = W$.

7.1.3 Offenbar gilt $(AB, C) = \operatorname{Spur} ABC = (A, BC)$. Sei $(A, B) = 0$ für alle $B \in (K)_n$ Dann ist $0 = \operatorname{Spur} AE_{ij} = \operatorname{Spur} \sum_{k,l=1}^n a_{kl}E_{kl}E_{ij} = \operatorname{Spur} \sum_{k=1}^n a_{ki}E_{kj} = \sum_{k=1}^n a_{ki}\delta_{kj} = a_{ji}$. Also gilt $A = 0$. Somit ist $(\cdot,\cdot)$ regulär.

7.1.4 a) Es gilt $U^\perp = \langle w \rangle$ mit $(w, w) = 0$. Dann ist $\langle w \rangle^\perp = U^{\perp\perp} = U$. Sei w, w' ein hyperbolisches Paar. Wegen $(w, w') = 1$ gilt $w' \notin \langle w \rangle^\perp = U$, somit $V = U \oplus \langle w' \rangle$. Da A eine Isometrie ist, folgt für alle $u \in U$, daß $0 = (u, w') - (Au, Aw') = (u, w' - Aw')$. Das zeigt $Aw' - w' \in U^\perp = \langle w \rangle$, also $Aw' = w' - cw$ mit $c \in K$. Für alle $v = u + aw'$ (mit $u \in U, a \in K$) folgt $Av = u + aw' - acw = v + c(v, w)w$. Ist umgekehrt $(w, w) = 0$, so gilt $(v_1 + c(v_1, w)w, v_2 + c(v_2, w)w) = (v_1, v_2) + c(v_2, w)(v_1, w) + c(v_1, w)(w, v_2) = (v_1, v_2)$. Somit ist die Abbildung $Av = v + c(v, w)w$ eine Isometrie.
b) Sei U regulär und $\operatorname{Char} K \neq 2$. Dann ist $V = U \perp \langle w \rangle$ mit $U^\perp = \langle w \rangle$. Aus $AU = U$ folgt $AU^\perp = U^\perp$, somit $Aw = aw$ mit $a \in K^*$. Da $U^\perp$ regulär ist, ist $(w, w) \neq 0$. Daher ist $0 \neq (w, w) = (Aw, Aw) = (aw, aw) = a^2(w, w)$. Wegen $A \neq E$ ist $a = -1$. Also ist $Au = u$ für alle $u \in U$ und $Aw = -w$. Dies zeigt $Av = v - \frac{2(v,w)}{(w,w)}w$ für alle $v \in V$.
c) Sei nun U nicht regulär. Dann ist $U^\perp = \langle w \rangle \leq U$, also $(w, w) = 0$. Sei w, w' ein hyperbolisches Paar, also $w' \notin \langle w \rangle^\perp = U$. Somit gilt $V = U \oplus \langle w' \rangle$. Für alle $u \in U$ ist $0 = (u, w') - (Au, Aw') = (u, w' - Aw')$. Dies heißt $Aw' - w' = cw \in U^\perp = \langle w \rangle$. Wegen $(w, w') = (w', w) = 1$ gilt auch $0 = (w', w') = (Aw', Aw') = 2c(w, w') = 2c$. Wegen $\operatorname{Char} K \neq 2$ folgt $c = 0$, entgegen der Annahme $A \neq E$.

d) Da U regulär ist, gilt $V = U \perp U^{\perp} = U \perp \langle w \rangle$ mit $(w, w) \neq 0$. Wegen $Gw \in U^{\perp}$ ist $Gw = aw$ mit $a \in K$. Dabei gilt $0 \neq (w, w) = (Gw, Gw) = a(\alpha a)(w, w)$. Daher ist $Gw = aw$ mit $a(\alpha a) = 1$. Man sieht leicht, daß jede solche Abbildung eine Isometrie ist.
e) Nun gilt wie vorher $U = \langle w \rangle^{\perp}$ mit $(w, w) = 0$, also $w \in U$. Sei wieder w, w' ein hyperbolisches Paar. Wie oben folgt $V = U \oplus \langle w' \rangle$ und $Aw' - w' = cw \in U^{\perp}$. Dabei gilt $0 = (w', w') = (Aw', Aw') = (cw + w', cw + w') = c(w, w') + (\alpha c)(w', w) = c + \alpha c$. Dann ist $Av = v + c(v, w)w$ für alle $v \in V$. Ist umgekehrt $0 = (w, w) = c + \alpha c$, so gilt für alle $v_j \in V$, daß
$(v_1 + c(v_1, w)w, v_2 + c(v_2, w)) = (v_1, v_2) + \alpha(c(v_2, w))(v_1, w) + c(v_1, w)(w, v_2) = (v_1, v_2) + (v_1, w)(w, v_2)(\alpha c + c) = (v_1, v_2)$. Somit wird durch
$Av = v + c(v, w)w$ eine Isometrie definiert.

7.3.3 a) Seien $W_1 = \langle w_1, \ldots, w_m \rangle$ und $W_2 = \langle w'_1, \ldots, w'_m \rangle$ isotrope Unterräume von V. Nach 7.3.4 gibt es isotrope Unterräume $W'_1 = \langle u_1, \ldots, u_m \rangle$ und $W'_2 = \langle u'_1, \ldots, u'_m \rangle$ mit $V = W_1 \oplus W'_1 = W_2 \oplus W'_2$ und $(w_i, u_j) = (w'_i, u'_j) = \delta_{ij}$. Durch $Gw_i = w'_i$, $Gw'_i = w_i$, $Gu_i = u'_i$ und $Gu'_i = u_i$ für $i = 1, \ldots, m$ wird dann ein $G \in \mathrm{O}(V)$ mit $GW_1 = W_2$ definiert.
b) Sei $V = W_1 \oplus W'_1$ wie in a). Sei $G \in \mathrm{O}(V)$ mit $Gw_i = \sum_{j=1}^{m} a_{ij} w_j$ und $Gu_k = \sum_{l=1}^{m} (c_{kl} w_l + b_{kl} u_l)$. Es folgt $\delta_{jk} = (w_j, u_k) = (Gw_j, Gu_k) = (\sum_{j=1}^{m} a_{ij} w_j, \sum_{l=1}^{m} (c_{kl} w_l + b_{kl} u_l)) = \sum_{j=1}^{m} a_{ij} b_{kj}$. Schreiben wir die Matrix zu G in der Gestalt $\begin{pmatrix} A & 0 \\ C & B \end{pmatrix}$, so gilt also $AB^t = E$, und somit $\det \begin{pmatrix} A & 0 \\ C & B \end{pmatrix} = \det A \det B^t = 1$.
c) folgt unmittelbar aus b).
d) Da W_j isotrop ist, gilt $W_j \leq W_j^{\perp}$. Wegen $\dim W_j^{\perp} = 2m - \dim W_j = \dim W_j$ folgt $W_j^{\perp} = W_j$. Daher ist $(W_1 + W_2)^{\perp} = W_1^{\perp} \cap W_2^{\perp} = W_1 \cap W_2$. Sei $\dim(W_1 \cap W_2) = m - r$. Dann ist
$\dim(W_1 + W_2) = \dim W_1 + \dim W_2 - \dim(W_1 \cap W_2) = 2m - (m - r) = m + r$. Sei $W_1 + W_2 = (W_1 \cap W_2) \perp U$ mit regulärem U und $\dim U = 2r$. Wegen $W_j = (W_1 \cap W_2) \perp (W_j \cap U)$ hat U isotrope Unterräume $W_j \cap U$ der Dimension r. Wegen $\dim U = 2r$ ist $\operatorname{ind} U = r$. Dabei gilt $(W_1 \cap U) \cap (W_2 \cap U) = (W_1 \cap W_2) \cap U = 0$, daher $U = (W_1 \cap U) \oplus (W_2 \cap U)$. Sei $W_1 \cap U = \langle w_1, \ldots, w_r \rangle$. Dann gibt es $v_j \in U$ mit $(w_i, v_j) = \delta_{ij}$. Ist $v_j = s_j + w'_j$ mit $s_j \in W_1 \cap U$ und $w'_j \in W_2 \cap U$, so folgt $(w_i, w'_j) = \delta_{ij}$. Somit gilt $U = \langle w_1, w'_1 \rangle \perp \ldots \perp \langle w_r, w'_r \rangle$. Sei $V = V_0 \perp U$. Wir definieren eine Isometrie G von V durch $G_{V_0} = E$, $Gw_i = w'_i$, $Gw'_i = w_i$. Dann gilt $\det G = (-1)^r$. Wegen $W_1 \cap W_2 \leq U^{\perp} = V_0$ ist $GW_1 = (W_1 \cap W_2) \perp \langle w'_1, \ldots, w'_r \rangle = W_2$. Es folgt

$$\dim(W_1 \cap W_2) = m - r \equiv \begin{cases} m \,(\mathrm{mod}\ 2) & \text{falls } G \in \mathrm{SO}(V) \\ m - 1 \,(\mathrm{mod}\ 2) & \text{falls } G \notin \mathrm{SO}(V). \end{cases}$$

e) Sei $0 \neq v \in V$ mit $(v,v) = 0$. Dann gibt es einen isotropen Unterraum U von V mit $v \in U$ und $\dim U = 2$. Somit gilt $V = \langle w_1, w_1' \rangle \perp \langle w_2, w_2' \rangle$ mit hyperbolischen Paaren w_1, w_1' und w_2, w_2' und $w_1 = v$. Sei $w \notin \langle w_1 \rangle$. Genau dann ist $\langle w_1, w \rangle$ isotrop, wenn $(w_1, w) = (w, w) = 0$. Daß heißt einmal $w \in \langle w_1 \rangle^\perp = \langle w_1, w_2, w_2' \rangle$. Ist $w = a_1 w_1 + a_2 w_2 + a_3 w_2'$, so ist ferner $0 = (w,w) = 2a_2 a_3$, also $a_2 = 0$ oder $a_3 = 0$. Somit liegt $v = w_1$ nur in den isotropen Unterräumen $\langle w_1, w_2 \rangle$ und $\langle w_1, w_2' \rangle$. Wegen $\dim(\langle w_1, w_2 \rangle \cap \langle w_1, w_2' \rangle) = 1$ liegen $\langle w_1, w_2 \rangle$ und $\langle w_1, w_2' \rangle$ nach d) in verschiedenen Bahnen von $\mathrm{SO}(V)$. Die restlichen Aussagen folgen sofort aus Teil d).

7.3.5 Sei W ein maximaler isotroper Unterraum von V mit $U \leq W$. Dann ist $\dim W = \operatorname{ind} V$. Wegen $W \leq U^\perp$ ist W/U ein bzgl. $[\cdot,\cdot]$ isotroper Unterraum von $U^\perp/U$. Dies zeigt $\operatorname{ind} U^\perp/U \geq \dim W/U = \operatorname{ind} V - \operatorname{ind} U$. Sei umgekehrt W'/U ein maximaler bzgl. $[\cdot,\cdot]$ isotroper Unterraum von $U^\perp/U$. Dann ist W' isotrop bzgl. $(\cdot,\cdot)$, und es folgt
$\operatorname{ind} U^\perp/U = \dim W'/U = \dim W' - \dim U \leq \operatorname{ind} V - \dim U$. Somit gilt $\operatorname{ind} U^\perp/U = \operatorname{ind} V - \dim U$.

7.3.6 Ist $\dim V$ ungerade, so hat G trivialerweise einen reellen Eigenwert. Sei also $\dim V = n$ gerade und $\operatorname{ind} V = m$ ungerade. Nach 5.4.20 gibt es ein $U \leq V$ mit $GU = U$ und $1 \leq \dim U \leq 2$. Wegen $GU = U$ ist auch $GU^\perp = U^\perp$ und $G(U \cap U^\perp) = U \cap U^\perp$. Ist $\dim U = 1$ oder $\dim(U \cap U^\perp) = 1$, so sind wir fertig. Sei also $\dim U = 2$ und $U \cap U^\perp = 0$ oder $U \leq U^\perp$.
Fall 1: Sei $U \leq U^\perp$. Durch $[w_1 + U, w_2 + U] = (w_1, w_2)$ für $w_j \in U^\perp$ wird nach Aufgabe 7.1.1 wegen $U^{\perp\perp} = U$ auf $U^\perp/U$ ein reguläres Skalarprodukt definiert, und wegen Aufgabe 7.3.5 gilt $\operatorname{ind} U^\perp/U = \operatorname{ind} V - \dim U = m - 2 \not\equiv 0 \pmod 2$. Dann ist $\overline{G}$ mit $\overline{G}(w + U) = Gw + U$ eine Isometrie von $U^\perp/U$. Gemäß Induktionsannahme hat $\overline{G}$ einen reellen Eigenwert. Nach dem Kästchensatz ist $f_{\overline{G}}$ ein Teiler von f_G. Also hat auch G einen reellen Eigenwert.
Fall 2: Sei $U \cap U^\perp = 0$, somit $V = U \perp U^\perp$. Ist U eine hyperbolische Ebene mit hyperbolischem Paar u_1, u_2, so sind wegen $(x_1 u_1 + x_2 u_2, x_1 u_1 + x_2 u_2) = 2x_1 x_2$ nur die Vielfachen von u_1 und u_2 isotrop. Also gilt $Gu_1 = au_1$ und $Gu_2 = a^{-1} u_2$ oder $Gu_1 = au_2$ und $Gu_2 = a^{-1} u_1$. Im ersten Fall ist a ein reeller Eigenwert von G, im zweiten ist $G(u_1 + au_2) = u_1 + au_2$. Sei weiterhin U von der Signatur $(1,1)$ oder $(-1,-1)$. Sei $(1, \ldots, 1, -1, \ldots, -1)$ mit r Einsen und s Minus-Einsen die Signatur von V. Dann ist $n = r + s$ gerade und $m = \operatorname{ind} V = \min(r,s)$. Also sind r und s ungerade. Hat U die Signatur $(1,1)$, so hat $U^\perp$ die Signatur $(r-2, s)$. Dann ist $\operatorname{ind} U^\perp$ ungerade. Hat U

die Signatur $(-1,-1)$, so ist $\operatorname{ind} U^{\perp} = \min(r, s-2)$ ebenfalls ungerade. Per Induktion hat G auf $U^{\perp}$ einen reellen Eigenwert.

7.4.1 Seien $c, c' \in C$. Aus $\operatorname{wt}(c+c') = \operatorname{wt}(c) + \operatorname{wt}(c') - 2|\operatorname{T}(c) \cap \operatorname{T}(c')|$ folgt wegen der 4-Dividierbarkeit von C, daß $2 \mid |\operatorname{T}(c) \cap \operatorname{T}(c')|$. Also ist $(c, c') = |\operatorname{T}(c) \cap \operatorname{T}(c')|1 = 0$.

7.4.4 a) Mit 7.4.13 erhalten wir
$0 \leq A_{n-k+2} = \binom{n}{k-2}(q^2 - 1 - (n-k+2)(q-1)) =$
$\binom{n}{k-2}(q-1)(q+1-(n-k+2))$, woraus die Behauptung unmittelbar folgt.
b) Wegen 7.4.10 ist auch $C^{\perp}$ ein MDS-Code. Da $\dim C^{\perp} = n - k \geq n - (n-2) = 2$ ist, folgt aus a) nun $q \geq n - (n-k) + 1 = k + 1$.

7.4.6 Für $w \in K^n$ hängt $\sum_{\substack{v \in K^n \\ \operatorname{wt}(v)=j}} (-1)^{(v,w)}$ offenbar nur von $\operatorname{wt}(w)$ ab, und ist gleich $K_j^n(i)$, falls $\operatorname{wt}(w) = i$ ist. Seien $w_i \in K^n$ mit $\operatorname{wt}(w_i) = i$ für $i = 0, \ldots, n$. Es folgt
$0 \leq \sum_{\substack{v \in K^n \\ \operatorname{wt}(v)=j}} \left(\sum_{c \in C} (-1)^{(v,c)}\right)^2 = \sum_{\substack{v \in K^n \\ \operatorname{wt}(v)=j}} \sum_{c,c' \in C} (-1)^{(v,c+c')}$
$= \sum_{c,c' \in C} \sum_{\substack{v \in K^n \\ \operatorname{wt}(v)=j}} (-1)^{(v,c+c')} = \sum_{i=0}^{n} \sum_{\substack{c,c' \in C \\ d(c,c')=i}} \sum_{\substack{v \in K^n \\ \operatorname{wt}(v)=j}} (-1)^{(v,c+c')}$
$= \sum_{i=0}^{n} D_i \sum_{\substack{v \in K^n \\ \operatorname{wt}(v)=j}} (-1)^{(v,w_i)} = \sum_{i=0}^{n} D_i K_j^n(i)$.

7.5.2 Ist $(Sw, w) = -(w, w) < 0$, so gilt $Sw \sim w$, also $S \in L^+$. Ist hingegen $(Sw, w) = -(w, w) > 0$, so gilt $Sw \not\sim w$, also $S \notin L^+$.

8.2.1 a) Sei $\dim V = 2$ und seien a_1, a_2 die Eigenwerte von A mit $|a_1| \leq |a_2| = \rho(A)$. Wir wählen eine Orthonormalbasis von V derart, daß A die Dreiecksmatrix $\begin{pmatrix} a_1 & 0 \\ b & a_2 \end{pmatrix}$ zugeordnet ist. Dann ist
$\begin{pmatrix} a_1 & 0 \\ b & a_2 \end{pmatrix} \begin{pmatrix} x_1 \\ x_2 \end{pmatrix} = \begin{pmatrix} a_1 x_1 \\ b x_1 + a_2 x_2 \end{pmatrix}$. Wegen $|a_1| = \rho(A) = \| A \|$ zeigt dies
$|a_1 x_1|^2 + |b x_1 + a_2 x_2|^2 \leq \| A \|^2 (|x_1|^2 + |x_2|^2) = |a_1|^2 (|x_1|^2 + |x_2|^2)$. Also folgt $|b x_1 + a_2 x_2|^2 \leq |a_1|^2 |x_2|^2$ für alle x_1, x_2. Dies erzwingt $b = 0$, und A ist normal.
b) Sei B eine nichtnormale Matrix vom Typ (m, m) mit $m \geq 2$. Ferner sei $a \in \mathbb{C}$ mit $\| B \| \leq |a|$. Sei schließlich $A = \begin{pmatrix} a & 0 \\ 0 & B \end{pmatrix}$. Dann ist A nicht normal.
Für $v = \begin{pmatrix} x \\ w \end{pmatrix}$ folgt $Av = \begin{pmatrix} ax \\ Bw \end{pmatrix}$, also $\| Av \|^2 = |ax|^2 + (Bw, Bw) \leq |ax|^2 + \| B \|^2 (w, w) \leq |a|^2 (|x|^2 + (w, w)) = |a|^2 (v, v)$.

Wegen $\rho(B) \leq \parallel B \parallel \leq |a|$ folgt $\rho(A) = |a|$, also $\parallel Av \parallel^2 \leq \rho(A)^2 \parallel v \parallel^2$. Dies zeigt $\parallel A \parallel = \rho(A)$.

8.2.2 a) Wir bilden die hermiteschen Abbildungen $H = AA^* = A^*A$. Wegen $H^2 = A^{*2}A^2$ ist $0 = (H^2v, v) = (Hv, Hv)$, somit $A^*Av = Hv = 0$. Daher ist $0 = (A^*Av, v) = (Av, Av)$, somit $Av = 0$.
b) Offenbar ist $g(A)$ normal. Ist $g(A)^2 = 0$, so folgt mit a), daß $g(A) = 0$ ist.
c) Sei $h = (x-a)^2k$ mit $h(A) = 0$. Setzen wir $g = (x-a)k$, so gilt $g(A)^2 = 0$, nach b) also auch $g(A) = 0$. Daher hat m_A keine mehrfache Nullstelle. Also ist A nach 5.5.3 diagonalisierbar.

8.2.3 a) Nach 5.4.20 existiert ein Unterraum V_1 von V mit $AV_1 \leq V_1$ und $1 \leq \dim V_1 \leq 2$. Nach 8.2.6 gilt $AV_1^\perp \leq V_1^\perp$, und die Einschränkung von A auf $V_1^\perp$ ist wieder normal. Also folgt die Behauptung durch Induktion nach $\dim V$.
b) Sei $\dim V_j = 2$ und sei $[v_{j_1}, v_{j_2}]$ irgendeine Orthonormalbasis von V_j. Sei $Av_{j_1} = av_{j_1} + bv_{j_2}, Av_{j_2} = cv_{j_1} + dv_{j_2}$. Nach 8.2.2 ist dann
$A^*v_{j_1} = av_{j_1} + cv_{j_2}, A^*v_{j_2} = bv_{j_1} + dv_{j_2}$. Wegen $AA^* = A^*A$ folgt
$\begin{pmatrix} a & b \\ c & d \end{pmatrix}\begin{pmatrix} a & c \\ b & d \end{pmatrix} = \begin{pmatrix} a & c \\ b & d \end{pmatrix}\begin{pmatrix} a & b \\ c & d \end{pmatrix}$.
Dies führt zu $b^2 = c^2$ und $ac + bd = ab + cd$.
Fall 1: Sei $b = -c$. Da V_j bzgl. A unzerlegbar ist, ist $b \neq 0$. Somit folgt $b(-a + d) = b(a - d)$, also $a = d$.
Fall 2: Sei $b = c$. Dann hat
$\det(xE - \begin{pmatrix} a & b \\ b & d \end{pmatrix}) = (x - \frac{a+d}{2})^2 - (\frac{(a-d)^2}{4} + b^2)$ reelle Nullstellen. Somit enthält V_j einen Eigenvektor v'_{j_1} von A zu einem reellen Eigenwert. Da die Einschränkung von A auf V_j normal ist, folgt $V_j = \langle v'_{j_1} \rangle \perp \langle v'_{j_2} \rangle$ mit $A\langle v'_{j_2} \rangle \leq \langle v'_{j_2} \rangle$, entgegen der Unzerlegbarkeit von V_j.

8.2.4 Ist $A^* = f(A)$ mit einem Polynom f, so gilt $A^*A = AA^*$. Sei zuerst $K = \mathbb{C}$. Nach 8.2.7 gibt es eine Orthonormalbasis $[v_1, \ldots, v_n]$ von V mit $Av_j = a_jv_j$. Wegen 8.2.2 ist $A^*v_j = \overline{a_j}v_j$. Wir wählen $f \in \mathbb{C}[x]$ vermöge Interpolation (siehe 5.2.11) so, daß $f(a_j) = \overline{a_j}$ für $j = 1, \ldots, n$. Dann ist $A^* = f(A)$.
Sei nun $K = \mathbb{R}$. Nach Aufgabe 8.2.3 gehört zu A bzgl. einer geeigneten Orthonormalbasis von V eine Matrix der Gestalt $A_0 = \begin{pmatrix} A_1 & & \\ & \ddots & \\ & & A_r \end{pmatrix}$,

wobei entweder $A_j = (a_j)$ oder $A_k = \begin{pmatrix} a_k & b_k \\ -b_k & a_k \end{pmatrix}$ mit $b_k \neq 0$ gilt. Dabei ist $A_0^t = \begin{pmatrix} A_1^t & & \\ & \ddots & \\ & & A_r^t \end{pmatrix}$. Wir suchen ein Polynom f mit $f(A_j) = A_j^t$. Für $A_j = (a_j)$ verlangt dies $f \equiv a_j \,(\mathrm{mod}\,(x - a_j))$. Für $A_k = \begin{pmatrix} a_k & b_k \\ -b_k & a_k \end{pmatrix}$ gilt $A_k^t = -A_k + 2a_k E$. Für diese k fordern wir also $f \equiv -x + 2a_k \,(\mathrm{mod}\, f_k)$, wobei $f_k = (x - a_k)^2 + b_k^2$ das wegen $b_k \neq 0$ in $\mathbb{R}[x]$ irreduzible charakteristische Polynom von A_k ist. Die Polynome $x - a_j, (x - a_k)^2 + b_k$ sind teilerfremd oder gleich. Nach dem chinesischen Restsatz 5.2.10 können wir daher die simultanen Kongruenzen $f \equiv a_j \,(\mathrm{mod}\,(x - a_j))$ und $f \equiv -x + 2a_k \,(\mathrm{mod}\,(x - a_k)^2 + b_k^2)$ für die benötigten j und k lösen. Daher folgt $f(A_0) = \begin{pmatrix} f(A_1) & & \\ & \ddots & \\ & & f(A_r) \end{pmatrix} = \begin{pmatrix} A_1^t & & \\ & \ddots & \\ & & A_r^t \end{pmatrix} = A_0^t$.

8.2.8 Sei $[v_1, \ldots, v_n]$ eine Orthonormalbasis von V mit $Av_j = a_j v_j$. Sei ferner $(A+B)v = cv$ mit $v = \sum_{j=1}^n x_j v_j$. Dann ist $Bv = \sum_{j=1}^n x_j (c - a_j) v_j$. Dies liefert
$\sum_{j=1}^n |x_j|^2 |c - a_j|^2 = (Bv, Bv) \leq \parallel B \parallel^2 (v, v) = \parallel B \parallel^2 \sum_{j=1}^n |x_j|^2$. Daher gibt es ein j mit $|c - a_j| \leq \parallel B \parallel$.

8.3.2 a) Es gilt $P = \lim_{k \to \infty} P_k$ mit
$\parallel P_k \parallel = \parallel \frac{1}{k} \sum_{j=0}^{k-1} A^j \parallel \leq \frac{1}{k} \sum_{j=0}^{k-1} \parallel A \parallel^j \leq 1$. Also ist $\parallel P \parallel \leq 1$, und somit $P = P^*$ nach 8.3.7. Mit 6.2.8 folgt
$V = \mathrm{Bild}\, P \perp \mathrm{Kern}\, P = \mathrm{Kern}(A - E) \perp \mathrm{Bild}(A - E)$.
b) Wegen $\parallel A^* \parallel = \parallel A \parallel \leq 1$ gilt auch $P = P^* = \lim_{k \to \infty} \sum_{j=0}^{k-1} \frac{1}{k} A^{*j}$ und daher $\mathrm{Kern}(A - E) = \mathrm{Kern}(A^* - E)$, $\mathrm{Bild}(A^* - E) = \mathrm{Bild}(A - E)$.

8.3.3 a) Es gilt $(A_{u,w} v, z) = ((v, u) w, z) = (v, u)(w, z)$ und $(v, A_{w,u} z) = (v, (z, w) u) = \overline{(z, w)}(v, u)$, somit $A_{u,w}^* = A_{w,u}$.
b) Für $v \in \langle u \rangle^\perp$ ist $A_{u,w} v = 0$. Sei $w = w' + su$ mit $w' \in \langle u \rangle^\perp$. Dann ist $A_{u,w} u = (u, u) w = (u, u)(w' + su)$. Dabei ist $(w, u) = s(u, u)$. Also gilt $A_{u,w} u = w'' + (w, u) u$ mit $w'' \in \langle u \rangle^\perp$. Daher hat $A_{u,w}$ die Eigenwerte $0, \ldots, 0, (w, u)$.
c) Es gilt
$(A_{u,w} v, A_{u,w} v) = ((v, u) w, (v, u) w) = |(v, u)|^2 (w, w) \leq \parallel v \parallel^2 \parallel u \parallel^2 \parallel w \parallel^2$.

Dies zeigt $\| A_{u,w} \| \leq \| u \| \| w \|$. Dabei ist $(A_{u,w}u, A_{u,w}u) = (u,u)^2(w,w)$, somit $\| A_{u,w}u \| = \| u \|^2 \| w \|$. Also ist $\| A_{u,w} \| = \| u \| \| w \|$.
d) Wir haben $A_{u,w}^* A_{u,w} v = A_{w,u}(v,u)w = (v,u)(w,w)u$ und $A_{u,w}A_{u,w}^* v = A_{u,w}(v,w)u = (v,w)(u,u)w$. Die Normalität von $A_{u,w}$ fordert insbesondere für $v = u$, daß $(u,u)(w,w)u = (u,w)(u,u)w$. Somit ist $u = aw$ mit $a \in \mathbb{C}$. Ist $u = aw$, so folgt andererseits $(v,u)(w,w)u = \overline{a}(v,w)(w,w)au = (v,w)(u,u)w$. Somit ist $A_{u,w}^* A_{u,w} = A_{u,w}A_{u,w}^*$. Genau dann ist A hermitesch, wenn außerdem der Eigenwert $(w,u) = \overline{a}(w,w)$ reell ist, wenn also a reell ist.

8.3.5 Seien $b_1 \geq \ldots \geq b_n$ die Eigenwerte von A^*A. Nach 8.3.15 ist $\| A \|^2 = b_1 \leq b_1 + \ldots + b_n = \| A \|_2^2$.
a) Sei zuerst $\| A \|^2 = \| A \|_2^2$. Wegen $b_j \geq 0$ ist dann $b_2 = \ldots = b_n = 0$. Da die hermitesche Abbildung A^*A diagonalisierbar ist, folgt $\dim \operatorname{Kern} A^*A \geq n-1$. Für $v \in \operatorname{Kern} A^*A$ gilt $(Av, Av) = (v, A^*Av) = 0$. Daher ist $\dim \operatorname{Kern} A \geq \dim \operatorname{Kern} A^*A \geq n-1$ und $\mathrm{r}(A) \leq 1$.
Sei umgekehrt $\mathrm{r}(A) \leq 1$. Sei $[w_1, \ldots, w_n]$ eine Orthonormalbasis von V mit $\langle w_1, \ldots, w_{n-1} \rangle \leq \operatorname{Kern} A$. Dann ist $Aw_j = 0$ für $j \leq n-1$. Sei $Aw_n = \sum_{k=1}^n b_{kn} w_k$. Es folgt $\| A \|_2^2 = \operatorname{Spur} A^*A = \sum_{k=1}^n |b_{kn}|^2 = (Aw_n, Aw_n) \leq \| A \|^2 \, (w_n, w_n) = \| A \|^2$, also $\| A \| = \| A \|_2$.
b) Ist $\| A \|^2 = \frac{1}{n} \| A \|_2^2$, so gilt $b_1 = \ldots = b_n$. Also hat A^*A den n-fachen Eigenwert b_1. Daher folgt $A^*A = b_1 E$. Ist $0 = b_1 = \| A \|^2$, so ist $A = 0$. Dann ist unsere Behauptung mit $c = 0$ erfüllt. Ist $b_1 = c^2 > 0$ mit $0 < c \in \mathbb{R}$, so ist $U = c^{-1}A$ wegen $U^*U = c^{-2}A^*A = E$ unitär.
Sei umgekehrt $A = cU$ mit $0 \leq c \in \mathbb{R}$ und unitärem U. Dann ist $\| A \| = |c| \, \| U \| = |c|$. Ferner ist $\| A \|_2^2 = |c|^2 \, \| U \|_2^2 = |c|^2 \operatorname{Spur} U^*U = |c|^2 \operatorname{Spur} E = \| A \|^2 \, n$. In diesem Fall gilt also $\| A \| = \frac{1}{\sqrt{n}} \| A \|_2$.

8.3.9 a) Sei $[v_1, \ldots, v_n]$ eine Orthogonalbasis von V mit $Av_j = a_j v_j$. Wegen $A \geq 0$ gilt $0 \leq a_j \in \mathbb{R}$ nach 8.3.14. Seien $0 \leq b_j \in \mathbb{R}$ mit $b_j^m = a_j$. Wir definieren B durch $Bv_j = b_j v_j$. Dann ist $B \geq 0$ und $B^m = A$. Ist $f \in \mathbb{R}[x]$ mit $f(a_j) = b_j$ $(j = 1, \ldots, n)$, so gilt $B = f(A)$.
Zum Beweis der Eindeutigkeit von B gehen wir wie folgt vor: Seien $a_1, \ldots, a_r$ die verschiedenen Eigenwerte von A. Setzen wir $V_j = \operatorname{Kern}(A - a_j E)$, so folgt $V = V_1 \perp \ldots \perp V_r$. Sei nun $H \geq 0$ mit $H^m = A$. Wegen $HA = AH$ gilt für $v_j \in V_j$ dann $AHv_j = HAv_j = a_j H v_j$. Dies zeigt $HV_j \leq V_j$. Da die Einschränkung von H auf V_j hermitesch ist, gibt es eine Orthonormalbasis $[v_{j_1}, \ldots, v_{j_{n_j}}]$ von V_j mit $Hv_{j_k} = h_{j_k} v_{j_k}$. Wegen $H \geq 0$ gilt dabei $0 \leq h_{j_k} \in \mathbb{R}$. Ferner ist wegen $H^m = A$ auch $h_{j_k}^m = a_j$ $(k = 1, \ldots, n_j)$. Dies

erzwingt $h_{j_k} = b_j$, also $H = B$.
b) Wegen $B = f(A)$ folgt aus $AC = CA$ auch $BC = CB$.

8.3.12 a) Wegen $P_j = P_j^*$ ist $\| P_j \| \leq 1$, also $\| P_1P_2 \| \leq \| P_1 \| \| P_2 \| \leq 1$. Zum Beweis der Existenz von $\lim_{k\to\infty}(P_1P_2)^k$ muß man nach 6.2.12 nur zeigen, daß P_1P_2 keinen von 1 verschiedenen Eigenwert vom Betrag 1 hat. Sei also $P_1P_2v = av$ mit $|a| = 1$ und $v \neq 0$. Wegen $\| P_j \| \leq 1$ gilt dann $\| P_2v \| \geq \| P_1P_2v \| = |a| \| v \| = \| v \| \geq \| P_2v \|$. Also ist $\| P_2v \| = \| v \|$, somit $v \in \operatorname{Bild} P_2$. Aus $\| v \| = \| P_1P_2v \| = \| P_1v \|$ folgt ebenso $v \in \operatorname{Bild} P_1$, und daher $P_1P_2v = v$. Nun ist $P = \lim_{k\to\infty}(P_1P_2)^k$ eine Projektion mit $\| P \| \leq 1$. Daher ist $P = P^*$. Ist $v \in \operatorname{Bild} P_1 \cap \operatorname{Bild} P_2$, so ist $P_1P_2v = v$, also $Pv = v$. Sei umgekehrt $Pv = v$. Dann ist $v = Pv = P_1P_2Pv = P_1P_2v$. Wie oben folgt $v = P_1v = P_2v$. Insgesamt zeigt dies $\operatorname{Bild} P = \operatorname{Bild} P_1 \cap \operatorname{Bild} P_2$. Wegen $P^* = P$ folgt schließlich
$\operatorname{Kern} P = (\operatorname{Bild} P)^\perp = (\operatorname{Bild} P_1)^\perp + (\operatorname{Bild} P_2)^\perp = \operatorname{Kern} P_1 + \operatorname{Kern} P_2$.
b) Wegen $\| \frac{1}{2}(P_1+P_2) \| \leq 1$ haben wir abermals nur zu zeigen, daß 1 der einzige Eigenwert von $\frac{1}{2}(P_1 + P_2)$ vom Betrag 1 ist. Sei also $\frac{1}{2}(P_1 + P_2)v = av$ mit $|a| = 1$ und $v \neq 0$. Dann ist $\frac{1}{2}[(P_1, v) + (P_2v, v)] = a(v, v)$. Wegen $0 \leq (P_jv, v) \in \mathbb{R}$ folgt $a = 1$. Somit existiert $Q = \lim_{k\to\infty}(\frac{1}{2}(P_1 + P_2))^k$, und es gilt $Q^2 = Q = Q^*$. Für $v \in \operatorname{Bild} P_1 \cap P_2$ gilt $P_1v = P_2v = v$, also $Qv = v$.
Sei umgekehrt $Qv = v$. Dann ist $v = Qv = \frac{1}{2}(P_1+P_2)Qv = \frac{1}{2}(P_1+P_2)v$. Aus $2(v, v) = (P_1, v) + (P_2v, v)$ und $0 \leq (P_jv, v) \leq (v, v)$ folgt $(P_jv, v) = (v, v)$, also $P_jv = v$. Somit ist $\operatorname{Bild} Q = \operatorname{Bild} P_1 \cap \operatorname{Bild} P_2$. Wegen $Q^* = Q$ folgt wie in a), daß $\operatorname{Kern} Q = \operatorname{Kern} P_1 + \operatorname{Kern} P_2$. Somit ist
$\lim_{k\to\infty}(\frac{1}{2}(P_1 + P_2))^k = P = \lim_{k\to\infty}(P_1P_2)^k$.

8.3.13 Sei $P^2 = P$ und $0 \neq P \neq E$. Sei $[v_1, \ldots, v_n]$ eine Orthonormalbasis von V mit $\operatorname{Bild} P = \langle v_1, \ldots, v_m \rangle$. Zu P gehört dann die (m, m)-Matrix $\begin{pmatrix} E & A \\ 0 & 0 \end{pmatrix}$. Zu PP^* gehört daher die Matrix $\begin{pmatrix} E & A \\ 0 & 0 \end{pmatrix}\begin{pmatrix} E & 0 \\ \overline{A}^t & 0 \end{pmatrix} = \begin{pmatrix} E + A\overline{A}^t & 0 \\ 0 & 0 \end{pmatrix}$. Ist a der größte Eigenwert von $A\overline{A}^t$, so ist $1 + a$ der größte Eigenwert von PP^*. Also folgt $\| P \|^2 = 1 + a$. (Ist insbesondere $A \neq 0$, also $P \neq P^*$, so folgt $\| P \| > 1$.) Zu $(E - P)^*(E - P)$ gehört die Matrix $\begin{pmatrix} 0 & 0 \\ -\overline{A}^t & E \end{pmatrix}\begin{pmatrix} 0 & -A \\ 0 & E \end{pmatrix} = \begin{pmatrix} 0 & 0 \\ 0 & E + \overline{A}^t A \end{pmatrix}$. Nach 5.4.6 haben $A\overline{A}^t$ und $\overline{A}^t A$ dieselben Eigenwerte, abgesehen von der 0. Somit ist a auch der größte Eigenwert von $\overline{A}^t A$, womit $\| E - P \|^2 = 1 + a = \| P \|^2$ folgt.

8.4.1 Seien $c_1, \ldots, c_n$ die Eigenwerte von AB. Nach 5.4.6 sind dies auch die Eigenwerte von BA. Dann gilt

$$\begin{aligned}
\textstyle\sum_{j=1}^{n} |c_j|^2 &= \| AB \|_2^2 && \text{(nach 8.4.5 c), da } AB \text{ normal)}\\
&= \operatorname{Spur}(AB)^*(AB)\\
&= \operatorname{Spur}(B^*A^*AB)\\
&= \operatorname{Spur}(B^*AA^*B) && \text{(da } A \text{ normal)}\\
&= \operatorname{Spur}(A^*BB^*A)\\
&= \operatorname{Spur}(A^*B^*BA) && \text{(da } B \text{ normal)}\\
&= \operatorname{Spur}(BA)^*(BA) = \| BA \|_2^2 .
\end{aligned}$$

Nach 8.4.5 c) ist daher BA normal.

8.5.3 b) Sei T die Diagonalmatrix mit Diagonaleinträgen t_j, wobei $t_1 = 1$ und t_j rekursiv durch $(t_{j+1}t_j^{-1})^2 b_j = c_j$ definiert sei. Dann hat $T^{-1}AT$ die behauptete Gestalt.
c) Wir können annehmen, daß A reell symmetrsich ist. Ist $A(x_j) = d(x_j)$, so gilt
$a_1x_1 + b_1x_2 = dx_1, c_1x_1 + a_2x_2 + b_2x_3 = dx_2, \ldots, c_{n-1}x_{n-1} + a_nx_n = dx_n$. Ist $x_1 \neq 0$ vorgegeben, so lassen sich wegen $b_j > 0$ die Werte $x_2, \ldots, x_n$ rekursiv bestimmen. Also ist $\dim \operatorname{Kern}(A - cE) \leq 1$. Da A reell symmetrisch ist, hat jeder Eigenwert von A die Vielfachheit 1.

9.1.2 Sei T orthogonal mit
$T^{-1}AT = \begin{pmatrix} 1 & 0 & 0 \\ 0 & \cos\varphi & \sin\varphi \\ 0 & -\sin\varphi & \cos\varphi \end{pmatrix}$. Dann folgt $\| A - E \|_2^2 = \| T^{-1}AT - E \|_2^2$
$= 2((1-\cos\varphi)^2 + \sin^2\varphi) = 4(1-\cos\varphi) = 8\sin^2\frac{\varphi}{2}$.

9.1.7 Ist $(v, v) = (w, w)$, so gilt $(v - w, v + w) = 0$, nach Voraussetzung also $(A(v - w), A(v + w)) = 0$, und somit $(Av, Av) = (Aw, Aw)$. Daher ist $(Av, Av)/(v, v)$ unabhängig von $v \neq 0$. Somit gilt $(Av, Av) = b^2(v, v)$ mit $b > 0$. Dann ist $b^{-1}A$ orthogonal.

9.2.1 Ist $Av = u \times v$ mit $u \neq 0$, so gilt $\operatorname{Kern} A = \langle u \rangle$. Wegen $\operatorname{Bild} A \leq \langle u \rangle^{\perp}$ und $\dim \operatorname{Bild} A = 2$ folgt $\operatorname{Bild} A = \langle u \rangle^{\perp}$. Nach 9.2.7 d) gilt $A^2v = u \times (u \times v) = -(u, u)v + (u, v)u$. Es folgt $A(A^2 + (u, u)E) = 0$. Wegen $A \neq 0$ und $A^2 \neq -(u, u)E$ liefert dies $m_A = f_A = x(x^2 + (u, u))$. Aus $(Av, w) = (v, -u \times w)$ erhalten wir $A^* = -A$.

9.2.2 a) Nach 9.2.7 d) gilt $Av = (u \times v) \times w = (u, w)v - (v, w)u$. Wegen $Au = 0$ folgt $A(A - (u, w)E) = 0$. Da $0 \neq A \neq (u, w)E$ ist, folgt $m_A = x(x - (u, w))$.

b) Ist $(u, w) = 0$, so folgt $m_A = x^2$, also $f_A = x^3$. Dann ist $Av = -(v, w)u$, somit $\operatorname{Bild} A = \langle u \rangle$ und $\operatorname{Kern} A = \langle w \rangle^\perp$. Wegen $m_A = x^2$ ist A nicht diagonalisierbar, erst recht nicht normal.
c) Sei $(u, w) \neq 0$. Wegen $m_A = x(x - (u, w))$ ist A diagonalisierbar. Ist $Av = 0$, so folgt $u \times v \in \langle u \rangle^\perp \cap \langle w \rangle = 0$. Also gilt $\operatorname{Kern} A = \langle u \rangle$ und somit $f_A = x(x - (u, w))^2$. Wegen $\dim \operatorname{Bild} A = 2$ und $\operatorname{Bild} A \leq \langle w \rangle^\perp$ erhalten wir $\operatorname{Bild} A = \langle w \rangle^\perp$. Es gilt $(v, A^* z) = (Av, z) = (v, (w \times z) \times u)$. Somit ist $A^* z = (w \times z) \times u$. Für $\langle u \rangle = \langle w \rangle$ ist also $A^* = A$. Sei A normal, also $(u, w) \neq 0$ und $\langle u \rangle^\perp = (\operatorname{Kern} A)^\perp = \operatorname{Bild} A = \langle w \rangle^\perp$. Dann ist $\langle u \rangle = \langle w \rangle$.

9.2.5 a) Wegen der Jacobi-Identität gilt
$D(v_1 \times v_2) = (v_1 \times v_2) \times w = -(v_2 \times w) \times v_1 - (w \times v_1) \times v_2 =$
$v_1 \times (v_2 \times w) + (v_1 \times w) \times v_2 = v_1 \times Dv_2 + Dv_1 \times v_2$.
b) Sei $[e_1, e_2, e_3]$ eine Orthonormalbasis von V mit $e_1 \times e_2 = e_3, e_2 \times e_3 = e_1, e_3 \times e_1 = e_2$. Sei D eine Derivation und $De_j = \sum_{j=1}^3 a_{jk} e_k$. Aus $De_1 = De_2 \times e_3 + e_2 \times De_3$ folgt $a_{12} = -a_{21}$ und $a_{11} = a_{22} + a_{33}$. Analog erhält man $a_{23} = -a_{32}, a_{22} = a_{33} + a_{11}, a_{31} = -a_{13}, a_{33} = a_{11} + a_{22}$. Dies liefert $a_{11} = a_{22} = a_{33} = 0$. Also ist D eine schiefsymmetrische Matrix zugeordnet. Ist S der $\mathbb{R}$-Vektorraum aller Derivationen auf V, so folgt $\dim S \leq 3$. Andererseits liefert $w \mapsto D_w$ mit $D_w v = v \times w$ einen Monomorphismus von V in S. Also hat jede Derivation die Gestalt D_w.

9.3.3 Nach 9.3.2 d) gilt $a^2 - S(a)a + e_0 = 0$. Wegen $a \neq \pm e_0$ ist $x^2 - S(a)x + 1$ irreduzibel. Daher ist $m_A = x^2 - S(a)x + 1$. Da nach 5.5.8 jeder irreduzible Teiler von f_A auch ein Teiler von m_A ist, folgt $f_A = (x^2 - S(a)x + 1)^2$. Da A keinen Eigenwert ± 1 hat, hat die Normalform von $\rho(a, e_0)$ die Gestalt $\begin{pmatrix} D(\varphi) & 0 \\ 0 & D(\varphi) \end{pmatrix}$, denn φ ist durch $S(a)$ festgelegt. Aus $4a_0 = \operatorname{Spur} \rho(a, e_0) = 2 \operatorname{Spur} D(\varphi) = 4 \cos \varphi$ folgt $\cos \varphi = a_0$.

Literatur

[1] E. Artin. Geometric Algebra, Wiley-Interscience, 1988.

[2] M. Aigner und G.M. Ziegler. Proofs from THE BOOK. Springer Verlag, 3rd edition, 2004.

[3] H.D. Ebbinghaus, H. Hermes, F. Hirzebruch, M. Köcher, K. Mainzer, K. Neukirch, J. Prestel und R. Remmert. Zahlen. Springer Verlag, 3. verb. Aufl., 1992.

[4] M. Eigen. Stufen des Lebens. Piper, 1987.

[5] H.W. Golan and W. Lempken. An easy linear algebra approach to the eigenvalues of the Bernoulli-Laplace model of diffusion. Archiv Math. 64 (1995), 150-153.

[6] J.E. Goodman and J.O'Rourke, editors. Handbook of Discrete and Computational Geometry. CRC Press, 1997.

[7] G.H. Hardy and E.M. Wright. An Introduction to the Theory of Numbers. Oxford Science Publications, Fifth Edition, 1994.

[8] B. Huppert. Angewandte Lineare Algebra. DeGruyter, 1990.

[9] M. Köcher. Lineare Algebra und analytische Geometrie. 2. Auflage, Springer, 1985.

[10] M. von Laue. Relativitätstheorie. 1. Band, Vieweg Verlag, 5. Aufl., 1951.

[11] G. Pickert. Projektive Ebenen. Springer, 1955.

[12] P. Ribenboim. Fermat's Last Theorem for Amateurs. Springer, 1999.

[13] R.P. Stanley. Enumerative Combinatorics. Vol. 2, Cambridge University Press, 2001.

[14] A.E. Taylor. Introduction to Functional Analysis. John Wiley, 1958.

[15] S. Wagon. The Banach-Tarski Paradox. Cambridge University Press, 1994.

[16] B. Walsh. The scarcity of crossproducts in euclidian spaces. Amer. Math. Monthly 74 (1967), 188-194.

[17] W. Willems. Codierungstheorie. DeGruyter, 1999.

Namensverzeichnis

Index